面向21世纪课程教材

 普通高等教育"十一五"
国家级规划教材

U0271303

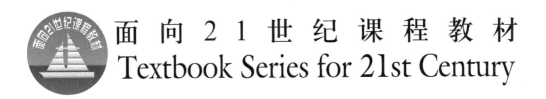

面向21世纪课程教材
Textbook Series for 21st Century

有机化学

（第二版） 上册

尹冬冬 主编

北京师范大学
华中师范大学 编
南京师范大学

中国教育出版传媒集团
高等教育出版社·北京

内容提要

本书是面向 21 世纪课程教材和普通高等教育"十一五"国家级规划教材。

本书是在第一版的基础上，做了必要的增删、调整，为个别章次增加了思考题或习题、习题参考答案，尽集体创意之所能，修订而成的。

本书共 24 章，由四篇——基础篇、机理篇、合成篇和专论篇构成，分上、下两册出版。书后配有有机物分子立体形象及重要有机反应机理等资源，请扫描书后二维码下载使用。

本书可供高等师范院校化学类专业用作教材，也可供其他各类院校有关专业选用。

图书在版编目（CIP）数据

有机化学. 上册 ／ 尹冬冬主编；北京师范大学，华
中师范大学，南京师范大学编. --2 版. --北京：高等
教育出版社，2025.1. --ISBN 978-7-04-063473-0

Ⅰ.O62

中国国家版本馆 CIP 数据核字第 2024F4X007 号

YOUJIHUAXUE

策划编辑	单思易	责任编辑	陈梦恬	封面设计	杨立新	版式设计	曹鑫怡
责任校对	刘丽娴	责任印制	赵 佳				

出版发行	高等教育出版社	网　址	http://www.hep.edu.cn
社　址	北京市西城区德外大街 4 号		http://www.hep.com.cn
邮政编码	100120	网上订购	http://www.hepmall.com.cn
印　刷	北京中科印刷有限公司		http://www.hepmall.com
开　本	787mm×960mm　1/16		http://www.hepmall.cn
印　张	29.75		
字　数	550 千字	版　次	2003 年 4 月第 1 版
			2025 年 1 月第 2 版
购书热线	010-58581118	印　次	2025 年 1 月第 1 次印刷
咨询电话	400-810-0598	定　价	38.40 元

本书如有缺页、倒页、脱页等质量问题，请到所购图书销售部门联系调换

版权所有　侵权必究

物 料 号　63473-00

序

　　作为化学学科的一个重要分支,有机化学在过去的几十年中得到了飞速发展,现在已经成为与生命科学、环境科学、材料科学和能源科学相互交叉和渗透的联系密切的一门学科。有机化学不仅是大学化学类专业的基础课程,而且也是其他许多专业的必修课程。随着我国教育事业的不断发展和教育改革的不断深入,为满足不同院校、学科、专业以及现代教学手段的需要,对有机化学教材的新颖性和多样性提出了更高的要求。本教材的编写是三所参编学校对有机化学教学进行十几年的探索和改革,在各自的教学实践中实施"分层次、渐进式"教学计划,取得良好经验的基础上完成的。

　　全书分为四部分:基础篇、机理篇、合成篇与专论篇。各部分既独立成篇又相互关联,知识层次由浅入深、循序渐进,使用方便,实用性较强。基础篇注重有机化学基础知识的介绍,在机理篇、合成篇和专论篇中写入了许多新的内容,突出了本学科的研究前沿和热点,强化了与相关学科的交叉渗透,可以为不同院校提供较大的选择空间。教材中配有习题参考答案和重点展示有机分子立体形象及重要有机反应机理的数字资源,可以用来帮助学习者检验学习水平、提高学习的兴趣和效率。该书既可作为师范院校有机化学教材,也可作为综合性大学以及其他院校相关专业使用的参考书。

　　参加编写的教师都是在国内师范大学有机化学教学第一线的骨干,具有丰富的教学经验,本教材也是他们多年教学体会和经验的结晶。相信该教材的出版将对促进师范院校有机化学教学起到积极的作用。

胡宏纹

2002 年 12 月于南京

第二版前言

本书是面向 21 世纪课程教材和普通高等教育"十一五"国家级规划教材。

自本书第一版面世至今,有机化学学科持续飞速发展,有机物种类以惊人的速度增长,对经济社会的发展与环境的影响越来越受到世人的关注;世界各国都在积极应对新世纪的人才挑战,我国高等教育的改革正以前所未有的力度向深广发展,因此本教材的适时修订势在必行。

此次修订的指导思想是:在充分发挥第一版特色,不增加篇幅的前提下,尽集体创意之所能,完善撰写体系,提升科学性、严谨性。

投入充足的精力与时间,将"素质教育"、"用教材教"等教学改革的实践体验,总结、梳理,融入修订内容的"字里行间"。

此次修订的主要变动是:第七章有机化合物结构的光谱分析增加了思考题;第十三章天然有机化合物的第三节与第四节对调;第十九章有机合成路线设计增加了习题与习题参考答案;第二十四章更改了章名,用新的测定方法替换了原有的测定有机污染物的方法。

本书第二版由尹冬冬主编,仍分上、下两册出版。参加撰写的有:北京师范大学尹冬冬(第 1、2、3、4、6、17、18、24 章),秦卫东、张站斌(第 7 章),郭建权(第 22 章),谢孟峡(第 24 章);华中师范大学杨光富、汪焱钢(第 5、10、11、12、15 章),涂海洋、朱传方(第 8、9、23 章);南京师范大学王炳祥(第 19、20、21 章),孙培培、肖亚平(第 13、14、16 章)。

本书得到了广大读者尤其是各使用院校师生的肯定并提出了许多宝贵的意见、建议,提供了极其珍贵的"第一手资料"。得到了高等教育出版社岳延陆编审、赵熙、鲍浩波编辑的大力支持和帮助,在此特致以衷心的谢意。

诚挚地感谢所有支持、鼓励和帮助过我们的同志们!

由于我们水平有限,恳请各位用过或读过本书的师生,对书中的错误和不妥之处,不吝赐教! 敬请各位读者批评指正!

编 者
2010 年 1 月

第一版前言

本书是教育部"高等教育面向 21 世纪教学内容和课程体系改革计划"的一项研究成果,是面向 21 世纪课程教材和教育部普通高等教育"十五"国家级规划教材。

鉴于 20 世纪有机化学学科的飞速发展,以及当前高等教育改革的深入进行,为培养新世纪科技创新人才的需要,我们比较、分析、研究和探讨了一些国内外较有影响的有机化学教材,在三所参编学校(北京师范大学、华中师范大学、南京师范大学)近十几年来有机化学教学改革的教学实践中实施有机化学"分层次、渐进式"教学计划,取得较好经验的基础上,经过新一轮的改革、试验和进行推广使用的可行性论证后,策划编撰了本教材。

编写本教材的基本指导思想是:从我国高等师范院校有机化学课程的实际出发,充分体现教学改革的成果。精简篇幅,更新编写体系和内容;注重基础,突出本学科的研究前沿和热点;以本学科为中心,加强与相关学科的交叉和渗透。

本教材分为四部分:基础篇、机理篇、合成篇与专论篇。我们力求做到:四部分既独立成篇又相互关联,知识层次由浅入深,内容循序渐进,使用方便,实用性较强。能为不同院校提供较大的选择空间,适应各校的实际需求。

本教材配有数量较多、深浅适度的思考题和习题;内容较新的部分附上了主要的参考文献。此外,书末配有习题参考答案和重点展示有机分子立体形象及重要有机反应机理的数字资源,用来帮助学习者检验学习水平、提高学习的兴趣和效率。

本教材共有 24 章,分上、下两册出版。参加撰写的有:北京师范大学尹冬冬(第 1、2、3、4、6、17、18、24 章),郭建权(第 22 章),张站斌(第 7 章);华中师范大学汪焱钢(第 5、10、11、12、15 章),朱传方(第 8、9、23 章);南京师范大学王炳祥(第 19、20、21 章),肖亚平(第 13、14、16 章);北京市环境保护科学研究院杨丽萍(第 24 章)。

本教材的编者都是长期从事有机化学基础课教学和科研的教师。我们为了一个共同的目标,各尽所能、通力合作,期盼这本书作为一种新的尝试,能在教学改革中起到"抛砖引玉"的作用。

　　在本书的编写过程中，我们得到了南京大学教授、中国科学院院士胡宏纹先生，南开大学教授汪小兰先生的指导和帮助；得到了北京师范大学吴国庆先生、吴永仁先生、陈子康先生、刘正平先生，华东师范大学杨俐苹先生，华中师范大学万洪文先生，南京师范大学周春林先生、华林根先生，以及美国康涅狄格大学环境研究所刘士励先生的大力支持和帮助。此外，我们还得到了本单位许多老师及兄弟院校老师们的热情鼓励和帮助。特此表示诚挚的感谢！

　　由于我们水平有限，恳请各位用过或读过本书的老师，对书中的错误和不妥之处不吝赐教！敬请各位读者批评指正！

编　者
2002 年 11 月

目 录

第一部分 基 础 篇

第一部分 基 础 篇

第一章 绪 论

(Introduction)

一、有机化合物与有机化学

有机化学是化学学科的一个分支,是研究有机化合物的来源、制备、结构、性能、应用以及有关理论和方法学的科学。迄今已知的 4800 万个化合物中,绝大多数属于有机化合物,有机化合物可简称为有机物。

有机化学诞生于 19 世纪初叶,至今不足两个世纪,但已成为与人类的生存和发展有着极为密切关系的一门学科。在推动科技发展、社会进步,提高人类的生活质量及改善人类生存环境等方面,已经并将继续显示出它的高度开创性和解决重大问题的巨大能力。

1. 有机化学研究的对象

有机化学研究的对象,简言之就是有机物。什么样的物质是有机物呢?

一种观点认为:有机物是碳的化合物。由此得出,有机化学是研究碳化合物的化学。但是,一氧化碳、二氧化碳及大量的碳酸盐却不在此列。

另一种观点认为:有机物是共价键化合物。由此得出,有机化学是研究共价键化合物的化学。的确,共价键在有机化合物中占有重要地位。然而,在无机化合物中,以共价键结合的也不算少,如水、氯化氢,汞也有形成共价键的能力。

第三种观点认为:有机物是烃及烃的衍生物。由此得出,有机化学是研究烃及其衍生物的化学。这种说法与实际并不相符,因为有机物并非都可以由烃制出;若将 C_{60} 算作有机物,它的分子中不含氢,不属于烃类化合物。

从这三种观点可知,定义是人为的,它反映人们对某一客观事物的认识程度。随着人们认识的深化,定义也会不断改变。

回顾有机化学发展的历史,贝采利乌斯(Berzelius J J)于 1806 年首先把来源于植物和动物有机体的物质称为有机物,并把对这些化合物的研究称为有机化学。基于这种认识,有机物就只能在生物体内,受一种特殊力量的作用,才能产生出来,这种神奇莫测的"特殊力量"就叫作"生活力"或曰"生命力"。

1828 年贝采利乌斯的学生维勒(Wöhler F)在加热蒸发氰酸铵的水溶液时得到了脲(尿素):

$$NH_4OCN \xrightarrow{\triangle} H_2N-\overset{\overset{\displaystyle O}{\|}}{C}-NH_2$$

维勒当时 28 岁,他把这一重要的发现写信告诉他的老师——贝采利乌斯,他写道:"我要告诉您,我不需要肾脏或动物(无论是人或犬)就能制出脲来。"但是,当时他的老师及其他化学家都没有承认这一实验事实,甚至有人为了维护"生命力"学说,认为脲不过是动物体的"排泄物","排泄物"是低级的,易分解成二氧化碳和氨,因此不予肯定。

直到 19 世纪中叶,更多的有机物由无机物合成出来:1845 年柯尔贝(Kolbe H)合成了醋酸;1854 年柏赛罗(Berthelot M)合成了油脂;其他的一些有机物也相继由无机物合成出来。有力地证实了,有机化合物的制备并没有什么神奇莫测的力在作用,只是存在有关知识和实验技巧等方面的问题。于是,"生命力"学说在科学的事实面前"破产"了。

上面所提到的三种观点,尽管都有美中不足之处,然而它们都摒弃了"生命力"学说的观点,故特作介绍。

2. 学习有机化学的目的

有机化学是一门非常重要的学科,它和人类的生活有着极为密切的关系。人体的变化本身就是一连串非常复杂、彼此制约、相互协调的有机物的变化过程;人要生存、发展一刻也离不开有机物,有些有机物对人来说,是根本不可缺少的;有的缺少了,将会使人们的生活返回到很原始的地步。

有机化学是一门基础科学,它和许多学科的发展有着极为密切的关系。它是染料化学、高分子化学……并且是医学和生物学的基础。例如,目前很热门的"分子生物学"中的分子就是有机物分子。

从 20 世纪 60 年代开始,人工合成了叶绿素、胰岛素、维生素 B_{12}、前列腺素等重要的活性物质。这些有机化学的研究成果,大大地促进了医学和生物学的发展。有机化学和医学、生物学、物理学、环境学等学科密切配合,预计可以征服现在尚束手无策的疾病,控制遗传,延长人的寿命。这也必然会使人类的社会生活发生相应的、深刻的变化。

总之,无论是在基础科学领域里,还是在生产技术的发展中,有机化学都居于重要的地位。我们学习这门学科,不仅要掌握它的基础理论,还要注重理论与实践的联系,这就会给有机化学带来旺盛的生命力。

3. 有机物的特性

有机物与无机物间虽无不可逾越的鸿沟,然而从贝采利乌斯把它们分成两类化合物以来,仔细品味是不无道理的。

首先,组成与结构特点不同。组成无机物的元素种类很多,100 多种元素中的大多数都参与其中。有机物却大多由碳、氢、氧、氮、硫、磷、卤素等七八种元素组成,并且数目庞大,结构复杂而精巧。

为什么有机物数目庞大,结构复杂而精巧呢?这是由于:碳原子彼此间可以成键,并且既可以是直链,又可以带有支链,还可以成环;碳的四价不仅可以由氢,而且可以由氧、卤素等元素的原子或原子团饱和起来;同分异构现象很普遍,碳原子数愈多,同分异构体数目愈多,同分异构现象的内容愈丰富。除碳链异构、官能团异构、官能团位置异构外,还存在构象异构、顺反异构(几何异构)、旋光异构、互变异构等现象。

其次,性质上的特点亦不同。碳原子处于周期表的第二周期第Ⅳ主族,恰好在电负性极强的卤素和电负性极弱的碱金属之间。这个特殊的位置,不仅使有机物数目繁多,组成复杂,而且使有机物具有不同于无机物的诸多特点,其主要有:

(1)易燃烧 一般的有机物都容易燃烧,如食油、酒精等。假若分子中只含碳和氢元素,燃烧的结果最终生成二氧化碳和水。

我们不仅可以利用这个性质来区别有机物和无机物(把样品放在一小块白金片上,在火焰上慢慢加热,如样品是有机物,立刻着火或炭化变黑,最终完全烧掉,不遗残留物。而大多数无机物不能着火,也不能烧尽),而且可以利用它作有机物的定量测定方法——测定碳和氢的标准方法。

(2)熔点低 有机物的熔点一般低于300℃,通常在40～300℃之间,如蔗糖的熔点为170～186℃(分解)。而无机物通常熔点较高,如食盐的熔点为808℃。大多数有机物都有一定的熔点,在实验室中很容易测定出有机物的熔点。因此,在鉴别有机物时,熔点是个重要的物理常数。

(3)难溶于水 水是一种极性很强、介电常数很大的液体。无机物溶于水的过程,经常是溶剂化的过程,主要是静电的作用。有机物通常是共价键结合的且极性弱或全无极性,所以很多有机物都难溶于水,而易溶于有机溶剂。例如,酒精、糖、醋酸之所以溶于水,是因为它们和水一样,分子中含有—OH;习惯上用AcOH这个符号表示醋酸,为的是着重指出这一事实。

对于大多数的有机物都易溶在极性弱的或非极性的溶剂中,这类溶剂被称为有机溶剂,如苯、乙醚、氯仿、丙酮、四氯化碳等。

(4)稳定性差 有机物常常不如无机物稳定,尤其是具有生物活性的有机物在光、热、细菌等因素的影响下,较易发生变化。例如,白色的Vc药片,长期曝露在空气中会被氧化而变黄;抗菌素药片或针剂久置后会失效。因此,在包装上都标有失效日期。

(5)反应速率慢且常伴有副反应 无机反应大多是离子反应,反应是非常迅速的。例如:

$$AgNO_3 + NaCl \longrightarrow AgCl \downarrow (白) + NaNO_3$$

有机反应很少是离子反应,反应是比较缓慢的。例如,醋酸和乙醇的酯化反应:

$$CH_3COOH + C_2H_5OH \rightleftharpoons CH_3COOC_2H_5 + H_2O$$

达到平衡要 16 年,即使用无机酸催化,达到平衡也要几小时。因此,在进行有机反应时,常采用加热、加催化剂、搅拌、光照等方法,以加速反应的进行。

又由于有机分子组成较复杂,所以当它与某试剂作用时,分子的各部分都受到不同程度的影响,反应不一定只在分子的某一特定部分发生,在特定部分外发生的反应称为副反应。因此,有机反应极少是定量完成的。而无机反应,如沉淀、中和、氧化或还原,这些反应所遵循的数量关系,构成了定量分析的基础。正由于有机反应的副反应多,使得有机化学工作者常常只用了少部分时间去完成反应,而将很多的时间用于从反应的目的物——产物——中除去杂质。杂质指的是未反应的原料物、副反应的生成物、催化剂、溶剂等非目的物。目前有许多反应是以毫克,甚至以微克的用量进行的半微量、微量有机合成,因此对分离、纯化技术的要求是很高的。

必须强调指出,理解有机物的特点时,不要绝对化。例如,CCl_4 不易燃烧,曾经用作灭火剂;TNT(黄色炸药)发生的氧化反应并不慢,是爆炸性的;六六六(1,2,3,4,5,6-六氯环己烷)是稳定的分子,使用过程中对人的毒害是积累性的。

第三,有机物大多数以共价键结合。因此,可以认为有机化学是研究共价键化合物的化学。有机反应的过程,就是旧共价键断裂、新共价键生成的过程。

4.有机物的分类

数以千万计的有机物,研究起来是相当困难的。为此,化学工作者将其分类,以利于研究工作的顺利进行。常用的分类方法有两种:一种是根据分子中碳原子的连接方式(简称碳架)分类;另一种则按照决定分子主要化学性质的特殊原子或原子团(官能团)来分类。

有机化合物可以根据分子中的碳架分成三类:

(1)开链化合物　这类化合物中的碳架成直链(或称正链,即不带有支链),或为有支链的开链而无环状结构。例如:

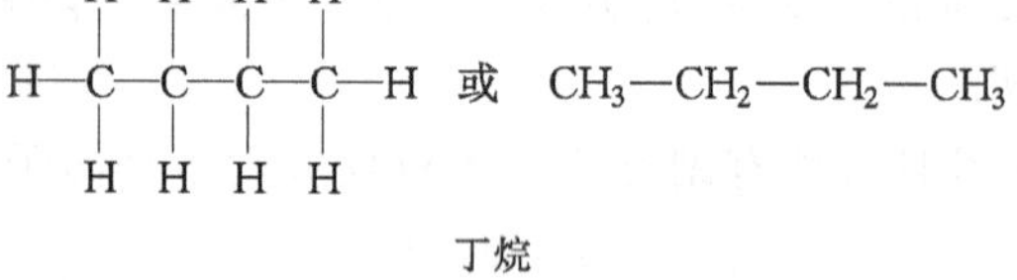

$$
\begin{array}{c}
\text{H H H H} \\
| \ | \ | \ | \\
\text{H—C—C—C—C—H} \quad 或 \quad CH_3—CH_2—CH_2—CH_3 \\
| \ | \ | \ | \\
\text{H H H H}
\end{array}
$$

丁烷

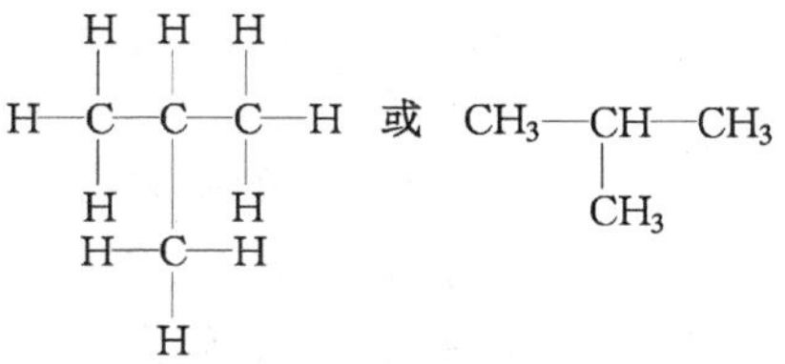

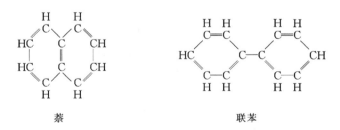

2－甲基丙烷

由于最初在油脂中发现这种长链的结构,这类化合物又称为脂肪族化合物。

（2）碳环化合物　这类化合物分子中含有完全由碳原子组成的环。根据碳环的特点它们又分为两类:

一类是脂环族化合物,其性质与脂肪族化合物相似,结构上可看作是由开链化合物关环而成的。例如:

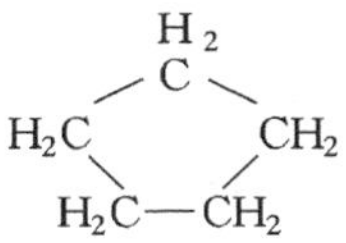

环戊烷 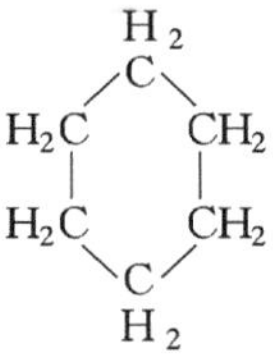　　　　　　　　环己烷

另一类是芳香族化合物,这类化合物分子中大都含有苯环,性质上与脂肪族化合物有较大区别。例如:

萘　　　　　　　　联苯

（3）杂环化合物　这类化合物分子中的环是由碳原子和其他元素原子组成的。例如:

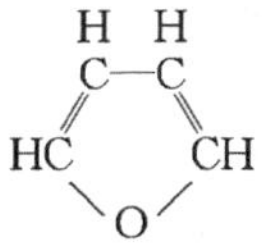

呋喃 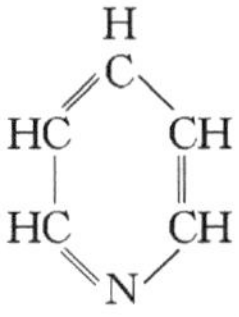　　　　　　　　吡啶

按官能团分类的方法,将含有同样官能团的化合物归为一类,因为一般说来,含有同样官能团的化合物在化学性质上是基本相同的。

开链化合物和碳环化合物的母体是相应的碳氢化合物,杂环化合物的母体是最简单的杂环化合物,即成环的原子在环外只与氢原子结合。

在基础有机化学中,有的先按碳架分类,然后再按官能团分类;有的直接按官能团分类。本书中主要采用后一种方法。一些最重要的官能团见表 1-1。

表 1-1　重要官能团

结　构	名　称	结　构	名　称
$\mathrm{C{=}C}$	双　键	$\mathrm{C{=}N{-}R}$	亚氨基
$-\mathrm{C}{\equiv}\mathrm{C}-$	三　键	$\mathrm{C{=}N{-}NH_2}$	腙基
$-\mathrm{OH}$	羟　基	$\mathrm{C{=}N{-}OH}$	肟基
$-\mathrm{X}$	卤　基	$-\overset{\mathrm{O}}{\underset{}{\mathrm{C}}}-\mathrm{OH}$	羧　基
$-\overset{\mid}{\underset{\mid}{\mathrm{C}}}-\mathrm{O}-\overset{\mid}{\underset{\mid}{\mathrm{C}}}-$	醚　基	$\mathrm{R}-\overset{\mathrm{O}}{\underset{}{\mathrm{C}}}-$	酰　基
$-\overset{\mid}{\underset{\mid}{\mathrm{C}}}-\mathrm{O}-\mathrm{O}-\overset{\mid}{\underset{\mid}{\mathrm{C}}}-$	过氧基	$-\overset{\mathrm{O}}{\underset{}{\mathrm{C}}}-\mathrm{X}$	酰卤基
$-\mathrm{OX}$	次卤基	$-\overset{\mathrm{O}}{\underset{}{\mathrm{C}}}-\mathrm{OR}$	酯　基
$-\mathrm{NH_2}$	氨　基	$-\overset{\mathrm{O}}{\underset{}{\mathrm{C}}}-\mathrm{O}-\overset{\mathrm{O}}{\underset{}{\mathrm{C}}}-$	酸酐基
$-\mathrm{NHR}$	二级氨基		
$-\mathrm{NHX}$	卤氨基	$-\overset{\mathrm{O}}{\underset{}{\mathrm{C}}}-\mathrm{NH_2}$	酰氨基
$-\mathrm{NHOH}$	羟氨基		
$-\mathrm{NH}-\mathrm{NH_2}$	肼　基	$-\overset{\mathrm{O}}{\underset{}{\mathrm{C}}}-\mathrm{NHR}$	二级酰氨基
$-\overset{\mathrm{O}}{\underset{}{\mathrm{CH}}}$	醛基(甲酰基)	$-\overset{\mathrm{O}}{\underset{}{\mathrm{C}}}-\mathrm{NR_2}$	三级酰氨基
$-\overset{\mathrm{O}}{\underset{}{\mathrm{C}}}-$	羰　基	$-\mathrm{NO_2}$	硝　基
$-\mathrm{CH}\overset{\mathrm{OR}}{\underset{\mathrm{OR}}{}}$	缩醛基	$-\mathrm{NO}$	亚硝基
$\mathrm{C}\overset{\mathrm{OR}}{\underset{\mathrm{OR}}{}}$	缩酮基	$-\mathrm{SO_3H}$	磺酸基

二、共价键

鉴于有机物分子中的化学键主要是共价键,所以共价键理论是研究有机化合物结构和性质的理论基础。

1. 共价键的概念

共价键的概念是美国化学家路易斯(Lewis G N)于 1916 年提出来的。按照路易斯的观点,原子的电子可以配对形成共价键,使原子能够形成一种稳定的惰性气体的电子构型。例如:

$$H\cdot + \cdot H \longrightarrow H:H \qquad 即氢分子$$

$$4H\cdot + \cdot \overset{\cdot}{\underset{\cdot}{C}}\cdot \longrightarrow H:\overset{\overset{H}{\cdot\cdot}}{\underset{\underset{H}{\cdot\cdot}}{C}}:H \qquad 即甲烷分子$$

用共价结合的外层电子(价电子)表示的电子结构式称为路易斯结构式。通常两个原子间的一对电子表示单键,两对或三对电子分别表示双键或三键。为了便于书写,通常用一短线表示电子对,孤电子对可以省略,有时还将键线省略。例如,正丁烷可有以下三种表示方式:

$$H-\overset{\overset{H}{|}}{\underset{\underset{H}{|}}{C}}-\overset{\overset{H}{|}}{\underset{\underset{H}{|}}{C}}-\overset{\overset{H}{|}}{\underset{\underset{H}{|}}{C}}-\overset{\overset{H}{|}}{\underset{\underset{H}{|}}{C}}-H \qquad CH_3-CH_2-CH_2-CH_3 \qquad CH_3CH_2CH_2CH_3$$

另一种更简便的方法,是将 C、H 的元素符号都省略,只以键线表示碳链,线段起点表示甲基,重合点表示亚甲基。考虑到碳原子四价的空间排列状况,碳链应呈锯齿形。例如:

$$CH_3CH_2CH_2CH_2CH_2CH_3 \qquad 表示为 \qquad \diagup\!\!\diagdown\!\!\diagup\!\!\diagdown$$

用路易斯结构式表示离子的结构时,需要标出形式电荷。例如,甲基正离子和负离子可以表示为:

$$\left[\,H:\overset{H}{\underset{H}{C}}\,\right]^{+} \qquad \left[\,H:\overset{\overset{H}{\cdot\cdot}}{\underset{\underset{H}{\cdot\cdot}}{C}}\,\right]^{-}$$

路易斯结构是从经验基础上提出的共价结合模型,至今仍被大多数化学家所接受并广泛使用。

2. 共价键的属性

(1) 键长 两个成键原子的原子核互相接近到一定距离时,体系能量最低,最稳定,该距离称为键长。如果两个原子再接近时,由于核间斥力,能量会升高,所以共价键键长是两原子核间斥力和引力相平衡时的距离。实际上是指两原子核间的平均距离,常用 nm 作键长的单位。常见共价键的键长见表 1-2。

表 1-2 一些常见共价键键长

键	键长/nm	键	键长/nm	键	键长/nm
C—C	0.154	—C—H	0.109	C≡C	0.134
C—F	0.138	=C—H	0.107	C=O	0.120
C—Cl	0.178	≡C—H	0.106	C≡C	0.120
C—Br	0.190				
C—I	0.214				
C—O	0.141				
C—N	0.147				

(2)键能与键解离能 两个原子互相接近到一定程度,体系能量降低,有热量放出。例如,2 mol 的氢原子结合生成 1 mol 氢分子时,要放出 435 $kJ \cdot mol^{-1}$ 的热量:

$$2H \cdot \longrightarrow H_2 \qquad \Delta H = -435 \ kJ \cdot mol^{-1}$$

如果要破坏氢分子间的化学键,则必须消耗外界提供的与上述相等的能量。

$$H_2 \longrightarrow 2H \cdot \qquad \Delta H = +435 \ kJ \cdot mol^{-1}$$

这种由双原子分子(气态)的共价键解离为原子(气态)时所需的能量称为键解离能(E_d)。对于多原子分子,同一种键的解离能却不相同。例如,依次断裂甲烷的四个 C—H 键时,键的解离能不同:

$$CH_4 \longrightarrow CH_3 \cdot + H \cdot \qquad E_d(CH_3-H) = 435 \ kJ \cdot mol^{-1}$$

$$CH_3 \cdot \longrightarrow \cdot CH_2 \cdot + H \cdot \qquad E_d(CH_2-H) = 443 \ kJ \cdot mol^{-1}$$

$$\cdot CH_2 \cdot \longrightarrow \cdot \overset{\cdot}{C}-H \cdot + H \cdot \qquad E_d(CH-H) = 443 \ kJ \cdot mol^{-1}$$

$$\cdot \overset{\cdot}{C}-H \cdot \longrightarrow \cdot \overset{\cdot}{\underset{\cdot}{C}} \cdot + H \cdot \qquad E_d(C-H) = 340 \ kJ \cdot mol^{-1}$$

这四个键解离能的平均值:1661 $kJ \cdot mol^{-1}$/4 = 415 $kJ \cdot mol^{-1}$,称为键能(E)。对于多原子分子,共价键的键能是指同一类共价键的平均键解离能。虽然键的解离能在多数情况下,比键能更为确切,对我们也更有用,但在一般简单的近似计算中,键能也能满足要求。某些键的解离能见表 1-3。

表 1 - 3　键解离能(单位:kJ·mol^{-1})

H—H	435			CH₃—H	435		
H—F	568	F—F	160	CH₃—F	451		
H—Cl	431	Cl—Cl	244	CH₃—Cl	353		
H—Br	370	Br—Br	193	CH₃—Br	294		
H—I	298	I—I	151	CH₃—I	235		
CH₃—H	435	CH₃—CH₃	370			CH₃—Br	294
C₂H₅—H	412	C₂H₅—CH₃	357	C₂H₅—Cl	340	C₂H₅—Br	290
正 - C₃H₇—H	412	正 - C₃H₇—CH₃	357	正 - C₃H₇—Cl	344	正 - C₃H₇—Br	290
异 - C₃H₇—H	399	异 - C₃H₇—CH₃	353	异 - C₃H₇—Cl	340	异 - C₃H₇—Br	286
叔 - C₄H₉—H	382	叔 - C₄H₉—CH₃	336	叔 - C₄H₉—Cl	332	叔 - C₄H₉—Br	265
H₂C=CH—H	435	H₂C=CH—CH₃	386	H₂C=CH—Cl	353		
H₂C=CHCH₂—H	370	H₂C=CHCH₂—CH₃	320	H₂C=CHCH₂—Cl	252	H₂C=CHCH₂—Br	197
C₆H₅—H	468	C₆H₅—CH₃	391	C₆H₅—Cl	361	C₆H₅—Br	302
C₆H₅CH₂—H	357	C₆H₅CH₂—CH₃	264	C₆H₅CH₂—Cl	286	C₆H₅CH₂—Br	214

(3) 键角　因为共价键有方向性,键角就是指两个共价键之间的夹角。碳原子的正常夹角是109°28′。例如,甲烷或四氯化碳分子中碳原子的键角为109°28′。如果与碳原子相连的四个原子不全相同,则许多因素会使键角发生偏离。例如,丙烷分子中的 C—C—C 键角不是109°28′,而是112°,H—C—H 键角则为106°。

(4) 键的极性　由共价键连接起来的两个原子分享一对电子,若两个原子相同,这一对电子将均匀地对称分布在两个原子核中间,正电荷与负电荷中心重合,键没有极性,称为非极性共价键;若两个原子不同,由于电负性的差异,这一对电子就不能均匀地对称分布在两个原子核中间。这样一来,正电荷与负电荷的中心就不重合,使键一端的电子云密度增大,而带有部分负电荷(常用 δ - 表示);另一端的电子云密度减小而带有部分正电荷(常用 δ + 表示),从而使键产生极性,称为极性共价键。两个原子的电负性差异越大,键的极性就越强。例如:

常见元素的电负性值(鲍林值)见表1-4。

表1-4 常见元素电负性值(近似值)

H						
2.1						
Li	Be	B	C	N	O	F
1.0	1.5	2.0	2.5	3.0	3.5	4.0
Na	Mg	Al	Si	P	S	Cl
0.9	1.2	1.5	1.8	2.1	2.5	3.0
						Br
						2.8
						I
						2.5

共价键的极性是用偶极矩(μ)表示的。偶极矩是电荷与正负电荷之间距离的乘积,是一个向量。一般用箭头加一竖线表示,箭头指向带负电荷的原子一方。例如:

只有简单分子如 HCl 的偶极矩可以直接测定。复杂分子中键的偶极矩则是间接计算出来的。分子的偶极矩是各个键偶极矩的向量总和。例如,C—Cl 键的偶极矩为 4.78×10^{-30} C·m(库[仑]·米)。而在对称分子,如 CCl_4 中,每一个 C—Cl 键的成键电子对均偏向于氯,因而有极性;但整个分子中,四个 C—Cl 键的极性互相抵消,偶极矩为零,没有极性。所以我们要把键的偶极矩与整个分子的偶极矩区分开来。常见共价键的偶极矩见表1-5。

表1-5 常见共价键的偶极矩

共价键	$\mu/(10^{-30}C·m)$	共价键	$\mu/(10^{-30}C·m)$	共价键	$\mu/(10^{-30}C·m)$
H—C	1.33	H—I	1.27	C—Br	4.60
H—N	4.37	C—N	0.73	C—I	3.97
H—O	5.04	C—O	2.47	C=O	7.67
H—S	2.27	C—S	3.00	C≡N	11.67
H—Cl	3.60	C—F	4.70		
H—Br	2.60	C—Cl	4.78		

(5) 键的可极化性 共价键(不论是极性的还是非极性的)处于外电场中,能受外电场的影响,引起电子云密度的重新分布,从而改变键的极性,这种现象称为键的可极化性。

键的可极化性主要决定于成键原子间价电子活动能力的大小。例如，C—X
键的可极化性顺序是 C—I＞C—Br＞C—Cl。这是因为碘原子比氯原子与溴原
子的半径都大，电负性又较小，对电子约束力也较小，因而在外电场影响下，成键
电子云偏移度就比较大。键的可极化性是在外电场影响下产生的，是一种暂时
现象，外界电场除去后，就又恢复到原来的状态。

　　3．共振论简介

　　实践证明，我们惯用的经典路易斯结构式，往往不能圆满地表示某些分子的
结构。例如，苯(C_6H_6)可以写出两个等同的路易斯结构式，如下图所示：

由其中任何一个路易斯结构式推测出的苯的性质均与事实不符。因为单从这两
个式子，无论如何也看不出原来画的单键已经有了部分双键的性质；双键也不如
孤立的双键典型。对于存在两个或两个以上等同路易斯结构式的分子，用任何
一个路易斯结构式都不能精确描述其结构。为了解决这一问题，1927 年美国化
学家鲍林(Pauling L)提出了一个理论——共振论。

　　(1) 共振论的主要内容　　鲍林指出：当一个分子不能用某一种路易斯结构
式圆满地表示其结构时，可以用多种路易斯结构式的共振"杂化体"来表示。每
一个式子表示一个"共振"式，每个式子对"杂化体"的贡献是不同的。共振"杂化
体"的能量比每个共振式(极限式)的能量都低，所降低的能量称为共振能。共振
式能量越低者对共振"杂化体"的贡献越大，所占比例越高。

　　用共振"杂化体"表示的分子，其稳定程度可以用共振能的大小来说明，共振
能越大，分子越稳定。影响分子稳定性的因素大致有：参加共振的极限式个数，
极限式越多，分子越稳定；参加共振的极限式结构，结构越接近，对共振杂化体的
贡献越大，分子越稳定。

　　当有两个或两个以上能量最低，而结构又相同或者接近相同的式子时，它们
参与的共振最多，共振出的杂化体越稳定。

　　影响极限式稳定性的因素有：电荷分布状况，电荷越分离，极限式越不稳定；
键长与键长变形的情况，变形越大者，极限式越不稳定。

　　(2) 书写共振式时的若干规定

　　第一，双箭头"　←→　"为共振符号。纸面上所写的式子叫作共振式或极限
式。"甲　←→　乙"只说明所代表的结构既不是甲，又不是乙，而是它们彼此"叠
加"、"共振"出来的"杂化体"；它们不代表两种客观存在，不能表明所代表的结构
一会儿是甲，一会儿又是乙，它与"⇌"符号是不相同的，必须分清两者的含义。
后者表示两种客观存在，共存一个体系之中并且是互相转变的，表现出双重的反
应性能。

第二,书写极限式时必须符合路易斯价键理论。此外,原子核的相对位置不能改变,只允许电子在排布上有所差别。例如:

> 一对电子成单键;
> 两对电子成双键;
> 氢原子外层电子不超过两个;
> 第二周期元素的原子,最外层电子不超过八个(八隅体稳定)。

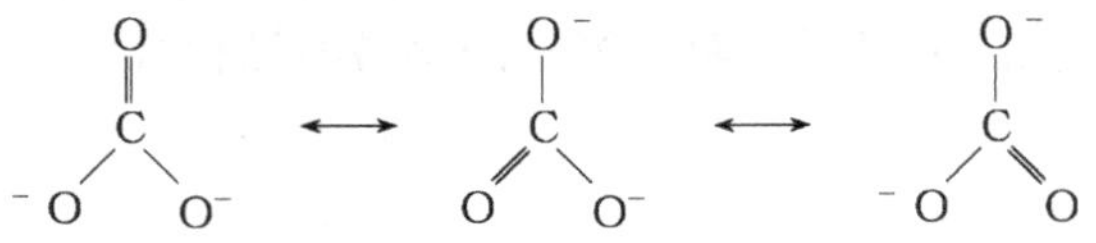

第三,在所有的极限式中,未共用的电子数必须相等。例如:

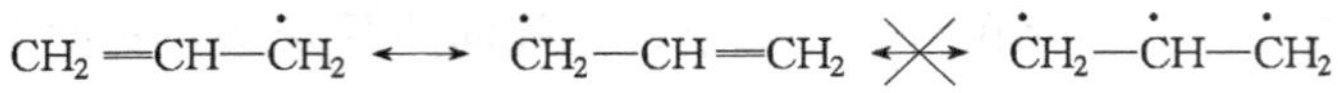

$$CH_2 = CH - \overset{\cdot}{C}H_2 \longleftrightarrow \overset{\cdot}{C}H_2 - CH = CH_2 \xtwoheadleftrightarrow{} \overset{\cdot}{C}H_2 - CH - \overset{\cdot}{C}H_2$$

由于鲍林在"共振论"中引入了一些任意的规定。例如,参加共振极限式的多少是一个可变的参数,这要由选择的极限式决定,选择时就有很大的随意性;把极限式的数目和共振的多少联系起来,极限式越多,共振也越多。因此,有时就得出了与事实不甚相符的结论,这应该是能预料到的。

现在的化学文献及欧美国家出版的有机化学教科书中常用共振论解释一些问题,其原因在于:它采用了经典的结构式,比起用分子轨道的方法较为清楚、简便,容易被人们所接受。

三、价键理论和分子轨道理论

无论是路易斯还是鲍林对化学键的解释都是以经典力学为基础的,对共价键形成的本质都未予以说明。直到量子力学引入化学学科中,人们才对共价键的形成有了理性的认识。量子力学对于共价键形成有多种解释方法,其中常用的有价键理论和分子轨道理论。

1.价键理论

根据量子力学原理,共价键的形成是由于成键原子轨道相互重叠的结果。两个成键原子轨道中自旋反平行的两个电子,在轨道重叠的区域内为两个原子所共有。其结果是:一方面降低了原子核间的正电排斥作用,另一方面也增加了原子核对电子的吸引力,降低了体系势能,从而形成稳定的化学键。例如,氢分子的形成是由于两个氢原子的成键轨道相互重叠,降低了体系的势能,形成稳定共价键的结果。

价键理论的基本要点如下:

（1）两个原子具有自旋反平行的未成对电子,当它们相互接近时,可以偶合配对,形成稳定的共价键。如果两个原子各有一个电子,则配对形成单键;若各有两个或三个电子,则配对分别形成双键或三键。

（2）若一个原子 A 有两个或多个未成对电子,另一个原子 B 只有一个未成对电子,则 A 原子可与两个或多个 B 原子相结合。例如,碳原子有四个未成对电子,氢原子有一个未成对电子,一个碳原子就可以与四个氢原子结合形成甲烷分子（CH_4）。

（3）若一个原子的未成对电子已经配对,它就不能再与其他原子的未成对电子配对,这称为共价键的饱和性。

（4）成键电子的原子轨道重叠愈多,电子云密度愈大,所形成的共价键愈稳定,称为电子云最大重叠原理。

（5）原子轨道在可能的范围内,采取电子云密度最大的方向重叠而成键,称为共价键的方向性。例如,两个碳原子的 p_x 轨道只有沿 x 轴方向才能最大程度重叠,这种成键方式称为"头碰头"重叠,形成的共价键称为 σ 键,电子云沿键轴方向呈圆柱形对称分布(见图 1-1)。当两个碳原子互相平行的轨道,如 p_z 轨道相互重叠时,只有侧面平行接近,才能最大程度重叠,这种成键方式称为"肩并肩"重叠,形成的共价键称为 π 键,电子云分布于键轴平面的上下方(见图1-2)。

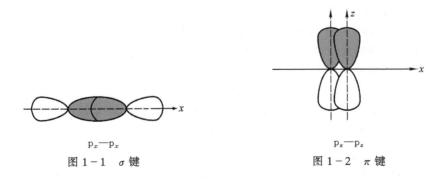

p_x—p_x	p_z—p_z
图 1-1　σ 键	图 1-2　π 键

（6）只有能量相近的轨道才能有效地重叠成键,称为能量相近原理。对有机物来说,s、p 轨道最重要,它们之间的能量相差不大,有机分子中的共价键主要由这两种轨道重叠生成。

（7）能量相近的轨道可以进行杂化,组成新的、能量相等的杂化轨道,杂化轨道具有更强的成键能力,形成的分子更稳定,称为杂化轨道理论。

以甲烷为例,当碳原子和氢原子形成甲烷分子时,碳原子的 2s 轨道中的一个电子,首先激发到 $2p_z$ 轨道,使碳原子形成 $2s^1 2p_x^1 2p_y^1 2p_z^1$ 的激发态价电子层结

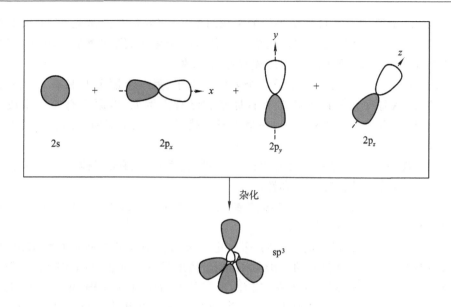

图 1-3　sp³ 杂化轨道的形成示意图

构(电子激发时所需的能量由成键时释放的能量予以补偿),然后一个 2s 轨道和三个 2p 轨道进行杂化,生成四个完全相同的新轨道,称为 sp³ 杂化轨道(见图 1-3)。每个 sp³ 杂化轨道电子云密度大的一头,再与一个氢原子的 1s 轨道,沿着轨道对称轴的方向重叠,生成四个完全相同的碳氢 σ 键。

由于价键理论只考虑了直接成键原子间的相互作用,所以结果直观、明了。多数情况下能够较好地描述有机分子的性质,得到较为广泛的应用。

根据价键理论的观点,形成共价键的电子对只在成键原子间运动,是定域的。因此无法形象地表示多个原子相互作用的共轭体系,也无法解释由此产生的一系列现象。若采用分子轨道理论,这些问题将会得到较为满意的解释。

2.分子轨道理论

分子轨道理论认为成键电子不是定域在直接成键原子之间,而是在整个分子中运动,是离域的。

电子在分子中运动的状态函数称为分子轨道。同原子轨道一样,每个分子轨道也具有一定的能级,分子中的电子,根据能量最低原理、保里(Pauli W)原理和洪特(Hund F)规则逐级排列在分子轨道中。

分子轨道可以近似地由原子轨道用线性组合的方式得到,形成的分子轨道数目等于参加组合的原子轨道总数。进行线性组合时,必须遵守三个原则:对称性匹配原则、能量相近原则和电子云最大重叠原则。

符合上述三个原则的原子轨道线性组合成分子轨道时,若有 n 个原子轨道就可以线性组合成同等数目的 n 个分子轨道。当原子轨道的数目为偶数时,其中有一半分子轨道的能量低于原子轨道,称为成键轨道;另一半分子轨道的能量高于原子轨道,称为反键轨道。当原子轨道的数目为奇数时,有一个分子轨道与原子轨道的能量相同,不参与成键,称为非键轨道;其余的轨道有一半为成键轨道,另一半为反键轨道。

以两个氢原子的原子轨道线性组合形成氢分子为例,其分子轨道与能量关系如图 1－4 及图 1－5 所示。

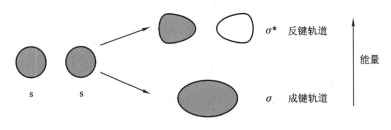

图 1－4 氢分子轨道的形成

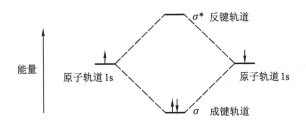

图 1－5 氢分子轨道能级图

由于分子轨道理论从分子的能量和电子运动的规律来阐明分子中成键的方式,所以对于共轭有机分子的结构和性质能够给出较为满意的解释。

四、有机反应的类型

为了深入研究化学反应的实质,化学工作者需要研究由反应物分子经过化学作用生成产物所经历的全过程。简言之,即反应所经过的历程称为反应机理,也可称为反应历程。究其反应机理应包括:每步反应,每一个分子中原子的动态及活泼(性)中间体的结构、稳定性和能量等诸多方面的整体描述。尽管目前无法完全了解反应机理,然而它却能使我们在实际的研究工作中,有了某些理论依据,带来极大的方便。

按反应时键的断裂方式,有机反应主要可分为均裂、异裂和协同(或分子)三类反应。

1. 均裂反应(homolytic reaction)

通常反应体系经过加热、光照或游离基引发剂的作用,在反应过程中键断裂时,成键的一对电子平均地分给两个原子或原子团。例如,一个氯分子在紫外光的照射下,生成两个氯原子:

$$\overset{..}{\underset{..}{Cl}}\!:\!\overset{..}{\underset{..}{Cl}}\!: \xrightarrow{h\nu} 2\ \overset{..}{\underset{..}{Cl}}\!\cdot$$

这种断裂方式称为均裂,均裂时生成的原子或原子团带有一个单电子,用黑点表示,称为游离基(free radical),或称自由基,它是电中性的,如 $H_3C\cdot$(甲基游离基)。游离基多数只有瞬间寿命,是活泼(性)中间体的一种。

分子经过均裂而发生的反应称为游离基反应(free radical reaction)。此类反应共包括下列三种情况:

分子解离为游离基,或游离基由其未配对电子的配对而形成分子的反应。例如:

$$(C_6H_5)_3C\!-\!C(C_6H_5)_3 \rightleftharpoons 2(C_6H_5)_3C\cdot$$

游离基取代反应,例如:

$$CH_3\cdot + CCl_4 \longrightarrow CH_3Cl + \cdot CCl_3$$

游离基加成或其逆反应,此种反应能形成链反应,例如:

$$R'\cdot + R_2C\!=\!CR_2 \rightleftharpoons R'\!-\!\underset{\underset{R}{|}}{\overset{\overset{R}{|}}{C}}\!-\!\underset{\underset{R}{|}}{\overset{\overset{R}{|}}{C}}\!\cdot$$

2. 异裂反应(heterolytic reaction)

在相互作用的两个体系之间,由于一个体系对另一个体系电子的吸引,使得反应过程中,键断裂时成键的一对电子不能平均分配给两个原子或原子团,而被某一原子或原子团所占有。例如,叔丁基氯分子中的碳氯键异裂成叔丁基碳正离子和氯负离子:

$$(CH_3)_3C\!:\!Cl \longrightarrow (CH_3)_3C^+ + Cl^-$$

这种断裂方式称为异裂,生成正离子(cation)和负离子(anion)。此类反应往往在酸、碱或极性物质(如极性溶剂)催化下进行,离子通常也只有瞬间寿命,也是活泼中间体的一种。

经过异裂生成离子的反应称为离子型反应(ionic reaction)。

离子型反应根据反应试剂的类型不同,又可分为亲电反应(electrophilic reaction)与亲核反应(nucleophilic reaction)两类。

亲电反应:反应试剂很需要电子或"亲近"电子,容易与被反应的化合物中能提供电子的部位发生反应。例如,丙烯与溴化氢的加成反应:

$$CH_3-CH=CH_2 + HBr \longrightarrow CH_3-\overset{+}{C}H-CH_3 + Br^- \longrightarrow \begin{array}{c} CH_3-CH-CH_3 \\ | \\ Br \end{array}$$

反应过程中,首先 H^+ 与电荷密度较大的碳原子结合,然后 Br^- 与碳正离子结合。此反应是先由缺电子试剂进攻具有部分负电荷的碳原子发生的,这个试剂称为亲电试剂(electrophile 或 electrophilic reagent),由亲电试剂进攻而发生的反应称为亲电反应。

在反应中与试剂发生反应的化合物称为底物,上述反应中 $CH_3CH=CH_2$ 就是底物。

亲核反应:试剂能提供电子,容易与底物中电子云密度较小的部分发生反应。如卤代烷的氰解反应:

$$R-X + CN^- \xrightarrow{\text{醇}} R-CN + X^-$$

反应过程中,首先由 CN^- 进攻与卤原子相连的、带有部分正电荷的碳原子,然后卤原子带着一对电子离去。这类能提供电子的试剂称为亲核试剂(nucleophile 或 nucleophilic reagent),由亲核试剂进攻而发生的反应称为亲核反应。

3. 协同反应

协同反应是在 20 世纪 60 年代,根据过去已知的很多反应总结成的一类反应。所谓协同反应是指起反应的分子——单分子或双分子——发生化学键的变化,反应过程中只有键变化的过渡态,断键和成键一步发生,没有游离基或离子等活性中间体产生。简单地说:协同反应是一步反应,可在光或热的作用下发生。协同反应往往有一个环状过渡态,例如,双烯合成反应经过一个六元环过渡态,不存在中间步骤。1,3-丁二烯与乙烯发生的环加成反应,就是此类反应。

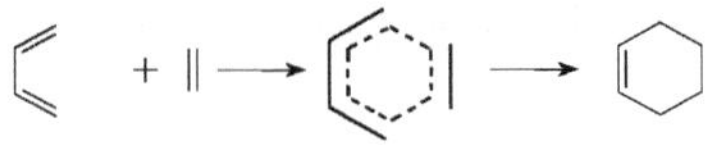

4. 各类有机化学反应的特点

对上述的各类有机化学反应仔细考察,可以发现各有其不同的特点。

游离基反应常在气相状态下发生,有诱导期,且常为链反应。此类反应又大都受光、微量的氧化物和过氧化物的影响。很少需要酸或碱来催化。反应速率不易受溶剂离子溶剂化力(ion-solvating ability)的影响。通常游离基反应比离子反应需要较高的温度才能进行。

离子反应很少在气相状态下发生。它们时常需要酸或碱来催化,而不受光、微量的氧或过氧化物的影响。此类反应通常无诱导期,亦不是链反应。反应速率受溶剂离子溶剂化力的影响甚大。

协同反应的速率则不论液相或气相都很少受其他因素的影响而发生变化。

此三类反应的机理并无明显的界限。同时,少数反应的机理往往不是单一的,而是介于两种机理之间。此外有些情况下,一个反应含有一连串的机理,由一种机理连续地转移至另一种机理。

五、诱导效应与共轭效应

诱导效应与共轭效应均属于电子效应,这种效应通常是通过影响有机化合物分子中电子云的分布而起作用的。

1. 诱导效应(inductive effect)

在由不同原子形成的共价键中,构成 σ 键的电子不是均匀地分布在两个原子之间,而是偏向电负性较大的原子一边,从而使该键具有极性,如在 X—A 共价键中,假定 X 的电负性大于 A,则 X 带有部分负电荷,A 带有部分正电荷:

$$\overset{\delta-}{X} \longleftarrow \overset{\delta+}{A}$$

在多原子分子中,这种极性还可以沿着分子链进行传递(如沿碳链传递):

$$\overset{\delta-}{X} \longleftarrow \overset{\delta+}{A} \longleftarrow \overset{\delta\delta+}{B} \longleftarrow \overset{\delta\delta\delta+}{C}$$

若将电负性小于 A 的原子或基团 Y 代替 X,则 Y 会带有部分正电荷,A 带有部分负电荷:

$$\overset{\delta+}{Y} \longrightarrow \overset{\delta-}{A} \longrightarrow \overset{\delta\delta-}{B} \longrightarrow \overset{\delta\delta\delta-}{C}$$

这种由于原子或基团电负性的影响,引起分子中电子云沿 σ 键传递的效应称为诱导效应。这种效应如果存在于未发生反应的分子中(无外界电场作用),就称为静态诱导效应。静态诱导效应是分子的一种永久效应,实际上是由共价键的极性引起的。诱导效应沿分子链传递时迅速减弱,经过三个原子后其影响就很小。

诱导效应的方向,是以氢原子作为标准。当原子或基团的排斥电子能力大于氢原子时,该原子或基团就具有正诱导效应,用 $+I$ 表示。当原子或基团吸引电子的能力大于氢原子时,则该原子或基团就具有负诱导效应,用 $-I$ 表示。

$$\overset{\delta+}{Y} \longrightarrow \overset{\delta-}{C}R_3 \qquad H—CR_3 \qquad \overset{\delta-}{X} \longleftarrow \overset{\delta+}{C}R_3$$

$$+I \text{ 效应} \qquad\qquad \text{比较标准} \qquad\qquad -I \text{ 效应}$$

常见的具有 + I 效应的基团有：

$$—O^- > (CH_3)_3C— > (CH_3)_2CH— > CH_3CH_2— > CH_3— > D—$$

常见的具有 − I 效应的基团有：

$$—CN, —NO_2 > —F > —Cl > —Br > —I > RO— > C_6H_5— > CH_2=CH—$$

当分子在外界电场中或在化学反应中，受到外来极性核心的影响，引起共价键的极化使分子中电子云分布发生暂时改变，这种效应称为动态诱导效应。动态诱导效应是分子中一种暂时的极化现象，在外来因素影响下产生，又随外界作用取消而消失，所以动态诱导效应是一种暂时的效应，实际上是分子原有静态诱导效应的加强。动态诱导效应是在反应中由试剂进攻而引起，电子云总是向有利于反应的方向转移，所以动态诱导效应总是对反应有利的。

例如，C—X 键的静态诱导效应为：

$$C \rightarrow F > C \rightarrow Cl > C \rightarrow Br > C \rightarrow I$$

而由于原子序数增大，卤素原子的变形性增大，即可极化性增加，故 C—X 键的动态诱导效应则为：

$$C \rightarrow I > C \rightarrow Br > C \rightarrow Cl > C \rightarrow F$$

此顺序与 C—X 键在化学反应中的活性顺序一致。

2. 共轭效应（conjugative effect）

共轭效应在产生原因、作用机制等方面与诱导效应完全不同，传统上认为共轭效应是存在于共轭体系中一种极性与极化作用的相互影响，本质上共轭效应是轨道离域或电子离域所产生的一种效应。

共轭效应一定存在于共轭体系中，共轭体系通常有以下几类：

（1）$\pi-\pi$ 共轭体系　　例如：

$$CH_2=CH—CH=CH_2 \qquad CH_2=CH—C\equiv N$$

（2）$p-\pi$ 共轭体系　　例如：

$$CH_2=CH—CH_2^+ \qquad CH_2=CH—CH_2^- \qquad CH_2=CH—CH_2·$$

（3）$\sigma-\pi$ 共轭体系　　例如：

$$CH_3—CH=CH_2$$

（4）$\sigma-p$ 共轭体系　　例如：

$$(CH_3)_3C^+ \qquad\qquad (CH_3)_3C·$$

凡是有由 sp^3 杂化碳形成的 C—H σ 键的电子参与的共轭效应又称为超共

轭效应。随着 C—H 键数目增加,超共轭效应增强,但与 $\pi-\pi$ 共轭或 $p-\pi$ 共轭比较,超共轭效应要弱得多。

丙烯分子中的 $\sigma-\pi$ 超共轭效应(见图 1-6)。可表示为:

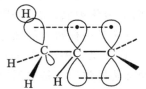

图 1-6 $\sigma-\pi$ 超共轭效应示意图

共轭效应的传递方式与传递达到的距离与诱导效应也明显不同。共轭效应是通过 π 电子(或 p 电子)转移沿共轭链传递,只要共轭体系没有中断,如 $\pi-\pi$ 共轭体系,其共轭效应则一直可以沿共轭链的一端传递至另一端且强度不变。例如:

$$\overset{\delta^+}{CH_2}=\overset{\delta^-}{CH}-\overset{\delta^+}{CH}=\overset{\delta^-}{CH}-\overset{\delta^+}{CH}=\overset{\delta^-}{CH}-\overset{\delta^+}{CH}=\overset{\delta^-}{CH}-\overset{\delta^+}{CH}=\overset{\delta^-}{O}$$ 共轭效应可沿整个分子链传递

共轭效应中也有吸引电子或供给电子(推电子)的不同情况,但其相对强度不是以某一基团为标准。在共轭体系中,凡是能够给出电子(推电子)的原子或基团,具有正共轭效应,用 $+C$ 表示;凡是具有吸引电子效应的原子或基团,称其具有负共轭效应,用 $-C$ 表示。$+C$ 效应多出现在 $p-\pi$ 共轭体系中,$-C$ 效应在 $\pi-\pi$ 共轭体系中比较常见。例如,在苯酚、苯胺分子中,—OH、—NH$_2$ 具有强的 $+C$ 效应;在 α,β-不饱和羧酸及不饱和腈中,—COOH 与 —C≡N 都具有强的 $-C$ 效应。一些常见的具有 $+C$ 与 $-C$ 效应的基团如下所示:

具有 $+C$ 效应的基团:

—O$^-$,—NR$_2$,—NHR,—NH$_2$,—OR,—OH,—NHCOR,—OCOR,—CH$_3$,—F,—Cl,—Br

具有 $-C$ 效应的基团:

—C≡N,—NO$_2$,—SO$_3$H,—COOH,—CHO,—COR,—COOR,—CONH$_2$

共轭效应与诱导效应类似,也有静态共轭效应与动态共轭效应两类。在无外界作用下共轭体系所固有的共轭效应称为静态共轭效应;在反应中,由于外界电场的作用,使静态共轭效应增强,使 π 电子(或 p 电子)向有利于反应的方向转移,这种共轭效应就是动态共轭效应。显然,动态共轭效应是一种暂时的效应,仅在化学反应中产生,外界作用取消则动态共轭效应也随之消失,而且动态共轭效应总能对化学反应起促进作用。例如,在氯苯分子中,—Cl 具有给电子的 p−π 共轭效应,反应中在亲电试剂作用下这种静态的 +C 效应得到加强,就产生了动态共轭效应,使 Cl 原子的 p 电子加强了向苯环的转移,更有利于苯环在氯的邻、对位上发生亲电取代反应。

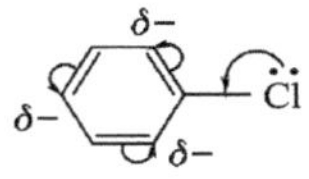

诱导效应与共轭效应对有机化合物的物理性质和化学性质如偶极矩、化学反应速率、方向、产物、酸碱性等都产生很大影响。

第二章 烷 烃

(Alkane)

　　烃(hydrocarbon)是只含有碳和氢两种元素的化合物,是最基本的有机化合物,也是有机化学工业的基础原料。由两种元素形成一种以上的化合物是大家所熟悉的,但是由碳、氢两种元素形成化合物的数目之多却令人惊奇,这是由于碳原子能相互结合达到很高程度的缘故。

　　按照分子中碳原子连接方式的不同,烃可以分为:

$$
烃\begin{cases} 开链烃\begin{cases} 烷烃——饱和烃(saturated\ hydrocarbon) \\ 烯烃、炔烃——不饱和烃 \end{cases} \\ 环状烃\begin{cases} 脂环烃 \\ 芳香烃 \end{cases} \end{cases}
$$

　　烃分子中碳原子与碳原子间均以单键相连,其余价键都为氢原子饱和的化合物称为饱和烃或烷烃。烃分子中碳原子连成直链或带支链者称为开链烃;碳原子彼此连成环状者称为环状烃。我们首先讨论链烷烃。

第一节 链 烷 烃

　　最简单的链烷烃是甲烷,其余依次为乙烷、丙烷、丁烷⋯⋯从化学观点来看,烷烃是一类不太活泼的化合物,英文称作"paraffin",意即缺乏活力。但这不是绝对的,随着学习的深入就会逐渐明白,这种说法只是相对于那些更活泼的化合物而言的。

　　链烷烃广泛地存在自然界中。

　　气态:沼气及天然气的主要成分是甲烷;液化石油气的主要成分是 4 个碳以下的烷烃。

　　液态:汽油(gasoline)、煤油和柴油的主要成分分别是 $C_7 \sim C_{12}$、$C_{12} \sim C_{16}$ 和 $C_{16} \sim C_{18}$ 的烷烃。

　　半固态、固态:医药上用作软膏基质的凡士林,主要成分是 20 个碳以上的烷烃。

　　洋白菜叶子及苹果皮上,为防止水分蒸发,附着的蜡状物是二十七烷与二十九烷。此外,某些昆虫体内也存在烷烃,例如,十一烷、十三烷是蚂蚁传递信息素。

一、通式,同系列,同分异构

1. 通式

若碳原子数为 n,则氢原子数为 $2n+2$,链烷烃的通式为 C_nH_{2n+2}。依据这个通式,我们可以快捷地写出任何一个烷的分子式。任何一个烷与其前后相邻者相差一个 CH_2,CH_2 称为系列差。例如:

$$
\begin{array}{ll}
甲烷 & CH_4 \\
乙烷 & C_2H_6 \\
丙烷 & C_3H_8 \\
丁烷 & C_4H_{10} \\
戊烷 & C_5H_{12}
\end{array}
\left.\begin{array}{l}\\ CH_2 \\ CH_2 \\ CH_2 \\ CH_2 \end{array}\right.
$$

2. 同系列

具有相同的通式,组成上相差一个"CH_2"或几个"CH_2"的一系列化合物称为同系列(homologous series)。同系列中的每一个化合物叫作同系物(homolog)。这个概念是重要的,因为同系列中的同系物彼此间化学性质相似,物理性质随碳原子数的增加而发生有规律的变化。对于数目庞大的有机化合物,不可能每一个都去学习,只需研究同系列中具有代表性的若干个,就有望推论出其他同系物的基本性质。当然,个性总是有的,每一个化合物由于其分子结构上的差异必然会有它的特点。

3. 同分异构

甲烷的分子式"CH_4"意味着一个碳原子与四个氢原子用共价键结合起来:

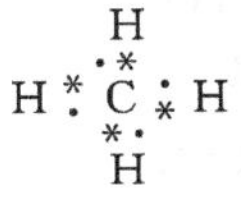

电子式 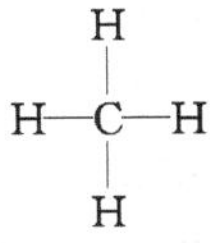　　　　　　　构造式

由其构造式可以较为直观地看出,去掉任何一个 H,再与一个 C 结合,所得的结果都相同,四个 H 是等性的。被结合 C 的其他三价被 H 饱和:

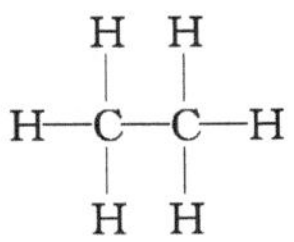

乙烷分子中去掉任一碳上的一个 H 换成—CH_3,都生成丙烷,六个 H 也是等性的。分别去掉丙烷分子中两种 H 中的任何一个,换上—CH_3 可得两种异构

体。因此,从四个碳原子的丁烷开始,就有异构现象存在。

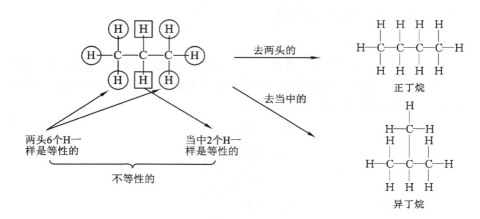

当分子中的 H 原子被其他原子或原子团取代后生成相同化合物时,这些 H 原子被称为等性的(equivalent)氢。反之,为不等性氢。

正丁烷和异丁烷两个化合物间存在着分子式相同,而构造式不同的现象称为同分异构现象。这种由于碳骨架不同产生的异构现象称为碳链异构现象。例如,戊烷有 3 种碳链异构体、己烷有 5 种、庚烷有 9 种、癸烷有 75 种、十五烷有 4 347种,二十烷的异构体数目已高达 366 319 种。值得注意的是:除 $C_1 \sim C_{10}$ 的烷烃,已知的异构体数目与理论推算的数目一致外,碳数更多的烷烃,只有少数异构体是已知的,远没有达到理论推算的数量。

二、命名

1. 碳、氢原子的类型与烷基

碳链中的碳原子按照它们所连接碳原子数目的不同,可分为四种类型。与不同类型碳原子相连的氢原子,可分为三种类型。

只和 1 个碳原子相连的碳:1°碳,伯碳;与其相连的氢:1°氢,伯氢。

和 2 个碳原子相连的碳:2°碳,仲碳;与其相连的氢:2°氢,仲氢。

和 3 个碳原子相连的碳:3°碳,叔碳;与其相连的氢:3°氢,叔氢。

和 4 个碳原子相连的碳:4°碳,季碳;无 4°氢,季氢。

甲烷(CH_4)分子中去掉 1 个氢原子后的原子团称为甲基(methyl)。可写成

CH_3—,是个一价的基,"—"表示有一价没被饱和,是个"余价"。

乙烷(CH_3—CH_3)分子中去掉 1 个氢原子后的原子团称为乙基(ethyl),可写成 CH_3—CH_2—或 C_2H_5—。请注意这 6 个氢是等性的,去掉哪 1 个氢的结果都是相同的。

丙烷(CH_3—CH_2—CH_3)分子中有两种等性氢,因此,在去掉不同的氢原子以后,结果就有了差异。

去掉 6 个 1°H 中的任何一个,结果都一样:

$$CH_3—CH_2—CH_2— \qquad 丙基(propyl)$$

去掉 2 个 2°H 中的任何一个,结果都一样:

$$CH_3\!-\!\underset{|}{CH}\!-\!CH_3 \qquad 异丙基(isopropyl)$$

如果是 4 个碳的烷烃,因为有两种异构体:

(正)丁烷(CH_3—CH_2—CH_2—CH_3)分子中有两种等性氢,于是有两种对应的烷基,其结构如下:

$$CH_3—CH_2—CH_2—CH_2— \qquad\qquad CH_3—CH_2—\underset{|}{\overset{|}{CH}}—CH_3$$

$$丁基(正丁基)(n-butyl) \qquad\qquad 仲丁基(第二丁基)(sec-butyl)$$

异丁烷$\left(\begin{array}{c}CH_3\!-\!\underset{|}{CH}\!-\!CH_3\\ CH_3\end{array}\right)$分子中有两种等性氢,于是也有两种对应的烷基,其结构如下:

$$CH_3\!-\!\underset{\underset{CH_3}{|}}{CH}\!-\!CH_2— \qquad\qquad CH_3\!-\!\overset{\overset{CH_3}{|}}{\underset{\underset{CH_3}{|}}{C}}\!-\!CH_3$$

$$异丁基(isobutyl) \qquad\qquad 叔丁基(第三丁基)(tertbutyl)$$

戊烷有正戊烷、异戊烷、新戊烷三种异构体。除新戊烷外,另两种戊烷分子中都具有不等性的氢,因此有不同的戊烷基。常见的有:

$$CH_3CH_2CH_2CH_2CH_2— \qquad (CH_3)_2CHCH_2CH_2— \qquad (CH_3)_3CCH_2—$$

$$正戊基(n-pentyl) \qquad\qquad 异戊基(isopentyl) \qquad\qquad 新戊基(neopentyl)$$

上面介绍的几种烷基都是最基本的烷基,是命名的基础,必须记得很熟。

烷基的通式可表示为 C_nH_{2n+1}—,也可采用 R(Radical)表示;烷烃则可以用 RH 来表示。

2. 普通命名法

(1)直链烷烃 命名为正某烷。"某"是指碳原子的个数,碳数由 1~10 时,用"天干"即甲、乙、丙、丁、戊、己、庚、辛、壬、癸表示。10 个碳以上的烷烃,则用汉字数字十一、十二、十三……表示碳原子的个数。例如:

$$CH_3CH_2CH_2CH_3 \qquad CH_3(CH_2)_{10}CH_3$$

正丁烷　　　　　　　　正十二烷

(2)支链烷烃　支链用"异、新"来表示。例如:

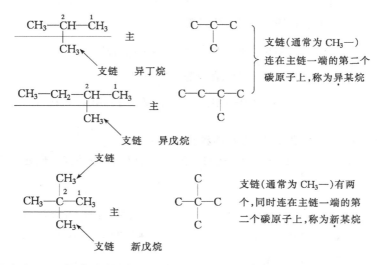

这种命名法只能命名简单的化合物,对于复杂者则无能为力。

3.系统命名法(CCS 法)

1892 年在日内瓦召开的国际化学会议上定出的命名法称为国际命名法(日内瓦命名法)。此后由国际纯粹与应用化学联合会(Internation Union of Pure and Applied Chemistry)又召开过几次会议,所以称为"IUPAC"命名法。

我国根据"IUPAC"命名的方法,并结合本国的语言及文字特点,由中国化学会制定了命名法,称为系统命名法,亦称 CCS 法。此命名法在 1980 年作过修订,修订后的基本原则经中国化学会有机化学名词小组编写,由科学出版社于 1983 年 12 月出版发行,沿用至今。

系统命名法中,直链烷烃的命名与普通命名法相似,不同之处在于:不用冠以"正"字,直称其"某烷"。例如:

$$CH_3CH_2CH_2CH_3 \qquad CH_3(CH_2)_{10}CH_3$$

丁烷　　　　　　　　十二烷

对于支链烷烃,还有一系列的具体规定,首先引入两个基本概念,然后介绍各项规定。

第一个概念——位次号:碳链上取代基的位置编号。分子中只有一个取代

基时,位次号为最小的位置编号。例如:

$$CH_3-CH_2-\overset{\displaystyle CH_3}{\underset{}{CH}}-CH_3$$

2-甲基丁烷,"2"为 CH_3—的正确位次号

3-甲基丁烷,"3"不是 CH_3—的正确位次号

分子中有两个或两个以上取代基时,若将碳链从不同的方向编号,得到两种或两种以上的不同编号系列时,顺次逐个比较各系列中的不同位次,最先遇到位次号最小者的一组编号,即最低系列编号。例如,下列两组编号中"3,4"为最低系列编号。

$$CH_3-CH_2-CH_2-\overset{\displaystyle CH_3}{\underset{}{CH}}-\overset{\displaystyle CH_3}{\underset{}{CH}}-CH_2-CH_3 \quad \frac{3,4(正确)}{4,5(不正确)}$$

第二个概念——次序规则:为了表达原子或基团在名称中的排列次序,特采用立体化学中使用的次序规则(sequence rule)。使用时必须依据规则判定出原子或基团中的"较优者",判定方法如下:

(1) 对于不同的原子,按原子序数大小排列,原子序数大者"较优"。例如:

$$\underset{\substack{大\\优}}{\underrightarrow{I,Br,Cl,P,O,N,C,H}} \quad \underset{优}{\underrightarrow{D,H}}$$

(同位素按相对原子质量大小排列,大者"较优")

(2) 对于不同的基团,如果两个基团的第一个元素都为碳(或为相同的其他元素),则比较与它直接相连的几个原子。比较时,按原子序数排列,先比较各组中的最大者;若相同,再依次比较第二个、第三个;若仍相同,则沿取代链逐次相比(外推法)直至比出"较优"者时为止。例如:

$$CH_3-\overset{\displaystyle CH_3}{\underset{\displaystyle CH_3}{C}} > \overset{\displaystyle CH_3}{\underset{\displaystyle CH_3}{CH}} > CH_3-CH_2- > CH_3-$$

$$(C,C,C) \qquad (C,C,H) \qquad (C,H,H) \qquad (H,H,H)$$

$$\underset{优}{\longrightarrow}$$

$$\overset{4}{CH_3}\overset{3}{CH_2}\overset{2}{CH_2}\overset{1}{CH_2}- > \overset{3}{CH_3}\overset{2}{CH_2}\overset{1}{CH_2}- > \overset{2}{CH_3}\overset{1}{CH_2}-$$

C_1:	(C,H,H)	(C,H,H)	(C,H,H)
C_2:	(C,H,H)	(C,H,H)	(H,H,H)
C_3:	(C,H,H)	(H,H,H)	

$$\underset{优}{\longrightarrow}$$

通过实例,介绍五条命名原则。

第一条原则:含碳原子最多的链(主链)为母体,称为"某"烷。

第二条原则:采取最低系列编号并用阿拉伯数字表示出取代基的位置(位次号);同时用半字线将位次号与取代基名称隔开书写。例如:

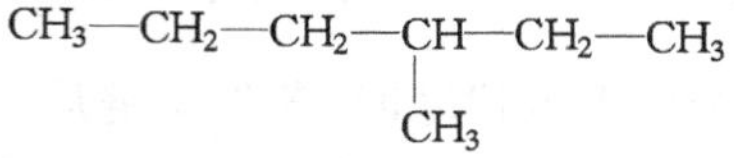

$$CH_3—CH_2—CH_2—CH—CH_2—CH_3$$
$$\mid$$
$$CH_3$$

应选 6 个碳的链为主链

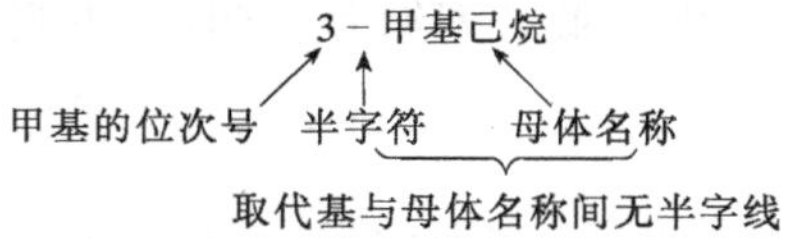

3 - 甲基己烷

甲基的位次号　半字符　母体名称

取代基与母体名称间无半字线

第三条原则:主链上有两个以上取代基时,若取代基相同,以汉字数字表示其个数写在取代基名称之前;若取代基不同,则将"较优者"写在后面,第一个取代基名称与第二个取代基位次号之间应用半字线隔开。例如:

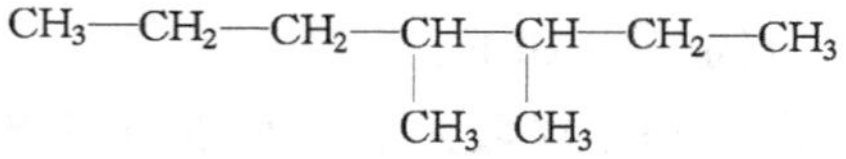

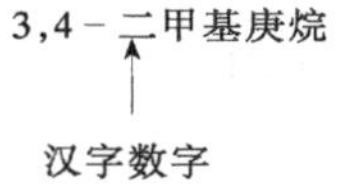

$$CH_3—CH_2—CH_2—CH—CH—CH_2—CH_3$$
$$\mid \quad \mid$$
$$CH_3 \quad CH_3$$

3,4 - 二甲基庚烷

汉字数字

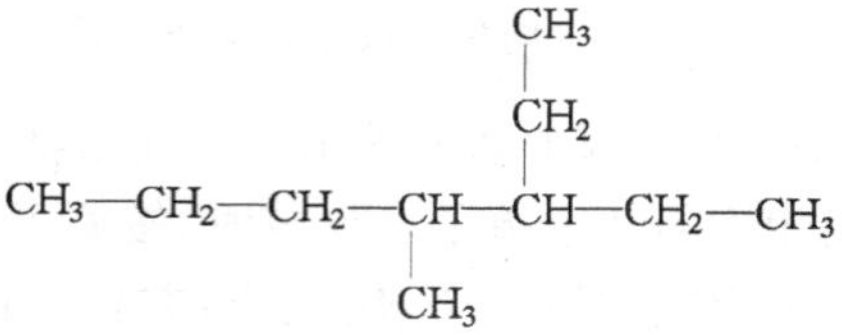

$$CH_3$$
$$\mid$$
$$CH_2$$
$$\mid$$
$$CH_3—CH_2—CH_2—CH—CH—CH_2—CH_3$$
$$\mid$$
$$CH_3$$

4 - 甲基 - 3 - 乙基庚烷

第四条原则:有两条碳原子数相等的链时,用取代基最多的链(最长碳链)作主链。例如:

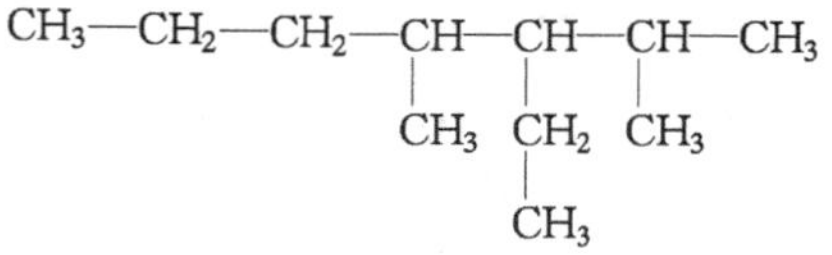

$$CH_3—CH_2—CH_2—CH—CH—CH—CH_3$$
$$\mid \quad \mid \quad \mid$$
$$CH_3 \quad CH_2 \quad CH_3$$
$$\mid$$
$$CH_3$$

水平链:7 个碳,3 个取代基

垂直链:7 个碳,2 个取代基

4 - 甲基 - 3 - 异丙基庚烷　(不正确)

2,4 - 二甲基 - 3 - 乙基庚烷　(正确)

第五条原则:对于复杂的尚无名称的取代基编号时,由与主链相连的碳原子开始编号,标以 1′,2′,…。它们的全名可放在括号中,或用带撇的数字来标明支链中碳原子的位置。例如：

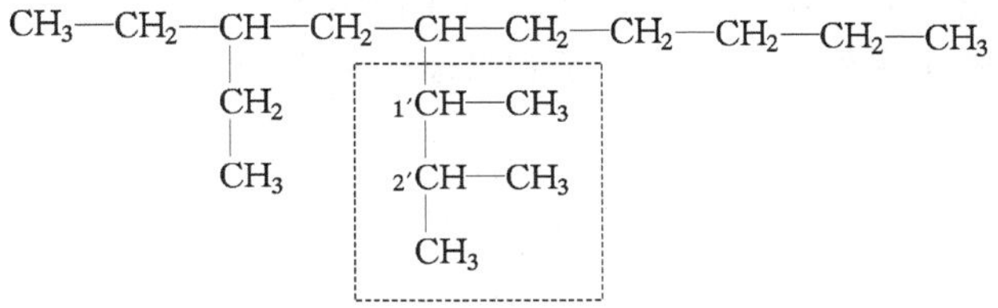

$$CH_3-CH_2-CH-CH_2-CH-CH_2-CH_2-CH_2-CH_2-CH_3$$

$$\begin{array}{cc} & | & | \\ & CH_2 & 1'CH-CH_3 \\ & | & | \\ & CH_3 & 2'CH-CH_3 \\ & & | \\ & & CH_3 \end{array}$$

3－乙基－5－(1,2－二甲基丙基)癸烷　或　3－乙基－5－1′,2′－二甲基丙基癸烷

4．IUPAC 命名法

IUPAC 命名法的基本原则有四条,现通过实例予以说明。

(1)选择最长的连续链作为母体结构,然后把化合物看作是烷基取代该结构中的氢衍生出来的。

(2)必要时,用数字说明烷基所连接的碳原子,即在母体碳链上进行编号,编号时应从命名时能使所用的数字为最小的那一端开始。例如：

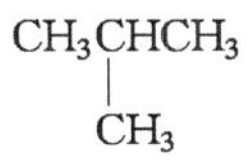

$$CH_3CHCH_3 \qquad CH_3CH_2CH_2CHCH_3 \qquad CH_3CH_2CHCH_2CH_3$$

$$\begin{array}{ccc} | & | & | \\ CH_3 & CH_3 & CH_3 \end{array}$$

methylpropane　　　　2－methylpentane　　　　3－methylpentane

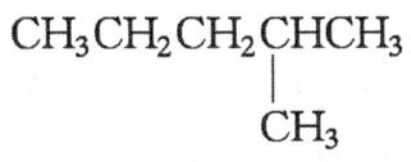

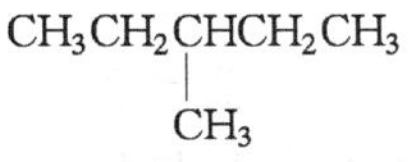

（甲基丙烷）　　　　（2－甲基戊烷）　　　　（3－甲基戊烷）

(3)如果同样的烷基不止一次的作为支链出现,为了表示这种烷基的个数,可用词头 di－,tri－,tetra－ 等标明。

(4)如果有几种不同的烷基连接在母体链上,应按(英文)字母的次序来命名。例如：

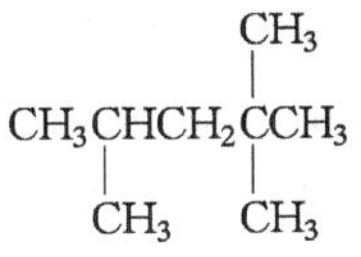

$$CH_3CHCH_2CCH_3$$

$$\begin{array}{cc} | & | \\ CH_3 & CH_3 \end{array}$$
（上有一个 CH_3 连在第三个碳上）

2,2,4－trimethylpentane

（2,2,4－三甲基戊烷）

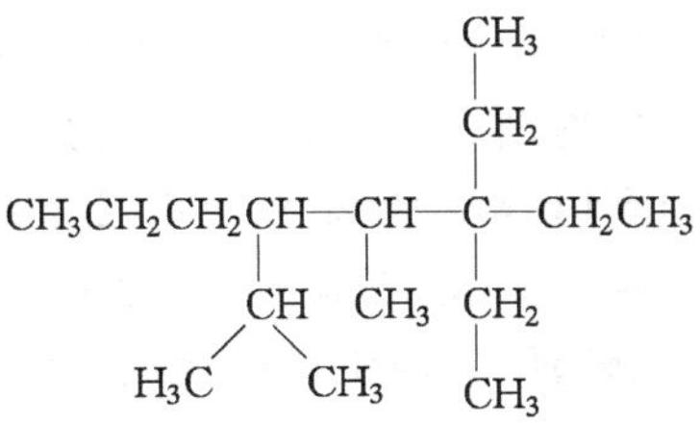

$$CH_3CH_2CH_2CH-CH-C-CH_2CH_3$$

3,3－diethyl－5－isopropyl－4－methyloctane

（4－甲基－3,3－二乙基－5－异丙基辛烷）

继此,在基础篇的各章中,除介绍系统命名法外,将在括弧中给出化合物的 IUPAC 名称。

三、烷烃的构型

1．碳原子的四面体概念及分子模型

　　构型指的是具有一定构造的分子中,原子在空间的排列状况。

　　甲烷的构造式表示出了原子彼此间的连接顺序,但却不能表达甲烷的构型,也就是不能反映出甲烷分子中碳原子和氢原子在空间的排列状况,为什么?

甲烷的构造式

　　二氯甲烷(CH_2Cl_2)只有一种,然而按下法书写时二者似乎应该有所不同,但却代表着同一种物质。因为,这是一种投影式,是一种"平面的"表达式,不能直观地表示出化合物构型。

H　　　　　　　　　　H
|　　　　　　　　　　 |
H—C—Cl　　　　Cl—C—Cl
|　　　　　　　　　　 |
Cl　　　　　　　　　 H

　　1874 年荷兰的范特霍夫(Van't Hoff J H)(22岁)和法国的勒贝尔(Le Bel J A)(27 岁)分别提出了一个假设,假设碳原子处在正四面体的中间,四个价键指向四面体的四个顶点,每两个键之间的夹角近似于 109°28′(见图 2 - 1),这样一来解决了以往所不能解决的问题。

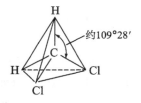

图 2 - 1　二氯甲烷的
四面体模型

　　碳原子的四面体构型的提出轰动了当时整个有机界,成为有机化学发展过程中的一个里程碑,将有机化合物的结构由"平面的"发展到了"立体的"。

　　为了形象地理解分子的立体结构,常使用球棍模型(凯库勒模型)(见图 2 - 2)与比例模型(斯陶特模型)(见图 2 - 3)。前者价键分布清晰,使用方便,然而价键的空间距离太大,不真实;后者是根据原子间成键的共价半径按比例放大作成的,因此比较真实,但价键却无法看到。教学上经常采用球棍模型。

图 2 - 2　甲烷的球棍模型　　　图 2 - 3　甲烷的比例模型

1874 年范特霍夫及勒贝尔提出碳原子的正四面体模型时,只是从几何上计算的,没有理论依据,现在有没有理论依据呢?

2. 甲烷的分子结构——碳原子的 sp^3 杂化

碳原子核外电子排布情况为:$1s^2 2s^2 2p_x^1 2p_y^1$,能成键的轨道只有 $2p_x^1$ 和 $2p_y^1$,只应有两价。

若 1 个 2s 电子激发到 2p 轨道上,可以有四价,但 s 电子云与 p 电子云不同,不可能有 4 个等同的价键;4 个价键的键角也不会是 $109°28'$(p 轨道间 90°,s 轨道球形对称)。

能量相近的 s 轨道与 p 轨道电子云互相杂化,形成 4 个 sp^3 杂化轨道,它们各含 1/4 s 的成分和 3/4 p 的成分,且完全是等性的,它们彼此间互相排斥到最大的偏离程度,即 $109°28'$,这就成功地解释了甲烷的结构(见图 2−4):

4 个碳氢键,键长为 0.110 nm

键能为 415 kJ·mol^{-1}

两个碳氢键间夹角为 $109°28'$

4 个 sp^3 轨道与沿着键轴方向来的 1s 轨道重叠形成了 4 个 C—H σ 键,形成了甲烷分子

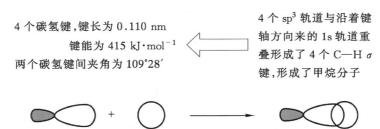

图 2−4　C—H σ 键(C_{sp^3}—H_{1s})形成示意图

σ 键的特性:σ 键牢固,呈圆柱形对称分布,沿着键轴旋转不影响电子云的分布及重叠的程度。简言之,单键可以"自由"旋转。

3. 乙烷的构象

乙烷分子的结构:六个 C_{sp^3}—H_{1s} 键,一个 C_{sp^3}—C_{sp^3} 键,H—C—C 键角近似于 $109°28'$,H—C—H 键角比起正常值也稍有改变。

由于 σ 键可以"自由"旋转,若沿着键轴旋转 C_{sp^3}—C_{sp^3} 键,两个碳上氢原子的相对位置将发生变化,在空间可以出现无数个形态,这种特定的排列形态称为构象(conformation)。

乙烷的构象通常是不能分离得到的,它们在不断地相互转化着,相互间达成动态平衡。只有在热力学温度接近零度的低温时,才可能在平衡中基本上以最稳定的构象存在。

乙烷分子存在着两种极端的形象:分子中两个碳原子上的氢原子,互相对正、重叠的构象称为重叠式(顺叠式);两个碳原子上的氢原子,互相达到最大交错时(夹角为 60°)的构象称为交叉式(反叠式)。室温下乙烷分子主要以交叉式构象存在,这种最稳定的构象称为优势构象。

　　每一种构象都可以用透视式或投影式表示。透视式表达了从分子模型斜侧面观察到的形象,从中可以清楚地看到分子中所有的价键,但氢原子的相对位置却离得较远,未能较好地表示出来。投影式又称纽曼(Newman)投影式,它表达了从分子模型碳碳键轴正前方观察到的形象:后面的碳原子用圆圈表示,前面的碳原子用三个等长线段的交点表示,两线段间夹角为120°。

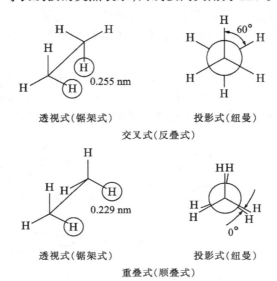

透视式(锯架式)　　　　　　　投影式(纽曼)

交叉式(反叠式)

透视式(锯架式)　　　　　　　投影式(纽曼)

重叠式(顺叠式)

　　交叉式比重叠式稳定(−172℃,100%),能量比重叠式低 12.6 kJ·mol^{-1}(见图 2−5)。室温下分子热运动具有的能量为 60～80 kJ·mol^{-1}。因此室温下两种构象可以互相转换,由于从低能态向高能态转换时要克服能叠,所以 C—C σ 键的旋转不是完全自由的,"自由"上加了引号。

　　4. 丁烷的构象

　　丁烷分子中有四个碳原子,它的构象问题比乙烷要复杂得多。

　　我们只讨论 C_2 与 C_3 间 σ 键"自由"旋转所产生的构象,可以将其看作是乙烷分子中两个碳原子上各有一个氢被甲基取代,其中极端的构象有四种:

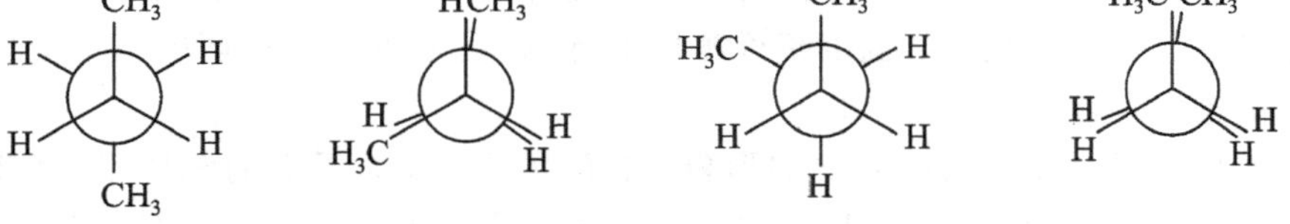

对位交叉式(反错式)　　部分重叠式(反叠式)　　邻位交叉式(顺错式)　　全重叠式(顺叠式)

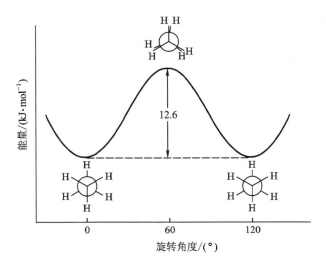

图 2-5 乙烷分子中不同构象的能量曲线

室温下,丁烷是各种构象的混合物,最稳定的对位交叉式约占 68%;较稳定的邻位交叉式次之,约占 32%;由于甲基与甲基间的范德华(van der Waals)斥力,全重叠式极不稳定,室温时含量最少。

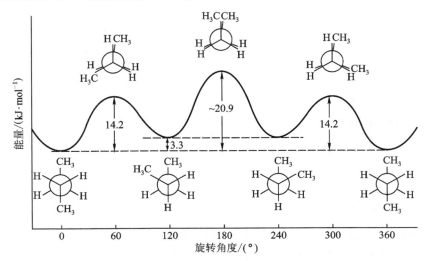

图 2-6 丁烷不同构象的能量曲线

丁烷的优势构象是对位交叉式。由于各构象间最大的能量差为 20.9 kJ·mol^{-1},所以在室温下仍可通过 σ 键的旋转,形成一个平衡混合物;对位交叉式和邻位交叉式是两种稳定的构象,因此,混合物主要由它们组成(见图 2-6)。

构象异构体由于相互转换得很快,一般条件下不能分离开来,因此不成为构型异构体。可以设想,若欲分离,必须降低分子热运动的能量,即降低平均碰撞能,因此不是在常温下,而应该是在低温条件下。

由于碳原子杂化轨道间有着固定的键角,加之 σ 键的旋转,造成不同构象的客观存在,因此,长链烷烃分子中的链不应该是直线形的而是锯齿形的。例如:

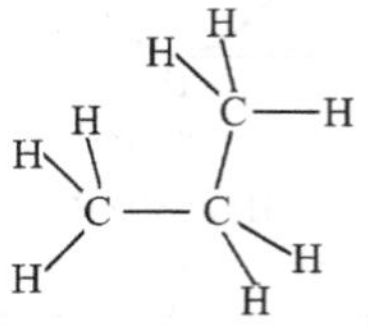

丙烷 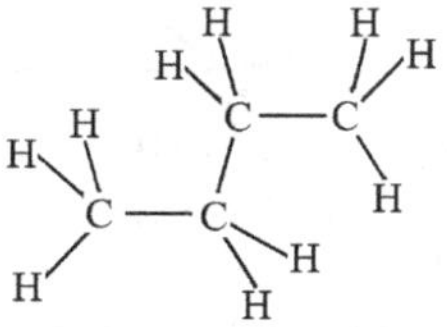   丁烷

十五烷

思考题 2.1 下列 5 个式子各代表哪几种化合物,并请指出相同者。

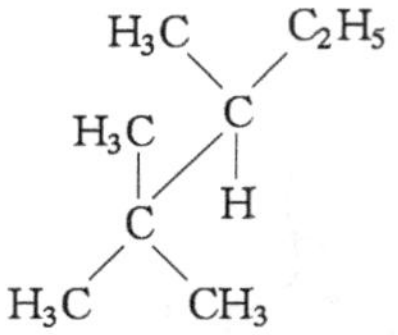

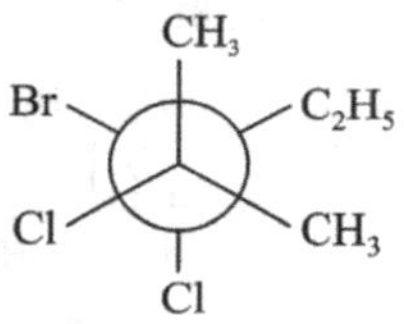

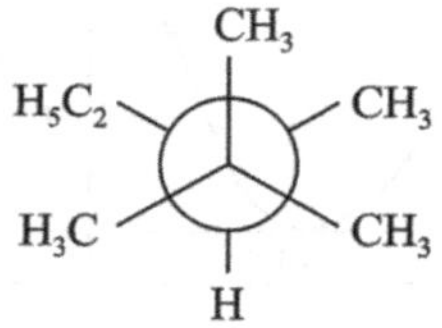

四、烷烃的制备

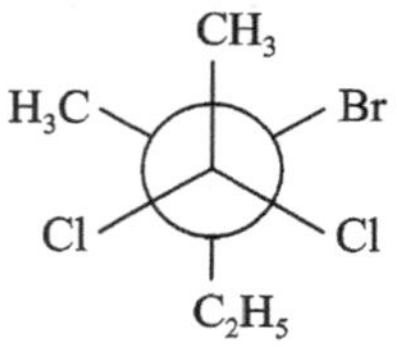

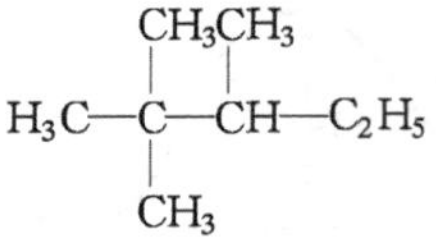

烷烃不仅是燃料的重要来源,而且还是现代化学工业的原料。为了研究的需要,必须合成所需结构的烷烃。由于烷烃分子中只有 C—C 键和 C—H 键,所以合成烷烃的方法就是反应生成这两种键的方法,特别是生成 C—C 键的方法,对其他有机物的合成有着普遍的意义。

1. 烯烃的氢化(这是烯烃的重要化学性质之一,将在下一章中详细讨论。)

$$C_nH_{2n} + H_2 \xrightarrow{\text{催化剂}} C_nH_{2n+2}$$

2．卤代烷的还原（将在第六章中详细讨论。）

（1）

$$RX + Mg \xrightarrow{\text{干醚}} RMgX \xrightarrow{H_2O} RH$$

烷基卤化镁

例如：

$$CH_3CH_2\underset{\underset{Br}{|}}{C}HCH_3 \xrightarrow[\text{无水乙醚}]{Mg} CH_3CH_2\underset{\underset{MgBr}{|}}{C}HCH_3 \xrightarrow{H_2O} CH_3CH_2CH_2CH_3$$

仲丁基溴　　　　　　　　仲丁基溴化镁　　　　　　正丁烷

（2）

$$RX + \underbrace{Zn + H^+}_{\text{金属与酸（作还原剂）}} \longrightarrow RH + Zn^{2+} + X^-$$

例如：

$$CH_3CH_2\underset{\underset{Br}{|}}{C}HCH_3 \xrightarrow{Zn/H^+} CH_3CH_2CH_2CH_3$$

仲丁基溴　　　　　　　　　正丁烷

3．卤代烷与金属有机化合物[①] 的偶联

（1）伍尔兹（Wurtz）反应

$$H-\underset{\underset{H}{|}}{\overset{\overset{H}{|}}{C}}-I + 2Na + I-\underset{\underset{H}{|}}{\overset{\overset{H}{|}}{C}}-H \longrightarrow H-\underset{\underset{H}{|}}{\overset{\overset{H}{|}}{C}}-\underset{\underset{H}{|}}{\overset{\overset{H}{|}}{C}}-H + 2NaI$$

这个反应大概经过了以下过程：

$$CH_3I \xrightarrow{Na} CH_3Na \xrightarrow{CH_3I} CH_3CH_3$$

甲基钠
（金属有机化合物）

一般表达式为：

$$2RX + 2Na \longrightarrow R-R + 2NaX \quad （碳链比原来增加 1 倍且结构对称）$$

若 R′X 与 RX 反应，则产物为 R′—R′，R—R′，R—R，无制备价值。

这个反应对于相对分子质量高的卤化物，产率常常是好的；在用自然界发现的某些醇为原料合成高级碳氢化合物的工作中是有用的。例如：

$$n-C_{20}H_{41}OH \xrightarrow{HBr} n-C_{20}H_{41}Br$$

二十醇　　　　　　1－溴代二十烷

---

① 金属有机化合物指的是金属原子直接与有机分子中碳原子相连的化合物。

$$2n - C_{20}H_{41}Br \xrightarrow{\text{Na}} n - C_{40}H_{82}$$

四十烷 31 %

$$2n - C_{16}H_{33}I \xrightarrow{\text{Mg,乙醚}} n - C_{32}H_{66}$$

1 - 碘代十六烷　　　三十二烷 70 % ～80 %

（由鲸醇制备）

请注意,RX 都是 1° RX,若用 2°或 3° RX 则产率低。

（2）科里 - 豪斯（Corey - House）反应　有机锂化合物也是一种重要的有机金属试剂,其制法及反应性能与格氏试剂（RMgX）十分类似:

$$RX + 2Li \xrightarrow{\text{醚}} RLi + LiX$$

有机锂化合物分子中,电荷分布状况为:$\overset{\delta-}{C} - \overset{\delta+}{Li}$,可以与一些金属卤化物反应得金属有机物,如与 $SnCl_4$ 反应得 R_4Sn,其中最重要的是与 CuI 反应,得到二烃基铜锂。二烃基铜锂是一个非常有用的试剂,它与卤代烷尤其是一级卤代烷作用,能得到较高产率的烷。

$$2RLi + CuI \longrightarrow R_2CuLi + LiI$$

R 可以是烷基、烯基、烯丙基或芳基

$$R_2CuLi + R'X \xrightarrow[\text{或 THF}]{\text{乙醚}} R' - R + RCu + LiX$$

例如:

$$CH_3 - \overset{\overset{\displaystyle CH_3}{|}}{\underset{\underset{\displaystyle CH_3}{|}}{C}} - Cl \xrightarrow[\text{醚}]{\text{Li　CuI}} (t - C_4H_9)_2CuLi$$

二叔丁基铜锂

$$CH_3CH_2CH_2CH_2CH_2Br + (t - C_4H_9)_2CuLi \longrightarrow CH_3 - \overset{\overset{\displaystyle CH_3}{|}}{\underset{\underset{\displaystyle CH_3}{|}}{C}} - CH_2CH_2CH_2CH_2CH_3$$

正戊基溴　　　　　　　　　　　　　　　　　　　2,2 - 二甲基庚烷

现将上述几种烷烃制法的特点比较如下:烯烃的氢化与卤代烷的还原两种方法,原料物中的碳架原封不动地保留着,二者既简单,产率又较高。卤代烷与金属有机化合物偶联反应形成了新的 C—C 键,因而组成了新的更长的碳架。伍尔兹反应偶联时两个烷基相同,而科里 - 豪斯反应偶联时两个烷基可以不相同。

五、烷烃的物理性质

物理性质通常指的是常温下的状态、熔点、沸点、密度、溶解度、折射率及光波谱性质等。

烷烃都不溶于水,通常相对密度小于 1,为无色物质。$C_1 \sim C_4$ 为气态,$C_5 \sim$

C_{16}为液态,C_{16}以上为固体状态。

沸点:直链烷烃的沸点一般随相对分子质量增加而增高,但彼此间的差值随相对分子质量的增加而逐渐减小(见图 2-7);支链烷烃的沸点比直链烷烃的低,这是因为支链的位阻作用,使支链烷烃不如直链烷烃分子间排列紧密,分子间作用力小的缘故。例如:

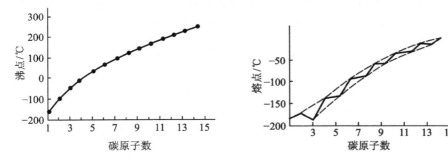

bp/℃　　　36.1　　　　　　　　28　　　　　　　9.5

熔点:从 C_4 起烷烃的熔点也随相对分子质量增加而升高,含偶数碳的烷烃升高得多些,含奇数碳的烷烃升高得少些(见图 2-8),这是由于含偶数碳的分子对称性强,排列紧密,色散力大。这在其他同系列中也有类似情况。

图 2-7　直链烷烃的沸点曲线　　　　图 2-8　直链烷烃的熔点曲线

表 2-1 列出了一些直链烷烃的物理常数。

表 2-1　直链烷烃的物理常数

名　称	英文名称	熔点/℃	沸点/℃	相对密度(d_4^{20})
甲烷	methane	-182.6	-161.6	0.424
乙烷	ethane	-182.0	-88.6	0.546
丙烷	propane	-187.1	-42.2	0.582
丁烷	butane	-138.0	-0.5	0.579
戊烷	pentane	-129.7	36.1	0.626 3
己烷	hexane	-95.3	68.9	0.659 4
庚烷	heptane	-90.5	98.4	0.683 7
辛烷	octane	-56.8	125.6	0.702 8
壬烷	nonane	-53.7	150.7	0.717 9
癸烷	decane	-29.7	174.0	0.729 8
一百烷	hectane	115.2	—	—

六、烷烃的化学性质

常温下烷烃的化学性质很不活泼,与强酸、强碱、强氧化剂和还原剂等都不反应。但是,在光、高温或催化剂的作用下,却可以发生某些反应,这些反应有些在工业生产上还具有比较重要的意义。

1. 氧化反应

氧化反应有完全氧化和不完全氧化反应两种情况。

烷烃要完全氧化必须有充足的氧进行燃烧,这个反应是沼气、汽油、柴油之所以能作为动力的基础。

$$C_nH_{2n+2} + \frac{3n+1}{2}O_2 \xrightarrow{\text{点燃}} nCO_2 + (n+1)H_2O + Q$$

$$CH_4 + 2O_2 \xrightarrow{\text{点燃}} CO_2 + 2H_2O + 890 \text{ kJ·mol}^{-1}$$

如果控制氧的供给,使其氧化反应不彻底,不生成二氧化碳和水,而生成炭黑、甲醛、乙炔、合成气、羧酸等多种重要的化工原料。

$$CH_4 + O_2 \xrightarrow{\text{点燃}} C + 2H_2O$$

（控制量）　　橡胶加工
印刷油墨等

$$CH_4 + O_2 \xrightarrow[400\sim500℃]{V_2O_5} H-\overset{\overset{\displaystyle O}{\|}}{C}-H + H_2O$$

甲醛,化工原料
如酚醛塑料的原料

$$6CH_4 + O_2 \xrightarrow{1500℃} 2HC{\equiv}CH + \underline{2CO + 10H_2}$$

重要化工原料　　合成气,合成醇的原料

$$\underbrace{R-CH_2-CH_2-R'}_{C_{20}\sim C_{30}石蜡} + O_2(空气) \xrightarrow[120\sim150℃]{锰盐} \underbrace{RCOOH + R'COOH}_{可用来制皂}$$

用石蜡制备脂肪酸的反应,除了生成脂肪酸外,还会有醛和醇生成。为此,特说明两个问题:

第一,由于反应产物复杂,因此在绝大多数情况下,有机化学的反应方程式不用平衡,只需用箭头表示,写出主要产物;有机反应往往需要加热、光照、催化剂等条件,对于典型的反应条件或特例,一定要搞清楚;主要的产物务须记明白。

第二,有机化学中的氧化还原反应,往往不能用价态的变化来判断。通常,我们把加氧、去氢或伴随碳碳键断裂的反应称为氧化,加氢、去氧称为还原。

2. 裂化反应——高温下的分解反应

烷烃在高温下,分子中的碳碳键与碳氢键发生断裂,生成相对分子质量较小的烷烃与烯烃的反应,称为烷烃的裂化。这个反应在石油化学工业中极为重要。

$$CH_3CH_2CH_2CH_3 \xrightarrow{500℃} \begin{cases} CH_3CH=CH_2 + CH_4 \\ CH_2=CH_2 + CH_3-CH_3 \\ CH_3CH_2CH=CH_2 + H_2 \end{cases}$$

反应的条件不同产物不同,烷烃分子中含碳原子数愈多,产物愈复杂,但从反应的实质来看,无非是碳碳键和碳氢键断裂的过程,这两种键的键能如下:

$$C—C:345 \text{ kJ·mol}^{-1} \qquad C—H:411 \text{ kJ·mol}^{-1}$$

故前者比后者易断裂,因此,甲烷裂化需要更高温度:

$$CH_4 \xrightarrow{1200℃} C + 2H_2$$

利用裂化反应可以提高汽油的产量和质量。裂化反应有两种,上面介绍是热裂化,常在 500～700℃、加压下进行。

炼油工业中常将占原油 60% 的高沸点的重质油——含碳原子多的烷,断成低沸点的轻质油——含 6～9 个碳的烷,这就需要在催化剂的存在下进行化,称为催化裂化。催化裂化过程中除了发生键的断裂外,同时伴有异构化、构化及环化等反应发生,生成带有支链的烷烃、烯烃、芳香烃、环烷烃等,常用的化剂是硅酸铝。由催化裂化得到的汽油已占汽油总产量的 80%,且质量也比好。

工业上为了获得更多的乙烯、丙烯、丁烯、丁二烯、乙炔等基本化工原料,在高于 700℃ 的条件下进行深度裂化,这在石油工业上称为裂解,裂解的目的是得到尽量多的低级烯烃。

3. 卤化反应

烷烃分子中的氢原子被卤素取代的反应称为卤化反应,也称卤代反应。

烷烃与卤素在室温和黑暗中不发生反应,在强日光照射下,发生猛烈反应

(1) 甲烷的卤化反应 甲烷和氯在强日光照射下能发生剧烈反应,甚至起爆炸,生成碳和氯化氢。但在漫射光、加热或某些催化剂作用下,可进行能控制的卤化反应,但却很难停留在一元取代阶段:

$$CH_4 + Cl_2(气) \xrightarrow{黑暗} 不反应$$

$$CH_4 + 2Cl_2(气) \xrightarrow{强光} C + 4HCl \quad 反应剧烈,具有爆炸性$$

$$CH_4 + Cl_2 \xrightarrow[400～500℃]{漫射光(加热或催化剂)} CH_3Cl + HCl + 99.8 \text{ kJ·mol}^{-1}$$
$$\text{一氯甲烷}$$

$$CH_3Cl + Cl_2 \xrightarrow{漫射光} CH_2Cl_2 + HCl$$
二氯甲烷

$$CH_2Cl_2 + Cl_2 \xrightarrow{漫射光} CHCl_3 + HCl$$
氯仿

$$CHCl_3 + Cl_2 \xrightarrow{漫射光} CCl_4 + HCl$$
四氯化碳

得到的产物是混合物,分离纯化困难,为要得到尽量多的某一种产物,只有改变原料的用量。F、Cl、Br、I 四种卤素活性依次减弱。

为什么当甲烷与氯气混合后,在黑暗条件下并不发生反应?为什么一俟反应发生,又很难停留在一元氯代的阶段上?

为了更好地认识一个反应通过什么步骤?是怎样进行的?从化学反应方程式上是很难得到答案的,因为化学反应方程式除了标明反应的基本条件外,主要只表明了反应物和生成物之间的数量关系,于是人们着手研究反应的机理,即化学反应所"经历"的全"过程"。

(2)甲烷氯化反应的机理　氯分子在紫外线的照射下,吸收一个光子,破裂成两个氯原子:

$$:\!\overset{..}{\underset{..}{Cl}}\!:\!\overset{..}{\underset{..}{Cl}}\!: \xrightarrow{h\nu} 2\,:\!\overset{..}{\underset{..}{Cl}}\!\cdot \qquad \Delta H = -58\ \text{kJ}\cdot\text{mol}^{-1} \qquad 链引发 \qquad ①$$

氯分子中成键的电子对被平分为两个氯原子,这种断裂方式称为均裂,产生带有一个不配对电子的基团,称作游离基(或自由基),写作"Cl·"。游离基的活性很高,一经产生即进一步发生反应:

$$Cl\cdot + H_3C—H \longrightarrow HCl + H_3C\cdot \qquad\qquad ②$$

生成的 $H_3C\cdot$ 也是一个游离基,它又立即从氯分子中夺取一个氯原子,并放出一个氯游离基:

$$H_3C\cdot + Cl—Cl \longrightarrow H_3C—Cl + Cl\cdot \qquad\qquad ③$$

②与③为链传递(链增长)反应,如此周而复始,反应继续进行下去,这种反应称为链反应或连锁反应。它是一类重要的有机反应,在高分子合成中占有相当重要的地位。

链反应中链增长阶段的特点是每一步不仅生成一个新产物分子,而且生成一个新的游离基:

$$H_3C\cdot + H_3C—H \longrightarrow H_3C—H + H_3C\cdot$$

这种方式也是存在的,然而这样碰撞反应的结果却是无效的。

当游离基彼此相遇时,则彼此相结合,使反应终止:

$$\text{Cl·} + \text{Cl·} \longrightarrow \text{Cl—Cl} \qquad\qquad ④$$

$$\text{H}_3\text{C·} + \text{·CH}_3 \longrightarrow \text{H}_3\text{C—CH}_3 \qquad\qquad ⑤$$

$$\text{H}_3\text{C·} + \text{·Cl} \longrightarrow \text{H}_3\text{C—Cl} \qquad\qquad ⑥$$

④、⑤与⑥为链终止反应。

总起来看,链反应有三个阶段:链引发,链传递,链终止。这三个阶段的特点如下:

链引发:在光照、辐射、加热或过氧化物的作用下,吸收能量,产生游离基。

链传递:每传递一步,消耗一个游离基并产生一个供下一步反应用的游离基。

链终止:游离基彼此结合而猝灭。

由此,说明两个问题:

第一,有机化学反应主要可分为两大类,一类是离子型反应,这类反应进行时,反应物分子中的化学键断裂,共用电子对完全转移(异裂),形成正、负离子,以离子进行反应:

$$\text{A} \vdots \text{B} \longrightarrow \text{A}^+ + \text{B}^-$$

另一类是游离基反应,这类反应进行时,反应物分子中的化学键断裂,共用电子对平均地分配到成键的两个原子上(均裂),成为具有孤电子的很活泼的原子或基团,即游离基(自由基),通过游离基进行反应:

$$\text{A} \vdots \text{B} \longrightarrow \text{A·} + \text{·B}$$

甲烷与卤素的反应是游离基取代反应。

第二,氧极易和游离基反应,生成过氧游离基或不活泼的过氧化物,消耗反应过程中生成的游离基,影响了链的传递,使链增长不能进行。因此常把氧叫作游离基阻止剂,其反应如下:

$$\text{H}_3\text{C·} + \text{O}_2 \longrightarrow \text{CH}_3\text{—O—O·}$$
过氧游离基

$$\text{CH}_3\text{—O—O·} + \text{·CH}_3 \longrightarrow \text{CH}_3\text{—O—O—CH}_3$$
过氧化物

甲烷的卤化反应主要是由两个基元反应组成的,见反应②与③。下面以甲烷氯化生成一氯甲烷的反应为例,研究反应过程中的能量变化情况(见图2−9)。

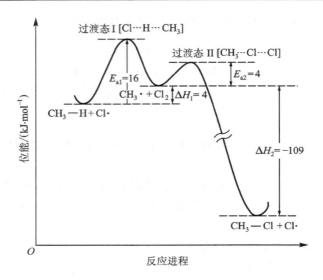

图 2 − 9 CH_4 与 $Cl·$ 反应生成 CH_3Cl 的能量关系

由图 2 − 9 可知:因为 $E_{a1} > E_{a2}$,所以决定反应速率的基元反应为②,该步反应中生成的 $CH_3·$ 是很活泼的,称为反应活性中间体或反应活泼中间体。

甲烷卤化时,卤素不同,反应的难易不同。这可以由甲烷卤化时的活化能作出判断:

$$\text{动力学角度}\begin{cases} \text{因为:氟化 } E_{a1} \sim 4 \text{ kJ·mol}^{-1} & \text{反应易} \\ \text{氯化 } E_{a1} \sim 16 \text{ kJ·mol}^{-1} & \\ \text{溴化 } E_{a1} \sim 76 \text{ kJ·mol}^{-1} & \\ \text{碘化 } E_{a1} \sim 147 \text{ kJ·mol}^{-1} & \text{反应难} \end{cases}$$

从甲烷卤化时的反应热也能作出这种判断:

$$\text{热力学角度}\begin{cases} \text{因为:氟化 } \Delta H \sim -429 \text{ kJ·mol}^{-1} & \text{要爆炸} \\ \text{氯化 } \Delta H \sim -105 \text{ kJ·mol}^{-1} & \\ \text{溴化 } \Delta H \sim -36 \text{ kJ·mol}^{-1} & \\ \text{碘化 } \Delta H \sim +53 \text{ kJ·mol}^{-1} & \text{吸热,几乎不反应} \end{cases}$$

可见甲烷卤化时卤素的活泼性顺序为:

$$F > Cl > Br > I$$

通常说烷烃的卤化反应,常指氯化反应与溴化反应。

由以上结论要说明一个概念问题:反应活泼中间体与过渡态是不同的。前者虽然存在的时间很短,只有少数比较稳定的活泼中间体可以分离得到,对大多数来讲还没有分离出来,但是可以用直接或间接的方法证明它们确实存在;而过渡态目前尚未测出它的存在,更谈不上分离得到。从能量关系上看,过渡态位于曲线的峰顶(位能最高处),而中间体即使非常活泼,相对于过渡态还是处于曲线的低处(在谷的地方)。

(3) 其他烷烃的卤化反应——伯、仲、叔氢的反应活性顺序及烷基游离基的稳定性　乙烷分子中 6 个氢原子是等性的,因此乙烷和甲烷一样,卤化只生成一种一元取代物。

丙烷卤化则生成两种一元取代物:

$$CH_3CH_2CH_3 + Cl_2 \xrightarrow[25℃]{h\nu} CH_3CH_2CH_2Cl + CH_3\underset{\underset{Cl}{|}}{C}HCH_3$$

$$43\% \qquad\qquad 57\%$$

丙烷分子中有 6 个 1°H,2 个 2°H,其个数比为 3∶1;而产物 1 - 氯丙烷与 2 - 氯丙烷的比例为 43%∶57%≈1∶1。由此可以认为 1°H 与 2°H 被氯取代的活性是不同的,1°H < 2°H,若设 1°H 的相对反应活性为 1,2°H 则为 x,x 可由两种氯代产物的数量比求得。

$$6 \times 1/2x = 43/57$$
$$x = (6 \times 57)/(2 \times 43) \approx 4$$

即在丙烷中 2°H 氯化的活性是 1°H 的 4 倍。

丁烷分子中有两种等性 H,分别为 1°H 及 2°H,也有两种一氯代产物,从产物的百分比看,2°H 的活性也大于 1°H,情况与丙烷相同。

$$CH_3CH_2CH_2CH_3 + Cl_2 \xrightarrow[25℃]{h\nu} CH_3CH_2CH_2CH_2Cl + CH_3CH_2\underset{\underset{Cl}{|}}{C}HCH_3$$

$$28\% \qquad\qquad 72\%$$

异丁烷分子中亦有两种等性 H,然而分别为 1°H 及 3°H,也有两种一氯代产物。

$$CH_3-\underset{\underset{CH_3}{|}}{\overset{\overset{CH_3}{|}}{C}}-H + Cl_2 \xrightarrow[25℃]{h\nu} CH_3-\underset{\underset{CH_3}{|}}{\overset{\overset{CH_3}{|}}{C}}-Cl + CH_3-\underset{\underset{CH_3}{|}}{C}H-CH_2-Cl$$

$$36\% \qquad\qquad 64\%$$

在异丁烷分子中,1°H 有 9 个,3°H 只有 1 个,两者比例为 9∶1,然而产物比例为 64%∶36% = 32∶13,计算的结果表明 3°H 的反应活性大于 1°H。

以上事实说明:烷烃分子中氢原子一元卤化时的反应活性顺序为:

$$3°H>2°H>1°H \quad 即 \quad 叔氢>仲氢>伯氢$$

这种情况,可以由以下几个方面的分析与论证得到说明:

第一,键的解离能:

	烷烃	游离基	键的解离能/$(kJ \cdot mol^{-1})$	
1°H	$CH_3—H$	$CH_3 \cdot$	435.1	大
	$CH_3CH_2—H$	$CH_3CH_2 \cdot$	410.0	
	$CH_3CH_2CH_2—H$	$CH_3CH_2CH_2 \cdot$	410.0	
2°H	$CH_3\overset{\mid}{\underset{H}{C}}HCH_3$	$CH_3\overset{\cdot}{C}HCH_3$	397.5	
3°H	$CH_3-\overset{CH_3}{\underset{H}{\overset{\mid}{\underset{\mid}{C}}}}-CH_3$	$CH_3-\overset{CH_3}{\underset{\cdot}{\overset{\mid}{C}}}-CH_3$	380.7	小

同一类型的化学键(C—H)发生均裂时,键的解离能越小,说明游离基越容易生成,生成的游离基也越稳定。因此失去相对应的氢也就越容易,即反映出氢的活性大。由数据可知,反应活性为:$3°H>2°H>1°H$。游离基稳定性为:$3°$游离基$>2°$游离基$>1°$游离基。

第二,游离基的结构及相对稳定性:通常,越稳定的游离基越容易生成,反应速率也越快。在许多游离基生成的反应中,游离基的稳定性往往支配着反应的活性及取向,生成的游离基越稳定 H 越易被取代。

游离基生成的难易与稳定性可以用 $\sigma-p$ 超共轭效应得到较好的解释。由图 2-10 可以较直观地观察到:由于 C_{sp^2} 的电负性大于 C_{sp^3},所以,CH_3—表现出给电子诱导效应($+I$)。

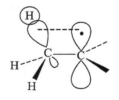

图 2-10 $\sigma-p$ 超共轭效应示意图

当 C_{sp^3} 杂化碳与氢 1s 成键后的 C—H σ 键的电子云与 C_{sp^2} 杂化的电子云接近平行时,发生离域化作用,即 $\sigma-p$ 超共轭效应。这种离域化作用越强,$\sigma-p$ 超共轭效应越显著,游离基就越容易生成,其稳定性也就越强。

为进一步分析不同级数游离基的稳定性,请观察下页结构图。图中由左到右,依次为:叔丁基游离基(三级游离基)、异丙基游离基(二级游离基)、乙基游离基(一级游离基)及甲基游离基。

在叔丁基游离基中有 9 个 C—H σ 键与 p 轨道产生 $\sigma-p$ 超共轭效应;异丙基游离基中有 6 个 C—H σ 键与 p 轨道产生 $\sigma-p$ 超共轭效应;乙基游离基中只

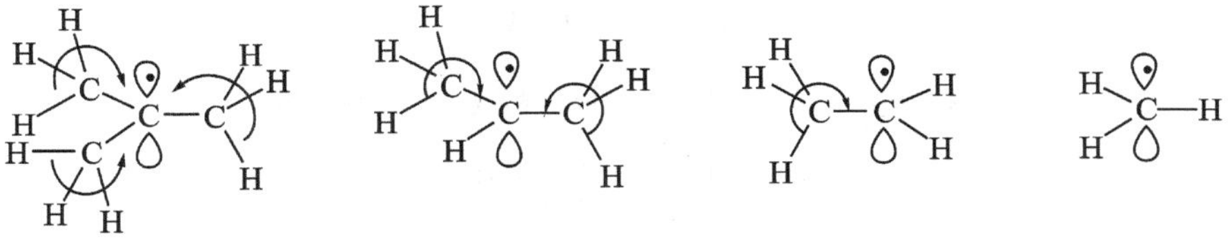

叔丁基游离基   异丙基游离基   乙基游离基   甲基游离基

有 3 个 C—H σ 键与 p 轨道产生 $\sigma-p$ 超共轭效应,而甲基游离基中不存在 $\sigma-p$ 超共轭效应。因此,稳定性顺序为 3°游离基＞2°游离基＞1°游离基,即

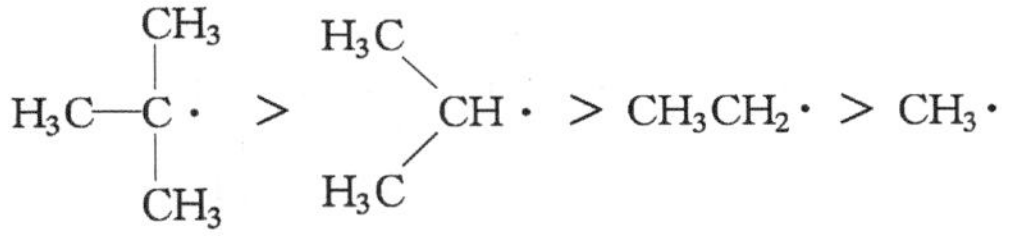

$$\underset{CH_3}{\overset{CH_3}{H_3C-\underset{|}{\overset{|}{C}}\cdot}} > \underset{H_3C}{\overset{H_3C}{CH\cdot}} > CH_3CH_2\cdot > CH_3\cdot$$

第三,生成游离基时所需的活化能:由反应动力学的角度分析,生成游离基时所需的活化能越高,游离基越难生成,其稳定性也越差。下面列出的是烷烃被氯取代生成烷基游离基所需要的活化能(E_a):

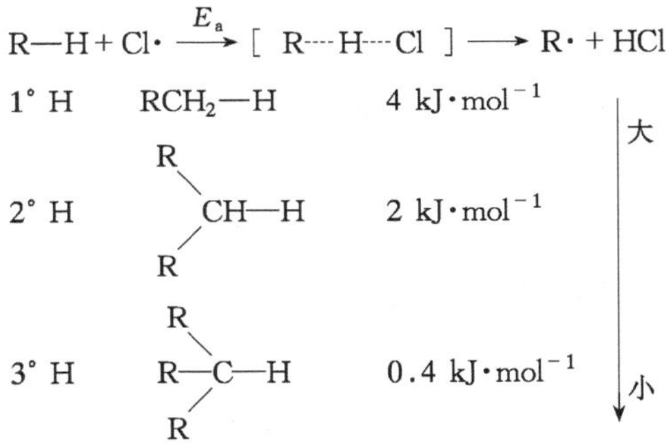

$$R—H + Cl\cdot \xrightarrow{E_a} [\ R\cdots H\cdots Cl\ ] \longrightarrow R\cdot + HCl$$

1° H	$RCH_2—H$	4 kJ·mol^{-1}
2° H	$\underset{R}{\overset{R}{CH—H}}$	2 kJ·mol^{-1}
3° H	$\underset{R}{\overset{R}{R-C—H}}$	0.4 kJ·mol^{-1}

大 ↓ 小

由数据可知,反应活性为:3°H＞2°H＞1°H。游离基稳定性为:3°游离基＞2°游离基＞1°游离基。

第二节 环 烷 烃

烃类化合物中,有一些化合物分子中具有碳原子连接成环状结构而又不像苯那样具有芳香性,这些化合物在性质上与脂肪烃有许多相似之处,所以叫作脂环烃(alicyclic hydrocarbon)。根据环饱和与不饱和的程度,脂环烃可分类为:

脂环烃
- 环烷烃：如 环戊烷
- 环烯烃：如 环己烯， 环戊二烯
- 环炔烃：如 环壬炔

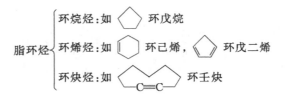

我们将重点讨论环烷烃。

简单的环烷烃在自然界存在者不多，但在动植物产品中则有各种复杂的脂环化合物。例如，除虫菊素分子中就含有一个三碳环，其结构为：

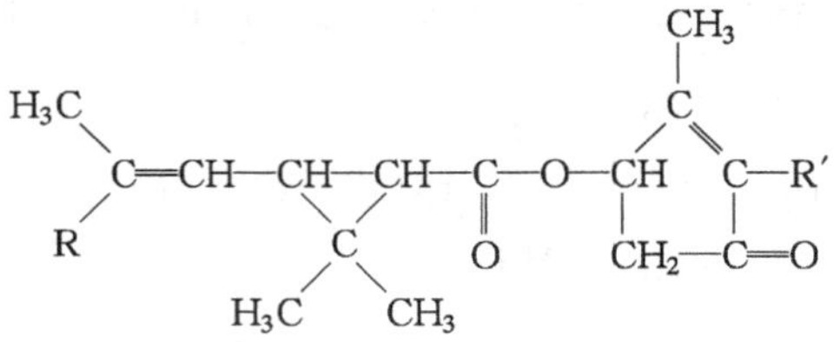

除虫菊素对人、畜毒性低，使用安全。又如，萜类化合物，单环萜在结构中有一个六元碳环，萜烷是这类化合物的母体，它在自然界并不存在，然而它的衍生物却广泛存在于许多草药中：

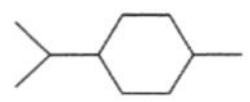

1－甲基－4－异丙基环己烷

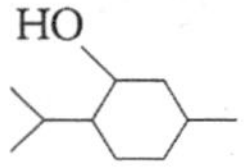

5－甲基－2－异丙基－1－环己醇

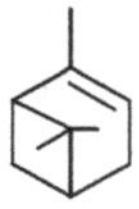

α－蒎烯

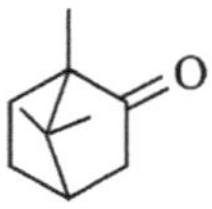

樟脑

再如，甾类化合物，它们的母体结构为：

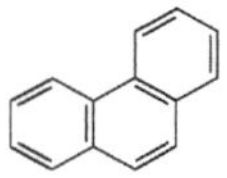

 菲

 环戊烷高氢菲 {三个六碳环（全氢化的菲）; 一个五碳环}

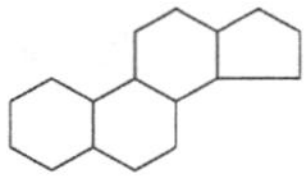

环戊烷高氢菲在自然界也不存在，但是具有这种碳骨架结构的有机化合物却广泛地存在于植物及人体的组织细胞中，并且很多都具有重要的生理作用，如胆酸、肾上腺皮质激素、性激素等。

因为自然界存在各式各样的含有脂环的化合物，所以脂环烃的合成在有机化学中用途很广。

环烷烃的异构现象是多方面的，除了构造异构外，还有顺反异构及光学异构现象。

一、分类和命名

1．环烷烃的分类

（1）按碳数多少分 环上碳原子数为 3～4 时,称为小环;为 5～6(或 7)时,称为普通环;为 7(或 8)～12 时,称为中环;大于 12 时,称为大环。小环、普通环是我们主要的研究对象。

（2）按环的多少分 分子中只有一个碳环的称为单环;有两个碳环的称为双环;有三个或三个以上碳环的称为多环。单环、双环是常见的环,多环存在着不同的结合方式。我们只讨论双环。

（3）按环的结合方式分 两个环共用一个碳原子——螺环;两个环共用两个碳原子——稠环;两个环共用两个以上碳原子——桥环。例如:

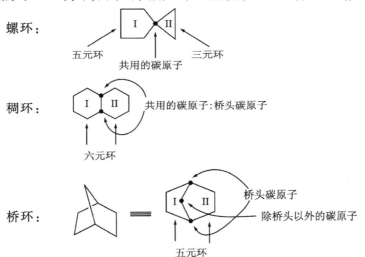

2. 命名

（1）单环 在相应的开链烃名称前加一个"环"字即可。若有官能团就使其位次号最小或尽可能地使取代基有最低系列编号。例如:

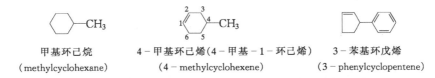

甲基环己烷　　　4－甲基环己烯(4－甲基－1－环己烯)　　　3－苯基环戊烯

（methylcyclohexane）　　（4－methylcyclohexene）　　（3－phenylcyclopentene）

（2）多环 除在开链烃的名称前加"环"字外,还需要指明环的个数及两个桥头碳原子间的碳原子数,其间用圆点"·"隔开,括在方括号里。

螺环:说明是螺环,螺原子间所夹的碳原子数按由小到大的次序排列;编号时,若为单螺则从邻接螺原子的一个碳原子开始,由小环到大环编号,若为多螺环则按由小环到大环的次序顺次将号编完。例如:

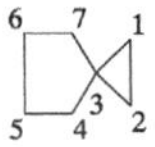

 螺[2.4]庚烷(spiro[2.4]heptane)

　　桥环:编号自桥的一端开始,循最长的环节编到桥的另一端,然后再循余下的最长环节编回到起始桥头,即由大环到小环编号;桥头碳原子间所夹的碳原子数按由大到小的次序排列。例如:

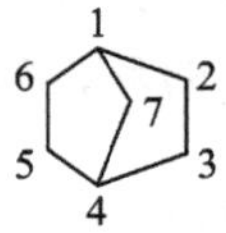

二环[2.2.1]庚烷
(bicyclo[2.2.1]heptane)

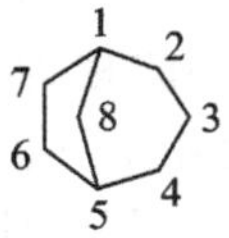

二环[3.2.1]辛烷
(bicyclo[3.2.1]octane)

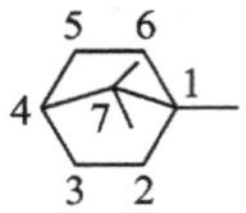

1,7,7-三甲基二环[2.2.1]庚烷
(1,7,7-trimethylbicyclo[2.2.1]heptane)

　　稠环:是按照桥环的命名法命名的,只不过分子中有一个最短的桥,桥头碳原子间所夹的碳原子数为 0。例如:

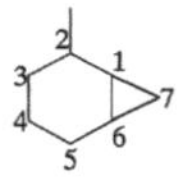

2-甲基二环[4.1.0]庚烷
(2-methylbicyclo[4.1.0]heptane)

二、环烷烃的制法

　　脂环烃的主要来源是石油,石油中所含环烷烃主要是五元、六元环烷烃的衍生物,例如:

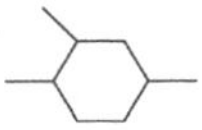

1,2,4-三甲基环己烷 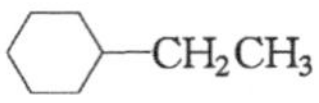　　　　乙基环己烷 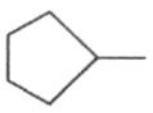　　　　甲基环戊烷 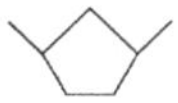　　1,3-二甲基环戊烷

另外,还有环烷酸:

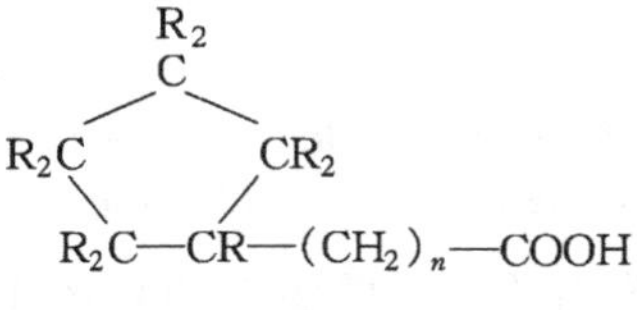

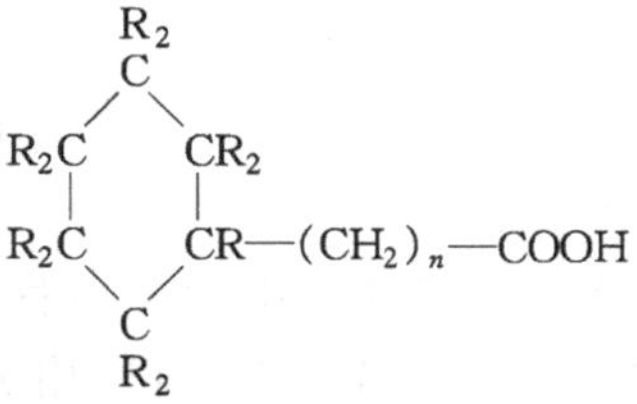

R=H 或 烷基,$n=0 \sim 5$

　　在实验室条件下,合成方法随着分子的大小会很不相同。
　　总的来说,合成时重要的手段之一是用一个两端具有官能团的、链状的化合物,设法在两个官能团之间发生分子内的反应,进行关环。例如,伍尔兹环合成法:

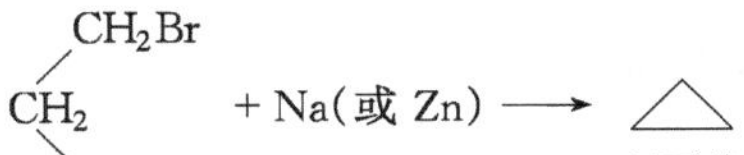

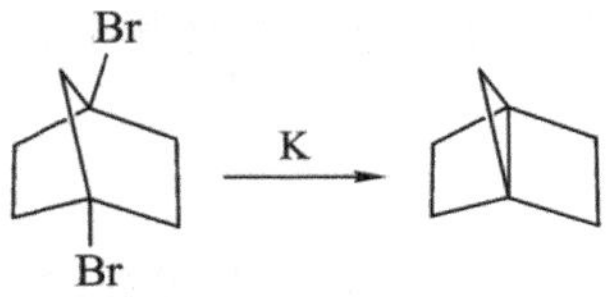

又如,分子间脱卤化氢法制小环化合物:

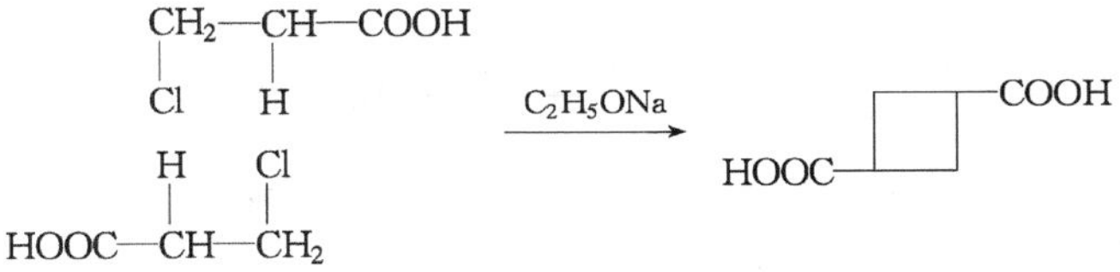

此外,在双烯烃部分,将学习一种形成环的反应——狄尔斯-阿尔德反应,此略。

三、环烷烃的物理性质

环烷烃的熔点、沸点及密度都较含同数碳原子的链烷烃高,详见表2-2。

表2-2 环烷烃的熔点和沸点

名 称	英文名称	熔点/℃	沸点/℃
环丙烷	cyclopropane	-127	-34.5
环丁烷	cyclobutane	-90	-12.5
环戊烷	cyclopentane	-93	49.5
环己烷	cyclohexane	6.5	80
环庚烷	cycloheptane	8	119
环辛烷	cyclooctane	4	148
环壬烷	cyclononane	10	69
环癸烷	cyclodecane	9.5	69
环十一烷	cycloundecane	-7	91
环十二烷	cyclododecane	61	—
环十三烷	cyclotridecane	23.5	128
环十四烷	cyclotetradecane	54	131
环十五烷	cyclopentadecane	61	147
环十六烷	cyclohexadecane	57	170
环十七烷	cycloheptadecane	65	—
环十八烷	cyclooctadecane	72	—

四、环烷烃的化学性质

环烷烃的化学性质,既有与烷烃相似的地方,如发生取代反应,也有与烯烃相似的地方,如发生加成反应。究竟是与烷烃相似还是与烯烃相似,主要取决于环的大小。

1. 取代反应

在光或热的作用下,环戊烷、环己烷以及更高级的环烷烃可以与溴发生取代反应,且与烷烃和溴的反应相似,也是以游离基取代机理进行的。反应一俟发生,很难控制在一元取代阶段。

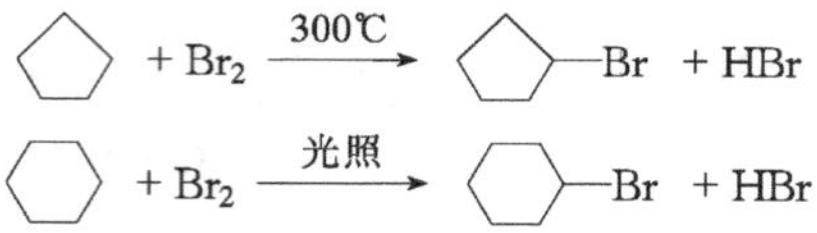

$$\bigcirc + Br_2 \xrightarrow{300℃} \bigcirc\!-Br + HBr$$

$$\bigcirc + Br_2 \xrightarrow{光照} \bigcirc\!-Br + HBr$$

2. 加成反应

(1) 催化氢化　环丙烷、环丁烷易开环加氢,生成链烷烃。环戊烷须在较强烈的条件下才能加氢。环己烷以上的环烷烃,一般不与氢发生加成反应。

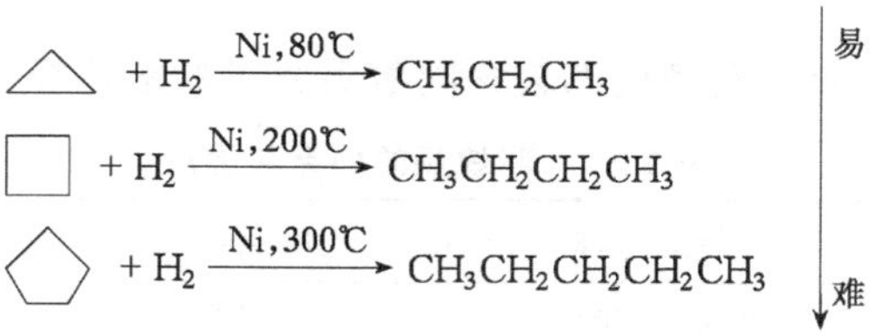

$$\triangle + H_2 \xrightarrow{Ni,80℃} CH_3CH_2CH_3$$

$$\square + H_2 \xrightarrow{Ni,200℃} CH_3CH_2CH_2CH_3$$

$$\bigcirc + H_2 \xrightarrow{Ni,300℃} CH_3CH_2CH_2CH_2CH_3$$

（易 ↓ 难）

(2) 与溴加成　环丙烷在常温下、环丁烷在加热的条件下,可与溴发生加成反应。环戊烷以上的环烷烃与溴发生取代反应而不发生加成反应。

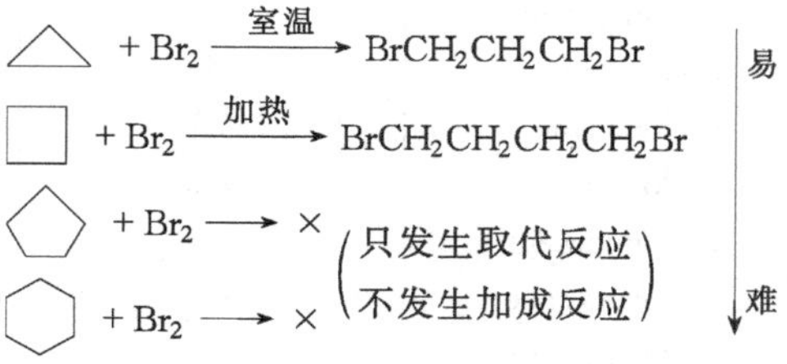

$$\triangle + Br_2 \xrightarrow{室温} BrCH_2CH_2CH_2Br$$

$$\square + Br_2 \xrightarrow{加热} BrCH_2CH_2CH_2CH_2Br$$

$$\bigcirc + Br_2 \longrightarrow \times \quad \left(\begin{array}{l}只发生取代反应\\ 不发生加成反应\end{array}\right)$$

$$\bigcirc + Br_2 \longrightarrow \times$$

（易 ↓ 难）

(3) 与溴化氢加成　环丙烷可与卤化氢发生加成反应。环丁烷常温下不与HBr 起加成反应。

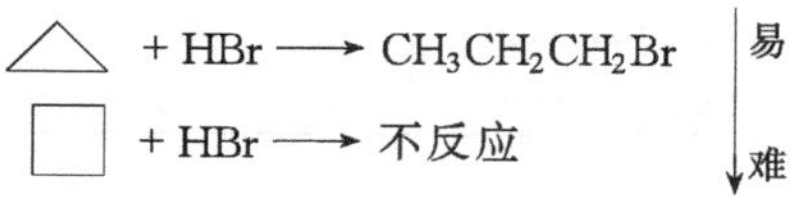

$$\triangle + HBr \longrightarrow CH_3CH_2CH_2Br$$

$$\square + HBr \longrightarrow 不反应$$

（易 ↓ 难）

带有取代基的环丙烷与卤化氢加成时,遵从"马氏规则"(见第三章第一节),即在取代最多与取代最少的碳原子间断键、加成。

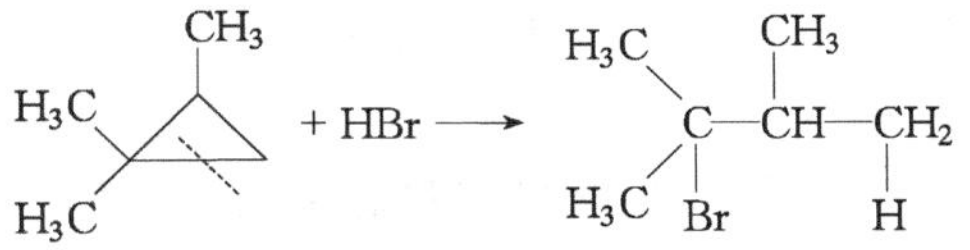

3. 氧化反应

在室温下环烷烃与一般的氧化剂,如高锰酸钾水溶液或臭氧均不反应。

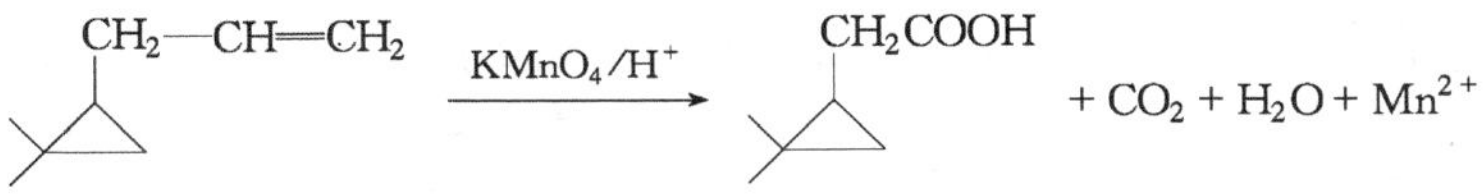

1,1－二甲基－2－烯丙基环丙烷　　　2,2－二甲基环丙基乙酸

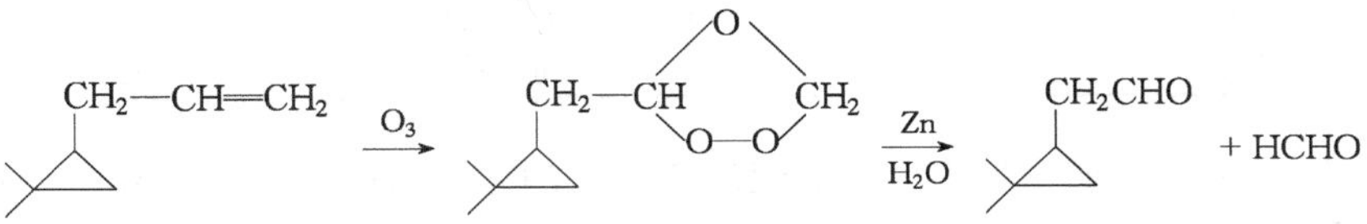

但在加热条件下,用强氧化剂氧化时,或在催化剂作用下用空气氧化时,则环破裂,生成二元羧酸。例如:

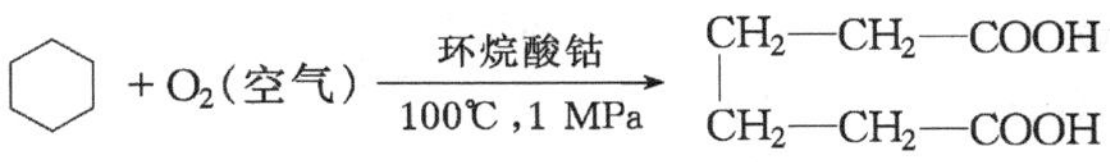

己二酸(制尼龙的重要单体)

反应条件不同,氧化的产物不同。例如:

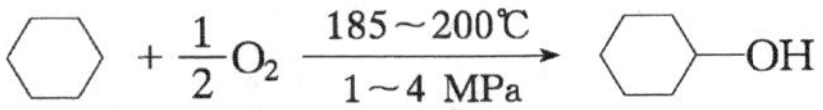

环己醇

综上所述,存在以下规律:小环的性质像烯,易加成,但加成活性比烯差;普通环的性质像烷,易取代。由此可知,三元、四元环不如六元、五元环稳定。

五、环的稳定性

人们对环烷烃的正确认识有一个过程。当初拜耳(Baeyer A von)根据碳原子的正四面体概念,于 1885 年提出在环丙烷与环丁烷中,C—C—C 键角必小于109°28′,因此存在着张力,使这些碳环不稳定。在环戊烷中,这个键角接近109°28′,因此,环戊烷是稳定的。但在环己烷中,这个角度为 120°,大于正常的109°28′,似乎也不应稳定,但实际上并非如此。五年之后,萨克斯(Sachse H)指出,环己烷分子不必是平面的,可以有两种非平面形状,其中的键角均是正常四面体的109°28′。他称这两种形状为船式和椅式。

1. 从燃烧热数据比较

20 世纪 30 年代,在用热力学方法研究张力时,精确测量了化合物的燃烧热。

在烃类化合物中,每增加一个 CH_2,燃烧热增加 658.6 $kJ \cdot mol^{-1}$,是一个 CH_2 完全燃烧放出的热量。

对于环烷烃,环越小每个 CH_2 的燃烧热越大,详见表 2-3。

表 2-3　环烷烃的燃烧热(单位:$kJ \cdot mol^{-1}$,298 K)

环　烷　烃	每个 CH_2 的燃烧热	环　烷　烃	每个 CH_2 的燃烧热
乙烯	711.3	环辛烷	663.8
环丙烷	697.1	环壬烷	664.6
环丁烷	686.1	环癸烷	663.6
环戊烷	664.0	环十四烷	658.6
环己烷	658.6	环十五烷	659.0
环庚烷	662.4	正烷烃	658.6

表 2-4 给出某些环烷烃与链烷烃燃烧热的差值,其差值越小,环张力越小,环的稳定性越强。

表 2-4　某些环烷烃与链烷烃燃烧热的差值

环烷烃名称	环丙烷	环丁烷	环戊烷	环己烷
每个 CH_2 的燃烧热/($kJ \cdot mol^{-1}$)(298 K)	697.1	686.1	664.0	658.6
与链烷烃的差值/($kJ \cdot mol^{-1}$)(298 K)	38.5	27.5	5.4	0

所谓燃烧热指的是:在 298 K 及 0.1 MPa 压力下,1 mol 的纯物质完全氧化生成 CO_2 和 H_2O 时所产生的热量。它的大小反映出分子内能的高低。燃烧热越高说明分子内能越高,分子稳定性越差。因此,从以上数据可知:环己烷稳定性几乎与链烷烃一样,环戊烷稳定性与环己烷近似,环越小稳定性越差。

2. 现代共价键的理论解释

我们知道,在烷烃分子中,相邻碳原子的 sp^3 杂化轨道的对称轴在同一条直线上,C—C—C 键角约为 109°28′:

CH_3

CH_2　约109°28′

CH_3

但是在环丙烷分子中，虽然碳原子也进行了 sp^3 杂化，为了使三个碳原子同处一个平面上(也只能处在一个平面上)，其键角已无法维持在 109°28′ 左右了。

据量子化学计算，环丙烷分子中的 C—C—C 键角为 105.5°，H—C—H 键角为 114°。因此，两个相邻碳原子的 sp^3 杂化轨道相互重叠成键时，轨道的对称轴就无法在一条直线上，σ 键的电子云弯曲了，呈"香蕉形"，这样的键被形象地称为弯键或香蕉键。

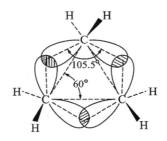

这样一来，两个 sp^3 杂化轨道的重叠程度减小了，C—C σ 键的稳定性就差。换言之，一个 sp^3 杂化碳原子的四个价键间，正常的键角为 109°28′，现却必须将键角压缩到 105.5° 才能成三元环，这时分子内部存在着一种恢复正常键角的内在力量，称为"角张力"。角张力的存在导致了环丙烷分子不稳定，易于开环发生加成反应。

环丁烷的性质与环丙烷相似，实际上它的四个碳原子不在一个平面上而呈折叠形：

两种形状互相转化，犹如蝴蝶的翅膀上下飞舞，故称为蝶式。尽管这样，分子中仍然存在着较大的角张力，所以易开环。

事实证明环戊烷的分子也不是平面形的，而是一种一头翘起来的结构，形如开启的信封，故称信封式：

在这种形式中，C—C—C 键角近于 109°28′，近于无张力环，化学性质较稳定。

环己烷分子中的六个碳原子也不是在同一平面上的，在空间以船式(船型)和椅式(椅型)两种极限构象存在。椅式比船式稳定，室温下二者可以互相转化，常温下环己烷几乎完全以椅式构象存在。然而，不论采取船式或椅式，分子中的

C—C—C 键角都能保持 sp^3 杂化碳的正常键角：109°28′，成为一个无张力环，因此环己烷化学性质稳定。

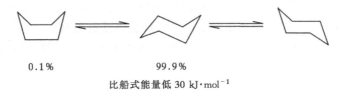

0.1%　　99.9%

比船式能量低 30 $kJ \cdot mol^{-1}$

六、环烷烃的立体化学

立体化学是研究分子中的原子或原子团在空间排布方式不同而引起的异构现象，以及由此而产生的性质上的差异。构象异构、顺反异构及对映异构（旋光异构）都属于立体化学的研究范畴。

1. 顺反异构

由于环的存在，使 C—C 之间键的“自由”旋转受到阻碍，否则环就要“拧麻花”，就会破裂。因此，当环上有取代基时，能够产生顺反异构现象，又称几何异构现象。例如：1,2－二甲基环丙烷、1,2－二甲基环丁烷及 1,3－二甲基环己烷分子中，两个甲基在环平面同侧的称为顺式，分别在环平面两侧的称为反式。

1,2－二甲基环丙烷

顺式

反式

1,2－二甲基环丁烷

顺式

反式

1,3－二甲基环己烷

顺式

反式

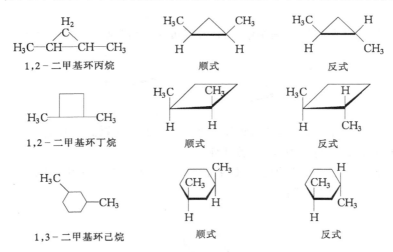

2. 环己烷的构象

在链烷烃中，构象在化学反应中的重要性并不突出，但在环烷烃中却关系甚大，在今后的学习过程中我们将不断地体会到这一点。

在环烷烃中，环己烷是最简单的六碳环，研究它的构象对研究其他环烷烃的构象有极为重要的意义。

早在 1840 年,萨克斯认为,根据碳原子的正四面体模型,环己烷分子中的六个碳原子可以不在一个平面上且保持正四面体构型的正常角度。但是,由于他叙述得不清楚,图又画得不好,所以没有引起当时化学家们的注意。

30 年以后,莫尔(Mohr E)重新研究了这个问题,正式提出了非平面张力环的学说,并画出了模型。他认为碳原子可以保持正常的键角,六个碳原子不在一个平面上,形成两种折叠着的环系。这就是我们在前面讨论过的船式及椅式两种极限构象。为什么说是两种构象呢?因为环部分地限制了 C—C 键的旋转但还没有完全阻碍它的"旋转",因此出现了以上不同的构象。这两种构象中所有 C—C—C 键角均为 109°28′,不存在角张力,为无张力环。

由于船式比椅式能量高约 30 kJ·mol^{-1},所以常温下环己烷几乎完全以椅式构象存在。

为什么椅式构象比船式构象稳定?为了能看清楚原子间的价键,首先从它们的透视式进行分析:

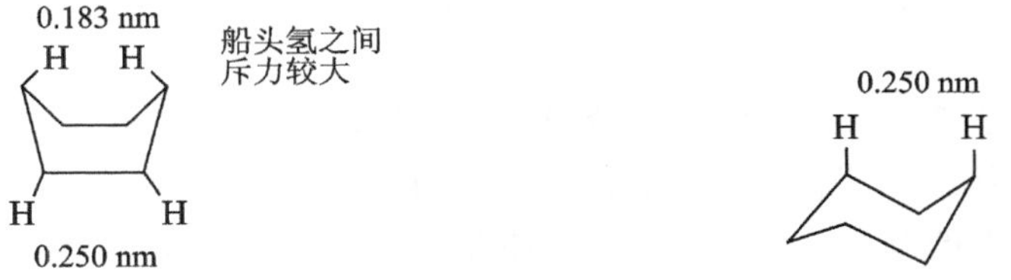

船式　　　　　　　　　　　　　　　椅式

船式中的两个船头氢原子间距为 0.183 nm,小于 0.250 nm,处于正常状态时,相邻碳原子上所连氢原子间的距离为 0.250 nm。于是在船式构象中的两个船头氢原子间产生较大的斥力,这种存在于非键合的原子或原子团间的斥力称为非键合张力(扭曲张力)。所以,船式不如椅式稳定。

为了便于观察每两个相邻碳原子上所连接的氢原子在空间的相对位置关系,可将以上透视式画成纽曼投影式(把船式的透视式绕立轴旋转,使 C_1、C_2、C_3 离观察者最近,C_4、C_5、C_6 则远离观察者):

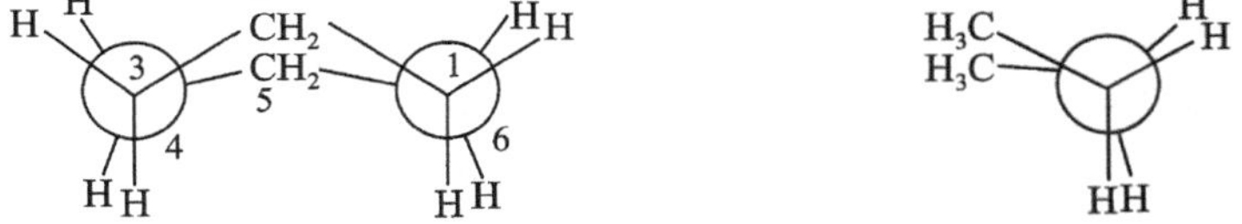

正丁烷的全重叠式

由图可见,船式构象的纽曼投影式中:C_1 与 C_6、C_3 与 C_4 上的氢原子完全处在重叠的位置上,这就犹如正丁烷的全重叠式一样,是不稳定的。

　　由于这个原因和已经分析过的 C_2、C_5 上伸向环内两个氢原子间的斥力,就使得船式构象很容易扭转为椅式构象,这种扭转力称为扭曲张力。

　　扭曲张力与角张力不同,它是 C_1 与 C_6、C_3 与 C_4 上重叠的氢原子以及"船头"与"船尾",即 C_2 与 C_5 上的氢原子之间的斥力(非键合张力)造成的。

　　再把椅式构象的透视式同样绕立轴旋转,使 C_1、C_2、C_3 离观察者最近,C_4、C_5、C_6 则远离观察者,画出纽曼投影式:

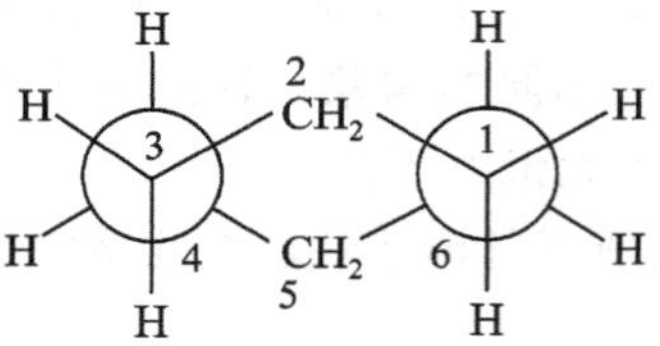

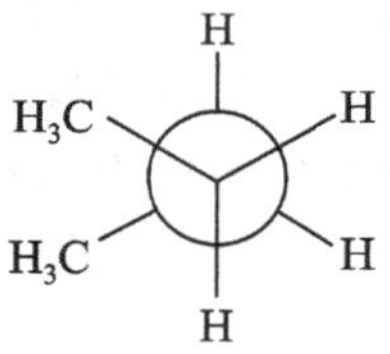

正丁烷的邻位交叉式

从投影式可以看出,任何相邻的两个碳上的氢原子都处在交叉的位置上,这就和正丁烷的邻位交叉式构象一样,因此椅式构象不存在扭曲张力,比船式构象稳定。

　　如果我们仔细观察椅式构象的透视式,不难发现,分子中的 12 个 C—H 键可分为两种类型。一类是垂直于环平面的 C—H 键,共 6 个,称为直立键或 a 键(axial 的字首,轴的意思);另一类是伸向环外的 C—H 键,共 6 个,称为平伏键或 e 键(equatorial 的字首,赤道的意思)。

<table>
<tr><td align="center">直立键(a 键)
3 个向上,3 个向下</td><td align="center">平伏键(e 键)
3 个向左,3 个向右</td></tr>
</table>

　　室温下,椅式构象以极快的速度,从一种椅式构象经过不同的构象转变成另一种椅式构象,最后达成平衡。在发生这种转变时,重要的问题在于:一种椅式构象中的直立键(a 键)随着转变成另一种椅式构象中的平伏键(e 键)。

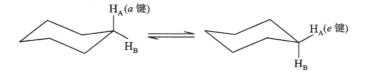

　　这种转变的速度是极快的,每秒可达 $10^4 \sim 10^5$ 次。转变过程中所经过的某些构象及能量关系如图 2−11 所示。

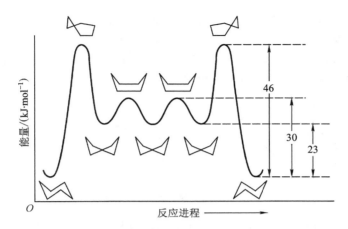

图 2-11 环己烷各种构象的能量关系图

3．取代环己烷的构象

（1）一元取代环己烷 例如甲基环己烷：

$$CH_3 - \hexagon$$

首先,环己基应该以椅式构象存在才是稳定的构象。其次,CH_3—究竟是占据 a 键还是占据 e 键稳定呢? 这倒是值得研究的问题。我们仍然用透视式和纽曼投影式来分析：

甲基占据 a 键,a 键型构象　　　　甲基占据 e 键,e 键型构象

由上不难看出,在 a 键型构象中 CH_3—与其处于同侧的两个 a 键氢距离较近,产生的非键合张力大,斥力也大;而在 e 键型的构象中 CH_3—向环外伸展,与其处于同侧的两个 e 键氢距离较远,非键合张力小,斥力也小。因此 e 键型比 a 键型稳定。

a 键型构象
相当于丁烷的邻位交叉式

e 键型构象
相当于丁烷的对位交叉式

从纽曼投影式中可以看出在 a 键型构象中 CH_3—与碳架处于邻位交叉式，在 e 键型构象中 CH_3—与碳架处于对位交叉式，因此 e 键型比 a 键型稳定。

由以上两方面的原因使得 e 键型构象比 a 键型构象稳定，事实上甲基环己烷的 e 键型构象占 95%，a 键型构象只占 5%。

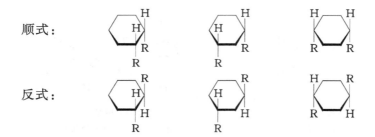

5%　　　　　　　　　　　　　95%

a 键型能量比 e 键型高 7.5 kJ·mol^{-1}

也正是由于以上两方面的原因，我们不难分析出，当取代基越大时，两方面的影响就越加显著，a 键型构象就越不稳定，从而以 e 键型存在的趋势就越大。事实上叔丁基环己烷的 e 键型构象可多达 99.9%。

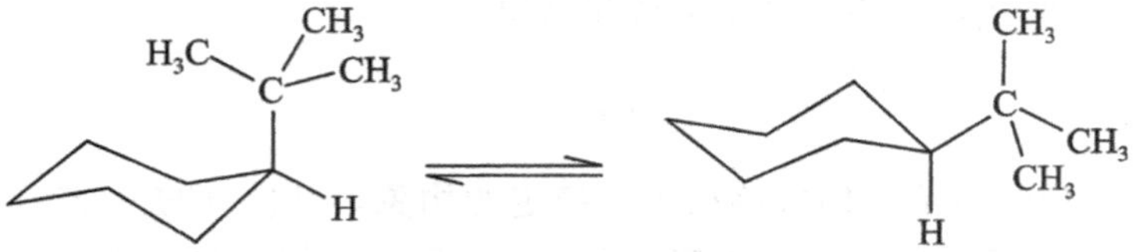

<0.1%　　　　　　　　　　　>99.9%

a 键型能量比 e 键型高 20 kJ·mol^{-1}

（2）二元取代环己烷　　二元取代环己烷有 1,2-、1,3- 及 1,4- 二取代三个位置异构体：

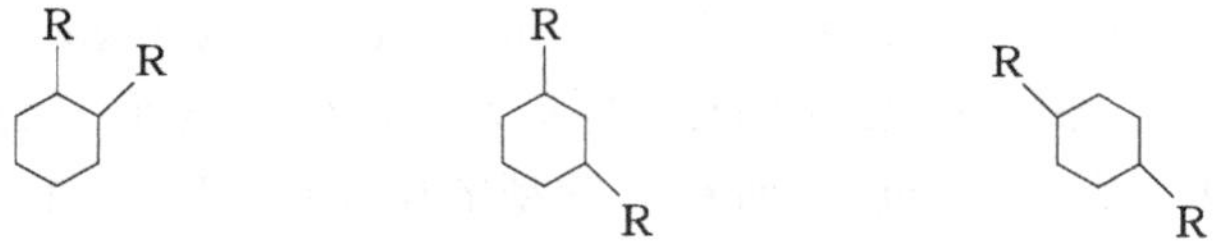

R　R　　　　　　　R　　　　　　　R

每种异构体又存在着顺反异构体：

顺式：

反式：

以 1,2 - 二甲基环己烷为例进行讨论:1,2 - 二甲基环己烷有顺式和反式两种异构体。两种异构体相应的构象如下图所示:

顺式:

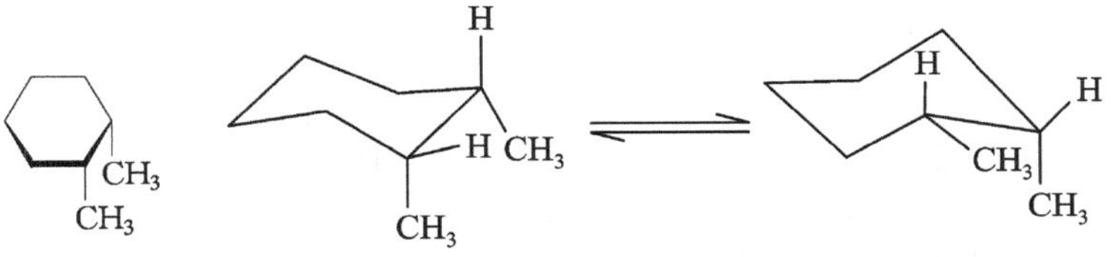

e,a 键型 a,e 键型

反式:

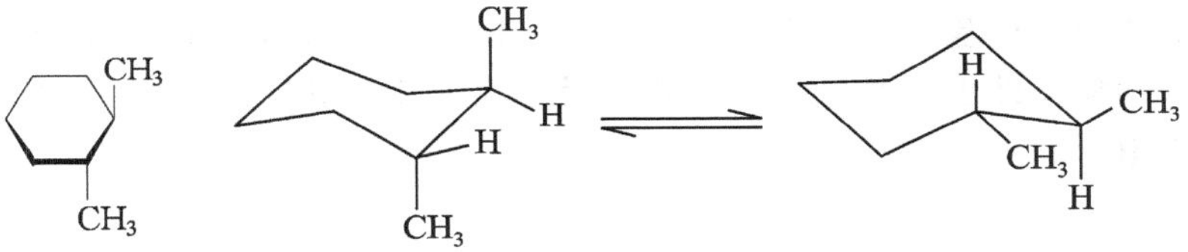

a,a 键型 e,e 键型

顺 - 1,2 - 二甲基环己烷的两种椅式构象,都是一个 CH_3—占据 a 键,另一个 CH_3—占据 e 键,能量相同,稳定性相同,处于动态平衡之中,实际上这两种构象是相同的。

反 - 1,2 - 二甲基环己烷的两种椅式构象中,一种构象是两个 CH_3—都占据 a 键,另一种构象是两个 CH_3—都占据 e 键。根据对一元取代环己烷取代基占据 e 键时稳定的道理,我们不难判断,两个 CH_3—都占据 e 键的构象(e,e 键型)比两个 CH_3—都占据 a 键的构象(a,a 键型)要稳定。反 - 1,2 - 二甲基环己烷主要以 e,e 键型存在。

以反式与顺式 - 1,2 - 二甲基环己烷相比,反 - 1,2 - 二甲基环己烷的 e,e 键型比顺式的 e,a 键型能量低,所以反 - 1,2 - 二甲基环己烷比顺 - 1,2 - 二甲基环己烷稳定。

如果对 1,3 - 二甲基环己烷进行分析,就会发现顺 - 1,3 - 二甲基环己烷比反 - 1,3 - 二甲基环己烷稳定。

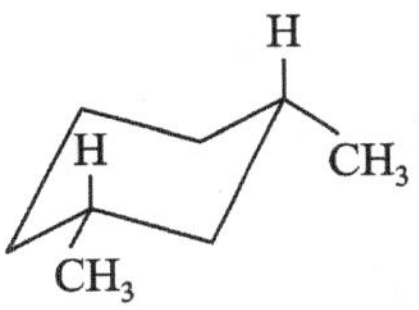

顺式 e,e 键型,稳定 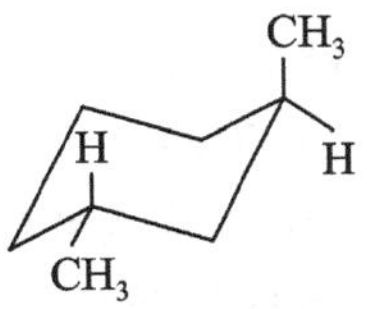   反式 e,a 键型,不稳定

如果再对 1,4-二甲基环己烷进行分析,又会发现它和 1,2-二甲基环己烷一样,反式异构体比顺式异构体来得稳定。

顺式 e,a 键型　　　　　　　　　　　　　　反式 e,e 键型

假如两个取代基大小不相同,如顺-1-甲基-4-叔丁基环己烷,叔丁基占据 e 键的构象比处于 a 键的构象稳定,前者为顺-1-甲基-4-叔丁基环己烷的优势构象。

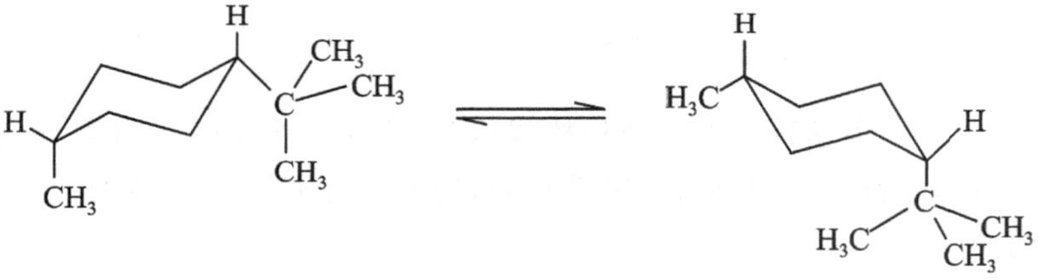

t-Bu 占据 e 键　　　　　　　　　　　　t-Bu 占据 a 键

综上所述,环己烷与取代环己烷构象的稳定性,大致有以下规律:

(a) 椅式构象比船式构象稳定。

(b) 一元取代环己烷的取代基占据 e 键的构象比占据 a 键的构象稳定;多元取代环己烷的取代基占据 e 键越多的构象越稳定。

(c) 取代环己烷中有体积大小不同的两个取代基时,大取代基占据 e 键的构象稳定。

4.十氢化萘的构象

上面我们讲到了环己烷的构象异构体,然而迄今人们还未将其分离出来。但是,假如把环己烷与另一个环通过两个相邻的碳原子并合起来,成为稠环的话,可以想象,键的旋转将变得十分困难,由一种能量低的构象变成另一种能量高的构象时,就必须通过很高的能障。因此预料,可以得到稳定的构象异构体。莫尔提出,十氢化萘就是这样的一个体系。

十氢化萘是萘完全氢化后的产物。两个六元环共用两个碳原子,用两种不同的方式并合而成。如下图所示:

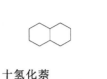

十氢化萘

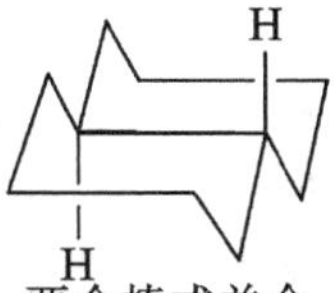

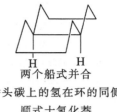

两个椅式并合
桥头碳上的氢在环的两侧
反式十氢化萘

两个船式并合
桥头碳上的氢在环的同侧
顺式十氢化萘

用平面式表示：

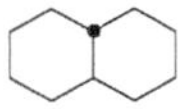

反式 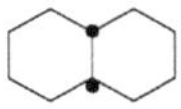　　　　　　顺式

● 代表氢原子在纸平面前

不出所料,这两种构象异构体在 1925 年被休克尔(Hückel E)首次分离出来,它们有不同的物理性质,因此不容怀疑二者一定有不同的结构。不过,当时还没有构象这个概念,谈不上进行构象分析。

1946 年,哈赛尔(Hassel O)进一步用 X 光衍射法研究这两种十氢化萘,证明顺式十氢化萘不是由两个船式环并合的,而是由两个椅式环并合而成的体系。

那么两种十氢化萘构象究竟是怎样的呢? 若把一个六元环看成首、尾相连的两个取代基,不难看出反式十氢化萘为 e、e 键型,顺式十氢化萘为 e,a 键型。因此,反式十氢化萘比顺式十氢化萘要稳定,这也与事实完全相符合。

反式 e,e 键型　　　　　　　　　顺式 e,a 键型

5. 金刚烷

由于金刚烷分子中的碳骨架恰好可以看成是金刚石晶体的一部分,故此得名。碳碳键长为 0.154 nm,与金刚石中的相近。

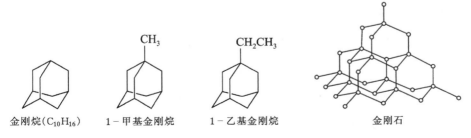

金刚烷($C_{10}H_{16}$)　　1-甲基金刚烷　　1-乙基金刚烷　　金刚石

金刚烷是易升华的无色晶体,密度为 $1.07\ kg\cdot L^{-3}$。由于分子结构对称性高,接近球形,有利于在晶格中紧密堆积,因此熔点特别高,为 270℃。如果往分子中引入一个取代基,熔点即大幅度降低。例如,1-甲基金刚烷的熔点为 104℃,比金刚烷低 166℃。它可以看成是三个椅式环己烷稠合而成,为无张力结构,比较稳定。能溶于烃类溶剂。

金刚烷在石油中的含量仅为百万分之四,然而,由于其特殊的物理性质,可以从石油中直接分离出来。

金刚烷的桥头氢原子容易被卤素(氯与溴)取代,生成 1-卤代金刚烷。它是医药工业的重要原料,可制备一种有效的退烧药——金刚烷胺盐酸盐。

参 考 文 献

1. CHERN Y T,SHINE H C. Macromolecules,1997,30(19):5766-5772.

2. HOWARD D L,HENRY B R. Journal of Physical Chemistry(A),1998,102:561-570.

3. 刘州,郭建维. 金刚烷的结构、溶解性及热力学性质[J]. 含能材料,2006,14(6):485-486.

习 题

1. 写出庚烷的各种异构体的结构式,并用系统命名法命名。

2. 以系统命名法命名下列化合物,并指出前两个化合物分子中碳原子的类型。

(1) 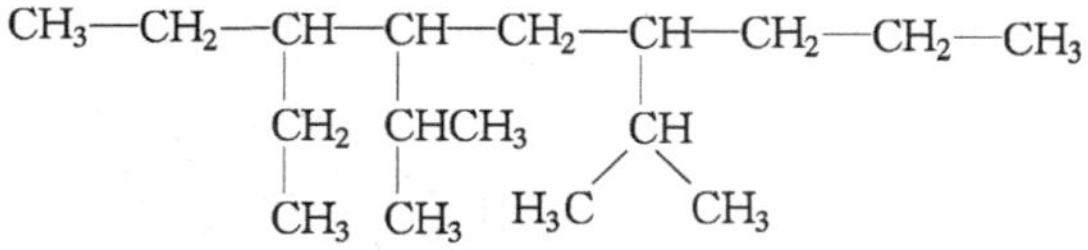 CH₃—CH₂—CH—CH—CH₂—CH—CH₂—CH₂—CH₃ 结构图

(2) 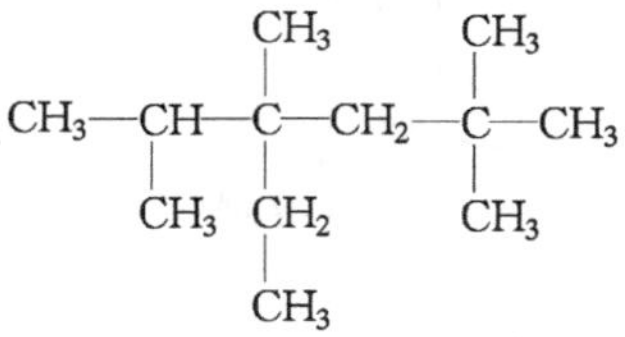 结构图

(3) 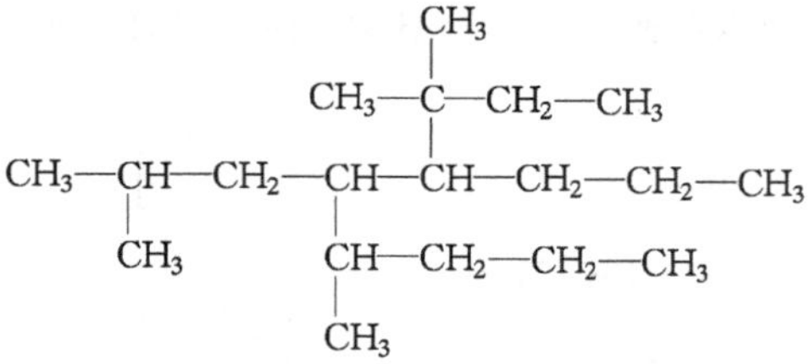 结构图

(4) 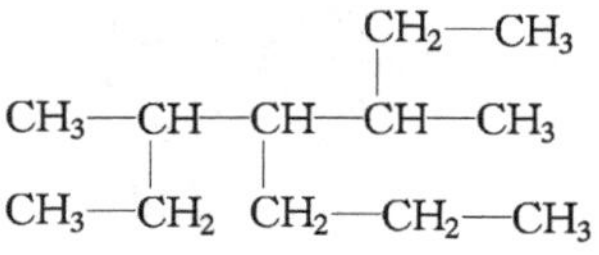 结构图

(5)

$$
CH_3-\overset{\overset{\displaystyle CH_3}{|}}{CH}-CH_2-\overset{\overset{\displaystyle |}{CH}}{\underset{\underset{\displaystyle CH_3}{|}}{\underset{\displaystyle CH_3}{|}}CH}-CH_2-\overset{\overset{\displaystyle C(CH_3)_3}{|}}{CH}-CH_2-CH_3
$$

(6)

$$
CH_3-\overset{\overset{\displaystyle CH_3}{|}}{CH}-\overset{\overset{\displaystyle CH_3}{|}}{\underset{\underset{\displaystyle CH_3}{|}}{C}}-CH_2-CH_2-CH_2-CH_3
$$

3．下列六个结构式代表几种烷烃？并用系统命名法命名。

(1) $(CH_3)_2CH-CH_2-CH(CH_3)_2$

(2) $CH_3-CH-\overset{\overset{\displaystyle CH_3}{|}}{CH}-CH_2-CH_3$ （侧链 CH_3）

(3) $CH_3-\overset{\overset{\displaystyle CH_3}{|}}{CH}-CH_2-\overset{\overset{\displaystyle |}{CH}}{\underset{\underset{\displaystyle CH_3}{|}}{}}-CH_3$

(4) $CH_3-\overset{\overset{\displaystyle CH_3}{|}}{CH}-\overset{\overset{\displaystyle |}{CH}}{\underset{\underset{\displaystyle CH_2-CH_3}{|}}{}}-CH_3$

(5) $(CH_3)_2CHCH(CH_3)CH_2CH_3$

(6) $CH_3-\overset{\overset{\displaystyle CH_3}{|}}{CH}-CH_2-\overset{\overset{\displaystyle CH_3}{|}}{CH}-CH_3$

4．写出下列化合物的结构式，并指明基的名称。

(1) 由一个异丁基和一个仲丁基组成的烷烃

(2) 由一个丁基和一个异丙基组成的烷烃

(3) 含有一个侧链甲基的相对分子质量为 86 的烷烃

(4) 相对分子质量为 100 同时含有伯、叔、季碳原子的烷烃（标出 C 的级数）

5．给出下列名称的结构式，命名如有错，请纠正。

(1) 2－乙基戊烷

(2) 2,2,4－三甲基戊烷

(3) 2,5,6,6－四甲基－5－乙基辛烷

(4) 2,2,4,4－四甲基－3,3－二丙基戊烷

6．用键能数据说明甲烷氯化时为什么按(1)而不按(2)进行？

(1) $CH_3-H + Cl\cdot \longrightarrow CH_3\cdot + HCl$

(2) $CH_3-H + Cl\cdot \longrightarrow CH_3-Cl + H\cdot$

7．不要查表，试将下列烷烃按其沸点的高低排列成序。

(1) 2－甲基戊烷　　　(2) 正己烷　　　(3) 正庚烷　　　(4) 正十二烷

8．解释甲烷氯化反应中观察到的现象：

(1) 甲烷和氯气的混合物在室温下和黑暗中可以长期保存而不起反应。

(2) 将氯气先用光照射，然后迅速在黑暗中与甲烷混合，可以得到氯化产物。

(3) 在黑暗中将甲烷和氯气的混合物加热到250℃以上，可以得到氯化产物。

(4) 将氯气用光照射后在黑暗中放一段时间再与甲烷混合，不发生氯化反应。

(5) 将甲烷先用光照射后,再在黑暗中与氯气混合,不发生氯化反应。

(6) 甲烷和氯气在光照下起反应时,每吸收一个光子可以产生许多氯甲烷分子。

9. 一未知物经燃烧分析知其含碳 84.2%,含氢 15.8%,求:

(1) 该未知物的实验式。

(2) 未知物的相对分子质量为 114,求其分子式。

(3) 如果该未知物分子中所有的氢原子都是等性的,它的结构式是什么?

10. 如果火箭以煤油和液态氧作燃料,每升煤油需要多少质量的氧(假设煤油以 $C_{14}H_{30}$ 表示)? 燃烧 1 L 煤油将放出多少热量(假设每个 —CH_2 基团的燃烧热为 656 kJ·mol^{-1},每个 —CH_3 的燃烧热为 777 kJ·mol^{-1})? 煤油密度为 0.7628 g·cm^{-3}。

11. 写出相对分子质量为 86,并分别符合下列条件的各烷烃的结构式,当一溴代时:

(1) 能生成两种一溴衍生物　　　　　　(2) 能生成三种一溴衍生物

(3) 能生成四种一溴衍生物　　　　　　(4) 能生成五种一溴衍生物

在(1)中的烷烃有多少种二溴衍生物,写出它们的结构式。

12. 试写出 3 - 甲基戊烷在光照条件下和 Cl_2 反应生成一氯代物的所有异构体的结构式;已知 3° H:2° H:1° H 的相对速率约为 5:3.8:1,试预测生成这些异构体的相对量(%)。

13. 已知烷烃在 127℃ 进行一溴化反应,相对活性为 1° H:2° H:3° H = 1:82:1600,求 2,2,4 - 三甲基戊烷各种一溴代产物的相对量(%)。

14. 写出正戊烷的主要构象式(用纽曼投影式表示)。

15. 画出下列化合物中能量最低和最高的构象的纽曼投影式。

(1) 丙烷　　　　　　　　　　(2) 2,2,3,3 - 四甲基丁烷

16. 试提出以 2 - 甲基 - 2 - 氯丁烷和氯乙烷为原料(必要的无机试剂和溶剂可自选),合成 3,3 - 二甲基戊烷的方法。

17. 某烷烃相对分子质量为 72,一元氯代产物只有一种,试推此烷烃的结构式。

18. 命名下列化合物。

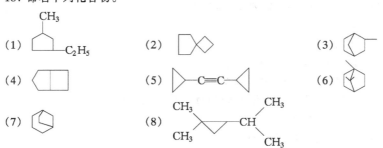

19. 写出下列化合物的结构式。

(1) 顺 - 1,2 - 二溴环丙烷　　　　　　　　(2) 反 - 1,3 - 环戊基二甲酸

(3) 顺 - 1,4 - 二甲基环己烷　　　　　　　(4) 反 - 1 - 甲基 - 2 - 乙基环丙烷

20. 写出 1,2,3 - 三甲基环丁烷可能的结构式。

21. 二甲基环己烷的哪一个异构体是顺式比反式稳定? 请解释。

22. 写出下列反应式:

(1) 环丙烷和环己烷分别与溴作用　　　　(2) 1 - 甲基 - 2 - 乙基环丙烷与氯作用

（3）乙烯基环丁烷与酸性高锰酸钾溶液作用　　（4） 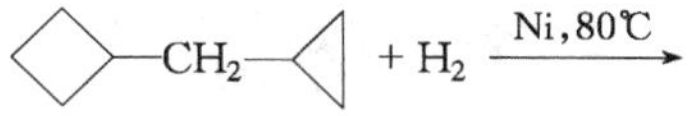 $+ H_2 \xrightarrow{Ni, 80℃}$

23．用简单化学方法区别下列各组化合物。

（1）环丙烷、丙烷和丙烯　　　　　　（2）环己烷、环己烯、1-己炔和正丙基环丙烷

24．请提出一个纯化杂有少量丙烯的环丙烷的方法，并以方程式表示。

25．写出下列化合物的最稳定的构象式，有顺反的指明其顺反。

（1）正丙基环己烷　　　（2）1-氯-3-溴环己烷　　　（3）1-甲基-4-异丙基环己烷

26．用环丙烷、甲基环丙烷及无机物为原料，合成下列化合物。

（1）　CH_3CH_2—CH—CH—CH_2CH_3　　　　　　　（2）正己烷
　　　　　　　　　　│　　│
　　　　　　　　　CH_3　CH_3

（3）　CH_3CH_2—CH—$CH_2CH_2CH_3$
　　　　　　　　　│
　　　　　　　　CH_3

27．某烃分子式为 C_6H_{12}，它在室温下不能使高锰酸钾溶液褪色，与HI反应生成 $C_6H_{13}I$，氢化后只得一个产品：甲基二乙基甲烷。试推测该烃的结构。

28．用其他原子代替碳原子组成环时，这类化合物称为杂环化合物。杂环化合物（A）主要以椅式构象存在，并且其羟基（—OH）处在 a 键上。（1）请写出其构象；（2）解释羟基处在 a 键上的原因。

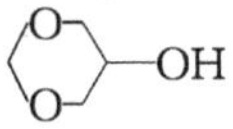

　　（A）

第三章 烯烃、炔烃

（Alkene、Alkyne）

在分子中含有 C=C 链状结构的烃类叫作烯烃。最简单的烯烃是乙烯。

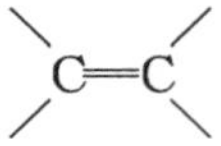

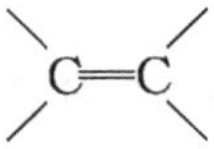

C=C 称为碳碳双键、烯键或重键（包括双键与三键），是烯烃的官能团。

烯烃分为单烯烃、二烯烃与多烯烃。

因为烯烃分子中含的氢原子数比烷烃中含的氢原子数少——"稀少"，故称为"烯"。

烯烃的来源主要靠石油的裂解，另外钢铁工业在炼制焦炭时得到的副产物——焦炉气——中约有 4% 的乙烯。

许多热带树木，如某些卫矛属植物的叶子可以产生乙烯。乙烯可以加速树叶的死亡与脱落，还可以使摘下来的未成熟的果实加速成熟。

天然产物中含有 C=C 结构单元的化合物甚多，如 β-胡萝卜素中有 9 个，亚麻油酸与桐油酸中则各有 3 个。

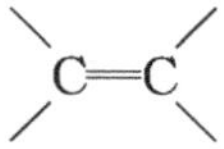

第一节 单 烯 烃

单烯烃分子中只具有一个碳碳双键，比相应的烷烃分子少两个氢原子，通式为 C_nH_{2n}。值得注意的是：单烯烃的通式还可以写成 $(CH_2)_n$。因此，当单烯烃的碳氢比完全相同时，仅根据元素分析的数据，不能轻率决定该单烯烃的分子式。必须测得相对分子质量后，才可能确定。

单烯烃同系列的第一个成员是乙烯。尽管卡宾（CH_2:）从形式上看似乎可以算作甲烯，但其结构却不具备烯烃的特征。

一、烯烃的结构——碳原子的 sp^2 杂化

1. 乙烯的结构

X 射线衍射表明：组成乙烯分子的原子都处在一个平面上，碳碳间键长

0.134 nm,键角~120°。这说明了乙烯分子中碳原子的构型(指碳原子的价键以及与价键相连的基团在空间的分布情况)是平面正三角形的。

另外,从键能的情况看,乙烯分子中碳碳间键能为 610 kJ·mol^{-1},不是两个 σ 键键能的加和:345 kJ·mol^{-1}×2＝690 kJ·mol^{-1}。如果其中有一个 C—C σ 键的话,还应有一个键存在于 C—C 之间,其键能为 610 kJ·mol^{-1} － 345 kJ·mol^{-1} ＝265 kJ·mol^{-1},小于 C—C σ 键的键能。

鉴于以上情况,近代量子化学理论认为,碳原子轨道进行了 sp^2 杂化。一个 s 轨道与两个 p 轨道生成三个 sp^2 杂化轨道(1/3 s 成分,2/3 p 成分);三个 sp^2 杂化轨道的对称轴都在一个平面上,夹角为 120°;未杂化的 p 轨道垂直于 sp^2 杂化轨道对称轴所在的平面(见图 3－1)。

C$_{sp^2}$与 C$_{sp^2}$形成 σ 键(C—C);C$_{sp^2}$与 H$_{1s}$形成 σ 键(C—H)。垂直于 sp^2 杂化轨道对称轴所在平面的 p 轨道,侧面重叠形成了 π 键(见图 3－2)。只有 p 轨道相互平行时才能重叠。

图 3－1　C$_{sp^2}$杂化轨道示意图

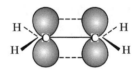

图 3－2　乙烯分子结构示意图

因为 π 键是 p 轨道侧面重叠形成的,重叠程度小,所以稳定性较差,容易打开;π 键不能旋转,一旋转就会破裂,因此断裂时的能量比 σ 键断裂时的要低,比 σ 键易断裂;π 电子云的流动性较大,在外电场的影响下,容易极化,容易发生化学反应。

2．丙烯的结构

丙烯分子中组成双键的碳是 sp^2 杂化的碳原子,另一个碳则是 sp^3 杂化的碳原子,后者以 σ 键与双键碳结合。丙烯分子中价键分布状况见图 3－3。

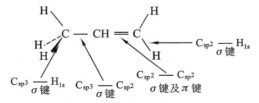

图 3－3　丙烯分子中的价键分布状况

二、单烯烃的同分异构现象及命名

1．碳链异构与位置异构

烯烃分子中除了可以发生碳链异构以外,双键位置的不同也会产生异构现象。因双键(官能团)位置不同引起的异构现象称作位置异构。

$$
构造异构
\begin{cases}
\left.\begin{array}{ll}
CH_3—CH_2—CH{=}CH_2 & 直链 \\
CH_3—\underset{\underset{CH_3}{|}}{C}{=}CH_2 & 支链
\end{array}\right\} 碳链异构 \\[2em]
\left.\begin{array}{ll}
CH_3—CH_2—CH{=}CH_2 & 双键在链端 \\
CH_3—CH{=}CH—CH_3 & 双键在当中
\end{array}\right\} 位置异构
\end{cases}
$$

这两种异构现象都是由碳原子间的连接次序和方式不同而形成的,所以都属于构造(constitution)异构现象。

2．顺反异构

由于烯烃分子中 $\diagup C{=}C\diagdown$ 不能自由旋转,因此在 2－丁烯分子中同双键相连的两个甲基与两个氢原子可以有两种不同的排列方式:两个甲基在双键的同侧或在双键的异侧,前者称为顺式,后者称为反式。

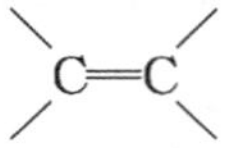

顺式(cis－)
bp +4℃,mp −139℃

反式(trans－)
bp +1℃,mp −106℃

此类异构现象称为顺反异构(cis-trans isomerism)现象,过去也称作几何异构现象。这种异构现象是由原子或原子团在空间的排列方式不同而形成的,所以属于构型(configuration)异构现象。

顺反异构体在物理性质、化学性质上都有差异,它们是两种不同的物质。

产生顺反异构现象必须具备两个条件:

(1) 分子中要有限制旋转的因素,如 π 键、环。

(2) 在烯烃分子中,构成双键的任何一个碳原子上所连接的两个原子或原子团都必须不相同。下面的思考题将帮助你理解这个概念。

思考题 3.1　请指出下列各式所代表的化合物分子,何者有顺反异构现象? 标记其构型。

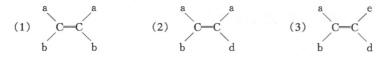

(1)　　　　　　　(2)　　　　　　　(3)

(4) 　　(5)

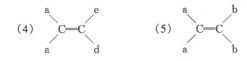

对于上述思考题中(3)的构型，则必须用次序规则来判断。当按照次序规则“较优”基团在双键同侧时，用字母“*Z*”表示，反之则以“*E*”表示（*Z*、*E* 分别来自德文：Zusammen，意指“在一起”；Entgegen，意指“相反”）。例如：

a＞b，d＞e，(*Z*－)

a＞b，d＞e，(*E*－)

(*Z*)－2－丁烯

(*E*)－2－丁烯

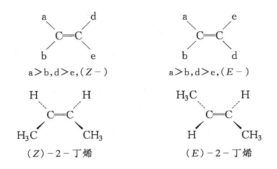

3．烯基的命名

基的名称是命名的基础。常禁的烯基有：

$CH_2{=}CH—$	$CH_3—CH{=}CH—$	$CH_2{=}CH—CH_2—$
乙烯基	丙烯基	烯丙基

带有两个自由键的基团称为“亚”某基。例如：

$H_2C{=}$	$CH_3—CH{=}$	$(CH_3)_2C{=}$
亚甲基	亚乙基	亚异丙基

4．系统命名法

因为只有简单的烯烃可用普通命名法命名，如乙烯、丙烯、异丙烯等，所以我们还必须介绍系统命名法。

(1) 选含有双键的最长碳链为主链，支链视作取代基，按主链的碳原子数称作“某”烯。

(2) 从靠近双键的一端开始编号，使双键的位次号最小，用阿拉伯数字表示并用半字符相隔，写在烯的名称前。

(3) 烷烃的各条命名原则，只要与这两条规则不矛盾的，在此都适用。

举例：

$$CH_3{-}CH_2{-}CH{=}CH_2 \qquad \text{1－丁烯（1－butene）}$$

$$CH_3{-}CH{=}CH{-}CH_3 \qquad \text{2－丁烯（2－butene）}$$

CH₃—C=CH₂ 　　　　2－甲基－1－丙烯（2－methyl－1－propylene）
　　｜
　　CH₃ 　　　　　　2－甲基－3－丙烯（错误）

　　　　　　CH₃
　　　　　　｜
CH₃—CH=C—C—CH₃
　　　　　　｜
　　　　CH₃ CH₃

母体：2－戊烯
取代基：3－甲基,4,4－二甲基
3,4,4－三甲基－2－戊烯
（3,4,4－trimethyl－2－pentene）

　　　　　　CH₃
　　　　　　｜
CH₃—CH₂—C—CH—CH₃
　　　　　‖
　　　　　CH₂

母体：1－丁烯
取代基：3－甲基,2－乙基
3－甲基－2－乙基－1－丁烯
（2－ethyl－3－methyl－1－butene）
2－异丙基－1－丁烯（错误）

（4）根据国际上规定的统一原则，将顺反异构体的顺、反或（Z）、（E）标在烯烃全名的最前列，以表示其构型。

以上实例中有顺反异构体的为：2－丁烯及 3,4,4－三甲基－2－戊烯。

用外推法判断：$CH_3{-}$为 C（H,H,H）,（CH_3）$_3$C—为 C（C,C,C），叔丁基较优于甲基，故得出上述化合物（用 Z/E 标记法表示）的构型。

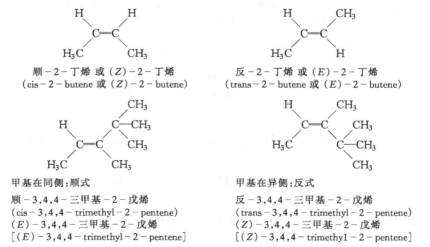

顺－2－丁烯 或（Z）－2－丁烯
（cis－2－butene 或（Z）－2－butene）

反－2－丁烯 或（E）－2－丁烯
（trans－2－butene 或（E）－2－butene）

甲基在同侧：顺式
顺－3,4,4－三甲基－2－戊烯
（cis－3,4,4－trimethyl－2－pentene）
（E）－3,4,4－三甲基－2－戊烯
［（E）－3,4,4－trimethyl－2－pentene］

甲基在异侧：反式
反－3,4,4－三甲基－2－戊烯
（trans－3,4,4－trimethyl－2－pentene）
（Z）－3,4,4－三甲基－2－戊烯
［（Z）－3,4,4－trimethyl－2－pentene］

从 3,4,4－三甲基－2－戊烯的构型判定可知：顺/反与 Z/E 之间并无对应关系。有时它们是一致的，有时是不一致的，原因很简单，因为判定时所依据的标准不一样。

三、单烯烃的制备

1. 炔烃的还原

炔烃在催化剂存在下,与控制量的氢气加成,生成烯烃。

$$R-C\equiv C-R' + H_2 \xrightarrow{\text{催化剂}} R-CH=CH-R'$$

这是炔烃的重要化学性质之一,将在本章第三节中详细讨论。

2. 邻二卤代烷脱卤素

邻二卤代烷在金属锌或镁作用下,失去两个卤原子,生成烯烃。

$$-\overset{|}{\underset{X}{C}}-\overset{|}{\underset{X}{C}}- + Zn \longrightarrow -\overset{|}{C}=\overset{|}{C}- + ZnX_2$$

由于邻二卤代烷通常都是用烯烃制得的,因此用此法制备烯烃会受到很大的局限。然而,这个反应可以用来保护 $\overset{|}{C}=\overset{|}{C}$ 。具体做法是:先往双键上加卤素将其保护起来,待需要时再脱去两个相邻的卤原子,双键即可复得。

3. 醇脱水

在合适的温度条件下,醇分子中可脱去一分子水生成烯烃。这是制备烯烃最简便的方法。

$$-\overset{|}{\underset{H}{C}}-\overset{|}{\underset{OH}{C}}- \xrightarrow{\text{酸}} -\overset{|}{C}=\overset{|}{C}- + H_2O$$

例如:实验室中,常在酸的存在下,用乙醇加热脱水制取小量乙烯。

$$CH_3CH_2OH \xrightarrow[\text{浓 } H_2SO_4]{\sim 170℃} CH_2=CH_2 + H_2O$$

醇脱水由易到难的顺序为:3°醇＞2°醇＞1°醇。

在工业生产上常用 Al_2O_3 催化醇的脱水反应。例如:

$$CH_3-\overset{\beta}{CH_2}-\overset{\alpha}{\underset{\underset{OH}{|}}{CH}}-\overset{\beta'}{CH_3} \xrightarrow{Al_2O_3,450℃} CH_3-CH=CH-CH_3$$

消去含 H 少的 $\beta-H$ 双键碳上取代最多的烯烃

4. 卤代烷脱卤化氢

卤代烷与氢氧化钾的醇溶液共热,分子中脱去一分子卤化氢制得烯烃。

$$-\overset{|}{\underset{H}{C}}-\overset{|}{\underset{X}{C}}- + KOH \xrightarrow{\text{醇}} -\overset{|}{C}=\overset{|}{C}- + KX + H_2O$$

例如：

$$CH_3-\overset{\beta}{C}H_2-\overset{\alpha}{\underset{\underset{Cl}{|}}{C}}H-\overset{\beta'}{C}H_3 \xrightarrow{\text{KOH/醇}} CH_3CH=CHCH_3 + CH_3CH_2CH=CH_2$$

　　　　　　　　　　　　　　　　　　　　80%　　　　　　20%

消去含 H 少的 β-H　　　　　双键碳上取代最多的烯烃

卤代烷脱卤化氢由易到难的顺序为：3°卤代烷＞2°卤代烷＞1°卤代烷。

四、单烯烃的物理性质

单烯烃的密度比水的密度小，有微弱的极性，不溶于水，易溶于弱极性或非极性的溶剂，如苯、乙醚、氯仿中。某些烯烃的熔、沸点见表 3-1。

表 3-1　一些烯烃和环烯烃的物理常数

名　　　称	英 文 名 称	熔点/℃	沸点/℃
乙烯	ethylene	-169.1	-103.7
丙烯	propene	-185.0	-47.6
1-丁烯	1-butene	-185	-6.1
(Z)-2-丁烯	(Z)-2-butene	-138.91	3.7
(E)-2-丁烯	(E)-2-butene	-105.55	0.88
2-甲基丙烯	2-methylpropene	-140	-6.6
1-戊烯	1-pentene	-138.0	30.2
(Z)-2-戊烯	(Z)-2-pentene	-151.39	36.9
(E)-2-戊烯	(E)-2-pentene	-136	36.35
2-甲基-2-丁烯	2-methyl-2-butene	-134.1	38.4
1-己烯	1-hexene	-138.0	63.5
2,3-二甲基-2-丁烯	2,3-dimethyl-2-butene	-74.6	73.5
1-庚烯	1-heptene	-119.7	94.9
1-辛烯	1-octene	-104	119.2
1-癸烯	1-decene	-81.0	172
环戊烯	cyclopentene	-98.3	44.1
环己烯	cyclohexene	-104	83.1
1-甲基环己烯	1-methylcyclohexene		109.5
3-甲基环己烯	3-methylcyclohexene		102.5
环庚烯	cycloheptene		114.0

五、单烯烃的化学性质

烯烃的化学性质比烷烃活泼得多。由于双键中碳与碳之间 π 键电子云易极化，是单烯烃分子中的"薄弱环节"，比较活泼，易发生一系列的化学反应。

1. 加成反应

烯烃的加成反应可用下列通式表示：

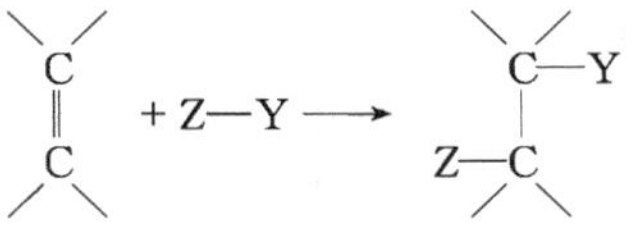

$$\overset{|}{\underset{|}{C}} = \overset{|}{\underset{|}{C}} \quad + Z{-}Y \longrightarrow \quad \overset{|}{\underset{|}{C}} \overset{\displaystyle -Y}{\underset{\displaystyle Z-}{\overset{|}{\underset{|}{C}}}}$$

发生加成反应时,烯烃的 π 键被打开,试剂 Z—Y 加到组成双键的两个碳原子上,形成两个新的 σ 键。在 σ 键形成过程中,双键碳原子从 sp^2 杂化转变为 sp^3 杂化,即从烯烃的平面结构转变为烷烃的四面体结构。

(1)与卤素加成　卤素一族中,除碘以外,均能与烯烃加成。其中氟与烯烃的加成反应猛烈,易使碳碳键断裂,生成含碳原子少的产物。氯与烯烃的加成比溴容易,反应一俟开始,就比较猛烈不易控制。工业上常采用既加催化剂又加溶剂稀释的办法,使反应顺利进行。例如,工业上大量生产 1,2 - 二氯乙烷时,就是在无水情况下,用 1,2 - 二氯乙烷作稀释剂,约 40℃,三氯化铁作催化剂,保证反应顺利进行的。

氯与烯烃和氟与烯烃的加成反应一样,在实验室内不宜应用。只有溴与烯烃的加成适合在实验室应用。例如,将乙烯气体通入溴的四氯化碳溶液即发生反应。

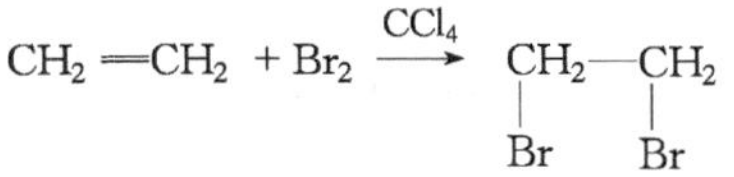

$$CH_2{=}CH_2 + Br_2 \xrightarrow{\;CCl_4\;} \underset{\underset{\displaystyle Br}{|}}{CH_2}{-}\underset{\underset{\displaystyle Br}{|}}{CH_2}$$

红棕色　　　　　 1,2 - 二溴乙烷 无色

这个反应可用来鉴别重键的存在,当乙烯或其他烯烃及炔烃与其反应时,溶液由红棕色逐渐转为无色。烯烃与卤素反应经历的过程——反应机理——如下:

卤素分子中两个原子相结合靠的是一对共用电子对,它们不偏向任何一个原子,是非极性键,为什么两个卤原子会分开与其他的原子相结合呢?要使 X—X 键断裂必须使其极化、解离,在这个反应中靠的是极性物质的诱导。

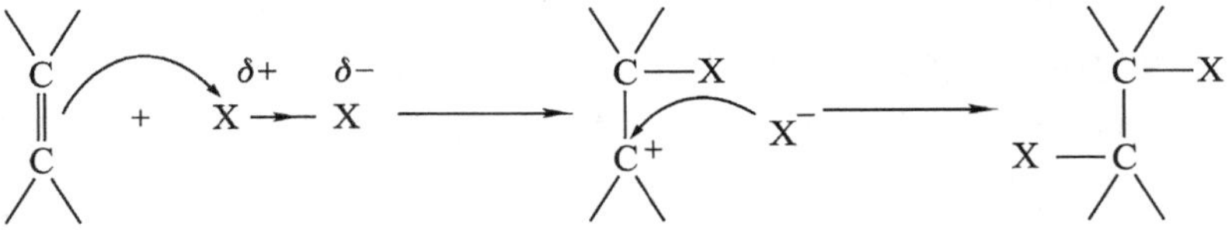

$$\overset{|}{\underset{|}{C}}=\overset{|}{\underset{|}{C}} \;+\; \overset{\delta+}{X}{-}\overset{\delta-}{X} \longrightarrow \overset{\displaystyle C{-}X}{\underset{\displaystyle C^{+}}{\big|}} \quad X^{-} \longrightarrow \overset{\displaystyle C{-}X}{\underset{\displaystyle X{-}C}{\big|}}$$

由于碳碳双键的 π 电子云产生的诱导能力较弱,如果将溴溶解在干燥的四氯化碳中,那么烯烃与溴的加成很慢,常需几小时甚至几天才能完成。若在溶液中加入极性溶剂,如水、三氯化铁这样的电解质则反应变得很快。

在书写以上机理时,先将卤素分子中带 δ + 的原子加到双键碳上,sp^2 杂化的碳原子转变成 sp^3 杂化的碳原子。为什么不是带 δ - 的部分首先加到双键碳上去呢?因为从双键的电性能来看,它有易极化的 π 键,因此是一个电子源,容易与缺电子的试剂——亲电试剂——相结合。因为 X^- 是稳定的八隅体结构，所以 X^+ 的活性比 X^- 的大，$X^{\delta+}$ 要寻求电子成键。这种加成反应是由亲电试剂的进攻所引起的，因此称为亲电加成反应。

当双键上的一个碳原子由 sp^2 杂化转变为 sp^3 杂化状态后，另一个双键上的碳原子仍保持着 sp^2 杂化，成了碳正离子。这种碳正离子是反应过程中的活泼（活性）中间体，极易进一步反应生成稳定的产物。

因为碳正离子呈 sp^2 杂化状态，三个价键按平面三角形方式分布，键角 $\sim 120°$，这样一来 X^- 进攻碳正离子时，应该有两种可能性：

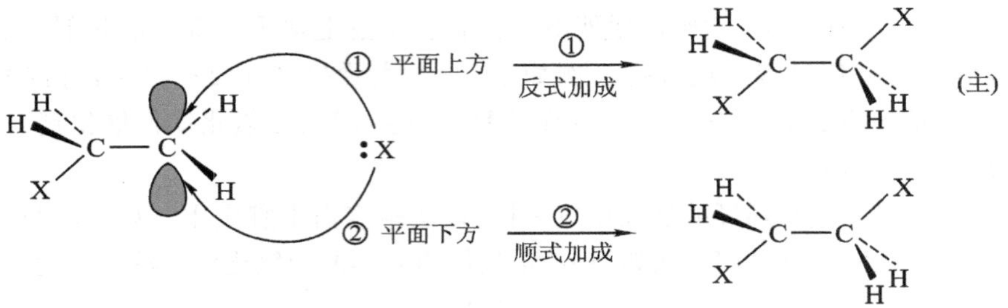

事实证明：烯烃与卤素加成反应的立体化学特征主要是反式加成。这是由于后加上去的 X:不仅受到先上 X 的排斥力，还受到空间阻挡作用的缘故。

思考题 3.2 乙烯与 Br_2/H_2O、$NaCl/H_2O$、CH_3OH 加成应得什么产物？环己烯与 Br_2/CCl_4 加成应生成什么产物？（提示：注意产物的构型！）

实际上溴与烯烃加成时经过环状正离子的过程。

现将卤原子半径列出：

I	0.133 nm	Cl	0.099 nm
Br	0.114 nm	F	0.064 nm

由于溴的原子半径较大，第四层上有两个 s 电子，五个 p 电子。因此溴最外层的 p 电子轨道就有可能接近碳正离子的空 p 轨道，发生电子云的离域现象，在碳正离子和溴之间形成一个价键，一对电子全由溴供给。这样一来，原来正电性碳的周围只有六个电子的，现在变成了八个；溴的周围也有八个电子，成了较稳定的结构。

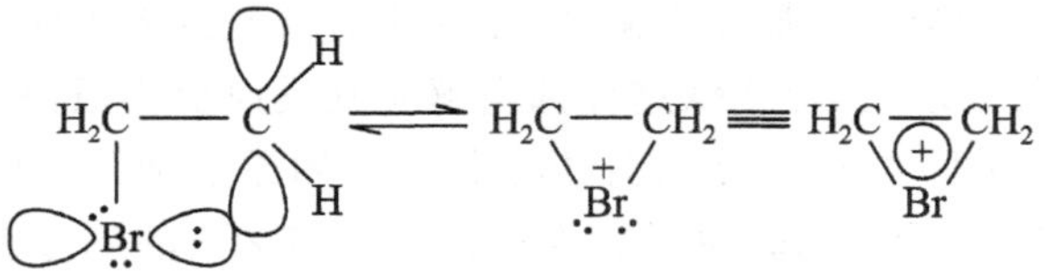

经典环正离子　非经典环正离子

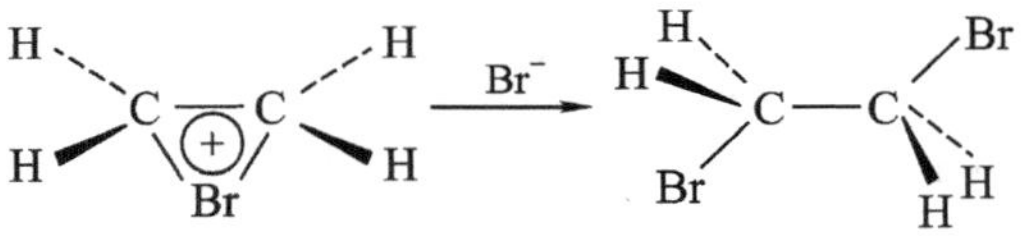

由于溴提供了一对电子与碳正离子成键，溴上带有了正电性，所以称为溴鎓离子。鎓离子指的是：除碳原子以外，成环杂原子的正离子。不过这也是一种经典的说法，实际上正电性是分布在成环原子上的，称为非经典环（状）正离子。然后，Br⁻从溴鎓离子的反面进攻环上的任何一个碳原子，生成反式加成的产物。

综上所述，烯烃分子中 π 键与卤素的加成反应是分步进行的离子型反应。再者反应是由亲电试剂进攻烯烃引起的，是亲电加成反应。其间一种先生成碳正离子，另一种先生成鎓离子，因卤素的不同而定。加氯时有时经过碳正离子，有时经过环状氯正离子；加溴时主要经过环状的正离子，即溴鎓离子。

所谓亲电试剂是指试剂在进攻反应中心时，试剂的正电性部分较活泼，总是先加在反应中心处电子云密度大的原子上，即电子云密度较大的双键碳上。

常见的亲电试剂有：卤素（Cl_2，Br_2），无机酸（H_2SO_4，HCl，HBr，HI，HOCl，HOBr），有机酸（F_3C—COOH，Cl_3C—COOH）等。

（2）与酸加成　无机酸和强的有机酸都能较容易地和烯烃发生加成反应；而水、醇、酚及弱的有机酸如醋酸，只有在强酸如硫酸、对甲苯磺酸、氟硼酸的催化下，才能发生加成反应。酸与烯烃加成反应的机理与烯烃加卤素时基本相同。现以乙烯与酸或水的反应为例，说明之。

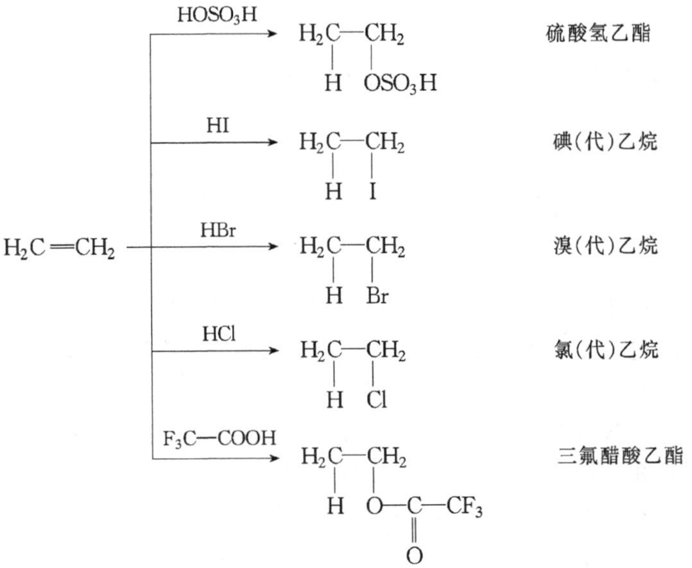

$$H_2C = CH_2 \left\{ \begin{array}{l} \xrightarrow[\text{H}^+]{\text{CH}_3\text{COOH}} \\ \\ \xrightarrow[\text{H}^+]{\text{H}_2\text{O}} \end{array} \right.$$

醋酸乙酯

乙醇

上述各反应在生产中都很重要,特别是在酸的催化下与水加成制醇的反应更为突出,是用石油裂化气中低级烯烃制醇的方法之一。

当分子结构不对称的烯烃与分子结构不对称的试剂发生加成时,加成方向应如何决定? 1868 年马尔科夫尼科夫(Марковников В В)提出一个决定加成方向的规则,简称马氏规则。其内容为:烯烃与氢卤酸加成时,氢总是加到含氢多的双键碳原子上,卤素加到含氢少的双键碳原子上。例如:

$$CH_3 - CH = CH_2 + HBr \longrightarrow CH_3 - \underset{\underset{\text{Br}}{|}}{CH} - CH_3$$

2 - 溴丙烷

在溴乙烯与氯化氢的加成反应中,因为溴电负性大于碳,具有吸电子诱导效应,使得溴乙烯双键上的电子云密度降低,加成活性比乙烯小,反应速率也比乙烯慢。但是,必须强调指出的是:因为 p 电子云与 π 电子云侧面重叠产生离域现象——p - π 共轭效应,其方向起了主导作用,使得加成符合马氏规则:

$$\underset{\delta^-}{CH_2} = \underset{\delta^+}{CH} \rightarrow \ddot{B}r + HCl \longrightarrow CH_3 - \underset{\underset{\text{Cl}}{|}}{CH} - Br$$

然而,三氟丙烯与氯化氢的加成方向却与溴乙烯不同:

$$\underset{\delta^+}{CH_2} = \underset{\delta^-}{CH} \rightarrow C \rightarrow F + HCl \longrightarrow \underset{\underset{\text{Cl}}{|}}{CH_2} - \underset{\underset{\text{H}}{|}}{CH} - CF_3$$

这个结果从形式上看是反马氏规则的,但从实质上看并不矛盾,因为亲电加成时亲电试剂的正电性部分总是首先加在电子云密度大的双键碳上,只不过大多数情况下,电子云密度大的双键碳上含氢原子多的缘故。只要我们真正掌握了亲电加成反应的机理,对以上反应的结果是不难理解的。

马氏规则在实践中是有用的,可以应用在所有的亲电加成反应中。

(3) 与次卤酸加成　次氯酸与次溴酸都是弱酸,它们和烯烃的反应与强酸的情形不同。次卤酸分子中因氧的电负性较强,分子可极化成 $H\overset{\delta^-}{O}\overset{\delta^+}{X}$ 的形式。

反应时 $X^{\delta+}$ 部分首先加到电子云密度大的双键碳上,形成带正电荷的 σ 络合物,然后生成产物,是亲电加成机理的反应。加成的方向符合马氏规则,立体化学特征也是反式加成的。

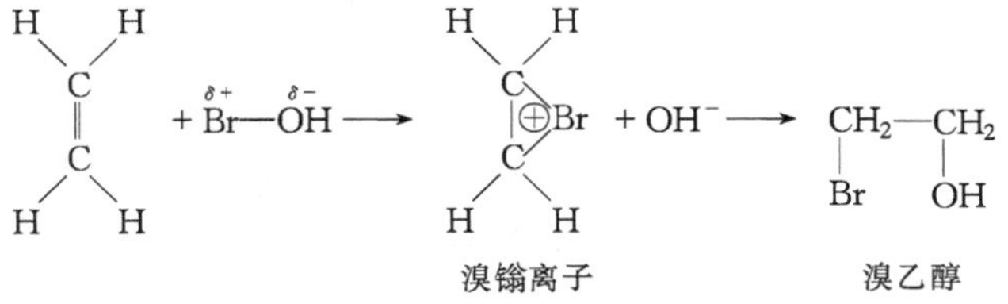

溴鎓离子　　　　　　　　　　溴乙醇

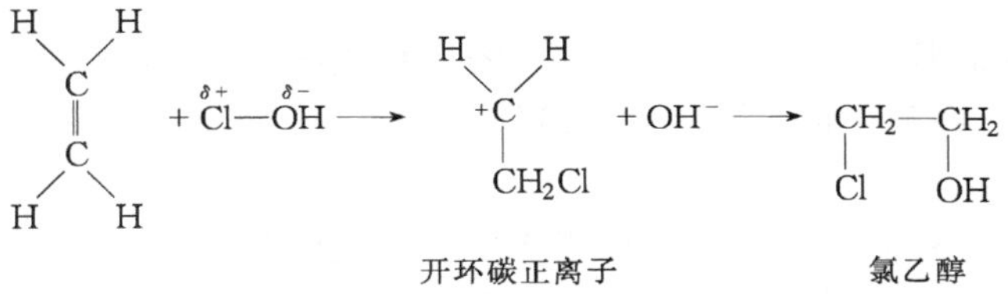

开环碳正离子　　　　　　　　氯乙醇

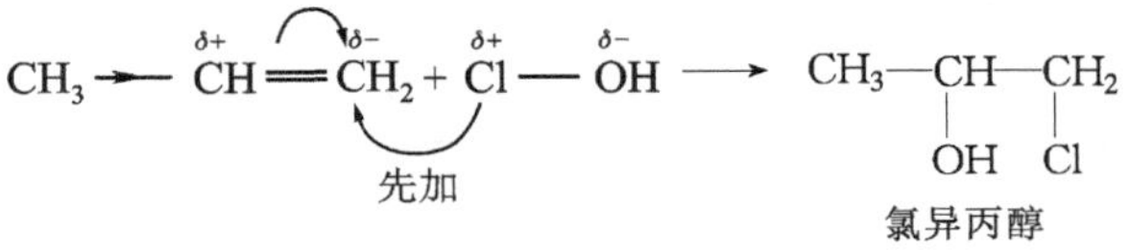

氯异丙醇

思考题 3.3　类似次卤酸与烯烃反应的试剂还有:

$$I^{\delta+}Cl^{\delta-} \qquad NO^{\delta+}Cl^{\delta-} \qquad ClHg^{\delta+}Cl^{\delta-}$$

请写出它们与乙烯、丙烯的反应方程式,并拟出合理的反应机理。

---

(4) 与乙硼烷加成　乙硼烷(B_2H_6)是甲硼烷的二聚体,反应时乙硼烷在醚溶液中解离成甲硼烷(BH_3),然后甲硼烷再与烯烃反应。其中的氢呈负电性(氢的电负性比硼大),因此加成的方向从形式上讲应该是反马氏规则的:

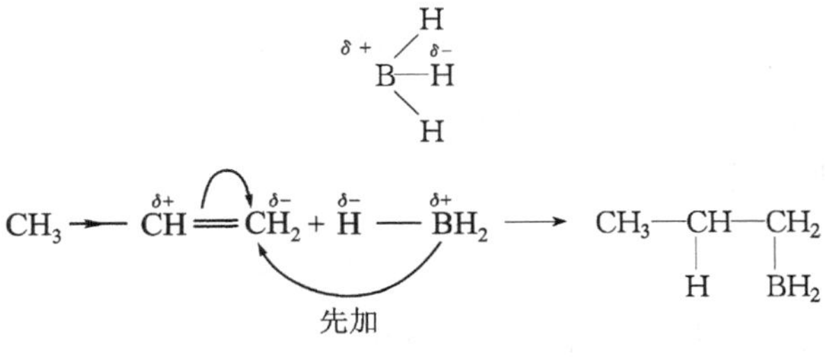

然而,究其实质这个反应是经过四元环过渡态进行的,其机理与亲电加成反应完全不同,才导致如此结果。这种由硼烷与烯烃发生的反应称为硼氢化反应。

加成的产物中 B 原子上还连有两个 H,能否继续与第二个、第三个烯烃分子加成？一般说来,能够继续与烯烃分子加成,生成二烷基硼、三烷基硼。

$$BH_3 + CH_2\!=\!CH_2 \longrightarrow CH_3CH_2BH_2$$

乙基硼

$$CH_3CH_2BH_2 + CH_2\!=\!CH_2 \longrightarrow \begin{matrix} CH_3CH_2 \\ BH \\ CH_3CH_2 \end{matrix}$$

二乙基硼

$$(CH_3CH_2)_2BH + CH_2\!=\!CH_2 \longrightarrow (CH_3CH_2)_3B$$

三乙基硼

如果烯烃的双键碳上连有体积较大的取代基时,反应可能停止在生成二烷基硼,甚至停止在只生成一烷基硼的阶段。并且可以分离得到一步反应或两步反应的产物。

硼氢化反应有何用途？三烷基硼是个很有用的化合物,由它可以制得不同类型的化合物。它在碱性溶液中与过氧化氢反应时被氧化且水解为相应的醇。

$$6CH_3CH\!=\!CH_2 \xrightarrow{B_2H_6} 2(CH_3CH_2CH_2)_3B \xrightarrow[25\sim30℃]{6H_2O_2,OH^-} 6CH_3CH_2CH_2OH + 2B(OH)_3$$

正丙醇(1°ROH)　　硼酸

我们将此反应与烯烃和酸加成制醇的反应进行比较,不难发现,只要是双键在分子链端的烯烃,就能通过硼氢化 - 氧化法制得 1°ROH。而烯烃与酸反应欲制 1°ROH,只有乙烯才行。此外,这个方法突出的优点是操作简便,产率较高,在有机合成上具有重要的应用价值。

因为乙硼烷是一种在空气中能自燃的气体,所以总是现用现制。制备时把三氟化硼的乙醚溶液加到硼氢化钠的醚溶液中(反过来加也行),将制得的乙硼烷通入烯烃中;有时也可以将三氟化硼的醚溶液加到硼氢化钠与烯烃的混合溶液中。反应时应通入惰性气体如氮气、氩气,在隔绝空气的情况下进行。

$$3NaBH_4 + 4BF_3 \longrightarrow 2B_2H_6 + 3NaBF_4$$

(5) 与氢加成　烯烃与氢混合在 200℃ 时仍不起反应,但在催化剂的作用下,可与氢发生反应生成烷烃。

$$R\!-\!CH\!=\!CH_2 + H_2 \xrightarrow{催化剂} R\!-\!CH_2\!-\!CH_3$$

在催化剂存在下,烯烃与分子氢所起的反应称为催化氢化或催化加氢。常用的催化剂有铂黑(氧化铂在反应器中用氢还原成很细的铂粉)、钯粉、兰尼(Raney)镍等。兰尼镍是用 NaOH 处理镍铝合金,溶去铝后,得到多孔性的极细的小颗粒,在空气中能自燃,通常覆盖在无水乙醇下,现用现制。

烯烃加氢的机理还不很清楚。一般认为,氢和烯烃都被吸附在催化剂的表面,氢分子发生键的均裂,形成活泼的氢原子;催化剂的表面也使烯烃的 π 键松弛,活化的烯烃和氢原子(游离基)结合生成烷烃,从催化剂表面解吸出来。氢的加成多数是顺式加成。

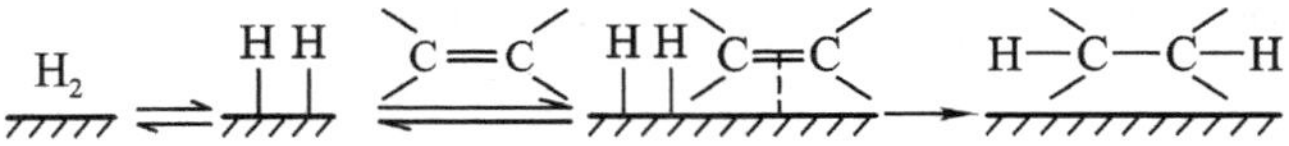

$$H_2 \rightleftharpoons \overset{H}{|}\,\overset{H}{|} \underset{\longleftarrow}{\overset{C=C}{\longrightarrow}} \overset{H}{|}\,\overset{H}{|}\,\overset{C=C}{\cdots} \longrightarrow H-\overset{|}{C}-\overset{|}{C}-H$$

氢化反应是放热反应。1 mol 不饱和化合物氢化时放出的热量叫作氢化热。从氢化热的大小可以得知烯烃的相对稳定性。例如,反-2-丁烯的氢化热（-115.4 kJ·mol^{-1}）比顺-2-丁烯（-119.5 kJ·mol^{-1}）低 4.1 kJ·mol^{-1},分子内能低,所以反式比顺式稳定。详见表 3-2。

表 3-2 一些烯烃的氢化热

化　合　物	氢化热/(kJ·mol^{-1})
CH$_3$CH$_2$CH =CH$_2$	-126.7
H$_3$C、CH$_3$ C=C H、H	-119.5
H$_3$C、H C=C H、CH$_3$	-115.4
H$_3$C、CH$_3$ C=C H$_3$C、H	-112.4
H$_3$C、CH$_3$ C=C H$_3$C、CH$_3$	-111.2

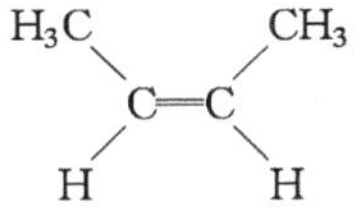

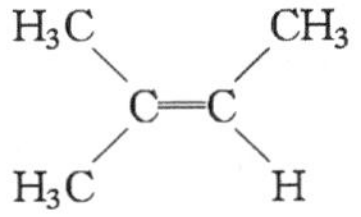

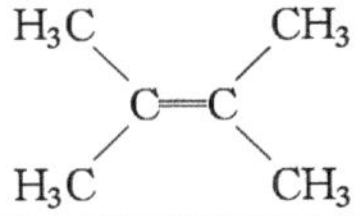

差 4.1 反式分子内能低（-119.5 至 -115.4）

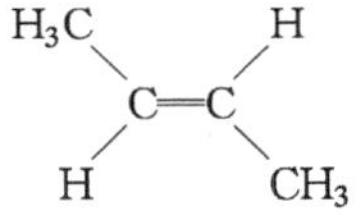

由表 3-3 不难看出,双键碳原子上连接的烷基数目越多的烯烃越稳定。

烯烃的加氢并不被用作制备相应的烷烃,但在工业上和研究工作中都具有重要意义。例如,在工业上将植物油催化氢化,使其分子中的 C=C 得到饱和,熔点升高,成为黄色脂状物质。又如,石油加工制得的粗汽油中常含有少量烯烃,易因其氧化或聚合影响汽油的质量,若进行加氢处理,即可提高汽油的质量。在研究工作中除了可以了解到烯烃的相对稳定性外,还可根据加氢时吸收氢的物质的量,计算出分子中所含 C=C 的数目,为确定其结构提供依据。

（6）聚合反应　在一定的条件下，烯烃分子中的 π 键断裂，彼此相互加成，结合成相对分子质量巨大的分子，这是烯烃的一个重要反应性能。例如：

$$n\ CH_2\!=\!CH_2 \xrightarrow[\text{加热,加压}]{\text{催化剂}} \{CH_2\!-\!CH_2\}_n \quad \text{聚乙烯(良好的电绝缘性能)}$$

$$n\ CH_2\!=\!CH_2 \xrightarrow[\substack{100\sim150\ MPa\\ \text{微量 }O_2\text{ 或过氧化物}}]{200\sim300℃} \{CH_2\!-\!CH_2\}_n \quad \text{高压聚乙烯}$$

$$n\ CH_2\!=\!CH_2 \xrightarrow[1\ MPa,60\sim75℃]{TiCl_4,Al(C_2H_5)_3} \{CH_2\!-\!CH_2\}_n \quad \text{低压聚乙烯}$$

$$n\ CH_3\!-\!CH\!=\!CH_2 \xrightarrow[10\ MPa,50℃,\text{汽油}]{TiCl_4,Al(C_2H_5)_3} \{\underset{\underset{CH_3}{|}}{CH}\!-\!CH_2\}_n \quad \text{聚丙烯(白色,无味,无臭,无毒)}$$

聚合反应中反应的原料叫做单体，产物叫作聚合物或聚合体，聚合体中的每一结构单元称为链节，n 为链节数。四氯化钛－烷基铝称为齐格勒－纳塔（Ziegler－Natta）催化剂，发明者因此在 1963 年获得诺贝尔化学奖。

（7）烯烃在过氧化物存在下与溴化氢的加成反应——游离基加成反应

$$CH_3\!-\!CH\!=\!CH_2 + HBr \xrightarrow{\text{过氧化物}} CH_3\!-\!CH_2\!-\!CH_2Br$$
$$\text{1－溴丙烷}$$

加成的方向与马氏规则恰好相反，从形式上讲也是一个反马氏规则的加成。实际上这个反应与前面讲到的"反马"加成的例子有着本质上的区别，是通过游离基加成的，反应机理完全不同。

1933 年卡拉施（Kharasch M S）等人发现，由于过氧化物的存在，试剂生成游离基，使烯烃与溴化氢加成时违反马氏规则，文献上称之为过氧化物效应，或者叫作卡拉施效应。

值得注意的是：只有溴化氢受过氧化物（或光）的影响，发生游离基加成反应，而其他卤化氢（HF、HCl、HI）则仍发生亲电加成反应，加成方向仍遵从马氏规则。

2．氧化反应

烯烃中的双键很容易被氧化，氧化反应同加成反应一样也发生在 $\underset{/}{\overset{\backslash}{C}}\!=\!\underset{\backslash}{\overset{/}{C}}$ 上，氧化剂的种类与反应条件不同，氧化的产物也不同。

（1）与臭氧反应　臭氧是一个开裂 $\underset{/}{\overset{\backslash}{C}}\!=\!\underset{\backslash}{\overset{/}{C}}$ 的典型试剂。

将含 6%～8%臭氧的氧气通入液态烯烃或烯烃在惰性溶剂（如 CCl_4）中的溶液时，臭氧迅速与烯烃作用，生成黏稠的臭氧化合物，这步反应称为臭氧化反应。

臭氧化合物具有爆炸性,一般不再纯化而是在溶液中进一步进行水解处理,分解成与烯烃结构有着某种对应关系的醛或醛、酮的混合物。此法常用来测定烯烃分子中双键的位置,从而确定其结构。例如:

$$H_2C = CH_2 \xrightarrow{O_3} \underset{\text{(臭氧化物)}}{H_2C \text{—} CH_2} \begin{array}{l} \xrightarrow{\text{① } H_2O} 2H\text{—}\overset{\displaystyle O}{\overset{\|}{C}}\text{—}H + H_2O_2 \\ \xrightarrow[\text{或[H]/Pt}]{\text{② } H_2O/Zn} 2H\text{—}\overset{\displaystyle O}{\overset{\|}{C}}\text{—}H \\ \qquad\qquad\qquad \underset{\text{甲醛}}{} \end{array}$$

$$H\text{—}\overset{\displaystyle O}{\overset{\|}{C}}\text{—}H + H_2O_2 \longrightarrow H\text{—}\overset{\displaystyle O}{\overset{\|}{C}}\text{—}OH + H_2O$$

甲酸

由于①的产物之一为 H_2O_2,易将生成的醛进一步氧化成酸,所以①称为普通水解。②称为还原水解,在此条件下醛不至于被进一步氧化,因此测定结构时,宜用臭氧化 - 还原水解。

又如:

$$CH_3\text{—}CH = CH_2 \xrightarrow{O_3} \xrightarrow{H_2O/Zn} \underset{\text{乙醛}}{CH_3\text{—}\overset{\displaystyle O}{\overset{\|}{C}}\text{—}H} + \underset{\text{甲醛}}{H\text{—}\overset{\displaystyle O}{\overset{\|}{C}}\text{—}H}$$

$$\underset{H_3C}{\overset{H_3C}{}}C = CH_2 \xrightarrow{O_3} \xrightarrow{H_2O/Zn} \underset{\text{丙酮}}{\overset{H_3C}{\underset{H_3C}{}}C = O} + H\text{—}\overset{\displaystyle O}{\overset{\|}{C}}\text{—}H$$

由上可知,烯烃分子中有 $=CH_2$ 时,对应着生成 CH_2O;有 $R-CH=$ 时,对应着生成 $RCHO$;有 $RR'C=$ 时,对应着生成 $RR'C=O$。

此外,烯烃与臭氧加成所得的臭氧化合物若用 $LiAlH_4$ 或 $NaBH_4$ 还原可以得到醇:

$$\underset{H}{\overset{R}{}}C\underset{O\text{—}O}{\overset{O}{}}C\underset{R'}{\overset{R''}{}} \xrightarrow[\text{②水解}]{\text{①}LiAlH_4} R\text{—}CH_2OH + \underset{R'}{\overset{R''}{}}CHOH$$

(2) 与高锰酸钾、四氧化锇反应 若用适量的冷 $KMnO_4$,在中性或稀碱条件下氧化烯烃能得到邻位二醇。

$$3R\text{—}CH = CH_2 + 2KMnO_4 + 4H_2O \longrightarrow 3R\text{—}\underset{OH}{\overset{}{CH}}\text{—}\underset{OH}{\overset{}{CH_2}} + 2MnO_2 \downarrow + 2KOH$$

邻位二醇

此反应难以控制,二元醇的产率不高,但可用来检验不饱和键的存在。

实际上用作鉴定时,常在酸性条件下反应,应观察的现象是:混合液的紫色褪去变成肉色或无色的透明溶液(Mn^{2+}浓度小,近于无色)。

$$R—CH=CH_2 \xrightarrow[H_2SO_4]{KMnO_4} R-\overset{\displaystyle O}{\underset{\displaystyle OH}{C}} + CO_2 + Mn^{2+}$$

酸

$$\underset{R}{\overset{R'}{C}}=CHR'' \xrightarrow[H_2SO_4]{KMnO_4} \underset{R}{\overset{R'}{C}}=O + R''COOH + Mn^{2+}$$

酮　　　　酸

如果欲制得二元醇,可用 OsO_4 代替 $KMnO_4$。用 OsO_4 氧化时,产率提高,但 OsO_4 价格贵且有毒!

用 $KMnO_4$ 或 OsO_4 反应得到的邻位二醇,两个—OH 是以顺式加成的形式加上去的。若用环戊烯作原料得到的产物应为两个羟基在环同侧的邻位二醇,即顺-1,2-环戊二醇。

$$\bigcirc \xrightarrow[\text{② 水解}]{\text{① } OsO_4} \underset{HO\ OH}{\bigcirc}$$

(3) 催化氧化　工业上用银或氧化银为催化剂,乙烯可被空气中的氧直接氧化,双键中的 π 键打开,生成环氧乙烷。

$$2CH_2=CH_2 + O_2(空气) \xrightarrow{Ag,250℃} 2\ \underset{O}{\overset{\displaystyle CH_2-CH_2}{\diagup\!\!\diagdown}}$$

反应时必须严格控制反应温度,如果超过 300℃,双键中的 σ 键也会断裂,生成二氧化碳和水。

$$CH_2=CH_2 + 3O_2 \xrightarrow{Ag,300℃} 2CO_2 + 2H_2O$$

除丙烯可用 Ag 催化制成环氧丙烷外,其他烯烃在此条件下易引起 σ 键的断裂。如果要制成环氧化合物,必须用过氧酸作氧化剂。常用的过氧酸有:过氧苯甲酸($PhCO_3H$)、过氧乙酸(CH_3CO_3H)、过氧三氯乙酸(CCl_3CO_3H)。

$$\underset{H}{\overset{H_3C}{C}}=\underset{H}{\overset{CH_3}{C}} \xrightarrow{CCl_3CO_3H} \underset{H}{\overset{H_3C}{C}}\!\!-\!\!\underset{H}{\overset{CH_3}{C}} + CCl_3-\overset{\displaystyle O}{C}-OH$$

顺-2-丁烯　　　　　　保持原来构型

若改变催化剂种类及反应条件,所得产物不同。例如:

$$2CH_2{=\!\!=}CH_2 + O_2 \xrightarrow[100\sim125℃,加压]{PdCl_2-CuCl_2} 2CH_3{-}\overset{\overset{\displaystyle O}{\|}}{C}{-}H$$
乙醛

$$2CH_3{-}CH{=\!\!=}CH_2 + O_2 \xrightarrow[120℃,加压]{PdCl_2-CuCl_2} 2CH_3{-}\overset{\overset{\displaystyle O}{\|}}{C}{-}CH_3$$
丙酮

乙醛和丙酮都是重要的化工原料。

3. α-H 被取代的反应

上面讲到加成和氧化反应都是 $\diagup C{=\!\!=}C\diagdown$ 上的反应,在烯烃的烃基部分,有没有反应呢? 与 $\diagup C{=\!\!=}C\diagdown$ 直接相连的 C 为 α-C,α-C 若为 sp^3 杂化状态的话,它上面所连的 H 称为 α-H,α-H 在高温或光照条件下,可以与卤素发生相当于烷烃分子中 H 被 X 取代的反应,其机理与烷烃的卤代反应相似,也是游离基取代反应。

$$CH_3{-}CH{=\!\!=}CH_2 + Cl_2 \xrightarrow[或\ h\nu]{500℃} CH_2Cl{-}CH{=\!\!=}CH_2$$
3-氯-1-丙烯

反应也很难控制在一元取代阶段,只有控制反应物的用量才能得到较多所要的产物。在实验室中可用 N-溴代丁二酰亚胺(NBS)或 N-氯代丁二酰亚胺(NCS)来做卤化试剂,能使反应停留在一元取代的阶段。NCS 不如 NBS 稳定,应用受到局限。二者结构式如下:

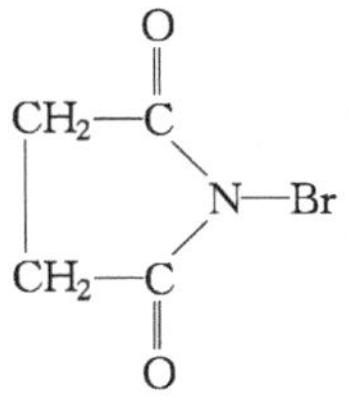

NBS 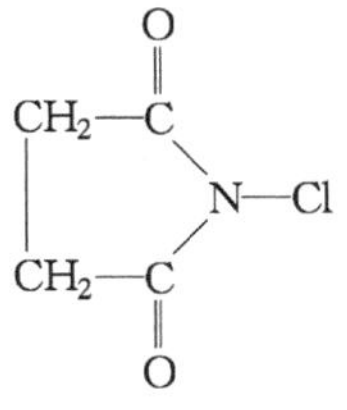　　　　　　　　　　NCS

例如:

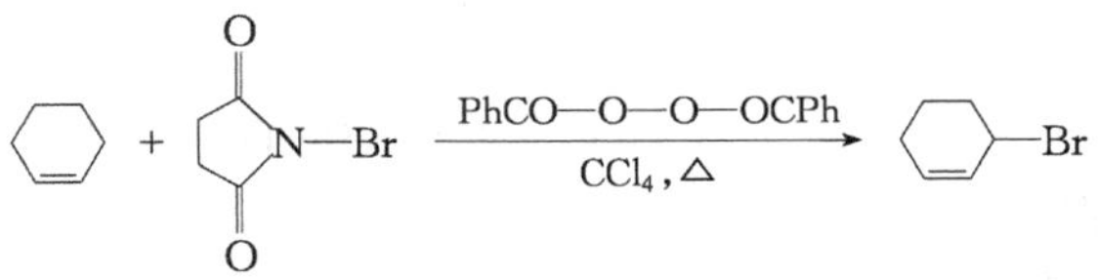

$$\text{(环己烯)} + \overset{\text{(NBS)}}{} \xrightarrow[CCl_4,\triangle]{PhCO{-}O{-}O{-}OCPh} \text{(溴代环己烯)}{-}Br$$

第二节 共轭双烯烃

分子中含有两个双键的化合物称为双烯烃或二烯烃,通式是 C_nH_{2n-2},与炔烃的通式相同。这类化合物可以根据 $\diagup C = C \diagdown$ 连接位置的不同分为以下几种:

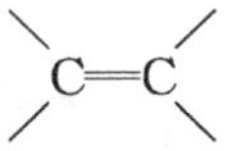

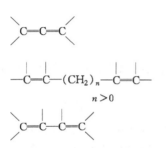

累积(或聚集)双烯,双键连在同一碳上
结构上很有特点,立体化学一章将接触到
请思考:当中碳原子的杂化状态

隔离双烯,双键被两个以上单键隔开

共轭双烯,单键与双键相间的 $\pi-\pi$ 共轭体系

以上三种双烯中共轭双烯是很重要的,这类化合物的物理、化学性质与其他两种不同,分子中的两个双键关系密切,彼此相互影响,形成了一个新的、富有特色的体系,表现出特有的性能,不仅在理论上而且在实践上都有特殊重要的地位,因此是我们学习的主要对象。

一、共轭双烯烃的结构

以 1,3-丁二烯($CH_2=CH—CH=CH_2$)为例说明如下:

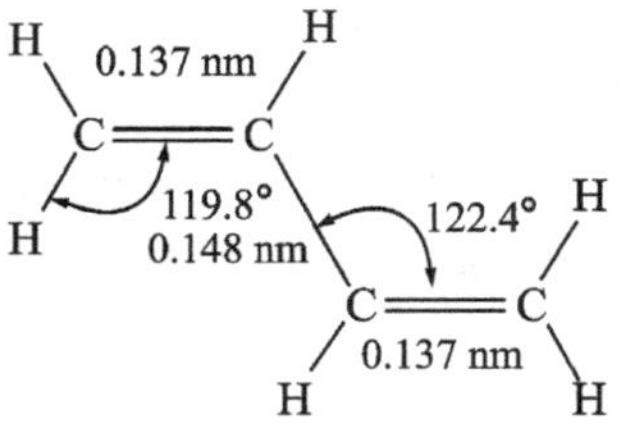

$$\text{H} \quad 0.137\ nm \quad \text{H}$$
119.8°
0.148 nm
122.4°
0.137 nm

X 射线衍射证实:组成 1,3-丁二烯的原子都处在一个平面上,双键键长为 0.137 nm(正常 C=C 0.134 nm),单键键长为 0.148 nm(正常 C—C 0.154 nm)。

以上事实表明:在共轭双烯烃分子中单双键的区别减小,键长部分平均化了,这是为什么呢?

1. 用价键法解释

在 $1,3-$ 丁二烯分子中，4 个碳原子都是 sp^2 杂化的，相邻的碳原子间都分别用 1 个 sp^2 杂化轨道，彼此结合成了 $C_{sp^2}—C_{sp^2}\sigma$ 键，其余的 sp^2 杂化轨道则与氢的 $1s$ 轨道结合成 $C_{sp^2}—H_{1s}\sigma$ 键，由于 sp^2 杂化轨道是呈平面三角形分布的，所以整个分子在一个平面上。

又由于每个碳原子上还剩 1 个 p 轨道，它与 3 个 sp^2 杂化轨道所在的平面垂直，4 个碳上的 4 个 p 轨道互相平行，侧面重叠可以成键，不仅 $C_1—C_2$ 间的 p 轨道、$C_3—C_4$ 间的 p 轨道可以侧面重叠形成 π 键，而且在 $C_2—C_3$ 间的 p 轨道也可侧面重叠，具有部分双键的性质。如图 $3-4$ 所示。

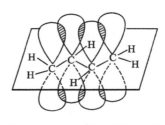

图 $3-4$　$1,3-$丁二烯的 π 键

$C_2—C_3$ 间 p 轨道重叠的结果，使 $1,3-$ 丁二烯分子中 4 个 p 电子的电子云不再是只在 C_1 与 C_2、C_3 与 C_4 间运动，而是在整个分子的 4 个碳原子间运动，形成一种与 π 键不大相同的键，称为共轭 π 键，又称作大 π 键。这种 p 电子云运动的范围离开了原来 π 键的运动范围，在更大范围里运动的作用，叫作电子的离域作用。

电子离域的结果，使 $1,3-$ 丁二烯更加稳定，具体说：使 $C_2—C_3$ 间的键长缩短。它虽短于 $C—C$ 单键，但却又长于 $C=C$ 双键。因此，在 $1,3-$ 丁二烯分子中虽然形成了共轭体系，但电子云密度的分布是不均匀的，在 C_1 与 C_2、C_3 与 C_4 间较高，在 C_2 与 C_3 之间较低，单键与双键的键长部分平均化了。分子的共平面性，键长部分或完全平均化，体系能量低（氢化热小于每个隔离双键氢化热之和，如 $1,3-$ 丁二烯的氢化热 $238.5\ \mathrm{kJ \cdot mol^{-1}} < 2 \times 125.5\ \mathrm{kJ \cdot mol^{-1}} = 251.0\ \mathrm{kJ \cdot mol^{-1}}$），这是共轭体系的重要特征。

2．用分子轨道法解释

（1）分子轨道法要点简介　分子轨道即分子中电子的运动状态，用波函数 ψ 表示。

分子轨道法中目前应用最广泛的是原子轨道线性组合法。原子轨道的线性组合法假定分子轨道也同原子轨道一样，有不同的能级，每一轨道也只能容纳两个自旋相反的电子，电子也是首先占据能量最低的轨道，随着能量增高，依次排上去。

分子轨道的数目与原子轨道的数目是相等的。例如，两个原子轨道形成两个分子轨道，其中一个分子轨道是由两个原子轨道的波函数相加组成，$\psi_1 = \phi_1 + \phi_2$；另一个分子轨道是由两个原子轨道的波函数相减组成，$\psi_2 = \phi_1 - \phi_2$。

在分子轨道 ψ_1 中，两个原子轨道 ϕ_1 与 ϕ_2 的波相（相位）相同（因为波函数的符号相同），它们之间的作用是相互加强（见图 $3-5$）。

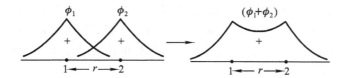

图 3-5　波相相同的波函数间的相互作用图示

在分子轨道 ψ_2 中，ϕ_1 与 ϕ_2 的符号不同，其波相相反，它们之间的作用是相互减弱(见图 3-6)。

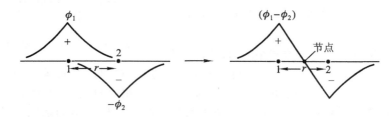

图 3-6　波相相反的波函数间的相互作用图示

分子轨道的平方(波函数的平方)即为分子轨道的电子云密度分布，因此 ψ_1 及 ψ_2 的核间电子云密度情况很不相同：ψ_1 的很大，ψ_1 称为成键轨道；ψ_2 的很小，这种轨道称为反键轨道(见图 3-7)。

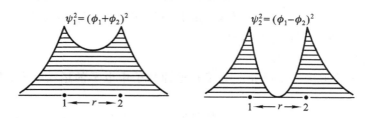

图 3-7　成键轨道与反键轨道的电子云密度(对键轴)图示

根据理论计算，成键轨道的能量较两个原子轨道的能量低，反键轨道的能量较两个原子轨道的能量高。

对于键轴呈圆柱形对称的分子轨道所形成的键是 σ 键，成键轨道用"σ"表示，反键轨道用"σ^*"表示(见图 3-8)。

两个 p 轨道彼此平行侧面重叠形成的键为 π 键，π 轨道的对称面是通过键轴的平面——节面。成键轨道用"π"表示，反键轨道用"π^*"表示(见图 3-9)。

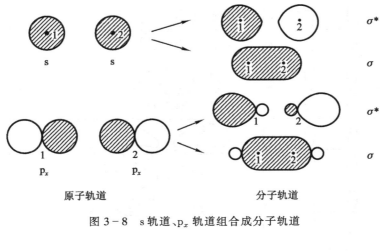

图 3-8　s 轨道、p_x 轨道组合成分子轨道

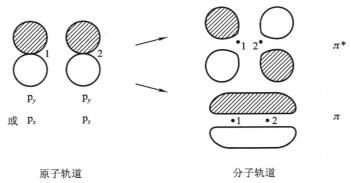

图 3-9　p_y 或 p_z 轨道组合成分子轨道

（2）1,3-丁二烯的分子轨道　为了处理方便,不考虑 σ 键,只考虑与问题最有关系的 π 键。

1,3-丁二烯分子中有 4 个碳原子,在经 sp^2 杂化后各有 1 个 p 电子,这 4 个 p 电子的原子轨道形成与其数目相等的 4 个分子轨道,且每个轨道的电子云密度分布不同;能量亦不相同,能量低于原子轨道的是成键轨道,高于原子轨道的是反键轨道(见图 3-10)。

$$
\text{原子轨道的四种组合方式}\left\{
\begin{array}{cccc}
+ & - & + & - \\
+ & - & - & + \\
+ & + & - & - \\
+ & + & + & +
\end{array}
\right.
$$

1,3-丁二烯在基态时,4 个 p 电子占据 2 个能量低于原子轨道的分子轨道

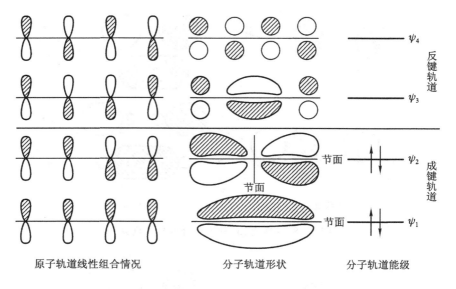

图 3-10　1,3-丁二烯的分子轨道

ψ_1 及 ψ_2——成键轨道。

在 ψ_1 轨道中，π 电子云的分布对 4 个碳原子间的键来说都加强，4 个 π 电子分布在包括 4 个碳原子的分子轨道中，这种分子轨道叫作离域轨道，这样形成的键叫作离域键。ψ_2 分子轨道也是离域轨道，4 个 π 电子的分布也在包括 4 个碳原子的分子轨道中，与 ψ_1 不同之处在于 π 电子的分布使 C_1 与 C_2、C_3 与 C_4 之间的键加强了，但却使 C_2 与 C_3 之间的键减弱了。

ψ_1 及 ψ_2 叠合效果使得 C_1，C_2，C_3，C_4 间的电子云分布呈"马鞍形"，C_2 与 C_3 之间虽有 π 键的性质，然而却不及 C_1—C_2、C_3—C_4 之间的 π 键性质显著。

1,3-丁二烯的共轭体系又称作 π-π 共轭体系。

在此之前，我们学过的共轭体系有：p-π 共轭体系、σ-π 共轭体系及 σ-p 共轭体系。特总结如下。

p-π 共轭体系有三种。例如：

溴乙烯　　　　　$CH_2\!=\!CH\!-\!\overset{..}{\underset{..}{Br}}$　　　　富电子共轭体系

烯丙基游离基　　$CH_2\!=\!CH\!-\!CH_2\cdot$　　　　等电子共轭体系

烯丙基碳正离子　$CH_2\!=\!CH\!-\!\overset{+}{CH_2}$　　　　缺电子共轭体系

丙烯分子中存在 σ-π 共轭体系，详见下图：

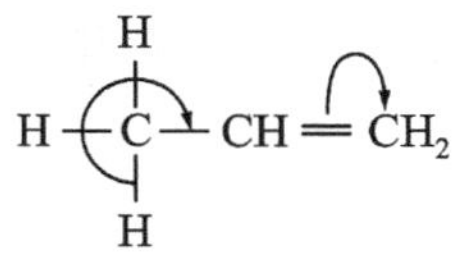

$\sigma-p$ 共轭体系分为 $\sigma-p_{(空)}$ 及 $\sigma-p$ 共轭体系两种。例如：

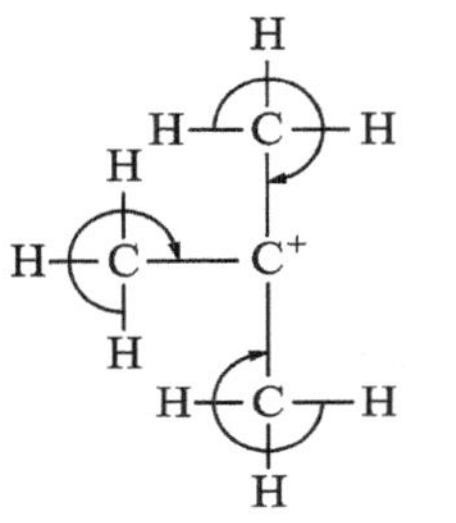

9 个 σ_{C-H} 与 p 空轨道共轭

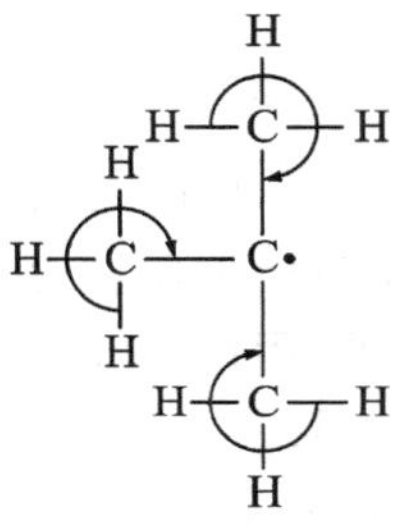

9 个 σ_{C-H} 与 p 轨道共轭

由于碳正离子的结构与游离基相似，二者的差别在于碳正离子中的 p 轨道中没有电子，是个空 p 轨道，请观察下图：

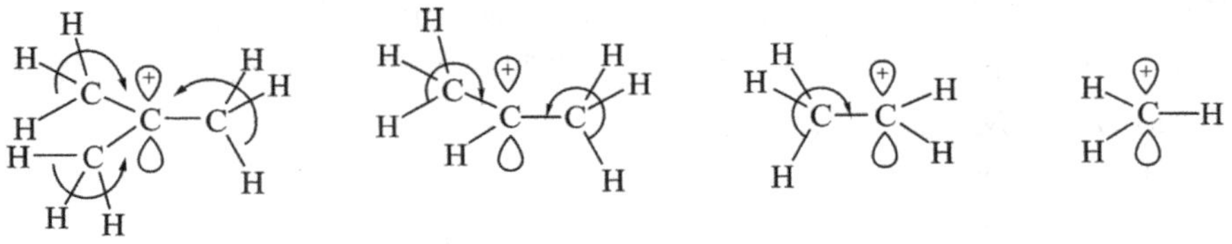

图中由左到右，四个碳正离子中 $\sigma-p_{空}$ 超共轭效应依次减弱。因此，稳定性顺序为 3°碳正离子＞2°碳正离子＞1°碳正离子，即

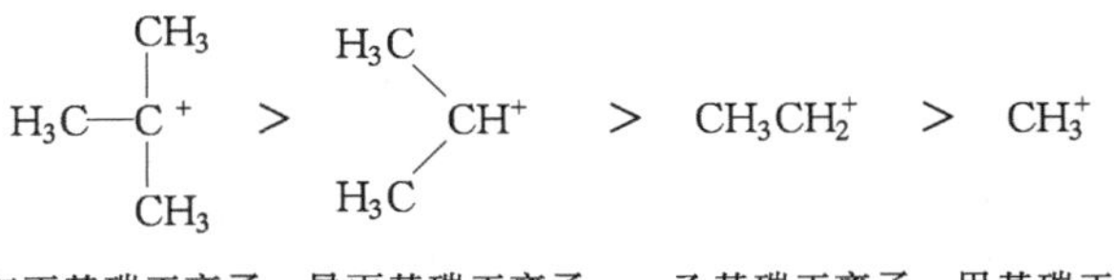

$$H_3C-\overset{CH_3}{\underset{CH_3}{\overset{|}{\underset{|}{C}}}}{}^+ \quad > \quad \overset{H_3C}{\underset{H_3C}{{}}}CH^+ \quad > \quad CH_3CH_2^+ \quad > \quad CH_3^+$$

叔丁基碳正离子   异丙基碳正离子   乙基碳正离子   甲基碳正离子

3. 共振论对 1,3-丁二烯分子结构的认识

实践证明，我们惯用的经典路易斯结构式：$CH_2=CH-CH=CH_2$ 不能圆满表示 1,3-丁二烯的分子结构。因为单从这个式子，无论如何也看不出原来画的单键已经有了部分双键的性质，双键也不如孤立的双键典型。

这一事实表明：用路易斯式中的价键企图表示出在实践过程中久已发现的量子现象，的确是无能为力的。

按照共振论的说法,1,3-丁二烯可以看作是下列几个共振式的共振"杂化体":

$$CH_2=CH-CH=CH_2 \longleftrightarrow \bar{C}H_2-CH=CH-\overset{+}{C}H_2 \longleftrightarrow \overset{+}{C}H_2-CH=CH-\bar{C}H_2$$

$$（Ⅰ） \qquad\qquad （Ⅱ） \qquad\qquad （Ⅲ）$$

$$\longleftrightarrow CH_2=CH-\bar{C}H-\overset{+}{C}H_2 \longleftrightarrow CH_2=CH-\overset{+}{C}H-\bar{C}H_2 \longleftrightarrow CH_2-CH=CH-CH_2$$

$$（Ⅳ） \qquad\qquad （Ⅴ） \qquad\qquad （Ⅵ）$$

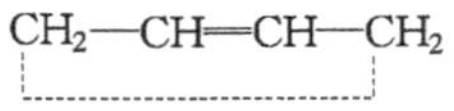

在这六个式子中,(Ⅱ)与(Ⅲ)的能量是相等的;(Ⅳ)与(Ⅴ)能量也相等但电荷分散程度小,所以能量比(Ⅱ)、(Ⅲ)要高;(Ⅵ)中有一个不寻常的长键,能量更高。(Ⅰ)能量最低,因此参加共振时(Ⅰ)的贡献多些,(Ⅱ)、(Ⅲ)次之,(Ⅳ)、(Ⅴ)较少,(Ⅵ)的贡献最少。

因为上述六个共振式均采用了经典的结构式,比用分子轨道的方法描述较为清楚、简便,有时确能方便地解决一些问题,容易为有机化学工作者所接受。

二、双烯烃及多烯烃的命名

双烯烃采用系统命名法命名,其命名原则与单烯烃相似,用阿拉伯数字表明双键的位置,名称上写明是二烯。对于共轭双烯烃中存在的构象问题用 s-顺(cis)或 s-反(trans)标明(s 表示两个双键之间的单键)。当双键上存在顺反异构现象时,用顺、反或(Z)、(E)来标明。

例1: $CH_2=CH-CH_2-CH=CH_2$ 1,4-戊二烯

例2: $CH_2=CH-CH=CH_2$ 1,3-丁二烯

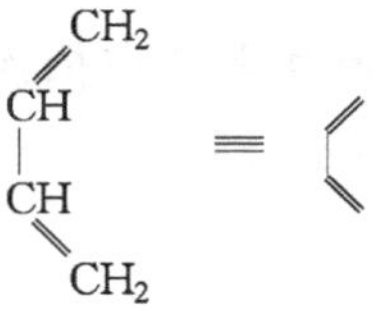

s-顺-1,3-丁二烯
(s-cis)

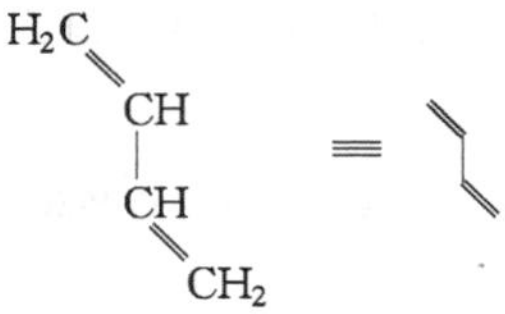

s-反-1,3-丁二烯
(s-trans)

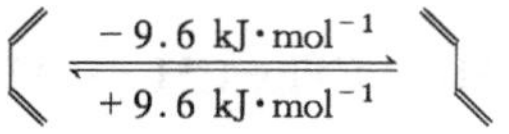

s-反式稳定,常温下以其存在
互为构象异构体,是因单键旋转产生的

例3:

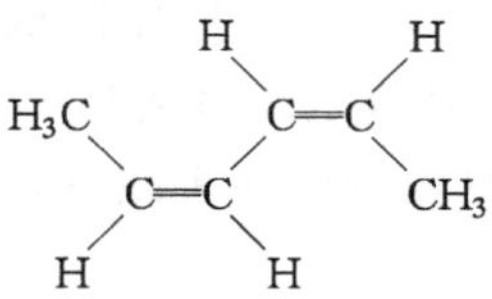

s-反式,因其稳定是常温下存在的主要形式
顺,顺-2,4-己二烯
(Z,Z)-2,4-己二烯

思考题 3.4　(1) 请写出顺,反－及反,反－2,4－己二烯的结构式和(Z,E)－及(E,E)－2,4－己二烯的结构式。

(2) 命名下列化合物:

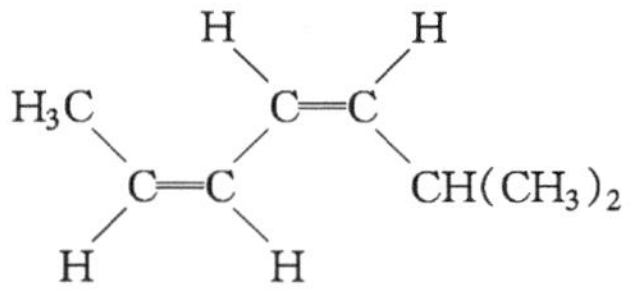

若为多烯烃则在名称里指明是几烯;对于某些复杂的天然化合物,含有多个共轭双键,通常采用俗名。

例 4:　$\overset{1}{C}H_2=\overset{2}{C}(CH_3)-\overset{3}{C}H=\overset{4}{C}H-\overset{5}{C}H=\overset{6}{C}H_2$　　2－甲基－1,3,5－己三烯

例 5:

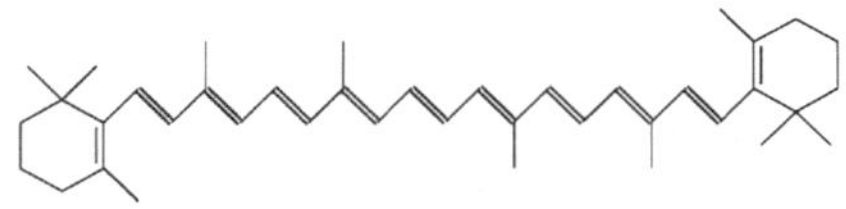

β－胡萝卜素 (mp 184℃)

三、共轭双烯烃的化学性质

1. 1,4－加成作用

实验表明:1,4－戊二烯与溴加成时只得到一种产物,而 1,3－丁二烯则不然,与溴加成时通常得到两种产物:

$$CH_2=CH-CH_2-CH=CH_2 + Br_2 \longrightarrow CH_2Br-CHBr-CH_2-CH=CH_2$$

1,4－戊二烯　　　　4,5－二溴－1－戊烯

$$CH_2=CH-CH=CH_2 + Br_2 \longrightarrow CH_2=CH-CHBr-CH_2Br + CH_2Br-CH=CH-CH_2Br$$

3,4－二溴－1－丁烯　　1,4－二溴－2－丁烯

这可以从 1,3－丁二烯的结构分析出。因为在 1,3－丁二烯分子中存在着大 π 键,C_2-C_3 间的键有部分双键的性质,存在着 π 电子离域作用的共轭效应。当分子的一端受到试剂进攻时,另一端立刻会受到这种作用的影响,因为静电的作用而产生极性交替现象。当 $Br^{\delta+}$ 与电子云密度较大的 C_1 结合后,Br^- 即与显示部分正电性的 C_2 或 C_4 结合,生成两种产物。

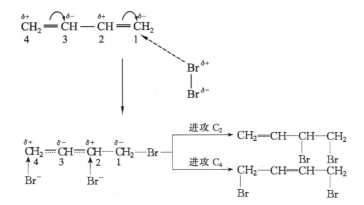

实际上亲电加成时,反应总是分两步进行的。例如,1,3-丁二烯与 HCl 的加成。在试剂的正电性部分 H$^+$ 加上去后,生成了碳正离子:

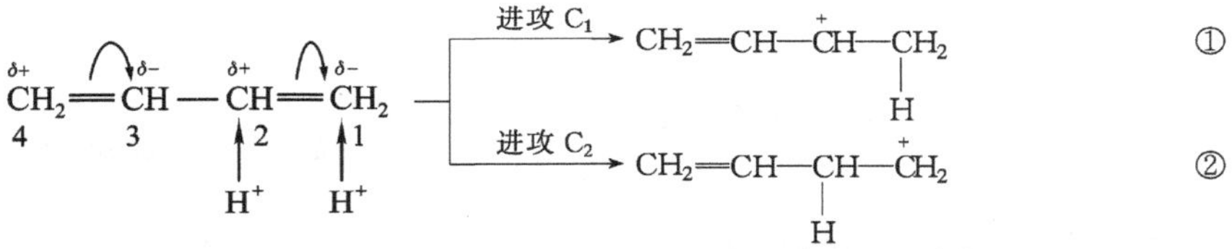

碳正离子①及②分别为烯丙式碳正离子与 1°碳正离子。前者由于 p 空轨道与 π 电子共轭而稳定性大,因此容易生成,于是加成的第一步主要是生成碳正离子①。在碳正离子①中,由于共轭体系内仍存在极性交替现象,正电荷将主要集中在 C_2 与 C_4 上,所以反应的第二步,试剂的负电性部分 Cl$^-$ 可加在 C_2 或 C_4 上,生成两种产物。

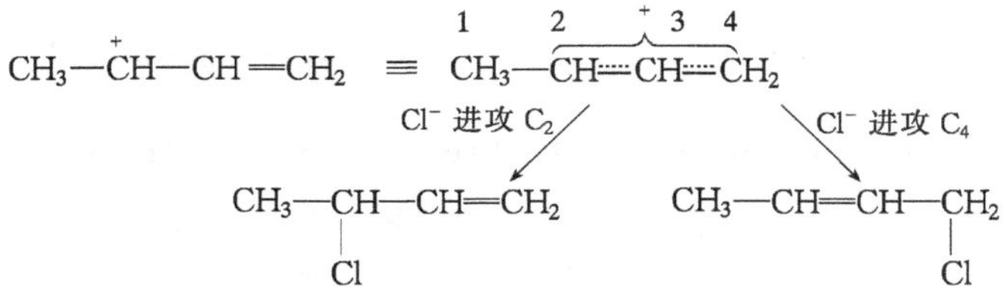

如上所示,Cl$^-$ 加在 C_2 上生成的产物,称为 1,2-加成产物,这样的加成方式叫作 1,2-加成;Cl$^-$ 加在 C_4 上生成的产物,称为 1,4-加成产物,这样的加成方式叫作 1,4-加成。

1,2-加成与 1,4-加成是同时发生的。两种产物的比例主要取决于共轭双烯本身的结构,另外则取决于反应条件。一般来说,低温有利于 1,2-加成,较高温度有利于 1,4-加成:

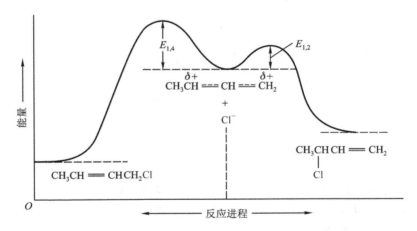

$$CH_2=CH-CH=CH_2 + HCl \xrightarrow[\text{乙醚}]{40℃}
\begin{cases}
\underset{H}{CH_2}-CH=CH-\underset{Cl}{CH_2} \quad 80\% \\
CH_2=CH-\underset{Cl}{CH}-\underset{H}{CH_2} \quad 20\%
\end{cases}$$

$$CH_2=CH-CH=CH_2 + HCl \xrightarrow[\text{乙醚}]{-80℃}
\begin{cases}
\underset{H}{CH_2}-\underset{Cl}{CH}-CH=CH_2 \quad 80\% \\
\underset{H}{CH_2}=CH-CH-\underset{Cl}{CH_2} \quad 20\%
\end{cases}$$

此外,溶液极性的强弱对产物的比例也有影响。

为什么低温时 1,2 - 加成为主? 较高温度时 1,4 - 加成为主? 这个问题是与化学平衡及化学反应速率有关的。从低温反应时分离出的产物比例是由速率决定的,而高温时是由两个异构体间的平衡决定的(见图 3 - 11)。

图 3 - 11 1,2 - 加成与 1,4 - 加成的能量变化示意图

1,2 - 加成的活化能小,说明生成 1,2 - 加成产物快;然而 1,4 - 加成产物比 1,2 - 加成产物稳定,于是可以解释以上事实。

2. 双烯合成——狄尔斯 - 阿尔德反应

在光或热的作用下,共轭双烯能与具有双键的化合物进行 1,4 - 加成反应,生成环状化合物。(注意:这是分子反应而不是亲电加成反应!)这一类型的反应称为双烯合成,用其发现者的姓氏命名为狄尔斯 - 阿尔德(Diels - Alder)反应。有机反应中经常用人名反应,重要的人名反应必须记清楚。

例如,两分子的 1,3 - 丁二烯可以发生自身的 1,2 - 及 1,4 - 加成作用,生

成它的二聚体：

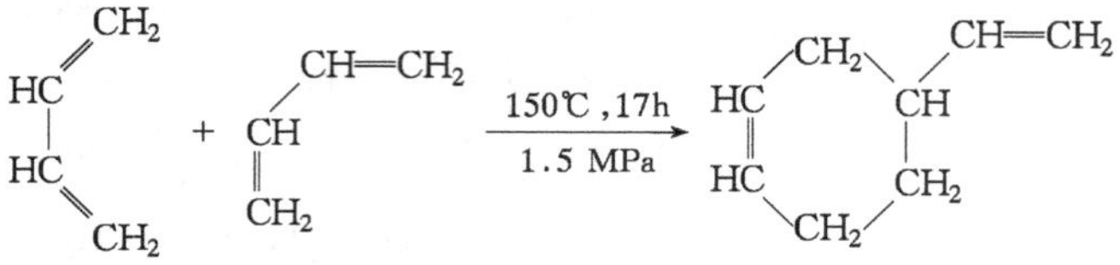

$$\text{（反应式：1,3-丁二烯} + \text{1,3-丁二烯} \xrightarrow[\text{1.5 MPa}]{150℃,17h} \text{二聚体）}$$

典型的双烯合成是由一个共轭双烯和另一个亲双烯组分(双键上常带有吸电子基团,如 $\diagdown C\!\!=\!\!O$,—C≡N,—NO₂,—COOH 等)发生 1,4 - 加成,生成环状化合物。最常用的是 α,β - 不饱和醛、酮、酸、酯和酸酐等。例如：

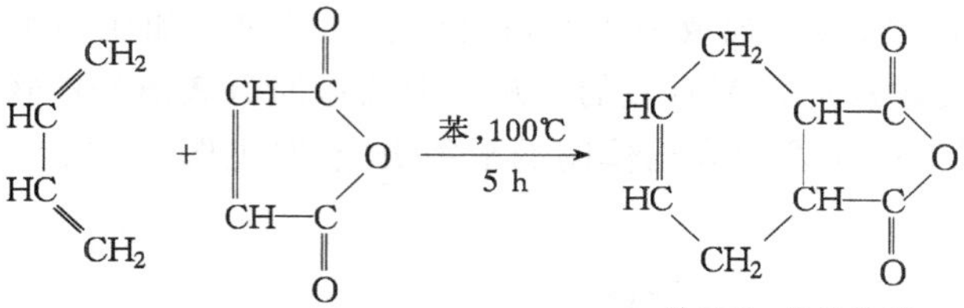

$$\text{（丁二烯} + \text{马来酸酐}) \xrightarrow[\text{5 h}]{\text{苯},100℃} \text{（环状产物）}$$

约90％,保持构型

反应有时是定量进行的,例如：

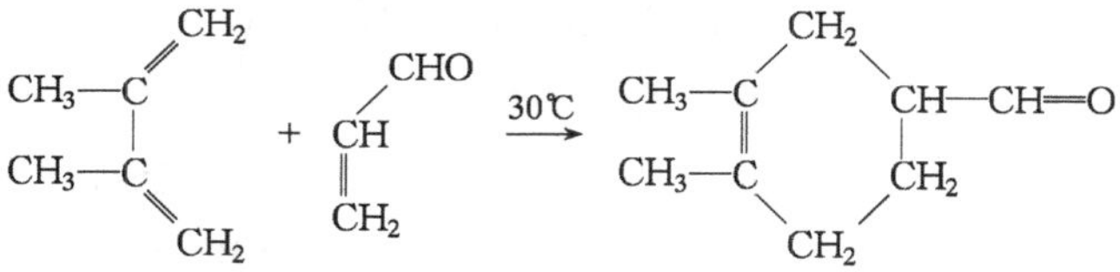

$$\text{（异戊二烯} + \text{丙烯醛}) \xrightarrow{30℃} \text{（环状产物）}$$

约100％

实验证明,通常双烯的电子云密度越大,亲双烯物电子云密度(均指双键碳上)越小,反应越容易进行。这个反应在理论上和实践上都占有很重要的位置,是合成环状化合物的一个重要方法,也可以用来鉴别共轭双烯。

3. 聚合反应

共轭双烯很容易发生游离基聚合反应：

$$n\,CH_2\!=\!CH\!-\!CH\!=\!CH_2 \xrightarrow{\text{引发剂}} \cancel{+}CH_2\!-\!CH\!=\!CH\!-\!CH_2\cancel{+}_n$$

聚丁二烯

从 1,3 - 丁二烯聚合得到的产物结构看,与单烯烃的聚合物有一个很重要的差别,就是在其每个链节中仍含有一个双键,这个双键很重要,使它成为合成橡胶的基础。

四、橡胶，合成橡胶，异戊二烯法则

我们通常说的橡胶指的是天然橡胶，天然橡胶的结构与合成的聚双烯烃极为相似，可以认为它是共轭双烯：2－甲基－1,3－丁二烯，即异戊二烯的聚合物。

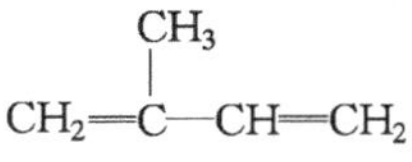

$$CH_2=\overset{\overset{\displaystyle CH_3}{|}}{C}-CH=CH_2$$

异戊二烯

$$-[CH_2-\overset{\overset{\displaystyle CH_3}{|}}{C}=CH-CH_2-]_n$$

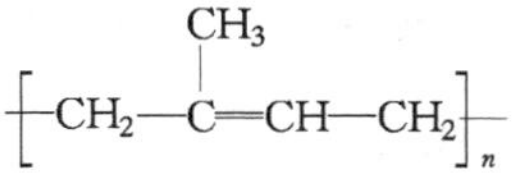

天然橡胶（顺－聚异戊二烯）

天然橡胶的全顺式构型为：

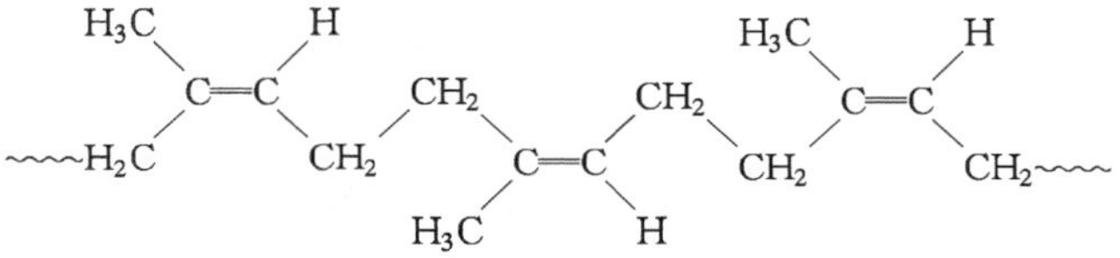

几乎每个双键上都为顺式构型

橡胶分子中的双键是极其重要的，这样便提供了活泼的烯丙基氢，使得硫化反应得以进行，即在各个分子链之间形成硫桥，这些交联键使得橡胶变得比生橡胶硬些，强度也大些，并消除了原来的胶黏性。

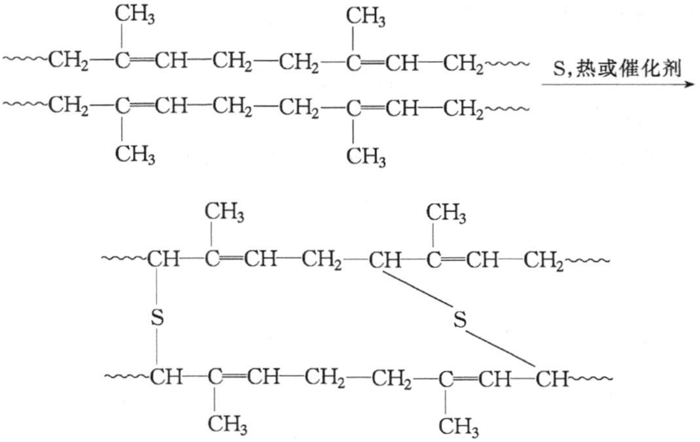

硫化橡胶

合成橡胶的种类很多，要使合成橡胶与天然橡胶的性质基本相同，必须致力于立体选择性聚合，寻找定向催化剂，这项工作直至 1955 年还没有获得理想的结果。

齐格勒和纳塔二人做了大量工作，至 20 世纪 60 年代初，才找到一种定向催化剂——四氯化钛－三乙基铝，又称齐格勒－纳塔催化剂。使用这种催化剂合成出了顺式构型占 94%～97% 的顺丁橡胶，即按照一定立体选择方向聚合出的聚丁二烯，其耐磨性比天然橡胶高 2 倍。

此外,丁苯橡胶、丁腈橡胶等各有特点,甚至在某些性能上超过了天然橡胶。

异戊二烯单元是自然界动植物成分中常见的结构单元之一。它不仅存在于橡胶中,也存在于由植物和动物取得的多种化合物中。例如,存在于许多植物精油中的萜烯都有由异戊二烯单元有规则地以头尾相连而成的碳骨架,这一重要事实称为异戊二烯法则,对于推测萜烯类的结构有很大帮助。例如:

$$
\begin{array}{c}
\text{维生素}A_1(4个异戊二烯单元)
\end{array}
$$

H₃C 的结构式（维生素A₁）

维生素A₁(4个异戊二烯单元)

第三节　炔　　烃

炔烃分子中含有碳碳三键($-C\equiv C-$),$-C\equiv C-$是炔烃的官能团。炔烃分子中的氢原子数比相应的烯烃分子中的还少,故炔具有"缺"少氢原子之意。炔烃的通式为C_nH_{2n-2}。与双烯烃具有同样的通式,彼此互为同分异构体。

一、炔烃的结构——碳原子的 sp 杂化

炔烃中最简单也是最重要的化合物是乙炔。电子衍射、X 射线衍射等物理方法都证明:乙炔是一个线形分子,四个原子处于一条直线上,碳碳三键键长为 0.121 nm,较乙烷分子中的碳碳单键(0.154 nm)及乙烯分子中的碳碳双键(0.134 nm)都短;碳氢键长(0.106 nm)比乙烯中碳氢键长(0.108 nm)还短;C—C—H键角为 180°。如下图所示:

解离能 506 kJ·mol⁻¹
0.106 nm
H—C≡C—H
0.121 nm

解离能 443 kJ·mol⁻¹
0.108 nm
H   H
 \   /
  C ＝ C
 /   \
H   H
0.134 nm

解离能 378 kJ·mol⁻¹
0.110 nm
CH₃—CH₂—H
0.154 nm

现代量子化学理论是如何阐明乙炔结构的呢?认为乙炔分子中的碳原子进行了 sp 杂化,一个 2s 轨道和一个 p 轨道杂化,生成两个 sp 杂化轨道,其形状与 sp³、sp² 杂化轨道相似,这两个 sp 杂化轨道对称轴间的夹角为 180°,所以 sp 杂化又称作直线形杂化(见图 3-12)。

图 3-12　碳原子的 sp
杂化轨道

每个 sp 杂化轨道具有 1/2 s 成分及 1/2 p 成分，s 成分在 sp^3、sp^2 及 sp 三种杂化轨道中最多。每个三键碳上还剩下两个 p 电子，二者的轨道是互相垂直的，两个互相垂直的 p 轨道彼此侧面重叠，形成两个互相垂直的 π 键。两个 π 键的电子云以 C—C σ 键为对称轴呈圆筒形对称分布，如图 3 - 13 所示。

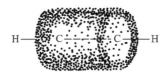

$$C_{sp}-H_{1s}\ σ\ 键$$
$$H-C\equiv C-H$$
1 个 $C_{sp}-C_{sp}$ σ 键

2 个 π 键，互相垂直

图 3 - 13　乙炔的两个 π 电子云

由此，一个 σ 键与两个互相垂直的 π 键组成了 —C≡C—。

二、炔烃的同分异构现象和命名

炔烃的同分异构现象除了有碳链异构外，还有官能团异构现象，但炔烃不可能存在顺反异构现象，也无构象异构现象。

炔烃的命名通常采用衍生命名法和系统命名法。

1. 衍生命名法

一些简单的炔烃可以看作是乙炔的衍生物来命名。例如：

$$H-C\equiv C-C_2H_5$$

乙基乙炔

$$CH_3-C\equiv C-\overset{\overset{\displaystyle CH_3}{|}}{C}H-CH_2-CH_3$$

甲基仲丁基乙炔

2. 系统命名法

炔烃的系统命名与烯烃相同，将三键的位次号编得最小，母体名称由"烯"改为"炔"。例如：

$$CH_3-CH_2-C\equiv C-CH_3$$

2 - 戊炔

(2 - pentyne)

$$\overset{1}{C}H_3-\overset{2}{C}\equiv \overset{3}{C}-\overset{4}{C}H\overset{\overset{\displaystyle \overset{5}{C}H_3}{|}}{\underset{\underset{\displaystyle CH_3}{|}}{}}$$

4 - 甲基 - 2 - 戊炔

(4 - methyl - 2 - pentyne)

若不饱和链烃既含双键又含三键，应选择含有双键、三键最多而链又尽可能最长者为主链；若有一种以上的选择时（含有两个或更多的侧链可作为不饱和链含量最多的链进行选择时），则依下列原则顺次选择：

(1) 碳原子数目最多者。

（2）若碳原子数相同,则选择双键数目多者。

（3）从最靠近不饱和键(不管是双键还是三键)的一端开始编号。若双键与三键的位次号相同,则应使双键的位次号最小。

例1.

$$\underset{5}{CH_3}-\underset{4}{CH}=\underset{3}{C}-\underset{2}{C}\equiv\underset{1}{CH}$$
$$\underset{CH_3}{|}$$

3-甲基-3-戊烯-1-炔
(3-methyl-3-pentene-1-yne)

例2.

$$\overset{CH=CH_2}{|}$$
$$\underset{7}{CH_3}-\underset{6}{C}\equiv\underset{5}{C}-\underset{4}{CH}-\underset{3}{CH_2}-\underset{2}{CH}=\underset{1}{CH_2}$$

4-乙烯基-1-庚烯-5-炔
(4-vinyl-1-heptene-5-yne)

例3.

$$\underset{7}{CH_2}=\underset{6}{CH}-\underset{5}{CH}-\underset{4}{CH}=\underset{3}{CH}-\underset{2}{CH}=\underset{1}{CH_2}$$
$$\underset{C\equiv CH}{|}$$

5-乙炔基-1,3,6-庚三烯
(5-ethinyl-1,3,6-heptantriene)

三、炔烃的制备

1. 邻二卤代烷脱卤化氢

碳碳三键常用邻位或同碳的二卤代烷脱去两分子卤化氢形成。

$$\underset{X}{\overset{H}{\underset{|}{\overset{|}{-C-}}}}\underset{X}{\overset{H}{\underset{|}{\overset{|}{-C-}}}}\xrightarrow{KOH/醇}\ \overset{H}{\underset{X}{C=C}}\ \xrightarrow{NaNH_2}\ -C\equiv C-$$

从二卤代烷分子中脱去第一分子卤化氢比较容易,但得到的产物分子中,卤原子直接连接在双键碳上,称为乙烯式卤代物,是很不活泼的。因此,再脱去一分子卤化氢就比较困难,常需在加热条件下,用浓的氢氧化钠或氢氧化钾醇溶液进行反应。也可用较强的碱——氨基钠,才能再脱去一分子卤化氢形成三键。

2. 卤代烷与炔钠反应

三键在链端的炔烃能与氨基钠或 Na 与液氨反应生成炔钠,后者与卤代烷反应能将较低级的炔烃转化为较高级炔烃(意指:分子中碳数较多)。

$$R-C\equiv C-H\xrightarrow{NH_2Na,液\ NH_3}R-C\equiv CNa$$

$$R-C\equiv CNa+R'-X\longrightarrow R-C\equiv C-R'+NaX$$

$$HC\equiv CH\xrightarrow{NH_2Na,液\ NH_3}HC\equiv CNa+NH_3$$

$$HC\equiv CNa\xrightarrow{NH_2Na,液\ NH_3}NaC\equiv CNa$$

乙炔二钠(与水反应非常激烈,几乎是爆炸性的!)

例如：

$$CH_3CH_2CH_2CH_2CH_2—C\equiv CNa + CH_3(CH_2)_3CH_2Cl \longrightarrow CH_3(CH_2)_4C\equiv C(CH_2)_4CH_3$$

正戊基乙炔钠   正戊基氯(1° RX)   6－十二炔

这个反应用伯卤代烷时效果较好，否则会因为强碱条件下消除 HX 而降低产率。

思考题 3.5 由 1－戊烯为起始原料合成 4－癸炔。

四、炔烃的物理性质

炔烃具有与烷烃相似的物理性质。它们易溶于石油醚、乙醚、四氯化碳及苯等低极性的有机溶剂，几乎不溶于水。

乙炔俗名为电石气，因含有杂质如磷化氢而具有特殊的刺激性气味。

纯乙炔为无色气体，具有与乙醚相似的气味。它在水中有一定的溶解度，在 0.1 MPa 的条件下，能溶于等体积的水中。一些炔烃的熔、沸点见表 3－3。

表 3－3   炔烃的物理常数

名 称	英文名称	熔点/℃	沸点/℃
乙炔	ethyne(acetylene)	－81.8	－84.0
丙炔	propyne	－101.5	－23.2
1－丁炔	1－butyne	－125.9	8.1
2－丁炔	2－butyne	－32.3	27.0
1－戊炔	1－pentyne	－106.5	40.2
2－戊炔	2－pentyne	－109.5	56.1
1－己炔	1－hexyne	－132.4	71.4
2－己炔	2－hexyne	－89.6	84.5
3－己炔	3－hexyne	－103.2	81.4

乙炔与空气混合，当乙炔含量达到 3% ～70% 时，遇火即爆炸，这个范围相当大，因而危险性也大，使用时必须严格遵守有关的安全操作规定；液态乙炔对震动亦敏感，很易发生爆炸，所以安全贮存及运输乙炔的问题很突出。

乙炔在丙酮中的溶解度很大，常压下 1 个体积的丙酮可溶解 300 倍其自身体积的乙炔，于是人们在中、常压力下(如 1.2 MPa)，将其压入盛满丙酮浸润过的多孔性物质，如硅藻土、软木屑或木炭的钢瓶中，以防在贮存尤其是运输过程中因震动而带来的危险。

五、炔烃的化学性质

1. 加成反应

（1）催化加氢，立体选择性反应　假如在炔烃催化加氢时也使用 Pd、Pt 等较强的氢化催化剂，炔烃和氢加成主要生成的产物是烷烃，很难分离得到烯烃。

$$R-C\equiv C-H \xrightarrow[\text{Pd 或 Pt}]{H_2} \left[\begin{array}{c} R \quad\quad H \\ C=C \\ H \quad\quad H \end{array}\right] \xrightarrow[\text{Pd 或 Pt}]{H_2} R-CH_2-CH_3$$

若选择适当的催化剂及反应条件，也可使炔烃加氢停留在烯烃的阶段。例如：

$$C_6H_5-CH=C-CH=CH-C\equiv C-C_6H_5 + H_2 \xrightarrow[\text{含硫喹啉}]{Pd-BaSO_4}$$
$$\quad\quad\quad\quad\quad | $$
$$\quad\quad\quad\quad C_6H_5$$

$$C_6H_5-CH=C-CH=CH-C=C-C_6H_5$$
$$\quad\quad\quad\quad | \quad\quad\quad\quad\quad | \;\; |$$
$$\quad\quad\quad\quad C_6H_5 \quad\quad\quad\quad H \;\; H$$

90%

若炔烃分子中三键不在链端还可以人为地控制反应条件，选择适当的催化剂，使还原的产物具有立体选择性，生成顺式或反式的烯烃。

用林德拉（Lindlar）催化剂——细粉状钯附着在碳酸钙上并用氧化铅（或醋酸铅）减活化，使一分子炔烃只加一分子氢且得顺式加成产物；若用含硫喹啉或吡啶处理过的 Pd-BaSO₄ 作加氢的催化剂也可得顺式的加成产物。例如：

$$CH_3-C\equiv C-CH_3 + H_2 \xrightarrow{\text{林德拉催化剂}} \begin{array}{c} H_3C \quad\quad CH_3 \\ C=C \\ H \quad\quad\quad H \end{array}$$

2-丁炔　　　　　　　　　　　　　顺-2-丁烯（bp 4℃）

$$\begin{array}{c} CH_3-(CH_2)_7-C \\ \;\;\;\;\;\;\;\;\;\;\;\;\;\;\; \| \\ HOOC-(CH_2)_7-C \end{array} + H_2 \xrightarrow[PbO]{Pd-CaCO_3} \begin{array}{c} CH_3-(CH_2)_7 \quad\quad H \\ C \\ \| \\ C \\ HOOC-(CH_2)_7 \quad\quad H \end{array}$$

天然硬脂炔酸　　　　　　　　　　顺式油酸（与天然油酸完全相同）

欲制备反式加成的产物可将炔烃在液氨中用金属钠或锂还原。例如：

$$CH_3-C\equiv C-CH_3 \xrightarrow[\text{液 NH}_3]{Na(\text{或 Li})} \begin{array}{c} H \quad\quad CH_3 \\ C=C \\ H_3C \quad\quad H \end{array}$$

2-丁炔　　　　　　　　　　　　　反-2-丁烯（bp 1℃）

$$CH_3-(CH_2)_2-C\equiv C-(CH_2)_2-CH_3 \xrightarrow{Na, \text{液 NH}_3} \begin{array}{c} CH_3-(CH_2)_2 \quad\quad H \\ C=C \\ H \quad\quad (CH_2)_2-CH_3 \end{array}$$

4-辛炔　　　　　　　　　　　　　反-4-辛烯（bp 122℃）

约 98%

炔烃顺式还原的立体选择性,通常被认为:由于两个氢原子加到吸附在催化剂表面上炔烃分子的同一边所致。

由上述实例可知,立体选择反应指的是:一种立体异构体的产量超过(通常是大大地超过)其他立体异构体的反应。

(2)亲电加成——与卤素及卤化氢的加成　炔烃三键中虽较烯烃双键中多一个 π 键,但因三键碳是 sp 杂化的,其中 s 成分比 sp^2 杂化轨道中的要高,因此三键键长比双键键长短,键的解离能高,所以炔烃亲电加成的活性比烯烃弱,反应往往需要用催化剂来促进。例如:

$$HC\equiv CH + Cl_2 \xrightarrow[\text{(或 SnCl}_2)]{FeCl_3} \underset{\substack{\text{反}-1,2-\text{二氯乙烯}}}{\overset{\begin{array}{c} H \qquad Cl \\ C=C \\ Cl \qquad H \end{array}}{}} \xrightarrow{FeCl_3,Cl_2} \underset{\substack{1,1,2,2-\text{四氯乙烷} \\ (\text{bp } 146℃,\text{毒},\text{有机溶剂})}}{Cl_2CH-CHCl_2}$$

反应一旦发生,由于放出大量的热能而使反应猛烈进行。工业上需要用氮气稀释,使反应温和。

如果分子中同时含有双键和三键,控制卤素的用量,加卤素时—C≡C—可不受影响而被保留。例如:

$$CH_2=CH-CH_2-C\equiv CH + Br_2 \longrightarrow \underset{\substack{4,5-\text{二溴}-1-\text{戊炔 }90\%}}{CH_2-CH-CH_2-C\equiv CH \atop \overset{|}{Br} \quad \overset{|}{Br}}$$

乙炔和碘的反应比较困难,假如反应在乙醇中进行,可得到 1,2-二碘乙烯:

$$HC\equiv CH + I_2 \xrightarrow{EtOH} I-CH=CH-I$$

乙炔和氯化氢加成在通常状况下难进行,若用氯化汞盐酸溶液浸渍活性炭制成的催化剂促进反应,反应能顺利进行:

$$HC\equiv CH + HCl \xrightarrow[65℃]{HgCl_2/C} \underset{\text{氯乙烯}}{CH_2=CHCl}$$

炔烃和烯烃一样,与 HX 加成时遵从马氏规则:

$$R-C\equiv CH \xrightarrow{HX} \underset{\text{卤化烯}}{R-\overset{\overset{\textstyle X}{|}}{C}=CH_2} \xrightarrow{HX} \underset{\text{同碳二卤代烷}}{R-\overset{\overset{\textstyle X}{|}}{\underset{\underset{\textstyle X}{|}}{C}}-CH_3}$$

另外,炔烃和烯烃一样,在过氧化物的存在下与 HBr 也进行游离基加成反应。如 1-己炔与 HBr 反应时,生成反马氏规则的产物 1-溴-1-己烯及少量的 1,1-二溴己烷。

$$CH_3CH_2CH_2CH_2C\!\equiv\!CH + HBr \xrightarrow{\text{过氧化物}} CH_3CH_2CH_2CH_2C\!=\!CH$$
$$\underset{H\quad\ Br}{\underset{|\quad\ \ |}{}}$$

1-己炔   1-溴-1-己烯 74%

从反应机理上讲,炔烃与卤素及卤化氢的加成反应和烯烃与卤素的加成反应一样,是分步进行的、离子型的亲电加成反应。

(3) 亲核加成　炔烃与烯烃不同,不仅能发生亲电加成反应,还能和亲核试剂——氢氰酸、醇及醋酸等——发生亲核加成反应。

在氯化亚铜-盐酸催化下,乙炔和 HCN 能发生加成,生成丙烯腈。

$$HC\!\equiv\!CH + HCN \xrightarrow[\text{HCl}]{\text{Cu}_2\text{Cl}_2} CH_2\!=\!CH\!-\!CN$$

丙烯腈(是腈纶的单体)

反应时氰基先进攻电子云密度小的三键碳,另一三键碳生成碳负离子,然后再与 H^+ 相结合:

$$\overset{\delta-}{HC}\!\equiv\!\overset{\delta+}{CH} + CN^- \longrightarrow\ ^-CH\!=\!CH\!-\!CN$$

$$^-CH\!=\!CH\!-\!CN + H^+ \longrightarrow CH_2\!=\!CH\!-\!CN$$

因此,HCN 是一种亲核试剂,凡由亲核试剂的进攻而引起的加成反应称作亲核加成。

在强碱(醇钠、醇钾等)存在及加压条件下,乙炔与醇反应生成乙烯基醚。

$$HC\!\equiv\!CH + H\ddot{O}C_2H_5 \xrightarrow[\text{压力}]{\underset{150\sim180℃}{\text{碱}}} CH_2\!=\!CH\!-\!O\!-\!C_2H_5$$

乙烯基乙醚
(无色易燃液体)

在醋酸锌或硫酸汞的催化下,乙炔与醋酸反应生成醋酸乙烯酯——生产"维尼纶"纤维的原料。

$$HC\!\equiv\!CH + H\overset{+}{O}OC\!-\!CH_3 \xrightarrow[\text{(或 HgSO}_4)]{(CH_3COO)_2Zn} CH_3\!-\!COO\!-\!\underline{CH\!=\!CH_2}$$

醋酸乙烯酯

乙炔及其一元取代物与带有—OH，—SH，—NH$_2$，$=$NH，—CONH$_2$ 或 —COOH等基团的有机物发生加成反应，其结果等于在醇、羧酸等含有活泼氢化合物的分子中引入了一个乙烯基，这类反应称为乙烯基化反应。

（4）水化反应　在稀酸水溶液中，炔烃比烯烃容易与水加成。炔烃与水加成时，常用汞盐作催化剂。例如：乙炔在 10% H$_2$SO$_4$ 和 5% HgSO$_4$ 水溶液中加成，中间生成乙烯醇，乙烯醇很不稳定，立即转化成稳定的羰基化合物——乙醛。

$$HC\equiv CH \xrightarrow[Hg^{2+}]{H_2O,H^+} \left[\begin{array}{c} H_2C = CH \\ \\ H-O \end{array} \right] \longrightarrow H_3C-\underset{\underset{O}{\|}}{C}-H$$

乙烯醇（烯醇式）　　　　　乙醛（酮式）

酮式与烯醇式的两种互变异构体，就其实质，是官能团异构体。但是，这两种官能团异构体却存在一个体系中达成动态平衡，呈现出双重反应性能。

炔烃与水加成的反应机理，现在还没有完全研究清楚，有些问题尚在研究中。然而，水既是亲电试剂又是亲核试剂，且既不是好的亲电试剂又不是好的亲核试剂，确是毫无争议的事实。

炔烃与水的加成遵从马氏规则，因此除乙炔得到乙醛外，所有的取代乙炔和水的加成物都是酮。

一元取代乙炔与水加成的产物是甲基酮（ $R-\underset{\underset{O}{\|}}{C}-CH_3$ ）。

二元取代乙炔（R—C≡C—R′）与水加成的产物，通常是两种可能产物的混合物，只有当 R = R′ 时，产物才会是一种。

（5）硼氢化反应　如希望用一元取代乙炔制备醛、酮，可通过硼氢化反应，从形式上看加成是反马氏规则的：

$$3\,R-C\equiv CH + BH_3 \longrightarrow \left[\begin{array}{c} R \hspace{1cm} H \\ C=C \\ H \hspace{1cm} \end{array} \right]_3 B$$

烯基硼

$$\xrightarrow[OH^-]{H_2O_2} \left[\begin{array}{c} R \hspace{1cm} H \\ C=C \\ H \hspace{1cm} O-H \end{array} \right] \longrightarrow R-CH_2-\underset{\underset{O}{\|}}{C}-H$$

醛

（6）乙炔的聚合　乙炔也能发生聚合反应，因其在震动、高压下易爆炸，所以很难找到合适的工艺条件合成高聚物。

乙炔通过红热的铁管子能得到少量的三聚体——苯。

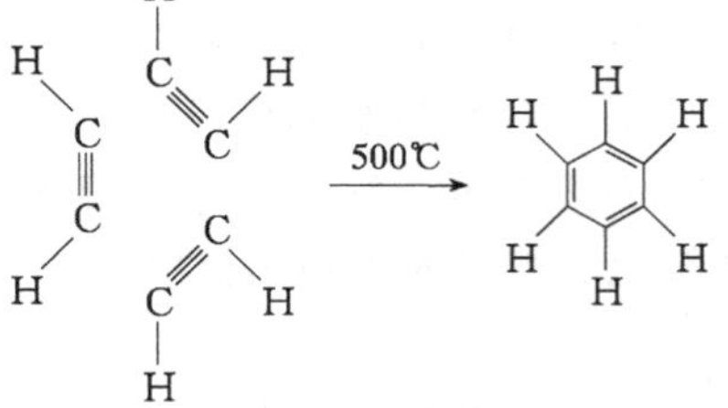

（只有理论意义，苯主要由炼焦及石化工业中来）

乙炔还可以发生四聚合反应，生成环辛四烯。环辛四烯为无色至黄色液体，化学性质很活泼：易加成、易氧化、易聚合。它的分子不是平面的，而是盆形结构。因此，不具有共轭体系的特征。

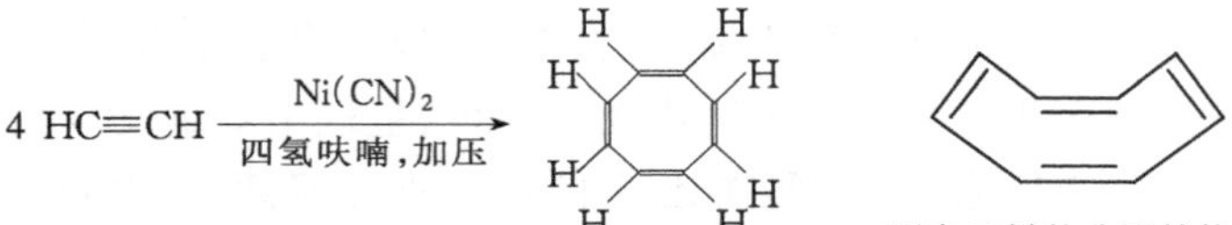

环辛四烯

环辛四烯的盆形结构
（注意：不是共轭体系！）

此外，当乙炔通入氯化亚铜－氯化铵的酸性溶液中，能发生两分子或三分子的线型聚合生成乙烯基乙炔或二乙烯基乙炔。

$$HC\equiv CH + HC\equiv CH \xrightarrow{Cu_2Cl_2 - NH_4Cl} CH_2=CH-C\equiv CH$$

乙烯基乙炔

$$\xrightarrow[Cu_2Cl_2 - NH_4Cl]{HC\equiv CH} CH_2=CH-C\equiv C-CH=CH_2$$

二乙烯基乙炔

乙烯基乙炔在 $Cu_2Cl_2 - NH_4Cl$ 的催化作用下，能与浓盐酸作用生成 2－氯－1,3－丁二烯，它是合成氯丁橡胶的单体。

$$CH_2=CH-C\equiv CH + HCl \xrightarrow{Cu_2Cl_2 - NH_4Cl} CH_2=CH-C=CH$$

$$\underset{Cl\quad H}{}$$

2－氯－1,3－丁二烯

2. 炔烃的酸性——碱金属与重金属炔化物的生成

在有机化学中经常谈到一些化合物的酸碱性，尽管这些化合物不能使酸碱指示剂变色，然而的确存在着失去或结合质子的倾向，即使这种倾向很小。

以前我们已经分析过三键碳原子不同于双键碳原子和单键碳原子。三者中电负性最大者为三键碳原子（$sp > sp^2 > sp^3$）。因此，三键碳原子上的氢能显示出相当的酸性。例如，乙炔的酸性虽然比水还要弱，但却能与强碱作用生成金属炔化物：

$$HC{\equiv}CH + Na \xrightarrow{\text{液 } NH_3} HC{\equiv}CNa + \frac{1}{2}H_2$$
乙炔一钠

$$HC{\equiv}CNa + Na \xrightarrow{\text{液 } NH_3} NaC{\equiv}CNa + \frac{1}{2}H_2$$
乙炔二钠

那么,乙炔究竟是一个多强的酸? 将它与我们很熟悉的两个化合物——氨和水——来作比较：

$$NH_3 + Na \xrightarrow{\text{液 } NH_3} NaNH_2 + \frac{1}{2}H_2$$
氨基钠

氨基钠是弱酸 $H{-}NH_2$ 的盐。将乙炔通入氨基钠的乙醚溶液,则产生氨和乙炔钠：

$$NaNH_2 + HC{\equiv}CH \rightleftharpoons H{-}NH_2 + HC{\equiv}C{-}Na$$
较强的碱　较强的酸　　　较弱的酸　　较弱的碱

可见 $HC{\equiv}C{-}H$ 的酸性较 $H{-}NH_2$ 的酸性要强,否则乙炔不能将 $H{-}NH_2$ 从它的盐中取代出来。

若将水加到乙炔钠中,则生成氢氧化钠,并且放出乙炔：

$$HC{\equiv}C{-}Na + H{-}OH \rightleftharpoons NaOH + HC{\equiv}C{-}H$$
较强的碱　　较强的酸　　　较弱的酸　　较弱的碱

由此可见 $HC{\equiv}C{-}H$ 的酸性较 $H{-}OH$ 的酸性要弱。三者酸性强弱的顺序为：$H_2O > HC{\equiv}CH > NH_3$。这个顺序从它们的 pK_a 值也能得到说明：

	H_2O	$HC{\equiv}CH$	NH_3
pK_a	15.7	25	35
酸性	强 $\longrightarrow$		弱

由于乙炔分子中的氢原子或端基炔烃三键上的氢原子($R{-}C{\equiv}C{-}H$)能显示出相当的酸性,因此被称为"活泼氢"或"炔氢"。其"活泼"性不仅表现在能生成碱金属的炔化物(或称"炔淦"),而且还能与某些重金属离子,如 Ag^+ 及 Cu^+ 反应,生成不溶性的炔化物。例如,将乙炔通入银氨或亚铜氨溶液中,能立即生成灰白色乙炔银或棕红色的乙炔铜沉淀：

$$HC{\equiv}CH + 2[Ag(NH_3)_2]^+ \longrightarrow AgC{\equiv}CAg\downarrow + 2NH_4^+ + 2NH_3$$
灰白色

$$HC{\equiv}CH + 2[Cu(NH_3)_2]^+ \longrightarrow CuC{\equiv}CCu\downarrow + 2NH_4^+ + 2NH_3$$
棕红色

其他端基炔烃也能发生上述反应：

$$R—C\equiv CH + [Ag(NH_3)_2]^+ \longrightarrow RC\equiv CAg\downarrow + NH_4^+ + NH_3$$

$$R—C\equiv CH + [Cu(NH_3)_2]^+ \longrightarrow RC\equiv CCu\downarrow + NH_4^+ + NH_3$$

炔银和炔铜的生成可以用来鉴别端基炔烃,即有"炔氢"的炔烃。重金属炔化物与轻金属炔化物不同,前者只在湿润时稳定,干燥后很容易爆炸,生成金属和碳。例如：

$$Ag—C\equiv C—Ag \longrightarrow 2Ag + 2C \qquad \Delta H = -365 \text{ kJ}\cdot\text{mol}^{-1}$$

二者对热的敏感性也不同,乙炔银约140℃发生爆炸,而乙炔铜在400℃还是稳定的。为此,在使用重金属炔化物时应注意切勿用干燥者;鉴定结束前务须用稀硝酸微热使其分解：

$$R—C\equiv CAg + HNO_3(稀) \xrightarrow{微热} AgNO_3 + R—C\equiv CH$$

3. 氧化反应

炔烃经高锰酸钾或臭氧氧化,可发生 $C\equiv C$ 的断裂,生成两个羧酸。例如：

$$CH_3CH_2CH_2—C\equiv C—CH_2CH_3 \xrightarrow[H^+]{KMnO_4} CH_3CH_2CH_2C\overset{O}{\underset{OH}{\diagdown}} + CH_3CH_2C\overset{O}{\underset{OH}{\diagdown}}$$

酸性或碱性高锰酸钾氧化炔烃时,锰的价态发生变化,可用作碳碳三键的定性鉴定:碱性时,有棕色的二氧化锰沉淀生成;酸性时,生成肉色(或近于无色)的溶液,肉色是二价锰离子的颜色,浓度小时呈无色。

用臭氧氧化炔烃,用作推结构时,若有二氧化碳生成即为端基炔。

$$CH_3CH_2CH_2—C\equiv C—CH_2CH_3 \xrightarrow{O_3,CCl_4} CH_3CH_2CH_2—C\underset{O—O}{\overset{O}{\diagdown\diagup}}C—CH_2CH_3$$

$$\xrightarrow{H_2O} CH_3CH_2CH_2—C\overset{O}{\underset{OH}{\diagdown}} + CH_3CH_2—C\overset{O}{\underset{OH}{\diagdown}}$$

丁酸　　　　　　　　丙酸

$$R—C\equiv C—H \xrightarrow{O_3,CCl_4 \ H_2O} RCOOH + CO_2 + H_2O$$

乙炔与臭氧加成,水解后生成的产物是乙二醛和甲酸(反应过程中生成的过氧化氢将部分乙二醛氧化所致)：

$$2HC\equiv CH \xrightarrow{O_3} 2H-\underset{\underset{O-O}{}}{C}\underset{}{=}\underset{}{C}-H \xrightarrow{H_2O} 2H-\underset{\underset{O}{\parallel}}{C}-\underset{\underset{O}{\parallel}}{C}-H$$

$$\xrightarrow{H_2O_2} H-\underset{\underset{OH}{}}{\overset{\overset{O}{\parallel}}{C}} + H-\underset{\underset{}{}}{\overset{\overset{O}{\parallel}}{C}}-\underset{\underset{}{}}{\overset{\overset{O}{\parallel}}{C}}-H$$

甲酸　　　　　乙二醛

习　题

1．写出戊烯的所有开链异构体(包括顺反异构体)的结构式及其名称。

2．写出下列各化合物的结构式和构型式。

(1) 顺－3,4－二甲基－2－戊烯　　　(2) 2,3－二甲基－1－戊烯

(3) 反－4,4－二甲基－2－戊烯　　　(4) (Z)－3－甲基－4－异丙基－3－庚烯

3．命名下列各烃基：

(1) $CH_2\!=\!CH-$

(2) $CH_3-\underset{\underset{CH_3}{|}}{CH}-CH_2-CH_2-$

(3) $CH_2\!=\!CH-CH_2-$

(4) $CH_3-\underset{\underset{CH_3}{|}}{C}\!=\!CH-$

(5) $CH_3-CH\!=\!CH-$

(6) $CH_2\!=\!\underset{\underset{}{|}}{C}-CH_3$

4．若正己烷中杂有1－己烯,用什么方法可以除去1－己烯(扼要回答)?

5．预计下列各对化合物,哪一个更容易和亲电试剂发生加成反应?

(1) 乙烯和丙烯　　　　　　　(2) 乙烯和溴乙烯

(3) 丙烯与2－丁烯　　　　　　(4) 1－戊烯与2－甲基－1－丁烯

6．写出 HI 与下列烯烃反应的主要产物：

(1) 2－甲基－2－丁烯　　　　　(2) 3－甲基－1－丁烯

(3) 2,4,4－三甲基－2－戊烯

7．在甲醇(CH_3OH)溶液中,溴对乙烯的加成不仅生成1,2－二溴乙烷,而且还产生 $BrCH_2CH_2OCH_3$,试从反应机理说明这个反应。

8．用方程式表示2－甲基－1－丁烯与下列试剂的作用：

(1) Br_2/CCl_4　　　　　　　　(2) 5% $KMnO_4$ 碱性溶液(低温)

(3) 臭氧化,然后还原水解　　　(4) HBr(有过氧化物存在)

(5) H_2SO_4,然后水解　　　　　(6) H_2,Ni

9．用共价键的键能计算下列反应的 ΔH,并与 C—C 键的键能比较,说明为什么不能用此方法制备氟代烃。

$$CH_3-CH=CH_2 + F_2 \longrightarrow CH_3-\overset{\underset{|}{F}}{CH}-\overset{\underset{|}{F}}{CH_2}$$

10．试从所给的有机原料合成指定的化合物（可自选任何需要的溶剂和无机试剂）。

(1) 由 1-氯丁烷合成 2-碘丁烷　　　(2) 由丙烯合成 2-甲基戊烷

(3) 由异丙基溴合成正丙基溴

11．由丙烯合成下列化合物：

(1) 正己烷　　　　　　　　　　　(2) 2,3-二甲基丁烷

(3) 1-氯-3-溴丙烷　　　　　　　(4) 2-羟基-1-氯-3-碘丙烷

12．试给出臭氧分解后生成下列产物的烯烃的结构。

(1) $CH_3CH_2CH_2CHO$ 和 $HCHO$　　　(2) $CH_3\underset{\underset{CH_3}{|}}{CH}CHO$ 和 CH_3CHO

(3) 只有 CH_3COCH_3　　　　　　(4) CH_3CHO、$HCHO$ 和 $OHC-CH_2-CHO$

(5) 这些烯烃分别用 $KMnO_4/H^+$ 氧化时将生成什么产物？

13．化合物甲，其分子式为 C_5H_{10}，能吸收 1 mol H_2，与 $KMnO_4/H_2SO_4$ 作用只生成 1 mol C_4 酸，但经臭氧化、还原水解后得到两种不同的醛，试推测甲的结构式。这个化合物有无顺反异构存在？

14．已知某烃 $C_{10}H_{16}$ 只能吸收 1 mol H_2，分子中不含甲基、乙基或其他的烃基，经臭氧化水解得到一个对称的二酮，分子式为 $C_{10}H_{16}O_2$，试推出该烃的结构式。

15．1.0 g 戊烷和戊烯的混合物，使 5 mol Br_2-CCl_4 溶液（每 1000 mL 含 Br_2 160 g）褪色，求此混合物中戊烯的百分含量。

16．完成下列反应：

(1) $CH_2=\overset{\underset{CH_3}{|}}{C}-CH=CH_2$ + HCl $\longrightarrow$

(2) $CH_2=CH-CH=CH_2$ + $CH_2=\overset{\underset{CH_3}{|}}{C}-COOH$ $\xrightarrow[\text{12 h}]{150℃}$

(3) + $\longrightarrow$　　　(4) + $\longrightarrow$

(5) $\xrightarrow[②Zn/H_2O]{①O_3}$

(6) $(CH_3)_2C=CHCH=CHCH_3$ + $KMnO_4$ $\xrightarrow[\triangle]{H^+}$

17．某烃 $C_{11}H_{20}$ 在白金触媒存在下通入氢气，吸收 2 mol H_2。用热的高锰酸钾水溶液氧化得到丁酮、丙酮和琥珀酸（$HOOC-CH_2CH_2-COOH$）三者的混合物。试推测这个烃的可能

结构。

18. 某二烯和 1 mol Br_2 加成的结果生成 2,5 - 二溴 - 3 - 己烯,该二烯烃臭氧化分解生成 2 mol CH_3CHO 和 1 mol $H—C—C—H$ 。
（其中两个C各双键连O，O O）

(1) 写出该二烯烃的结构式。

(2) 若上述的二溴加成物再加 1 mol Br_2 得到的产物是什么?

19. 什么样的共轭双烯和亲双烯物能生成下列狄尔斯 - 阿尔德反应的加成物:

(1)（结构式：CH₃、CH₃取代的环己二烯，带两个 $C—OCH_3$（C双键O）基团）

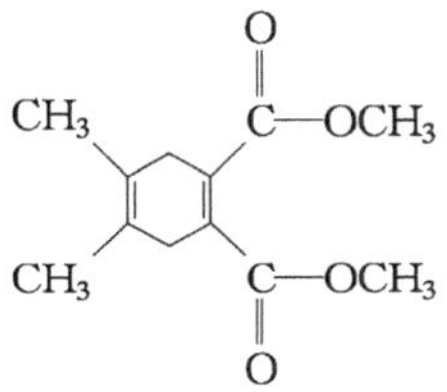

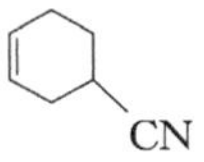

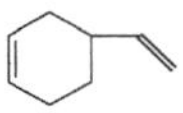

(2)（环己烯上带CN）

(3)（环己烷上带乙烯基 CH=CH₂）

(4)（环己烯上带 NO_2）

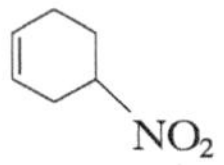

20. 反 - 1,3 - 戊二烯发生狄尔斯 - 阿尔德反应的反应活性和 1,3 - 丁二烯相似,但顺 - 1,3 - 戊二烯的反应活性比 1,3 - 丁二烯差,为什么?

21. 氯乙烯进行亲电加成反应时比乙烯困难,试问其活泼性受哪个效应控制? 加成取向受哪个效应控制?

22. 命名下列化合物:

(1) $(CH_3)_3C—C≡C—CH_2C(CH_3)_3$

(2) $CH_3CH=CHCH(CH_3)C≡C—CH_3$

(3)（结构式：
CH₃、H 与 C=C，另一端 C=C 连 H、CH₃，下方连 H 和 C(CH₃)₃）

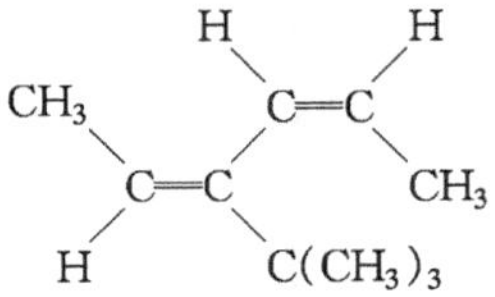

23. 写出下列化合物的结构式:

(1) 3,5 - 二甲基 - 1 - 庚炔　　　(2) 甲基异丙基乙炔

(3) 1,5 - 己二烯 - 3 - 炔

24. 写出下列反应的产物:

(1) $CH_3CH_2CH_2C≡CH + HBr(过量) \longrightarrow$　　(2) $CH_3CH_2C≡CCH_2CH_3 + H_2O \xrightarrow[H_2SO_4]{HgSO_4}$

(3) $CH_2=C(Cl)—CH=CH_2 \xrightarrow{聚合}$　　(4) $CH_3C≡CCH_3 + HBr \longrightarrow$

25. 写出 1 - 丁炔与下列试剂反应的方程式:

(1) 热 $KMnO_4$ 水溶液　　(2) $H_2(2\ mol)$,Pt

(3) 过量 Br_2/CCl_4,0℃　　(4) $AgNO_3$ 的氨溶液

(5) H_2O,H_2SO_4,Hg^{2+}　　(6) $H_2(1\ mol)$,$Pd(BaSO_4)$ - 含硫喹啉

26. 用化学方法区别下列各化合物:

(1) 2 - 甲基丁烷,3 - 甲基 - 1 - 丁炔,3 - 甲基 - 1 - 丁烯

(2) 1-戊炔，2-戊炔，1,3-戊二烯

(3) 1-庚炔，1,3-己二烯，庚烷

27．利用共价键的键能进行计算，证明乙醛比乙烯醇稳定。

28．写出从乙炔出发合成下列化合物的所有步骤，其他有机试剂和无机试剂可任取。

(1) 1,1-二溴乙烷　　　　(2) 氯乙烯　　　　　(3) 1,2-二氯乙烷

(4) 乙醛　　　　　　　　(5) 丙炔　　　　　　(6) 1-丁炔

(7) 2-丁炔　　　　　　　(8) 顺-2-丁烯　　　　(9) 反-2-丁烯

29．由指定原料合成下列化合物：

(1) 由 1-丁炔和丙烯合成 3-庚炔

(2) 由乙炔和丙烯合成 1,6-庚二烯-3-炔

30．用乙炔、丙炔为原料合成下列化合物（其他试剂可根据需要选用）。

(1) $CH_3CClBrCH_3$　　　(2) $CH_3-\underset{\underset{O}{\|}}{C}-CH=CH_2$　　　(3) $CH_2=CH-OCH_2CH_2CH_3$

(4) 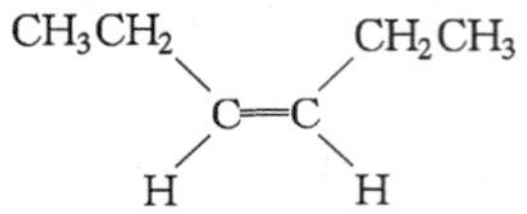 $\underset{H}{\overset{CH_3CH_2}{\diagdown}}C=C\underset{H}{\overset{CH_2CH_3}{\diagup}}$　　　　　　(5) 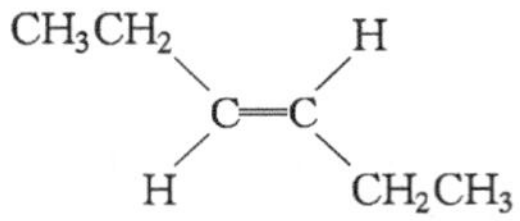 $\underset{H}{\overset{CH_3CH_2}{\diagdown}}C=C\underset{CH_2CH_3}{\overset{H}{\diagup}}$

31．在与亲电试剂（如 Cl_2、HBr）的加成反应中，烯烃比炔烃要活泼，但当炔烃与这些亲电试剂作用时，又容易使加成作用停止在烯烃阶段，这是否有些矛盾？解释原因。

32．写出一个含有 75% 反式和 25% 顺式的 2-戊烯的混合物转变成基本上为纯的顺-2-戊烯的所有步骤。

33．有三个化合物 A、B、C，都具有分子式 C_5H_8，它们都能使溴的四氯化碳溶液褪色，A 与 $AgNO_3$ 的氨溶液作用生成沉淀，B、C 则不能，当用热的高锰酸钾氧化时，A 得到正丁酸和 CO_2，B 得到乙酸和丙酸，C 得到戊二酸。写出 A、B、C 的结构式。

34．化合物 A 的分子式为 C_8H_{12}，在 H_2/Pt 作用下生成 4-甲基庚烷，A 用林德拉催化剂小心地氢化得到 B，分子式为 C_8H_{14}，A 和 Na/液 NH_3 作用得到 C，分子式也为 C_8H_{14}，请写出 A、B、C 的结构式。并请回答：A 的结构是否唯一？写出你认为可能的 A 的其他结构式。

第四章 芳 烃

（Aromatic hydrocarbon）

　　芳烃目前主要是从煤焦油和石油中得到的。然而,在有机化学发展的初期则来源于天然产物中。例如,从安息香树胶中可获得苯甲酸,故又俗称安息香酸。因为从树脂中得到的化合物普遍具有芳香的气息,所以统称为芳香族化合物。人们逐渐发现它们的分子中均具有苯环结构,因此把具有苯型单元的化合物称为芳香族化合物,芳(香)烃指的就是含有苯型单元的碳氢化合物。

　　这类化合物通常都具有以下几个特点:

　　(1) 碳氢比高。如苯 $C:H=6:6$;萘 $C:H=10:8$ 。

　　(2) 碳碳键长介于正常的 C—C 与 C＝C 之间。如苯分子中的碳碳键长为 $0.140\ nm(C—C,0.154\ nm;C＝C,0.134\ nm)$ 。

　　(3) 不像烯烃那样易于发生加成或氧化反应,而易于发生亲电取代反应。

　　苯是最典型的芳烃,人们把苯及其他芳烃在化学上的这些独特性质称作“芳香性”。

　　绝大多数芳烃都由苯型单元组成,分子中苯型单元可由单键连接也可以并联。例如:

联苯　　　　　　　　萘

　　研究发现,许多不含苯型单元的化合物,也具有上述特性——“芳香性”,于是人们把含有苯环的芳烃称作“苯系芳烃”,把不含苯环的芳烃称作“非苯系芳烃”。

第一节　苯 系 芳 烃

一、分类

　　苯系芳烃按照分子中苯环的多少,主要可分为三大类。本章学习的主要是单环芳烃。

　　(1) 单环芳烃　例如:

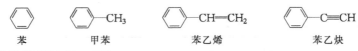

|苯|甲苯|苯乙烯|苯乙炔|

（2）多苯代（烷）烃　例如：

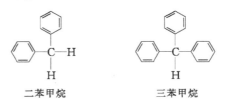

二苯甲烷　　　　　　　　三苯甲烷

（3）稠环芳烃　例如：

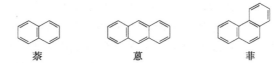

萘　　　　　　蒽　　　　　　菲

二、同系物的异构现象及命名

苯的同系物可以看作为苯环上的氢原子被烷基（或烃基）取代的衍生物。

1．烃基苯

烃基苯的命名原则如下。

（1）苯的一元取代物只有一种。命名时以苯为母体，烷基作取代基。例如：

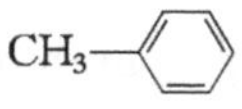

　　　　CH₃—⟨苯⟩　　　　⟨苯⟩—CH(CH₃)₂　　　　t-Bu—⟨苯⟩

甲苯　　　　　　　　异丙苯　　　　　　　叔丁苯

（toluene）　　　（isopropylbenzene）　　（tertbutylbenzene）

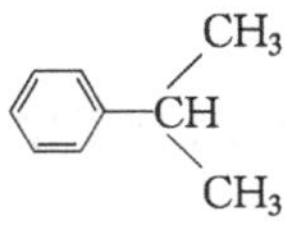

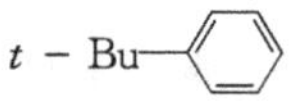

（2）取代基为不饱和基或长链烷基时，以不饱和烃及长链烷烃作母体，苯基作取代基。例如：

⟨苯⟩—CH=CH₂　　　⟨苯⟩—C≡CH　　　⟨苯⟩—CH₂—CH=CH₂

苯乙烯　　　　　　　　苯乙炔　　　　　　　3-苯基-1-丙烯

（styrene）　　　（phenylacetylene）　　（3-phenyl-1-propylene）

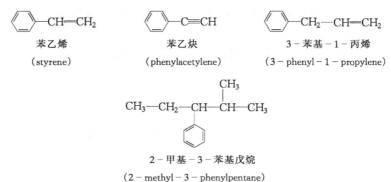

2-甲基-3-苯基戊烷

（2-methyl-3-phenylpentane）

2．二烃基苯

二烃基苯有三种异构体,用取代基的相对位置命名;也可以用最低系列编号表示取代基在苯环上的位置。例如:

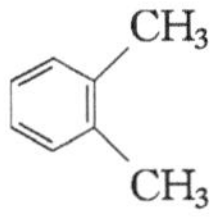

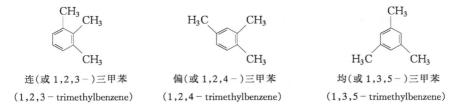

邻(或 $o-$)二甲苯　　　　　间(或 $m-$)二甲苯　　　　　对(或 $p-$)二甲苯
（$o-$xylene）　　　　　　　（$m-$xylene）　　　　　　　（$p-$xylene）

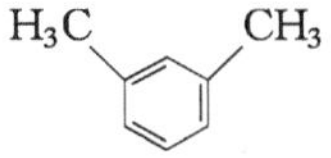

3．三烃基苯

三烃基苯有三种异构体,其命名方法与二烃基苯相同。例如:

连(或 $1,2,3-$)三甲苯　　　　偏(或 $1,2,4-$)三甲苯　　　　均(或 $1,3,5-$)三甲苯
（$1,2,3-$trimethylbenzene）　（$1,2,4-$trimethylbenzene）　（$1,3,5-$trimethylbenzene）

4．芳香烃基

芳烃分子中芳环上去掉一个氢原子后,剩下的原子团叫作芳基(Aryl),可用 Ar—表示。

甲苯的甲基上去掉一个氢原子后,剩下的原子团称为苄基或苯甲基。例如:

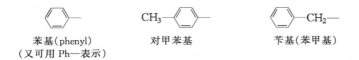

苯基(phenyl)　　　　　对甲苯基　　　　　苄基(苯甲基)
（又可用 Ph—表示）

三、苯的结构

1．凯库勒环状结构的概念

苯是一个高度不饱和的化合物。1865 年凯库勒从苯的分子式为 C_6H_6 出发,根据它的一元取代物无异构体等重要事实,首次提出了环状结构的概念。他假设:苯分子中六个碳的链首尾相连形成一个环。这种表示方法,与苯的一元取代物只有一种,二元、三元取代物各有三种的事实相符,如图 4-1 所示。

这种结构的美中不足之处在于:六个碳原子都只有三价,为使碳原子保持四价,采用另一种环表示,如图 4-2 所示。这在有机化学结构理论上是一个重大的突破,与认识到碳碳间可相连成链有着同等重要的意义。

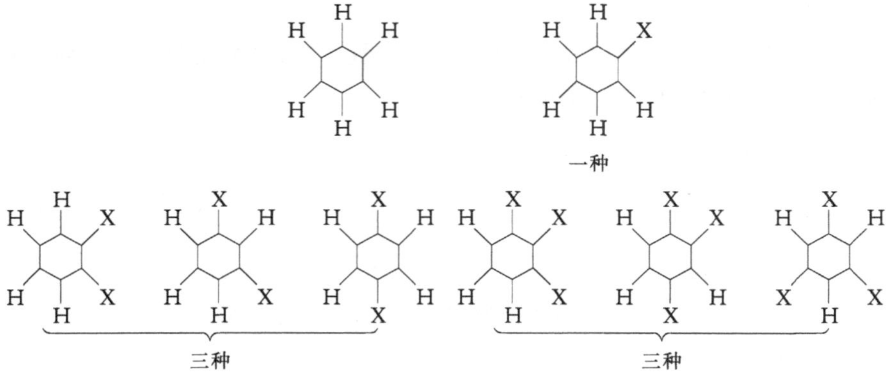

图 4-1　苯分子的环状结构

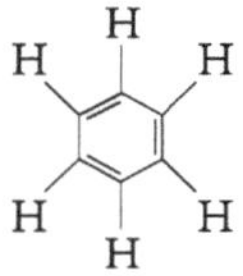

　　这种满足碳原子四价的六碳环状结构式称为凯库勒式。然而,这个式子却不能说明以下三个重要事实:

图 4-2　苯分子的环状结构

　　(1)按照此式存在有三个双键,为何不起类似于烯烃的加成反应,发生氧化也比烯烃难得多?

　　(2)此式是单双键相间的体系,碳碳间的键长不应当相等,而苯分子中碳碳键长是完全相等的。

　　(3)若按照此式邻位取代物应有两种,而实际上苯的邻位取代物只有一种。

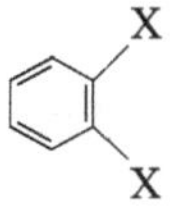

　　　　　　　与　　　　　　　　　(从结构式上看绝对不相同!)

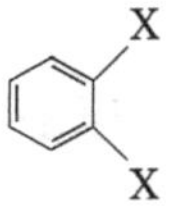

　　长期以来,人们在研究苯的结构方面做了大量工作,提出了各种各样的书面表达式,但都难尽人意!

　　2.价键法及分子轨道法对苯结构的研究

　　20 世纪 30 年代,由于理论物理及物理方法的进步,人们对苯的结构有了进一步的认识。

　　红外光谱和 X 衍射为苯分子的几何形象及其中的键长提供了可靠的数据。根据这些研究,毫无疑义地证明:苯分子中,六个碳原子在同一平面上,是一个正六边形的碳架;键角为 120°;碳碳键长均为 0.140 nm,比正常的碳碳单键(0.154 nm)短一些,比正常的碳碳双键(0.135 nm)长一些,但又不是二者的平均数值。

　　由此,轨道杂化理论认为:苯分子中的六个碳原子都是 sp² 杂化的。C—C之间以 sp² 杂化轨道,沿对称轴的方向重叠形成六个 C_{sp^2}—$C_{sp^2}\sigma$ 键,组成一个正六边形(每一个碳原子用两个sp² 杂化轨道,分别与相邻的两个碳原子的sp² 杂化轨道成键)。每个碳原子还有一个sp² 杂化轨道,和氢原子的 1s 轨道沿着对称轴

的方向重叠形成 C_{sp^2}—$H_{1s}\sigma$ 键。由于碳原子是 sp^2 杂化的,所以键角都是 $120°$,所有的碳原子和氢原子都在同一平面上。每个碳原子没有参与杂化的 p 轨道彼此侧面平行重叠形成大 π 键,如图 4-3 所示。

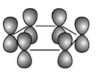

图 4-3　苯分子中的大 π 键

这样一来就使 π 电子云高度离域,达到了键的完全平均化:碳碳键长均为 0.140 nm,其能量比三个孤立的碳碳双键能量之和要低,所以,也可采用 ⬡ 表示苯。

根据分子轨道理论,六个 p 电子的原子轨道应能线性组合成六个分子轨道。其中有三个是被占据的成键离域轨道,三个能量高的为反键空轨道:

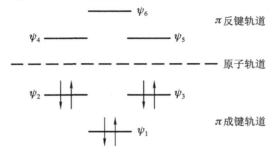

三个成键轨道中其波函数的波相变化如下图所示:

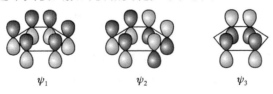

由这三个成键的分子轨道函数可以计算出各个轨道的能量和各个碳原子上的电子云密度。很明显,苯的基态是由三个成键轨道叠加的结果,没有一个很好的图像能单独表示出这个形象,现在一般用"夹心饼干"式的形象表示:

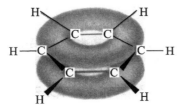

这个结果使得苯成为高度对称的分子,其 π 电子有相当大的离域作用,从而使苯环具有特殊的稳定性。

苯的稳定性可由氢化热的数据得到说明:

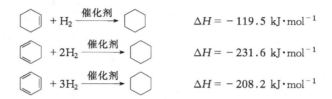

按照氢化热数据,苯的离域能为 $3 \times 119.5\ \mathrm{kJ \cdot mol^{-1}} - 208.2\ \mathrm{kJ \cdot mol^{-1}} = 150.3\ \mathrm{kJ \cdot mol^{-1}}$;1,3-环己二烯的离域能为 $2 \times 119.5\ \mathrm{kJ \cdot mol^{-1}} - 231.6\ \mathrm{kJ \cdot mol^{-1}} = 7.4\ \mathrm{kJ \cdot mol^{-1}}$。离域能越大,体系能量越低,分子越稳定。这说明苯分子具有特殊的稳定性。

3. 用共振杂化体表示苯的结构

苯的结构还可以用共振杂化体来表示。欲写共振杂化体,首先必须根据鲍林提出的"共振论"(见第一章二)中各项规定写出多种共振式(极限式),然后用共振符号联结,说明苯的结构是多个共振式"共振"的结果。

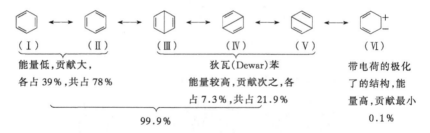

需要说明的是:上面六个共振式(极限式)中的任何一个都不能代表苯分子的真实情况,也就是说:苯分子的结构既不是(Ⅰ)或(Ⅱ),也不是(Ⅲ)、(Ⅳ)、(Ⅴ)或(Ⅵ),而是(Ⅰ)至(Ⅵ)共六个结构的"统一体",即共振杂化体。

共振杂化体的能量较任何一个共振结构都低,亦比任何一个共振结构都稳定。由此,这可以从另一个角度说明:苯分子具有特殊的稳定性。

四、单环芳烃的物理性质

单环芳烃大多为无色液体,且有一定的毒性;易燃,不溶于水,密度比水小。表 4-1 列出了一些单环芳烃的物理性质。

表 4-1　苯及其衍生物的物理常数

化　合　物	英　文　名　称	熔点/℃	沸点/℃	密度/(kg·m^{-3})
苯	benzene	5.5	80.1	0.878 6
甲苯	toluene	-95	110.6	0.866 9
乙苯	ethylbenzene	-95	136.2	0.867 0
丙苯	propylbenzene	-99.5	159.2	0.862 0
异丙苯	isopropylbenzene	-96	152.4	0.861 8
邻二甲苯	o-xylene	-25.5	144.4	0.880 2
间二甲苯	m-xylene	-47.9	139.1	0.864 2
对二甲苯	p-xylene	13.3	138.2	0.861 1
1,2,3-三甲苯	1,2,3-trimethylbenzene	-25.4	176.1	0.894 4
1,2,4-三甲苯	1,2,4-trimethylbenzene	-43.8	169.4	0.875 8
1,3,5-三甲苯	1,3,5-trimethylbenzene	-44.7	164.7	0.865 2
氟苯	fluorobenzene	-41.2	85.1	1.022 5
氯苯	chlorobenzene	-45.6	132	1.105 8
溴苯	bromobenzene	-31	156	1.495 0
碘苯	iodobenzene	-31.2	188.3	1.830 8
邻氯甲苯	o-chlorotoluene	-35.1	159.2	1.082 5
间氯甲苯	m-chlorotoluene	-47.5	162	1.072 2
对氯甲苯	p-chlorotoluene	7.5	162	1.069 7
邻溴甲苯	o-bromotoluene	-27.7	181.7	1.423 2
间溴甲苯	m-bromotoluene	-39.8	183.7	1.409 9
对溴甲苯	p-bromotoluene	28.5	184.3	1.399 5
邻硝基甲苯	o-nitrotoluene	-9.6	220.4	1.162 9
间硝基甲苯	m-nitrotoluene	16	232.6	1.157 1
对硝基甲苯	p-nitrotoluene	54.5	238.3	1.103 8
邻二氯苯	o-dichlorobenzene	-17	180.5	1.304 8
间二氯苯	m-dichlorobenzene	-24.7	173	1.288 4
对二氯苯	p-dichlorobenzene	7.5	162	1.069 7
邻二溴苯	o-dibromobenzene	7.1	225	1.615 5
间二溴苯	m-dibromobenzene	-7	218	1.608 3
对二溴苯	p-dibromobenzene	87.3	218	1.574 2

五、单环芳烃的化学性质

1. 亲电取代反应

（1）卤代反应　苯与氯或溴（F$_2$ 太活泼，I$_2$ 太不活泼），在铁或三氯化铁、三溴化铁的催化下，苯环上的氢原子可被氯或溴取代，主要生成一元取代物——氯苯或溴苯。一取代卤苯进一步卤代比苯困难，第二个卤原子主要进入第一个卤原子的邻、对位。

邻二氯苯　　对二氯苯

~50%　　~45%

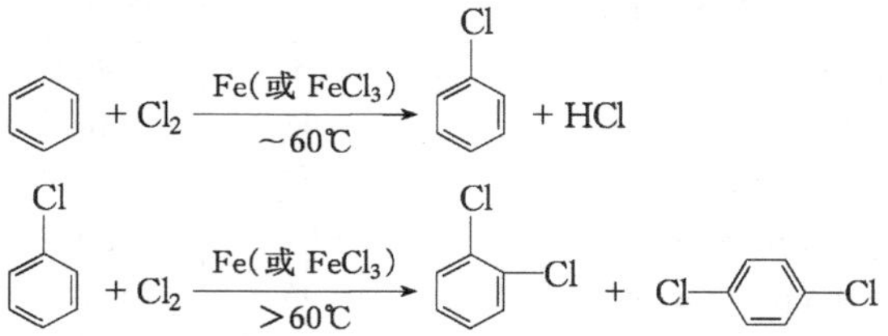

甲苯是苯的同系物，有催化剂存在时卤代反应比苯容易进行，亦主要生成邻、对位取代产物：

邻氯甲苯 58%　　对氯甲苯 42%

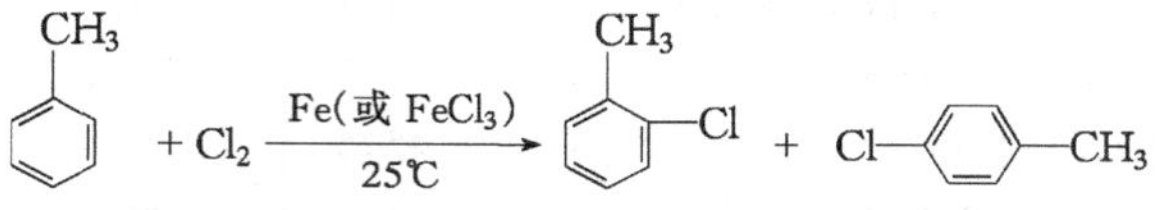

以上反应的机理，以氯代为例包括下列几步。

首先，三氯化铁是路易斯酸，夺取氯中的电子，生成氯正离子。

$$FeCl_3 + Cl:Cl \longrightarrow [FeCl_4]^- + Cl^+$$

接着，氯正离子进攻苯分子中 sp^2 杂化的碳原子，先加成生成碳氯键，sp^2 杂化碳原子转化为 sp^3 杂化的碳原子，其余五个碳原子只共用四个电子，为缺电子共轭体系——碳正离子中间体。

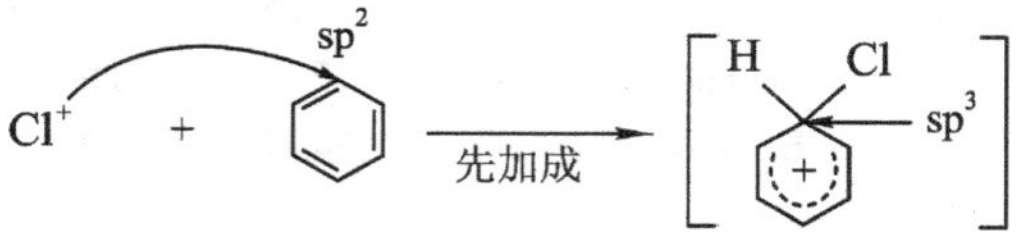

碳正离子中间体

（σ 络合物）

最后，消除一个质子，成为稳定的分子——氯苯。

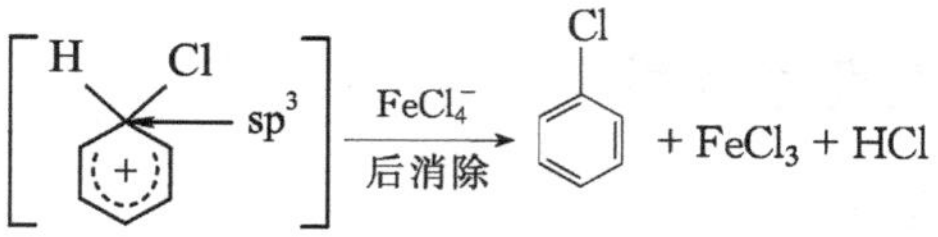

若甲苯在光照、加热或过氧化物存在下与卤素反应，侧链上的 α－H 则被卤原子取代，常见的仍为氯代与溴代，以溴代为例：

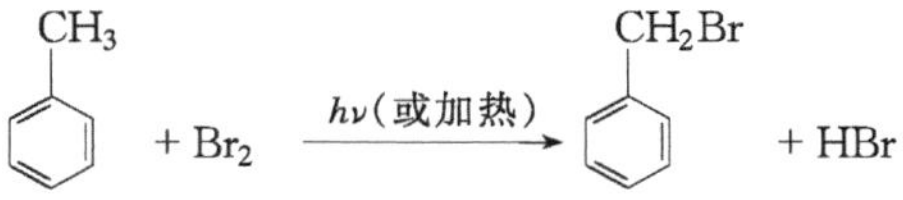

溴苄或苄溴

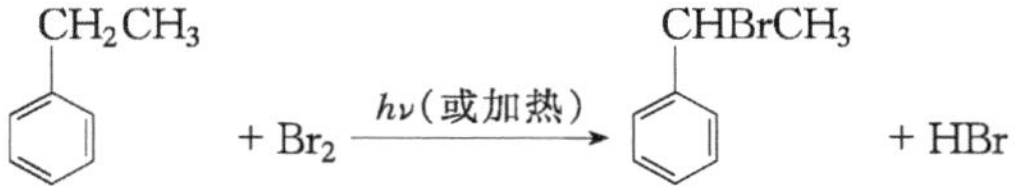

芳烃侧链的卤代反应与丙烯的 α－卤代相似，是游离基取代反应，很难停留在一元卤代的阶段。若用 NBS 作溴化试剂，反应能停留在一元溴代的阶段。

(2) 硝化反应　苯与混酸共热，苯环上的氢原子被硝基取代，生成硝基苯。

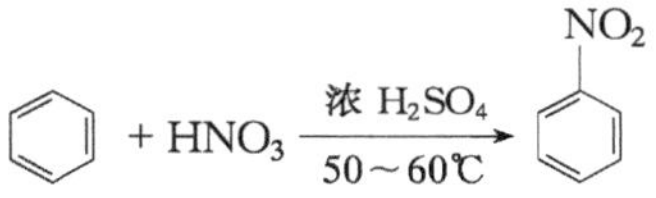

硝基苯(有毒，苦杏仁气味，液体)

浓硝酸与浓硫酸混合后称为混酸，其中硫酸的用量往往是硝酸的 2 倍，硝化反应也是亲电取代反应。浓硫酸的作用不仅是脱水剂，更重要的是它能与硝酸反应生成硝酰正离子 O_2N^+：

$$HNO_3 + 2H_2SO_4 \rightleftharpoons {}^{+}NO_2 + H_3O^+ + 2HSO_4^-$$

O_2N^+ 是个亲电试剂，硝化反应的机理与卤代相似：

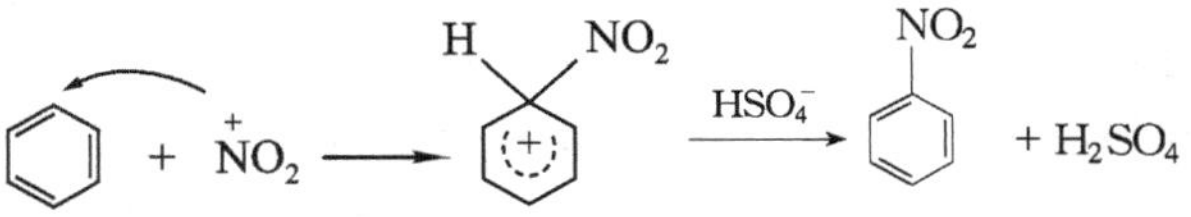

一元硝化的产物——硝基苯，若要再进行硝化则比苯困难，必须增加硝酸的浓度，提高反应的温度才可继续硝化，主要得间位产物。

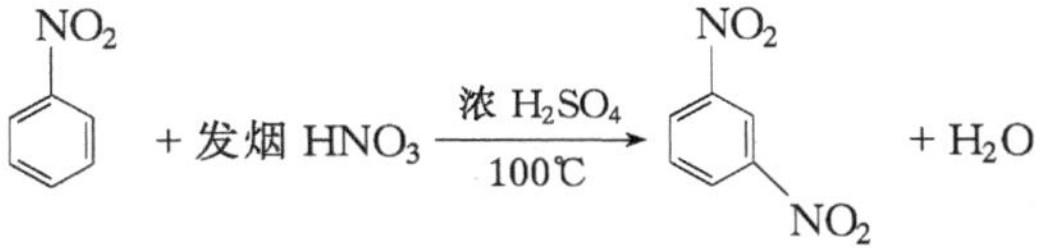

甲苯硝化比苯容易，反应的速率是苯的 14 倍，反应产物主要是邻、对位取代产物。

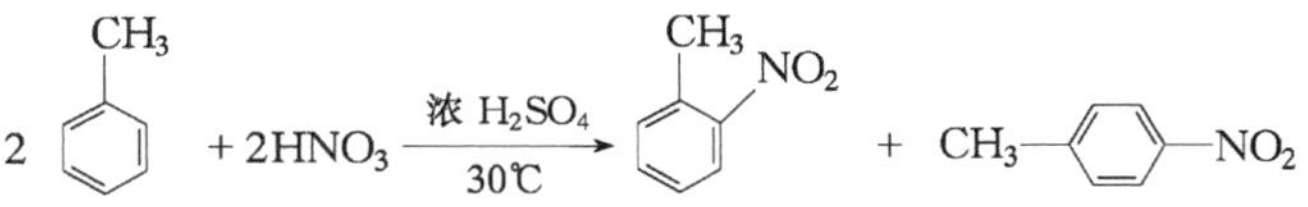

(3) 磺化反应　苯与浓硫酸共热，苯环上的氢原子可被磺酸基($—SO_3H$)取代，生成苯磺酸。

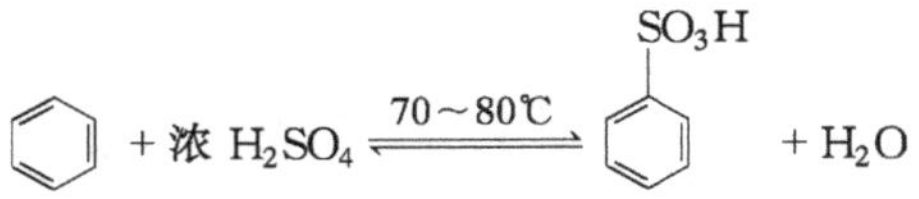

苯磺酸磺化比苯困难,产物主要是间位的;甲苯磺化比苯容易,主要生成邻、对位产物。

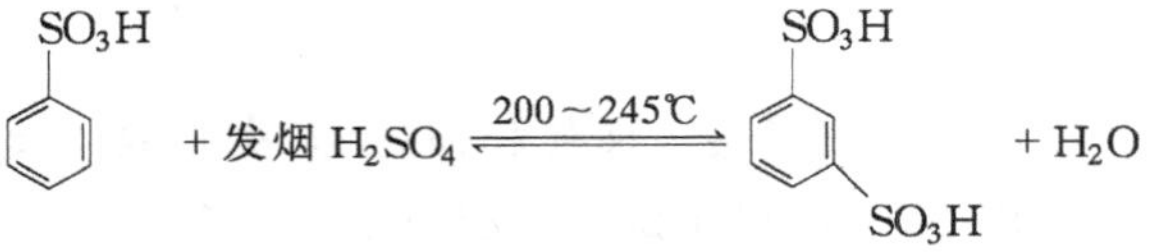

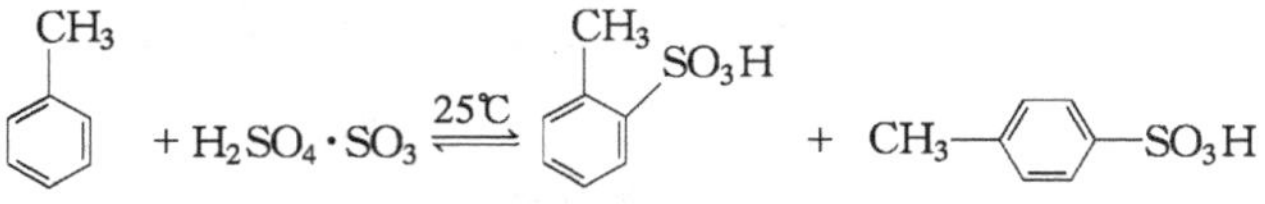

磺化反应与卤代反应及硝化反应不同,它是一个可逆反应,因此在制备苯磺酸时必须设法移去磺化时生成的水,以阻止逆反应的进行。根据这个性质,可将—SO_3H 在必要时引入到苯环上,利用它在有机合成上起"阻挡"作用,在所需要的位置引入其他基团,然后再将其水解掉。

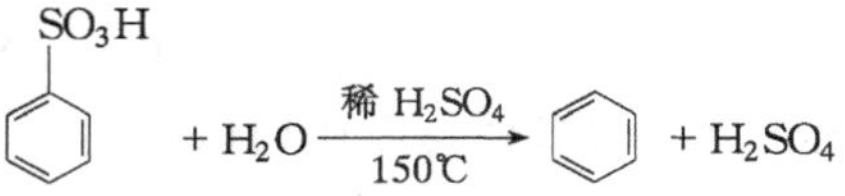

磺酸基"阻挡"作用在合成上的应用举例如下:

由甲苯合成邻氯甲苯。因为甲苯的氯代反应同时生成邻氯甲苯与对氯甲苯(见本章五、1),因二者的物理性质相近,分离、纯化困难,且生成的对氯甲苯也不是目的物。为此先进行磺化,利用磺酸基的阻挡作用,再进行氯化,最后水解"脱掉"磺酸基即主要得到邻氯甲苯,较好地达到了预期目的。

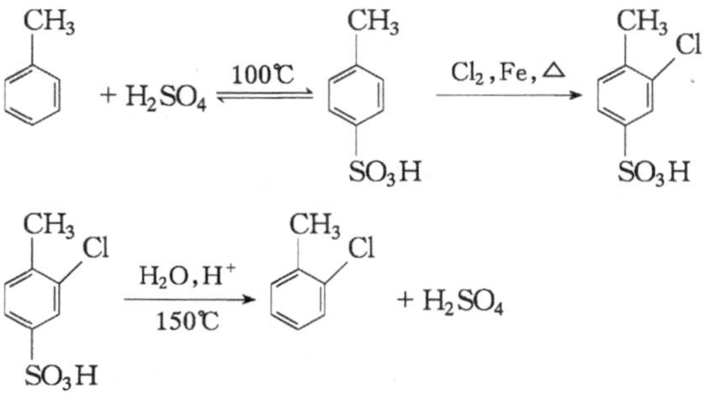

磺化反应也是亲电取代反应,有人认为其机理与卤代及硝化相似,不同之处在于每步反应都是可逆的。

苯磺酸的钠盐能溶于水,在染料中引进磺酸基,可增加其水溶性。另外,十二烷基苯磺酸钠是常用的合成洗涤剂。

(4) 傅-克反应　傅瑞德尔-克拉夫茨(Friedel–Crafts)反应简称傅-克反应。傅-克反应分为烷基化反应和酰基化反应两类。

在无水三氯化铝的作用下,芳烃与卤代烃反应生成烷基苯,称为傅-克烷基化反应:

$$\text{⟨苯⟩} + CH_3CH_2Cl \xrightarrow{\text{无水 } AlCl_3} \text{⟨}CH_2CH_3\text{-苯⟩} + HCl$$

除卤代烷外,醇和烯烃也可与芳烃发生傅-克烷基化反应:

$$\text{⟨苯⟩} + CH_3CH_2OH \xrightarrow{\text{无水 } AlCl_3} \text{⟨}CH_2CH_3\text{-苯⟩} + H_2O$$

$$\text{⟨苯⟩} + CH_2=CH_2 \xrightarrow{\text{无水 } AlCl_3} \text{⟨}CH_2CH_3\text{-苯⟩}$$

除无水 $AlCl_3$ 外,BF_3、无水 HF、H_2SO_4、H_3PO_4、$FeCl_3$ 及 $ZnCl_2$ 等都可用作催化剂。

三氯化铝是一个路易斯酸,卤代烷可以看作是一个弱的路易斯碱,两者首先结合生成酸碱络合物,然后解离成碳正离子:

$$CH_3CH_2\ddot{\underset{\cdot\cdot}{C}}l: + AlCl_3 \rightleftharpoons [CH_3CH_2-\ddot{\underset{\cdot\cdot}{C}}l-AlCl_3] \rightleftharpoons CH_3CH_2^+ + AlCl_4^-$$

缺电子的碳正离子是一个亲电试剂,进攻苯环而发生亲电取代反应:

$$\text{⟨苯⟩} + CH_3CH_2^+ \longrightarrow \left[\overset{H}{\underset{CH_2CH_3}{⟨+⟩}}\right] \xrightarrow{AlCl_4^-} \text{⟨}CH_2CH_3\text{-苯⟩} + HCl + AlCl_3$$

傅-克烷基化反应有以下不足之处:

(a) 反应不易停留在一元取代物的阶段,通常得到的是一元、二元和多元取代物的混合物。特别是在引进甲基与乙基时更显得突出。例如:

$$\text{⟨苯⟩} \xrightarrow[CH_3Cl]{\text{无水 } AlCl_3} \text{⟨}CH_3\text{⟩} \xrightarrow[CH_3Cl]{\text{无水 } AlCl_3} \begin{cases} \text{⟨邻二甲苯⟩} \\ \text{⟨对二甲苯⟩} \end{cases} \xrightarrow[CH_3Cl]{\text{无水 } AlCl_3} \text{⟨三甲苯⟩}$$

三取代苯

产生这种情况的原因,是由于生成的甲苯比苯活泼,与氯甲烷反应比苯容易,从而使反应不能停留在一元取代物阶段。为此,常常用大过量的苯进行反应,以期得到较多的一元取代物。

(b) 如果将三个碳以上的直链烷基引入苯环时,常发生烷基的异构化现象。例如:

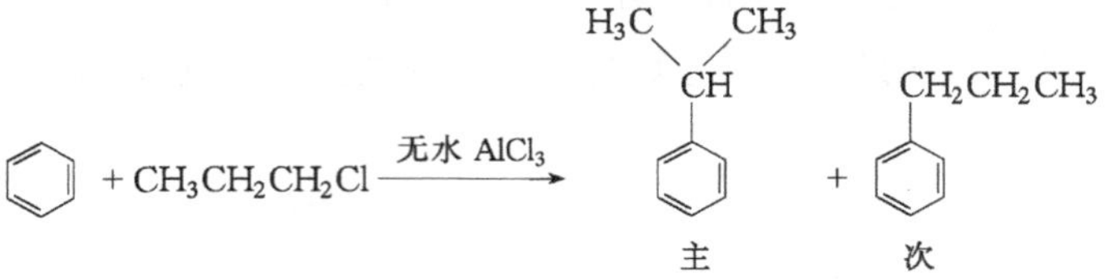

产生异构化的原因,是由于反应中产生的一级碳正离子容易重排成比较稳定的二级碳正离子,再进攻苯环所致。

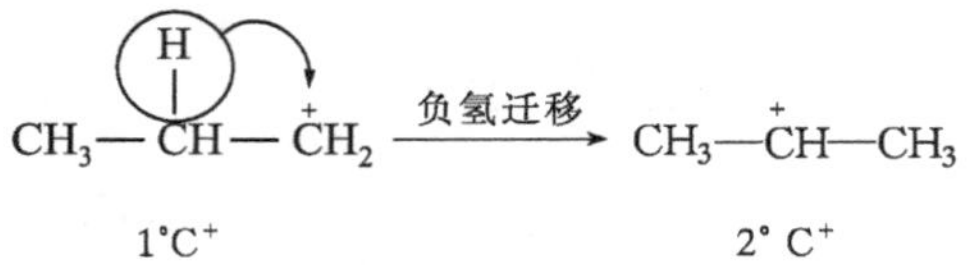

(c) 苯环上带有—NO$_2$、—SO$_3$H、—COCH$_3$ 等基团时,不能发生傅－克反应;此外,苯环上带有—NH$_2$、—NHR、—NR$_2$ 等碱性基团时,由于能与三氯化铝等酸性催化剂成盐也不能发生傅－克反应。例如,硝基苯可作傅－克反应的溶剂。此外,乙烯式卤代烃及卤苯由于碳卤键不易断裂而不发生傅－克反应。

在无水三氯化铝催化下,芳烃可与酰卤或酸酐反应生成酮,结果将酰基引入苯环,称作傅－克酰基化反应。例如,往苯分子中引入乙酰基生成苯乙酮。

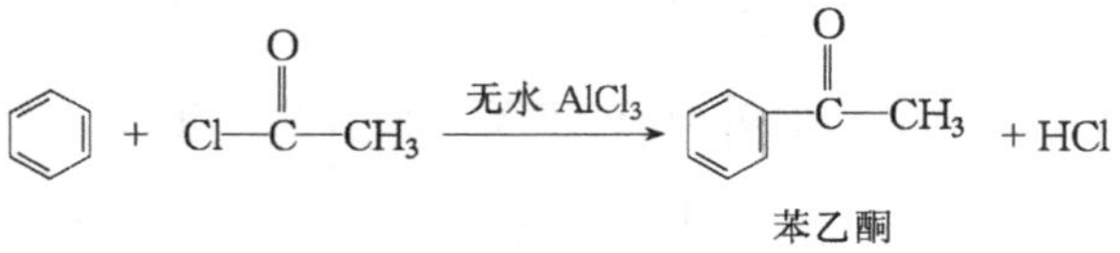

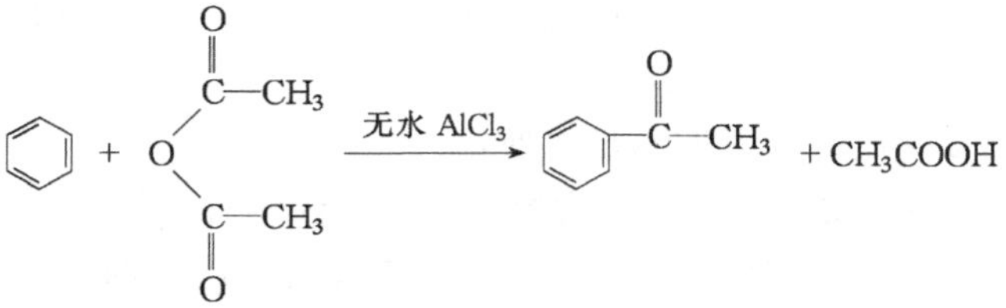

傅－克酰基化反应与烷基化反应不同,它不存在异构化的问题,也不易生成多元取代物。

综上所述:苯系芳烃的卤代、硝化、磺化、烷基化及酰基化反应都是亲电取代反应,反应是分两步进行的:首先亲电试剂与苯发生加成反应生成中间体,此中

间体称为 σ 络合物,然后中间体消除一个质子而恢复为稳定的芳烃结构。从其全过程来看,芳烃的亲电取代反应是通过加成－消除机理完成的。

2．氧化反应

通常苯不易被氧化,只有在高温和催化剂存在下才能被氧化,生成顺丁烯二酸酐,俗称顺酐。这是工业上制顺酐的方法之一。

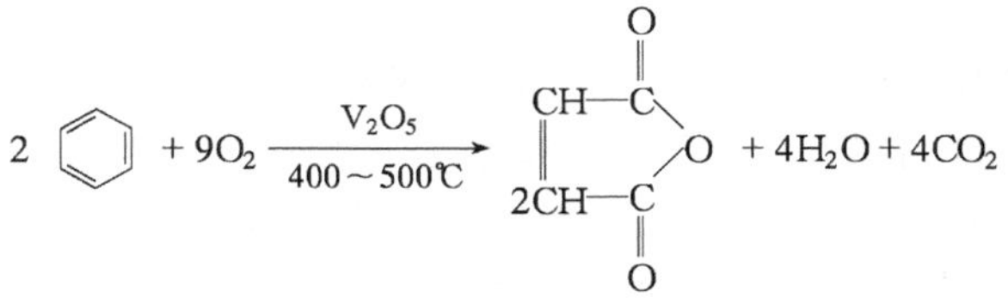

$$2 \; \text{苯} + 9O_2 \xrightarrow[400\sim500℃]{V_2O_5} \begin{array}{c} CH \\ \parallel \\ 2CH \end{array} \begin{array}{c} C \\ C \end{array} O + 4H_2O + 4CO_2$$

烷基苯氧化时,苯环不被氧化;不论烷基的碳链有多长,总是与苯环直接相连的 α －碳被氧化。例如:

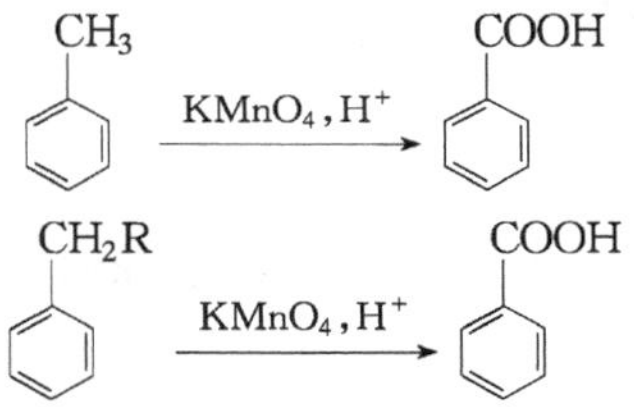

$$\text{（甲苯）} \xrightarrow{KMnO_4,H^+} \text{（苯甲酸 COOH）}$$

$$\text{（CH}_2\text{R）} \xrightarrow{KMnO_4,H^+} \text{（苯甲酸 COOH）}$$

这说明了苯环上的侧链比苯环容易氧化。由于苯环的影响,使得和它直接相连的 α －碳上的氢原子变得比较活泼,氧化反应总发生在 α －碳上。如果 α －碳上没有氢原子时,则侧链氧化反应不发生,苯环却可能被氧化破坏。例如:

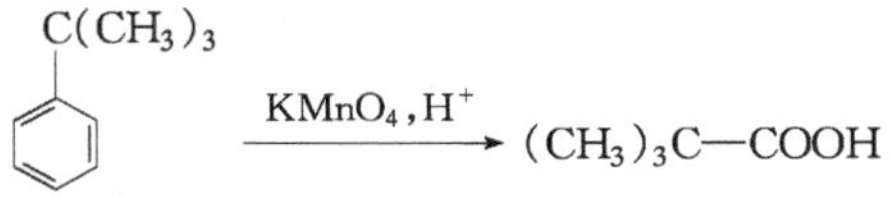

$$\text{（C(CH}_3\text{)}_3\text{）} \xrightarrow{KMnO_4,H^+} (CH_3)_3C\text{—}COOH$$

3．加成反应

（1）加氢　芳烃比烯烃较难还原,通常需要较高的温度和压力。例如:

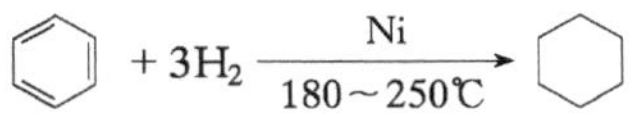

$$\text{苯} + 3H_2 \xrightarrow[180\sim250℃]{Ni} \text{环己烷}$$

我们知道,脂肪族不饱和烃可以分段氢化,而且可以分离出中间产物。而苯却不行,这是苯的加氢过程和脂肪族不饱和烃的不同之处。

用碱金属溶于液氨中还原芳烃发生 1,4 －加成,这是均相反应,称为伯奇(Brich)还原法。

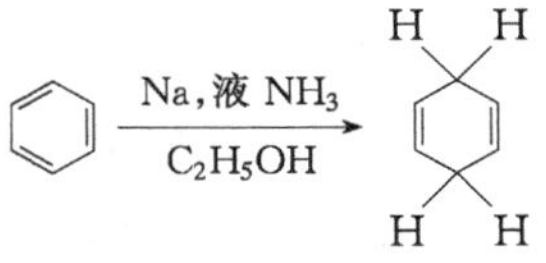

$$\text{苯} \xrightarrow[C_2H_5OH]{Na,液 NH_3} \text{（1,4-环己二烯）}$$

（2）加氯　在紫外光的照射下，苯与氯加成生成六氯化苯，即1，2，3，4，5，6－六氯化苯，俗称六六六。

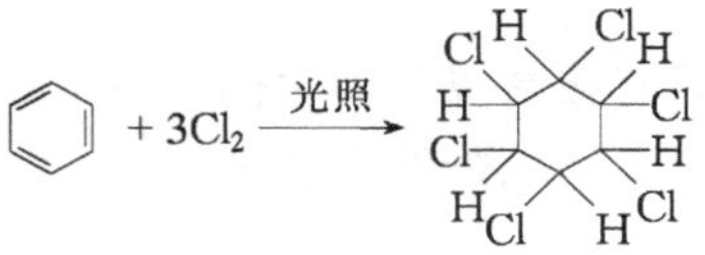

这是游离基加成反应，产物六六六原为农药，由于化学性质很稳定，会造成人畜的累积性中毒，我国1983年已宣布停止生产并禁止使用。

从对芳烃性质的学习可以看出：芳烃的确具有"芳香性"。此外，苯环上一旦引入了取代基后，它对新取代基引入的难易，以及进入苯环的位置是有影响的，且主要取决于原取代基的性质。

六、苯环上取代基的定位规则

1．两类定位基

苯环上原有的基团将决定再引入基团的难易和进入的位置，故称作定位基。

（1）第一类定位基　第一类定位基又称为邻对位定位基。当苯环上连有这类取代基时，新进入苯环上的取代基主要进入它的邻、对位；除去卤素外都使苯环上的亲电取代反应变得比苯要容易，即对苯环有"致活"作用。属于邻对位定位基的有：

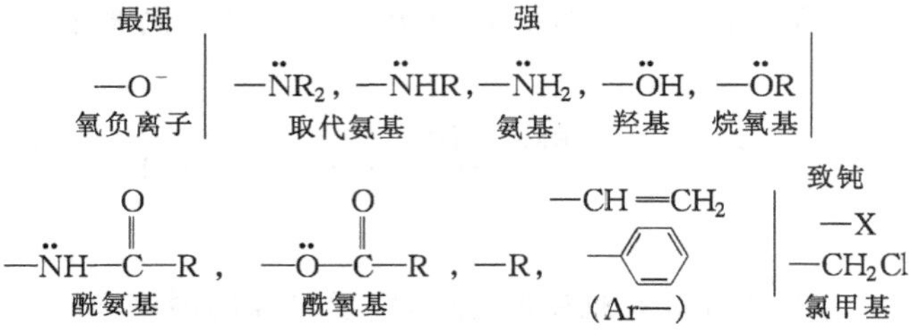

上列顺序是按照它们对苯环"致活"作用由强到弱的顺序排列的。

值得注意的是：卤素有邻、对位的指向作用，然而它不仅不能使苯环上的亲电取代反应变得容易进行，与此相反，却使亲电取代反应变得困难，它对苯环有弱的"致钝"作用。

这类取代基在结构上往往具有以下特点：当由杂原子与苯环直接相连时，取代基的原子或原子团中，一般说来没有双键，然而却有未共用电子对。

（2）第二类定位基　第二类定位基又称作间位定位基。当苯环上连有这类取代基时，新进入苯环上的取代基主要进入它的间位，且使苯环上的亲电取代反应变得比苯较难进行，即有"致钝"作用。属于间位定位基的有：

最强

$$-\overset{+}{NH_3},\ -\overset{+}{NR_3}\ \Big|\ -NO_2,\ -CF_3\ ,\ -CCl_3\ ,\ -C\equiv N,\ -SO_3H,$$

氨基正离子　　　　硝基　　三氟甲基　三氯甲基　　氰基　　　磺酸基

$$\underset{甲酰基}{-\overset{\overset{O}{\|}}{C}-H}\ ,\ \underset{酰基}{-\overset{\overset{O}{\|}}{C}-R}\ ,\ \underset{羧基}{-\overset{\overset{O}{\|}}{C}-OH}\ ,\ \underset{酯基}{-\overset{\overset{O}{\|}}{C}-OR}\ ,\ \underset{二取代酰氨基}{-\overset{\overset{O}{\|}}{C}-NR_2}$$

上列间位定位基是按照它们"致钝"作用由强到弱的顺序排列的。

这类定位基在结构上往往具有以下特点：它们与苯环直接连接的原子，几乎都以不饱和键和电负性较强的其他原子相连，或定位基本身带有正电荷。

必须指出，这两类定位基无论哪一种，它们的定位效应都不是绝对的。邻对位定位基可使第二个取代基主要进入它们的邻、对位，但往往也有少量间位产物生成；间位定位基的情况也如此。

2. 二元取代苯的定位规则

苯环上已有两个取代基时，第三个取代基进入苯环的位置将由原有的两个取代基来决定。分析起来，有以下几种情况：

(1) 苯环上原有两个取代基对于引入第三个取代基的定位方向一致。例如：

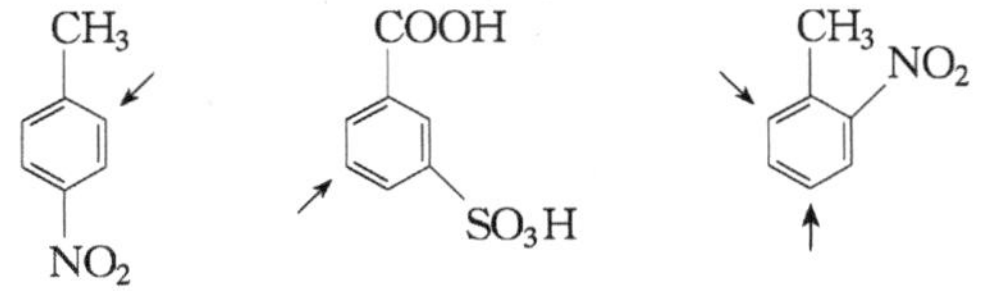

(2) 苯环上原有的两个取代基对于引入第三个取代基的定位方向不一致。这主要有两种情况：

(a) 原有两个取代基属于同一类定位基且致活或致钝作用相差较大时，第三个取代基进入的位置应主要由定位效应较强者决定。例如：

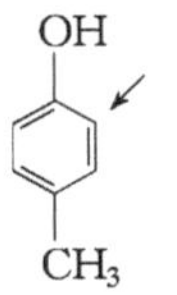

羟基、甲基同是邻对位定位　　　　　硝基、羧基同是间位定位
基，羟基比甲基定位效应明　　　　　基，硝基比羧基定位效应
显强，由羟基决定　　　　　　　　　明显强，由硝基决定

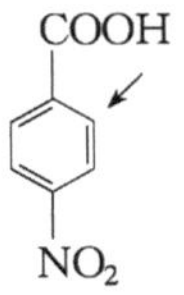

(b) 原有两个取代基为不同类的定位基时，第三个取代基进入的位置通常由邻对位定位基决定。例如：

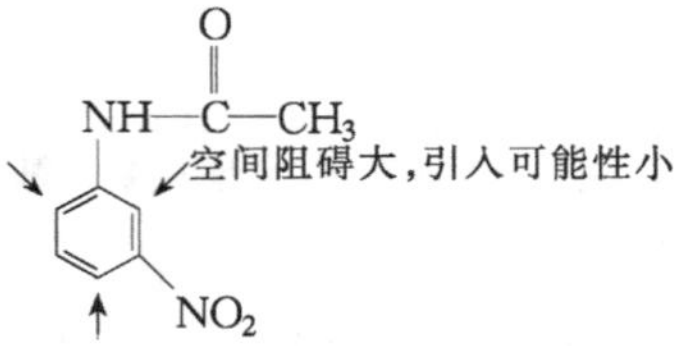

（3）若两个取代基属于同类定位基且定位效应强弱相近时，第三个取代基引入的位置不能被二者中一个所决定。例如：

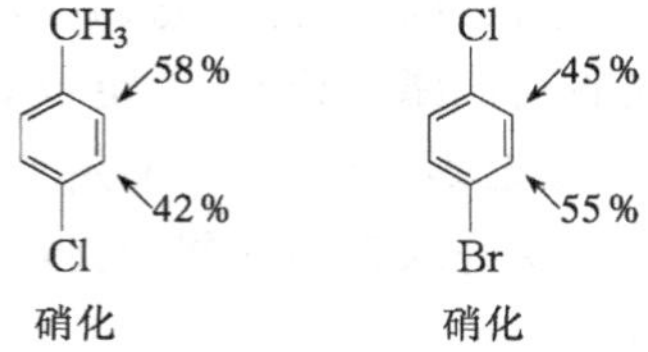

3．取代定位规则在合成上的应用

取代定位规则可以用来预测反应的主要产物，从而便于设计和确定适当的合成路线，合成各种苯的衍生物。

例如，由甲苯合成间硝基苯甲酸，有下列两条路线：

路线 1：先硝化后氧化，得不到间硝基苯甲酸。

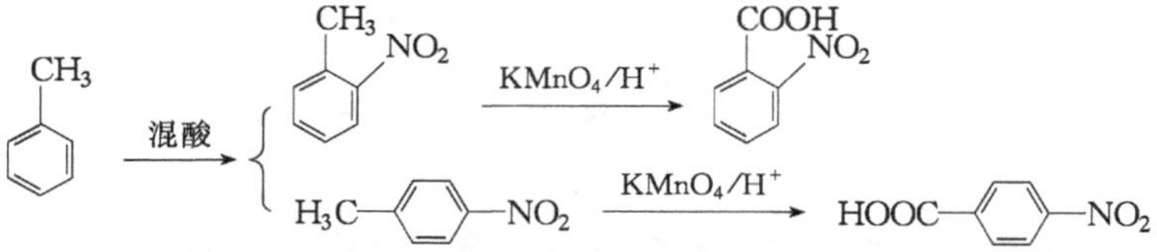

路线 2：先氧化后硝化，可得到间硝基苯甲酸。

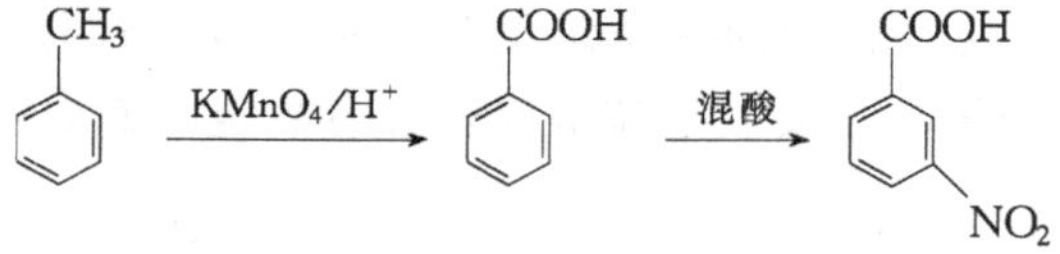

思考题 4.1　依据苯环上的取代定位规则，设计由苯为起始原料合成间硝基溴苯的合成路线。

七、取代定位规则的理论解释

为什么邻对位定位基对苯环有致活作用，而间位定位基对苯环有致钝作用？取代基的定位性质与它们的结构又有什么关系？

　　1895 年霍夫曼(Hofmann)对苯环上的取代定位规则作出了理论解释。其出发点是:一个苯环上有了取代基后,电子云的分布情况由于取代基所产生的电子效应——诱导效应、共轭效应——的影响而发生了改变,在取代后的苯环上电子云密度的分布不再是均匀的了。

　　1. 邻对位定位基对苯环反应性的影响

　　苯是一个对称分子,苯环上电子云密度分布是完全平均化的。当进行亲电取代反应时,苯环上任何一个碳原子受到亲电试剂进攻的机会都是均等的。

　　当苯环上带有邻对位定位基时,由于这类定位基大多数表现出供电子性能,使苯环上电子云密度增加,有利于亲电试剂的进攻,发生亲电取代反应比苯更容易,即对苯环有"致活"作用。此外,当苯环上连有邻对位定位基后,苯环上原有的、完全平均化的电子云密度分布发生了变化,亲电试剂将优先进攻电子云密度较大的碳原子,导致了定位基的邻对位指向性。现通过实例说明如下。

　　(1)甲苯　当甲基与苯环相连时,甲基与苯环上 sp^2 杂化碳原子相连。由于甲基的给电子诱导效应($+I$ 效应),使苯环上电子云密度增加,有利于亲电试剂的进攻。甲基对苯环供电性的影响是沿着苯环的共轭体系传递的,若用弯箭头表示苯环上 π 电子云密度改变的情况(见图 4-4),可以进一步看出:甲基邻、对位的电子云密度增加得比间位更多,因而,亲电取代反应主要发生在邻、对位上。

　　除了甲基的给电子诱导效应外,甲苯分子中还存在超共轭效应,形成了 $\sigma-\pi$ 超共轭体系,结果使组成 C—H 键的一对共享电子向 π 键方向偏移,从而扩大了电子的离域范围。也可使苯环上的电子云密度增加($+C$ 效应),且使得甲基邻、对位的电子云密度增加得比间位更多。

　　量子化学计算结果亦表明,甲苯分子中的邻位与对位碳原子上的电荷密度都比苯大,如图 4-5 所示。

图 4-4　甲基对苯环上　　　　　　图 4-5　甲苯分子中苯环上电荷密度分布
电子云密度的影响

　　综上所述,在甲苯分子中,由于甲基的给电子诱导效应($+I$)及其与苯环间的超共轭效应($+C$),造就了甲基对苯环的"致活"作用,再进基的位置主要为甲基的邻、对位。

　　(2)苯酚　苯酚分子中,由于氧原子的电负性比碳原子强,羟基表现出吸电子诱导效应($-I$ 效应),使苯环上的电子云密度降低。

另一方面,氧原子上的未共用电子对与苯环上的大 π 键发生电子云的离域作用,构成一个 p-π 共轭体系,使氧上的一对未共用电子向苯环方向转移,产生给电子的共轭效应(+C 效应)。

因此,苯酚分子中,既存在着吸电子诱导效应(-I),又存在着给电子的共轭效应(+C)。但是,由于给电子的共轭效应的影响大于吸电子诱导效应,即 +C>-I,总的结果,造就了羟基对苯环的"致活"作用,且使得羟基邻、对位的电子云密度增加得比间位更多,亲电取代反应主要发生在羟基的邻、对位,见图 4-6。

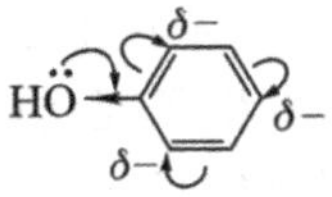

图 4-6 羟基对苯环上电子云密度的影响

思考题 4.2 请用电子效应分析,氯苯发生亲电取代反应比苯难,再进基的位置却主要在氯的邻、对位。

2. 间位定位基对苯环反应性的影响

间位定位基对苯环起吸电子作用,使环上的电子云密度降低,不利于亲电试剂的进攻。因而,间位定位基对亲电取代反应有"致钝"作用。现以硝基苯为例说明如下。

为什么硝基是吸电子基团呢? 这是由于组成硝基的氮原子和氧原子的电负性都比碳原子大,表现出吸电子诱导效应(-I 效应),使苯环上电子云密度降低。

另一方面,硝基上的 π 电子云发生离域作用,与苯环上的大 π 键形成了 π-π 共轭体系。由于氧原子的电负性较氮原子的强,所以硝基所引起的共轭效应也使苯环上的电子云向硝基方向转移,即产生吸电子的共轭效应(-C 效应)。

在硝基苯中诱导效应和共轭效应的方向是一致的,都使苯环上的电子云密度降低,尤其在硝基的邻、对位碳原子上降低得更多,使得间位电子云密度相对较高。所以,硝基苯发生亲电取代反应比苯困难,且主要得到间位取代产物。

量子化学计算结果亦表明,硝基苯分子中环上碳原子的电荷密度都下降了,尤以邻、对位降低得更多,间位电子云密度相对较高(见图 4-7),故亲电取代产物主要是间位的。磺酸基、氰基、羧基具有类似硝基的效应。

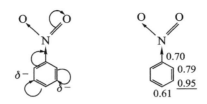

图 4-7　硝基对苯环上电子云密度的影响

八、多环及稠环芳烃

1．联苯

两个苯环通过单键相连，可看成一个苯环上的一个氢原子被另一个苯环所取代，因此每个苯环上的化学行为大致上和单个的苯环类似。

联苯为无色晶体，不溶于水，能溶于有机溶剂。联苯对热稳定，与二苯醚（Ph—O—Ph）以 26.5:73.5 的比例混合时，受热达 400℃ 也不分解，广泛地用作传热介质，工业上称为"联苯醚"。

2．萘

萘是煤焦油中含量最多的一种化合物，高温煤焦油中含 10%。

萘为白色闪光状晶体，有特殊气味，能升华，不溶于水，它是重要的化工原料，也常用作防蛀剂，劣质卫生球往往是用萘压成的，对人体会产生不良影响。

（1）结构　X 射线衍射证明：萘分子中键长没有完全平均化，两环共平面。见下图：

每个碳上还有一个 p 轨道，其对称轴垂直于环平面，彼此平行侧面重叠形成大 π键。因此，萘和苯一样具有"芳香性"。然而，p 轨道的重叠程度不完全相同，在萘中碳碳键长不完全相等，且在 α 位的电子云密度高于 β 位。命名时的编号如下：

（2）化学性质

（a）亲电取代反应　萘的卤化比苯容易得多。即使在没有催化剂存在的情况下，也能与溴反应，主要生成 α - 溴代萘。

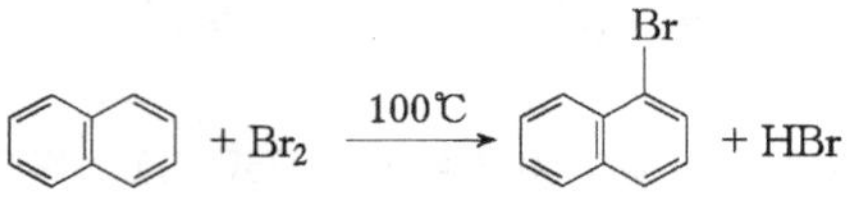

萘的硝化也比苯容易，用混酸常温下就能使萘硝化。

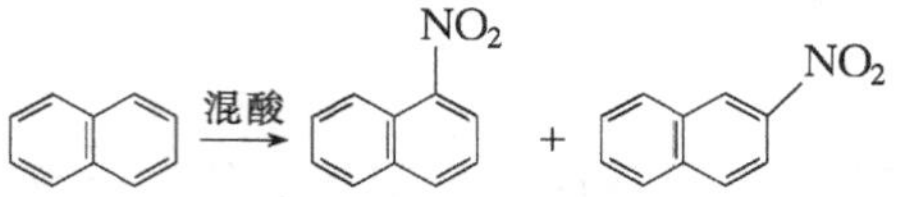

萘磺化时的产物常因温度而异。在较低温度下，主要得到 α - 萘磺酸；在较高温度下，主要得到 β - 萘磺酸。α - 萘磺酸在浓硫酸存在下，165℃ 时，可转变为 β - 萘磺酸。

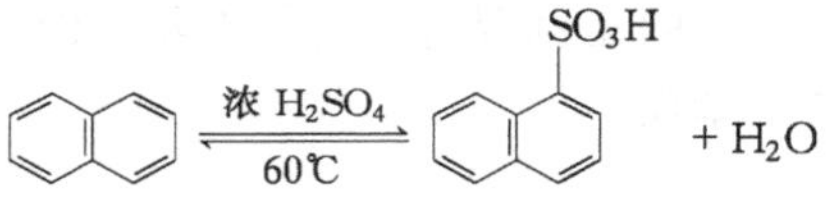

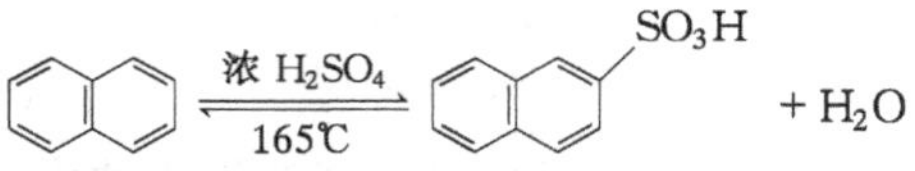

α - 萘磺酸与 β - 萘磺酸都是有机合成的重要中间体，β - 萘磺酸比 α - 萘磺酸稳定，但反应时所需活化能高，随着温度的增高，α - 萘磺酸转化成 β - 萘磺酸。

（b）加成反应　萘的芳香性比苯差，很容易发生加成反应。用钠与醇就可以将萘部分还原成二氢化萘及四氢化萘，为将四氢化萘进一步还原成十氢化萘，须与苯一样采用催化氢化的方法，方可得到。

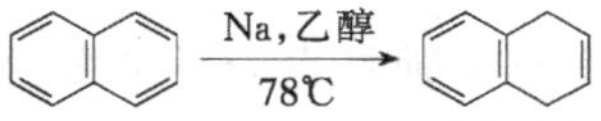

二氢化萘

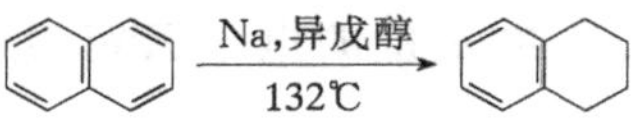

四氢化萘

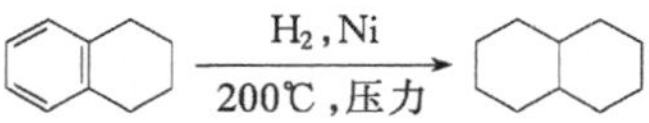

十氢化萘

（c）氧化反应 萘比苯容易氧化,产物因条件的不同而异。若用五氧化二钒作催化剂,高温下萘蒸气可被空气氧化,生成邻苯二甲酸酐(俗称苯酐),苯酐是染料和塑料工业的重要原料。

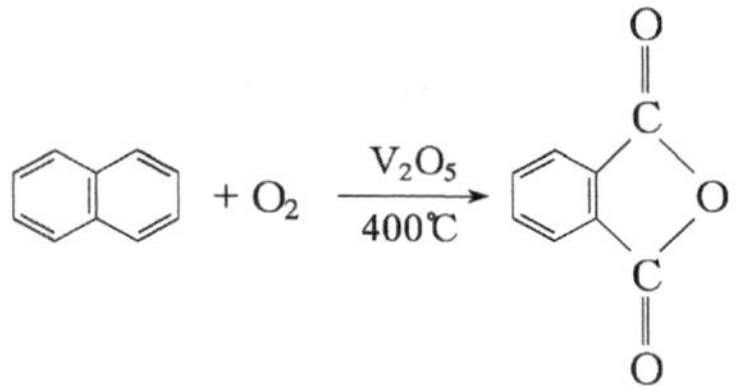

（3）萘环上的取代定位规则 萘环上已有一个取代基后,第二个取代基进入时的取代定位规则比苯要复杂得多。主要进入的位置,常决定于原有取代基的性质、位置及反应条件。

若萘环上有一个邻对位定位基时,使与其相连的苯环活化,易发生"同环取代"。

当已有取代基在萘环上的 α 位时,第二个取代基主要进入同环的 α 位,见（Ⅰ）;当已有取代基的指向性很强时,第二个取代基主要进入同环的 α 位及 β 位,见（Ⅱ）;当已有取代基在 β 位时,第二个取代基主要进入同环的 α 位,见（Ⅲ）。

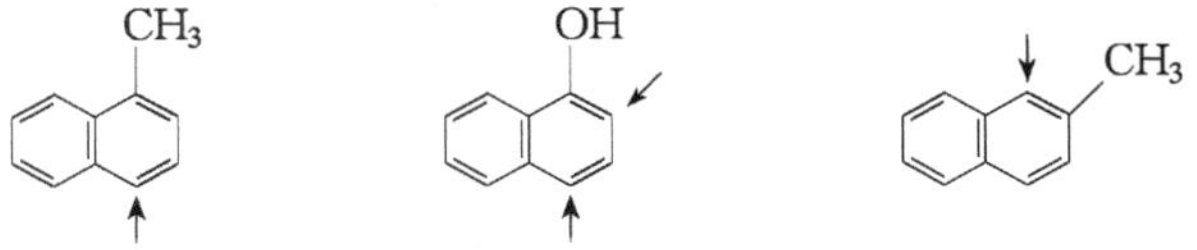

若萘环上有一个间位定位基时,使与其相连的苯环钝化,易发生"异环取代"。此种情况,不论原有的取代基在 α 位或 β 位,第二个取代基主要进入另一个环的 α 位,见（Ⅳ）、（Ⅴ）。

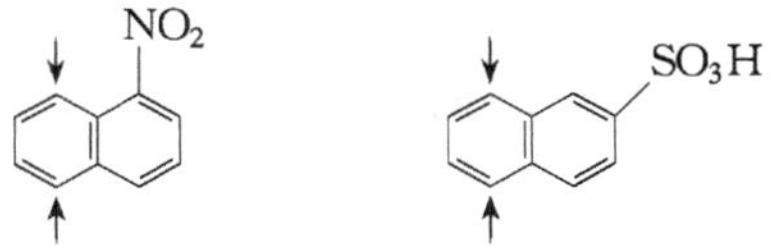

萘环上的取代定位情况往往比上面所举的例子复杂,有的甚至不符合以上规则。初学者应注意在今后的学习、工作过程中积累这方面的实例,不断丰富自己,能动地解决问题。

3. 蒽

蒽是具有蓝色荧光的晶体,熔点216℃。命名时,碳原子的位次号如下:

其中 1,4,5,8 位又称 α 位;2,3,6,7 位又称 β 位;9,10 位又称 γ 位或中位。中位反应性强,最活泼,可发生狄尔斯－阿尔德反应。

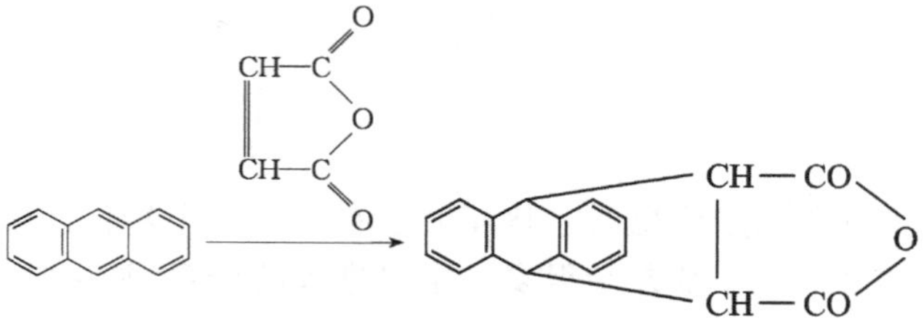

蒽的一元取代物有三种,即 α－,β－,γ－取代物;当取代基相同时,二元取代物有十五种;当取代基不相同时,异构体将更多。

将氯气通入蒽的二硫化碳冷溶液时,生成 9,10－二氯代蒽,加热后生成氯代产物 9－氯蒽。氧化时生成 9,10－蒽醌。

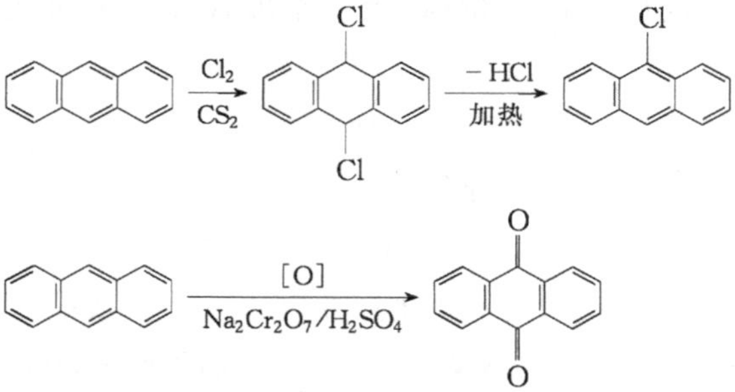

用乙酸酐作溶剂,15～20℃ 硝化可得到 9－硝基蒽及 9,10－二硝基蒽。磺化时可得 1－蒽磺酸及 2－蒽磺酸。

4. 菲

菲的某些衍生物具有特殊的生理作用。它的 9,10 位活泼,反应通常发生在这两个位置上。

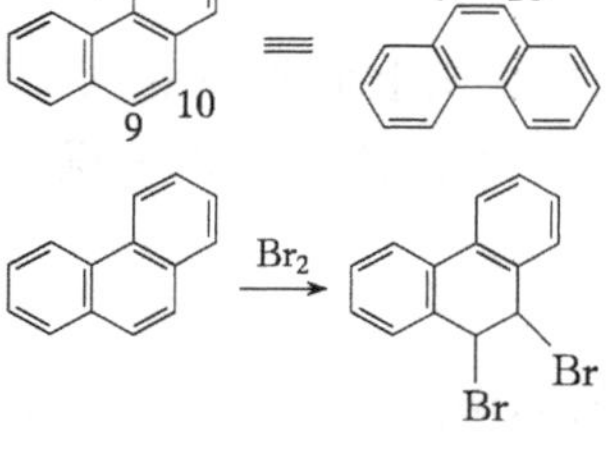

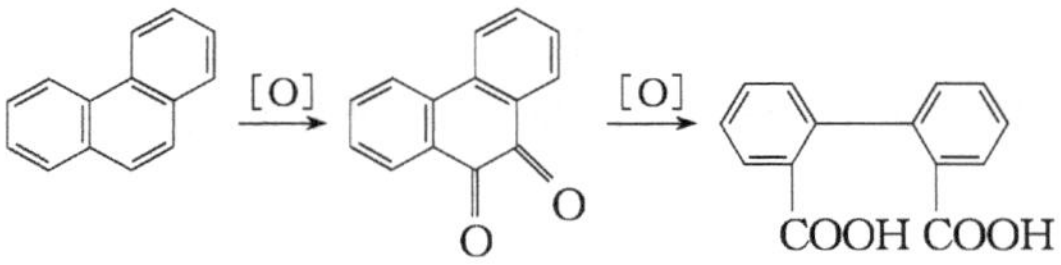

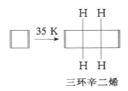

5. 致癌烃

最初人们发现长期与煤焦油接触的工作人员的皮肤容易生癌,后来从煤焦油中提取出了致癌烃,多为含四个以上苯环的稠环芳烃。致癌活性较强的有下列一些致癌烃:

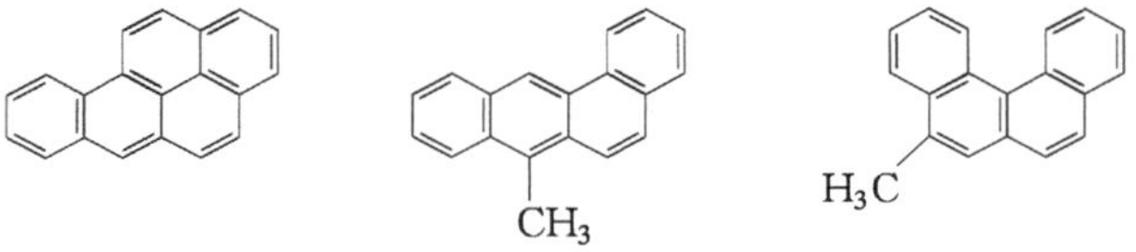

对致癌烃的研究,搞清楚了吸烟对人体的危害,绝不仅仅在于没有完全燃烧的烟叶,生成了一氧化碳和氰等有害气体,而主要在于烟叶燃烧时生成的焦油中含有致癌烃。为此,人们应"珍惜生命,拒绝吸烟"!

第二节 非苯系芳烃

本章一开始就已讨论过凯库勒把苯看作是单、双键互相更迭的,平面环状、封闭的共轭体系,虽然这与苯的真实结构不相符合,然而却引起了一系列的研究。其中最重要的一项研究内容就是合成"苯的共轭同系物",也就是比苯少一个双键、多一个或几个双键的环状共轭体系。然后,比较它们与苯的化学性质是否相似,即是否也具有芳香性,从而进一步加深对芳香性的认识。

一、休克尔规则

1. 环丁二烯及环辛四烯

环丁二烯是比苯少一个双键的环状共轭体系,在凯库勒提出苯的结构后不久,很多出色的化学家就着手合成它,但结果都失败了! 经过许多年的努力,才在 5 K($-268℃$,超低温!)的条件下获得环丁二烯。只要温度达到 35 K 时,环丁二烯就会发生二聚反应,生成三环辛二烯。

三环辛二烯

为什么这个分子表现出特殊的不稳定性呢？

较高产率的环辛四烯的合成是 1948 年才研究解决的：

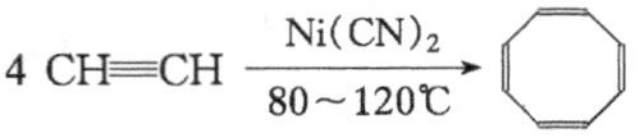
4 CH≡CH
$Ni(CN)_2$
80～120℃

这个反应在炔烃一章中已介绍过。环辛四烯是比苯多一个双键的环状体系，然而它却是一个非常活泼的黄色化合物，和苯的性质毫无相似之处。它不仅可以和双烯试剂反应，还可以发生分子内的双烯反应，形成一个二环体系：

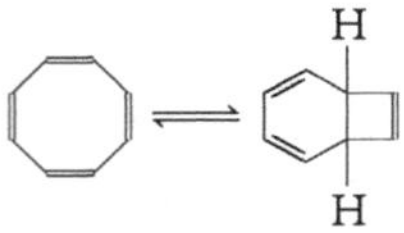
H
H

为什么这个分子也不像苯，反而和一个链状的共轭烯烃相似呢？

1931 年休克尔用分子轨道法计算了单环多烯烃的 π 电子能级，注意到环丁二烯和环辛四烯分子中的碳碳键都接近于定域的单键值和没有芳香性的事实。

这两个化合物分子中的 π 电子数分别为 4 和 8，可概括为 $4n$（$n=1$ 或 2）。计算结果表明：环丁二烯分子中，有两个 p 电子分别处在未成键的两个分子轨道上，所以体系能量较高（共轭能为 0），分子不稳定。

实验证明：环辛四烯分子并不成一个平面，而成一个"澡盆"的形状。X 射线衍射证明，碳碳键长是交替的 0.133 nm 和 0.146 nm，键角为 125°（若分子成平面，键角应为 135°）。请参见下图：

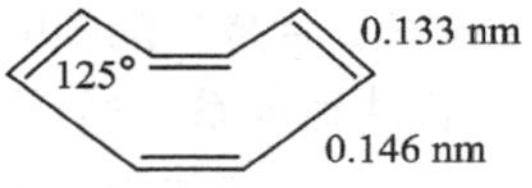
125°
0.133 nm
0.146 nm

由于分子中有两个非键轨道，所以即使八个碳原子都在一个平面上，它也很可能不具备和苯类似的性质。

苯分子中的 6 个 π 电子都进入了成键的分子轨道，因此体系能量低，分子稳定，具有芳香性。其 6 个 π 电子可概括为 $4n+2$（$n=1$）。

如果我们将环丁二烯、环辛四烯及苯与相对应的开链共轭烯烃进行比较，就可以看出其活性情况。

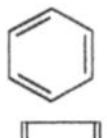 比 CH_2═CH—CH═CH—CH═CH_2 稳定得多，是芳香性的。

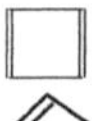 比 CH_2═CH—CH═CH_2 活泼得多，是反芳香性的。

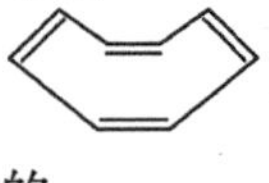 比　CH_2═CH—CH═CH—CH═CH—CH═CH_2 活性差不多，是非芳香性的。

2．休克尔规则

休克尔根据研究推论：环状共轭多烯烃分子中，π 电子数符合 $4n+2$ 的通式（$n=0,1,2,3,\cdots$正整数）时，该体系是芳香性的。反过来，分子中 π 电子数不符合 $4n+2$ 的通式，而为 $4n$（n 亦为正整数）时，这个环烯烃是反芳香性的（如环丁二烯）或非芳香性的（如环辛四烯）。这就是休克尔规则，它普遍适用于成环原子处在同一平面的单环多烯体系。

二、非苯芳烃

休克尔规则刚提出时，没能引起研究者的注意。近 20 多年来，在此规则的启发下，设计合成了一系列非苯芳烃，进一步证明了这个规则的正确性。

1．环状芳香离子

重点讨论环戊二烯负离子。环戊二烯是个活泼的化合物，表现出一切烯烃的性质，不具有芳香性。它饱和碳上的氢具有酸性，与水和醇相当（$pK_a\approx16$）。

在环戊二烯分子中，有一个饱和的碳原子与其他四个碳原子不共平面，π 电子数为 $4n$（$n=1$）个，根据休克尔规则也不应该具有芳香性。

若将环戊二烯与金属钠或镁作用，生成环戊二烯的金属化合物，后者在液氨中有明显的导电性，证明了环戊二烯负离子的存在。

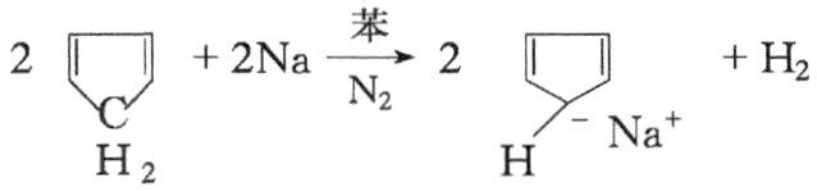

$$2 \ \overset{\diagup\diagdown}{\underset{\overset{|}{C}}{}} + 2Na \xrightarrow[N_2]{\text{苯}} 2 \ \overset{\diagup\diagdown}{\underset{\overset{|}{H}}{}}{}^-Na^+ + H_2$$

环戊二烯负离子和苯一样，有一个六电子组，分子中 π 电子数为六个，符合 $4n+2$ 的通式（$n=1$），六个 π 电子形成一共轭体系，整个分子共平面，是个稳定的负离子，可以发生亲电取代反应，是个平面对称的体系，具有芳香性，并且是环状负离子中最稳定的一个成员。

环戊二烯负离子的核磁共振谱图中只有一个单峰，化学位移值为：$\delta=5.84$，表明该负离子对称性强，五个氢为等性（位）氢，环外氢向低场移动，证明了它的确具有芳香性（核磁共振的有关知识将在第七章介绍）。

由分子轨道法的计算结果来看：环辛四烯是一个满层电子构型体系，它的性质和 1,3,5,7-辛四烯相似。但当其在四氢呋喃溶液中加入金属钠或钾时，生成两价的负离子，其分子由盆形变为平面八边形，共有 $4n+2$（$n=2$）个 π 电子，符合休克尔规则，因而具有芳香性，这与事实相符。

具有芳香性的环状离子还有环丙烯正离子、环庚三烯正离子（䓬离子）等。

薁不是单环多烯烃，它是由一个五元环的环戊二烯和七元环的环庚三烯稠合而成的，分子中有 10 个 π 电子，符合休克尔规则。薁是青蓝色片状固体，熔点 90 ℃，俗称蓝烃。薁的核磁共振数据表明：它具有七元芳环和五元芳环的特性。

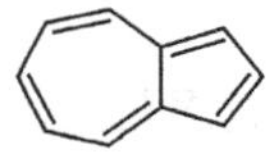

奠的分子有明显的极性,偶极矩 $\mu = 3.34 \times 10^{-30}$ C·m(1.0 D),其中五元环是负电性的,七元环是正电性的,可表示为:

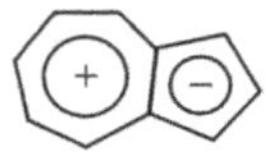

2. 轮烯——环多次甲基

长期以来,除了环辛四烯外,在自然界中或用合成的方法一直未能得到比苯更大的芳香体系。在 20 世纪 60 年代,松德海穆(Sondheimer F)发现了一个简便的合成方法,于是增添了一类新有机化合物。这类化合物可以看作是苯的插烯系同类物(插进 CH),可用(CH)$_x$ 表示,即"环多次甲基",因为它形成一个大环,所以又称作轮烯。命名时按碳氢的数目,x 等于几就叫作几轮烯。

这类化合物的出现引起人们极大的兴趣,并着手研究其是否为芳香体系。研究表明:此类化合物是否具有芳香性,主要取决于下列几个条件。

(1) 共平面性,平面扭转 < 0.1 nm;

(2) 环内氢原子不拥挤,彼此间没有或很少有空间排斥作用;

(3) π 电子数要符合 $4n+2$ 的通式。

例如[18]轮烯,有 18 个 π 电子,符合 $4n+2(n=4)$,环为一平面,扭转 < 0.1 nm,环内氢排斥力小。

[18]轮烯很稳定,离域能为 155 kJ·mol^{-1},可发生亲电取代反应(溴化、硝化),加热至 230℃不分解,具有一定的芳香性,是典型的大环芳香化合物。结构见下图。

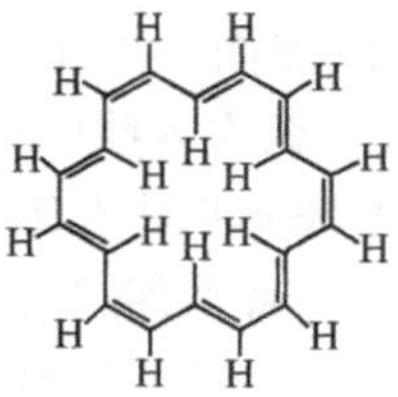

[18]轮烯(环十八碳九烯)

但是,有的轮烯虽符合 $4n+2$ 的通式,但因不具有环的共平面性,而不具有芳香性。例如[10]轮烯,它的 π 电子数为 10 个,符合 $4n+2$ 的通式,但由于环内两个氢即"内氢"重叠,斥力较大,使得环上的碳原子不在同一平面上,性质不稳定,无芳香性。结构见下图。

[10]轮烯

又如[14]轮烯,它的 π 电子数为 14 个,符合 $4n+2$ 通式,环内氢的拥挤程度不如[10]轮烯大。但是,当光照或加热时,一天之内会全部破坏掉。因此,有无芳香性尚有争论。结构见下图。

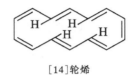

[14]轮烯

必须说明:环太大时,如[30]轮烯,π 电子数符合 $4n+2$ 通式($n=7$),但计算的结果表明:能量与对应的开链烃相近,无明显的芳香特性。

π 电子数为 $4n$ 的轮烯,也已被合成出来,它们不具有芳香性,从它们的物理性质来看,与推断相符,是非芳香性的。例如,[16]轮烯的核磁共振谱就接近于链状的共轭烯烃。

综上所述,芳烃是一类符合休克尔规则的碳环化合物。但通常说的芳烃是指含有苯环结构的烃类;不含苯环结构而具有芳香性的碳环化合物,则称为非苯芳烃。

三、富勒烯(fullerene)

石墨和金刚石是大家所熟悉的、碳元素的两种同素异形体。20 世纪 80 年代中期,科学家又发现了碳的第三种同素异形体 C_{60}——富勒烯。这是 20 世纪 90 年代,物理学与化学学科领域中最重要的发现之一。1992 年 C_{60} 被评为明星分子。C_{60} 化学是目前有机化学领域的前沿,其应用前景被预测为:可以与苯在历史上的作用相比拟。为此,瑞典皇家科学院将 1996 年诺贝尔化学奖授予罗伯特·科尔(Robert Curl)、哈罗尔德·克罗托(Harold Kroto)、理查德·斯玛利(Richard Smalley),奖励他们对富勒烯的发现。

在 C_{60} 分子中,每个碳原子均以 sp^2 杂化轨道与相邻的 3 个碳原子相连,剩余的 p 轨道在 C_{60} 分子的外围及内腔形成共轭 π 键。60 个碳原子构成球形的 32 面体,12 个彼此不相连的五边形和 20 个六边形形成封闭的笼状结构。由于其分子结构酷似足球,故又称为足球烯。如图 4-8 所示。

除了 C_{60} 外,具有封闭笼状结构的还可能有:C_{28},C_{32},C_{50},C_{84},C_{90},$\cdots$,C_{540}。它们形成封闭笼状结构系列,通称为"fullerene"。

C_{60} 具有偶数碳原子,对称性好,结构稳定。由于它的晶体结构极不寻常,使它呈现出特殊的物理性质。易溶于苯、甲苯、环己烷等有机溶剂中。

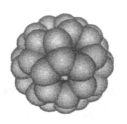
比例模型

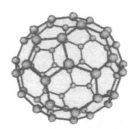
球棍模型

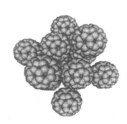
晶体模型

图 4-8 C_{60} 的立体结构

C_{60} 通常采用电阻加热石墨棒或用电弧法蒸发石墨的方法来合成。

红外光谱和拉曼振动光谱有力地证明了 C_{60} 分子为空心球的结构。C_{60} 的 $^{13}C-NMR$ 谱只有一条化学位移 142.5 的谱线,说明分子中所有碳原子都是等性的,其对称性为 Ih 点群。

根据 C_{60} 分子的球形中空的结构可以推断,它具有芳香性,能够发生一般的稠环芳烃所能进行的反应,如烷基化反应。但是,由于富勒烯不含氢原子,不像芳烃容易与亲电试剂发生亲电取代反应,即不表现富电子的反应,却表现出缺电子化合物的反应性,易与亲核试剂如 NH_3 及金属反应。为此,费根(Fagan)认为 C_{60} 的化学行为更像缺电子的烯烃而不像芳香化合物。

C_{60} 的缺电子特征,使其能作为亲双烯体,较容易发生狄尔斯-阿尔德反应。C_{60} 碳笼可与蒽、呋喃、环戊二烯等发生环加成反应。卡恩(Khan)等人通过 C_{60} 碳笼的狄尔斯-阿尔德反应,合成了一种球链系结构的新加成产物。

C_{60} 可用于制作超导体、超合金(superalloy)的成分,医学成像和治疗学试剂,非线性光学器件,铁磁性复合物等。

用类似 C_{60} 的制备方法可以制得碳纳米管(carbon nanotubes)。碳纳米管,若作成碳纤维,将是理想的轻质高强度材料;碳纳米管具有良好的储氢能力,可用作储氢材料。

正是由于 C_{60} 特殊的分子结构和不寻常的物理、化学性质,赋予了它极为广阔的应用前景。

参 考 文 献

1.胡宏纹.有机化学[M].3 版.北京:高等教育出版社,2006,194.

2.杜灿屏,刘鲁生,张衡.21 世纪有机化学发展战略[M].北京:化学工业出版社,2002,80-88.

3.KROTO H W,ALLAF A W, BALM S P.Chem Rev,1991,91:1213-1235.

4.TAYLOR R, WALTON D R M.Nature,1993,363:685-692.

5.KRÄTSCHMER W,FOSTIROPOULOS K, HUFFMAN D R.Chem Phys Lett,1990,170(2-3):167-170.

6. BETHUNE D S,MEIJER G,TANG W C et al. Chem Phys Lett,1990,174(3 − 4):
219 − 222.

7. 魏飞,罗国华,王垚,等.高纯度纳米碳管批量制备[J].纳米科技,2004,1.

习　　题

1. 写出下列化合物一元硝化时的主要产物。

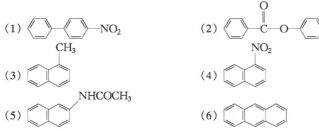

2. 用箭头指出下列各化合物引入第二个或第三个基团时进入苯环的位置。

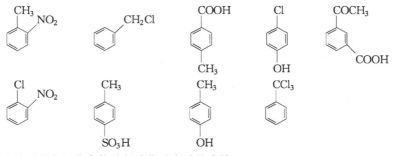

3. 比较下列各组化合物进行硝化反应时的难易。

(1) 对二甲苯,对甲基苯甲酸

(2) 苯,硝基苯,甲苯,间二硝基苯

(3)  　　　COOH　　　CH₃　　　COOH　　　CH₃

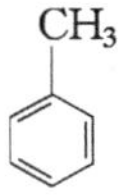

(4) 苯,乙酰苯胺(C₆H₅NHCOCH₃),甲苯

(5) 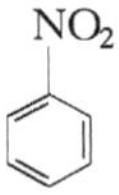 　　NO₂　　CH₂NO₂　　CH₂CH₃

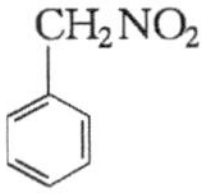

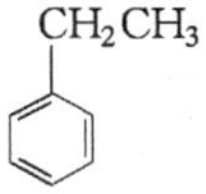

4. 完成下列反应式:

(1) 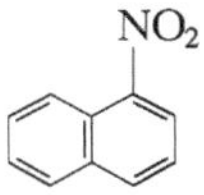 [萘-1-NO₂] $\xrightarrow[\triangle]{KMnO_4,H^+}$ (2) 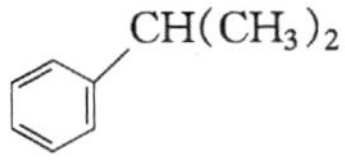 [苯-CH(CH₃)₂] + Cl₂ $\xrightarrow{光}$

(3) + $\xrightarrow{AlCl_3}$

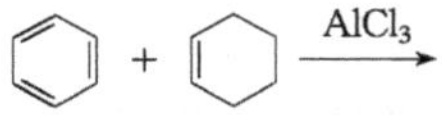

(4) 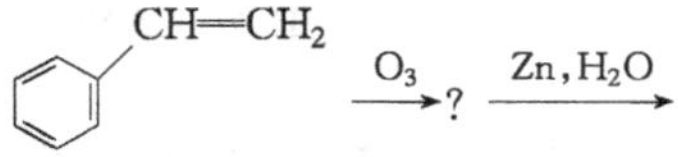 $\xrightarrow[\ ?\ ]{O_3} \xrightarrow{Zn,H_2O}$

(5) 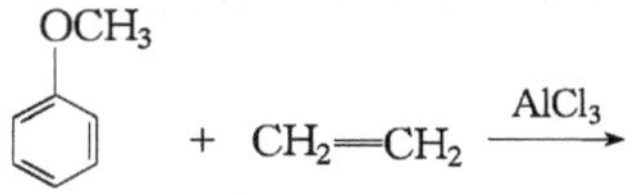 + $CH_2\!=\!CH_2$ $\xrightarrow{AlCl_3}$

(6) 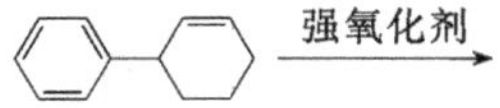 $\xrightarrow{强氧化剂}$

(7) 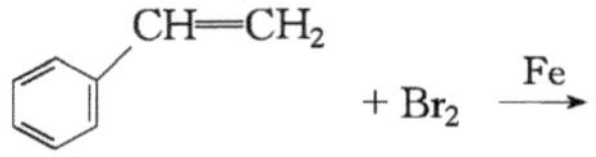 + Br_2 $\xrightarrow{Fe}$

5．苯乙烯和下列试剂有无反应？产生什么化合物？

(1) Br_2 在 CCl_4 中   (2) 室温,低压,催化氢化

(3) 高温,高压,催化氢化   (4) 稀冷 $KMnO_4$ 中性溶液

(5) 热 $KMnO_4/H_2O$

6．填空

(1) 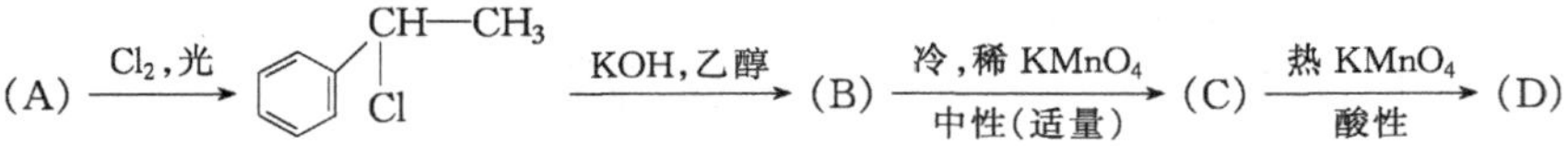 (A) $\xrightarrow{Cl_2,光}$ $\xrightarrow{KOH,乙醇}$ (B) $\xrightarrow[中性(适量)]{冷,稀 KMnO_4}$ (C) $\xrightarrow[酸性]{热 KMnO_4}$ (D)

(2) + Br_2 $\xrightarrow{Fe}$ (E) $\xrightarrow[过氧化物]{HBr}$ (F)

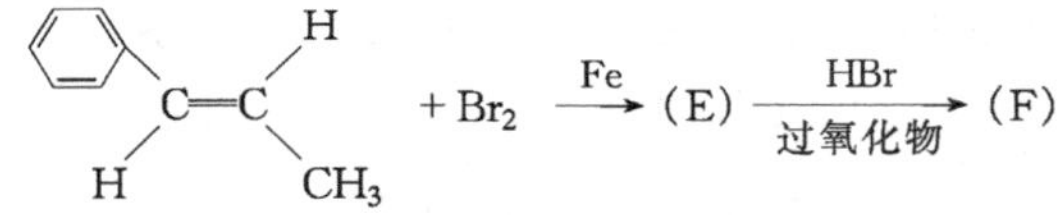

7．用简单的化学方法鉴别下列化合物。

(1) 环己烷,环己烯,苯   (2) 苯乙烯,苯乙炔

(3) 苯,1,3,5-己三烯   (4) 乙苯,苯乙烯,乙基环己烷

8．用化学方法纯化下列化合物。

(1) 苯中夹有少量甲苯   (2) 苯中含有少量苯乙烯

9．试写出六六六各种可能的异构体,并用椅式构象式表示。

10．完成下列合成(无机试剂可任意取用):

(1) 由苯甲醚合成 4-硝基-2,6-二溴苯甲醚。

(2) 由邻硝基甲苯合成 2-硝基-4-溴苯甲酸。

(3) 由间二甲苯合成 5-硝基间苯二甲酸。

(4) 由对二甲苯用两种方法合成 2-硝基对苯二甲酸,并说明哪种方法好。

11．指出下列各步合成中的错误。

(1) 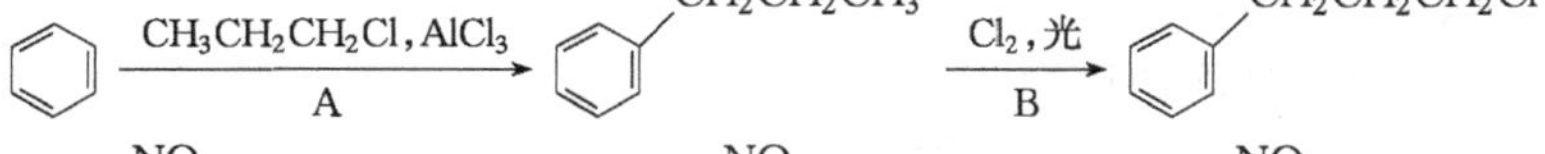 $\xrightarrow[A]{CH_3CH_2CH_2Cl,AlCl_3}$ $\xrightarrow[B]{Cl_2,光}$

(2) $\xrightarrow[A]{CH_3CH_2Cl,AlCl_3}$ $\xrightarrow[B]{KMnO_4,H^+}$

(3) $\xrightarrow[A]{乙酸酐,AlCl_3}$ $\xrightarrow[B]{H_2/Pt,高温,高压}$

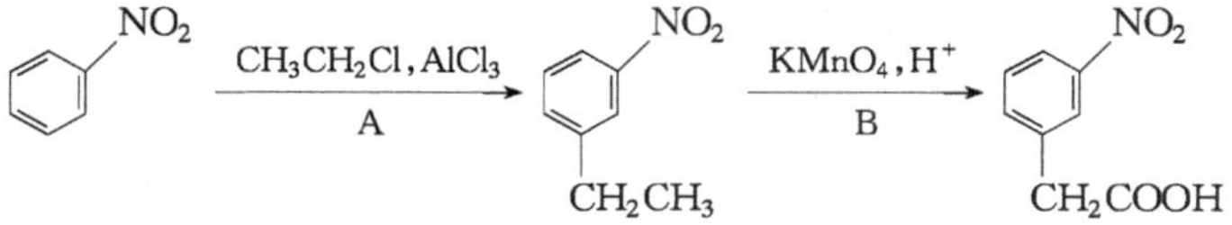

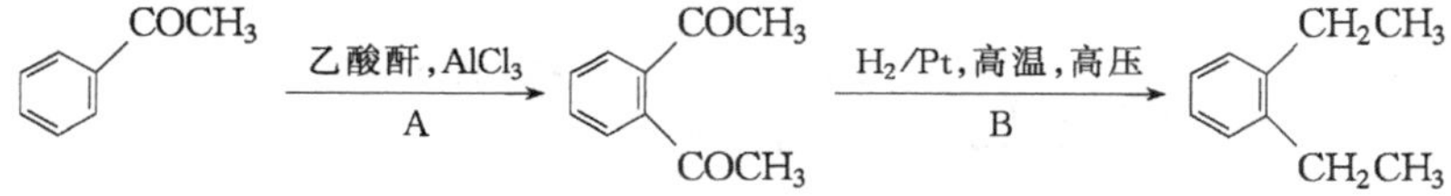

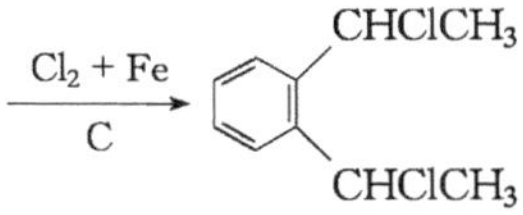

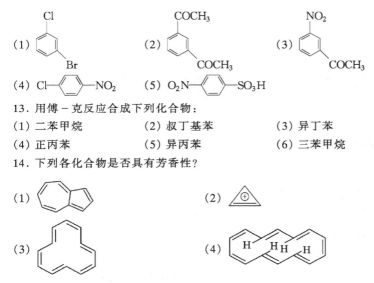

12．以苯为基本原料，通过连续两步的亲电取代反应，能否制得下列纯净化合物？如果能，请写出反应步骤。

(1)〔图〕　(2)〔图〕　(3)〔图〕

(4) Cl—〔苯环〕—NO₂　(5) O₂N—〔苯环〕—SO₃H

13．用傅－克反应合成下列化合物：

(1) 二苯甲烷　　　　(2) 叔丁基苯　　　　(3) 异丁苯

(4) 正丙苯　　　　　(5) 异丙苯　　　　　(6) 三苯甲烷

14．下列各化合物是否具有芳香性？

(1)〔图〕　　　　　　　　(2)〔图〕

(3)〔图〕　　　　　　　　(4)〔图〕

15．化合物 A($C_{16}H_{16}$) 能使 Br_2 的 CCl_4 溶液褪色，能和 1 mol H_2 加成，用 $KMnO_4$ 氧化得到二元羧酸 $C_6H_4(COOH)_2$，这个羧酸只能得到一个一溴代物，试写出 A 的结构式及各步反应式。

16．从雄扁虱中可分离得到一种性引诱剂 2,6－二氯苯酚，但每只雄扁虱只含 2,6－二氯苯酚约 5 ng。为此请你设计一条从苯酚合成 2,6－二氯苯酚的路线（提示：苯酚在 100℃ 磺化时，主要产物为对羟基苯磺酸）。

17．写出亲电试剂 E^+ 进攻苯酚或氯苯的邻、间、对位时，可能形成的中间体正离子的共振结构式，并指出哪个共振结构式比较稳定，对共振杂化体贡献大。

第五章 对映异构

(Enantiomorphous isomerism)

第一节 对映异构与分子结构的关系

一、立体异构现象

1. 立体异构

同分异构现象是有机化学中极为普遍的现象,在前面的章节中,已经讨论了构造异构与立体异构中的顺反异构、构象异构,下面我们将讨论另一种重要的立体异构——对映异构(enantiomerism)。

构造异构是指分子式相同,而分子中原子相互连接的次序不同的一种异构现象,包括碳胳异构、位置异构和官能团异构。构造相同,但由于分子中原子在空间的排列方式不同引起的异构现象称为立体异构(stereoisomerism)。分子中原子在空间的不同排列方式形成了不同的构型或构象,所以立体异构又分为构型异构与构象异构。例如,顺 – 2 – 丁烯与反 – 2 – 丁烯这种顺反异构即属于构型异构,丁烷的不同构象和环己烷的不同构象都属于构象异构。构型异构不仅包括顺反异构,对映异构也属于构型异构。

有机化合物的同分异构现象可归纳为:

2. 对映异构现象

以乳酸(α – 羟基丙酸)为例,人体剧烈运动时肌肉分解出的乳酸与乳糖经细菌发酵后得到的乳酸,其分子式与构造都相同,物理性质、化学性质也相同,其最显著的区别是二者对平面偏振光的旋光性不同,肌肉乳酸使偏振光的振动平面向右旋转,发酵乳酸使偏振光的振动平面向左旋转。经过研究发现,这两种乳酸实际上在空间具有不同的构型,两种构型之间的关系正像物体与其镜像的关系一样,即具有对映关系,人们把这种构造相同、构型不同并且互呈实物与镜像关系的立体异构现象称为对映异构。由于对映异构体最显著的特点是对平面偏振光的旋光性不同,因此也常把对映异构称为旋光异构或光学异构。

光学异构现象是有机化合物中极为普遍而又非常重要的一种现象。很多天然有机化合物如生物碱、萜类、糖类化合物、氨基酸、核酸等,都具有光学异构。不管是天然医药、天然农药,还是人工合成的医药与农药,也往往与光学异构密切相关。由于不同的光学异构体(对映异构体)的生理活性(或生物活性)差别极大(见本章第二节,对映体的性质),到目前为止,世界上已商品化的医药、农药品种中,已有百分之二十多的为纯光学异构体,而且有日趋增加的趋势。对映异构在立体异构中占有极其重要的地位,而掌握立体化学知识是学好有机化学必不可少的。

由于对映异构最重要的特点是对平面偏振光的旋光性不同,故对平面偏振光的旋光性是识别对映异构体最重要的方法,所以下面首先讨论偏振光和物质的旋光性。

二、物质的旋光性

1.平面偏振光

光波是一种电磁波,其电场或磁场振动的方向与光波前进方向垂直,如图5-1所示。

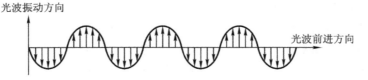

图5-1　光波振动方向与前进方向示意图

如果使普通光线通过由方解石晶体加工制成的尼科耳(Nicol)棱镜,则只有在与棱镜晶轴互相平行的平面上振动的光线被允许通过,而在其他平面上振动的光线被阻挡。只在一个平面上振动的光称为平面偏振光,简称偏光。图5-2即表示偏光的产生。

2.旋光物质

若将两个尼科耳棱镜平行放置(两棱镜晶轴平行),通过第一个尼科耳棱镜产生的偏光,必然能完全通过第二个尼科耳棱镜,如果在二者间放置盛满液体或溶液的旋光管,就有两种不同的情况发生:一种情况是管子里装的水、乙醇、乙

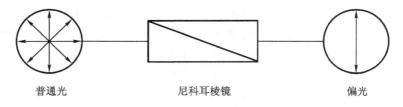

普通光　　　　　　　　　尼科耳棱镜　　　　　　　　偏光

图 5 - 2　偏光的产生示意图

酸、丙酮等液体或苯甲酸的水溶液,偏光可以通过第二个棱镜;如果装的是乳酸、苹果酸、葡萄糖等水溶液,必须把第二个棱镜旋转一定的角度后,偏光才能通过(见图 5 - 3)。这说明偏光通过这些物质后,其振动平面被旋转了一定角度,我们把具有此种性质的物质称为旋光性物质或光学活性物质。

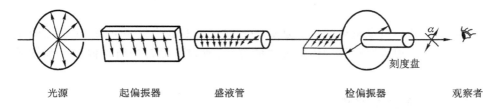

光源　　　　　起偏振器　　　　盛液管　　　　　　　检偏振器　　　　观察者

图 5 - 3　旋光仪示意图

　　测量物质的旋光度的仪器叫作旋光仪,旋光仪的主要组成部分有:光源、起偏振器、刻度盘、目镜等,光源通常使用单色钠光灯,起偏振器与检偏振器为两个尼科尔棱镜,旋光管用来盛装液体或溶液。旋光仪的工作原理示意图如图 5 - 3 所示,光源发生的一定波长的光,通过起偏振器成为偏光,通过装有样品的盛液管后,偏光的振动平面向左或向右旋转了一定角度 α,此时,必须将检偏振器向左或向右旋转相应的角度后,偏光才能通过,由装在检偏振器上的刻度盘读出的度数,就是被测样品的旋光度。

　　3. 比旋光度

　　每一种旋光物质,在一定的条件下,都有一定的旋光度。而利用旋光仪所测出来的旋光度大小与盛液管中所盛旋光物质的数量有关,所以盛液管的长度、溶液浓度对旋光度有直接影响,此外,温度、溶剂及光的波长对旋光度也有影响。通常规定 1 mL 中含 1 g 旋光性物质,放在 1 dm(10 cm)长的盛液管中测得的旋光度称为该旋光物质的比旋光度,用 $[\alpha]_{\lambda}^{t}$ 表示,t 为测定时的温度(如 20℃),λ 一般为钠光波长(598.3 nm),并用 D 表示。

$$[\alpha]_{\lambda}^{t} = \frac{\alpha}{\rho_{B} \cdot L}$$

式中：α 为该样品从旋光仪上测得的旋光度；ρ_B 为样品的质量浓度，以每毫升溶液中所含样品的质量（即 $g \cdot mL^{-1}$）表示；L 为盛液管长度，单位为 dm。

如果所测的旋光物质为液体，则比旋光度的计算公式为（式中 ρ 代表液体密度）：

$$[\alpha]_\lambda^t = \frac{\alpha}{\rho \cdot L}$$

有些旋光物质使偏光的振动平面向右旋转（顺时针旋转），另一些旋光物质则可使偏光的振动平面向左旋转（反时针旋转），为表示旋光度的方向，规定用（＋）表示右旋，（－）表示左旋。例如普通葡萄糖是右旋糖，而果糖则为左旋糖。

葡萄糖水溶液的比旋光度 $[\alpha]_D^{20} = +52.5°$

果糖水溶液的比旋光度 $[\alpha]_D^{20} = -93°$

一种旋光物质，其比旋光度往往是已知的，可以从有关手册中查到，因此可以利用比旋光度的计算公式，来测定物质的浓度或鉴定物质的纯度。

例如：某浓度的果糖水溶液，在 1 dm 长的盛液管内，测得的旋光度为 $-4.65°$，试求该果糖溶液的浓度。

根据比旋光度计算公式有：$-93 = \dfrac{-4.65}{1 \times \rho_B}$

可求得该果糖水溶液的质量浓度 ρ_B 为 0.05 g/mL（或 5 g/100 mL）。

思考题 5.1　一个化合物的水溶液的旋光度为 $+60°$，把该溶液稀释 1 倍其旋光度是多少？如果化合物的旋光度为 $-330°$，稀释 10 倍后的旋光度是多少？

思考题 5.2　某种浓度的葡萄糖水溶液在 1 dm 长的盛液管中，于 20℃ 时测得旋光度为 $+3.2°$，求该葡萄糖溶液的浓度[葡萄糖的比旋光度 $= +52.5°$（水中）]。

三、对映异构与分子结构的关系

一些物质为什么具有旋光性？这些旋光性物质为什么又存在着对映异构呢？旋光性只是化合物所体现出的一种性质，特有的分子结构才是其内在的本质。本节将讨论分子结构、对映异构与旋光性之间的相互关系，从而揭示物质的旋光性与对映异构现象的本质。

1. 旋光性与对映异构现象

早在 1811 年法国物理学家阿瑞格（Arago F）在研究石英的光学性质时发现，天然石英有两种晶体："右旋石英"与"左旋石英"，它们之间的关系为物体和镜像的关系，非常相似，但不能互相叠合。后来发现某些无机盐如氯酸钾、溴酸锌的晶体也具有旋光性。但是，当石英熔化后或无机盐晶体溶解于水后，这些物质的旋光性都消失,说明其旋光性显然与它们的晶体结构有关。

1815 年,另一位法国物理学家毕奥(Biot J B)观察到蔗糖的水溶液,松节油或樟脑的酒精溶液都具有旋光性,说明旋光性是这些化合物分子的性质。

1848 年,法国巴黎高等师范学校的青年化学和微生物学家巴斯德(Pasteur L)发现酒石酸钠铵有两种不同的晶体,它们之间的关系相当于左手与右手或物体与镜像,巴斯德细心地将两种晶体分开,分别溶解于水后,用旋光仪测定,发现一种溶液是右旋的,而另一种溶液是左旋的,其比旋光度相等。

巴斯德注意到左旋和右旋酒石酸钠铵的晶体外形的不对称性,他从晶体外形联想到化合物的分子结构,认为酒石酸钠铵的分子结构也一定是不对称的,巴斯德明确提出,左旋异构体与右旋异构体其所以互为镜像,非常相似但不能完全叠合,就是由于其分子中原子在空间排列方式是不对称的,对映异构现象是由于原子在空间的不同排列方式所引起的。

巴斯德的设想不久被范特霍夫和勒贝尔所证实。1874 年荷兰化学家范特霍夫和法国化学家勒贝尔分别提出了碳原子的正四面体学说,他们从当时已知的旋光化合物如乳酸、酒石酸等中,发现都至少含有一个与四个互不相同的原子或基团相连的碳原子,他们还注意到与一个碳原子结合的四个原子或基团中,只要任何两个是相同的,化合物就没有旋光性。

碳原子的四面体学说指出,碳原子处在四面体的中心,四个价指向四面体的四个顶点,如果碳原子所连接的四个一价基团互不相同,这四个基团在碳原子周围就有两种不同的排列方式,代表两种不同的四面体空间构型,它们像左手和右手一样互为镜像,非常相似但不能叠合,如图 5-4 所示。

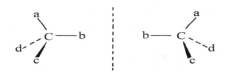

图 5-4　两种不同的四面体构型

以旋光性化合物乳酸(2-羟基丙酸)为例,其 2 位碳原子与四个互不相同的一价基团相连,在空间有两种不同的排列,形成了互为镜像的两种四面体构型(图 5-5),即左旋乳酸与右旋乳酸两种异构体,彼此互为镜像,呈现一种相互对映关系的异构体,这种异构体属于对映异构体。

通常把与四个互不相同的原子或基团相连接的碳原子叫作手性碳原子(chiral carbon atom)或不对称碳原子(asymmetric carbon atom),在化合物的结构式中用 C* 标出。例如:

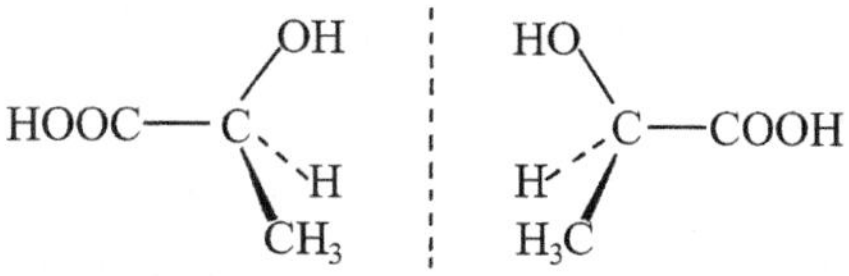

图 5-5　乳酸分子的两种构型

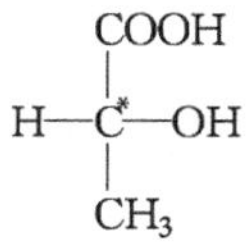

乳酸 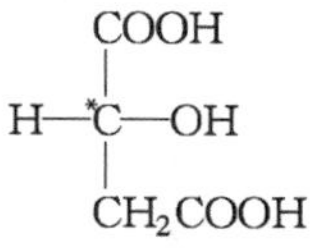　　　　　苹果酸 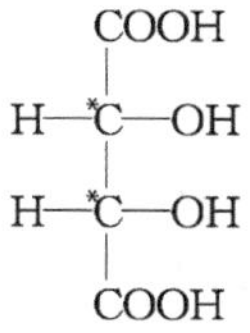　　　　酒石酸

思考题 5.3　将下列结构式中的不对称碳原子用星号(*)标出。

(1) $CH_3CH_2CHBrCH_3$　　　　　　(2) $CH_3CHClCHO$

(3) $CH_3CHDCH(CH_3)_2$　　　　　(4) $C_6H_5CH_2CHDCH_3$

(5) $CH_3CHOH—CHBrCH_3$　　　　(6) $CH_3CHOH—CHOHCH_3$

(7) 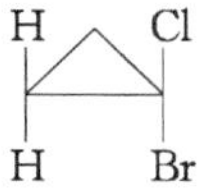 　　　　　　　　　(8)

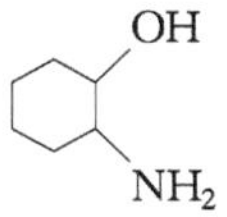

思考题 5.4　写出分子式为 $C_5H_{11}Cl$ 的所有构造异构体,并用星号标出不对称碳原子。

---

2. 手性与对称因素

物质与其镜像的关系,与人的左、右手一样,非常相似,但不能叠合,因此我们把物质的这种特性称为手性(chirality,来源于希腊文 cheir,含义指手)。具有手性的分子称为手性分子(chiral molecule)。手性是物质具有对映异构现象和旋光性的必要条件,也即是本质原因。物质的分子具有手性,就必定有对映异构现象,就具有旋光性;反之,物质分子如果不具有手性,就能与其镜像叠合,就不具有对映异构现象,也不表现出旋光性。

含一个不对称碳原子的化合物分子,必然是手性分子,而含多个不对称碳原子的化合物分子,不一定具有手性(见内消旋化合物)。分子中由于不对称碳原子的存在,能使分子成为手性分子,因此也可把不对称碳原子称为手性碳原子。

化合物分子具有手性是该分子具有对映异构的根本原因,而手性又是如何引起的呢?进一步研究发现,手性与分子的对称性密切相关,一个分子具有手性,实际上是缺少某些对称因素所致,故有必要对有关的对称因素进行讨论。

在我们周围的物体中,有些是对称的,如蝴蝶等昆虫,一些宫殿、宝塔等,另一些物体则是不对称的,如螺栓的螺纹、人的手等。有机化合物分子同样也有对称的分子与不对称的分子。

要判断一个分子是否具有对称性,就要考察这个分子是否具有一定的对称因素,通常考察的对称因素是对称面、对称中心与对称轴三种,其中前二者尤为重要。

(1) 对称面　假如有一个平面能把分子分割成两部分,其中一部分正好是另一部分的镜像,这个平面就是该分子的对称面。对称面的符号为 σ,其对称操作为反映。

平面形分子,如水、硫化氢、(E) - 1,2 - 二氯乙烯等,其分子所在的平面也是分子的一个对称面,故水和硫化氢分别有两个对称面。氨分子具有三个对称面,(E) - 1,2 - 二氯乙烯则只有一个对称面。

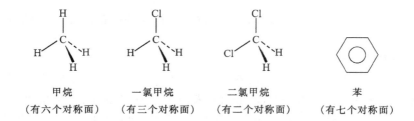

甲烷及其衍生物为四面体构型,随着中心碳原子连接的基团不同,对称面的数目也不同。苯分子是一个高度对称的分子,它具有七个对称面。线形分子在理论上有无数个对称面。

甲烷	一氯甲烷	二氯甲烷	苯
(有六个对称面)	(有三个对称面)	(有二个对称面)	(有七个对称面)

具有对称面的分子,不具有手性,因而没有对映异构体和旋光性。

(2) 对称中心　若分子中有一点 D,通过该点画任何直线,假定在离 D 点等距离直线的两端有相同的原子或基团,则 D 点就称为该分子的对称中心,用符号 i 表示,对称中心的对称操作为反演。如 1,3 - 二氯环丁烷分子就具有对称中心。

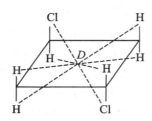

具有对称中心的分子和它的镜像能够叠合,不具有手性,没有对映异构和旋光性。

（3）对称轴 若穿过分子画一条直线,以它为轴将分子旋转 $360°/n$,得到的构型与原来的分子相叠合,这根轴就为该分子的 n 重对称轴,用 C_n 表示,对称轴的对称操作为旋转。如一氯甲烷分子围绕通过氯原子的一根轴旋转 $360°/3$,即 $120°$后,得到原来的分子,所以一氯甲烷具有三重对称轴（C_3）。同理,环丁烷有一个四重对称轴（C_4）,（E）-1,2-二氯乙烯具有一个二重对称轴（C_2）。甲烷分子有四个 C_3 轴和三个 C_2 轴。

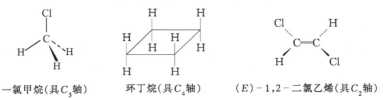

一氯甲烷（具C_3轴） 环丁烷（具C_4轴） （E）-1,2-二氯乙烯（具C_2轴）

上列具有对称轴的化合物分子都是非手性分子,仔细考察会发现它们的分子中同时具有对称面或对称中心,因此不具有手性。而有些含对称轴的化合物分子,并不含对称面和对称中心,则是手性分子。例如,反-1,2-二氯环丙烷分子中含有二重对称轴,但无对称面和对称中心,因而是手性分子（见图 5-6）。

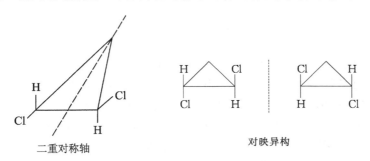

二重对称轴　　　　　　　　　　　　　　对映异构

图 5-6　反-1,2-二氯环丙烷的对称轴与对映异构

由此可见,有无对称轴不能作为判断分子是否有手性的标准,在某些手性分子中,可能具有对称轴存在。

思考题 5.5　找出下列化合物的对称面:

（1）顺-1,2-二氯乙烯　　　　　　　（2）1,1-二甲基环丙烷

（3）顺-1,3-二甲基环丁烷　　　　　（4）反-1,3-二甲基环丁烷

思考题 5.6　找出下列化合物中的对称轴,并指出是几重对称轴。

（1）CH_2Cl_2　　　（2）$CHCl_3$　　　（3）　　　　　　（4）H_3C　　CH_3　　CH_3

思考题 5.7 找出下列每个化合物中的对称面、对称轴和对称中心。

(1) CCl₄   (2)  ⬡   (3) 反-1,3-二溴环丁烷

第二节 含手性碳原子化合物的对映异构

一、含一个手性碳原子化合物的对映异构

1. 对映体

乳酸是含一个手性碳原子的化合物,它在空间有两种不同的排列方式,即两种构型:一种为右旋乳酸,另一种为左旋乳酸,这两种构型异构体互为镜像关系,称为对映体(enantiomer),如图 5-7 所示。

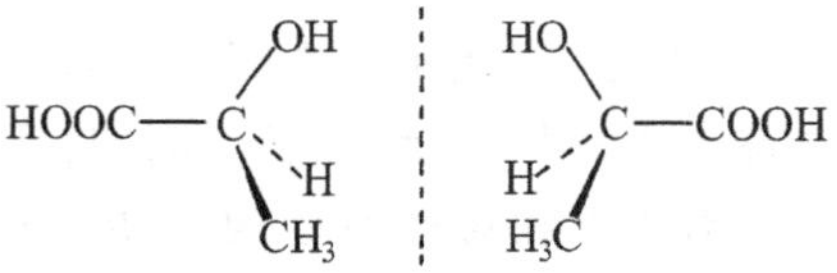

$$HOOC—\underset{CH_3}{\overset{OH}{C}}—H \qquad H—\underset{H_3C}{\overset{HO}{C}}—COOH$$

图 5-7 (±)-乳酸

等物质的量的右旋体和左旋体组成了外消旋体。合成具有手性的化合物时,在非手性条件下,得到的都是外消旋体,外消旋体中的左旋体与右旋体对偏光的作用相互抵消,因而没有旋光性。合成的乳酸与酸败牛奶中产生的乳酸,是等量的左旋乳酸和右旋乳酸的混合物,为外消旋乳酸。医药中的合霉素就是左旋氯霉素与其对映体的等量混合物。通常外消旋体以(±)表示,通常外消旋体的物理性质不同于左旋体或右旋体,如右旋乳酸的熔点为 53℃,而外消旋乳酸的熔点为 18℃。

当组成外消旋体的两种异构体分子亲和力很大时,优先在晶体的晶胞中配对,这种外消旋体又可称为"外消旋化合物",但当外消旋体中两种异构体各自单独形成的晶体更稳定时,则外消旋体在固态时是由两种异构体单独形成的稳定晶体混合而成,此时得到的外消旋体又称为"外消旋混合物"。巴斯德就是从酒石酸钠铵的外消旋体混合物中小心地分出了左旋与右旋的酒石酸钠铵晶体。

2. 对映异构体构型的表示方法

为了表示对映异构体的构型,通常采用透视式与费歇尔(Fischer E)投影式来表示。例如乳酸分子的两种构型可用透视式表示如下:

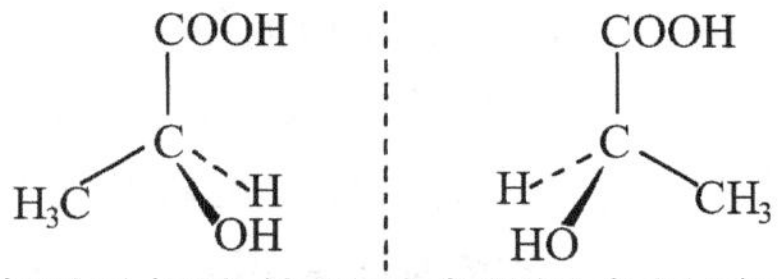

$$
\begin{array}{cc}
\text{COOH} & \text{COOH} \\
| & | \\
\text{C} & \text{C} \\
\text{H}_3\text{C} \quad \text{H} & \text{H} \quad \text{CH}_3 \\
\text{OH} & \text{HO}
\end{array}
$$

上式中,以实线与手性碳原子相连的原子或基团在纸平面上,用楔形实线与手性碳原子相连的原子或基团在纸平面前方,用虚线(或楔形虚线)相连的在纸平面的后方。

为了书写更加简化,费歇尔提出用四面体模型来进行投影,从而得到费歇尔投影式。这种投影的方法如下:

假定手性碳原子在纸平面上,横向的棱边在纸平面前方,垂直的棱边在纸平面后方,这样与横线相连的两个原子或基团在纸平面前方,以竖线相连的原子或基团在纸平面后方,即"竖键直立向后,横键水平向前",如下图所示:

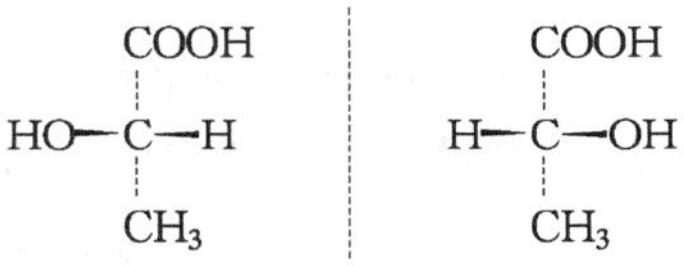

$$
\begin{array}{cc}
\text{COOH} & \text{COOH} \\
\text{HO}-\text{C}-\text{H} & \text{H}-\text{C}-\text{OH} \\
\text{CH}_3 & \text{CH}_3
\end{array}
$$

乳酸一对对映体的费歇尔投影式如下:

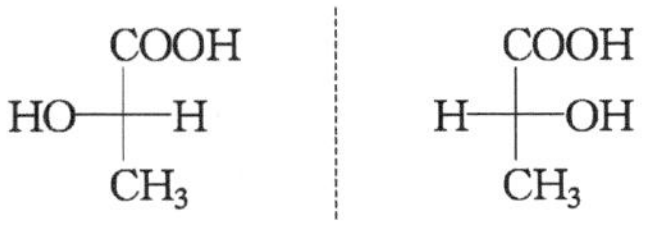

$$
\begin{array}{cc}
\text{COOH} & \text{COOH} \\
\text{HO}-\!\!\!-\!\!\!-\text{H} & \text{H}-\!\!\!-\!\!\!-\text{OH} \\
\text{CH}_3 & \text{CH}_3 \\
(\text{I}) & (\text{II})
\end{array}
$$

投影式在使用过程中不能离开纸平面而翻转过来,否则会改变手性碳原子周围各原子或基团的前后关系。如上式(Ⅰ)的—H、—OH 在纸平面前方,若将(Ⅰ)翻转过来,表面看似乎能得到(Ⅱ),但实际上(Ⅰ)翻转后,—H、—OH 变换到纸平面后方,不是(Ⅱ)的构型。投影式可以在纸平面上旋转 180°,因这种操作不会改变基团的前后关系,但不可以在纸平面上旋转 90°或 270°。

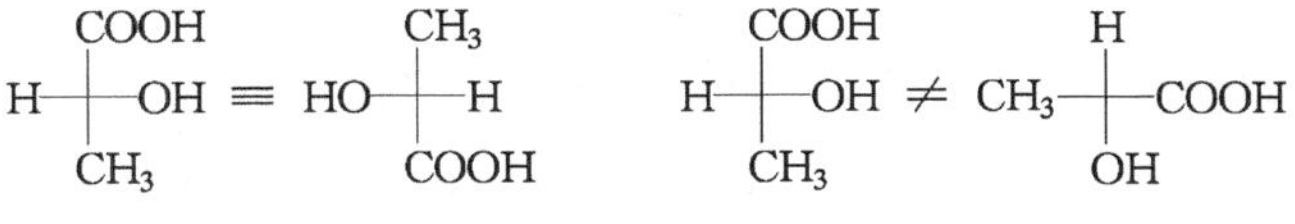

$$
\begin{array}{cc}
\text{COOH} & \text{CH}_3 \\
\text{H}-\!\!\!-\!\!\!-\text{OH} \equiv \text{HO}-\!\!\!-\!\!\!-\text{H} & \quad\quad \text{COOH} \quad\quad\quad \text{H} \\
\text{CH}_3 & \text{COOH} \quad\quad \text{H}-\!\!\!-\!\!\!-\text{OH} \neq \text{CH}_3-\!\!\!-\!\!\!-\text{COOH} \\
& \text{CH}_3 \quad\quad\quad\quad \text{OH}
\end{array}
$$

将手性碳原子上任意两个原子或基团对调,将会变成它的对映体,用球棍模型很容易实现这种转变。将手性碳原子上任意三个原子或基团按顺时针或逆时针方向调换位置,则不会改变化合物原来的构型。如下面的乳酸都为同一构型。

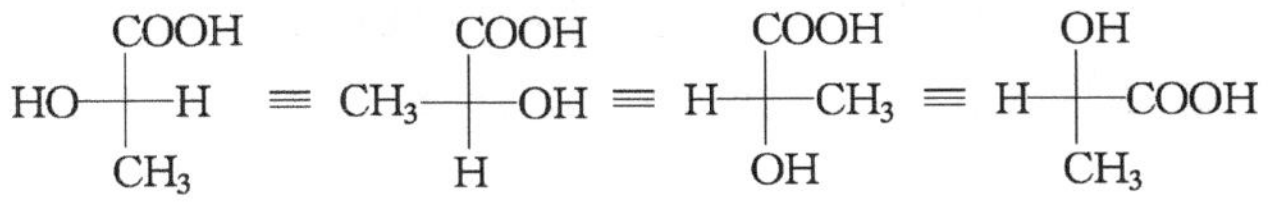

$$
\begin{array}{cccc}
\text{COOH} & \text{COOH} & \text{COOH} & \text{COOH} \\
\text{HO}-\!\!-\!\!\text{H} \equiv & \text{CH}_3-\!\!-\!\!\text{OH} \equiv & \text{H}-\!\!-\!\!\text{CH}_3 \equiv & \text{H}-\!\!-\!\!\text{COOH} \\
\text{CH}_3 & \text{H} & \text{OH} & \text{CH}_3
\end{array}
$$

3. 对映异构体构型的命名

（1）相对构型与绝对构型 有机化合物的绝对构型是指其分了中各个原子或基团在空间排列的真实情况，在 1951 年以前，还没有适当的方法测定旋光化合物的绝对构型，当我们书写出一对对映体的两种构型时，无法直接判断哪一个为左旋体？哪一个为右旋体？化学家因此采用相对构型来表示化合物之间的构型关联。

相对构型采用甘油醛作为标准，人为地规定了在甘油醛的费歇尔投影式中，当醛基排在上面时，OH 在右边的为右旋甘油醛，称为 D 构型；OH 在左边的为左旋甘油醛，称为 L 构型。见下图：

$$
\begin{array}{cc}
\text{CHO} & \text{CHO} \\
\text{H}\!\!-\!\!\!-\!\!\text{OH} & \text{HO}\!\!-\!\!\!-\!\!\text{H} \\
\text{CH}_2\text{OH} & \text{CH}_2\text{OH}
\end{array}
$$

D-（+）-甘油醛 　　　 L-（-）-甘油醛

一个手性化合物在化学反应中，只要它的手性碳原子上的四个共价键都未发生断裂，则该手性碳原子的构型就不会发生改变。依据这个事实，再采用 D、L-甘油醛作相对标准，就可以对一些手性化合物的相对构型作出判断。例如：D-（+）-甘油醛通过氧化反应生成 D 构型甘油酸，D-甘油酸又可以还原得到 D 构型乳酸。

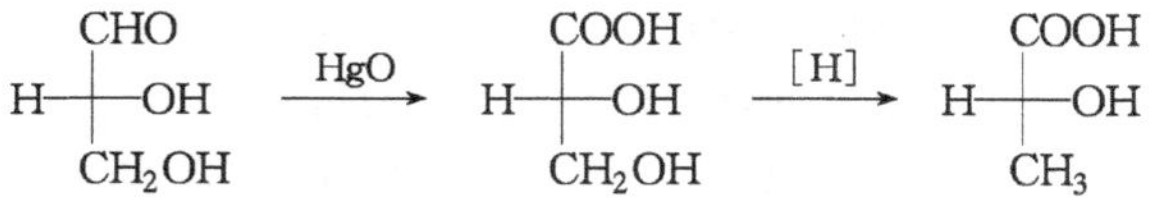

$$
\begin{array}{ccccc}
\text{CHO} & & \text{COOH} & & \text{COOH} \\
\text{H}\!\!-\!\!\!-\!\!\text{OH} & \xrightarrow{\text{HgO}} & \text{H}\!\!-\!\!\!-\!\!\text{OH} & \xrightarrow{\text{[H]}} & \text{H}\!\!-\!\!\!-\!\!\text{OH} \\
\text{CH}_2\text{OH} & & \text{CH}_2\text{OH} & & \text{CH}_3
\end{array}
$$

D-（+）-甘油醛 　　 D-（-）-甘油酸 　　 D-（-）-乳酸

这里，D、L 只是表示手性碳原子的相对构型，与旋光方向并没有必然的联系，旋光方向（+ 或 -）则是用旋光仪实际测定的。

20 世纪 50 年代后，可以用 X 射线衍射等技术测定绝对构型，刚好证明原来规定的相对构型与绝对构型吻合，所以相对构型也成了绝对构型。但是用 D、L 构型只能清楚表示不同手性化合物中某一手性碳原子构型的相互联系，为了更确切、更方便地表示构型，还必须采用 IUPAC 命名法中的 $R-S$ 命名法。

（2）$R-S$ 命名法 首先按次序规则排列出与手性碳原子相连的四个原子或基团的顺序，如 a>b>c>d，观察者从排在最后的原子或基团 d 的对面看，如果 a→b→c 按顺时针方向排列，其构型用 R 表示；如果 a→b→c 按反时针方向排列，则构型用 S 表示。R、S 分别为拉丁文 Rectus 与 Sinister 的字首，意为"右"与"左"。这种判断 R 或 S 构型的方法可比喻为观察者对着汽车方向盘的连杆进行观察，排在最后的 d 在方向盘的连杆上，a、b、c 三个原子或基团则在圆盘上。例如：

$$
\begin{array}{ccc}
& \text{COOH} & \\
\text{H}-\!\!\!& \text{C} &\!\!\!-\text{CH}_3 \\
& \text{OH} &
\end{array}
\qquad
\begin{array}{ccc}
& \text{COOH} & \\
\text{H}-\!\!\!& \text{C} &\!\!\!-\text{OH} \\
& \text{CH}_3 &
\end{array}
$$

R 构型   S 构型

$$
\begin{array}{ccc}
& \text{Br} & \\
\text{CH}_3-\!\!\!& \text{C} &\!\!\!-\text{Cl} \\
& \text{CH}_2\text{OH} &
\end{array}
\qquad
\begin{array}{ccc}
& \text{Cl} & \\
\text{CH}_3-\!\!\!& \text{C} &\!\!\!-\text{Br} \\
& \text{CH}_2\text{OH} &
\end{array}
$$

R 构型   S 构型

　　根据费歇尔投影式也可以直接判断其构型,关键问题是应熟悉投影式中的空间关系,必须牢记投影式中横键、竖键所连的基团分别在纸平面的前方与后方。如果对平面式直接观测,若次序排在最后的原子或基团在竖线上,另外三个基团由大到小按顺时针排列,为 R 构型,按逆时针排列则为 S 构型。例如:

$$
\begin{array}{c}
\text{H} \\
\text{HO}-\!\!\!-\!\!\!-\text{CHO} \\
\text{CH}_2\text{OH}
\end{array}
\qquad
\begin{array}{c}
\text{H} \\
\text{OHC}-\!\!\!-\!\!\!-\text{OH} \\
\text{CH}_2\text{OH}
\end{array}
$$

R 构型   S 构型

　　如果次序排在最后的原子或基团在横线上,另外三个基团由大到小为顺时针排列,为 S 构型,按反时针排列,则为 R 构型。例如:

$$
\begin{array}{c}
\text{Br} \\
\text{H}-\!\!\!-\!\!\!-\text{I} \\
\text{Cl}
\end{array}
\qquad
\begin{array}{c}
\text{Cl} \\
\text{H}-\!\!\!-\!\!\!-\text{I} \\
\text{Br}
\end{array}
$$

R 构型   S 构型

思考题 5.8 判断下列化合物的构型是 R 还是 S?

$$
(1)\quad
\begin{array}{c}
\text{CHO} \\
\text{H}-\!\!\!-\!\!\!\text{C}\!\!\!-\!\!\!-\text{OH} \\
\text{CH}_2\text{OH}
\end{array}
\qquad\qquad
(2)\quad
\begin{array}{c}
\text{CHO} \\
\text{H}-\!\!\!-\!\!\!\text{C}\!\!\!-\!\!\!-\text{CH}_2\text{OH} \\
\text{OH}
\end{array}
$$

$$
(3)\quad
\begin{array}{ccc}
& \text{H} & \\
\text{CH}_3-\!\!\!& \text{C} &\!\!\!-\text{Cl} \\
& \text{OH} &
\end{array}
\qquad\qquad
(4)\quad
\begin{array}{ccc}
& \text{CHO} & \\
\text{CH}_3-\!\!\!& \text{C} &\!\!\!-\text{CH}\!\!=\!\!\text{CH}_2 \\
& \text{CH}_2\text{CH}_3 &
\end{array}
$$

$$
(5)\quad
\begin{array}{c}
\text{CH}_3 \\
\text{C}_6\text{H}_5-\!\!\!-\!\!\!-\text{COOH} \\
\text{OH}
\end{array}
\qquad\qquad
(6)\quad
\begin{array}{c}
\text{C}_6\text{H}_5 \\
(\text{CH}_3)_2\text{CH}-\!\!\!-\!\!\!-\text{Br} \\
\text{CH}_3
\end{array}
$$

(7) $CH_3 \overset{H}{\underset{NH_2}{\rule{0pt}{0pt}}}\!\!-\!COOH$ (8) $H \overset{D}{\underset{OH}{\rule{0pt}{0pt}}}\!\!-\!C_6H_5$

二、含多个手性碳原子化合物的对映异构

1．含有两个不相同手性碳原子的化合物

以 2,3,4-三羟基丁醛为例,其分子中含有两个互不相同的手性碳原子,在空间有四种不同的排列,即有四种对映异构体,其构型分别如下:

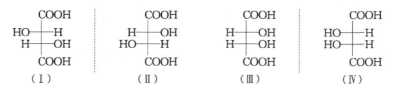

CHO	CHO	CHO	CHO
HO—H	H—OH	H—OH	HO—H
H—OH	HO—H	H—OH	HO—H
CH₂OH	CH₂OH	CH₂OH	CH₂OH
（Ⅰ）	（Ⅱ）	（Ⅲ）	（Ⅳ）

（Ⅰ）与（Ⅱ）、（Ⅲ）与（Ⅳ）分别组成了两对对映体,（Ⅰ）与（Ⅲ）或（Ⅰ）与（Ⅳ）不呈镜像对映关系,这种不呈镜像对映关系的光学异构体称为非对映体。同理（Ⅱ）与（Ⅲ）或（Ⅱ）与（Ⅳ）也是非对映体。

若用 A、B 表示两个手性碳原子的构型,随着—H 与—OH 的左右排布不同,每个手性碳原子会出现 R 与 S 两种构型,可以组合成两对对映体,并可组成两个外消旋体,即

A: R R S S
B: R S R S

（±）

（±）

2．含有两个相同手性碳原子的化合物

2,3-二羟基丁二酸(酒石酸)分子中含有两个相同的手性碳原子,用投影式可以写出下面四种构型:

COOH	COOH	COOH	COOH
HO—H	H—OH	H—OH	HO—H
H—OH	HO—H	H—OH	HO—H
COOH	COOH	COOH	COOH
（Ⅰ）	（Ⅱ）	（Ⅲ）	（Ⅳ）

(Ⅰ)与(Ⅱ)是对映体,一个是右旋酒石酸,另一个为左旋酒石酸,等量混合组成外消旋酒石酸。(Ⅲ)与(Ⅳ)表面上呈现镜像关系,但不是对映体。因将(Ⅲ)在纸面旋转180°,即可以得到(Ⅳ),说明(Ⅲ)与(Ⅳ)是同一构型,即同一个化合物,在(Ⅲ)或(Ⅳ)

的分子中央都可以找到一个对称面,上半部正好是下半部的镜像。

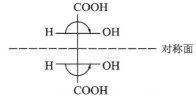

实验证明化合物(Ⅲ)不表现出旋光性,这种由于分子中存在对称面而使分子内部旋光性互相抵消的化合物,称为内消旋体,用 meso 表示。应当指出的是,内消旋体也是对映异构体的一种,现在我们更加明确了对映异构与旋光性之间的关系,旋光性是对映异构的最重要的特征,一种化合物有旋光性,则一定具有对映异构,但对映异构体并不一定具有旋光性(如内消旋体、外消旋体)。

从酒石酸分子可以看出,含两个相同手性碳原子的化合物具有左旋体、右旋体与内消旋体三种异构体。

下面还以酒石酸的三种异构体作为例子,讨论 $R-S$ 构型命名规则在两个手性碳原子化合物上的应用,具体表示如下:

$2S,3S$　　$2R,3R$　　$2R,3S$

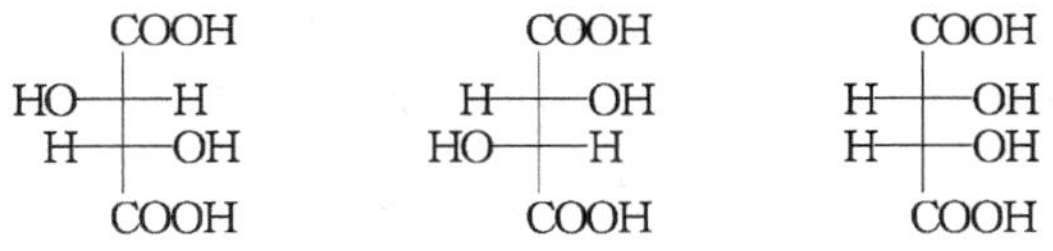

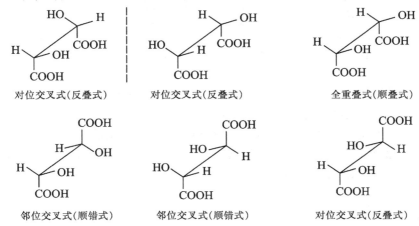

有机立体化学中,经常遇到费歇尔投影式与其他几种构象表示式的转换,下面以三种酒石酸分子的构型为例,它们相应的立体透视式与纽曼投影式如下:

立体透视式常用锯架式与楔形式两种,费歇尔投影式实际上就是锯架式表示的全重叠式(顺叠式)投影的结果。

以锯架式表示酒石酸三种异构体的构象如下:

对位交叉式(反叠式)

对位交叉式(反叠式)

全重叠式(顺叠式)

邻位交叉式(顺错式)

邻位交叉式(顺错式)

对位交叉式(反叠式)

以楔形式表示酒石酸三种异构体的构象则为：

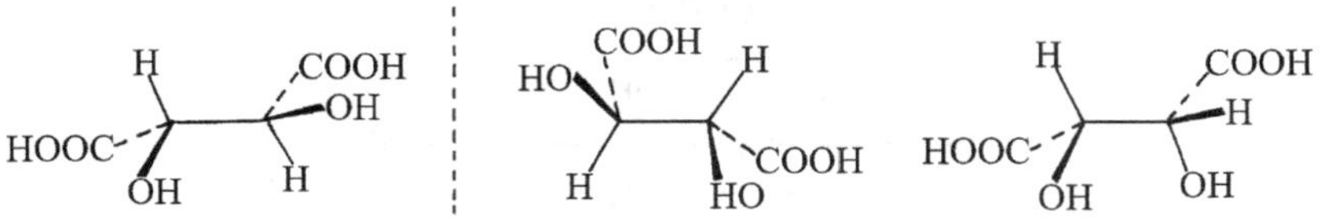

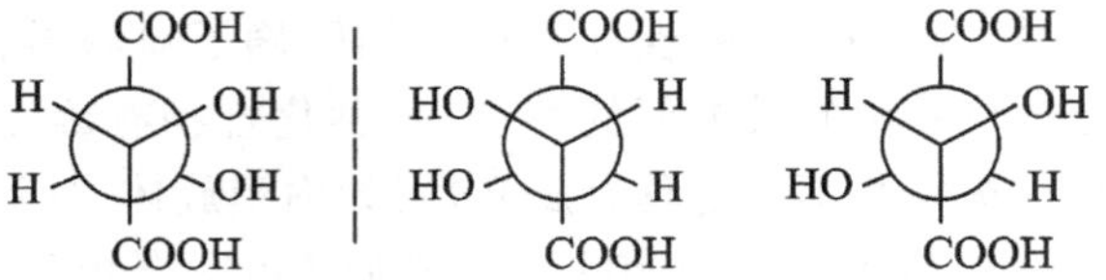

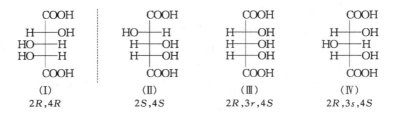

邻位交叉式(顺错式)　　　　邻位交叉式(顺错式)　　　　对位交叉式(反叠式)

以纽曼投影式表示酒石酸三种异构体的构象：

邻位交叉式　　　　　　邻位交叉式　　　　　　对位交叉式
(顺错式)　　　　　　　(顺错式)　　　　　　　(反叠式)

3. 2,3,4-三羟基戊二酸

2,3,4-三羟基戊二酸有三个手性碳原子，其 C_3 为特殊的手性碳原子，当 C_2、C_4 的构型相同(同为 R 或同为 S)，C_3 即为非手性碳原子，当 C_2、C_4 的构型不同时，C_3 则可以看作手性碳原子。为了与一般的手性碳原子加以区别，将 C_3 这种碳原子特称为假手性碳原子。假手性碳原子的构型也可以命名，为区别普通的 R、S 构型，用小写的 r 与 s 代表假手性碳原子的构型，并规定与此假手性碳原子相连的手性碳原子的 R 构型在次序规则中优先于 S 构型，因此下面的三羟基戊二酸 C_3 的构型在(Ⅲ)中为 r，在(Ⅳ)中则为 s。

三羟基戊二酸具有四种对映异构体，其投影式表示式和命名如下所示：

(Ⅰ)	(Ⅱ)	(Ⅲ)	(Ⅳ)
$2R,4R$	$2S,4S$	$2R,3r,4S$	$2R,3s,4S$

实际上在异构体(Ⅲ)、(Ⅳ)中，各有一个对称面，应该都属于内消旋体。

4. 含有三个不相同手性碳原子的化合物

含有三个互不相同的手性碳原子的化合物与上面讨论的三羟基戊二酸不一样，异构体的数目应该为八个。如用 A、B、C 表示这三种不同手性碳原子的构型，可以组合得到四对对映体，即四个外消旋体。

A:	*R*	*R*	*R*	*R*	*S*	*S*	*S*	*S*
B:	*R*	*R*	*S*	*S*	*R*	*R*	*S*	*S*
C:	*R*	*S*	*R*	*S*	*R*	*S*	*R*	*S*

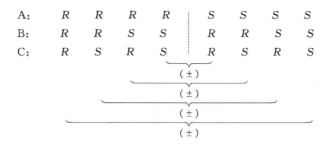

综上所述，含有两个不相同的手性碳原子的化合物，具有 4 种对映异构体，含有三个不相同手性碳原子的化合物，具有 $2^3=8$ 种对映异构体，依此类推，含有 n 个不相同的手性碳原子的化合物，其对映异构体的数目为 2^n，它们分别组成 2^{n-1} 个外消旋体。但当化合物分子中含有相同的手性碳原子时，由于内消旋体的存在，对映异构体的总数目小于 2^n。

现将上述内容小结如下：

(1) 手性是判断化合物分子是否具有对映异构(或光学异构)必要和充分的条件，分子具有手性，就一定有对映异构，而且一定具有旋光性。

(2) 判断化合物分子是否具有手性，只需要判断分子是否具有对称面和对称中心，凡是化合物分子既不具有对称面，又不具有对称中心，一般就是手性分子。

(3) 含有一个手性碳原子的化合物分子必定是手性分子，含有多个手性碳原子的化合物分子不一定是手性分子，这种化合物可能有手性，也可能不具有手性(如内消旋体)。

思考题 5.9　写出 2,3-二氯丁烷的所有立体异构体的投影式，并用 *R*、*S* 对手性碳原子的构型进行命名。

思考题 5.10　写出构型为 2*R*,3*S* 的 3-氯-2-丁醇的费歇尔投影式，并写出对位交叉式的锯架式构象及纽曼投影式构象。

第三节　其他手性化合物的对映异构

除含手性碳原子的化合物之外，其他任何手性分子同样具有对映异构现象。

一、含有碳原子以外的手性原子的化合物

任何具有四面体构型的原子，当它所连接的四个原子或基团各不相同时，这个中心原子就是手性原子。如含硅、含锗的化合物中，含有一个手性硅原子或手性锗原子则分子即是手性分子，就存在一对对映体。例如：

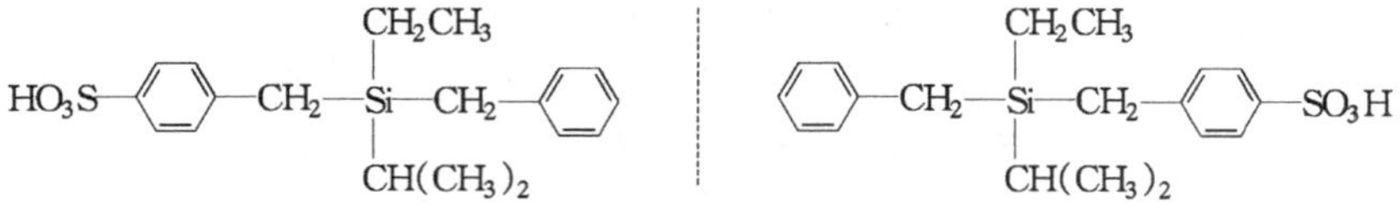

HO_3S——CH_2—Si—CH_2——（带 CH_2CH_3、$CH(CH_3)_2$ 取代的结构）

氮原子、磷原子和砷原子上连有四个不同的基团,也能形成手性分子,如季铵盐、季鏻盐和叔胺的氧化物等就可能拆分出对映体。例如:

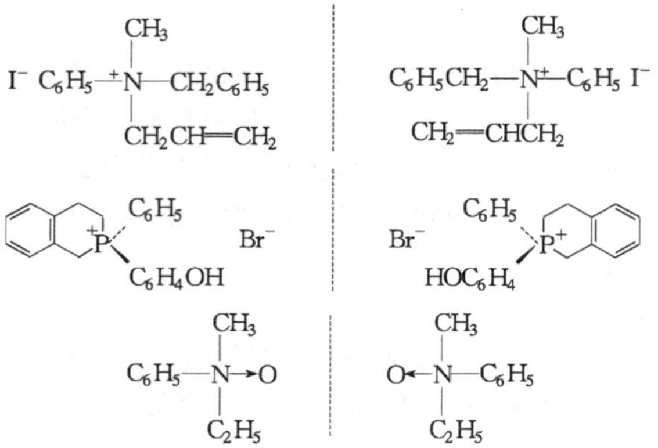

I^- C_6H_5—N^+—$CH_2C_6H_5$（含 CH_3、CH_2—CH=CH_2）

$C_6H_5CH_2$—N^+—C_6H_5 I^-（含 CH_3、CH_2=$CHCH_2$）

（含 C_6H_5、C_6H_4OH 的 P^+ 结构） Br^-

Br^- （含 C_6H_5、HOC_6H_4 的 P^+ 结构）

C_6H_5—N—O（含 CH_3、C_2H_5）

O—N—C_6H_5（含 CH_3、C_2H_5）

二、不含手性原子的手性分子

一些不含手性原子的化合物分子,由于不具有对称面和对称中心,也是手性分子,同样具有对映异构。

1. 含手性轴的分子

在手性的丙二烯型分子与联苯型分子中,假想有一根轴,分子中的取代基围绕这根轴呈不对称分布,因此将这种轴称为手性轴。

（1）丙二烯型化合物　在丙二烯型化合物中,只要累积双键两端的碳原子上各连有不同基团时就具有手性,就能分出对映异构体。例如:

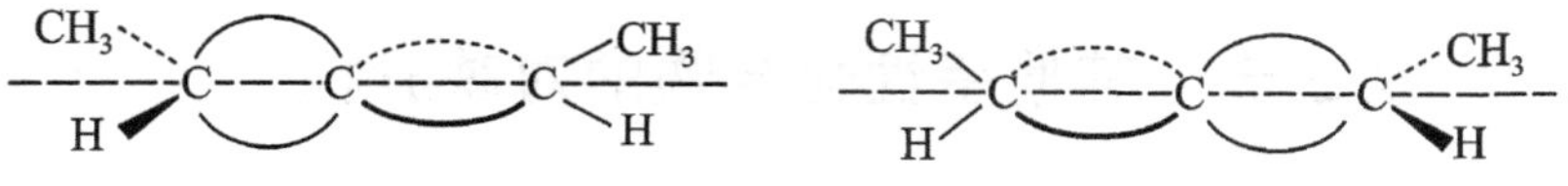

CH_3、H——C=C=C——CH_3、H

CH_3、H——C=C=C——CH_3、H —— 手性轴

但当一端碳原子上或两端碳原子上均连有相同的基团时,则能找出一个或两个对称面,不具有对映异构。例如:

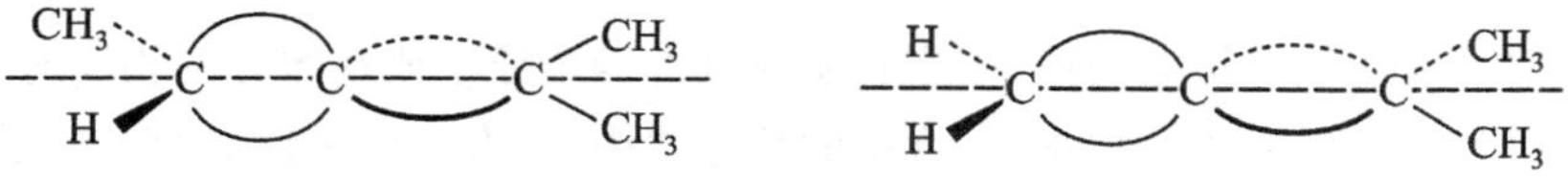

CH_3、H——C=C=C——CH_3、CH_3

H、H——C=C=C——CH_3、CH_3

具一个对称面　　　　　　　具两个对称面

（2）单键旋转受阻的化合物　　单键旋转受阻的化合物如联苯类化合物,若缺乏必要的对称性,就可能具有手性。

普通的联苯分子,两个苯环容易围绕单键旋转,如果苯环邻位连有位阻大的基团,使苯环绕单键的旋转受到阻碍,使两个苯环不能处在同一平面,而互成一定角度,当每个苯环的邻位都连有不同基团时,分子就没有对称面和对称中心,就是手性分子。如下面化合物就有对映异构:

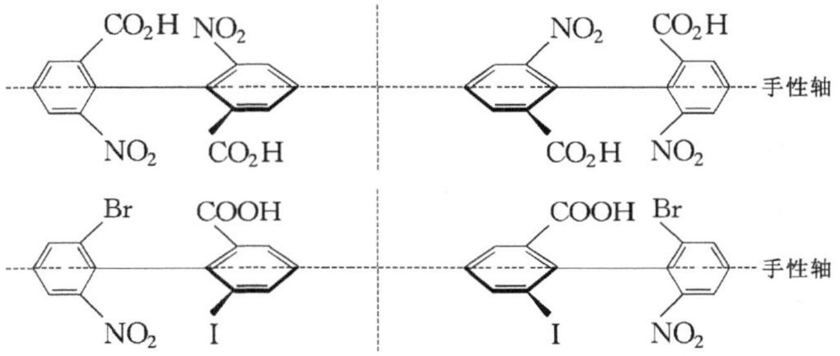

与丙二烯型化合物一样,一个苯环上两个邻位或两个苯环的各自邻位连有相同基团时,则可以找到分子的对称面,该分子就不是手性分子。

2. 含手性面的分子

假定分子中有一平面,该分子在平面两边呈不对称排列,从而使分子具有手性,这种平面称为手性面。

（1）把手化合物　　把手化合物又称柄型化合物。对苯二酚与长链二醇生成的环醚,当环上有较大的取代基而醚环又较小时,苯环的自由旋转受到限制,使分子具有手性,可以拆分得到对映体。例如:

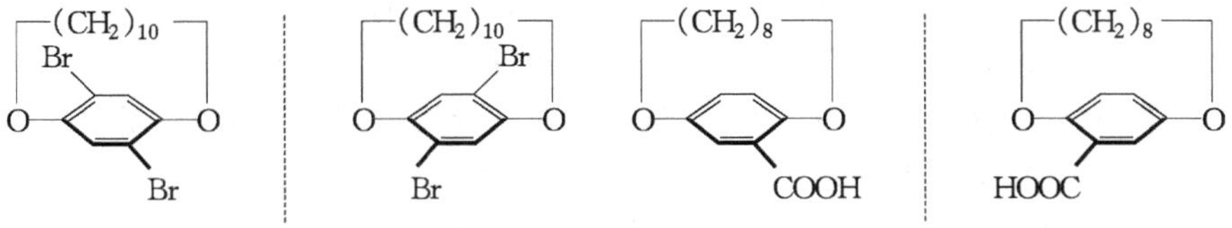

（2）由于分子扭曲而具有手性面的分子　　如果在菲的 4,5 位引入基团如甲基,由于甲基的拥挤使整个分子不能处于同一平面,即分子发生了扭曲,使整个分子失去对称性,因此具有手性,可以拆分得到对映体。例如:

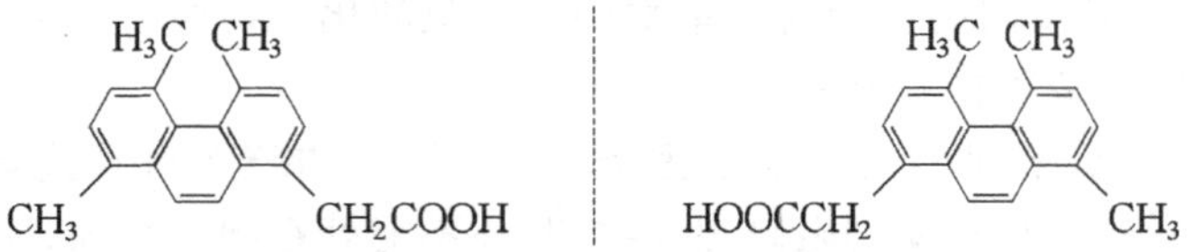

思考题 5.11　写出下列手性化合物的对映异构体。

$$(1)\quad (CH_3)_2CH—\overset{\overset{\displaystyle CH_3}{|}}{\underset{\underset{\displaystyle C_2H_5}{|}}{N}}{\rightarrow}O$$

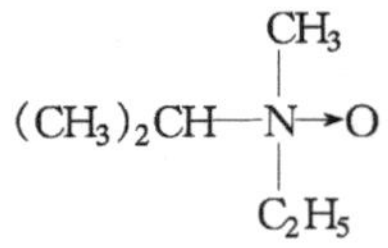

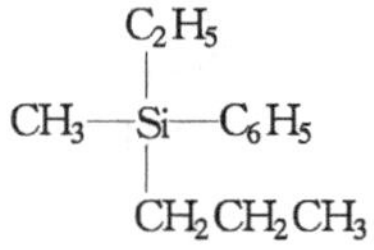

$$(2)\quad CH_3—\overset{\overset{\displaystyle C_2H_5}{|}}{\underset{\underset{\displaystyle CH_2CH_2CH_3}{|}}{Si}}—C_6H_5$$

$$(3)\quad C_6H_5CH_2—\overset{\overset{\displaystyle CH_3}{|}}{\underset{\underset{\displaystyle CH_2CH_2CH_3}{|}}{N^+}}—CH(CH_3)_2\ Br^-$$

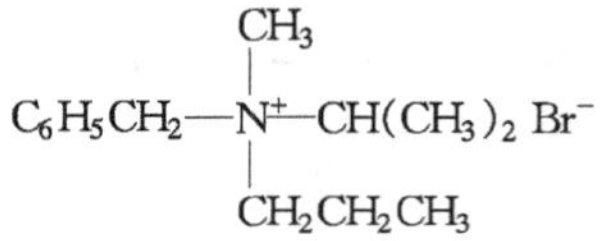

(4)

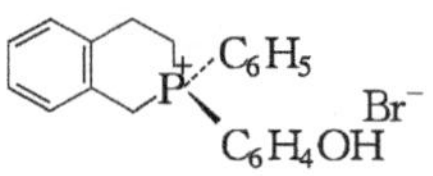

思考题 5.12　下列化合物是否有对映异构体？如有请写出其对映异构体的构型。

(1)

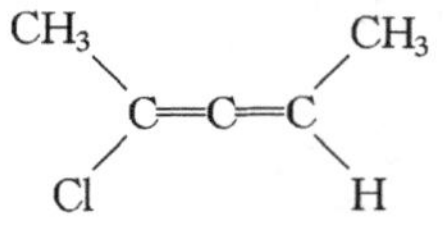

(2)

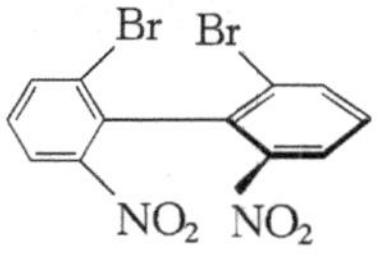

(3)

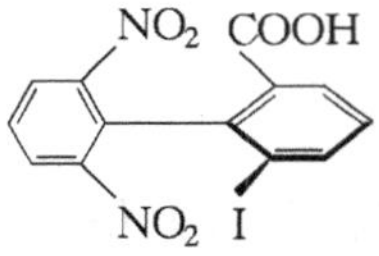

(4)

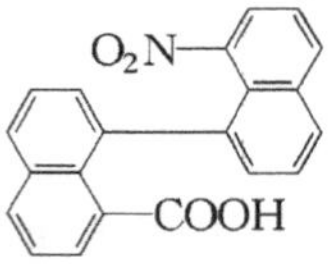

三、碳环化合物的立体异构

　　在碳环化合物中，由于环的存在限制了碳碳单键的自由旋转，使取代基可以在环的两边排列，既可以排列在环的同一边，又可以分别排列在环的两边，因此产生了顺反异构。如果环在一定的位置上连有取代基，可能使整个分子既无对称面，又无对称中心，从而使分子具有手性，于是就有对映异构现象。因此在考虑碳环化合物的立体异构时，应同时考虑顺反异构与对映异构。

　　还应特别指出的是，碳环化合物往往以稳定的构象存在，如环己烷主要以椅式的构象存在，而构象的转变非常迅速，并不引起化学键的断裂，故不会改变构型，因此在研究环己烷等碳环化合物的对映异构时，可以不考虑由于构象所引起的手性问题，而采用平面构型式，其结果与考虑构象时是一致的。

　　1. 环丙烷衍生物

例如 1,2 - 环丙烷二甲酸分子,其顺反异构体有两种,其中顺式异构体有一对称面,而反式异构体既无对称面又无对称中心,是一手性分子,具有一对对映体。顺式异构体与反式异构体互为非对映体,有人称顺式异构体为内消旋体。

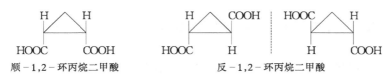

顺 - 1,2 - 环丙烷二甲酸   反 - 1,2 - 环丙烷二甲酸

如果环丙烷环上含有两个不相同的手性碳原子,则具有两对对映体,如 1 - 氯 - 2 - 溴环丙烷的两对对映体如下,其构型的 $R - S$ 命名同开链化合物的对映异构体的构型命名。

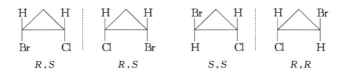

R,S R,S S,S R,R

2. 环丁烷衍生物

1,2 - 二取代环丁烷衍生物的异构体情况与 1,2 - 二取代环丙烷相同。如 1,2 - 二甲基环丁烷具有顺、反异构体,反式异构体有一对对映体。

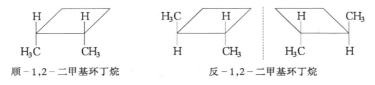

顺 - 1,2 - 二甲基环丁烷   反 - 1,2 - 二甲基环丁烷

1,3 - 二取代的环丁烷衍生物至少有一个对称面,因此不具有对映异构,只有顺反异构。如 1,3 - 二甲基环丁烷与 3 - 甲基环丁烷甲酸都只有顺式、反式两种异构体。

顺式   反式   顺式   反式

3. 环戊烷衍生物

1,2 - 二取代与 1,3 - 二取代的环戊烷衍生物的异构情况和相应的环丙烷衍生物类似。三取代的环戊烷衍生物情况就较复杂,如 2,5 - 二甲基环戊烷 - 1 - 羧酸有如下四种立体异构体:

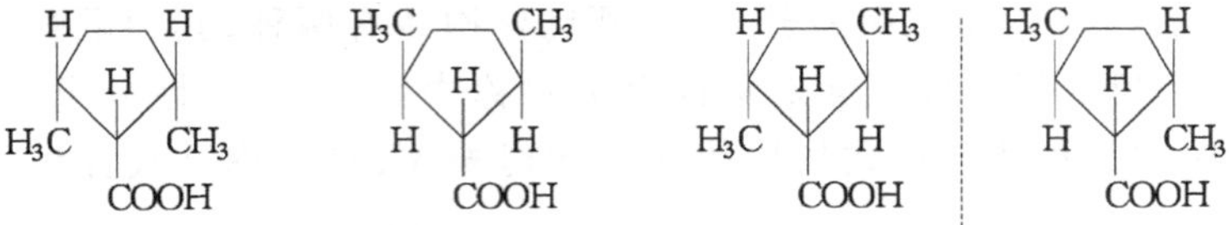

$$(I) \qquad (II) \qquad (III) \qquad (IV)$$

其中(I)和(II)分子中都具有对称面,均为内消旋体,(III)和(IV)则组成了一对对映体。

4. 环己烷衍生物

1,2-二取代与1,3-二取代环己烷衍生物的异构情况和相应的环戊烷衍生物类似。如1,2-二甲基环己烷有一个顺式异构体,相当于内消旋体,反式异构体则有一对对映体。

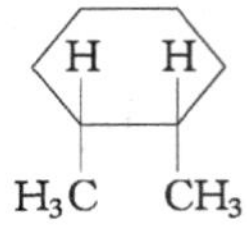

顺-1,2-二甲基环己烷 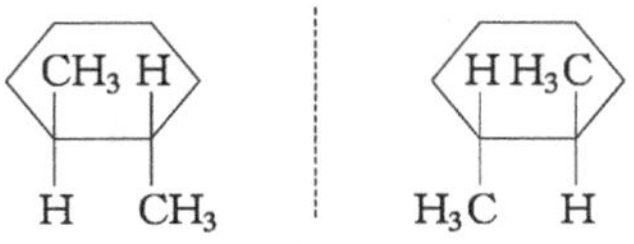　　　　　　反-1,2-二甲基环己烷

1,4-二取代环己烷衍生物,由于分子中存在对称面,所以不具有对映异构,只有顺反异构。如1,4-二甲基环己烷:

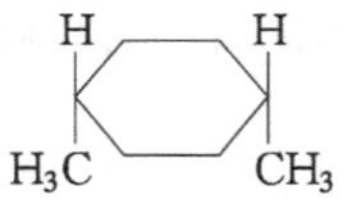

顺-1,4-二甲基环己烷 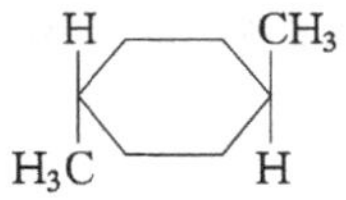　　　　反-1,4-二甲基环己烷

第四节　对映体的分离

对于手性化合物的一对对映异物体而言,由于它们的分子内任何相应的两个原子之间的距离都是相等的,因而它们的内能也是相同的。因此,对映异构体在非手性环境中的性质(如熔点、沸点、密度、折射率以及溶解性等)是完全相同的,但在手性环境中则可能表现出不同。例如,表5-1列出了酒石酸的几个立体异构体及外消旋体的物理性质,从中可以看出,内消旋体的熔点、密度以及在水中的溶解度与其非对映异构体(左旋酒石酸和右旋酒石酸)有明显的差异。

表 5-1　酒石酸的物理性质

化合物	熔点/℃	$[\alpha]_D^{20}$（20%水溶液）	溶解度 $g \cdot (100 \text{ g 水})^{-1}$	密度/$(g \cdot mL^{-1})$（20 ℃）	pK_{a1}	pK_{a2}
右旋酒石酸	170	+ 12	139	1.760	2.93	4.23
左旋酒石酸	170	− 12	139	1.760	2.93	4.23

续表

化合物	熔点/℃	$[\alpha]_D^{20}$ （20%水溶液）	溶解度 $g \cdot (100 \text{ g 水})^{-1}$	密度/$(g \cdot mL^{-1})$ （20℃）	pK_{a1}	pK_{a2}
外消旋体	206	0	20.6	1.680	2.96	4.24
内消旋体	140	0	125	1.667	3.11	4.80

　　此外,对映异构体在非手性条件下的化学性质也是相同的。例如,(R)-2-氯丁烷和(S)-2-氯丁烷在碱性条件下发生消去反应生成2-丁烯的反应速率是相等的,它们与乙醇钠发生亲核取代反应生成醚的反应速率也是相同的。

　　需要指出的是,对映异构体在生理活性方面往往表现出很大的差异,这是由于生物体内的各种生物大分子(如酶、核酸、受体等)都是手性的,它们对不同的对映异构体所表现出来的识别能力往往是不同的。因此,手性药物的两个对映体,不仅可以在生理活性强度上表现出很大差异(可以相差几倍甚至几千倍),甚至有时候还表现出截然相反的生理活性。例如,左旋氯霉素有活性,而右旋氯霉素没有活性;维生素 C 只有左旋异构体才可以治疗坏血病;中药麻黄碱只有右旋异构体才可以舒张血管、增高血压;葡萄糖中只有右旋异构体才可以被动物代谢,而左旋异构体不能被动物代谢;S 构型的天冬酰胺是苦味的。而 R 构型的天冬酰胺则是甜味的。

　　"沙立度胺(thalidomide)"是20世纪50年代由德国格仑南苏制药厂开发成功的一种用于治疗妇女妊娠反应的药物。由于孕妇服用了该药物以后,妊娠反应(如呕吐、恶心等症状)得到明显的改善,因而该药物又被叫做"反应停"。60年代前后,欧美至少15个国家都在广泛使用这种药物。但后来人们发现,服用了该药物的妇女生下的婴儿都是短肢畸形,形同海豹,因而被称为"海豹肢畸形"。随后的研究发现,这种"海豹肢畸形"是由于患儿的母亲在妊娠期间服用"沙利度胺"所引起的。"沙利度胺"有 R 和 S 两种异构体,其中 S 异构体是一种强力致畸剂,而只有 R-异构体才是真正有效的。由于当时人们并没有认识到手性对药物分子生理活性有影响,因此该药物是以外消旋体的形式上市的。在这起药物事件中出生的畸形婴儿多达1.2万名,因而被称为"20世纪最大的药物灾难"。正因为如此,深入系统研究手性药物的不同对映异构体的生理活性差异对于药物临床的安全使用具有重要的现实意义。

R – Thalidomide　　　　　　　　　　S – Thalidomide

　　用一般的化学合成方法得到的手性化合物往往都是外消旋体,要获得光学纯的异构体,就必须设法将外消旋体进行拆分,也即将对映体进行分离。而对映体的熔点、沸点、密度和在非手性溶剂中的溶解度等都完全相同,所以采用常规分离有机化合物的方法是无法将对映体分开的。

　　拆分外消旋体的方法通常有:晶体机械分离法、化学方法和生物方法等,其中利用化学法形成非对映体进行分离是最常用的方法。

一、利用生成非对映体拆分

　　这种方法的原理是,通过化学反应将对映体转化为非对映体,再利用非对映体不同的物理性质(如溶解度、熔点等)将其分离。将对映体转变为非对映体的试剂称为拆分剂或析解剂。采用什么样的拆分剂,应视被拆分的对映体的结构与性质而定,要求拆分剂容易分别与两个对映体形成化合物,而且又容易被分解成原来的组分。

　　如对映体是有机酸,可用旋光性的碱作拆分剂:

$$
对映体
\begin{cases}
(+)-酸 \\
\quad\quad +(-)-碱 \\
(-)-酸
\end{cases}
\begin{matrix}
\longrightarrow (+)-酸\cdot(-)-碱 \\
\\
\longrightarrow (-)-酸\cdot(-)-碱
\end{matrix}
\Big\}非对映体
$$

生成的非对映体可以采用分步结晶法将其分离,然后加强酸使盐分解,得到原来的对映体。

$$
\begin{matrix}
(+)-酸\cdot(-)-碱 \\
\quad\quad +HCl \\
(-)-酸\cdot(-)-碱
\end{matrix}
\begin{matrix}
\longrightarrow (+)-酸+(-)-碱\cdot HCl \\
\\
\longrightarrow (-)-酸+(-)-碱\cdot HCl
\end{matrix}
$$

　　如对映体是有机碱,则用旋光性的酸(如酒石酸)作拆分剂:

$$
对映体
\begin{cases}
(+)-碱 \\
\quad\quad +(+)-酸 \\
(-)-碱
\end{cases}
\begin{matrix}
\longrightarrow (+)-碱\cdot(+)-酸 \\
\\
\longrightarrow (-)-碱\cdot(+)-酸
\end{matrix}
\Big\}非对映体
$$

$$
\begin{matrix}
(+)-碱\cdot(+)-酸 \\
\quad\quad +碱 \\
(-)-碱\cdot(+)-酸
\end{matrix}
\begin{matrix}
\longrightarrow (+)-碱+(+)-酸与碱形成的盐 \\
\\
\longrightarrow (-)-碱+(+)-酸与碱形成的盐
\end{matrix}
$$

　　例如,$(\pm)$-乳酸(dl-乳酸)的拆分采用比旋光度$[\alpha]_D$为$-133°$的吗啡碱作拆分剂。

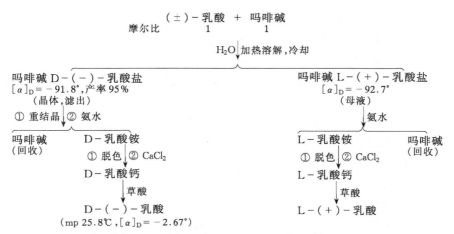

注：D,L是表示立体异构构型的一种方法,来源于D-(+)-甘油醛与L-(-)-甘油醛(见第十三章糖类化合物有关部分)。

二、微生物或酶作用下的拆分

微生物或酶作用下的拆分方法,也称为生物化学拆分法。微生物及其产生的酶,都具有不对称分解作用,酶是生物化学反应中具有高度专一的手性催化剂,对光学异构体同样具有高度的选择性,只与对映体中某一种旋光异构体作用,而不与另一种异构体作用,因此可以利用微生物或直接采用酶将对映体拆分为纯的光学异构体。由于多数的氨基酸(±)不大容易用一般的化学方法进行拆分,所以微生物或酶作用下的拆分,对制备旋光性的氨基酸具有非常重要的价值。例如,猪肾酰化酶用于D,L-丙氨酸的拆分:

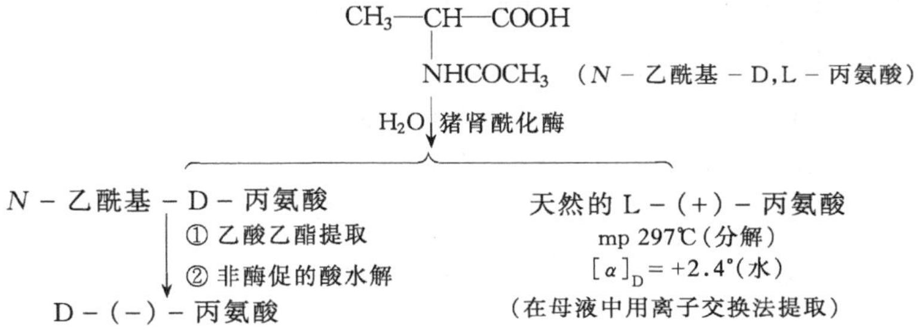

$$CH_3—CH—COOH$$
$$NHCOCH_3 \quad (N-乙酰基-D,L-丙氨酸)$$

$$H_2O \downarrow 猪肾酰化酶$$

$N-$乙酰基$-D-$丙氨酸
① 乙酸乙酯提取
② 非酶促的酸水解
$D-(-)-$丙氨酸

天然的$L-(+)-$丙氨酸
mp 297℃(分解)
$[\alpha]_D = +2.4°(水)$
(在母液中用离子交换法提取)

三、色谱分离法

采用不对称的化合物如淀粉、蔗糖粉、乳糖粉等作为柱色谱的吸附剂,使外消旋体拆分为旋光性的异构体,实际上具有手性的吸附剂与待拆分的对映体中两种异构体分别生成了非对映体,由于其稳定性有差异,其中一个非对映体会被吸附得较牢固,另一个则吸附得松弛,因此在用溶剂洗提时,后者更容易通过吸附剂柱并优先被洗脱,从而可以达到拆分外消旋体的目的。

如 D,L-丙氨酸可以淀粉作为吸附剂,水作洗提溶剂,使 D-(-)-丙氨酸先被洗脱出来。以羊毛或酪朊作吸附剂,水作洗提溶剂,对 D,L-苦杏仁酸进行拆分,D-(-)-苦杏仁酸先被洗脱。

非光学活性的吸附剂也可以用旋光性的化合物处理,如(+)-酒石酸吸附在多孔的氧化铝上,就形成了手性吸附剂,可用来拆分对映体。以(+)-酒石酸处理的氧化铝作为吸附剂,石油醚-丙酮(1∶1)作为洗提溶剂,对 D,L-苦杏仁酸进行拆分,L-(+)-苦杏仁酸先被洗脱。

同理,如果在合成树脂中引入不对称的碱性基团、酸性基团或氨基酸,所得到的离子交换树脂可用来拆分外消旋的酸、胺和氨基酸等。

外消旋体还可以通过气相色谱法来拆析,采用非光学活性的色谱柱时,待拆析的外消旋体要先制成非对映体的混合物,然后升温使其气化,由气体携带通过固定液色谱柱,由于固定液与两个非对映体之间络合能力之差异,在气-液两相的分配系数不相等,从而达到使两个异构体分离的目的。

如果采用光学活性的固定液色谱柱,因其能选择性地吸附某种异构体,故可将对映体直接拆分为两个光学纯的异构体。例如羊毛或酪朊能在(±)-扁桃酸的水溶液中选择性地吸附(+)-扁桃酸。利用酒石酸乙酯作为固定液色谱柱,成功地将仲丁醇进行拆析。

习　题

1. 找出下列化合物分子中的手性碳原子(用星号 * 表示手性碳原子),如该化合物分子有手性,写出其所有的对映异构体。

(1) CH_3—CHD—CH_2OH　　　　(2) CH_3CHOH—$CHOHCH_3$

(3) $HOOC$—CHBr—CHOH—COOH　　(4) CH_3CHOH—CHOH—CHOH—CH_3

(5) 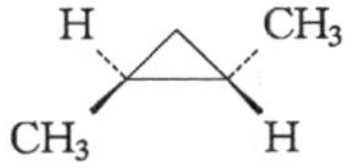 　　　　　　　(6)

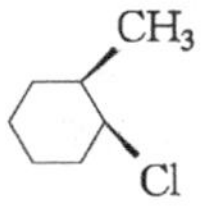

(7) $CH_3CH_2CHBrCH$=CH_2

2. 判断下列化合物分子有无手性,如有手性,写出其对映体。

(1) 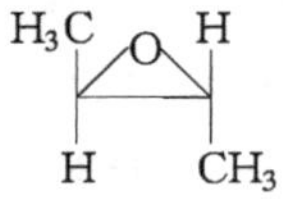 　　　　　　(2)

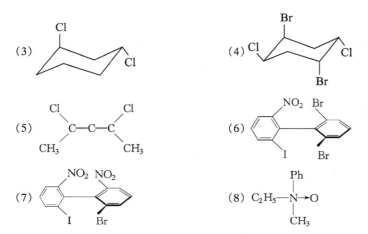

3. 指出下列对映异构体的构型是 R 还是 S？

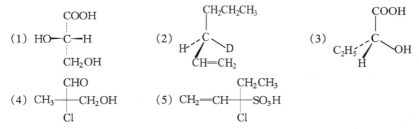

4. 写出下列化合物分子所有立体异构体的构型，并用 R,S 标记法标出对映体及内消旋体的构型。

(1) $HOCH_2CHCl—CHCl—CH_2OH$　　(2) $HOOC—CHCl—CHOH—COOH$

(3) [环丁烷，1,2位各带 CH_3]　　(4) [环己烷，带 OH 和 HO]　　(5) [环己烷，带 OH 和 Cl]

5. 在下列构型式中哪些与 $(R)-2-$丁醇属相同构型？哪些属对映体？

(1) $CH_3CH_2—\overset{\underset{\displaystyle CH_3}{|}}{\overset{\displaystyle H}{|}}—OH$　　　　(2) $CH_3—\overset{\underset{\displaystyle C_2H_5}{|}}{\overset{\displaystyle H}{|}}—OH$

(3) $CH_3—\overset{\underset{\displaystyle H}{|}}{\overset{\displaystyle OH}{|}}—C_2H_5$　　　　(4) $H—\overset{\underset{\displaystyle C_2H_5}{|}}{\overset{\displaystyle OH}{|}}C—CH_3$

(5) 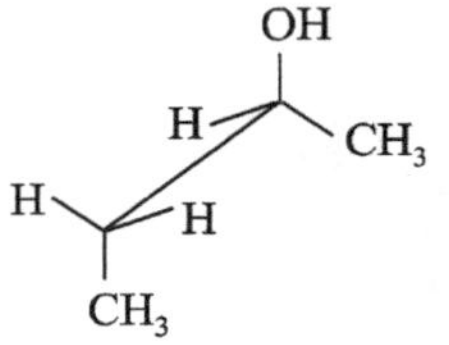 〔结构式〕

(6) 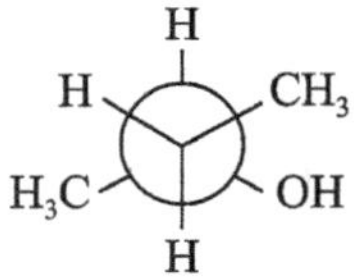 〔结构式〕

6. 判断下列各对化合物是否属于对映体、非对映体、顺反异构体或同一化合物。

(1) 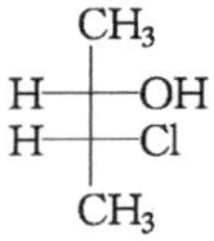 〔费歇尔投影式〕 与 〔费歇尔投影式〕

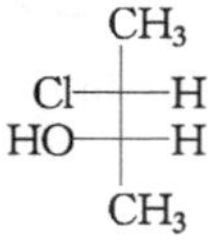

(2) 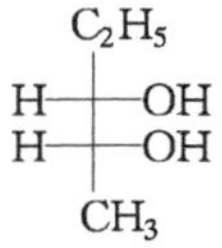 〔费歇尔投影式〕 与 〔结构式〕

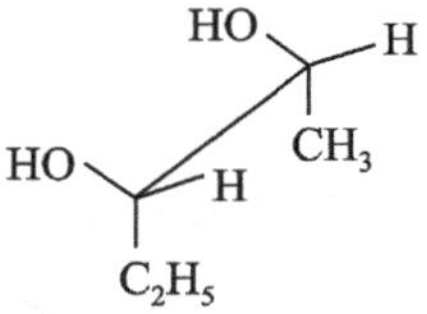

(3) 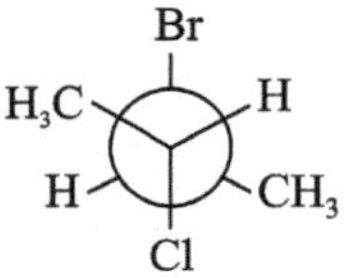 〔纽曼投影式〕 与 〔纽曼投影式〕

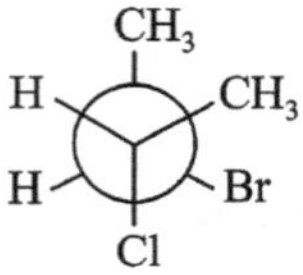

(4) 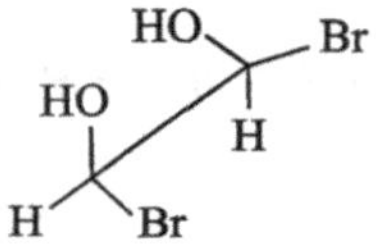 〔锯架式〕 与 〔锯架式〕

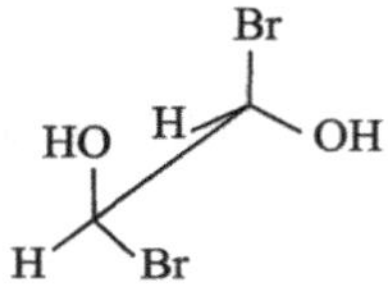

(5) 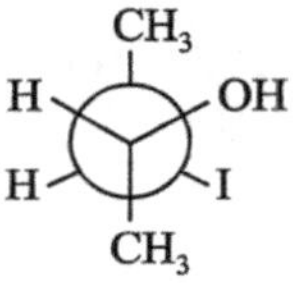 〔纽曼投影式〕 与 〔纽曼投影式〕

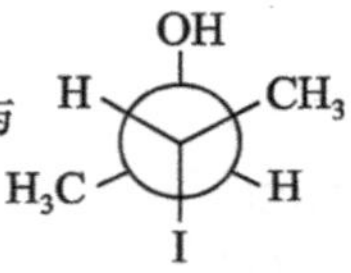

(6) 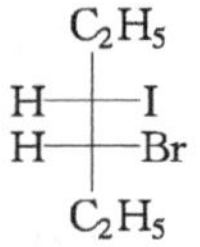 〔费歇尔投影式〕 与 〔费歇尔投影式〕

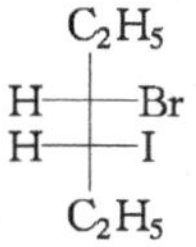

(7) 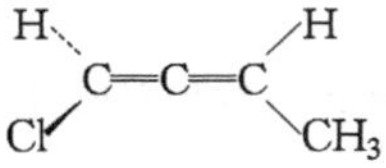 〔丙二烯结构式〕 与 〔丙二烯结构式〕

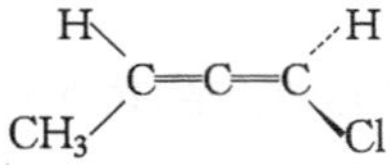

(8)  〔环己烷椅式〕 与 〔环己烷椅式〕

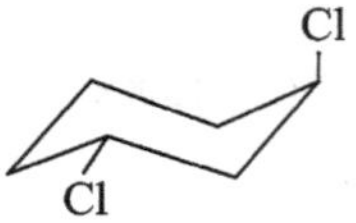

7. 写出(2R,3S)-2,3-二氯丁烷分子的费歇尔投影式、锯架式和纽曼投影式构象。

8. 在2,3-二氯丁烷的下列三个纽曼投影式中,哪两个互为对映体? 哪个是内消旋体? 用 R,S 对其构型进行命名。

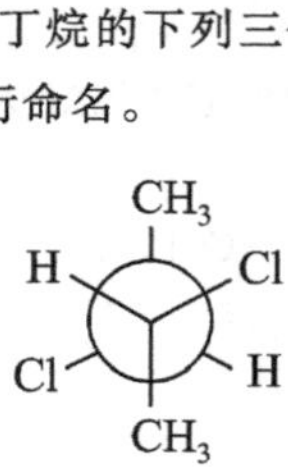

(A) 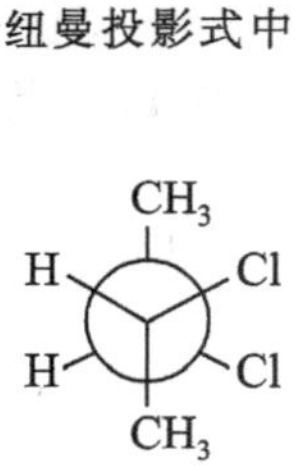　　　　　　　(B) 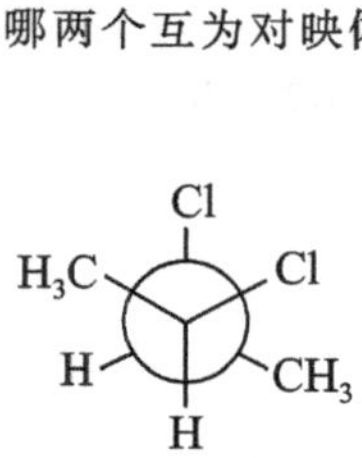　　　　　　　(C)

9. 写出下列化合物所有的立体异构体的构型。

(1) 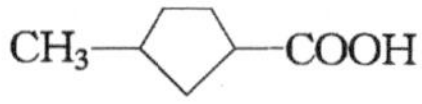 CH_3—〔环戊烷〕—$COOH$

(2) 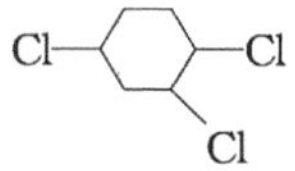 Cl—〔环己烷〕—Cl，Cl

10. 写出 1,2,3,4,5,6-环己六醇(肌醇)所有顺反异构体的构型式;指出哪些具有手性,写出其对映异构体的构型式。

11. 化合物 A(C_8H_{12})具有光学活性,在 Pt 催化下加氢生成 B(C_8H_{18}),B 无光学活性,用林德拉催化剂氢化 A 得 C(C_8H_{14}),C 有光学活性。A 被钠和液氨还原则得到无光学活性的 D(C_8H_{14})。试推测 A、B、C、D 的结构。

12. 某化合物 A(C_6H_{12}),能使溴水褪色,无旋光性,用 H_3PO_4 催化加一分子水后得到一种旋光性的醇 B($C_6H_{14}O$),若将 A 用稀 $KMnO_4$ 氧化得内消旋的二元醇 C($C_6H_{14}O_2$),试推测 A、B、C 的结构。

第六章 卤代烃

(Halohydrocarbon)

烃分子中的一个或多个氢原子被卤素取代而生成的化合物,总称为卤代烃。其中卤原子是卤代烃的官能团。

一般说来,卤代烃的性质比烃活泼得多,能发生多种化学反应,转化成其他类型的化合物。所以在分子中引入卤原子,往往是改造分子性能的第一步,在有机合成中起着桥梁作用。

有些卤代烃可用作溶剂、农药、制冷剂、灭火剂和防腐剂等,在医药工业中也具有重要的意义。由此可见,它是一类很重要的化合物。

自然界存在的含卤有机物数目甚少,但它们往往具有重要的生理功能。例如:氯霉素,最初是从土壤微生物中分离得到的一种抗生素,现已能用合成方法大规模生产。甲状腺素是一种含碘的氨基酸,在生理上的作用广为人知。泰雅紫是一种溴代芳烃,古代罗马人将其从紫色软体动物中分离出来,用作染料。由于产量极少,只能供帝王使用,而现代人已有更多、更好的方法,合成大量的优质染料,满足人们越来越高的生活需求。

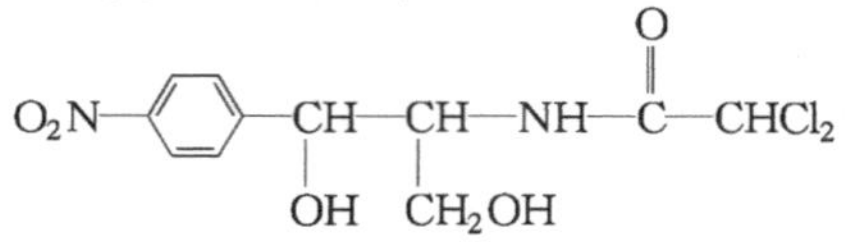

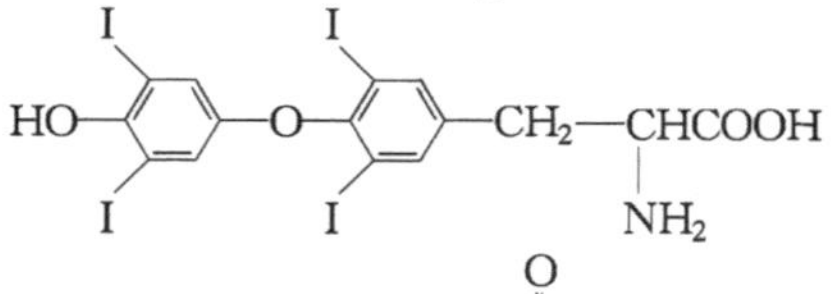

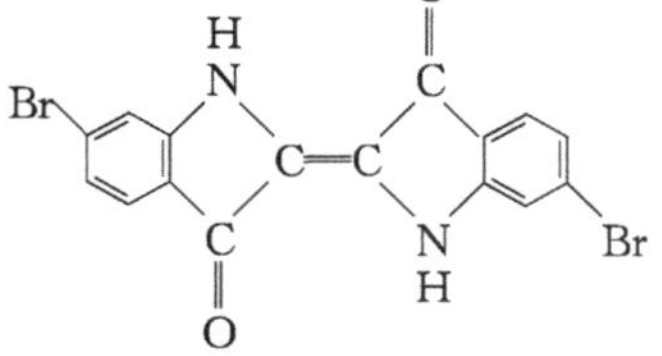

近代对海洋天然产物的研究,发现海洋生物含有很多共价结合的含卤有机物,这显然与海水中富含卤素有关。例如,从海藻中可分离到结构如(Ⅰ)式所示的化合物,而(Ⅱ)式是从海绵中分离到的氯代物。

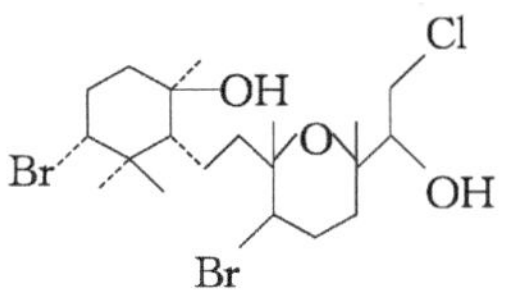

（Ⅰ） 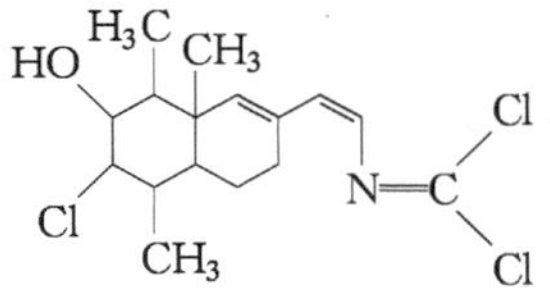 （Ⅱ）

只含有 C、H、X 的简单卤代烃，自然界并不多见。绝大多数的卤代物都是人工合成的。

一、卤代烃的分类和命名

1. 分类

根据分子中含有卤原子数目的多少，可将卤代烃分为：一卤代烃，如 CH_3CH_2Cl；二卤代烃，如 CH_2Cl_2；多卤代烃，如 $CHCl_3$ 及 CCl_4。

根据分子中烃基种类的不同，卤代烃可分为饱和卤代烃（又称卤代烷）、不饱和卤代烃（卤代烯烃、卤代炔烃等）和芳香卤代烃，例如：

CH_3CH_2Br $CH_2{=}CH{-}Cl$

溴乙烷   氯乙烯 β - 溴萘（2 - 溴萘）

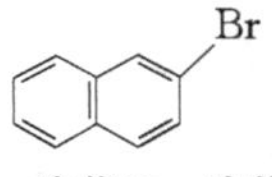

根据卤原子直接相连的碳原子类型不同，又可将卤代烃分为：1°卤代烃（伯卤代烃）——X 与 1°C 直接相连，如 $RCH_2{-}X$、$CH_3CH_2{-}Cl$；2°卤代烃（仲卤代烃）——X 与 2°C 直接相连，如 $R_2CH{-}X$、$(CH_3)_2CH{-}Cl$；3°卤代烃（叔卤代烃）——X 与 3°C 直接相连，如 $R_3C{-}X$、$(CH_3)_3C{-}Cl$。

2. 命名

（1）普通命名法 此法适用于结构较简单的卤代烃，采用相应烃或烃基的名称来命名。例如：

$CH_3CH_2CH_2Cl$ $CH_2{=}CH{-}CH_2Cl$ $CH_3{-}CH{=}CHCl$

氯代丙烷（正丙基氯）   烯丙基氯   丙烯基氯

（2）系统命名法

（a）饱和卤代烃的命名 选择含有卤原子的最长碳链作主链，从靠近卤素一端编号。例如：

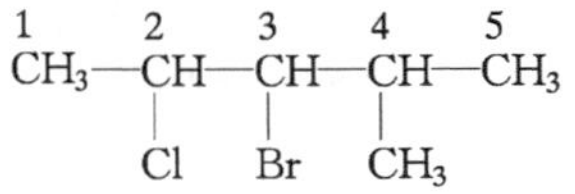

4 - 甲基 - 2 - 氯 - 3 - 溴戊烷
(3 - bromo - 2 - chloro - 4 - methylpentane)

　　(b) 卤代烯烃的命名　　选择既带卤素又含双键的最长碳链作主链,但需保持双键的位次号最小。例如:

$$CH_2\!=\!CH\!-\!CH_2\!-\!Cl$$

3-氯-1-丙烯(3-氯丙烯)

(3-chloro-1-propene)

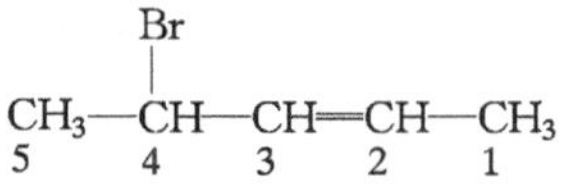

$$\underset{5}{CH_3}\!-\!\underset{4}{\overset{\overset{\textstyle Br}{|}}{CH}}\!-\!\underset{3}{CH}\!=\!\underset{2}{CH}\!-\!\underset{1}{CH_3}$$

4-溴-2-戊烯

(4-bromo-2-pentene)

　　(c) 卤代脂环烃及卤代芳烃的命名　　选用脂环或芳烃作母体,卤素原子为取代基。例如:

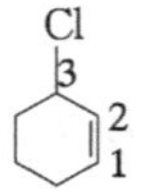

3-氯-1-环己烯(3-氯环己烯)

(3-chloro-1-cyclohexene)

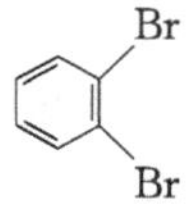

1,2-二溴苯

(1,2-dibromobenzene)

二、卤代烃的制备

前面已经介绍过几种方法,现总结如下。

1.烷烃的光卤化。

2.烯烃加卤素及加卤化氢,烯烃的 α-H 被卤素取代。

3.芳烃在催化剂的作用下,在苯环上发生亲电取代或在无催化剂作用时,在光照或加热条件下,发生侧链上 α-H 被卤素取代的反应。

4.用 NBS 溴化

NBS(N-溴代丁二酰亚胺)是对烯丙型化合物中 α-H 进行溴化的有效试剂。结构如下:

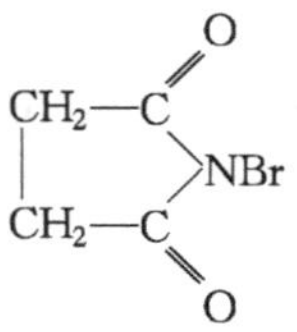

N-溴代丁二酰亚胺

(N-bromosuccinimide)

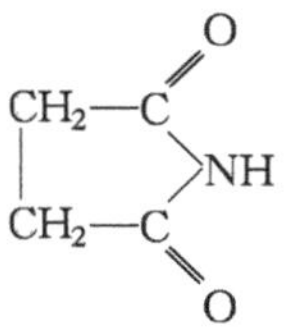

丁二酰亚胺

(succinimide)

　　当丙烯在光照或加热条件下与溴反应时,很难使溴化停留在一元溴化的阶段,还会生成二元取代或三元取代的溴化产物:

$$CH_3\!-\!CH\!=\!CH_2 \xrightarrow[\text{或高温}]{Br_2,h\nu} BrCH_2\!-\!CH\!=\!CH_2 + Br_2CH\!-\!CH\!=\!CH_2$$

若采用 NBS 即可将溴化有效地控制在一元溴化的阶段,产率较高。由于是游离基机理的反应,所以反应时往往加入少量过氧化物作为引发剂。例如:

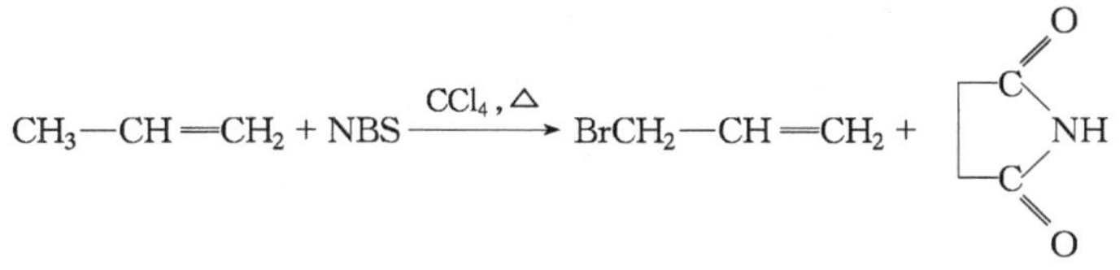

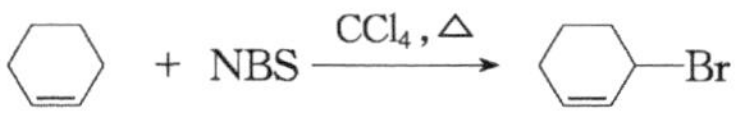

$$CH_3—CH=CH_2 + NBS \xrightarrow{CCl_4,\triangle} BrCH_2—CH=CH_2 +$$

$$+ NBS \xrightarrow{CCl_4,\triangle} \text{（环己烯）}—Br \quad 85\%$$

$$\text{（甲苯）}—CH_3 + NBS \xrightarrow[CCl_4]{过氧化物} \text{（苯）}—CH_2Br \quad 64\%$$

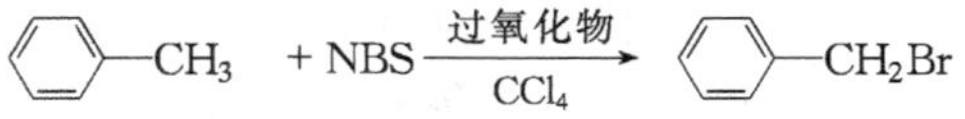

下面我们再研究一些没有学习过的合成方法。

5. 氯甲基化反应

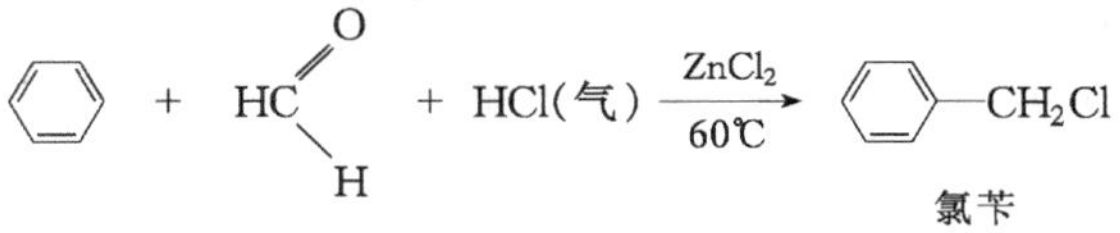

$$\text{（苯）} + HC\overset{O}{\underset{H}{}} + HCl(气) \xrightarrow[60℃]{ZnCl_2} \text{（苯）}—CH_2Cl$$

氯苄

除了氯化锌可用作催化剂外,其他的路易斯酸如三氯化铝、四氯化锡、醋酸等也可用作催化剂。此反应在有机合成上很有用,因为氯甲基可较容易地转化为羟甲基、醛基等基团。

各种取代芳烃发生氯甲基化反应时,反应的难易因原取代基而异。邻对位定位基使反应易于进行,间位定位基使反应难以进行。

一元烷基苯反应时,主要得到对位产物,邻位取代产物较少。

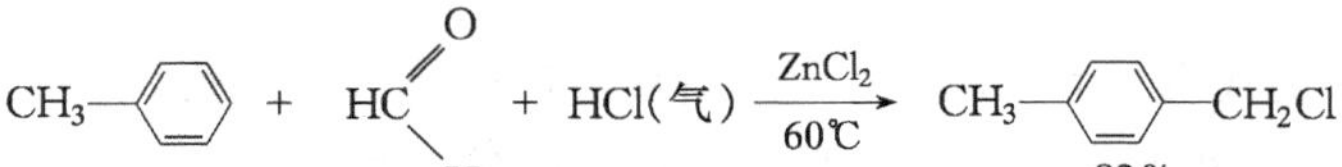

$$CH_3—\text{（苯）} + HC\overset{O}{\underset{H}{}} + HCl(气) \xrightarrow[60℃]{ZnCl_2} CH_3—\text{（苯）}—CH_2Cl$$
$$82\%$$

多元烷基苯反应时,甚至不加催化剂反应就能顺利完成;酚类化合物极易进行反应,但产物不易分离;芳香胺类化合物的情况与酚相似,得到氯甲基与氨基的缩合产物。

卤(代)苯、硝基苯、芳香酮等化合物的氯甲基化反应都难以进行,以致产率低或得不到预期的产物。

6. 由醇制备

醇与恒沸的氢卤酸反应,分子中的碳氧键断裂,羟基被卤素取代,生成卤代烷和水,这是制取卤代烷的重要方法之一。

$$ROH + HX(恒沸) \rightleftharpoons RX + H_2O$$

　　醇与 $PX_3(X=Cl、Br、I)$，PX_5，$SOCl_2$（亚硫酰氯）反应，也可将羟基转换成卤原子，制取卤代烷（详见第八章第一节）。

$$3ROH + PX_3 \longrightarrow 3RX + P(OH)_3$$

$$ROH + PX_5 \longrightarrow RX + POX_3 + HX$$

$$ROH + SOCl_2 \xrightarrow{\text{吡啶}} RCl + SO_2 \uparrow + HCl \uparrow$$

三、卤代烃的物理性质

　　纯净的卤代烷都是无色的，但碘代烷长期放置后，会分解出游离的碘而呈棕红色。卤代烷不溶于水，能溶于醇、醚、烃类等有机溶剂中，某些卤代烷本身就是很好的有机溶剂。卤代烷的沸点随分子中碳原子数的增加而升高。若碳原子数相同，其沸点为：碘代烷＞溴代烷＞氯代烷。一卤代烷的蒸气有毒，且有令人不愉快的气味。随着卤代烷分子中卤原子数的增加，相对密度增大，可燃性降低。一些低级的卤代烷在铜丝上燃烧时，产生绿色火焰，可作为鉴定卤代烷的简易方法。

四、卤代烃的化学性质

　　在卤代烷分子中，由于卤原子的电负性比碳大，使得组成 C—X 键的一对电子偏向卤原子，碳上带有部分正电荷，容易受到亲核试剂的进攻，卤原子带着一对电子离去，生成卤原子被取代的产物。

　　1．取代反应

　　由于卤代烷分子中的卤原子可以被其他的原子或基团取代，生成其他类别的化合物，所以卤代烷是一类重要的有机合成中间体。在实验室中常用活性较好的碘代烷、溴代烷，而在工业生产上则常用价格便宜的氯代烷。

　　（1）水解　卤代烷与氢氧化钠或氢氧化钾水溶液反应，卤原子被羟基取代，生成醇。

$$RX + H_2O \rightleftharpoons \underset{\text{醇}}{ROH} + HX \quad （可逆反应，反应慢，OH^- 取代了 X^-）$$

$$RX + H_2O \xrightarrow{NaOH} \underset{\text{醇}}{ROH} + HX$$

　　（2）醇解　卤代烷与醇钠反应，卤原子被烷氧基取代，生成醚。

$$RX + NaOR' \longrightarrow \underset{\text{醚}}{ROR'} + NaX$$

这种制醚的反应叫作威廉森（Williamson）反应。

　　（3）氰解　卤代烷与氰化钠或氰化钾反应，卤原子被氰基取代，生成腈化物。这是个增长碳链的反应。该反应只适用于伯卤代烷。

$$RX + NaCN \xrightarrow{\text{醇}} \underset{\text{腈}}{R-CN} + NaX$$

R—C≡N 中有三键,可以通过一系列反应制备其他种类的化合物:

$$R-C\equiv N \xrightarrow{H_2O} \underset{\text{酰胺}}{R-\overset{\displaystyle O}{\overset{\|}{C}}-NH_2} \xrightarrow{H_2O} \underset{\text{羧酸}}{R-\overset{\displaystyle O}{\overset{\|}{C}}-OH}$$

$$R-C\equiv N \xrightarrow{[H]} \underset{\text{胺}}{R-CH_2-NH_2}$$

（4）氨解 卤代烷与氨反应,卤原子被氨基取代,生成胺。此反应的产物胺,可继续与 RX 作用,逐步生成 R_2NH、R_3N 及 $R_4N^+X^-$（季铵盐）,若用过量的胺,可主要制得一级胺(伯胺)。

$$RX + NH_3（过量） \longrightarrow \underset{\text{一级胺}}{R-NH_2} + HX$$

（5）与硝酸银乙醇溶液反应 卤代烷与硝酸银乙醇溶液反应,生成硝酸酯并有卤化银沉淀析出。

$$RX + AgNO_3 \xrightarrow{EtOH} RONO_2 + AgX\downarrow$$

该反应可用作鉴定区别卤代烃中卤素的活泼性。

（6）与碘化钠丙酮溶液反应 氯代烷或溴代烷可与碘化钠的丙酮溶液反应,生成碘代烷。

$$RX + NaI \xrightarrow{\overset{\displaystyle O}{\overset{\|}{CH_3CCH_3}}} RI + NaX \quad (X = Cl, Br)$$

该反应可用来合成碘代烷,也可用来鉴定氯或溴代烃中氯或溴原子的活泼性。

综合归纳起来,以上反应均有一个共同的特点:

$$R\overset{\delta+}{-}CH_2 \xrightarrow{\quad\overset{Y}{\frown}\quad} X^{\delta-} \longrightarrow R-CH_2-Y + X^-$$

式中 Y = OH^-, ^-OR, ^-CN, NH_3, I^-, $^-ONO_2$, $^-C\equiv CR$。Y 是带负电性的原子或原子团以及带孤对电子的中性分子,是亲核试剂,它总是进攻电子云密度小的碳(α-C)。由亲核试剂的进攻而发生的取代反应叫作亲核取代反应,用符号"S_N"表示。这是研究得相当透彻的一类反应,分为单分子亲核取代反应(S_N1)

和双分子亲核取代反应(S_N2)两种机理。

2．消除反应

RX 的消除反应是其在碱的作用下，失去一个小分子化合物（HX），得到一个不饱和烃的反应。例如：

$$CH_3CH_2CH_2 \overset{\overset{\displaystyle Br}{|}}{\underset{\alpha}{CH_2}} \xrightarrow[EtOH]{KOH} CH_3CH_2CH = CH_2 + HBr$$

β α

消除反应的方向遵从查依采夫（Saytzeff）规则，总是从相邻的含氢少的碳上（$\beta - C$）脱去氢，主要生成双键两端连有烃基最多的烯烃。这种消除反应称为 $\beta -$ 消除反应。例如：

$$CH_3CH_2CH_2 \overset{\overset{\displaystyle Br}{|}}{CHCH_3} \xrightarrow[EtOH]{KOH} CH_3CH_2CH = CHCH_3 + CH_3CH_2CH_2CH = CH_2$$

β β'

2 个取代基，81 %　　　　　　1 个取代基，19 %

$$CH_3CH_2CH_2 \overset{\overset{\displaystyle Br}{|}}{\underset{\underset{\beta'}{CH_3}}{\overset{|}{C}}} CH_3 \xrightarrow[EtOH]{KOH} CH_3CH_2CH = \overset{}{\underset{CH_3}{C}} - CH_3 + CH_3CH_2CH_2 - \overset{}{\underset{CH_3}{C}} = CH_2$$

β β'

3 个取代基，71 %　　　　　　2 个取代基，~28 %

值得注意的是：当用 $NaOH/H_2O$ 时主要生成取代的产物；用 $NaOH/EtOH$ 时主要生成消除的产物。取代反应和消除反应是一对竞争的反应，当试剂（指亲核试剂）进攻 $\alpha -$ 碳时发生取代反应，试剂（指碱）进攻 $\beta -$ 氢时发生消除反应。碱性与亲核性是有区别的，碱性是指与 H^+ 结合的性质，亲核性则是与 C^+ 结合的性质。一个碱性试剂的强弱往往与其亲核性是一致的，但也有不一致的情况。

3．与金属的反应

（1）与金属镁的反应，有机镁化合物　卤代烃与金属镁反应，生成的烃基卤化镁又称为格利雅试剂（Grignard reagent），简称为格氏试剂。

$$RX + Mg \xrightarrow{干乙醚} RMgX$$

这是 1900 年法国化学家格利雅（Grignard）发现的，在有机合成中有着广泛的应用，可以合成许多有机官能团化合物。为此在 1912 年格利雅获得了诺贝尔化学奖。

反应时所用的乙醚，不仅起了溶剂的作用，而且与烃基卤化镁生成了电子授受络合物。详见下图：

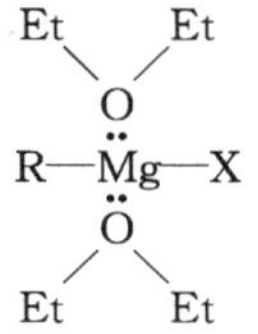

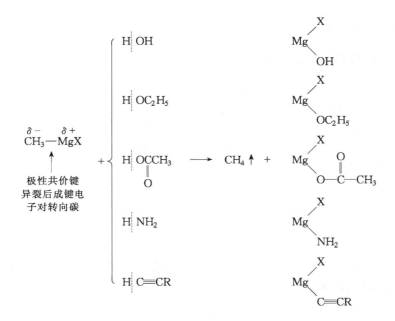

卤代烃生成格氏试剂由易到难的顺序为：$RI > RBr > RCl$。用得较多的是溴代烃。

卤代烃生成格氏试剂时的产率由高到低的顺序为：$RCH_2X > R_2CHX > R_3CX$。

格氏试剂（RMgX）与含有活泼氢的化合物（如 H_2O，ROH，RCOOH，NH_3 等）反应，生成相应的烃（RH）。所以，在制备格氏试剂时，必须用无水的乙醚（或四氢呋喃）作溶剂，以避免格氏试剂被水分解。

若用 CH_3MgX 与具有活泼氢的化合物反应，产生甲烷，从甲烷的体积可以测得活泼氢的含量。

（2）与金属锂的反应，有机锂化合物 卤代烃与金属锂反应，再与碘化亚铜作用，生成的二烃基铜锂是良好的烃基化试剂。

$$RCl + 2Li \longrightarrow RLi + LiCl$$

$$2\ RLi\ +\ CuI \longrightarrow R_2CuLi\ +\ LiI$$

碘化亚铜 二烃基铜锂

例如：

$$CH_3CH_2CH_2CH_2Cl + 2Li \xrightarrow[\text{低温}]{\text{惰性溶剂}} CH_3CH_2CH_2CH_2Li + LiCl$$

$$2\ CH_3CH_2CH_2CH_2Li + CuI \longrightarrow (CH_3CH_2CH_2CH_2)_2CuLi$$

二丁基铜锂

二烃基铜锂称为有机铜锂试剂，对于一些有机镁不易起反应的化合物常用有机锂化合物与其反应，以求得到预期的目标物。例如：

不活泼，不能与格氏试剂很好地作用

$$\underset{H_3C}{\overset{H_3C}{>}}C=C\underset{CH_3}{\overset{Br}{<}} + (CH_3)_2CuLi \longrightarrow \underset{H_3C}{\overset{H_3C}{>}}C=C\underset{CH_3}{\overset{CH_3}{<}}$$

保持原构型不变

4. 还原反应

卤代烷还原可制得烷烃。

$$RX \xrightarrow{[H]} RH$$

常用的还原剂有：HI，$Zn + HCl$，$Na + EtOH$，催化氢解，$LiAlH_4$，$NaBH_4$ 等。

五、亲核取代反应机理

卤代烷的水解、醇解、氰解及氨解等反应都属于亲核取代反应。在研究此类反应机理的过程中发现：某些卤代烷水解反应的速率仅与卤代烷的浓度有关，而另一些卤代烷水解反应的速率不仅与卤代烷的浓度有关，而且还与碱的浓度有关，这表明卤代烷的水解是经过两种不同的反应机理进行的。

1. 单分子亲核取代（S_N1）

$$\underset{CH_3}{\overset{CH_3}{CH_3-\overset{|}{\underset{|}{C}}-Br}} + OH^- \longrightarrow \underset{CH_3}{\overset{CH_3}{CH_3-\overset{|}{\underset{|}{C}}-OH}} + Br^-$$

动力学研究表明：这是个一级反应，反应速率与反应物浓度的一次方成正比，与亲核试剂的浓度无关。

$$v = k[(CH_3)_3C-Br]$$

这个反应是由两个基元反应组成的：

$$\underset{CH_3}{\overset{CH_3}{CH_3-\overset{|}{\underset{|}{C}}-Br}} \underset{慢}{\rightleftharpoons} \underset{CH_3}{\overset{CH_3}{CH_3-\overset{|}{\underset{|}{C^+}}}} + Br^- \qquad ①$$

$$CH_3-\underset{\underset{CH_3}{\mid}}{\overset{\overset{CH_3}{\mid}}{C}}{}^{+} + OH^- \xrightarrow{\text{快}} CH_3-\underset{\underset{CH_3}{\mid}}{\overset{\overset{CH_3}{\mid}}{C}}-OH \qquad\qquad ②$$

当一个反应由一个以上的基元反应组成时,整个反应的总速率由最慢的基元反应起决定作用,因此基元反应①是决定叔丁基溴在碱性溶液中水解反应速率的关键步骤,说明只有$(CH_3)_3C-Br$参与了决定反应速率的关键步骤,在这一步骤里分子中的$C-Br$键异裂,生成了$(CH_3)_3C^+$。

这也可以从叔丁基溴水解反应进程的能量曲线图得到说明(图6-1):由于基元反应①的活化能ΔE_1比基元反应②的活化能ΔE_2高,整个反应的速率取决于基元反应①。

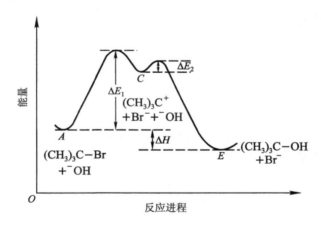

图6-1 叔丁基溴水解反应的能量曲线

由于在决定反应速率的关键步骤中,只有一种分子发生了共价键的断裂,因而称为单分子亲核取代,可用S_N1表示(S、N分别为$Substitution$、$Nucleophilic$的字首,1表示单分子)。

2. 双分子亲核取代(S_N2)

$$CH_3Br + OH^- \longrightarrow CH_3OH + Br^-$$

动力学研究表明:

$$v = k[CH_3Br][OH^-]$$

反应速率不仅与卤代烃的浓度有关,而且会随OH^-浓度的变化而变化,并且与两者浓度的乘积成正比,是个二级反应。说明CH_3-Br和OH^-都参与了决定反应速率的关键步骤,反应是一步进行的。

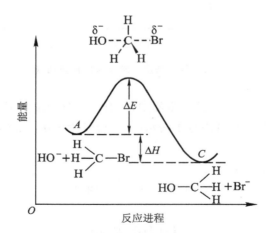

由于 OH^- 受溴原子电子效应与空间效应的影响,从最有利的位置即 C—Br 键的背面进攻 α-C,形成过渡态:OH^- 与 α-C 部分成键,而新键还没有完全生成,Br^- 与 α-C 部分断键,且旧键还没有完全断裂的状态,即 C—Br 键的断裂与 C—O 键的形成处于"均势"时的状态。

随着 Br^- 逐渐离去,OH^- 与 α-C 之间的键逐渐形成,α-C 原子由 sp^3 杂化转变为 sp^2 杂化后又转变为 sp^3 杂化状态,最终生成了水解产物。

此时溴甲烷分子中的三个氢原子,由原来都指向左方而转化为都指向右方,这种构型的转化称为瓦尔登(Walder)翻转。瓦尔登翻转是反应按 S_N2 机理进行的重要标志。

像这样一步进行的反应,称作协同反应。由于反应是一步完成的,反应速率与两种化合物的浓度都有关系,因而称为双分子亲核取代反应,可用 S_N2 表示(2 表示双分子)。

这也可以从溴甲烷水解反应进程的能量曲线图得到说明(图 6-2):过渡态(图中曲线的能量最高点处)的形成,既决定于 OH^- 的浓度,又决定于 CH_3Br 的浓度,整个反应是协同进行的。

图 6-2 溴甲烷水解反应的能量曲线

3.影响 S_N1、S_N2 机理和速率的因素

影响 S_N1 与 S_N2 机理和速率的因素很多,如卤代烃本身的结构,离去基团的性质,亲核试剂的性质,溶剂的极性等。

（1）结构因素 对于按 S_N1 机理进行的反应,关键在于碳正离子是否容易生成,其稳定性如何。因为碳正离子的稳定性为:$3°R^+ > 2°R^+ > 1°R^+ > {}^+CH_3$,所以 $3°RX$ 最容易发生 S_N1 机理的取代反应。不同级数卤代烷的反应速率为:$3°RX > 2°RX > 1°RX > CH_3X$。例如,R—Br 在甲酸中进行水解反应的相对速率为:

R—Br	$(CH_3)_3C$—Br	$(CH_3)_2CH$—Br	CH_3CH_2—Br	CH_3—Br
相对速率	1.2×10^6	11.60	1.00	1.00

此外,卤代烃在按 S_N1 机理进行反应时的活泼性,可以从它们与 $AgNO_3$ – EtOH 溶液作用,生成硝酸酯的反应得到说明。

$$RX + AgNO_3 \xrightarrow{EtOH} RONO_2 + AgX\downarrow$$

由于 Ag^+ 能与 X^- 结合生成 AgX 沉淀,有利于 C—X 的断裂,生成碳正离子,因此这时的亲核取代反应按 S_N1 机理进行。实验表明:烯丙式和苄基式卤代烃(通式为:R—CH＝CH—CH$_2$—X 和 ⟨苯环⟩—CH$_2$—X)的活性最大,室温下就能和 $AgNO_3$ – EtOH 溶液迅速反应生成 AgX 沉淀;孤立式卤代烯烃(通式为:R—CH＝CH—(CH$_2$)$_n$—X,$n \geq 2$)和卤代烷的活性次之,加热能生成 AgX 沉淀;乙烯式卤代烃和卤苯(通式为:R—CH＝CH—X 和 ⟨苯环⟩—X)的活性最差,即使加热也无 AgX 沉淀生成。

对于按 S_N2 机理进行的反应,反应的难易决定于过渡态形成的难易。因为在形成过渡态时,亲核试剂是从 C—X 键背面进攻 α-C 的,所以 α-C 上连接的烃基越多,亲核试剂进攻时遇到的空间位阻越大,过渡态的形成就越困难。此外,若 α-C 上连接的烷基越多,给电子效应越强,α-C 上的电子云密度越大,则亲核性减弱,不利于亲核试剂的进攻。如下图所示:

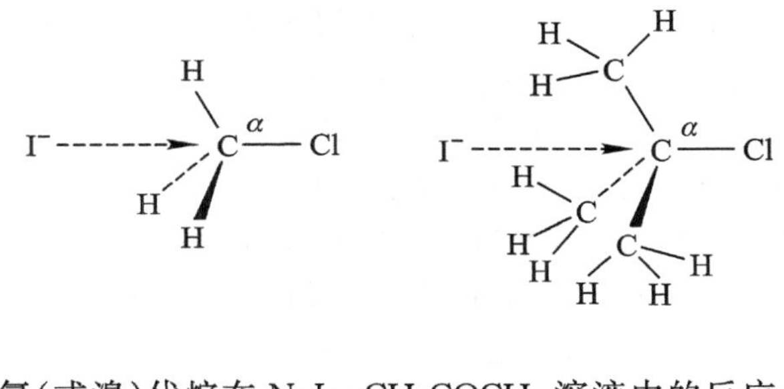

例如,氯（或溴）代烷在 NaI – CH_3COCH_3 溶液中的反应:

$$RX + NaI \xrightarrow{CH_3CCH_3} RI + NaX\downarrow \quad (X = Br, Cl)$$

实验表明:上述反应是按 S_N2 机理进行的。烯丙式和苄基式卤代烃(Br、Cl)的活性最大,在室温下迅速反应,有 $NaBr$ 或 $NaCl$ 沉淀析出;孤立式卤代烯烃和卤代烷的活性次之,在加热的情况下生成 $NaBr$ 或 $NaCl$ 沉淀;乙烯式卤代烃和卤苯在加热的条件下也无 $NaBr$ 或 $NaCl$ 沉淀析出。

卤代烷在按 S_N2 机理反应时的反应速率为:$CH_3X > 1°RX > 2°RX > 3°RX$。其相对反应速率如下:

R—Cl	CH_3Cl	CH_3CH_2Cl	$(CH_3)_2CHCl$	$(CH_3)_3C$—Cl
相对速率	93	1.0	0.0075	0.008
R—Br	CH_3Br	CH_3CH_2Br	$(CH_3)_2CHBr$	$(CH_3)_3C$—Br
相对速率	150	1.0	0.01	0.001

(2) 离去基团的性质　因为离去基团总是带着成键电子对离开中心碳原子的,与亲核试剂总是带着电子对向中心碳原子进攻时的情形恰好相反。因此,离去基团的碱性愈弱,愈容易离开中心碳原子,即反应物愈容易被取代。

离去基团的可极化性也影响到取代的活性。无论在 S_N1 或 S_N2 机理中,都牵涉到卤素的离去,一般说来,可极化性愈高,愈易离去,其取代活性也愈强。$C—X$ 键的可极化性为:$C—I > C—Br > C—Cl$。

当卤代烷分子中烷基相同、卤素不同时,卤代烷的反应速率(无论是 S_N1 或 S_N2)都是:$RI > RBr > RCl$。

(3) 亲核试剂的影响　对于 S_N1 机理来说,反应速率只取决于 RX 的解离,而与亲核试剂无关,因此亲核试剂性能的差别,对反应速率的影响不明显。

对于 S_N2 机理来说,亲核试剂参与了过渡态的形成,因此亲核性的改变对反应速率将产生一定的影响。当亲核试剂的浓度增大或亲核性增强时,反应速率加快。

常用的亲核试剂有:RO^-,HO^-,H_2O,ROH,CN^-,NH_3 等,它们都带有负电荷或是带有未共用电子对的中性分子。含未共用电子对者都是碱,因此往往可由碱性的强弱推断出其亲核性的强弱,且二者的强弱顺序有时确实是一致的。但是,由于亲核性指的是与碳原子的结合力,碱性指的是与质子的结合力,所以它们之间往往又是不一致的,存在着较为复杂的关系:

一个带负电荷的亲核试剂要比相应呈中性的试剂更活泼,如 $RO^- > ROH$。

具有相同进攻原子的亲核试剂,其亲核性与碱性一致。例如,下列试剂的碱性与亲核性的强弱顺序是一致的,由左到右,由强到弱:

$$RO^- > HO^- > ROH > H_2O$$

对同一族元素来说,在质子性溶剂中,亲核试剂的亲核性强弱与其碱性强弱相反。例如:

$$亲核性 \qquad I^->Br^->Cl^->F^-$$

$$碱性 \qquad I^-<Br^-<Cl^-<F^-$$

然而,在非质子性极性溶剂(如二甲亚砜、N,N－二甲基甲酰胺、六甲基磷酰胺)中,卤离子的亲核性与其碱性一致。

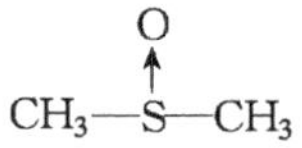

二甲亚砜 N,N－二甲基甲酰胺   六甲基磷酰胺

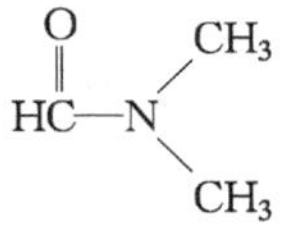

(DMSO)   (DMF)   (HMPA)

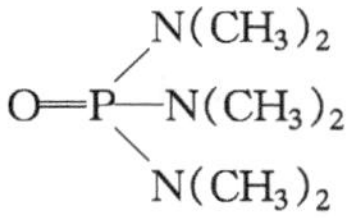

DMF、DMSO 等"代号"用起来较为方便,但必须以熟练掌握它们的结构为前提。

一般说来,亲核能力较强,而碱性较弱的试剂,有利于取代反应的发生;反之,则有利于消除反应的发生。为此,欲使卤代烷主要发生消除反应,通常用碱的醇溶液,而不用碱的水溶液,因为 RO^- 的碱性比 HO^- 强。

(4) 溶剂极性的影响   溶剂与分子或离子通过静电力而结合的作用叫做溶剂化作用。在极性大的溶剂中,离子由于溶剂化而被稳定。溶剂极性大,介电能力较大,有利于中性分子解离为离子。因此极性溶剂有利于按 S_N1 机理进行。

溶剂极性大小对 S_N2 机理也有影响,但情况比较复杂。一般说来,易使 RX 离子化的溶剂有利于反应按 S_N1 机理进行而不利于反应按 S_N2 机理进行。

六、消除反应机理

当卤代烷用强碱水溶液进行反应,生成醇的同时,常伴随有烯烃的生成,这种情况在叔卤代烷碱性水解时尤为显著。说明了在卤代烷发生亲核取代反应的同时发生了消除卤化氢的反应。两种反应共存一个体系中,互相竞争着。

消除反应机理与取代反应相似,有单分子消除机理和双分子消除机理两种。

1. 单分子消除(E1)

叔卤代烷与碱作用时是按单分子消除机理进行的。

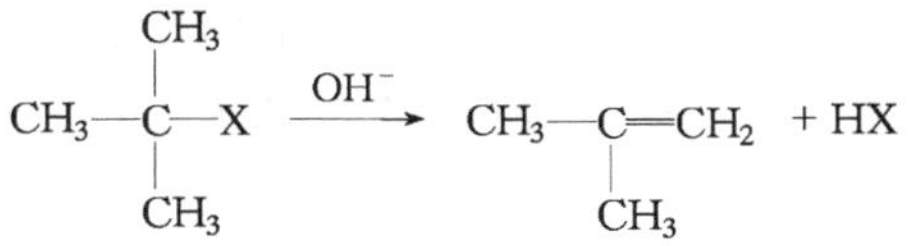

$$v=k[\mathrm{H_3C{-}C(CH_3)_2{-}X}] \qquad 一级反应$$

该反应是分两步进行的:

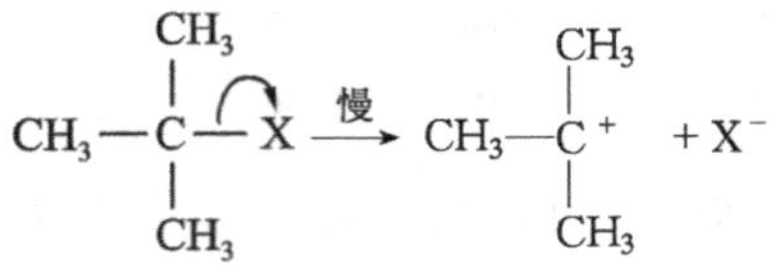

$$CH_3-\underset{\underset{CH_3}{|}}{\overset{\overset{CH_3}{|}}{C}}-X \xrightarrow{\text{慢}} CH_3-\underset{\underset{CH_3}{|}}{\overset{\overset{CH_3}{|}}{C^+}} + X^- \qquad ①$$

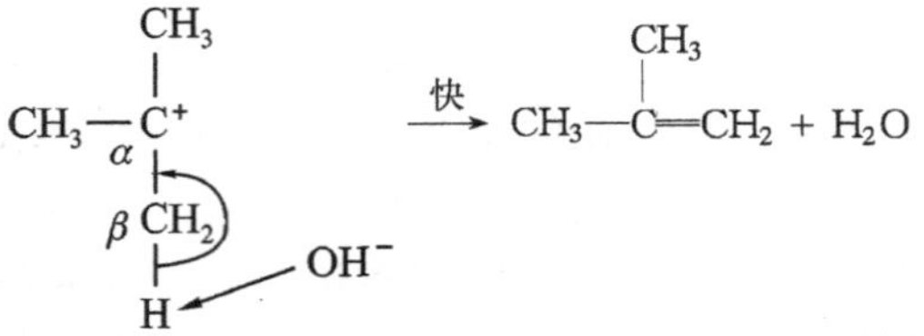

$$CH_3-\underset{\underset{\underset{H}{|}}{\overset{\beta \,CH_2}{|}}}{\overset{\overset{CH_3}{|}}{\underset{\alpha}{C^+}}} \xrightarrow[\text{OH}^-]{\text{快}} CH_3-\underset{}{\overset{\overset{CH_3}{|}}{C}}=CH_2 + H_2O \qquad ②$$

整个反应的速率决定于①,即生成碳正离子的速率,反应速率只与 RX 的浓度有关,称为单分子消除反应,可用 E1 表示(E 为 Elimination 的字首,1 表示单分子)。这个机理与 S_N1 是有联系的,第一步完全相同,第二步就不同了,在 S_N1 中 OH^- 进攻的是 $\alpha-C$;而在 E1 中 OH^- 进攻的是 $\beta-H$,这是一对竞争反应。下图可较直观地加以说明:

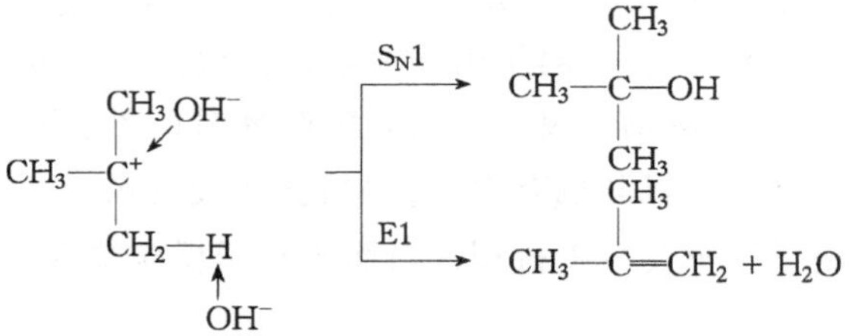

$$CH_3-\underset{\underset{\underset{OH^-}{|}}{\overset{OH^-}{|}}{CH_2-H}}{\overset{\overset{CH_3}{|}}{C^+}} \begin{array}{c} \xrightarrow{S_N1} CH_3-\underset{}{\overset{\overset{CH_3}{|}}{C}}-OH \\ \\ \xrightarrow{E1} CH_3-\underset{}{\overset{\overset{CH_3}{|}}{C}}=CH_2 + H_2O \end{array}$$

　　在单分子反应中,S_N1 与 E1 所得产物的比例主要决定于烷基的结构。因为决定反应速率的关键步骤是 C—X 键的断裂,其间 $\alpha-C$ 由 sp^3 杂化转变为 sp^2 杂化状态,因此 $\alpha-C$ 由四面体的结构转变为碳正离子的平面结构,如果 $\alpha-C$ 上连的烷基体积很大,就容易形成碳正离子,以减少空间张力。

　　然而,在 S_N1 反应中:$\alpha-C$ 转变为 sp^2 杂化后,还要转变为 sp^3 杂化状态,张力又将增加;如果发生 E1 反应,由于烯烃也是平面结构,张力不会再增加,空间张力小。因此取代基的空间体积越大,就越容易发生消除反应。几种叔氯代烷在乙醇中进行溶剂解时,所得取代反应产物与消除反应产物的比例见表 6-1。

　　由表中数据可以看出:$\alpha-C$ 上所连的烃基大,进攻 $\beta-H$ 的概率就大,对 E1 有利。

表 6 - 1　几种叔氯代烷溶剂解时产物的比例

结　构　式	产 物 比 例	
	E1 产物/%	S_N1 产物/%
$\underset{\text{Cl}}{\overset{\text{CH}_3}{\text{CH}_3\text{CH}_2-\overset{\|}{\underset{\|}{\text{C}}}-\text{CH}_3}}$	34	66
$\text{CH}_3-\overset{\text{CH}_3}{\underset{\text{Cl}}{\overset{\|}{\underset{\|}{\text{C}}}}}-\text{CH}_2-\overset{\text{CH}_3}{\underset{\text{CH}_3}{\overset{\|}{\underset{\|}{\text{C}}}}}-\text{CH}_3$	65	35
$(\text{CH}_3)_3\text{C}-\text{CH}_2-\overset{\text{CH}_3}{\underset{\text{Cl}}{\overset{\|}{\underset{\|}{\text{C}}}}}-\text{CH}_2-\text{C}(\text{CH}_3)_3$	100	0

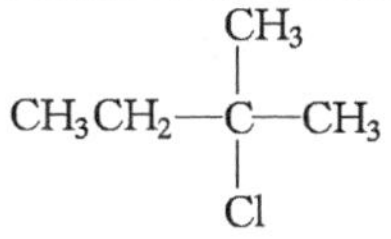

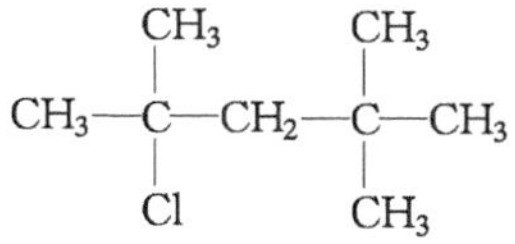

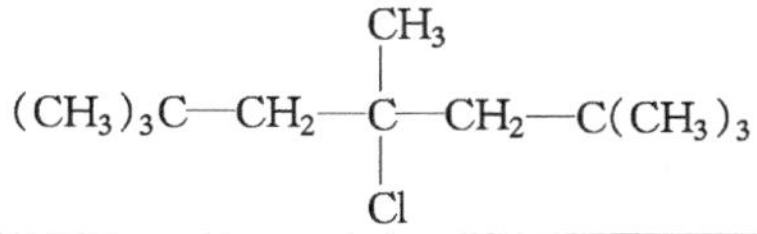

　　上面所列实例均为 3°RX，空间因素起了主要作用。对于不同级数的卤代烷，发生消除反应由易到难的顺序为：3°RX＞2°RX＞1°RX。这是因为提供 $\beta-\text{H}$ 的基团增多时，提供 $\beta-\text{H}$ 的数目增加，试剂进攻 $\beta-\text{H}$ 的概率增大，E1 的概率也随着增大的缘故。

　　2. 双分子消除（E2）

　　伯卤代烷与碱作用时是按双分子消除机理进行的。

$$\text{CH}_3\text{CH}_2\text{CH}_2\text{Br} + \text{OH}^- \longrightarrow \text{CH}_3-\text{CH}=\text{CH}_2 + \text{H}_2\text{O} + \text{Br}^-$$

$$v = k[\text{CH}_3\text{CH}_2\text{CH}_2\text{Br}][\text{OH}^-] \quad\quad \text{二级反应}$$

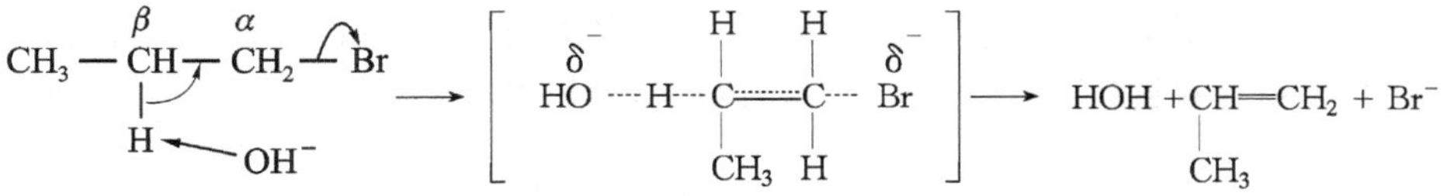

过渡态

　　很显然这个反应也是与 S_N2 反应有联系的，亦为一对竞争反应。下图可较为直观地加以说明：

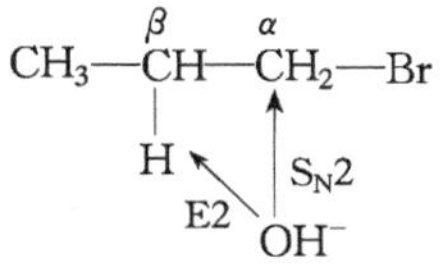

　　1°卤代烷与亲核试剂发生 S_N2 反应的速率很快，一般不发生消除反应。当卤代烷 $\beta-\text{C}$ 上的取代基增加时，消除的概率增加。当卤代烷为仲卤代烷时，E2

优于 S_N2,消除产物逐渐增多。叔卤代烷容易发生单分子反应,但是 S_N1 反应的速率很慢,如有强碱甚至弱碱存在,则主要发生 E2 反应。表 6-2 中列出了不同结构的溴代烷在 55℃ 时,与乙醇钠/乙醇作用,所得到的反应结果。

表 6-2 几种溴代烷与乙醇钠/乙醇反应时的产物比例

结 构 式	产 物 比 例	
	S_N2 产物/%	E2 产物/%
CH_3CH_2Br	99	1
$CH_3CH_2CH_2Br$	91	9
CH_3CHCH_2Br 　　$|$ 　　CH_3	40	60
CH_3CHBr 　$|$ 　CH_3	20	80
CH_2CH_3 　　　$|$ CH_3CH_2CHBr	12	88
CH_3 　　$|$ CH_3-C-Br 　　$|$ 　　CH_3	3	97

3. 消除反应的取向

当卤代烷分子中含有两个或两个以上不同的 $\beta-H$ 可供消除时,究竟哪一个 $\beta-H$ 被消除,即消除反应的取向如何,是个值得研究的问题。

大量的事实表明,消除反应的取向是符合查依采夫规则的,也就是生成的产物是双键碳原子上连有烷基较多的烯烃,这种烯烃称为查依采夫烯烃。反之,若生成的产物是双键碳原子上连有烷基较少的烯烃,则被称为霍夫曼烯烃。例如:

$$CH_3CH_2-\underset{\underset{Br}{|}}{C}HCH_3 \xrightarrow{OH^-} \begin{cases} CH_3CH=CHCH_3 & (Ⅰ)81\% \\ CH_3CH_2CH=CH_2 & (Ⅱ)19\% \end{cases}$$

这可以从反应机理和产物的稳定性得到解释。2-溴丁烷发生消除反应,是以 E2 机理进行的。由于分子中含有两种 $\beta-H$,于是就有两种过渡态,最终生成两种不同的产物。

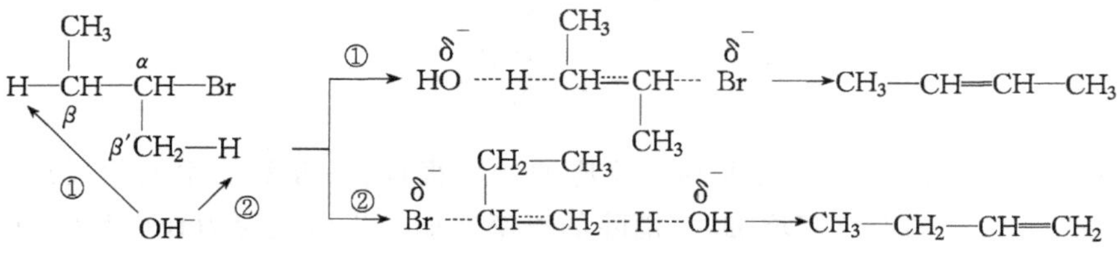

由于反应①过渡态中存在的超共轭效应比反应②过渡态中的超共轭效应显著,使得反应①比反应②容易发生。

又由于反应①产物分子中存在的超共轭效应比反应②产物分子中的超共轭效应显著,也使得反应①比反应②容易发生。下图可较为直观地说明:反应①与反应②产物分子中存在的超共轭效应。

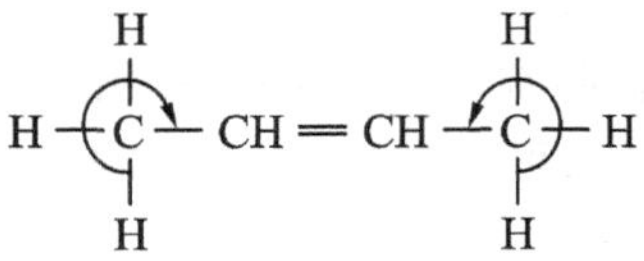

（Ⅰ）

6 个 C—Hσ 键可与 π 键形成
σ-π 共轭体系,产物稳定

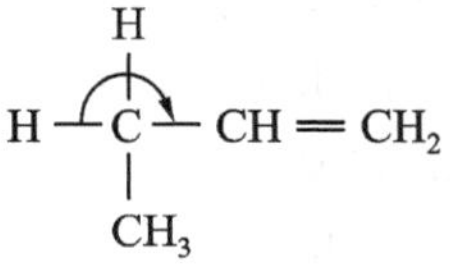

（Ⅱ）

2 个 C—Hσ 键可与 π 键形成
σ-π 共轭体系,共轭的程度
为（Ⅰ）的 1/3,产物不如（Ⅰ）稳定

但是,当 β-H 所处的位置存在着较大的空间位阻时,消除反应的取向不一定符合查依采夫规则,而出现例外。例如 2,4,4-三甲基-2-溴戊烷与体积大小不同的试剂反应时,不同取向消除反应产物的相对比例不同。

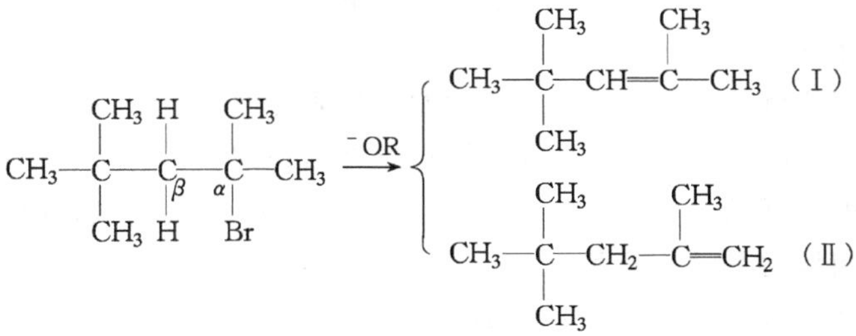

产物编号	（Ⅰ） （查依采夫烯烃）	（Ⅱ） （霍夫曼烯烃）
⁻OR 为 $C_2H_5O^-$	14%	86%
⁻OR 为 $(CH_3)_3CO^-$	2%	98%

综上所述,亲核取代反应与消除反应总是相互竞争着的,在同一反应体系中,往往会有 S_N1、E1,S_N2、E2 四种机理存在。

对于伯卤代烃在强亲核试剂作用下,当 β-C 上无支链时主要发生 S_N2 反应,在强碱作用下,主要发生 E2 反应;当 β-C 上有支链时 E2 产物增加。

对于仲卤代烃,情况较为复杂。

对于叔卤代烃主要按照 S_N1 或 E1 机理进行。

七、重要代表物

1. 甲状腺激素

甲状腺激素是由甲状腺腺泡上皮细胞分泌的一组含碘酪氨酸,其中包括甲状腺素(结构见 169 页)及碘甲状腺氨酸。

它有促进组织代谢、生长及智力发育等作用。当甲状腺功能低下时,可导致呆小症及黏液性水肿。常用的药品有:甲状腺制剂、碘化钾等,食用含碘盐也可降低上述疾病的发病率。当甲状腺功能亢进时,可出现一系列临床症状,甚至出现甲亢危象。抗甲状腺药有:丙硫氧嘧啶(propylthiouracil)、甲巯咪唑(thiamazole)等,可抑制甲状腺激素的合成与释放,治疗甲状腺功能亢进。

2. 三氯甲烷

三氯甲烷俗称氯仿。是有香气的无色液体,沸点 61℃,相对密度 $d_4^{20}1.4832$,微溶于水(0.381%,25℃),能溶于常用的有机溶剂。常温、光照下与空气中的氧气反应,生成剧毒的光气。若加入少量浓度~1%的乙醇,可增加其稳定性,有利于长期贮存。

可作为碘、硫、生物碱、油脂、树脂、橡胶、沥青等化合物的溶剂,由于毒性大,已逐渐被二氯甲烷取代。此外,还用作合成氟化物的原料。

3. 四氯化碳

四氯化碳为无色液体,沸点 76.54℃,相对密度 $d_4^{20}1.5940$,几乎不溶于水(0.08%,20℃),不燃烧,常温下对空气和光相当稳定。

它是一种良好的溶剂,由于毒性大,高温下遇水生成光气,我国及其他许多国家已不再用作溶剂或灭火剂。

高温时能与金属钠剧烈反应以致爆炸。

4. 氯乙烯

氯乙烯为无色、易液化的气体。具有醚类气味,沸点 -13.4℃,相对密度 $d_4^{20}0.9106$,难溶于水,可溶于乙醇、乙醚、丙酮等。与空气形成爆炸性混合物,爆炸极限 3.6%~26.4%(体积分数)。

由于氯乙烯中氯原子的孤电子对与双键上的 π 电子形成 p-π 共轭体系,所以氯原子很不活泼,难以发生取代反应。但在四氢呋喃中,它可以与镁反应生成格氏试剂。

它是高分子工业的重要基本原料,是合成聚氯乙烯的单体。

5. 四氟乙烯

常温下四氟乙烯为无色气体,沸点 -76.3℃,在催化剂的作用下可以聚合生成"塑料王"——聚四氟乙烯。

聚四氟乙烯可在 -100~+300℃ 的温度范围内使用,化学稳定性居一切塑料之首,与氟和"王水"也不起化学反应。

6．氟利昂

氟利昂(freon)是某些含氟与氯的烷烃的总称(商品名)。

氟利昂是良好的制冷剂。无毒,无腐蚀性,不能燃烧,化学性质很稳定,如 CFC－12 在大气中寿命为 120 年,比用氨制冷要好得多,但对环境仍有不良影响。最常用的是:CFC－11(CCl_3F)、CFC－12(CCl_2F_2)。其名称后的个位数字表示分子中的氟原子数,十位数字指分子中所含的氢原子数加 1,如 $CHCl_2F$ 应为 CFC－21。

氟利昂对环境的最大污染在于它是破坏臭氧层的罪魁祸首。它在平流层受紫外线照射分解出氯原子,一个氯原子可破坏 10 万个臭氧分子。因此,它的使用将逐渐被淘汰。

习 题

1．命名下列化合物:

(1) CH_3—$C(CH_3)_2$—CH_2Br

(2) 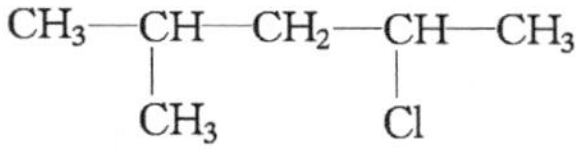 CH_3—$\underset{\underset{CH_3}{|}}{CH}$—$CH_2$—$\underset{\underset{Cl}{|}}{CH}$—$CH_3$

(3) CH_3CH_2—$C(CH_3)_2$—CCl_2CH_3

(4)

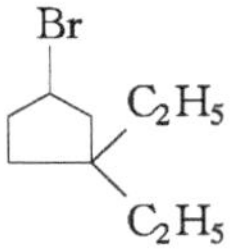

(5)

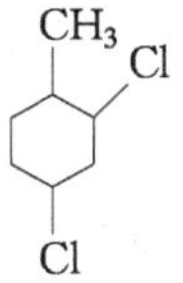

(6)

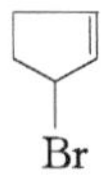

2．写出分子式为 $C_5H_{11}Br$ 的同分异构体的结构式和系统命名,并指出何者为伯、仲或叔卤代物。

3．写出一氯代丁烯的各种异构体及其命名,并指出哪些是乙烯式卤代烃,哪些是烯丙式卤代烃。

4．用反应式表示 1－溴丁烷与以下化合物反应的主要产物。

(1) $NaOH/H_2O$

(2) KOH/醇

(3) Mg,无水乙醚,产物再与乙炔反应

(4) NaI/丙酮

(5) NH_3

(6) NaCN/乙醇

(7) $AgNO_3$/乙醇

(8) $CH_3C{\equiv}CNa$

5．写出下列每步反应的产物或反应条件。

(1) 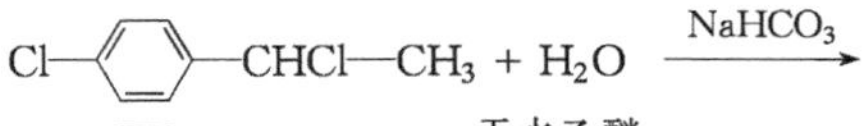 Cl—⬡—CHCl—CH_3 + H_2O $\xrightarrow{NaHCO_3}$

(2) 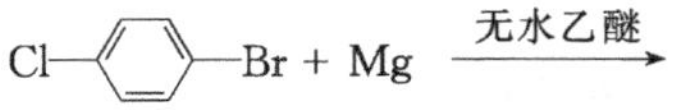 Cl—⬡—Br + Mg $\xrightarrow{无水乙醚}$

(3) $HOCH_2CH_2Cl$ + NaI $\xrightarrow{丙酮}$

(4)
$$
\underset{\underset{CH_3}{|}}{\overset{\overset{CH_3}{|}}{CH}} - \underset{\underset{Cl}{|}}{CH} - CH_3 \xrightarrow{NaOH} ? \xrightarrow{Br_2} ? \xrightarrow{NaOH} ?
$$

(5) $CH_3-CH=CH_2 \xrightarrow{?} ClCH_2-CH=CH_2 \xrightarrow{HOCl} ?$

(6) $C_6H_5CH_2Cl$
$$
\begin{cases}
\xrightarrow{H_2O/OH^-} \\
\xrightarrow{C_2H_5ONa} \\
\xrightarrow{(CH_3)_2NH}
\end{cases}
$$

(7) ⬡—Br $+ (CH_3)_2CuLi \xrightarrow[\text{乙醚}]{0℃}$

6. 下列合成路线有无错误,若有错误,请予以指出。

(1) $BrCH_2CH_2Br \xrightarrow[(A)]{Mg,\triangle} BrMgCH_2CH_2MgBr \xrightarrow[(B)]{H_2O} HOCH_2CH_2OH$

(2) $CH_3CH_2CH_2CH_3 \xrightarrow[(A)]{Cl_2} CH_3CH_2-\underset{\underset{Cl}{|}}{CH}-CH_3 \xrightarrow[(B)]{CH_3C\equiv CNa}$

$$
CH_3CH_2-\underset{\underset{CH_3}{|}}{CH}-C\equiv C-CH_3
$$

(3) $(CH_3)_2C=CH_2 + HCl \xrightarrow[(A)]{过氧化物} (CH_3)_3C-Cl \xrightarrow[(B)]{NaCN} (CH_3)_3C-CN$

(4) $CH_3CH=CH_2 + HOBr \xrightarrow[(A)]{} CH_3\underset{\underset{Br}{|}}{CH}CH_2OH \xrightarrow[(B)]{Mg,无水乙醚} CH_3\underset{\underset{MgBr}{|}}{CH}CH_2OH$

(5) $HC\equiv CH \xrightarrow[(A)]{HCl} CH_2=CHCl \xrightarrow[(B)]{NaCN} CH_2=CHCN$

7. 用化学方法鉴别下列各组化合物。

(1) $C_6H_5CH=CHBr$,邻二溴苯,$BrCH_2(CH_2)_3CH_2Br$

(2) CH_3CH_2I,$CH_2=CHCH_2Br$,$CH_3CH_2CH_2Br$,$(CH_3)_3CBr$

(3) $CH_3CH_2\underset{\underset{Br}{|}}{C}=CHCH_3$, $CH_3\underset{\underset{Br}{|}}{CH}CH=\underset{\underset{CH_3}{|}}{\overset{\overset{CH_3}{|}}{C}}$, $BrCH_2CH_2CH=\underset{\underset{CH_3}{|}}{\overset{\overset{CH_3}{|}}{C}}$

8. 用 1-溴丙烷制备下列化合物。

(1) $\alpha-$氯丙烯   (2) 1,2-二溴丙烷

(3) 2,2-二溴丙烷   (4) 2-溴丙烯

(5) 1-溴丙烯   (6) 1,1,2,2-四氯丙烷

(7) 1,3-二氯-2-丙醇   (8) 2,3-二溴-1-丙醇

9. 由苯、甲苯为原料合成下列化合物。

(1) 苯乙腈   (2) 对溴氯苄   (3) 间硝基三氯甲苯

10. 设计下列合成路线。

(1)

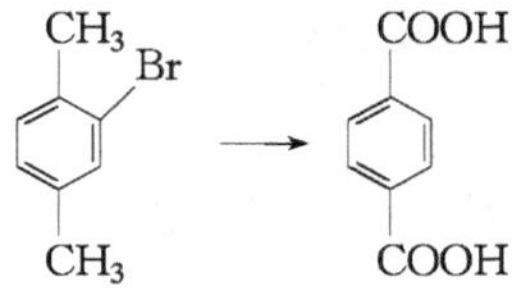

(2) 乙烯——→1,1,2－三溴乙烷

(3) 以乙炔为原料合成 1,1－二氯乙烯、四氯乙烯、1,2,3,4－四氯丁烷

11. 将下列各组化合物按照对 $AgNO_3$ 乙醇溶液的反应活性大小次序排列：

(1) 2－甲基－2－溴丙烷,2－甲基－1－溴丙烯,2－溴丁烷,2－苯基－2－溴丙烷

(2) 1－溴丁烷,1－氯戊烷,1－碘丙烷

12. 按对于 S_N1 取代反应的活性次序排列下列各组化合物。

(1) 3－甲基－1－溴丁烷,2－甲基－2－溴丁烷,2－甲基－3－溴丁烷

(2) 苄基溴,α－苯基溴乙烷,β－苯基溴丙烷

13. 若按对 S_N2 取代反应的活性次序,又怎样排列上题各组化合物?

14. 写出 1－溴丁烷转变成下列化合物时,可能发生的副反应方程式：

(1) 用 NaOH 水溶液时其转变为 1－丁醇

(2) 用 CH_3ONa 使其转变为甲基正己基醚

(3) 用 KOH 乙醇溶液使其转变为 1－己炔

15. 某卤代烃 A,含有 47.6% 的氯,它能使 Br_2 的 CCl_4 溶液褪色。当 1 g A 与过量的 CH_3MgI 作用时,在相同状况下能释放出 300.5 mL 的甲烷。试推测 A 的结构。

第七章　有机化合物结构的光谱分析

(Spectral analysis for structure of organic compound)

第一节　质　　谱

一、基本原理

质谱(MS)分析的基本过程,是在高真空 $1.3 \times 10^{-5} \sim 1.3 \times 10^{-7}$ Pa($10^{-7} \sim 10^{-9}$ mmHg)的质谱仪器中,使样品在离子源中汽化,用具有一定能量的电子束(一般为 70 eV,1 eV = 96.48 kJ·mol^{-1})轰击气态分子,使其失去一个电子而成为带正电荷的分子离子,分子离子还可能继续裂解产生各种碎片离子,然后用磁场或磁场与电场等电磁方法将所有正离子按照其质荷比(m/z)不同进行分离和鉴定,即可得到按质荷比大小依次排列的质谱图。由于各种分子所形成的离子的质量及相对强度都是各化合物所特有的,因而可以从质谱图中确定相对分子质量及分子结构。

质谱仪器一般由离子源、分析系统以及离子的收集和鉴定系统组成。

在离子源中使待测物分子汽化,然后用具有 $8 \sim 100$ eV 能量的电子束轰击汽化了的分子,产生正离子和少量负离子以及自由基和中性分子。所产生的正离子经电位差为 $800 \sim 8000$ V 的电场加速,正离子在电场中被加速后具有相同的动能,即

$$\frac{1}{2} mv^2 = zV$$

经加速的正离子进入分析系统中,在磁场作用下,受到劳伦茨(Lorentz)力而发生偏转,劳伦茨力等于向心力,即

$$Bzv = mv^2/R$$

式中:B 为磁感应强度;R 是行进轨迹的曲率半径;z, v, m 分别为离子的电荷数、离子速率和离子质量。合并上述二式,得

$$m/z = \frac{B^2 R^2}{2V}$$

所有 m/z 相同的离子汇集在一起,形成离子流,各种离子流沿着不同的曲率半径轨道先后进入离子收集和鉴定系统。

二、质谱数据的表示

质谱图一般都用棒图表示,每一条线表示一个峰,线的高度代表峰的强度,图中高低不同的峰各代表一种离子,横坐标为离子的质荷比,图中的最高峰称为基峰,并人为地把它的高度定为100,其他峰的高度为与该峰的相对百分比,称为相对强度,用纵坐标表示之。文献报导时常用质谱表代替质谱图,质谱表有两项数据,一项为离子的质荷比(m/z),另一项为离子的相对强度(I_r)。如对溴苯乙酮的质谱图(图 7-1)和对溴苯乙酮的质谱数据表(表 7-1)。

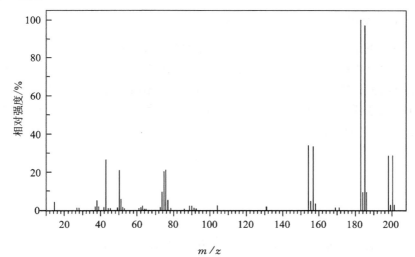

图 7-1 对溴苯乙酮的质谱图(棒图)

表 7-1 对溴苯乙酮的质谱数据表

m/z	I_r	m/z	I_r	m/z	I_r
15.0	4	42.0	1	52.0	1
28.0	1	43.0	26	61.0	1
37.0	1	49.0	1	62.0	1
38.0	4	50.0	21	63.0	2
39.0	2	51.0	5	73.0	1

m/z	I_r	m/z	I_r	m/z	I_r
74.0	9	91.5	1	185.0	98
75.0	20	104.0	2	186.0	7
76.0	21	155.0	34	198.0	29
77.0	4	156.0	2	199.0	2
89.0	2	157.0	33	200.0	29
90.0	1	183.0	100	201.0	2
91.0	1	184.0	7		

三、利用质谱数据确定分子式

1. 分子离子和分子离子峰的识别

分子被电子束轰击失去一个电子形成的离子称为分子离子,一般用 M^+ 表示。有机化合物中 n 电子最容易失去,π 电子次之,σ 电子最难失去,因此有些有机化合物分子离子的正电荷位置很容易确定。例如,含有杂原子的分子离子的正电荷在杂原子上,不含杂原子但含有双键的分子离子的正电荷在双键的一个碳原子上,它们可以分别表示为:

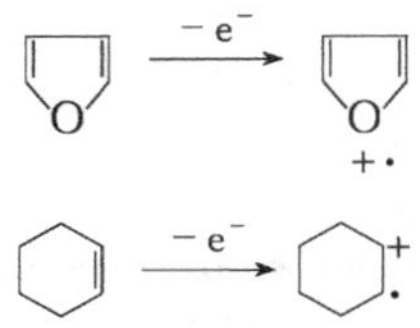

难以确定正电荷位置的分子离子可表示为"结构式$\rceil^{+}$",例如:

$$CH_3CH_2CH_3 \xrightarrow{-e^-} CH_3CH_2CH_3\rceil^{+}$$

分子离子是由分子失去一个电子形成的自由基型离子,该类离子只带有一个电荷,故 m/z 就是它的质量 m,也就是化合物的相对分子质量,如果能准确辨认质谱图上的分子离子峰,就能推出被测物的相对分子质量。

判断分子离子峰时要注意分子离子峰的特点,分子离子峰具有以下三个基本特点:

(1)分子离子峰是质谱图中 m/z 最大的峰(同位素离子除外)。

(2)分子离子峰的质量数在有机物分子中不含氮或含偶数氮时的相对分子质量为偶数;含奇数氮时的相对分子质量为奇数。

（3）分子离子峰应该有合理的中性丢失,即分子离子峰与邻近峰的质量差值应该是合理的。一般情况下,差值为 4～14,21～25,33,37,38 等的中性丢失是不可能的。

另外,分子离子峰的丰度(相对强度)与化合物的结构特点应该一致,同位素峰的丰度与计算值应该一致。

思考题 7.1　　在质谱图中,离子的稳定性与其相对强度有何关系?

---

2. 同位素离子和离子元素组成的确定

（1）有机化合物中常见元素的质谱分类　　分子离子一般是指由天然丰度最高的同位素组合而成的离子,相应的由相同元素的其他同位素组成的离子称为同位素离子,在质谱中称为同位素离子峰。同样,其他离子也伴随出现其相应的同位素峰。同位素峰相对于分子离子峰的强度取决于分子所含元素的数目与其各同位素的天然丰度,分析分子离子峰的同位素峰对推断分子的元素组成起着重要作用。有机化合物中常见元素同位素的天然丰度如表 7－2 所示。

表 7－2　常见元素同位素的天然丰度

元素	同位素	质　　量	相对丰度%	同位素	质　　量	相对丰度%	同位素	质　　量	相对丰度%
H	^{1}H	1.00782506	100	^{2}H	2.0140	0.016			
C	^{12}C	12.00000000	100	^{13}C	13.0034	1.1			
N	^{14}N	14.00307407	100	^{15}N	15.0001	0.38			
O	^{16}O	15.99491475	100	^{17}O		0.04	^{18}O	17.9992	0.20
F	^{19}F	18.9984046	100						
Si	^{28}Si	27.9769286	100	^{29}Si	28.9765	5.06	^{30}Si	29.9738	3.40
P	^{31}P	30.9737633	100						
S	^{32}S	31.9720728	100	^{33}S	32.9715	0.78	^{34}S	33.9679	4.42
Cl	^{35}Cl	34.9688530	100				^{37}Cl	36.9659	32.63
Br	^{79}Br	78.9183320	100				^{81}Br	80.9163	97.75
I	^{127}I	126.9044755	100						

在质谱中将有机化合物中的元素分为三类:A 类、$A+1$ 类和 $A+2$ 类,只含有一种同位素的元素 ^{19}F,^{31}P,^{127}I 等属于 A 类元素,^{1}H 由于其同位素 ^{2}H 的含量很少,因此也归为 A 类;^{12}C,^{14}N 等只含有质量数比正常同位素大一个质量单位的重同位素,属于 $A+1$ 类元素;含有质量数比正常同位素大两个质量单位重同位素的元素如 ^{16}O,^{28}Si,^{32}S,^{35}Cl,^{79}Br 等属于 $A+2$ 类元素,如表 7－3 所示。

表 7-3 常见元素的质谱分类

元 素	A 相对含量/%	$A+1$ 相对含量/%	$A+2$ 相对含量/%	分 类
^{1}H	100	0.016		A
^{12}C	100	1.1		$A+1$
^{14}N	100	0.37		$A+1$
^{16}O	100	0.04	0.20	$A+2$
^{19}F	100			A
^{28}Si	100	5.06	3.40	$A+2$
^{31}P	100			A
^{32}S	100	0.78	4.42	$A+2$
^{35}Cl	100		32.66	$A+2$
^{79}Br	100		97.75	$A+2$
^{127}I	100			A

(2) 氯、溴元素的识别与数量确定　氯的同位素 ^{35}Cl 与 ^{37}Cl 之间的丰度比接近 3∶1,溴的同位素 ^{79}Br 与 ^{81}Br 的丰度比接近 1∶1。假如分子中含有一个氯原子,则其分子离子峰 M 与同位素峰 $M+2$ 的相对强度比约为 3∶1。如果分子中含有一个溴原子,则其分子离子峰 M 与同位素峰 $M+2$ 的相对强度比约为 1∶1。如果分子中含有 n 个相同的原子,其同位素峰的相对强度可按 $(a+b)^n$ 的展开式来计算,式中 a 为轻同位素的天然丰度,b 为重同位素的天然丰度,n 为该元素在分子中的原子个数。例如分子中含有两个氯原子,则 $M∶(M+2)∶(M+4)$ $=9∶6∶1$,含有两个溴原子时,$M∶(M+2)∶(M+4)=1∶2∶1$。

(3) 硫原子的识别和数量确定　^{34}S 的丰度为 ^{32}S 的 4.4%,所以在没有氯原子、溴原子存在时,观察到相对强度大于 4.42 的 $M+2$ 同位素峰时,可以认为有硫原子存在。如果分子中有 n 个硫原子,则它对 $M+2$ 的贡献为 $n×4.4$,加上 C,H,O 对 $M+2$ 的贡献,实际丰度总大于这个数值。

(4) 碳、氢、氧、氮元素的含量估算　碳、氢、氧、氮元素的同位素丰度较低,它们在分子中的存在只能作大概的估算。

^{13}C 对 $M+1$ 的贡献为:$1.1×x$

^{15}N 对 $M+1$ 的贡献为:$0.38×y$

^{13}C 对 $M+2$ 的贡献为:$\dfrac{(1.1×x)^2}{200}$

^{18}O 对 $M+2$ 的贡献为:$0.2×z$

x、y、z 分别为分子中 C、N、O 的原子个数。

对 $M+1$ 的贡献以 ^{13}C 为主,所以分子中 $M+1$ 的相对强度值可以作为估算分子中碳原子数的上限。对于 $M+2$ 的贡献主要来自 ^{13}C 和 ^{18}O,故 $M+2$ 的

相对强度扣除 ^{13}C 的贡献后,可用于估计分子中的氧原子数。

3. 分子式的确定

(1) 有关分子式的规律　分子式应具有合理的不饱和度(环+双键数, $r+db$):

$$r + db = n - \frac{x}{2} + \frac{y}{2} + 1$$

式中: n 为四价原子数, x 为一价原子数, y 为三价原子数, r 为环数目, db 为不饱和键数目。并且应该符合氮规则:在有机化合物中,凡是不含氮原子或者含有偶数氮原子的分子,其质量数必然为偶数;凡是含有奇数氮原子的分子,其质量数必然为奇数。

(2) 由低分辨质谱推断可能的分子式　由天然同位素的丰度可知:在一个含有 C,H,O 的化合物中, $M+1$ 峰主要是 ^{13}C 的贡献, $M+2$ 峰主要是 ^{13}C 和 ^{18}O 的贡献。因此,如果分子离子峰的强度足够大,分析其 $M+1$ 峰和 $M+2$ 峰的相对强度就可以确定元素组成,得到分子式。如果分子中还含有 N,S,Cl,Br 等元素,可先减去这些元素对 $M+1$ 和 $M+2$ 的贡献,再进行推算。一般情况下,用 $M+1$ 相对强度推算分子中的碳原子数具有一定的准确性,而用 $M+2$ 推算分子中氧原子的个数误差较大,仅能作出含氧原子个数的上限。

(3) 由高分辨质谱测定分子式　高分辨质谱给出的 m/z 值实际上是精确度较高的相对分子质量,由于单一同位素相对原子质量大多不是整数,因此分子式通常可由高分辨质谱测定的精确相对分子质量得到。如 CO, N_2, C_2H_4 相对分子质量都接近 28,分别为 27.9949,28.0062 和 28.0312,分别测定它们的精确相对分子质量到小数点后面第四位,即可区分这三种分子。

对于大多数有机分子,它们所含的元素不外 C,H,O,N,P,S 和卤素等,由这些元素任意组合所形成的有机分子,其精确相对分子质量都有特定的尾数,这直接反映了组成该分子的元素的种类和数目。

思考题 7.2　某质谱仪能够分开 CO^+(27.9949) 和 N_2^+(28.0062) 两离子峰,该仪器的分辨率至少是多少?

四、碎片离子及有机化合物的质谱裂解规律

分子离子在离子源中进一步发生键断裂生成的离子称为碎片离子,经重排产生的离子称为重排离子。有机质谱中常用如下术语:

分子离子($M^{+\cdot}$)区域:指分子离子峰及其后各同位素峰,右上角的符号($^{+\cdot}$)表示它是奇电子的,并同时具有正离子和自由基的一些属性。

EE$^+$离子系列:指偶电子碎片离子系列,例如,烷烃的 15,29,43,57,71 等;饱和脂肪胺的 30,44,58,72 等;脂肪醇类的 31,45,59,73 等。这些离子系列明确指示分子中的部分结构。

OE 离子:指奇电子离子。在解析谱图时应当把质谱中的少数 OE 离子标记出来,因为它在结构鉴定中较为重要。

基峰:一般指质谱中相对强度最大的峰,将它的强度规定为 100,其他峰的强度即以它为基准,各碎片峰的强度反映该种离子的数目和稳定性。

中性丢失:指分子离子峰与高 m/z 区域的一些碎片峰的 m/z 值的差值。分子离子可以丢失中性的自由基,也可以丢失中性分子,这些中性碎片的丢失在高 m/z 区域有比较重要的鉴定价值。

1. 质谱中化学键的断裂方式

(1) 均裂　构成 σ 键的两个电子在键断裂时,每个碎片保留一个电子,称为均裂。用鱼钩形的单箭头($\frown$)表示单电子的转移,在质谱中引起均裂的多为自由基正离子或自由基,例如:

$$R \overset{\frown}{-} CH_2 \overset{\frown}{-} \overset{+\cdot}{X} \longrightarrow R\cdot + CH_2 = X^+$$

均裂总是在带有奇电子原子的 α 位原子与另一相邻原子所成的键上发生,称为 α - 断裂。

(2) 异裂　σ 键断裂时,两个电子向同一原子转移。用弯箭头($\frown$)表示双电子转移。异裂多为邻近的原子或基团上的正电荷的诱导作用引起,又称为诱导断裂,即 i - 断裂。

$$R \overset{\frown}{-} C \equiv O^+ \longrightarrow R^+ + C \equiv O$$

(3) 半异裂　σ 键受到电子轰击失去一个电子后发生的断裂,称为 σ - 断裂。例如:

$$RCH_2 \overset{+\cdot}{\frown} CH_2R \longrightarrow RCH_2^+ + \cdot CH_2R$$

仅发生 α - 断裂、i - 断裂或 σ - 断裂称为简单裂解。伴随 H 重排的简单裂解或多个简单裂解同时发生时称为重排裂解或多键裂解。另外还有骨架发生重排的骨架重排裂解。

2. 裂解反应类型

(1) α - 断裂　是由自由基引发的、自由基重新组成新键而导致 α 位断裂的过程。在 α - 断裂中,由于原来的自由基重新成键时得到能量的补偿,因而是一种很容易发生的断裂过程。含有 n 电子和 π 电子的化合物易发生 α - 断裂,这些化合物有醛、酮、羧酸、酰胺、卤代烷、醇、醚、胺、烯烃及芳香烃等。例如：

$$CH_3—\overset{+\bullet}{O}—CH_2—CH_3 \xrightarrow{\alpha-断裂} CH_3—\overset{+}{O}═CH_2 + CH_3\cdot$$

m/z 45

$$CH_3—CH_2—\overset{+\bullet}{N}H—CH_2—CH_3 \xrightarrow{\alpha-断裂} CH_3—CH_2—\overset{+}{N}H═CH_2 + CH_3\cdot$$

m/z 58

$$R—CH_2—\overset{+\bullet}{O}H \xrightarrow{\alpha-断裂} CH_2═\overset{+}{O}H + R\cdot$$

m/z 31

$$R—CH_2—\overset{+\bullet}{N}H_2 \xrightarrow{\alpha-断裂} CH_2═\overset{+}{N}H_2 + R\cdot$$

m/z 30

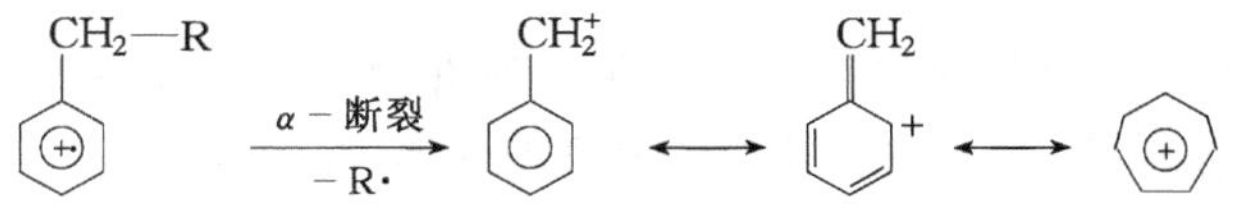

m/z 91

α－断裂符合最大烷基丢失规律。同一母体离子，以同一种断裂机制进行反应时，如能在分子的几个位置发生，就应看到几种断裂产物，但对 α－断裂而言，失去最大烷基的断裂过程总是占优势的。如在下面的裂解中各碎片峰的强度次序是 m/z 73＞m/z 84＞m/z 101。

m/z 73　　m/z 87　　m/z 101

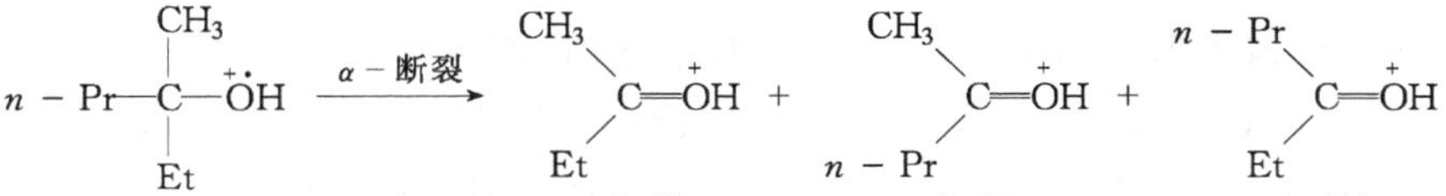

(2) i－断裂　是由正电荷引起的断裂，它涉及两个电子的转移。奇电子离子和偶电子离子均可发生 i－断裂。例如：

$$R—C≡O^+ \xrightarrow{i-断裂} R^+ + C≡O$$

(3) σ－断裂　分子中只有 σ 键的离子，通过半异裂脱去一个自由基，形成一个偶电子离子。例如：

$$CH_3CH_2CH_2CH_2CH_3]^{+\bullet} \longrightarrow \begin{cases} CH_3CH_2CH_2CH_2CH_2^+ + \cdot H \\ CH_3CH_2CH_2CH_2^+ + \cdot CH_3 \\ CH_3CH_2CH_2^+ + \cdot CH_2CH_3 \\ CH_3CH_2^+ + \cdot CH_2CH_2CH_3 \\ CH_3^+ + \cdot CH_2CH_2CH_2CH_3 \end{cases}$$

饱和烃只有 σ 键,只能发生 σ - 断裂,形成各种烷基正离子 C_nH_{2n+1} 碎片,即 m/z 为 15,29,43,57,71,85,…的离子系列,其中丰度最大的是 C_3 和 C_4 烷基正离子,表明异丙基正离子和叔丁基正离子最稳定。

(4)重排断裂　分子离子的两根键发生断裂,生成一个奇电子离子,同时失去一个小分子的断裂,称为重排断裂。通过六元环过渡态向不饱和基团发生氢重排的麦克拉夫悌(McLafferty)重排是最普遍的氢重排裂解反应。麦克拉夫悌重排的结果,在质谱中往往出现较强的特征峰,有时为基峰。

$$\begin{array}{c}\underset{R}{\overset{H\cdots Z}{\underset{X\diagdown Y}{Q}}}\xrightarrow{\gamma-H}\left[\underset{R}{\overset{+Q\cdot Z}{\underset{X\diagdown Y}{}}}\right]\xrightarrow{\alpha-\text{断裂}}\underset{R}{\overset{Q\diagdown H}{X}}+\underset{Y}{\overset{Z}{\|}}\end{array}$$

(5)环裂解——多键断裂　反狄尔斯 - 阿尔德裂解反应为环状不饱和烃的一类重要的环裂解反应,是有机化学中狄尔斯 - 阿尔德成环反应的逆反应,断裂结果是消除中性分子,形成奇电子离子。例如:

$$\bigcirc\xrightarrow{-e^-}{}^+\!\dot{\bigcirc}\xrightarrow{\alpha-\text{断裂}}{}^+\!\diagdown\!\!\!\diagdown\!\!\dot{}\xrightarrow{\alpha-\text{断裂}}{}^+\!\diagdown\!\!\!\diagup\cdot+\|$$

$$m/z\ 54$$

五、亚稳离子

质谱仪器中形成的离子,在到达收集器之前,不再发生进一步裂解的都称为稳定离子。如果形成的离子在分析器中裂解,这样的离子称为亚稳离子。亚稳离子 m_1(母离子)裂解生成另一个离子 m_2(子离子)的同时失去一个中性碎片,可用下式表示:

$$m_1^+ \longrightarrow m_2^+ + (m_1 - m_2)$$
$$\text{母离子}\qquad\text{子离子}\qquad\text{中性碎片}$$

这样生成的离子,以一个低强度的宽峰在表观质量 m^* 处被记录下来,m^* 与 m_1、m_2 的关系为:

$$m^* = m_2^2/m_1$$

利用亚稳离子峰的信息可以阐明裂解途径:通过对亚稳离子峰的观察和测量找到相关的母离子 m_1^+ 和子离子 m_2^+,从而了解裂解途径,为质谱解析提供可靠的信息。

六、质谱解析的一般程序

1. 考察谱图特点

综观质谱棒图的全貌,应该注意两方面有关分子结构的信息:一个是分子离子峰的相对强度;另一个是谱图全貌的特点。经验表明,谱图全貌的特点与其结构特点是密切相关的。如果分子离子峰为基峰,碎片离子较少而且相对强度较低,可以断定是一个高度稳定的分子。

2. 考察低质量端的离子峰

在低质量离子区域内,每一类化合物往往会出现一系列的谱峰,如饱和烃出现 C_nH_{2n+1} 系列离子,芳香烃则常出现 m/z 为 39,51,65,77,91 等系列离子。

3. 考察高质量离子峰的中性丢失

高质量端的碎片离子是分子离子丢失中性碎片形成的,中性碎片的特性对解析分子结构具有一定的作用。如 $M-18$ 峰表示分子离子丢失了一个水分子,说明分子中有羟基存在。$M-28$ 说明丢失中性碎片 CO,C_2H_4,N_2。该区域内的碎片离子即使丰度很小,对结构的推定也可能是很有用的。

4. 考察中部质量区离子峰、亚稳离子峰和特征峰

特征离子(指分子离子断裂后生成的、比较稳定的碎片离子)可以反映化合物的骨架或分子的局部结构,在质谱中对特征离子的识别往往是推断分子结构的关键。如 $m/z=149$ 的离子是一些邻苯二甲酸酯类化合物的特征峰,它是很稳定的离子,丰度较大,容易识别。

5. 推断结构

对结构简单的分子,通过对质谱的考察,灵活运用有机化合物的裂解规律,逐步将碎片的局部结构合理地组合起来,推出可能的结构。

第二节　紫　外　光　谱

一、基本原理

1. 紫外光谱的产生

紫外光谱简称 UV。紫外光波长范围一般为 100～400 nm,其中波长在100～200 nm 的区域称为远紫外区,由于空气中的氮、氧、二氧化碳和水在该区域有吸收,因此只能在真空中进行研究,故该区域的紫外光谱又称为真空紫外,由于技术要求高,目前在有机化学中用途不大。波长在 200～400 nm 的区域称为近紫外区,一般的紫外光谱是指这一区域的吸收光谱。波长在 400～800 nm 的区域称为可见光谱。常用的分光光度计一般包括紫外及可见两部分,波长在200～800 nm。

分子内部的运动有转动、振动和电子运动,因此分子具有转动能级、振动能级和电子能级。通常分子处于低能量的基态,从外界吸收能量后,能引起分子能级的跃迁。电子跃迁所需的能量最大,大致在 1～20 eV 之间。

2．电子跃迁的类型

有机化合物分子中主要有三种价电子：形成单键的 σ 电子，形成双键的 π 电子，未成键的孤对电子即 n 电子。基态时，σ 电子和 π 电子分别处于 σ 成键轨道和 π 成键轨道上，n 电子处于非键轨道上。跃迁的情况如图 7-2 所示。

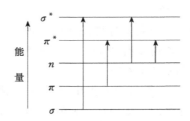

图 7-2　电子能级与电子跃迁

各类跃迁吸收能量的大小顺序为：$n \to \pi^* < \pi \to \pi^* < n \to \sigma^* < \sigma \to \sigma^*$。

二、紫外光谱图的表示

紫外光谱图中横坐标为波长（λ，单位 nm），纵坐标可以用吸光度（A）、透射率（T）、摩尔吸收系数（κ）等表示。

紫外光谱图可以提供两个重要的数据：吸收峰的位置和吸收强度。吸收强度是用朗伯－比尔（Lambert－Beer）定律描述的，该定律可用下式表示：

$$A = \lg \frac{I_0}{I} = \lg \frac{1}{T} = \kappa c l$$

式中：A 为吸光度，I_0 是入射光强度，I 是透射光强度，T 为透射率或透光度，c 为溶液的浓度，l 是光在溶液中经过的距离。

三、各类化合物的紫外光谱

1．饱和烃

饱和烃的原子间都以 σ 键相连，σ 轨道能级很低，为使电子由 σ 成键轨道跃迁到 σ 反键轨道（$\sigma \to \sigma^*$）必须吸收较高的能量，光谱出现在远紫外区。例如，甲烷的 λ_{max} 为 125 nm，乙烷的 λ_{max} 为 135 nm。

如饱和烃中的氢原子被 O，S，N，X 等杂原子或由它们组成的基团取代，可以产生低能量的 $n \to \sigma^*$ 跃迁和 $\sigma \to \sigma^*$ 跃迁。例如：

	甲　醇	甲　胺	碘甲烷
$\lambda_{max}(\sigma \to \sigma^*)$	150 nm	173 nm	150~210 nm
$\lambda_{max}(n \to \sigma^*)$	183 nm	213 nm	258 nm

2．烯烃

烯烃同时具有 σ 键和 π 键，所以可以发生 $\sigma \rightarrow \sigma^*$ 和 $\pi \rightarrow \pi^*$ 两种类型跃迁。最简单的烯烃是乙烯。乙烯 $\pi \rightarrow \pi^*$ 跃迁在远紫外区有一个宽的吸收带，λ_{max} 大约 175 nm。当连接在双键碳原子上的氢被含 α - 氢的烷基取代时，由于相邻的 C—Hσ 轨道与 π 轨道相互作用而产生 σ - π 超共轭效应，引起吸收峰向长波方向移动，双键上每增加一个烃基，吸收谱带位置向长波移动约 5 nm，逐渐接近仪器测量的范围，因此在近紫外区大多不出现吸收峰，仅能观察到在吸收曲线的长波末端出现较高的吸收，称为"末端吸收"。

一个分子中如有多个双键组成共轭多烯体系，则吸收光谱将发生较大幅度的红移，如最简单的共轭多烯 1,3 - 丁二烯分子在 224 nm 有强吸收峰。

3．羰基化合物

在简单的羰基化合物中，除有 σ 电子和 π 电子外，羰基的氧原子上还有 n 电子。因此，存在四种可能的跃迁：$\sigma \rightarrow \sigma^*$，$\pi \rightarrow \pi^*$，$n \rightarrow \sigma^*$，$n \rightarrow \pi^*$。前三种跃迁落在一般仪器可能测量的范围之外，$\sigma \rightarrow \sigma^*$ 跃迁在 120～130 nm 之间产生吸收，$\pi \rightarrow \pi^*$ 和 $n \rightarrow \sigma^*$ 跃迁在 180 nm 左右吸收。孤立羰基化合物研究较多的是 $n \rightarrow \pi^*$ 跃迁，其吸收谱带出现在 270～300 nm 附近，一般呈现低吸收强度（κ 值 10～20 L·cm^{-1}·mol^{-1}）的宽谱带。

4．苯及其衍生物

苯的紫外光谱在 180 nm 以上由三个轮廓清晰的吸收带组成，这些谱带都是由 $\pi \rightarrow \pi^*$ 跃迁引起的，在己烷中苯的吸收带分别为 184 nm（$\kappa = 8000$ L·mol^{-1}·cm^{-1}），204 nm（$\kappa = 8800$ L·mol^{-1}·cm^{-1}），254 nm（$\kappa = 250$ L·mol^{-1}·cm^{-1}），其中 184 nm 和 204 nm 的谱带分别为 E$_1$ 和 E$_2$ 带。而 254 nm 的吸收带为 B 带，是芳香环的另一个特征谱带，是较长波长的吸收带，它以低强度和明显的精细结构为特征。B 带的溶剂效应很敏感，在石油醚中呈现尖锐的振动精细结构，而在水中则精细结构完全消失。

思考题 7.3　乙酸乙酯分子中有哪几种可能的电子跃迁类型？哪些类型的电子跃迁可在近紫外或可见光波段产生吸收？

四、λ_{max} 与分子结构的关系

1．共轭双烯衍生物

脂肪或脂环类的共轭双烯衍生物的最大吸收波长 λ_{max} 可以用伍德沃德 - 菲泽（Woodward - Fieser）规则进行计算（见表 7 - 4）。

表7－4　用于共轭双烯吸收峰位置的伍德沃德－菲泽规则

基　　团	对吸收峰位置的贡献 λ_{max}/nm	助　色　团	对吸收峰位置的贡献 λ_{max}/nm
母体 C＝C—C＝C	217	RCOO—	0
环内双烯	36	RO—	6
每个烷基取代基	5	RS—	30
每个环外双键	5	Cl—，Br—	5
每延伸一个 C＝C 双键	30	R_2N—	60

例如：

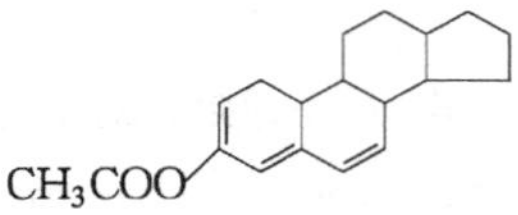

（Ⅰ） 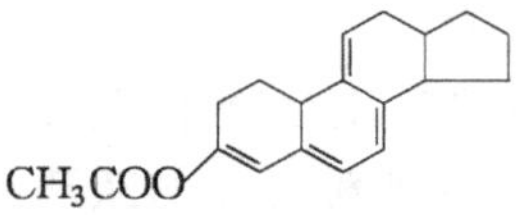　　　　　　　　　　　　　　　（Ⅱ）

化合物（Ⅰ）含有一个环内双烯，一个延伸双键，一个环外双键，三个取代烷基，因此它的 λ_{max} 应当位于：

217nm＋36nm＋30nm＋5nm＋3×5nm＝303nm（实验值为 304 nm）

化合物（Ⅱ）含有一个环内双烯，三个环外双键，五个烷基取代基，两个延伸双键，它的 λ_{max} 应当位于：

217nm＋36nm＋3×5nm＋5×5nm＋2×30nm＝353nm（实验值为 353 nm）

2．α,β－不饱和醛酮化合物

各类 α,β－不饱和羰基化合物的 $\pi \rightarrow \pi^*$ 跃迁的最大吸收位置 λ_{max} 也可以通过伍德沃德－菲泽经验规则预测（见表7－5）。

表7－5　用于 α,β－不饱和醛酮的伍德沃德－菲泽经验规则

基　　团	对吸收峰位置的贡献，λ_{max}/nm
α,β－不饱和六元环酮或脂肪酮	215
α,β－不饱和五元环酮	202
α,β－不饱和醛	207
每延长一个 C＝C 双键	30
环内双烯	39
环外双键	5
烷基（R—）取代基	α,10；β,12；γ,δ,18

续表

基　　团	对吸收峰位置的贡献，λ_{max}/nm
羟基(—OH)取代基	$\alpha,35;\beta,30;\gamma,50$
烷氧基(RO—)取代基	$\alpha,35;\beta,30;\gamma,17;\delta,31$
RS—	$\beta,85$
Cl—	$\alpha,15;\beta,12$
Br—	$\alpha,25;\beta,30$
R_2N—	$\beta,95$

注：表中数据是以95%乙醇作溶剂时的结果。如果采用其他溶剂，则应按照下面的数值予以校正：

溶剂	乙醇	甲醇	二氧六环	氯仿	乙醚	水	己烷(或环己烷)
校正值	0	0	-5	-1	-7	8	-11

例如：

（Ⅰ）　　　　　　　　　（Ⅱ）

化合物（Ⅰ）具有一个延伸双键，一个 γ - 烷基取代基，两个 δ - 烷基取代基，它的最大吸收波长为：

$$\lambda_{max} = 215nm + 30nm + 3 \times 18nm = 299nm \text{（实验值为 296 nm）}$$

化合物（Ⅱ）具有一个 β - 烷基取代基，它的最大吸收波长为：

$$\lambda_{max} = 215nm + 12nm = 227nm \text{（实验值为 228nm）}$$

化合物（Ⅰ）和（Ⅱ）可以通过紫外光谱加以鉴别。

五、生色团，助色团，红移和蓝移

1. 生色团和助色团

生色团(chromophore)也称发色团。分子中的某一基团或体系，能在一定的波段范围内产生吸收而出现谱带，这一基团或体系称为该波段的生色团。

有机化合物分子中，能在紫外－可见光区产生不同的吸收谱带的典型生色团有羰基、羧基、酯基、硝基、偶氮基以及芳香体系等。这些生色团的结构特征是都含有 π 电子。

有些基团孤立地存在于分子中时,在紫外和可见光区内不一定发生吸收,但当它与生色团相连时能使生色团的吸收谱带明显地向长波移动,而且吸收强度也相应的增加,这样的基团称为助色团(auxochrome)。常见的助色团有 OH,SH,Cl,NH$_2$,NO$_2$ 等。

助色团的特点在于都含有 n 电子,当助色团与生色团相连时,由于 n 电子与 π 电子的 p-π 共轭效应导致 $\pi \rightarrow \pi^*$ 跃迁能量降低。生色团的吸收波长向长波移动且颜色加深。例如,苯 $\lambda_{max} = 254$ nm($\kappa = 230$),而苯胺相应吸收带 $\lambda_{max} = 280$ nm($\kappa = 430$)。反乙氧基偶氮苯的 λ_{max} 比反偶氮苯的 λ_{max} 增加 65 nm,其强度约为反偶氮苯的 2 倍。

2．红移和蓝移,增色作用和减色作用

由于取代基的作用或溶剂效应,导致生色团的吸收峰向长波方向移动的现象称为向红移动(bathochromic shift),简称红移(red shift)。凡因助色团的作用使生色团产生红移的,其吸收强度一般都有所增加,称为增色作用(hyperchromic effect)。由于取代基的作用或溶剂效应,导致生色团的吸收峰向短波方向移动的现象称为向紫移动(hytsochromic shift),简称蓝移(blue shift)。相应的使吸收带强度降低的作用称为减色作用(hypochromic effect)。

六、紫外图谱解析

紫外光谱反映了分子中生色团和助色团的特性,主要用来推断分子中不饱和基团之间的共轭关系。单独利用紫外光谱无法确定分子结构,但与其他光谱配合,对许多骨架比较固定的分子结构的鉴定,起重要作用。

化合物如果在 220～700 nm 范围内无吸收,说明分子中不存在共轭体系,也不含有 Br,I,S 等杂原子。在 210～250 nm 范围内有强吸收,说明分子中存在共轭体系。在 250～290 nm 范围内的中等强度吸收可能是苯环的吸收。250～350 nm 范围内的弱吸收可能是 $n \rightarrow \pi^*$ 跃迁,分子中可能有羰基。300 nm 以上有高强度吸收,可能有长链共轭体系。

第三节 红 外 光 谱

一、基本原理

在红外光谱(IR)中,电磁波的能量常用波长(λ,单位 μm)和波数(σ,单位 cm^{-1})来表示。波数和波长的关系为:

$$\sigma = \frac{1}{\lambda} \qquad 1 \text{ cm}^{-1} = \frac{10^4}{1 \mu m}$$

红外光按频率大小可以分为三个区：

（1）近红外区 一般指 12500～4000 cm^{-1}的红外区，主要用于研究分子中含氢原子键的振动倍频与合频。

（2）中红外区 一般指 4000～400 cm^{-1}的红外区，适于研究大多数有机化合物的振动基频。

（3）远红外区 指 200～10 cm^{-1}波长较长的红外区，这个区域的光谱主要用于研究分子的转动光谱和重原子成键的振动。

下面介绍分子振动和红外吸收频率以及谱带强度：

（1）分子的振动形式 分子的振动形式可以分为两大类：伸缩振动（stretching vibration），以 ν 表示，是沿着键轴方向的振动，只改变键长，对键角没有影响；弯曲振动（bending vibration）或变形振动（deformation vibration），以 δ 表示，为垂直化学键方向的振动，只改变键角而不影响键长。

（2）分子振动频率 分子中成键原子间的振动，可以近似地用经典力学模型来描述。最简单的是 A—H 键的伸缩振动，这里 A 指的是 C，O，N 等原子，它们的质量与氢原子的质量比较是相当大的，这种振动可以看作是氢原子相对于分子其余部分的简谐振动。

根据胡克（Hooke）定律，可以导出振动的频率：

$$\nu = \frac{1}{2\pi} \sqrt{\frac{K}{m}}$$

频率用波数表示：

$$\sigma = \frac{1}{2\pi c} \sqrt{\frac{K}{m}}$$

式中：c 为光速，单位为 cm·s^{-1}；K 为键的力常数，单位为 N·cm^{-1}（牛[顿]·厘米$^{-1}$）或 g·s^{-2}；m 为氢原子的质量。

对于一般成键双原子间的伸缩振动，根据相应的模型可以导出振动频率表达式：

$$\sigma = \frac{1}{2\pi c} \sqrt{\frac{K}{\mu}}$$

式中：μ 是质量为 m_1 和 m_2 两原子的折合质量，即

$$\mu = \frac{m_1 \times m_2}{m_1 + m_2}$$

上式表明，分子中键的振动频率是分子的固有性质，它只和成键原子的质量与键的力常数有关（见表 7-6）。

表 7-6　各种键的伸缩振动力常数

键	$K/(\text{N}\cdot\text{cm}^{-1})$	键	$K/(\text{N}\cdot\text{cm}^{-1})$	键	$K/(\text{N}\cdot\text{cm}^{-1})$
H—F	9.7	$\equiv$C—H	5.9	C$\equiv$N	17.7
H—Cl	4.8	$=$C—H	5.1	C$=$O	12.1
H—Br	4.1	C—H	4.8	C—O	5.4
H—I	3.2	C$\equiv$C	15.6	C—F	5.9
O—H	7.7	C$=$C	9.6	C—Cl	3.6
N—H	6.4	C—C	4.5	C—Br	3.1
S—H	4.3			C—I	2.7

思考题 7.4　试估算 ^{2}H—Cl 的伸缩振动频率。

（3）谱带强度　谱带强度常用透过率（T）或吸光度（A）表示，它们又可以用透过样品的出射光强度 I 与入射光强度 I_0 表示。

$$T = \frac{I}{I_0}$$

$$A = \lg \frac{1}{T} = \lg \frac{I_0}{I}$$

在单色光和稀溶液的实验条件下，溶液的吸收强度遵从朗伯－比尔定律，即吸光度与溶液的浓度 c 和吸收池的厚度 l 成正比：

$$A = \kappa l c$$

式中：c 为物质的量浓度（$\text{mol}\cdot\text{L}^{-1}$）；池厚 l 以 cm 为单位；κ 为摩尔吸收系数，单位为 $\text{L}\cdot\text{mol}^{-1}\cdot\text{cm}^{-1}$。$\kappa$ 值是表示被检测物质分子在某波段对辐射光的吸收性能，为谱带绝对强度的表示。

$\kappa > 100 \ \text{L}\cdot\text{mol}^{-1}\cdot\text{cm}^{-1}$：　　吸收谱带很强（vs）

$\kappa = 100\sim20 \ \text{L}\cdot\text{mol}^{-1}\cdot\text{cm}^{-1}$：　　强吸收谱带（s）

$\kappa = 20\sim10 \ \text{L}\cdot\text{mol}^{-1}\cdot\text{cm}^{-1}$：　　中强吸收谱带（mw）

$\kappa = 10\sim1 \ \text{L}\cdot\text{mol}^{-1}\cdot\text{cm}^{-1}$：　　弱吸收谱带（w）

$\kappa < 1 \ \text{L}\cdot\text{mol}^{-1}\cdot\text{cm}^{-1}$：　　吸收谱带很弱（vw）

在各个可能发生的振动能级跃迁中，吸收谱带的强弱取决于跃迁概率的大小。基频跃迁的概率最大，所以基频谱带比相应的倍频、合频的强度高。

基频吸收谱带的强度取决于振动过程中偶极矩变化的大小。只有具有极性的键在振动过程中出现偶极矩的变化，在键周围产生稳定的交变电场，与频率相同的辐射电磁波相互作用，从而吸收相应的能量使振动跃迁到激发态，得到振动光谱。这种振动称为红外活性振动,高极性键的振动产生强度大的吸收谱带。如羰基、羟基和硝基等极性基团都有很强的红外吸收谱带。一些对称性很高的分子如 2－丁炔,由于碳碳三键两边的取代基相同,因此其伸缩振动没有偶极矩的变化,不发生红外吸收,称为红外非活性的振动。

思考题 7.5 测量红外光谱时,空气中的 O_2、N_2、CO_2 以及水蒸气对测量结果有无影响?

二、影响谱带位移的因素

复杂有机分子中,基团频率除由质量和力常数等主要因素支配外,还受到参与作用的其他因素的影响,这些作用的总结果决定了吸收谱带的准确位置。

1. 诱导效应

一些极性共价键,随着取代基电负性的不同,电子云密度发生变化,引起键的谱带发生位移,称为诱导效应。例如:

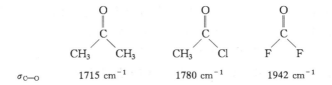

$$\sigma_{C=O} \quad 1715\ cm^{-1} \qquad 1780\ cm^{-1} \qquad 1942\ cm^{-1}$$

2. 共轭效应

在共轭体系中,由于电子的离域作用,常引起双键的极性增加,双键性降低,因此使其伸缩振动吸收频率降低。例如,1－癸烯的双键伸缩振动频率为 1650 cm^{-1},1,3－丁二烯中双键的伸缩振动频率为 1597 cm^{-1},苯乙烯的烯键伸缩振动频率为 1625 cm^{-1}。不饱和羰基化合物中 C＝C 和 C＝O 的伸缩振动吸收频率都向低频移动。一般烷基酮的羰基伸缩振动频率在 1715 cm^{-1} 处,不饱和酮的羰基伸缩振动谱带在 1685～1670 cm^{-1} 之间。

3. 键的张力

在脂环酮系列中,随着环的缩小,环的张力逐渐增大,羰基吸收频率相应升高。具有环外双键的亚甲基环烷系列化合物中,C＝C 的伸缩振动频率也有类似变化:

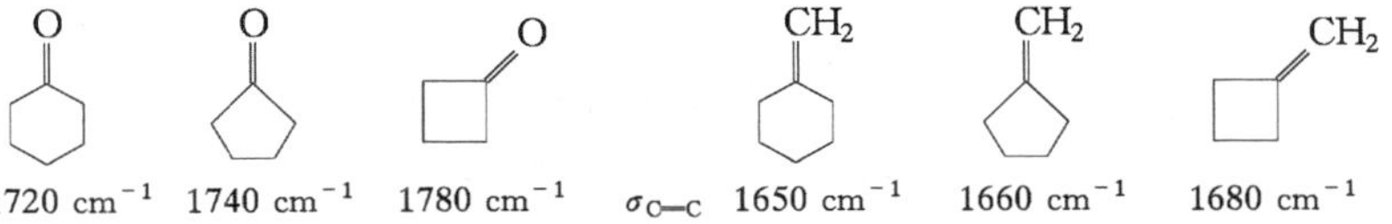

$$\sigma_{C=O}\ 1720\ cm^{-1} \quad 1740\ cm^{-1} \quad 1780\ cm^{-1} \qquad \sigma_{C=C}\ 1650\ cm^{-1} \quad 1660\ cm^{-1} \quad 1680\ cm^{-1}$$

而具有环内双键的化合物具有相反的变化趋势。双键作为环的一部分,随着环的减小,键角逐渐减小,C═C 的伸缩振动频率逐渐降低。

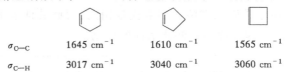

| $\sigma_{C═C}$ | 1645 cm^{-1} | 1610 cm^{-1} | 1565 cm^{-1} |
| $\sigma_{C—H}$ | 3017 cm^{-1} | 3040 cm^{-1} | 3060 cm^{-1} |

4. 偶合效应和费米共振

在同一分子中,具有相近的振动频率和相同对称性的两个邻近基团的振动模式间可以相互干扰而发生振动的偶合,在原来谱带位置的高频和低频两侧各出现一条谱带。

丙酸酐在 1845 cm^{-1} 和 1775 cm^{-1} 出现两个相当强的谱带,前者是两个羰基反对称振动的偶合谱带,后者是对称的振动偶合谱带。

异丙基的两个甲基的变形振动也会相互作用产生偶合的两个谱带,分别在 1385 cm^{-1} 和 1365 cm^{-1},这两个特征的吸收谱带一般强度相当,对判断分子中异丙基的存在有应用价值。

当一个基团振动的倍频或合频与其另一振动模式的基频或同一分子的另一基团的基频频率相近,并且对称性相同时,也可以发生振动偶合使谱带分裂,而且原来强度很弱的倍频或合频谱带的强度显著地增加,这种特殊的偶合效应称为费米(Fermi)共振。大多数醛的红外光谱在 2800 cm^{-1} 和 2700 cm^{-1} 附近出现强度相近的双谱带是费米共振的典型例子,这两条谱带是醛基的 C—H 伸缩振动及其变形振动的倍频之间发生费米共振的结果(见图 7-3)。

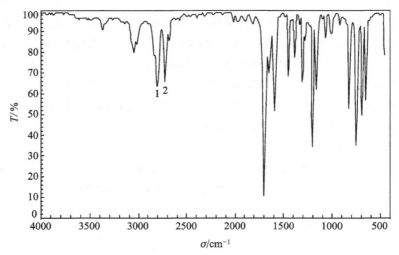

图 7-3　苯甲醛的红外光谱

1,2. 醛基 C—H 费米共振双谱带

5．氢键和溶剂效应

氢键的形成使质子的给予基团和接受基团的振动频率都发生变化,伸缩振动向低频位移,谱带变宽,强度增大;而变形振动向高频移动,谱带变得更为尖锐。

氢键可以在分子间形成,也可以在分子内形成,分子内氢键不受溶剂的影响,而分子间氢键对溶剂的种类和极性、溶液的浓度和温度都比较敏感。在惰性溶剂的稀溶液中,分子间氢键可以完全被破坏而恢复游离分子的光谱。

醇和酚在惰性溶剂的稀溶液中,羟基以游离的状态存在,羟基的伸缩振动谱带出现在 $3640 \sim 3610 \ cm^{-1}$。随着浓度的增加分子间开始形成氢键,由二聚体逐步缔合为多聚体,羟基伸缩振动谱带移至 $3350 \ cm^{-1}$。

羧酸具有形成分子间氢键的强烈倾向,在固态和液态时一般以二聚体存在,羰基伸缩振动谱带在 $1720 \sim 1705 \ cm^{-1}$ 范围,缔合的羟基伸缩振动频率较低,形成跨越 $3300 \sim 2500 \ cm^{-1}$ 的宽带。

三、基团频率与分子结构

1．氢原子成键的伸缩振动频率区（$3700 \sim 2400 \ cm^{-1}$）

（1）羟基和氮氢键伸缩振动吸收谱带（$3700 \sim 3200 \ cm^{-1}$）　游离羟基的伸缩振动频率出现在 $3650 \sim 3580 \ cm^{-1}$ 处,呈现尖的谱带。当形成分子间或分子内氢键时,羟基的伸缩振动将大幅度向低频移动,同时强度增强,谱带变宽。在形成分子内氢键的情况下,酚羟基伸缩振动谱带向低频移动更明显,如邻硝基苯酚的羟基吸收峰为 $3262.6 \ cm^{-1}$（见图 7-4）。

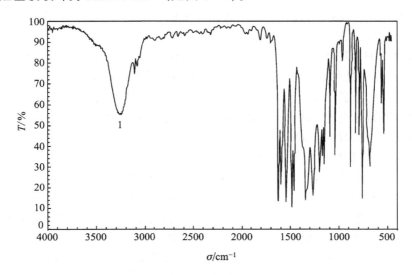

图 7-4　邻硝基苯酚的红外光谱

1. 缔合 O—H 的伸缩振动

胺或酰胺类化合物中的氨基,在 $3500 \sim 3200 \ cm^{-1}$ 范围内出现弱到中强的 N—H 伸缩振动谱带,比羟基伸缩振动谱带弱。在非极性溶剂中,伯胺和伯酰胺的光谱在此区域出现两个谱带,为两个 N—H 伸缩振动偶合的结果,反对称的在 $3360 \ cm^{-1}$ 附近,对称的在 $3200 \ cm^{-1}$ 附近。仲胺和仲酰胺的光谱只有一个谱带在 $3300 \ cm^{-1}$ 左右。叔胺和叔酰胺在此区域没有吸收。

当胺成盐后,铵盐的 N—H 键的伸缩振动频率大幅度地向低频移动,在 $3200 \sim 2200 \ cm^{-1}$ 之间形成强而宽的谱带。

(2) 碳氢键伸缩振动吸收谱带($3300 \sim 2700 \ cm^{-1}$)　　$3300 \ cm^{-1}$ 左右出现的中等强度的吸收谱带为含炔氢的伸缩振动吸收谱带,该谱带与羟基、氨基谱带处于同一区域,一般比缔合羟基的吸收弱,比氨基的吸收强,呈尖锐谱带。

$3100 \sim 3000 \ cm^{-1}$ 范围内为烯烃或芳烃的 C—H 伸缩振动频率区。

$3000 \sim 2700 \ cm^{-1}$ 范围内为饱和的 C—H 伸缩振动频率区,甲基的伸缩振动频率分别在 $2960 \ cm^{-1}$ 和 $2870 \ cm^{-1}$ 附近,亚甲基的伸缩振动频率在 $2926 \ cm^{-1}$ 和 $2853 \ cm^{-1}$ 左右。

醛的 C—H 伸缩振动谱带与其变形振动的倍频间发生费米共振,在 $2800 \ cm^{-1}$ 和 $2700 \ cm^{-1}$ 左右出现两个谱带,是醛的特征谱带。

2. 三键和聚集双键伸缩振动频率区($2400 \sim 1900 \ cm^{-1}$)

具有三键的炔、腈、重氮盐等类化合物的三键伸缩振动频率在这个区域内,炔键的伸缩振动频率在 $2260 \sim 2100 \ cm^{-1}$,乙炔及其他全对称的炔烃在红外光谱中不出现碳碳三键的谱带。实际上,除末端炔烃外,大多数非对称的二取代炔烃的碳碳三键的吸收都很弱。当碳碳三键与双键共轭时,伸缩振动谱带向低频移动,同时强度增加。

腈化物的氰基伸缩振动谱带常出现在 $2240 \ cm^{-1}$ 附近,当其与不饱和基团共轭时,谱带向低频位移约 $30 \ cm^{-1}$,如邻甲基苯甲腈的氰基谱带在 $2210 \ cm^{-1}$。

重氮盐的重氮基伸缩振动在 $2290 \sim 2240 \ cm^{-1}$ 出现较强的谱带。

聚集双键化合物,例如丙二烯、异氰酸酯、叠氮化物都有振动偶合谱带,反对称的振动偶合出现在 $2100 \ cm^{-1}$。

3. 双键伸缩振动频率区($1900 \sim 1600 \ cm^{-1}$)

(1) 羰基伸缩振动吸收谱带　　羰基伸缩振动吸收谱带位于 $1700 \ cm^{-1}$ 附近,吸收强度相当大,不同化合物的羰基受各种因素的影响,羰基的谱带有规律的变化。一般脂肪酮的羰基伸缩振动吸收频率在 $1715 \ cm^{-1}$,改变羰基两边的取代基,羰基的吸收频率作相应的移动,如乙酸乙酯中羰基的伸缩振动吸收频率在 $1735 \ cm^{-1}$ 处。不同羰基化合物的羰基伸缩振动吸收频率范围如下:

脂肪醛 $1740 \sim 1720 \ cm^{-1}$,脂肪酮 $1730 \sim 1700 \ cm^{-1}$,芳香酮 $1700 \sim 1680 \ cm^{-1}$,共轭不饱和酮 $1700 \sim 1650 \ cm^{-1}$,脂肪羧酸 $1720 \sim 1680 \ cm^{-1}$,芳香羧酸 $1700 \sim$

1680 cm^{-1},脂肪酸酯 1750～1730 cm^{-1},脂肪族酰胺 1680～1630 cm^{-1},酸酐为双峰分别在 1825～1815 cm^{-1}和 1755～1745 cm^{-1},脂肪族酰氯 1810～1790 cm^{-1}。

（2）碳碳、碳氮及氮氧双键伸缩振动吸收谱带　碳碳双键的伸缩振动吸收频率在 1680～1610 cm^{-1}之间,与羰基相比强度比较弱。以烯键为中心,完全对称的 C═C 键振动为红外非活性,无吸收。不对称烯烃才出现相应的吸收谱带。碳氮双键和氮氧双键都在该频率区出现吸收谱带。

4. 芳环骨架振动频率区（1600～1450 cm^{-1}）

苯环、吡啶及一些其他芳香环的红外光谱在 1600 cm^{-1},1580 cm^{-1},1500 cm^{-1},1450 cm^{-1}附近经常出现 2～4 个吸收谱带,这组谱带为芳香环的骨架振动吸收谱带。

5. 饱和碳氢变形振动及硝基伸缩振动频率区（1500～1350 cm^{-1}）

甲基的变形振动出现在 1460 cm^{-1}和 1380 cm^{-1},亚甲基的变形振动在 1470 cm^{-1}附近。硝基的伸缩振动出现两个较强的吸收谱带,分别为 1580～1500 cm^{-1}和 1380～1340 cm^{-1},芳香族硝基化合物由于硝基与芳环共轭,吸收谱带比相应的脂肪族硝基化合物的吸收频率位置低。

羧基负离子也在此区域内出现两个谱带,高频的较强,低频的较弱,分别在 1600～1580 cm^{-1}和 1400 cm^{-1}左右。

6. 1350～1000 cm^{-1}范围内的谱带

醇的 C—O 键伸缩振动频率在 1200～1000 cm^{-1}范围内,酚的相应谱带在 1300～1200 cm^{-1}之间,醚的谱带在 1250～1050 cm^{-1}之间,酯在 1280～1050 cm^{-1}之间有两个吸收谱带。

C—C 键伸缩振动吸收谱带一般很弱,应用价值很小,只有酮中与羰基相连的 C—CO—C 键在 1300～1000 cm^{-1}之间有一个或几个吸收谱带,称为酮的骨架振动。

砜类化合物在 1350～1300 cm^{-1}和 1160～1120 cm^{-1}出现两个强的吸收谱带,类似的磺酸酯、硫酸酯、磺酰氯的相应谱带频率位置较高,若与芳香体系共轭,则振动频率略有降低。亚砜在 1070～1030 cm^{-1}处有一个强的吸收谱带,如二甲亚砜的吸收谱带在 1050 cm^{-1}。

7. 1000～625 cm^{-1}变形振动频率区

在该区域内最重要的是烯烃和芳香烃中不饱和 C—H 的面外变形振动吸收谱带,这类谱带的位置和数目是判断烯烃和芳环取代类型的重要依据。

取代烯烃和芳烃的 C—H 面外弯曲振动为:

RCH ═CH$_2$　　　　　　1000～980 cm^{-1},937～885 cm^{-1}

R$_2$C ═CH$_2$　　　　　　905～885 cm^{-1}

trans - RCH ═CHR′　　1000～950 cm^{-1}

cis – RCH＝CHR′	$730 \sim 670 \ cm^{-1}$
单取代苯环	$770 \sim 730 \ cm^{-1}, 710 \sim 690 \ cm^{-1}$
o – 二取代苯环	$770 \sim 735 \ cm^{-1}$
m – 二取代苯环	$810 \sim 750 \ cm^{-1}, 725 \sim 680 \ cm^{-1}$
p – 二取代苯环	$860 \sim 800 \ cm^{-1}$

四、解析红外光谱的一般程序

1. 考察 $1350 \ cm^{-1}$ 以上基团伸缩振动频率区的特征谱带及其相关谱带

在 $1350 \ cm^{-1}$ 以上的吸收谱带大多数来源于键的伸缩振动吸收,一般容易指认其归属,再与其他频率区的相关谱带进行对照,可以推断分子结构类型和存在的相应官能团。

例如,在 $1800 \sim 1700 \ cm^{-1}$ 出现羰基的特征吸收谱带,如为醛基,一般在 $2800 \sim 2700 \ cm^{-1}$ 处会同时出现费米共振双谱带;如为酯基,则在 $1350 \sim 1050 \ cm^{-1}$ 之间应有强的 C—O—C 伸缩振动吸收谱带。

2. 考察 $1000 \sim 625 \ cm^{-1}$ 之间可能出现的不饱和 C—H 面外变形振动吸收谱带,确定烯烃或芳环的取代类型。

3. 研究各种因素对谱带引起的位移

例如某化合物含有羰基,当羰基谱带低于 $1700 \ cm^{-1}$ 时,说明该化合物中羰基与不饱和体系共轭或参与形成氢键。如果羰基吸收谱带高于 $1720 \ cm^{-1}$ 时,则该羰基可能与强吸电子基相连,或者为具有张力的五元环或五元以下环体系。

4. 与标准图谱核对

红外光谱是很复杂的,即使是简单的化合物也很难仅凭红外光谱来确定其结构。在实际工作中,如果没有其他信息的协助,一般只能确定分子中存在的官能团,而无法确定分子的结构。如果有待测样品的标准图谱,可以通过与标准图谱的对照,来确定化合物的结构。每种有机化合物(光学异构体除外)都有自己独特的红外光谱图,其指纹区 $1300 \ cm^{-1}$ 以下的区域的光谱专一性很强,用于确证化合物的结构准确性很高,这是红外光谱鉴定有机化合物的一个特点。在同样的制样方法和绘制条件下,只有特征谱带与指纹区的光谱都与标准图谱完全一致,才能断定所研究的化合物与标准图谱所代表的化合物为同一化合物。

第四节　核　磁　共　振

1945 年,哈佛大学的珀塞尔(Purcell E M)和斯坦福大学的布洛赫(Bloch F)分别独立观测到核磁共振(NMR)信号,为此他们荣获了 1952 年的诺贝尔物理学奖,自此以后,核磁共振谱学快速发展成为化学家鉴定结构的有力工具。20

世纪 70 年代以来,随着超导技术和傅里叶(Fourier)变换技术的应用,核磁共振技术有了很大的发展,仪器向高磁场发展,更高频率的仪器不断出现,一台仪器不仅可以测氢核,并且可以测定 ^{13}C、^{15}N、^{19}F、^{31}P 等其他多种核,并由一维核磁共振发展为二维核磁共振。目前核磁共振技术在化学上的应用十分广泛,除作为有机化合物结构鉴定的重要手段外,在高分子化学、分子生物学、药物化学、医学等领域均有广泛的应用。

一、基本原理

1. 核的自旋

所有自旋量子数 I 不为零的原子核都有磁矩,都可以产生核磁共振信号(见表 7-7)。

表 7-7　一些常见原子核的常数

原子核	天然丰度/%	自旋量子数	磁矩 (乘以核磁子 $eh/4\pi mc$)	相对灵敏度
^{1}H	99.984 4	1/2	2.792 70	1.000
^{13}C	1.069	1/2	0.702 16	0.015 9
^{15}N	0.380	1/2	$-0.283\ 04$	0.001 04
^{19}F	100	1/2	2.627 3	0.834
^{31}P	100	1/2	1.130 5	0.064

2. 核磁共振现象

原子核是带正电荷的粒子,自旋量子数为零的原子核没有核磁矩;自旋量子数不为零的原子核由于自旋会产生磁场,形成磁矩(μ)。

$$\mu = \gamma P = \frac{\gamma h I}{2\pi}$$

式中:P 为自旋角动量;γ 为磁旋比,它是自旋核的磁矩与自旋角动量之间的比值,是原子核的特征常数;h 为普朗克(Planck)常量。

微观磁矩在外磁场中的取向是量子化的,自旋量子数为 I 的原子核在外磁场作用下有 $2I+1$ 个取向,每一个取向都可以用一个自旋磁量子数 m 表示,m 与 I 之间的关系是:

$$m = I, I-1, I-2, \cdots, -I$$

核磁矩在外磁场 B_0 中出现不同取向的现象称为能级分裂,以 ^{1}H 为例,$m = -1/2$ 的取向与 B_0 方向相反,为高能级,$m = 1/2$ 的取向即与 B_0 方向一致时为低能级。在磁场中,自旋量子数为 I、磁量子数为 m 的核,能级能量为 $E = -m\mu B_0/I$。$m = 1/2$ 时,$E = -\mu B_0$,能量较低;$m = -1/2$ 时,$E = \mu B_0$,能量较高。二者的能量差为 $\Delta E = 2\mu B_0$。因为 $\mu = \gamma P = \gamma h I / 2\pi$，所以 $\Delta E = I\gamma h B_0 / \pi$。对于氢原子核 $I = 1/2$，$\Delta E = \gamma h B_0 / 2\pi = h\nu_0$，处于低能级的 ^{1}H 核吸收 ΔE 的能量时就能跃迁到高能级。即只有当电磁波的能量等于 ^{1}H 的能级差时，才能发生 ^{1}H 的核磁共振。

$$E_{射} = h\nu_{射} = h\nu_0 = \frac{\gamma h B_0}{2\pi}$$

$$\nu_{射} = \nu_0 = \frac{\gamma B_0}{2\pi}$$

思考题 7.6 振荡器的射频为 100 MHz 时，欲使 ^{19}F 及 ^{1}H 核产生共振信号，外加磁场磁感应强度各为多少？

二、化学位移

1. 屏蔽效应

分子中原子核不是完全裸露的，总被价电子包围着。由于这些核外电子的运动产生了对抗外磁场的感应磁场（$B_{感应}$），使核实际感受到的有效磁感应强度（$B_{有效}$）比外磁场的磁感应强度 B_0 小，即

$$B_{有效} = B_0 - B_{感应} = B_0(1 - \sigma)$$

核外电子产生的这种作用称为屏蔽效应，屏蔽效应的大小用屏蔽常数 σ 表示。分子中不同化学环境的氢核，受到不同的屏蔽作用，在一定外磁场作用下，产生核磁共振所需要的照射频率也不同，即在谱图的不同位置上出现吸收峰。

2. 化学位移的表示方法

实验发现，化合物中各类不同氢核的吸收频率差异甚微，其范围仅为百万分之十，要精确地直接测定各种质子的共振频率绝对值是有困难的。因此一般采用相对数值表示，即以某一标准物质（一般为四甲基硅烷 TMS）中质子的吸收峰为原点，测出样品质子各共振峰与原点的距离。在核磁共振谱中，各类质子的吸收峰与标准物质吸收峰以频率表示的相对距离称为化学位移，用 δ 表示。

$$\delta = \frac{\nu_{样品} - \nu_{TMS}}{\nu_0} \times 10^6$$

式中：$\nu_{样品}$ 为样品的共振频率，ν_{TMS} 为 TMS 的共振频率，ν_0 为操作仪器选用的频率。

由于核外电子的感应磁场强度与外磁场的强度成正比，由屏蔽效应引起的化学位移也与外磁场磁感应强度成正比，所用仪器的频率不同，同一核的共振频

率值也不同,但用 δ 表示的化学位移数值相同。

3. 影响化学位移的因素

核的化学位移与该核所处的化学环境有关,即与屏蔽常数有关。凡能够引起核磁共振信号移向高场的称为屏蔽作用,引起核磁共振信号移向低场的称为去屏蔽作用。

(1)电子效应　分子中某一氢核的化学位移与核外电子的屏蔽作用有关,吸电子的诱导效应降低氢核周围的电子密度,是去屏蔽的,该氢核的化学位移向低场移动, δ 值增大。如不同卤素的卤代甲烷及二氯、三氯甲烷中氢核的化学位移随着卤素电负性的增加而增大:

化合物	CH_3F	CH_3Cl	CH_3Br	CH_3I	CH_2Cl_2	$CHCl_3$
δ	4.26	3.05	2.68	2.16	5.30	7.27

(2)磁各向异性效应　当分子中某些基团的电子云排布不呈球形对称时,它对邻近基团的氢核产生一个各向异性的感应磁场,从而使某些空间位置的核受到屏蔽,而另一些空间位置上的核去屏蔽,这一现象称为磁各向异性效应。

当苯环受到与苯环平面垂直的外磁场作用时,苯环上的 π 电子环电流产生一个与外磁场对抗的感应磁场,使苯分子的整个空间分为屏蔽区和去屏蔽区,在苯环中间及其苯环的上下方为屏蔽区,苯环的周围则为去屏蔽区(见图 7-5)。处于去屏蔽区的质子,其核磁共振信号处于低场,化学位移值较大,苯环上的氢处于去屏蔽区,化学位移值较大, δ 为 7.27。

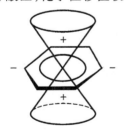

图 7-5　苯环的各向异性效应

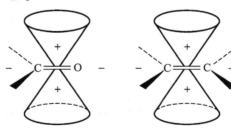

图 7-6　羰基和碳碳双键的各向异性效应

与苯环类似,羰基和碳碳双键具有类似的磁各向异性效应,在双键平面的上下各有一个锥形的屏蔽区,其他方向为去屏蔽区(见图 7-6)。醛基氢的化学位移在 9~10,烯烃中与双键直接相连的氢的化学位移在 5~7。

(3)其他因素　除了电负性和磁各向异性效应外,氢键、溶剂效应、范德华效应也对化学位移有一定影响。氢键对羟基质子化学位移的影响与氢键的强弱及氢键电子给予体的性质有关,在大多数情况下,氢键使化学位移 δ 移向低场。

有时同一样品使用不同溶剂也会使化学位移发生变化,称为溶剂效应。当取代基与共振核的距离小于范德华半径时,取代基周围的电子云与共振核周围的电子云就互相排斥,结果使共振核周围的电子云密度降低,屏蔽作用明显降低,化学位移向低场移动,这称为范德华效应。

4．特征质子的化学位移

(1)饱和碳氢的化学位移　甲烷分子中氢核的化学位移为0.23,其他链烷烃中,伯氢在0.9处,仲氢在1.3处,叔氢则在1.5左右。在吸电子基存在时,烷基氢的化学位移明显移向低场。详见表7-8。

表7-8　烷基化物(RY)中烷基氢核的化学位移

Y	CH_3Y	CH_3CH_2Y		$(CH_3)_2CHY$		$(CH_3)_3CY$
	CH_3	CH_2	CH_3	CH	CH_3	CH_3
H	0.23	0.86	0.86	1.33	0.91	0.89
$-CH=CH_2$	1.71	2.00	1.00	1.73		1.02
$-C\equiv CH$	1.80	2.16	1.15	2.59	1.15	1.22
$-C_6H_5$	2.35	2.63	1.21	2.89	1.25	1.32
$-F$	4.27	4.36	1.24			
$-Cl$	3.06	3.47	1.33	4.14	1.55	1.60
$-Br$	2.69	3.37	1.66	4.21	1.73	1.76
$-I$	2.16	3.16	1.88	4.24	1.89	1.95
$-OH$	3.39	3.59	1.18	3.94	1.16	1.22
$-O^-$	3.24	3.37	1.15	3.55	1.08	1.24
$-OC_6H_5$	3.73	3.98	1.38	4.51	1.31	
$-OCOCH_3$	3.67	4.05	1.21	4.94	1.22	1.46
$-OCOC_6H_5$	3.88	4.37	1.38	5.22	1.37	1.58
$-CHO$	2.18	2.46	1.13	2.39	1.13	1.07
$-COCH_3$	2.09	2.47	1.05	2.54	1.08	1.12
$-COC_6H_5$	2.55	2.92	1.18	3.58	1.22	
$-COOH$	2.08	2.36	1.16	2.56	1.21	1.23
$-COOCH_3$	2.01	2.28	1.12	2.48	1.15	1.16
$-CONH_2$	2.02	2.23	1.13	2.44	1.18	1.22
$-NH_2$	2.47	2.74	1.10	3.07	1.03	1.15
$-NHCOCH_3$	2.71	3.21	1.12	4.01	1.13	
$-SH$	2.00	2.44	1.31	3.16	1.34	1.43
$-S^-$	2.09	2.49	1.25	2.93	1.25	
$-CN$	1.98	2.35	1.31	2.67	1.35	1.37
$-NO_2$	4.29	4.37	1.58	4.44	1.53	

（2）不饱和碳氢的化学位移 烯氢与碳碳双键相连，由于双键的磁各向异性效应，烯氢的化学位移比简单烷基氢的化学位移约大 3～4。乙烯氢的化学位移约为 5.25，不与芳香环共轭的取代烯氢的化学位移在 4.5～6.5 之间，与芳香环共轭时，化学位移值将增大。烯氢的化学位移可以用下面的经验公式来计算：

$$\delta_{C=C-H} = 5.25 + Z_{同} + Z_{顺} + Z_{反}$$

式中：$Z_{同}$，$Z_{顺}$，$Z_{反}$ 分别为与氢原子处于同碳、顺式、反式位置上的取代基对烯氢化学位移的影响。表 7-9 列出了一些常见取代基对烯氢化学位移的影响。

表 7-9　一些取代基对烯氢化学位移的影响

取代基	$Z_{同}$	$Z_{顺}$	$Z_{反}$	取代基	$Z_{同}$	$Z_{顺}$	$Z_{反}$
—R	0.44	−0.26	−0.29	—OCOR	2.09	−0.40	−0.67
—C=C	0.98	−0.04	−0.21	—CHO	1.03	0.97	1.21
—C≡C	0.50	0.35	0.10	—COR	1.10	1.13	0.81
—Ar	1.35	0.37	−0.10	—COOH	1.00	1.35	0.74
—CH$_2$Ar	1.05	−0.29	−0.32	—COOR	0.84	1.15	0.56
—F	1.03	−0.89	−1.19	—COCl	1.10	1.41	0.19
—Cl	1.00	0.19	0.03	—CON	1.37	0.93	0.35
—Br	1.04	0.40	0.55	—NR$_2$	0.69	−1.19	−1.31
—I	1.14	0.81	0.88	—CN	0.23	0.78	0.58
—OR	1.38	−0.06	−1.28	—CF$_3$	0.66	0.61	0.31

炔氢的化学位移在 1.7～3.5 左右，与其他氢的化学位移重叠较多，但炔氢也有其特点，即除乙炔外，炔氢仅存在远程偶合。

甲酰衍生物，如醛、甲酸、甲酸酯和甲酰胺等，由于甲酰基的氢处于羰基的去屏蔽区，其化学位移都在较低场。醛氢的化学位移在 9.3～10.3，甲酸酯和甲酰胺中甲酰基氢的化学位移 7.8～8.5。

（3）芳氢的化学位移 由于受 π 电子环电流的去屏蔽作用的影响，芳氢的化学位移移向低场，苯环上氢的化学位移 $\delta = 7.27$，萘环上氢的化学位移更大，α-氢的 δ 为 7.81，β-氢的 δ 为 7.46。一般芳环氢的化学位移在 6.3～8.5。苯环氢的化学位移可以用经验公式来进行估算：

$$\delta = 7.27 - \sum S$$

$\sum S$ 为所有取代基对芳氢化学位移的影响之和。S 值见表 7-10。

表 7 - 10　影响苯环上氢核 δ 的 S 值

取代基	$S_邻$	$S_间$	$S_对$	取代基	$S_邻$	$S_间$	$S_对$
—CH₃	0.17	0.09	0.18	—OCH₃	0.43	0.09	0.37
—Et	0.15	0.06	0.18	—CHO	− 0.58	− 0.21	− 0.27
—CHMe₂	0.14	0.09	0.18	—COCH₃	− 0.64	− 0.09	− 0.30
—CMe₃	− 0.01	0.10	0.24	—COOH	− 0.8	− 0.14	− 0.2
—CH =CHR	− 0.13	− 0.03	− 0.13	—COCl	− 0.83	− 0.16	− 0.3
—CH₂OH	0.1	0.1	0.1	—COOCH₃	− 0.74	− 0.07	− 0.20
—CCl₃	− 0.8	− 0.2	− 0.2	—OCOCH₃	0.21	0.02	
—F	0.30	0.02	0.22	—CN	− 0.27	− 0.11	− 0.3
—Cl	− 0.02	0.06	0.04	—NO₂	− 0.95	− 0.17	− 0.33
—Br	− 0.22	0.13	0.03	—NH₂	0.75	0.24	0.63
—I	− 0.40	0.26	0.03	—NMe₂	0.60	0.10	0.62
—OH	0.50	0.14	0.4	—NHCOCH₃	− 0.31	− 0.06	

　　芳杂环上的氢受到溶剂等因素的影响,其化学位移比较复杂。一般情况下,共轭体系越长,杂原子数目越多,化学位移值越大。

　　(4) 活泼氢的化学位移　常见的活泼氢如官能团—OH,—NH—,—SH 中的氢,由于它们在溶剂中质子交换速率较快,并受氢键等因素影响,因此它们的化学位移值范围较大,见表 7 - 11。

表 7 - 11　各类活泼氢的化学位移

化合物类型	化学位移	化合物类型	化学位移
醇	0.5~5.5	RNH₂, R₂NH	0.4~3.5
酚	4~8	ArNH₂, ArNHR	2.9~4.8
酚(分子内氢键)	10.5~16	RCONH₂, ArCONH₂	5~6.5
烯醇(分子内氢键)	15~19	RCONHR, ArCONHR	6~8.2
羧酸	10~13	RCONHAr, ArCONHAr	7.8~9.4
肟	7.4~10.2	RSH	0.9~2.5
RSO₃H	11~12	ArSH	3~4

三、自旋偶合与偶合常数

1. 自旋偶合与自旋裂分

　　在乙醛的高分辨核磁共振氢谱图中,得到两组峰,分别为二重峰和四重峰(参见第九章图 9 - 6)。这是因为邻近质子之间相互影响的结果,这种原子核之间的相互作用称为自旋 - 自旋偶合,简称自旋偶合。因自旋偶合引起的谱线增多的现象称为自旋 - 自旋裂分,简称自旋裂分。

如前所述,氢核在磁场中有两种取向(分别用 α 和 β 表示),假如外磁场磁感应强度为 B_0,自旋时与外磁场取顺向排列的质子(产生的局部磁场为 B'),使受它影响的邻近质子感受到的总磁感应强度为 $B_0 + B'$,自旋时与外磁场取反向排列的质子,使邻近质子感受到的总磁感应强度为 $B_0 - B'$,因此当共振发生时,邻近质子的信号就分裂为两个,这就是自旋裂分。显然,一个质子信号的分裂取决于邻近质子的数目,表 7 – 12 列出了一个质子被邻近两个和三个质子分裂的情况。

二重峰的强度理论上是相等的。三重峰中中间峰的强度是边上峰强度的 2 倍,因为邻近质子有四种自旋排列方式,其中两种排列是等价的,因此四种排列只产生三种感应磁场,待测质子感受到三种不同的场力而成为三重峰,1/4 移向高场,1/4 移向低场,2/4 在两峰之间。

原子间的自旋偶合作用是通过成键电子传递的,这种作用的强度以偶合常数 J 表示,单位为 Hz。相邻碳原子上的质子彼此间相隔 3 个化学键,它们之间的偶合称为邻位偶合,偶合常数一般为 7 Hz。相隔 4 个或 4 个以上单键的氢核间,偶合常数趋于 0 Hz,如此时偶合常数不为 0,则称为远程自旋偶合,简称远程偶合。

表 7 – 12　质子裂分情况分析

邻近质子数目	邻近质子的取向	待测质子真正感受到的磁场	待测质子信号的分裂	信号强度的比例
1	α β	$B_0 + B'$ $B_0 - B'$	二重峰	1:1
2	$\alpha\alpha$ $\alpha\beta, \beta\alpha$ $\beta\beta$	$B_0 + 2B'$ $B_0 - B' + B' = B_0$ $B_0 - 2B'$	三重峰	1:2:1
3	$\alpha\alpha\alpha$ $\alpha\alpha\beta, \alpha\beta\alpha, \beta\alpha\alpha$ $\alpha\beta\beta, \beta\alpha\beta, \beta\beta\alpha$ $\beta\beta\beta$	$B_0 + 3B'$ $B_0 + B'$ $B_0 - B'$ $B_0 - 3B'$	四重峰	1:3:3:1

自旋裂分所产生的裂分峰的数目符合 $n + 1$ 规律,即若某氢核周围有 n 个与其偶合常数相等的其他氢核,则该氢核将分裂为 $n + 1$ 重峰($2nI + 1, I = 1/2$ 时为 $n + 1$)。如果某氢核周围有 n 个氢核以一种偶合常数与之偶合,同时有 n' 个氢核以另一种偶合常数与之偶合,则该氢核将分裂为 $(n + 1)(n' + 1)$ 重峰。

由 $n + 1$ 规律所得到的多重峰,其强度比例为 1:1(二重峰),1:2:1(三重峰),1:3:3:1(四重峰),比例数字为二项式的展开系数。$n + 1$ 规律是一种相对粗略的解析手段,只有在相互偶合的质子间的化学位移差(以 Hz 表示)为偶合常数的 10 倍以上时,采用这个规律才是准确的。

核磁共振谱上常以 s(singlet)表示单峰,d(doublet)表示二重峰,t(triplet)表示三重峰,m(multiplet)表示多重峰,b(brode)表示宽峰。

2.偶合常数与结构的关系

(1)同碳偶合常数($J_{同}$,^2J①) 同碳偶合的偶合常数变化范围较大,与结构有密切的关系。

(2)邻位偶合常数($J_{邻}$,^3J) 饱和体系的邻位偶合常数范围为 $0\sim16$ Hz,在开链化合物中由于自由旋转的平均化作用,偶合常数一般在 $6\sim8$ Hz 之间,典型值 7 Hz。在构型固定的化合物中,邻位偶合常数与氢核间的二面角 θ 有关,可用卡普卢斯(Karplus)公式表示:

$$^3J = 8.5\cos^2\theta - 0.28 \quad (0° < \theta < 90°)$$
$$^3J = 9.5\cos^2\theta - 0.28 \quad (90° < \theta < 180°)$$

在不饱和体系—CH $=\!=$ CH—中,一般情况下反式的偶合常数大于顺式的偶合常数,$J_{反} > J_{顺}$,$J_{反}$ 在 $12\sim18$ Hz 之间,典型值为 17 Hz,$J_{顺}$ 在 $6\sim12$ Hz 之间,典型值为 10 Hz。

(3)芳氢的偶合常数 芳环中邻位氢核间的偶合常数在 $6.0\sim9.4$ Hz 之间,间位在 $0.8\sim3.1$ Hz 之间,对位在 $0.2\sim1.5$ Hz 之间。

(4)远程偶合 通过四个或四个以上化学键的两个氢核之间的偶合为远程偶合,远程偶合的偶合常数一般很小,在 $0\sim3$ Hz 之间。

3.化学等价、磁等价

分子中的一组核,其化学位移完全相等,则称它们为化学等价的核。如碘乙烷中,甲基上的三个氢核的化学位移完全相同,它们是化学等价的,同理,亚甲基上的两个氢核也是化学等价的。此外,处于不同碳原子上的氢核,若所处的化学环境相同,则它们的化学位移相等,为等性氢。如,苯分子中的 6 个氢核($\delta = 7.27$)和环戊二烯负离子中的 5 个氢核($\delta = 5.84$)。

若分子中有一组核,其化学位移相同,且对组外任何一个核的偶合常数都相同,则这组核称为磁全同。磁全同的核必然是化学等价的,但化学等价的核不一定磁等价。

在 CH_2F_2 分子中,两个 ^1H 与每个 ^{19}F 的偶合常数都相同,因此两个 ^1H 是磁等价的,同样两个 ^{19}F 也是磁等价的。

---

① J 左上角的数字表示核之间相隔化学键的数目。

在 1,1 – 二氟乙烯分子中,两个 ^{1}H 与两个 ^{19}F 是化学等价的,但组内的两个氢核对同一 ^{19}F 的偶合常数不同,如 $J_{H_1-F_1} \neq J_{H_2-F_1}$,所以两个氢核是磁不等价的,同理,两个 ^{19}F 也是磁不等价的。

$$
\begin{array}{ccc}
H_1 & & F_1 \\
& C = C & \\
H_2 & & F_2
\end{array}
$$

对映异位的氢核,如乙醇中亚甲基上的两个氢核,只有在对称的环境中才是化学等价的,如果在不对称的环境中,比如分子中有不对称中心,或在不对称的溶剂中,都会使亚甲基上的两上氢核具有不同的化学位移。非对映异位的核,化学位移不同,是化学不等价的,彼此分裂形成四重峰或被邻近的氢核进一步裂分。例如下列化合物中的亚甲基(黑体),类似环境中的甲基也是化学不等价的。

$$
\begin{array}{ccc}
\text{OH} & \text{Br} & \text{OH} \\
\text{CH}_3\text{CHCH}_2\text{COOH} & \text{CH}_3\text{CH}_2\overset{|}{\underset{|}{\text{C}}}\text{—CH}_2\text{Br} & \text{C}_6\text{H}_5\text{—CH(CH}_3)_2 \\
& \text{H} & \text{CH}_3
\end{array}
$$

四、积分曲线和峰面积

核磁共振氢谱中,共振峰的面积与产生峰的质子数目成正比,因此峰面积比即为不同类型质子数目的相对比值,若知道分子中质子的总数,即可从峰面积的比例关系算出各组磁等价质子的具体数目(见图 7 – 7)。

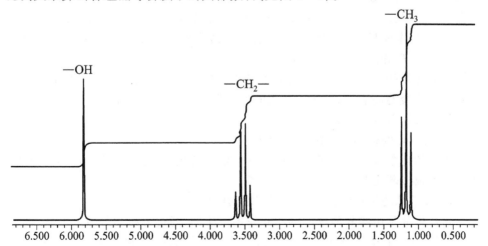

图 7 – 7　乙醇分子的 ^{1}H – NMR 谱图

五、^{1}H 核磁共振谱图的解析

核磁共振谱图提供了化学位移、峰面积(积分曲线)、峰形和偶合常数等信息,图谱解析就是合理地分析这些信息,正确地推导出与谱图相对应的化合物结构。

1. 标识杂质峰

最常见的杂质峰是溶剂峰。在做^{1}H 核磁共振谱时,所用的溶剂应为氘代溶剂[①],氘代溶剂中所夹杂的非氘代的溶剂会产生杂质峰,样品中未除尽的溶剂也会产生杂质峰,在解析图谱前应先把它们标出。表 7-13 为一些常用溶剂的化学位移值。

表 7-13 常用溶剂的化学位移

溶 剂	化学位移	溶 剂	化学位移
$CHCl_3$	7.27	C_6H_6	7.27
H_2O	4.7	CH_3OH	3.35, 4.8
$(CH_3CH_2)_2O$	1.16, 3.36	CH_3SOCH_3	2.50
CH_3CN	1.95	CH_2Cl_2	5.32
CH_3COCH_3	2.05	CH_3COOH	2.05, 8.50

还有两个需要标识的峰是旋转边峰和^{13}C 同位素边峰。在核磁共振氢谱(^{1}H-NMR)测定时,旋转的样品管会产生不均匀的磁场,导致在主峰两侧产生对称的小峰,称为旋转边峰,旋转边峰与主峰的距离随样品管旋转速度的改变而改变。^{13}C 与^{1}H 能发生偶合并产生裂分,这对裂分峰称为^{13}C 同位素边峰。由于^{13}C 的天然丰度只有 1.1%,因此只有在图谱放大时才会发现^{13}C 同位素边峰。

2. 根据积分曲线计算各组峰的相应质子数

积分曲线的高度与它所代表的质子数目是按比例变化的。根据各组峰相对应的积分曲线的高度比,可求出各组峰所含质子数之比。若总质子数已知,则可求出各组峰所含的质子数。

3. 根据峰的化学位移确定其归属

质子的化学位移与质子所处的化学环境密切相关,通过对化学位移的分析,就可以大致推断出各组峰所代表的质子类型。

4. 根据峰的形状和偶合常数确定基团间的相互关系

偶合裂分是由相邻质子间的相互作用产生的,通过分析裂分峰的形状、偶合常数,利用 $n+1$ 规律,判断哪些峰之间有偶合关系,确定它们的相互位置及各

---

① 使用连续波核磁共振仪时,可用 CCl_4 等不含质子的化合物作溶剂。

组化学等价质子的数目。

5．采用重水交换法识别活泼氢

由于羟基、氨基、羧基上的活泼氢能与重水发生交换，而使活泼氢的信号消失，因此对比重水交换前后的图谱可以基本判别分子中是否有活泼氢。

6．综合各种分析，推断分子结构并对结论进行核对。

六、图谱的简化

^1H-NMR 的 δ 值大多在 10 以内，有些化合物谱图中的谱线往往会重叠，难于分辨，为此简化谱图的方法应运而生。

1．增大磁感应强度

磁感应强度增大以后，用 Hz 表示的化学位移的差值增大，而偶合常数 J 不变，因此复杂的图谱就有可能变成为较简单的图谱了。

2．双照射去偶法

对简单分子来讲，偶合裂分所形成的精细图谱对分子结构的测定十分有利。但对复杂分子，这些精细结构使图谱更加复杂，难以分析。双照射去偶可以消除部分质子间的偶合，不仅使图谱简化，同时还能提供质子间偶合的信息，对结构测定十分有利。

假设 H_a 和 H_b 是有偶合的两个质子，由于双方的偶合作用，二者均裂分为二重峰。双照射法的原理是增加一个照射频率（该频率与其中一个核如 H_b 的频率相同），如果该照射频率的强度足够强，那么，处于高能级的 H_b 核将达到饱和，不再吸收能量，其核磁共振信号从图谱上消失。此时，H_b 对 H_a 的偶合作用消失，H_a 的二重峰变为单峰。

3．NOE 效应

1965 年欧沃豪斯（Overhauser A W）发现，在核磁共振中，如果对分子中两个邻近核的其中之一进行照射，另一个核的共振信号的强度将会发生变化，这种作用称为核欧沃豪斯效应（nuclear Overhauser effect，简称 NOE）。这里所说的邻近核指的是空间位置接近，而不论这两个核相隔几个化学键，因此通过 NOE 相互关系可以找出分子中两个空间位置接近而又不互相偶合的核之间的关系，对于测定有机化合物的空间构型非常有用。

4．化学位移试剂

化学位移试剂是具有顺磁性的金属络合物，它们可以使化合物中各种质子的化学位移发生不同程度的变化，从而使重叠的峰展开，便于分辨和分析。最常见的化学位移试剂是镧系元素 Eu 和 Pr 与 1,3 - 二酮类化合物所形成的络合物。如果 1,3 - 二酮化合物为手性化合物，则所得位移试剂为手性位移试剂，使用手性位移试剂可以使对映体的化学位移区分开来，可以用来测定对映体的相对含量。

$$\left[\begin{array}{c} t-Bu \\ \\ t-Bu \end{array}\bigcirc_{\bigcirc}^{O}\right]_3 Eu \qquad \left[\begin{array}{c} t-Bu \\ \\ t-Bu \end{array}\bigcirc_{\bigcirc}^{O}\right]_3 Pr$$

简称 Eu(DPM)$_3$　　　　　　　　简称 Pr(DPM)$_3$

使谱线向低场移动　　　　　　　使谱线向高场移动

七、^{13}C 核磁共振简介

^{13}C 核磁共振的主要优点在于具有宽的化学位移范围,能够区别分子中在结构上有微小差异的碳原子,而且可以观察到不与氢原子直接相连的含碳官能团如羰基,能够提供有关碳骨架的结构信息。

1. ^{13}C 的化学位移

^{13}C 的化学位移亦以四甲基硅烷(TMS)为内标,规定 $\delta_{TMS}=0$,其左边 δ_C 值大于 0,右边 δ_C 值小于 0。与 ^{1}H 的化学位移一样,^{13}C 的化学位移也是自旋核周围的电子屏蔽造成的,因此从理论上讲对碳核周围的电子云密度有影响的任何因素都会影响它的化学位移。碳原子的杂化方式、分子内及分子间的氢键、各种电子效应、构象、构型,以及测定时溶剂的种类、溶液的浓度、体系的酸碱性等都会对 δ_C 产生影响。

(1) 影响化学位移的因素

(a) 碳原子的杂化状态　　化合物中碳原子轨道有三种杂化状态,即 sp^3,sp^2,sp,饱和碳的化学位移在 0~60,炔在 60~90,烯和芳香环在 90~160,羰基的化学位移一般大于 160。

(b) 碳原子周围的电子云密度　　碳正离子的化学位移在低场,碳负离子的化学位移在高场。

$$CH_3\overset{+}{C}(C_2H_5)_2 \quad (CH_3)_2\overset{+}{C}C_2H_5 \quad (CH_3)_3C^+ \quad (CH_3)_2\overset{+}{C}H$$

δ_C:　　　334.7　　　　　　333.8　　　　　330.0　　　　319.6

当碳正离子与不饱和体系或杂原子共轭时,化学位移值移向高场。

$$(CH_3)_2\overset{+}{C}C_6H_5 \quad CH_3\overset{+}{C}H{-}\triangleleft \quad (CH_3)_2\overset{+}{C}OH \quad CH_3\overset{+}{C}(OH)C_6H_5$$

δ_C:　　　225.7　　　　　253.0　　　　　250.3　　　　220.2

(c) 诱导效应　　与电负性取代基相连碳核的化学位移移向低场,移动程度随取代基电负性增加而加强。如甲氧基的 δ_C 为 40~60,而与氮相连的甲基 δ_C 在 20~45。但碘代烷的情况相反,由于碘原子丰富的电子云对邻接的原子有磁屏蔽作用,碘原子越多,这种屏蔽作用越大,化学位移值越小。

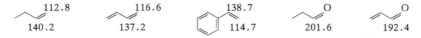

	CH$_4$	CH$_3$I	CH$_2$I$_2$	CHI$_3$	CI$_4$
δ_C:	-2.3	-21.8	-55.1	-141.0	-292.5

（d）共轭效应　共轭效应降低重键的键级，电子在共轭体系中的分布不均匀，碳原子的化学位移也发生相应的变化。例如：

（2）各种碳原子的化学位移　饱和碳氢化合物的^{13}C 化学位移一般在 0～70，其中季碳在 35～70，叔碳在 30～60，仲碳在 25～45，伯碳在 0～30，甲烷为～2.3。烯烃和芳香环的化学位移一般在 90～160，炔在 60～90。羰基的化学位移在 160 以上，其中醛酮的吸收在 200 左右，丙酮的化学位移为 203.8，乙醛为 199.3，当羰基与芳香环或其他不饱和体系共轭时，羰基的化学位移向高场移动。

（3）常用氘代溶剂的化学位移　氘代丙酮的^{13}C 化学位移为 205.4（单峰），29.8（七重峰）；氘代乙腈 117.8（单峰），1.2（七重峰）；氘代氯仿 77.0（三重峰）；氘代二甲基亚砜 39.7（七重峰）；氘代甲醇 49.0（七重峰）。

2. ^{13}C 中的偶合常数

凡 $I \neq 0$ 的核与^{13}C 相邻时，彼此都会发生自旋偶合，产生峰的裂分。如氢核的自旋量子数为二分之一，在丙酮的^{13}C 谱中，甲基碳被分裂为四重峰。

直接相连^{13}C 与^{1}H 的相互作用很强，偶合常数$^1J_{CH}$的范围为 120～300 Hz，$^1J_{CH}$随碳氢键中 s 电子成分的不同而变化，一般情况下 sp^3 的$^1J_{CH} = 120～130$ Hz，sp^2 的$^1J_{CH} = 150～180$ Hz，sp 的$^1J_{CH} = 250～270$ Hz。由于^{13}C 的天然丰度很低，^{13}C 与^{13}C 之间的偶合信号极弱，一般可不予考虑。

氘代化合物中氘与^{13}C 有偶合，由于氘的自旋量子数为 1，故其对^{13}C 的偶合裂分与^{1}H 对^{13}C 的偶合不同。如氯仿的^{13}C 谱中在 $\delta = 77.2$ 出现二重峰，氘代氯仿在相近的位置出现三重峰；丙酮的^{13}C 谱在 $\delta = 30.4$ 出现四重峰，氘代丙酮则为七重峰。^{13}C 与自旋量子数不为 0 的其他核如^{19}F、^{31}P 都以一定的偶合常数发生自旋偶合而裂分。

3. ^{13}C - NMR 谱的测绘技术

^{13}C - NMR 谱可采用多种实验技术测绘，得到不同形式的谱图，以提供丰富的结构信息。

（1）不去偶的^{13}C - NMR 谱　碳与其他核的偶合常数^1J 很大，^2J 和^3J 也显示于图谱中，所以不去偶的^{13}C - NMR 谱线比较复杂。对于简单的分子，可以充分利用各种碳的化学位移和各种偶合裂分信息，便于结构的鉴定。但对于结构较复杂的分子，由于多种偶合谱线相互重叠，难以进行谱图分析。

（2）质子宽带去偶（噪声去偶）　质子宽带去偶为^{13}C - NMR 的常规谱，是一种双共振技术,以^{13}C{^{1}H}表示。它采用双照射法,即用射频场 B1 照射^{13}C 核的同时,附加一个去偶射频场 B2,令其覆盖所有质子的共振频率,一般宽度至少为 1 kHz,使所有质子饱和,将所有碳与氢的偶合作用消除,得到以单峰表示的各类碳的化学位移图谱。在质子去偶图谱中,由于多重峰合并及 NOE 效应,灵敏度提高,而且所有不等性碳都有自己的独立信号,可以识别不等性碳核。

(3) 偏共振去偶　质子宽带去偶使^{13}C - NMR 谱线简化,增加了大部分谱线的高度,但同时也失去了许多有用的结构信息。采用偏共振去偶技术,既能减小偶合作用,在一定程度上简化图谱,又能保留直接相连的^{13}C 与^{1}H 的偶合信息,因此利用偏共振去偶可以区分碳的类型,甲基在偏共振去偶图谱中为四重峰,亚甲基为三重峰,次甲基为二重峰,季碳为单峰。

4.^{13}C - NMR 谱的特点

与^{1}H - NMR 相比,^{13}C - NMR 谱有以下特点:

(1) ^{1}H - NMR 谱提供了化学位移、偶合常数和积分面积三方面的重要信息,积分面积与氢原子的数目之间有定量关系。在^{13}C - NMR 谱中,由于峰面积与碳原子数目之间没有对应的定量关系,因此谱图中没有设置积分曲线。

(2) ^{13}C - NMR 的化学位移比^{1}H - NMR 的化学位移大得多,以 $\delta_{TMS} = 0$ 为标准,一般来讲,δ_H 在 0～10 之间,δ_C 在 0～250 之间。与氢谱类似,等性碳的化学位移也相同。由于 δ_C 的范围十分宽,碳核所处的化学环境稍有差别,在图谱上也会有所区别,所以碳谱比氢谱能给出更多的有关结构的信息。

(3) 在氢谱中,必须考虑^{1}H - ^{1}H 之间的偶合;在碳谱中,由于^{13}C 的天然丰度只有 1.1%,一般情况下,^{13}C - ^{13}C 之间的偶合机会极少,可以不考虑,但在^{13}C 富集的化合物中,此项偶合要予以考虑。不去偶的碳谱,存在^{13}C 与^{1}H 之间的偶合裂分,图谱相当复杂。常规碳谱是去偶碳谱,在质子去偶的碳谱中,若分子中不存在碳、氢以外的自旋核,^{13}C - NMR 的谱线都是单峰。若有其他自旋核如^{19}F,^{31}P 等,碳能与这些核发生偶合裂分。在质子偏共振去偶的图谱中,存在^{13}C 与直接相连的^{1}H 的偶合,并可由峰的裂分区分碳原子的类型。

化学位移、偶合常数等都是剖析碳谱的重要数据。

5.^{13}C - NMR 的应用

由噪声去偶谱中的谱线数 x 与分子式中的碳原子数 y 比较,如果 $x = y$,则每个碳的化学位移都不同,分子没有对称性;如果 $x < y$,表示分子有一定的对称性,x 值越小,分子的对称性越高。

由噪声去偶谱中各峰的化学位移分析碳原子的类别。

由偏共振去偶图谱可以识别碳原子的类型。

八、二维核磁共振谱(2D NMR)简介

2D NMR 是将化学位移、偶合常数等参数在二维平面上展开,从而将在一般核磁共振谱

(一维谱)中重叠在一个频率坐标轴上的信号分别以两个独立的频率坐标上展开,构成二维核磁共振图谱。2D NMR 谱的产生是利用多脉冲序列对自旋系统进行激发,在多脉冲序列作用下的核自旋系统演化得到时间域上的信号,经过两次傅里叶变换给出二维核磁共振信号。为解决不同的化学结构问题,可采用不同的多脉冲序列,得到不同的二维核磁共振谱。2D NMR 有不同的作图方法,图 7-8 和图 7-9 分别为堆积图和等高线图。

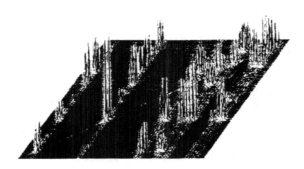

图 7-8 二维谱的堆积图

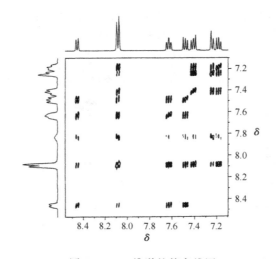

图 7-9 二维谱的等高线图

下面仅对结构鉴定中最常用的几种二维谱作简要介绍。

1. 二维^{1}H-^{1}H 相关谱(COSY)

在二维^{1}H-^{1}H 相关谱中,两维均为^{1}H 的化学位移,2D COSY 谱是正方形的。在二维^{1}H-^{1}H相关谱中有两种类型的峰,其中对角线上的吸收峰称为对角峰,它与一维^{1}H-NMR谱相对应;而^{1}H-^{1}H偶合信号对称分布于对角线的两侧,称为交叉峰,它给出邻近或远程的^{1}H-^{1}H偶合关系。图 7-10 为蔗糖的^{1}H-^{1}H COSY。

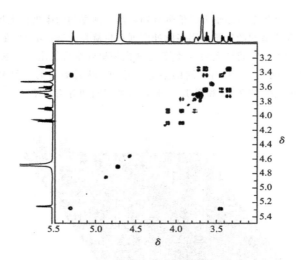

图 7－10　蔗糖的 $^1H-^1H$ 相关谱

2．二维 C－H 相关谱

在二维 C－H 相关谱中，一维是 ^{13}C 的化学位移，一维是 ^1H 的化学位移。所有通过 $^{13}C-$ ^1H 单键直接相连的 ^{13}C 和 ^1H 产生交叉信号（见图 7－11）。

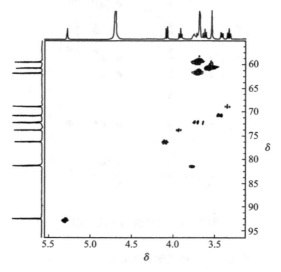

图 7－11　蔗糖的 $^{13}C-^1H$ 相关谱

3．二维 NOESY 谱

在二维 NOESY 谱中，两维也均为 ^1H 的化学位移，2D NOESY 谱也是正方形的。与 2D COSY 类似，对角峰与一维 ^1H-NMR 谱相对应；但交叉峰给出的是在空间距离上邻近（＜0.5 nm）的 $^1H-^1H$ 之间的相互关系（见图 7－12）。

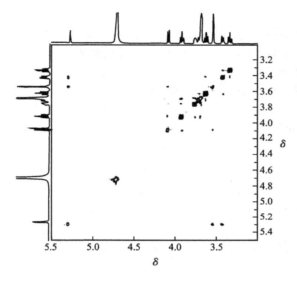

图 7 - 12 蔗糖的 NOESY 谱

参 考 文 献

1．赵瑶兴，孙祥玉．光谱分析与有机结构鉴定[M]．合肥：中国科学技术大学出版社，1992.

2．唐恢同．有机化合物的光谱鉴定[M]．北京：北京大学出版社，1992.

3．宁永成．有机化合物结构鉴定与有机波谱学[M].2 版．北京：科学出版社，2000.

4．SILVERSTEIN R M，WEBSTER F X．Spectrometric indentification of organic compounds [M].6th ed.1998.

5．邢其毅，裴伟伟，徐瑞秋等．基础有机化学[M].3 版．北京：高等教育出版社，2005.

习 题

1．写出下列分子离子的主要断裂方式：

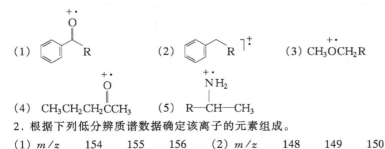

2．根据下列低分辨质谱数据确定该离子的元素组成。

(1) *m/z*   154   155   156   (2) *m/z*   148   149   150

| I_r | 52.0 | 5.7 | 0.38 | I_r | 74.2 | 8.2 | 3.7 |

3．一个戊酮的异构体，分子离子峰为 m/z 86，并在 m/z 71 和 m/z 43 处各有一个强峰，且在 m/z 58 处有峰，写出该酮的结构式。另一个戊酮在 m/z 86 和 m/z 71 处各有一个强峰，它的结构式是什么？

4．指出下列哪些化合物的紫外吸收波长最长。

(1) a. CH_2＝$CHCH_2CH$＝$CHNH_2$　　b. CH_3CH＝$CHCH$＝$CHNH_2$

    c. $CH_3CH_2CH_2CH_2CH_2NH_2$

(2) a.　　　　　　　b. 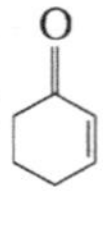　　　　　　　c.

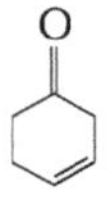

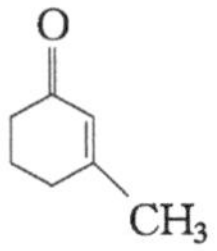

5．用红外光谱鉴别下列化合物：

(1) 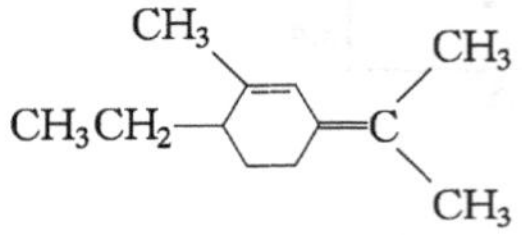 CH_3CH_2—　　　　　　(2) CH_3CH_2—

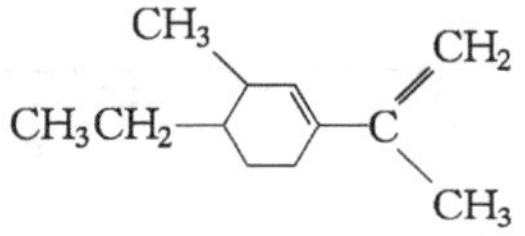

6．指出下列官能团在红外光谱中的特征频率的位置。

    —OH，—NH_2，—COOH，C＝C，C＝O

7．已知苯甲酰卤羰基的频率为 1774 cm^{-1}，碳碳弯曲振动的频率为 880～860 cm^{-1}，为什么在图谱上却发现了 1773 cm^{-1} 和 1736 cm^{-1} 两个吸收峰？

8．指出下列化合物在 ^1H－NMR 图谱中有几组不等同的质子和每组质子的大致化学位移，并说明各组质子的偶合裂分情况。

(1) 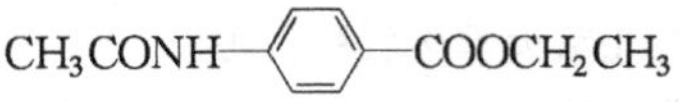 CH_3CONH—　—$COOCH_2CH_3$　　　(2) $CH_3CH_2OCH_2CH_3$

(3) $CH_3COOC(CH_3)_3$　　(4) $CH_3\overset{OH}{\underset{|}{C}HCH_3}$　　(5) CH_3CHO　　(6) CH_3CH_2COOH

9．指出下列化合物在 ^1H－NMR 中有几组不同的质子，在 ^{13}C－NMR 中有几组不同的碳原子。

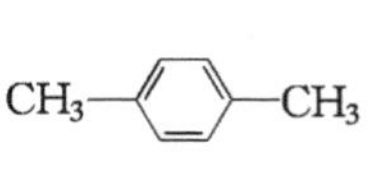

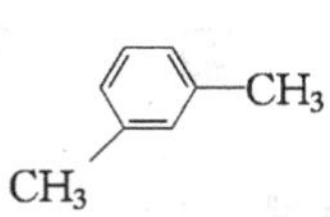

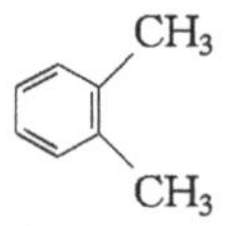

    CH_3—　—CH_3　　　　　　　　　　　　　　　

10．有一化合物经元素分析：C 68.13%，H 13.72%，O 18.15%；测定得相对分子质量为 88.15。与金属钠反应可放出氢气；与碘和氢氧化钠容易反应，可产生碘仿。该化合物的 ^1H－NMR 在 $\delta=0.9$ 处有一个二重峰(6H)，$\delta=1.1$ 处有一个二重峰(3H)，$\delta=1.6$ 处有一个多重峰(1H)，$\delta=2.6$ 处有一个单峰(1H)，$\delta=3.5$ 处有一个多重峰(1H)。请推测该化合物的结构。

第八章 醇、酚、醚

(Alcohol、Phenol、Ether)

第一节 醇

醇可以看成是羟基连接到饱和碳原子上的化合物,这种饱和的碳原子如果是伯、仲、叔碳原子,则分别称为伯、仲、叔醇。例如:

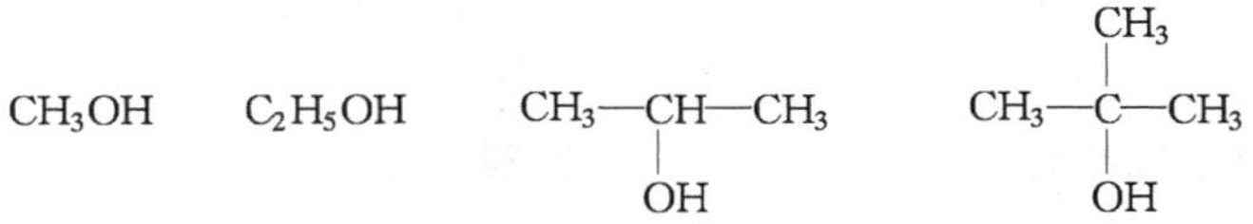

$$CH_3OH \qquad C_2H_5OH \qquad CH_3-\underset{\underset{OH}{|}}{CH}-CH_3 \qquad CH_3-\underset{\underset{OH}{|}}{\overset{\overset{CH_3}{|}}{C}}-CH_3$$

甲醇　　　　乙醇　　　　　异丙醇　　　　　叔丁醇

　　　　　（伯醇）　　　　（仲醇）　　　　（叔醇）

连有羟基的饱和碳原子也可与烯、炔、苯环等相连。例如:

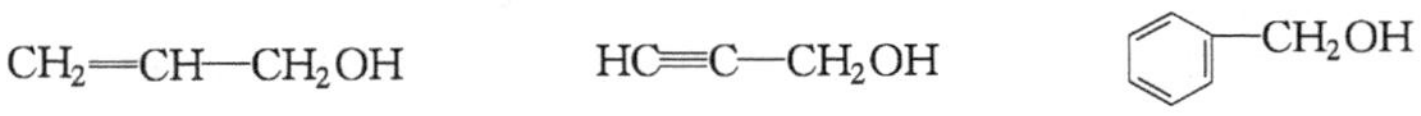

$$CH_2=CH-CH_2OH \qquad HC\equiv C-CH_2OH \qquad$$

2-丙烯醇　　　　　　2-丙炔醇　　　　　苯甲醇

（2-propenol）　　　（2-propynol）　　（benzyl alcohol）

羟基连接在双键碳原子上称为烯醇。烯醇与醛、酮易形成动态平衡。在一般情况下趋向于醛、酮的方向。

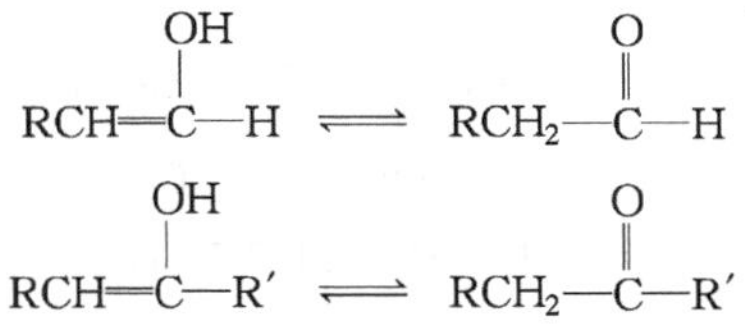

$$RCH=\underset{\underset{OH}{|}}{C}-H \Longleftrightarrow RCH_2-\overset{\overset{O}{\|}}{C}-H$$

$$RCH=\underset{\underset{OH}{|}}{C}-R' \Longleftrightarrow RCH_2-\overset{\overset{O}{\|}}{C}-R'$$

如果羟基直接连在苯环上则为酚。多元醇分子中,羟基一般在不同的碳原子上。例如:

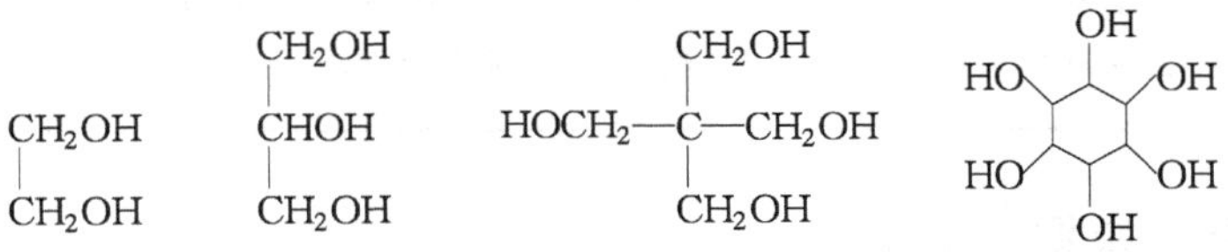

$$\begin{array}{c} CH_2OH \\ | \\ CH_2OH \end{array} \qquad \begin{array}{c} CH_2OH \\ | \\ CHOH \\ | \\ CH_2OH \end{array} \qquad HOCH_2-\underset{\underset{CH_2OH}{|}}{\overset{\overset{CH_2OH}{|}}{C}}-CH_2OH$$

乙二醇　　　丙三醇（甘油）　　　季戊四醇　　　　环己六醇（肌醇）

（ethanediol）　（propanetriol）　（pentanetetriol）　（cyclohexanehexol）

一、醇的结构和命名

1．醇的结构

醇分子中 C—O—H 键角为 109°左右,因此,可以认为醇分子中的氧原子为 sp^3 杂化。

2．醇的命名

结构比较复杂的一元醇通常采用系统命名法,即选择含有羟基的最长碳链为主链,从离羟基最近的一端开始编号,根据主链碳原子的数目称为某醇,如果有取代基则应在母体名称前标出取代基的位置与名称。例如:

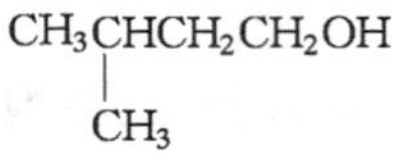

$$CH_3CHCH_2CH_2OH \qquad CH_3CH_2CHCH_2OH$$
$$| \qquad\qquad\qquad |$$
$$CH_3$$

3－甲基－1－丁醇　　　　　　2－苯基－1－丁醇

（3－methyl－1－butanol）　　（2－phenyl－1－butanol）

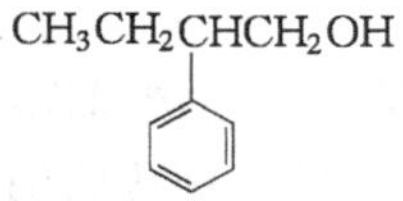

不饱和醇是选择含有羟基及重键的最长碳链作为主链,从靠近羟基的一端开始编号,命名为某烯醇或某炔醇。例如:

$$CH_3CH{=\!\!=}CHCH_2OH \qquad CH_3CHCH{=\!\!=}CHCHCH_3$$
$$| \qquad\qquad\qquad\quad |$$
$$CH_3 \qquad\qquad\quad OH$$

2－丁烯－1－醇　　　　　　5－甲基－3－己烯－2－醇

（2－butene－1－ol）　　　　（5－methyl－3－hexene－2－ol）

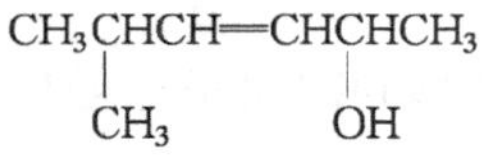

思考题 8.1 命名下列化合物:

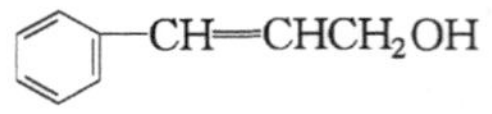

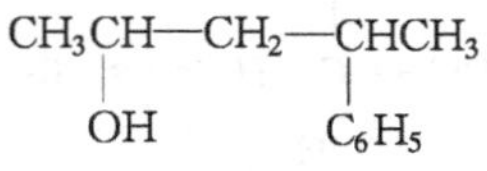

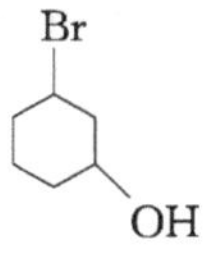

$$C_6H_5{-}CH{=\!\!=}CHCH_2OH \qquad CH_3CH{-}CH_2{-}CHCH_3 \qquad$$
$$| \qquad\quad | $$
$$OH \qquad\quad C_6H_5$$

$$(C_6H_5)_3COH \qquad CH_3CH_2CH{-}CH_2{-}CHCH_2CH_3$$
$$| \qquad\qquad |$$
$$OH \qquad\qquad CH_3$$

$$CH_3CHOH$$

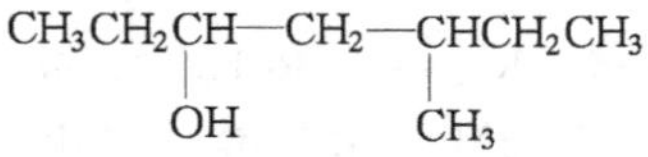

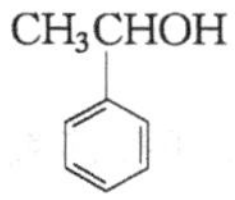

思考题 8.2 写出下列化合物的结构式:

（1）2,4－二甲基－1－戊醇　　（2）（Z）－3,4－二甲基－3－己烯－1－醇

（3）2－环己烯－1－乙醇　　（4）顺－2－甲基环己醇　　（5）（R）－2－丁醇

二、醇的来源和制法

1．醇的来源

醇是一种重要的化工原料,它广泛用作合成中间体及溶剂,某些醇被用于合成聚合物、香料、药物,以及用作果汁、蜜饯、口香糖的加香剂。醇所分布的范围很广,如肌醇、甘油、萜醇、甾醇、蜡。

高级醇在自然界主要来源于精油和蜡,例如,三十烷醇存在于苜蓿中;薄荷醇、异戊醇存在于薄荷油中;辛醇、3－己烯－1－醇存在于绿茶中;反－3,7－二甲基－2,6－辛二烯－1－醇存在于薰衣草、柠檬草、玫瑰和香茅油中;橙花醇(顺－3,7－二甲基－2,6－辛二烯－1－醇)存在于薰衣草和玫瑰油中。

2. 醇的制备

(1) 由卤代烃制备　(见第六章)

$$RX + OH^- \longrightarrow ROH + X^- \quad (X = Cl, Br, I)$$

(2) 醛和酮;羧酸和羧酸酯的还原　醛和酮能分别被 $LiAlH_4$、$NaBH_4$、催化氢化还原成伯、仲醇(将在第九章中讨论)。

例如:

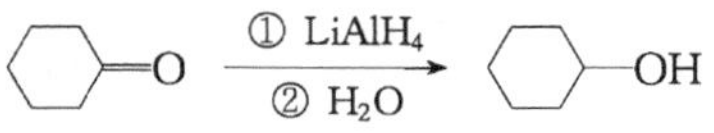

羧酸可以用 $LiAlH_4$ 将其还原成伯醇;羧酸酯比羧酸容易还原,不仅可以用 $LiAlH_4$,还可以用钠加醇及催化氢化还原成伯醇(将在第十章中讨论)。

(3) 醛、酮与格氏试剂加成　醛、酮与格氏试剂加成,然后水解得伯、仲、叔醇。

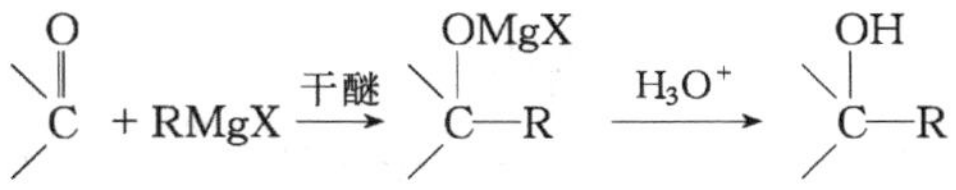

如果是甲醛与格氏试剂加成则得到伯醇:

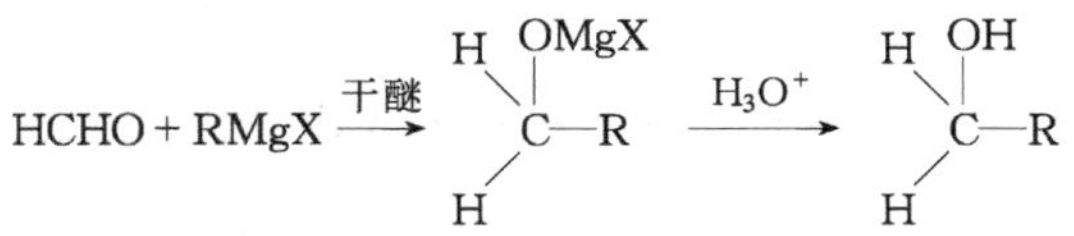

其他的醛与格氏试剂加成得到仲醇:

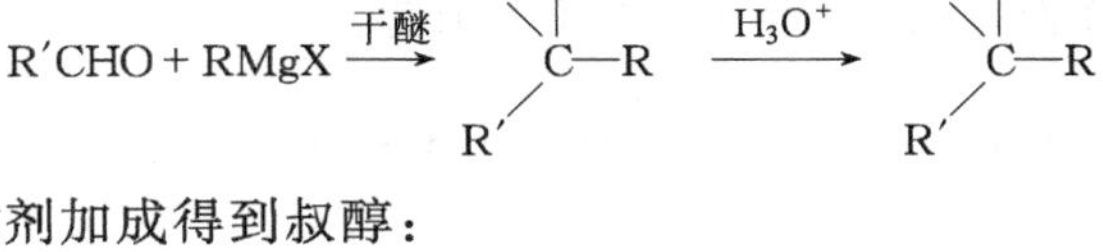

酮与格氏试剂加成得到叔醇:

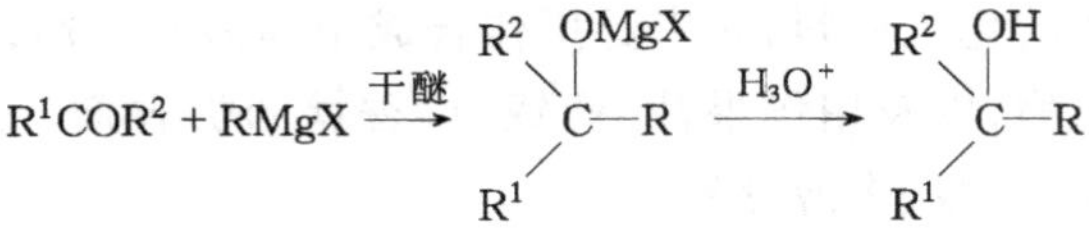

$$R^1COR^2 + RMgX \xrightarrow{\text{干醚}} \underset{R^1}{\overset{R^2}{\underset{|}{\overset{|}{C}}}}{-}R \xrightarrow{H_3O^+} \underset{R^1}{\overset{R^2}{\underset{|}{\overset{|}{C}}}}{-}R$$

思考题 8.3 如何应用格氏试剂与羰基化合物合成下列各醇：

(1) $CH_3CH_2CH_2CH_2OH$ (2) 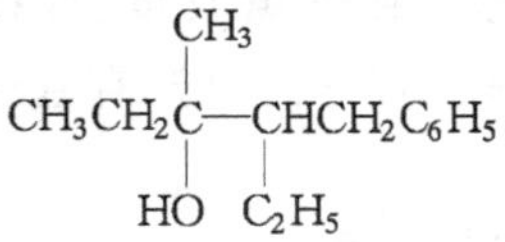 $CH_3CH_2\underset{\underset{C_2H_5}{|}}{\overset{\overset{CH_3}{|}}{C}}{-}CHCH_2C_6H_5$ 式中 HO   (3) $CH_3\underset{}{\overset{\overset{CH_3}{|}}{CH}}CH\underset{OH}{\overset{|}{C}}H_3$

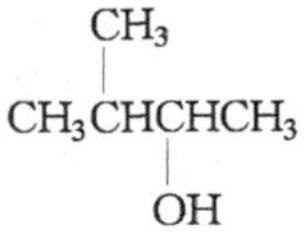

(4) **烯烃的水化** 这一反应主要是在酸催化条件下,烯烃与水的加成。工业上通常采用硫酸作催化剂,烯烃与浓硫酸作用先生成硫酸氢烷基酯,再水解成醇。

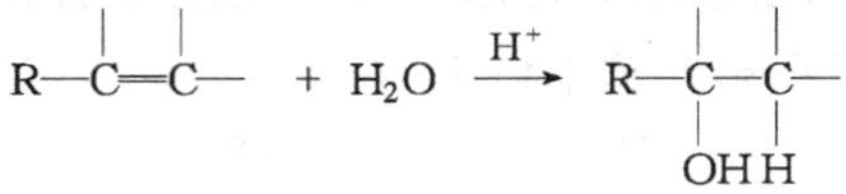

$$R{-}C{=}C{-} + H_2O \xrightarrow{H^+} R{-}\underset{OH}{\overset{|}{C}}{-}\underset{H}{\overset{|}{C}}{-}$$

反应遵循马尔科夫尼科夫规则。例如：

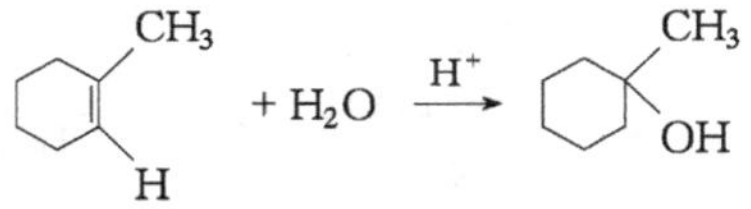

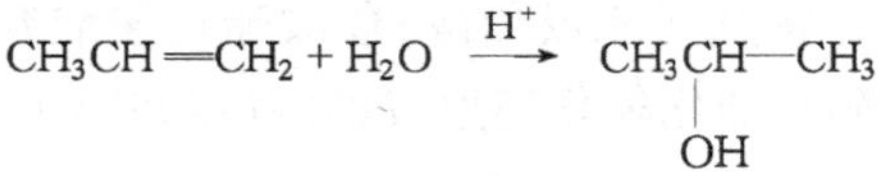

$$CH_3CH{=}CH_2 + H_2O \xrightarrow{H^+} CH_3\underset{OH}{\overset{|}{C}}H{-}CH_3$$

由于反应过程中有活泼中间体碳正离子生成,因此有时有重排产物生成。

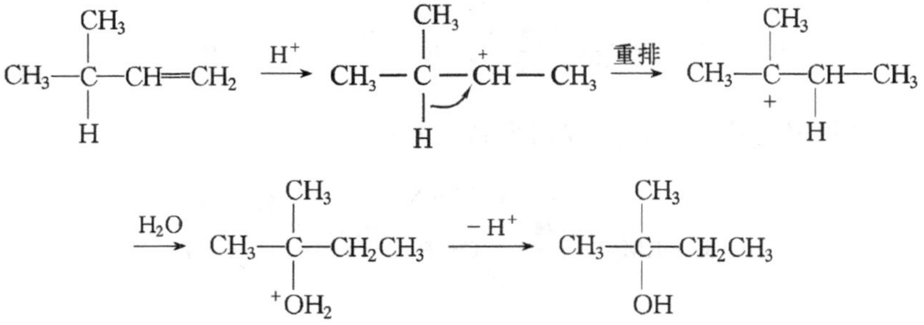

(5) **烯烃的羟汞化**(oxymercuration) 烯烃与醋酸汞等汞盐在水溶液中反应生成有机汞化合物,后者用硼氢化钠还原成醇。

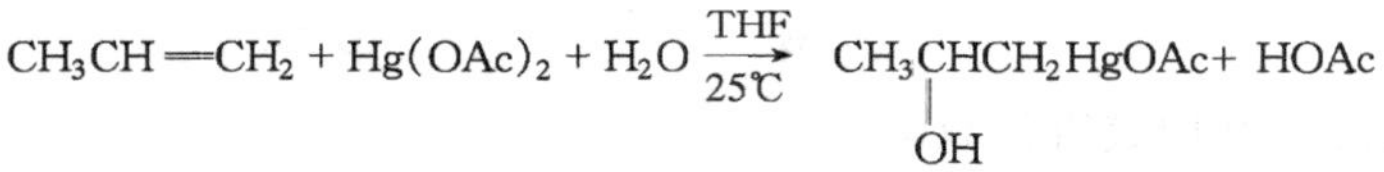

$$CH_3CH{=}CH_2 + Hg(OAc)_2 + H_2O \xrightarrow[25℃]{THF} CH_3\underset{OH}{\overset{|}{C}}HCH_2HgOAc + HOAc$$

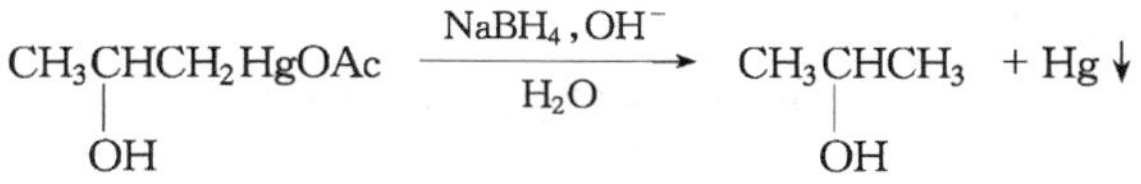

$$CH_3CHCH_2HgOAc \xrightarrow[\text{H}_2\text{O}]{\text{NaBH}_4,\text{OH}^-} CH_3CHCH_3 + Hg\downarrow$$
$$\underset{OH}{|} \qquad\qquad\qquad\qquad \underset{OH}{|}$$

这一反应的特点是没有重排反应发生,产物与马氏规则一致。

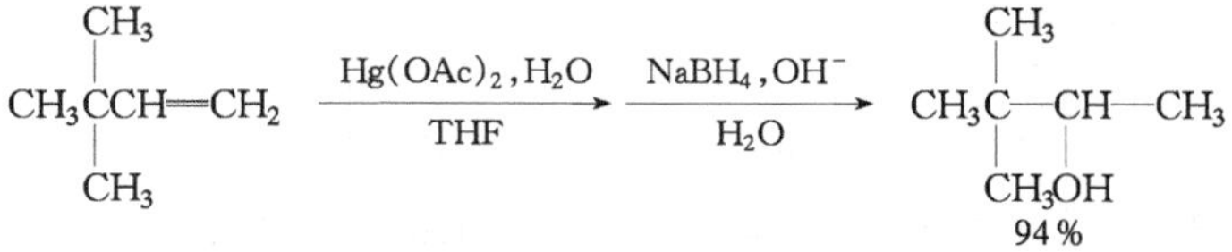

$$CH_3\underset{\underset{CH_3}{|}}{\overset{\overset{CH_3}{|}}{C}}CH=CH_2 \xrightarrow[\text{THF}]{\text{Hg(OAc)}_2,\text{H}_2\text{O}} \xrightarrow[\text{H}_2\text{O}]{\text{NaBH}_4,\text{OH}^-} CH_3\underset{\underset{CH_2OH}{|}}{\overset{\overset{CH_3}{|}}{C}}-CH-CH_3$$
$$94\%$$

尽管这一反应在实验操作上简单,但所涉及试剂价格较贵,并且汞化物有毒,所以在烯烃合成醇方面,仅仅在避免重排的醇产生时用到它。

(6)烯烃的硼氢化　　烯烃经硼烷加成而硼氢化,然后氧化水解得醇。硼氢化其立体专一性是顺式加成,产物是违反马氏规则的醇。例如:

$$3\ CH_3CH=CH_2 \xrightarrow{\text{THF:BH}_3} (CH_3CH_2CH_2)_3B \xrightarrow{\text{H}_2\text{O}_2,\text{HO}^-} 3CH_3CH_2CH_2OH$$

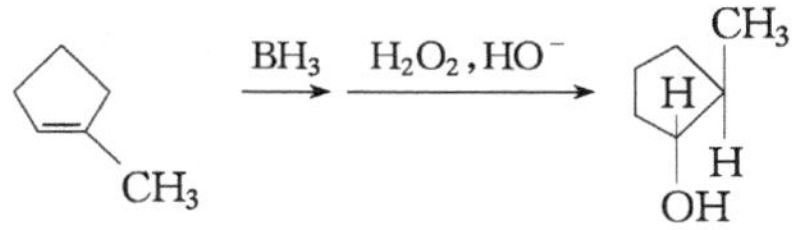

(7)环氧化合物开环　　环氧化合物开环的反应可以制备醇类,详见本章第三节五、2.。

思考题8.4　　请选择适当的烯烃通过硼氢化或羟汞化反应制备下列醇:
(1)仲丁醇　　　　(2)反-2-甲基环己醇　　　(3)3-甲基-2-戊醇

三、醇的物理性质

1. 沸点
由于醇分子中氢氧键的高度极化,它们能通过氢键的作用相互缔合。

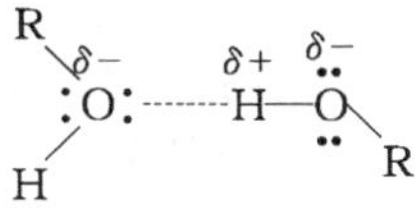

要使醇变成蒸气,必须供给能量使氢键断裂,因此,醇的沸点比相应的烷烃高得多。例如,甲醇的沸点比甲烷高229℃,乙醇的沸点比乙烷高167℃。随着相对分子质量加大,其沸点差距愈来愈小。这是由于烃基的存在对缔合有阻碍作用。

2. 溶解度
甲醇、乙醇、丙醇、异丙醇及叔丁醇在室温条件下能与水混溶,而正丁醇在水中溶解度仅为8.3%,异丁醇为10%,高级醇和烷烃一样几乎完全不溶于水。醇的物理性质见表 8-1。

表 8-1 一般醇的物理性质

化 合 物	名 称	英文名称	熔点/℃	沸点/℃	溶解度/g·(100 mL 水)$^{-1}$
CH$_3$OH	甲 醇	methanol	-97	64.7	∞
CH$_3$CH$_2$OH	乙 醇	ethanol	-117	78.3	∞
CH$_3$CH$_2$CH$_2$OH	正丙醇	propanol	-126	97.2	∞
(CH$_3$)$_2$CHOH	异丙醇	isopropanol	-88	82.3	∞
CH$_3$(CH$_2$)$_3$OH	正丁醇	butanol	-90	117.7	8.3
(CH$_3$)$_2$CHCH$_2$OH	异丁醇	isobutanol	-108	108	10.0
CH$_3$CH$_2$CH(CH$_3$)OH	仲丁醇	secbutanol	-114	99.5	26.0
(CH$_3$)$_3$COH	叔丁醇	tertbutanol	25	82.5	∞
CH$_3$(CH$_2$)$_3$CH$_2$OH	正戊醇	pentanol	-78.5	138	2.4
CH$_3$(CH$_2$)$_4$CH$_2$OH	己 醇	hexanol	-52	156.5	0.6
CH$_3$(CH$_2$)$_6$CH$_2$OH	辛 醇	octanol	-15	195	0.05
CH$_3$(CH$_2$)$_7$CH$_2$OH	壬 醇	nonanol	-5.5	212	
CH$_3$(CH$_2$)$_8$CH$_2$OH	癸 醇	decanol	6	228	
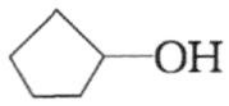 ⬠—OH	环戊醇	cyclopentanol	-19	139	微溶
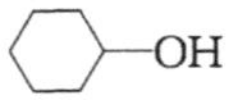 ⬡—OH	环己醇	cyclohexanol	24	161.3	3.8
C$_6$H$_5$CH$_2$OH	苄 醇	benzyl alcohol	-15	205	0.08
CH$_2$=CHCH$_2$OH	烯丙醇	allyl alcohol	-129	97.1	∞

思考题 8.5　将下列化合物按沸点从高到低的顺序排列:

(1) 2-戊醇　　(2) 2-戊烯　　(3) 2-氯戊烷

3. 光谱性质

醇的红外光谱图中,醇分子中的氢键对 O—H 的伸缩振动吸收有较大影响,分子间氢键使其在 3200~3500 cm^{-1} 处产生一宽的吸收带,而未缔合的羟基则在 3500~3650 cm^{-1} 处产生一尖峰。因此,在外界因素(如溶液的浓度、溶剂的极性)有利于形成分子间氢键时,吸收谱带移向较低频率。醇的 C—O 吸收峰出现在 1000~1200 cm^{-1}。乙醇的红外光谱如图 8-1 所示。

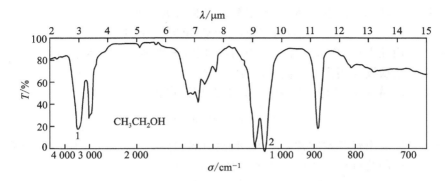

图 8-1 乙醇的红外光谱(缔合)
1. 缔合 O—H 的伸缩振动;2. C—O 的伸缩振动

　　羟基质子的核磁共振吸收由于氢键的存在而移向低场,其 δ 在 $1 \sim 5$ 之间,具体位置与氢键的缔合有关,如非极性溶剂稀释能使信号向高场移动,加酸能使信号向低场移动。醇中 C—H 质子的化学位移值随与电负性氧原子的距离增加而逐渐下降(详见第七章)。

四、醇的化学性质

　　从醇的化学结构上看,醇中含 C—O 键和 O—H 键这两种极性键。O—H 键的极化使氢带部分正电荷,因此醇是一种弱酸,它能与强碱作用。C—O 键的极化,使碳带部分正电荷,如果不考虑 OH^- 是一个强碱并且是一个较差的离去基,这种带正电荷的碳应易受亲核试剂的进攻。重要的是氧上的孤电子对使它既具有碱性又具有亲核性,在强酸的存在下醇中的氧作为碱接受质子。

　　1. 醇的酸性

　　醇存在着与水相似的酸性和类似的自电离平衡。

$$H_2O + H_2O \rightleftharpoons H_3O^+ + OH^-$$

$$CH_3OH + CH_3OH \rightleftharpoons CH_3\overset{+}{O}H_2 + CH_3O^-$$

甲醇是比水强的酸,而绝大多数醇是比水弱的酸,几种醇的 pK_a 值列于表 8-2。

表 8-2　几种醇及水的 pK_a 值

化合物	CH_3OH	H_2O	CH_3CH_2OH	$(CH_3)_3COH$
pK_a	15.5	15.74	15.9	18.0

　　2. 醇与活泼金属的反应

　　由于醇是一弱酸,它只能与钠、钾、镁、铝等活泼金属反应生成醇金属化合物。

$$2ROH + 2Na \longrightarrow 2RONa + H_2$$

反应速率为甲醇>伯醇>仲醇>叔醇。醇与金属钠的反应比水与金属钠的反应缓和。醇钠为白色固体,极易水解成醇和氢氧化钠。

$$C_2H_5ONa + H_2O \rightleftharpoons C_2H_5OH + NaOH$$

工业上利用此平衡,移去反应体系中的水,用醇和固体 NaOH 制备醇钠。

醇与金属镁作用需在较高的温度下进行。

醇共轭碱 RO^- 的碱性比 HO^- 强,其强弱次序为:

$$R_3CO^- > R_2CHO^- > RCH_2O^- > HO^-$$

从上面可以看出烃基空间位阻愈大,酸性愈弱,这是由于空间位阻小的烃基,有利于水分子的溶剂化作用而形成烃氧基离子。

所有的醇与炔、氢、氨、烷烃相比都是较强的酸,它们的相对酸性如下:

$$H_2O > ROH > RC \equiv CH > H_2 > NH_3 > RH$$

3. 醇的碱性

醇分子中羟基氧上的孤对电子能接受 H^+ 生成质子化醇。此外还能与缺电子的路易斯酸生成盐。

$$-\overset{|}{\underset{|}{C}}-\ddot{\overset{..}{O}}H + H-A \rightleftharpoons -\overset{|}{\underset{|}{C}}-\overset{H}{\underset{..}{\ddot{O}}}H + A^-$$

$$-\overset{|}{\underset{|}{C}}-\ddot{\overset{..}{O}}H + BF_3 \rightleftharpoons -\overset{|}{\underset{|}{C}}-\overset{BF_3}{\underset{..}{\ddot{O}}}H$$

醇羟基被质子化后,成为好的离去基团,使碳氧键的断裂变得容易。例如,醇与氢卤酸的反应,醇在酸催化下的脱水反应等。

思考题 8.6　将下列化合物的酸性按由大到小的次序排列:
　　　　水,　乙醇,　乙炔,　氨

---

4. 醇与无机含氧酸的反应

醇与无机含氧酸反应生成酯:

$$ROH + HOSO_2OH \longrightarrow \underset{\text{硫酸氢烃基酯}}{ROSO_2OH} + H_2O$$

硫酸氢烃基酯继续与醇作用得硫酸二烃基酯。例如,硫酸氢甲酯或乙酯在减压蒸馏条件下可得到硫酸二甲酯或二乙酯,它们是有机合成中常用的烷基化试剂。

$$2\,CH_3OSO_2OH \xrightarrow[\triangle]{\text{减压蒸馏}} \underset{\text{硫酸二甲酯}}{(CH_3)_2SO_4} + H_2SO_4$$

醇与硝酸反应生成硝酸酯:

$$ROH + HNO_3 \longrightarrow \underset{\text{硝酸酯}}{RONO_2} + H_2O$$

醇的硝酸酯受热易发生爆炸,因此在制备和处理硝酸酯时应注意安全。甘油的三硝酸酯是无色油状液体,稍受震动即猛烈爆炸,是一种烈性炸药。此外,还有扩张冠状动脉的作用,可用作缓解心绞痛的药物。

醇与磷酸反应生成磷酸烃基酯:

$$ROH + HO-\overset{\displaystyle O}{\underset{\displaystyle OH}{P}}-OH \xrightarrow[-H_2O]{} RO-\overset{\displaystyle O}{\underset{\displaystyle OH}{P}}-OH \xrightarrow[-H_2O]{ROH} (RO)_2\overset{\displaystyle O}{P}-OH$$
磷酸氢一烃基酯　　　　磷酸二烃基酯

$$\xrightarrow[-H_2O]{ROH} (RO)_3P=O$$
磷酸三烃基酯

醇与磷酸即使在催化剂作用下,生成磷酸酯也较慢,一般磷酸酯的制备是由醇与相应的酰氯反应制备。

$$3ROH + POCl_3 \longrightarrow (RO)_3P=O + 3HCl$$

磷酸酯在工业上用作增塑剂、消泡剂、阻燃剂。此外,在生物化学反应和生命细胞代谢中也具有十分重要的作用。尤其是磷酸三酯,如核苷酸、三磷酸腺苷等。

5. 醇转变成卤代烃的反应

醇与氢卤酸、三卤化磷、氯化亚砜反应产生卤代烃。

(1) 醇与氢卤酸反应

$$ROH + HX \longrightarrow RX + H_2O$$

反应速率为:叔醇＞仲醇＞伯醇,HI＞HBr＞HCl。醇与 HX 反应首先是醇被质子化,叔醇和仲醇质子化后易形成烷基正离子,然后与卤素负离子作用生成卤代烃,反应按 S_N1 机理进行。

$$(CH_3)_3C-OH + HCl \rightleftharpoons (CH_3)_3C-\overset{+}{O}H_2 + Cl^-$$

$$(CH_3)_3C-\overset{+}{O}H_2 \longrightarrow (CH_3)_3C^+ + H_2O$$

$$(CH_3)_3C^+ + Cl^- \longrightarrow (CH_3)_3C-Cl$$

伯醇与氢卤酸反应必须加热,或在其他条件下协同进行。如采用 $KBr-H_2SO_4$,$KI-H_3PO_4$,$ZnCl_2-HCl$ 等试剂。

$$CH_3(CH_2)_4CH_2OH + HBr \xrightarrow{>100℃} CH_3(CH_2)_4CH_2Br$$

$$CH_3CH_2CH_2CH_2OH + KBr + H_2SO_4 \longrightarrow CH_3CH_2CH_2CH_2Br$$

$$(CH_3)_2CHCH_2CH_2OH + KI + H_3PO_4 \longrightarrow (CH_3)_2CHCH_2CH_2I$$

$$CH_3CH_2CH_2CH_2OH + ZnCl_2 + HCl \xrightarrow{\triangle} CH_3CH_2CH_2CH_2Cl$$

反应机理为 S_N2。质子和 $ZnCl_2$ 的作用是将—OH 转变成离去倾向更大的基团。

$$RCH_2\text{—}OH + H^+ \longrightarrow RCH_2\text{—}\overset{+}{O}H_2$$

$$Br^- + RCH_2\text{—}\overset{+}{O}H_2 \longrightarrow BrCH_2R$$

$$RCH_2\text{—}OH + ZnCl_2 \xrightarrow{HCl} RCH_2\text{—}\underset{\underset{ZnCl_2}{|}}{\overset{+}{O}H}$$

$$Cl^- + RCH_2\text{—}\underset{\underset{ZnCl_2}{|}}{\overset{+}{O}H_2} \longrightarrow ClCH_2R$$

β-碳上有支链的伯醇在相同条件下产生部分重排产物:

$$\underset{\underset{CH_3}{|}}{CH_3\text{—}CH\text{—}CH_2OH} \xrightarrow[\triangle]{NaBr/H_2SO_4} \underset{\underset{CH_3}{|}}{CH_3\text{—}CH\text{—}CH_2Br} + \underset{\underset{Br}{|}}{CH_3\overset{\overset{CH_3}{|}}{\text{—}\underset{}{C}\text{—}}CH_3}$$

$$\qquad\qquad\qquad\qquad\qquad\qquad\qquad\qquad 80\% \qquad\qquad\qquad 20\%$$

叔醇进行取代时,也伴随有分子重排产物:

$$\underset{\underset{OH}{|}}{CH_3\overset{\overset{CH_3}{|}}{\text{—}\underset{}{C}\text{—}}CH_2CH_3} \xrightarrow{HBr} \underset{\underset{Br}{|}}{CH_3\overset{\overset{CH_3}{|}}{\text{—}\underset{}{C}\text{—}}CH_2CH_3} + \underset{\underset{Br}{|}}{CH_3\overset{\overset{CH_3}{|}}{\text{—}\underset{}{CH}\text{—}}CHCH_3}$$

由于许多醇与卤化氢的反应均经历碳正离子阶段,往往伴随有重排等产物,因此一般不用此方法制备卤代烷。但可利用不同类型醇与无水氯化锌的浓盐酸溶液[卢卡斯(Lucas)试剂]的反应速率不同对伯、仲、叔醇加以鉴定。例如:在室温下,叔醇与卢卡斯试剂振摇立即变浑,生成不溶的卤代烷;仲醇在室温下需振摇数分钟才能发生反应;而伯醇在室温下数小时也不反应,需加热才变浑浊。

(2) 醇与氯化亚砜反应　醇与氯化亚砜加热可直接得到卤代烃。

$$\underset{\underset{OH}{|}}{CH_3(CH_2)_5CHCH_3} + SOCl_2 \xrightarrow[溶剂]{K_2CO_3} \underset{\underset{Cl}{|}}{CH_3(CH_2)_5CHCH_3} + SO_2 + HCl$$

二氯甲烷、DMF 常用作溶剂,反应时常加入有机碱性化合物吡啶,以除去反应过程中生成的氯化氢。这是一种较温和的制备伯和仲氯代烃的方法。

(3) 醇与三卤化磷反应　醇与三卤化磷(常用三氯化磷和三溴化磷)反应能

得到卤代烃。例如,伯和仲溴代烃可以由醇与 PBr_3（或加入红磷）制备。

$$3CH_3CH_2CHCH_3 + PBr_3 \longrightarrow 3CH_3CH_2CHCH_3 + H_3PO_3$$
$$\underset{OH}{} \qquad\qquad \underset{Br}{}$$

6. 醇转变成有机酸酯的反应

醇与有机酸或酰卤作用得到酯。

$$CH_3-\overset{O}{\overset{\|}{C}}-OH + HO-C_2H_5 \xrightarrow{H^+} CH_3-\overset{O}{\overset{\|}{C}}-OC_2H_5 + H_2O$$

$$CH_3-\overset{O}{\overset{\|}{C}}-Cl + HO-C_2H_5 \xrightarrow{H^+} CH_3-\overset{O}{\overset{\|}{C}}-OC_2H_5 + HCl$$

有关制备方法及反应机理将在羧酸及其衍生物的章节中加以讨论。

醇与磺酰氯作用生成磺酸酯,例如:醇与对甲苯磺酰氯作用生成对甲苯磺酸酯。

$$CH_3-\underset{O}{\overset{O}{\underset{\|}{\overset{\|}{S}}}}-Cl + HO-C_2H_5 \xrightarrow{OH^-} CH_3-\underset{O}{\overset{O}{\underset{\|}{\overset{\|}{S}}}}-OC_2H_5 + HCl$$

磺酰氯通常用相应的磺酸与五氯化磷反应制备。由于磺酸基是一个较好的离去基,当醇与其他的亲核试剂作用时,醇羟基难以离去,这时可通过醇与磺酰氯生成磺酸酯再与亲核试剂作用。

$$Nu^- + CH_3CH_2-OO_2S-\!\!\left\langle\rule{0pt}{8pt}\right\rangle\!\!-CH_3 \longrightarrow NuCH_2CH_3 + CH_3-\!\!\left\langle\rule{0pt}{8pt}\right\rangle\!\!-SO_3^-$$

思考题 8.7　试写出下列醇与 HBr 作用的可能产物。

(1) $CH_3CH_2CH_2CH_2OH$　　(2) $CH_3CH_2\underset{CH_3}{\overset{OH}{\underset{|}{\overset{|}{C}H}}CHCH_3}$

(3) $C_6H_5-\underset{CH_3}{\overset{CH_3}{\underset{|}{\overset{|}{C}}}}-CH_2OH$

思考题 8.8　试写出 1－丙醇与下列各试剂反应得到的产物。

(1) PBr_3　　　　(2) $CH_3-\!\!\left\langle\rule{0pt}{8pt}\right\rangle\!\!-SO_2Cl$

(3) $HCl + ZnCl_2$　　(4) CH_3CH_2COOH

7. 醇的脱水反应

醇在酸性条件下(如硫酸、对甲苯磺酸、磷酸等)易加热脱水,其脱水可以按两种方式进行,一种是分子内脱水生成烯,另一种是分子间脱水生成醚。

(1)醇脱水成烯的反应　醇脱水成烯的相对速率为叔醇＞仲醇＞伯醇。例如,伯醇需在浓硫酸作用下加热至180℃左右才能转变成烯,而叔醇在稀硫酸作用下只需80~90℃就可脱水成烯。

$$CH_3CH_2OH \xrightarrow[180℃]{H_2SO_4} CH_2=CH_2$$

$$CH_3CH_2CHCH_3 \xrightarrow[100℃]{75\% \ H_2SO_4} \underset{主要产物}{CH_3CH=CHCH_3} + \underset{少\ 量}{CH_3CH_2CH=CH_2}$$
$$\overset{|}{OH}$$

$$(CH_3)_3COH \xrightarrow[80~90℃]{20\% \ H_2SO_4} (CH_3)_2C=CH_2$$

醇在强酸性条件下脱水的反应机理为:

$$(CH_3)_3C-OH + H_2SO_4 \underset{快}{\rightleftharpoons} (CH_3)_3C-\overset{+}{O}H_2 + HSO_4^-$$

$$(CH_3)_3C-\overset{+}{O}H_2 \underset{慢}{\rightleftharpoons} (CH_3)_3C^+ + H_2O$$

$$(CH_3)_2\overset{+}{C}-CH_2-H + {}^-OSO_2OH \xrightarrow{快} (CH_3)_2C=CH_2 + H_2SO_4$$

当醇分子内脱水的产物有两种不同取向时,大多数情况下都遵从查依采夫规则,主要产物为双键碳原子上烷基较多的烯烃。例如:

$$\underset{\overset{|}{CH_3}}{CH_3CH_2\overset{\overset{OH}{|}}{C}HCHCH_3} \xrightarrow[\triangle]{H^+} \underset{\overset{|}{CH_3}}{CH_3CH_2C=CHCH_3}$$

有一些醇进行脱水反应时有可能生成重排为主的产物。例如:

$$(CH_3)_3C\overset{\overset{}{}}{C}HCH_3 \xrightarrow[\triangle]{H^+} \underset{\overset{|}{CH_3CH_3}}{CH_3C=CCH_3}$$
$$\overset{|}{OH}$$

其反应机理为:

$$(CH_3)_3C\overset{\overset{}{}}{C}HCH_3 \xrightarrow[\triangle]{H^+} (CH_3)_3CCHCH_3 \longrightarrow (CH_3)_3C\overset{+}{C}HCH_3$$
$$\overset{|}{OH} \qquad\qquad \overset{|}{\underset{+}{O}H_2}$$

$$(CH_3)_2\overset{+}{C}-\overset{\displaystyle CH_3}{\underset{\displaystyle CH_3}{|}}CHCH_3 \longrightarrow (CH_3)_2\overset{+}{C}\overset{\displaystyle CH_3}{\underset{\displaystyle H}{\overset{|}{\underset{|}{C}}}}CCH_3 \longrightarrow CH_3C=CCH_3 + H^+$$

（2）醇脱水成醚的反应　醇分子间脱水生成醚，反应温度比分子内脱水低。例如：

$$2CH_3CH_2OH \xrightarrow[140℃]{H_2SO_4} CH_3CH_2OCH_2CH_3 + H_2O$$

醇的分子间脱水是一典型的亲核取代反应，当醇溶于酸时，首先是羟基氧接受质子生成盐，由于氧原子带有正电荷，使得 α - 碳原子带有更多的正电荷，容易受到另一分子的醇（作为亲核试剂）进攻。

$$CH_3CH_2\overset{\cdot\cdot}{O}: + CH_3CH_2\overset{+}{O}H_2 \longrightarrow CH_3CH_2\overset{+}{\underset{|}{\underset{H}{O}}}-CH_2CH_3$$

$$CH_3CH_2\overset{+}{\underset{|}{\underset{H}{O}}}-CH_2CH_3 \xrightarrow{-H^+} CH_3CH_2-O-CH_2CH_3$$

思考题 8.9　预测下列醇在酸性条件下发生分子内脱水反应后的主要产物。

（1）3 - 甲基 - 1 - 丁醇　　（2）2,4 - 戊二醇　　（3）1 - 甲基环戊醇

思考题 8.10　写出下列反应机理：

（1）

$$CH_3-\overset{\displaystyle CH_3}{\underset{\displaystyle CH_3}{\overset{|}{\underset{|}{C}}}}-CH_2OH + HCl \longrightarrow CH_3-\overset{\displaystyle Cl}{\underset{\displaystyle CH_3}{\overset{|}{\underset{|}{C}}}}-CH_2CH_3$$

（2）

---

8. 氧化

（1）伯醇氧化成醛　伯醇一般易氧化成羧酸而难以控制在醛的阶段，但在特定的条件下，可以使伯醇的氧化控制在醛的阶段。

当醇的沸点比产物醛的沸点高许多时，可以通过边反应边蒸馏或分馏的办法，将醛蒸出，从而使反应控制在醛阶段。例如：

$$CH_3CH_2CH_2CH_2OH \xrightarrow{K_2Cr_2O_7/H_2SO_4} CH_3CH_2CH_2CHO$$

bp 117.7℃　　　　　　　　　　　　　　　　bp 75.7℃

这一方法对于沸点高于 100℃ 的醛产率较低。对于摩尔质量低的伯醇,工业上通常采用催化脱氢的方法制得醛。

$$CH_3CH_2OH \xrightarrow[300℃]{Cu} CH_3CHO + H_2$$

绝大多数实验室制法是将三氧化铬溶于盐酸中然后用吡啶进行处理,从而使伯醇氧化成醛。

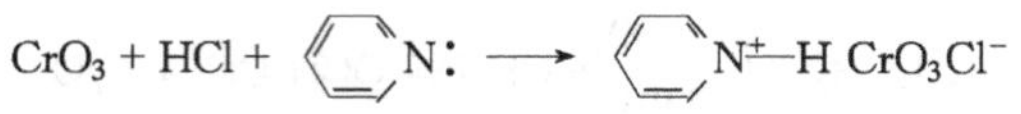

吡啶　　　　　　　吡啶氯铬酸盐
（pyridinium chlorochromate,PCC）

2-甲基-2-乙基丁醛

（2）伯醇氧化成羧酸　伯醇能用高锰酸钾的碱性溶液氧化成羧酸:

$$RCH_2OH + KMnO_4 \xrightarrow[-MnO_2]{OH^-/H_2O} RCOOK \xrightarrow{H^+} RCOOH$$

（3）仲醇氧化成酮　仲醇被氧化成酮这一反应通常能停止在酮阶段,因为进一步的氧化需要断裂碳碳键。

使用的大多数氧化剂是重铬酸钾加硫酸,常用的溶剂有水、丙酮、醋酸。
脂环醇如用硝酸可直接氧化成二元酸:

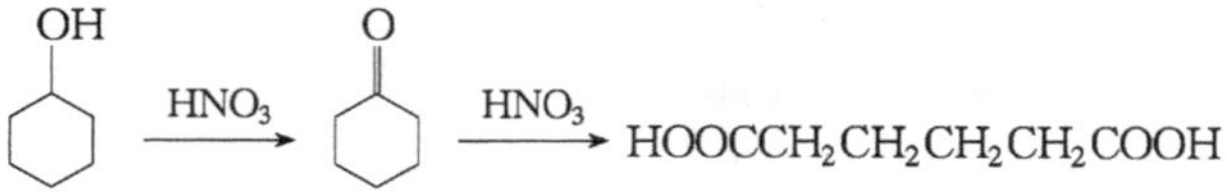

$$\xrightarrow{HNO_3} \xrightarrow{HNO_3} HOOCCH_2CH_2CH_2CH_2COOH$$

叔醇由于无 α-氢,不易被氧化。

五、多元醇的反应

多元醇中由于羟基之间的相互影响表现出一些与一元醇不同的特性。乙二醇和甘油能与许多金属的氢氧化物螯合,例如:甘油的水溶液中加入氢氧化铜沉淀,会生成蓝色可溶性的甘油铜。用高碘酸或四醋酸铅氧化多元醇,会使相邻两羟基之间的碳碳键发生断裂,生成两分子羰基化合物。

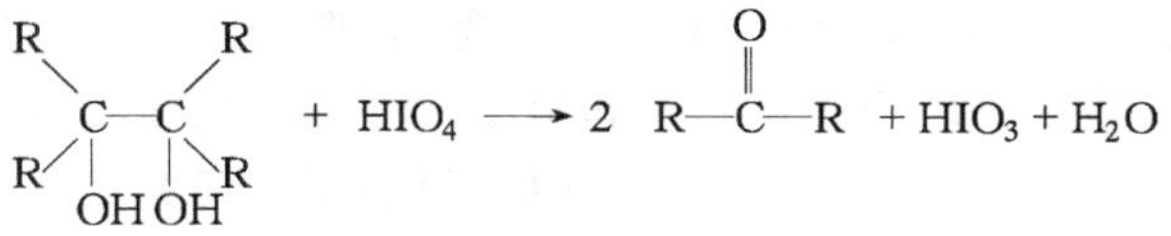

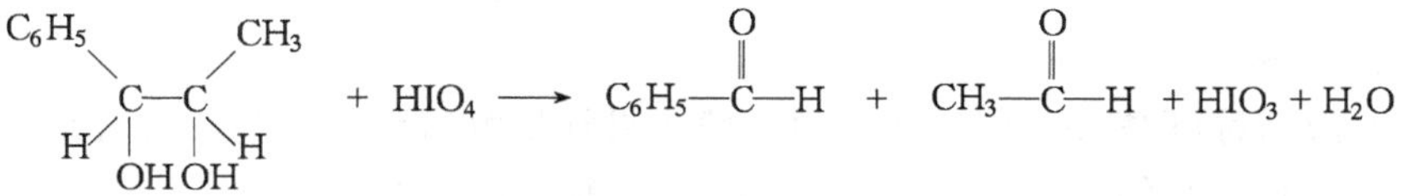

$$\underset{\underset{OH\;\;OH}{|\;\;\;|}}{\overset{\overset{R\quad\;R}{|\quad\;|}}{R-C-C-R}} + HIO_4 \longrightarrow 2\;R-\overset{\overset{O}{\|}}{C}-R + HIO_3 + H_2O$$

$$\underset{\underset{OH\;OH}{|\;\;\;|}}{\overset{\overset{C_6H_5\;\;\;CH_3}{|\quad\;\;\;|}}{\underset{H}{\;}C-C\underset{H}{\;}}} + HIO_4 \longrightarrow C_6H_5-\overset{\overset{O}{\|}}{C}-H + CH_3-\overset{\overset{O}{\|}}{C}-H + HIO_3 + H_2O$$

$1,3$-二元醇及两羟基之间相隔更远的二元醇与高碘酸则不发生反应。$1,2$-二元醇在酸性条件下反应时,往往会发生重排。例如:

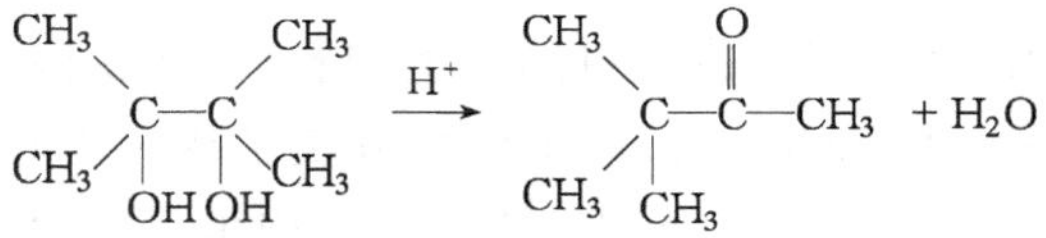

$$\underset{\underset{OH\;OH}{|\;\;\;|}}{\overset{\overset{CH_3\quad CH_3}{|\quad\;\;|}}{CH_3-C-C-CH_3}} \xrightarrow{\;H^+\;} \underset{\underset{CH_3\;\;\;CH_3}{|\quad\;\;|}}{\overset{\overset{CH_3\quad\;\;O}{|\quad\;\;\|}}{\;\;C-C-CH_3}} + H_2O$$

反应是通过碳正离子进行的:

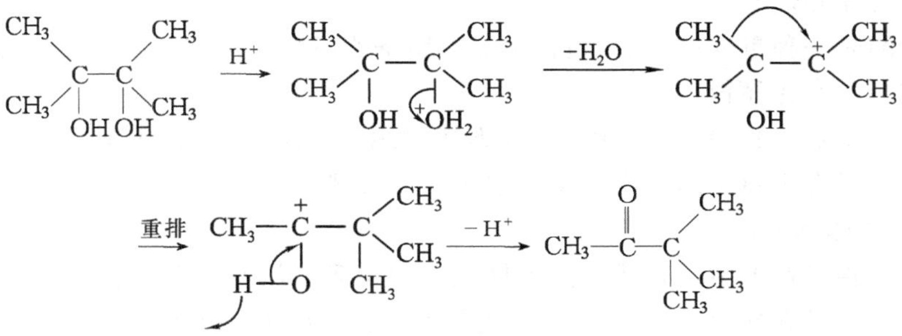

$1,2$-二元醇在酸催化下发生的这类反应称为频哪醇(pinacol)重排反应。

六、重要的醇

1. 甲醇

甲醇最初是通过木材干馏得到的,因此称作木醇(wood alcohol)。现在,绝大多数甲醇则用一氧化碳经催化氢化得到。

$$CO + 2H_2 \xrightarrow[\substack{20\sim38MPa\\ ZnO-Cr_2O_3}]{300\sim400\;℃} CH_3OH$$

甲醇具有较高的毒性,即便是少量甲醇也能使人双目失明,量大(成人 25 g

以上)会致人死亡。因此制备甲醇或使用甲醇时,要防止吸入蒸气及接触眼部和皮肤。工业上甲醇主要用于制备甲醛和硫酸二甲酯。由于合成氨制造业中有大量的氢气和一氧化碳,使生产甲醇成本降低,目前正在研究使甲醇作为驱动汽车的能源。

2. 乙醇

乙醇俗称酒精,最早是通过淀粉、糖或果汁发酵得到。发酵法通常是加入一种酵母到糖和水的混合物中,使糖转化成乙醇(含量约在 $10\% \sim 15\%$),经蒸馏得到较高浓度的醇。

$$C_6H_{12}O_6 \xrightarrow{\text{酵母}} 2CH_3CH_2OH + 2CO_2$$

发酵法产生的乙醇大量的以饮料形式生产和消费,我国的白酒以及国外的白兰地(brandy)、威士忌(whisky),均是以此方法生成。乙醇毒性虽比甲醇小,但人体血液中乙醇含量超过 0.3% 时会引起酒精中毒,达到 0.2% 时会引起神经麻醉,因此饮酒过量和长期饮酒都会使人酒精中毒。

95% 的乙醇是一种醇与水的共沸物。因此通过蒸馏含水的溶液,其乙醇的浓度不可能超过 95% 。

乙醇是一种重要的工业原料,工业上制备乙醇的方法主要是以乙烯为原料,通过酸催化水化而得。

由于工业乙醇中常含有甲醇,故不能饮用。乙醇在染料、香料、医药及日用化学品中具有重要用途。实验室中常用它作溶剂。

3. 丙醇和异丙醇

丙醇在工业上主要是通过丙酮催化氢化得到;异丙醇则是通过丙烯的酸催化水化。丙醇和异丙醇一般作为溶剂及有机合成工业上的基本原料。

4. 高碳醇

$C_{12} \sim C_{16}$ 的醇用于表面活性剂的生产。

第二节 酚

酚是羟基与芳环直接相连的化合物总称,根据芳环上所含羟基的数目分别叫做一元酚、二元酚、多元酚。如果芳环是苯则为苯酚,芳环是萘则为萘酚。

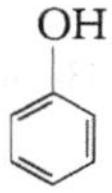

苯酚
(phenol)

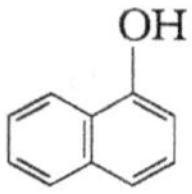

萘酚
(1－naphthol)

一、酚的结构和命名

1．酚的结构

酚羟基上的氧是 sp^2 杂化,而醇羟基的氧是 sp^3 杂化,酚羟基氧的 s 成分大于醇羟基氧的 s 成分,其吸电子能力增强。然而酚羟基氧上的 p 轨道与苯环上的 π 轨道重叠,其共轭效应的结果使羟基氧上的孤对电子向苯环转移,导致苯环上的电子云密度增大,氧氢键削弱,致使酚的酸性比醇强。

2．酚的命名

酚的衍生物一般以酚作为母体来命名。即酚的前面加上芳环的名称为母体,再加上其他取代基的名称和位次号。例如:

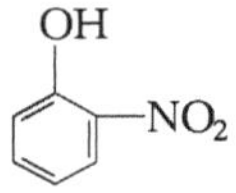

邻硝基酚

（或 2 - 硝基酚）

（2 - nitrophenol）

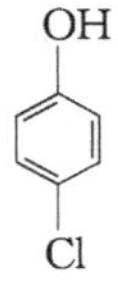

对氯苯酚

（或 4 - 氯苯酚）

（4 - chlorophenol）

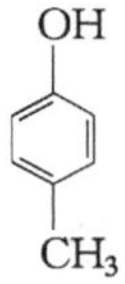

对甲苯酚

（4 - 甲基苯酚）

（4 - methylphenol）

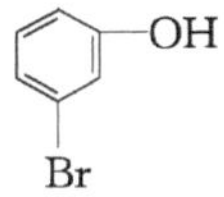

3 - 溴苯酚

（或间溴苯酚）

（3 - bromophenol）

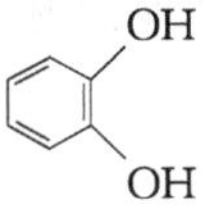

1,2 - 苯二酚

（或邻苯二酚）

（1,2 - benzenediol）

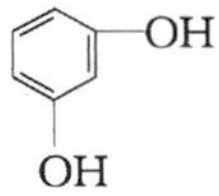

1,3 - 苯二酚

（或间苯二酚）

（1,3 - benzenediol）

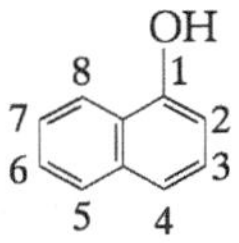

1 - 萘酚

（或 α - 萘酚）

（1 - naphthol）

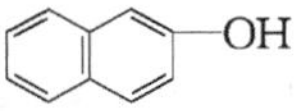

2 - 萘酚

（或 β - 萘酚）

（2 - naphthol）

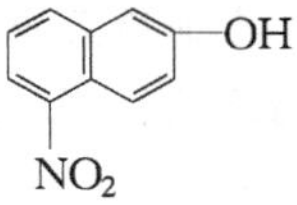

5 - 硝基 - 2 - 萘酚

（5 - nitro - 2 - naphthol）

3．自然界中的酚

含有酚羟基的化合物广泛存在于自然界中。例如:酪氨酸是存在于自然界的一种氨基酸;水杨酸甲酯被发现在冬青油中;丁子香酚被发现在丁子香油中;而百里香酚被发现在百里香油中。

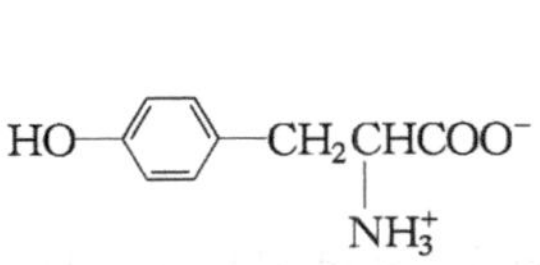

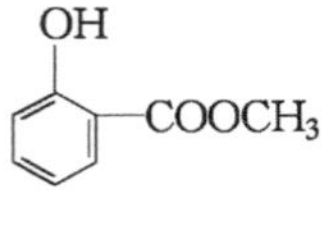

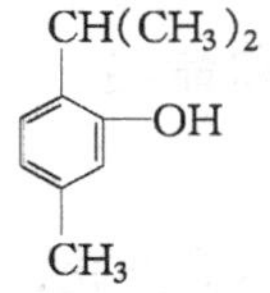

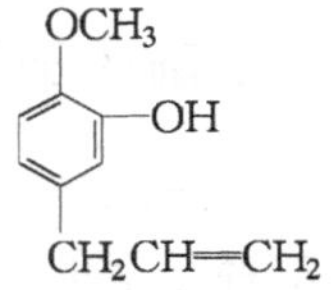

酪氨酸(4-羟基苯丙氨酸)　　　水杨酸甲酯(冬青油)　　　百里香酚　　　丁子香酚

思考题 8.11　命名下列化合物：

(1) 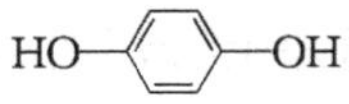 　　(2) 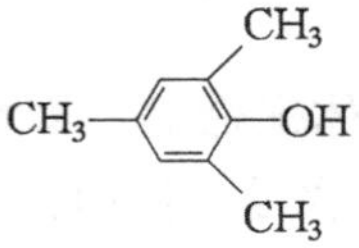 　　(3)

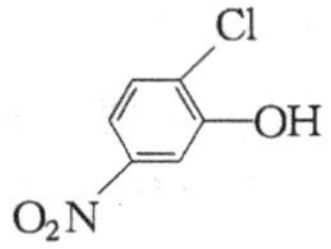

思考题 8.12　写出下列化合物的结构式：

(1) 苦味酸　　　(2) 2-甲基-4-叔丁基酚

二、酚的制备

1．实验室制酚的方法

实验室制酚一般用重氮盐水解，这种方法比较方便，重氮盐生成的步骤和水解的步骤都比较温和，并且芳环上有其他的基团一般不受影响(详见第十一章)。

$$ArNH_2 \xrightarrow{HNO_2} ArN^+{\equiv}N \xrightarrow[Cu^{2+}, H_2O]{Cu_2O} ArOH$$

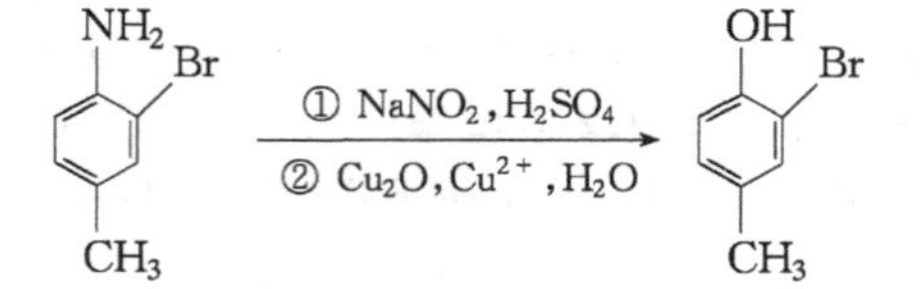

2．工业上的制备方法

(1) 氯苯水解法　　氯苯用氢氧化钠加热至 350℃ 在高压下水解是工业上生产酚的一种方法。

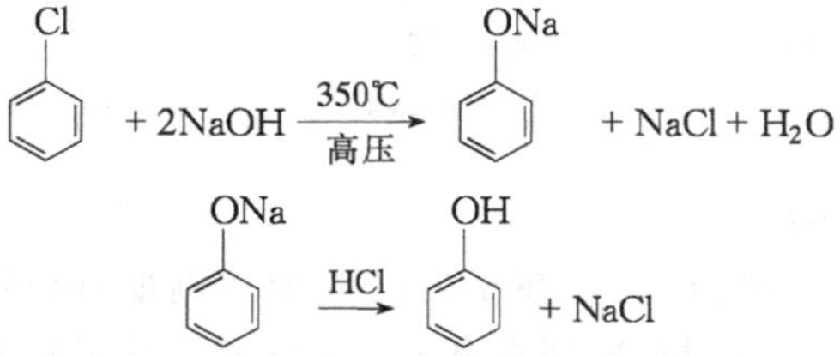

(2) 苯磺酸钠碱融法　　苯磺酸钠碱融制酚的方法于 1890 年首先在德国商业化。苯磺酸钠在氢氧化钠存在下于 350℃ 熔融生成酚钠，然后酸化得到酚。

这一方法也可用于实验室制备,尤其是用来制对甲苯酚是相当好的。

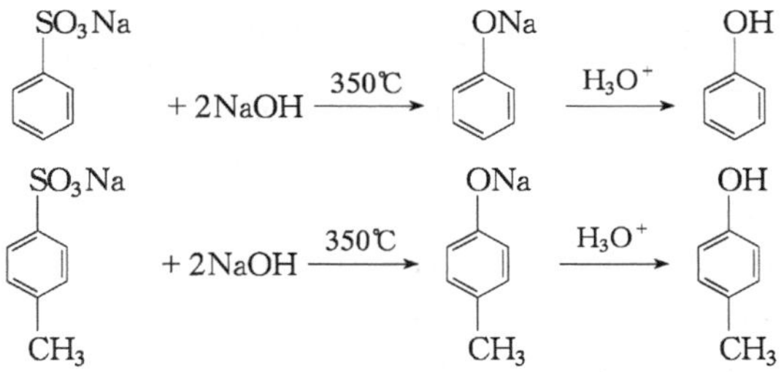

然而由于反应所需温度高,并且熔融后相当黏稠,对环境的污染大,这一方法已逐渐被其他方法代替。

（3）由异丙苯制苯酚　异丙苯法是由廉价的苯和丙烯经烷基化反应后得异丙苯,然后通空气氧化,再在稀酸的条件下水解得丙酮和苯酚。由于工艺过程简单,价格低廉,并能同时生产出两种基本的有机化工原料,所以目前工业上主要用此方法生产苯酚和丙酮（机理详见第十七章）。

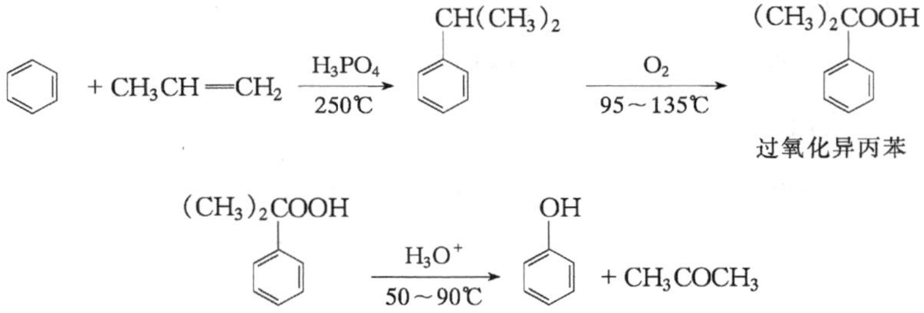

三、酚的物理性质

纯的苯酚为无色状态,常见的红色或棕色是由于苯酚被氧化成醌所致。酚分子中由于羟基的存在,意味着酚类似于醇一样能形成分子间的氢键,因此酚的沸点比相应相对分子质量的芳烃高（见表 8-3）。如苯酚的沸点是 182 ℃,比甲苯高 70℃。

由于苯酚中的羟基能与水形成较强的氢键,所以它能微溶于水中,加热时会逐步溶解。随着羟基的数目增多溶解度加大。

表 8-3　常见酚的物理常数

化合物名称	英文名称	熔点/℃	沸点/℃	溶解度 g·(100mL 水)$^{-1}$	pK_a (25℃,水)
苯酚	phenol	43	182	9.3	9.89
邻甲苯酚	o-methylphenol	30.9	191	2.5	10.20
对甲苯酚	p-methylphenol	35.5	201	2.6	10.01

续表

化合物名称	英文名称	熔点/℃	沸点/℃	溶解度 g·(100mL 水)⁻¹	pK_a (25℃,水)
间甲苯酚	m – methylphenol	11	201	2.3	10.17
邻氯苯酚	o – chlorophenol	8	176	2.8	8.11
间氯苯酚	m – chlorophenol	33	214	2.6	8.80
对氯苯酚	p – chlorophenol	43	220	2.7	9.20
邻硝基苯酚	o – nitrophenol	45	217	0.2	7.17
间硝基苯酚	m – nitrophenol	96		1.4	8.28
对硝基苯酚	p – nitrophenol	114		1.7	7.15
邻苯二酚	o – benzenediol	105		45.1	9.4
对苯二酚	p – benzenediol	174		8	10.35
1,3,5 – 苯三酚	1,3,5 – benzenetriol	219	升华	62	7.0

思考题 8.13 指出下列化合物哪些能形成分子内氢键。

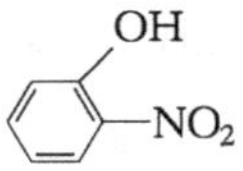

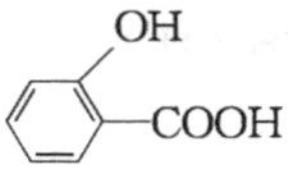

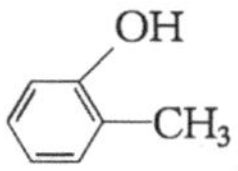

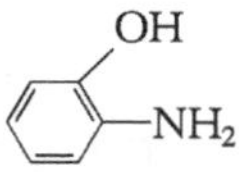

四、酚的化学性质

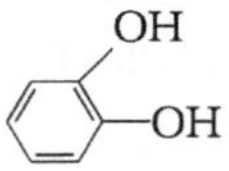

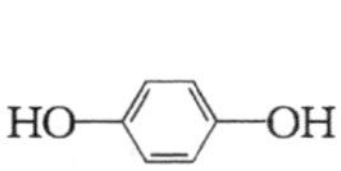

酚由于氧上的孤对电子向苯环转移,使芳环上电子云密度增大,并且 O—H 键易断裂,从而发生苯环上的反应和羟基上的反应。

1. 酚羟基的反应

(1) 酚的酸性 尽管酚结构上类似于醇,但它的酸性比醇强,绝大多数醇的 pK_a 值为 18 左右,而酚的 pK_a 值则小于 11(见表 8 – 3)。

醇与 NaOH 难起作用,但酚与 NaOH 可生成酚钠,这说明酚的酸性比醇强。但酚的酸性比碳酸弱,将 CO_2 通入酚钠盐的水溶液中,可使苯酚重新游离出来。

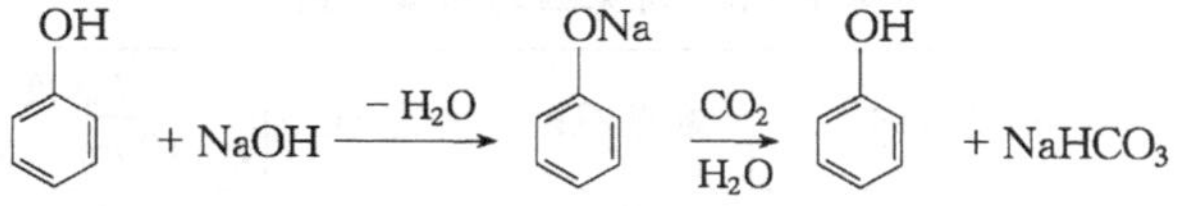

由于酚羟基中氧原子上的孤对电子与苯环大 π 键的 p – π 共轭效应,使 O—H 键极化程度加大,有利于氢以质子的形式离去,氢以质子形式离去后生成的酚氧负离子比烷氧负离子稳定,于是酚的酸性比醇强。

一般说来,芳环上连有—NO$_2$ 等吸电子基可使其酸性增强,而连有给电子基—OH、—CH$_3$、—NH$_2$ 等,使酸性减弱。

思考题 8.14 按由酸性大至小的次序排列下列酚并说明理由。

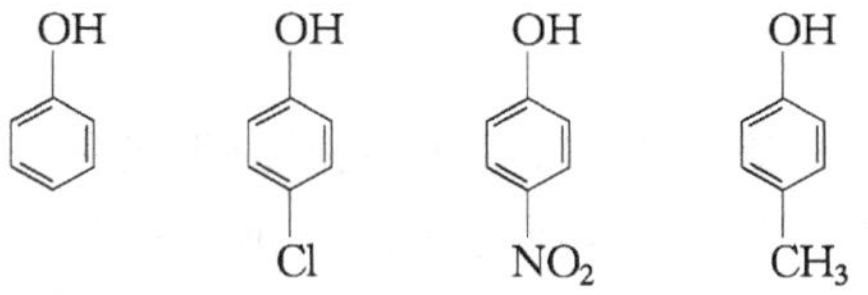

（2）酚醚的生成　由于酚羟基氧上的 p 轨道与苯环的大 π 键形成 p－π 共轭,使碳氧键难以断裂,因而酚羟基很难发生脱水反应,也不能与 HBr 作用生成卤代苯。通常酚醚的生成是通过酚在碱性条件下与卤代烃或硫酸二甲酯作用得到。硫酸二甲酯剧毒,对皮肤、眼睛有刺激性,实验操作必须在通风橱中进行。

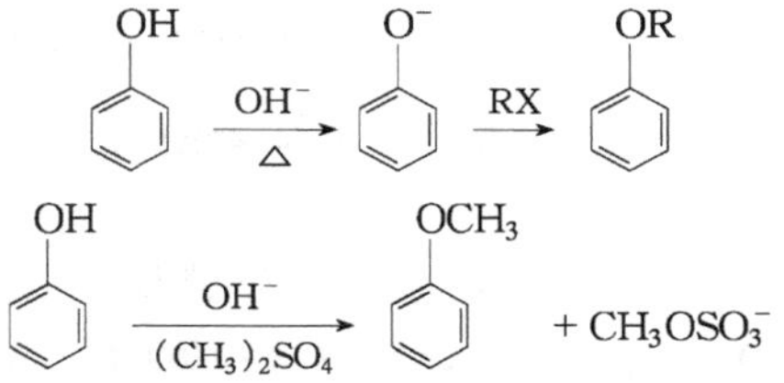

（3）酯的生成　酚可与酰卤、酸酐生成酯,但难与羧酸发生酯化。

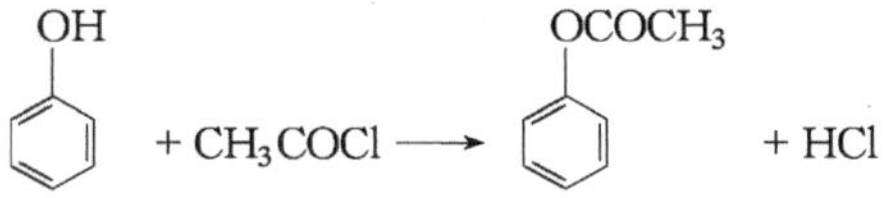

（4）与 FeCl$_3$ 显色　大多数酚与 FeCl$_3$ 溶液作用生成带颜色的络离子,不同的酚生成的颜色各不相同,例如,对甲苯酚为蓝色,邻苯二酚为深绿色。这个特性常用来鉴定酚或烯醇式结构。

$$6C_6H_5OH + FeCl_3 \longrightarrow [Fe(OC_6H_5)_6]^{3-} + 6H^+ + 3Cl^-$$
$$\text{紫色}$$

2. 芳环上的反应

酚羟基的邻、对位由于受到羟基的活化,易发生亲电取代反应。

（1）溴化　酚与溴水反应得到高产率的 2,4,6－三溴苯酚。

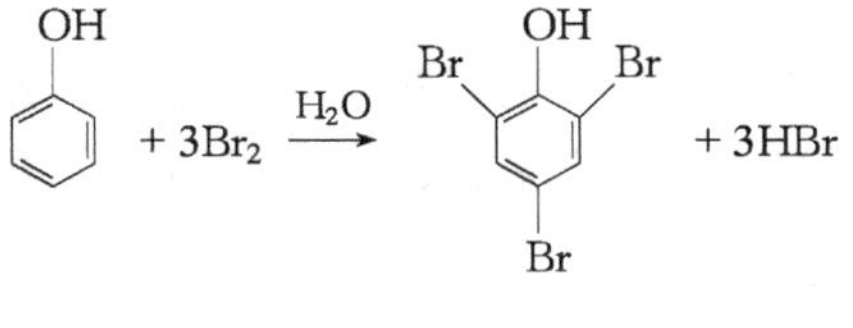

如果在较低温度下,以 CS_2 作溶剂,主要的产物是一溴代苯酚的异构体对溴苯酚。

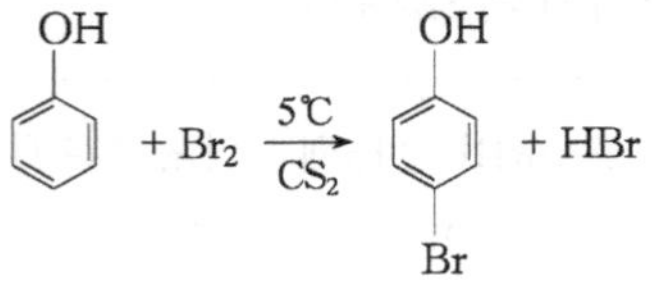

(2) 硝化　苯酚与稀硝酸在室温下就能反应得到邻硝基酚和对硝基酚。尽管产率较低,但邻和对位异构体可通过水蒸气蒸馏被分离。邻硝基酚由于分子内氢键容易被水蒸气带出,而对硝基酚则由于存在分子间氢键而不易被蒸出。

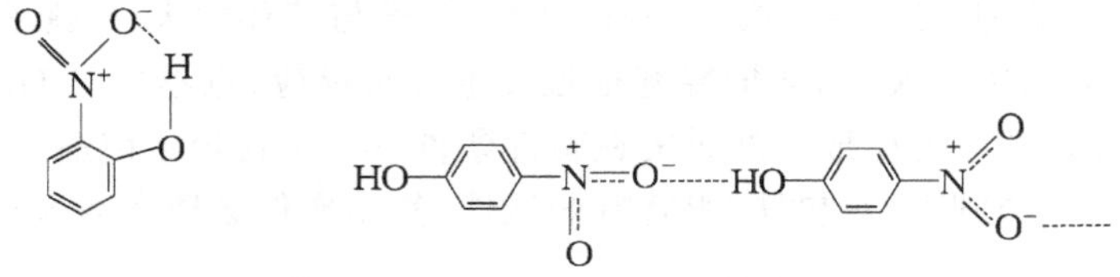

邻硝基酚分子内氢键　　　　　　对硝基酚分子间氢键

苯酚与浓硝酸反应,生成 2,4,6-三硝基苯酚,但产率很低。2,4,6-三硝基苯酚的酸性很强,俗称苦味酸。

(3) 亚硝化　苯酚和亚硝酸作用生成对亚硝基酚,对亚硝基酚可以用稀硝酸氧化成对硝基酚,这样可以得到不含邻位异构体的产物。

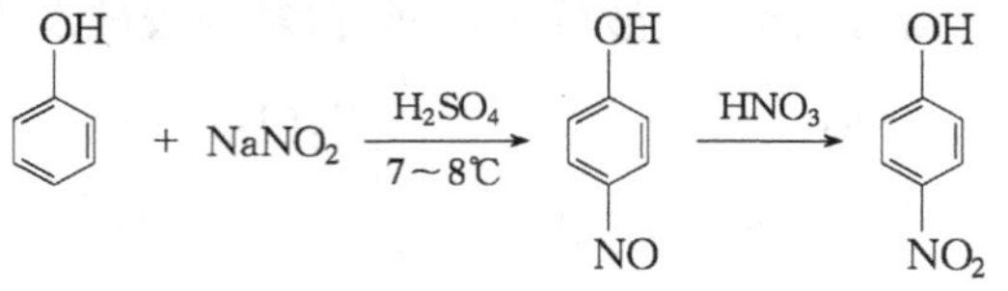

(4) 磺化反应　苯酚与浓硫酸反应在 25℃ 得到的主要是邻位被磺化的产物(速率控制产物),而在 100℃ 时得到的主要是对位产物(平衡控制产物)。

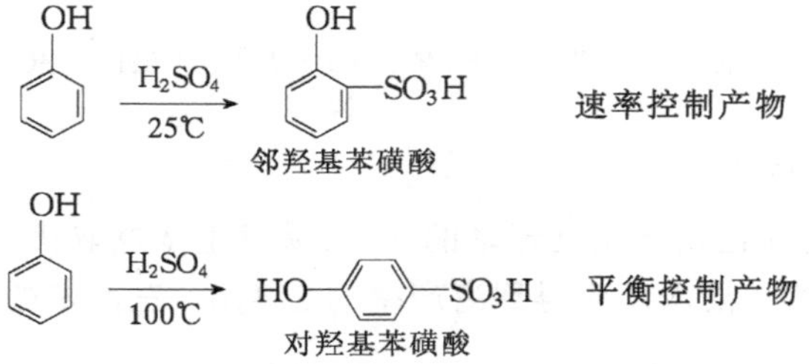

将邻羟基苯磺酸加热至 100℃ 时可转化成对羟基苯磺酸。

(5) 缩合反应　酚羟基邻、对位上的氢可以与羰基化合物在碱性条件下发生缩合反应,如酚醛树脂的生成:

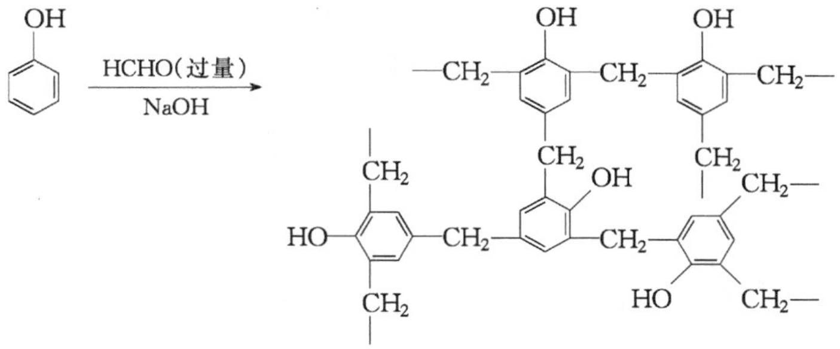

酚醛树脂

（6）柯尔贝（Kolbe）反应　苯酚在碱性条件下生成酚钠,然后加热并在压力下吸收 CO_2,得到水杨酸钠盐,再在酸性条件下生成水杨酸。

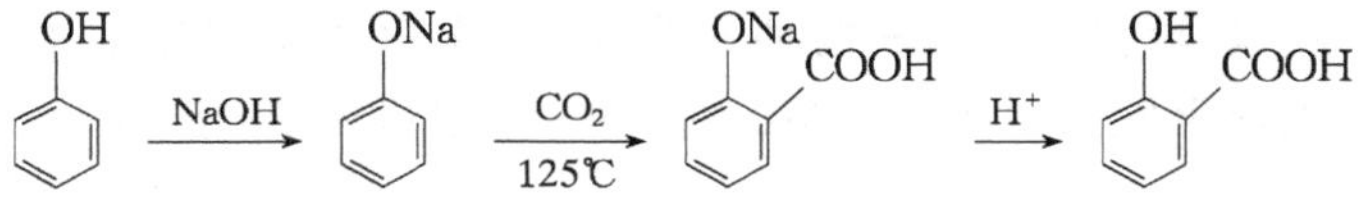

思考题 8.15　写出下列反应的产物：

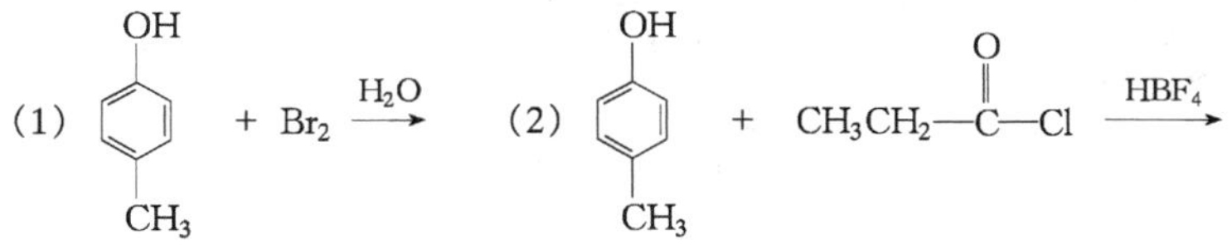

五、重要的酚

1. 苯酚

苯酚俗称石炭酸,为无色针状晶体,微溶于水,易溶于乙醇、乙醚等有机溶剂。苯酚具有一定的杀菌能力,可用于消毒、杀菌及防腐。工业上大量用作酚醛树脂及其他高分子材料的原料,苯酚也可以通过催化氢化得到环己醇而用于尼龙－6 的合成。

工业上苯酚可从煤焦油中分离得到,也可通过异丙苯氧化法和氯苯水解法制备。

2. 对苯二酚

对苯二酚是无色晶体,但易被氧化成黄色的对苯醌,所以它本身是一个还原剂,能把感光后的溴化银还原为金属银,是照相的显影剂。

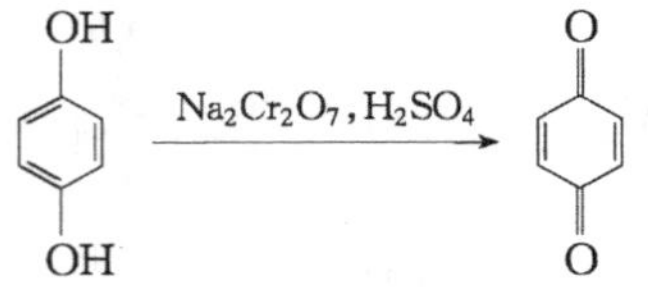

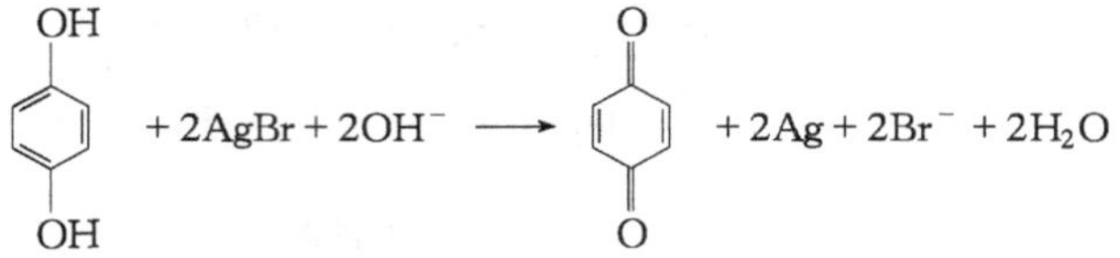

工业上对苯二酚可由 $1,4$ - 二异丙苯氧化得到或用苯酚通过过氧化氢氧化得到。

3．萘酚

萘酚有 α - 萘酚和 β - 萘酚两种异构体，少量存在于煤焦油中。工业上可通过萘加氢、氧化再脱氢得到 α - 萘酚，而 β - 萘酚可由 2 - 异丙基萘氧化得到。

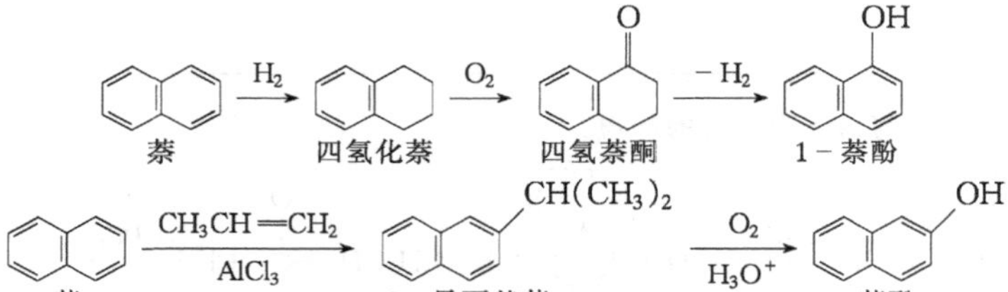

第三节 醚

醚与醇不同的是醚中的氧原子与两个碳原子相连，烃基可以是饱和的烃基、不饱和烃基、芳基。两烃基相同是简单的醚，不相同是混合的醚。例如：

$$CH_3CH_2OCH_2CH_3 \qquad CH_2=CHCH_2OCH_3 \qquad \text{（苯基）}-OCH_2CH_3$$

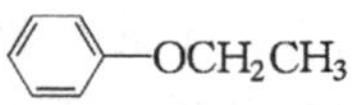

乙醚   甲基烯丙基醚   苯乙醚

（ethyl ether）   （allyl methyl ether）   （ethyl phenyl ether）

一、醚的结构和命名

1．醚的结构

醚可以看成是水中的两个氢原子被烃基取代，因此醚中的氧是 sp^3 杂化，两对孤对电子在 sp^3 杂化轨道中。由于烃基的体积大于氢，二甲醚分子中的 C—O—C 键角大于甲醇中的 C—O—H 键角和水中的 H—O—H 键角。随着烃

基空间位阻的增大,C—O—C 键角也随之增大。例如:

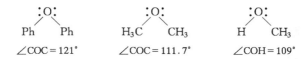

2. 醚的命名

简单的醚根据烃基的名称加上醚字,烃基按次序规则"较优"的放在后面命名(芳基除外,通常放在前面命名)。例如:

$$CH_3OCH_2CH_3 \qquad (CH_3)_2CHOCH(CH_3)_2 \qquad (CH_3)_3COC_6H_5$$

　　甲乙醚　　　　　　　　异丙醚　　　　　　　　苯基叔丁基醚

(ethyl methyl ether)　　　(isopropyl ether)　　(t－butyl phenyl ether)

复杂的醚是以烃氧基作为取代基来命名。例如:

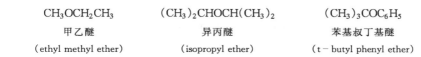

　1,3－二甲氧基丙烷　　　　　3－甲氧基戊烷　　　　　　4－苯氧基－2－己烯

(1,3－dimethoxyl propane)　(3－methoxyl pentane)　(4－benzoxy1－2－hexene)

环氧化合物命名有几种方式:一种简单的方法是与环烃的体系相似,在环烃前面加上氧杂以表明在环中氧代替了其中的一个亚甲基。例如:

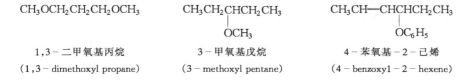

　　　氧杂环丙烷　　　　　　氧杂环丁烷　　　　　　氧杂环戊烷

　　(ethylene oxide)　　　　(oxetane)　　　　　(oxacyclobutane)

另一种方法是按普通命名法命名。例如:

　环氧乙烷　　　1,2－环氧丙烷　　　　四氢呋喃　　　　1,4－二氧六环

(oxirane)　　(methyloxirane)　　(tetrahydrofuran)　　(1,4－dioxane)

思考题 8.16　命名下列化合物:

(1) 　　　(2)

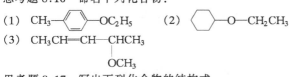

(3) CH_3CH=CH—$CHCH_3$

　　　　　　　　　|
　　　　　　　　OCH_3

思考题 8.17　写出下列化合物的结构式:

(1) 甲基叔丁基醚　　　　(2) 2－甲氧基己醇

（3）苯基苄基醚　　　　（4）1,2－环氧丁烷

二、醚的制备

1.醇分子间脱水

醇脱水成醚的温度低于脱水成烯的温度。但这种方法只能限于用简单的醇制备相同烃基的醚,俗称简单醚。用仲醇或叔醇进行分子间脱水主要得烯,而用不同的醇脱水时得混合醚。

$$\underset{(\text{伯醇})}{ROH} + R'OH \underset{}{\overset{H_2SO_4}{\rightleftharpoons}} ROR + ROR' + R'OR'$$

2.威廉森合成

结构不对称醚的合成主要通过威廉森法合成,该法通常用卤代烃、烃基磺酸酯或硫酸酯与醇钠发生亲核取代反应。

$$R-ONa + R'-L \longrightarrow R-O-R' \qquad L = -Br, -I, -OSO_2R'$$

例如：

$$CH_3CH_2CH_2OH + NaH \xrightarrow{(\text{或 Na})} CH_3CH_2CH_2ONa \xrightarrow{CH_3CH_2I} CH_3CH_2CH_2OCH_2CH_3$$

如要合成含仲烃基和叔烃基的醚时,R'—L 中的烃基一般是伯烃基,而醇钠则为仲或叔醇钠。因为仲、叔卤代烷与醇钠作用易得到烯。例如：

$$(CH_3)_2CHONa + C_6H_5CH_2Cl \longrightarrow (CH_3)_2CHOCH_2C_6H_5$$

烷、芳混合醚应用酚钠与卤代烷反应,反应时一般用酚和卤代烷、硫酸二甲酯(或二乙酯)与一种碱性试剂一起加热。

$$C_6H_5OH + CH_3CH_2CH_2I \xrightarrow[CH_3CH_2OH]{OH^-} C_6H_5OCH_2CH_2CH_3$$

$$C_6H_5OH + (CH_3)_2SO_4 \xrightarrow[CH_3CH_2OH]{OH^-} C_6H_5OCH_3$$

3.醇与烯的加成

伯醇在酸存在下与烯作用可得到醚,反应常伴有极少量的二聚物和多聚物生成。

$$(CH_3)_2C =\!\!=CHCH_3 + CH_3OH \xrightarrow{H_2SO_4} \underset{\underset{OCH_3}{|}}{(CH_3)_2CCH_2CH_3}$$

这一反应常用于保护羟基,例如,由 3 - 溴 - 1 - 丙醇和乙炔钠制备 4 - 戊炔 - 1 - 醇时,需要保护羟基,因为 3 - 溴丙醇的羟基能与炔钠作用。

$$HOCH_2CH_2CH_2Br + NaC\equiv CH \longrightarrow NaOCH_2CH_2CH_2Br + HC\equiv CH$$

如果首先保护羟基这一反应能方便地进行:

$$HOCH_2CH_2CH_2Br \xrightarrow[\text{② } (CH_3)_2C=CH_2]{\text{① } H_2SO_4} (CH_3)_3COCH_2CH_2CH_2Br \xrightarrow{NaC\equiv CH}$$

$$(CH_3)_3COCH_2CH_2CH_2C\equiv CH \xrightarrow[H_2O]{H^+} HOCH_2CH_2CH_2C\equiv CH + (CH_3)_3COH$$

4. 烯烃的溶剂汞化反应

与烯烃的羟汞化反应相似,用醇作溶剂进行溶剂汞化,然后再还原得到醚,称为溶剂汞化反应(solvomercuration),产物的取向符合马尔科夫尼科夫规则。

$$CH_3CH=CH_2 + CH_3OH \xrightarrow[\text{② } NaBH_4, OH^-]{\text{① } Hg(OAc)_2} CH_3\overset{\displaystyle |}{\underset{\displaystyle OCH_3}{C}}HCH_3$$

溶剂汞化反应制备醚可以避免碳架的重排。溶剂汞化反应机理与羟汞化反应相似(详见本章第一节中醇的制备)。

思考题 8.18　应用威廉森合成法合成下列化合物:

(1) $C_6H_5CH_2O\overset{\displaystyle CH_3}{\underset{\displaystyle |}{C}}HCH_3$　　　　(2) $C_6H_5\overset{\displaystyle CH_3}{\underset{\displaystyle |}{C}}HOCH_3$

(3) $CH_3CH_2O\overset{\displaystyle CH_3}{\underset{\displaystyle \underset{\displaystyle CH_3}{|}}{\overset{\displaystyle |}{C}}}CH_3$　　　　(4) 〔苯环〕—OCH₃

三、醚的物理性质

醚的沸点与相应相对分子质量的烃的沸点接近,如乙醚($M_r = 74$)的沸点是 34.6℃,戊烷($M_r = 72$)的沸点是 36℃(见表 8 - 4)。但醚的沸点比相应醇低得多,如正丁醇沸点(117.7℃)比乙醚高 83.1℃,主要原因是醚分子间不能产生氢键形成缔合分子。

醚有可能与水形成氢键,因此在水中有一定的溶解度,其溶解度与相应相对分子质量的醇差不多。如乙醚和正丁醇在水中具有相同的溶解度(8 g/100 mL 水)。

表 8 - 4　醚的部分物理常数

结 构 式	名 称	英文名称	熔点/℃	沸点/℃
CH₃OCH₃	甲 醚	methyl ether	- 138	- 24.9
CH₃OCH₂CH₃	甲乙醚	methylethyl ether		10.8
CH₃CH₂OCH₂CH₃	乙 醚	ethyl ether	- 116	34.6
(CH₃CH₂CH₂)₂O	丙 醚	propyl ether	- 122	90.5
(CH₃)₂CHOCH(CH₃)₂	异丙醚	isopropyl ether	- 86	68
(CH₃CH₂CH₂CH₂)₂O	丁 醚	butyl ether	- 97.9	141
CH₃OCH₂CH₂OCH₃	1,2 - 二甲氧基乙烷	1,2 - dimethoxyethane	- 68	83
⟨O⟩	四氢呋喃	tetrahydrofuran	- 108	65.4
⟨O O⟩	1,4 - 二氧六环	1,4 - dioxane	11	101

思考题 8.19　将下列化合物按沸点由高到低排列。

(1) 乙醚　(2) 异丁醇　(3) 2 - 氯丁烷　(4) 丁酸

四、醚的化学性质

醚一般比较稳定,很少与除酸之外的试剂反应,醚不与一般的亲核试剂反应,与碱也不作用,因此常用作溶剂。但醚中氧原子上具有孤对电子,可以作为电子给予体与酸作用。

1. 锌盐的生成

醚溶于强酸,接受 H⁺ 生成锌盐(oxonium salt)。

$$R—O—R + H_2SO_4 \;\rightleftharpoons\; R—\overset{+}{\underset{H}{O}}—R \; + HSO_4^-$$

$$R—O—R + HCl \;\rightleftharpoons\; R—\overset{+}{\underset{H}{O}}—R \; + Cl^-$$

醚还能与路易斯酸如 AlCl₃、RMgX、BF₃ 等形成锌盐。

$$2R—O—R + RMgX \;\rightleftharpoons\; \underset{\underset{R}{\overset{R}{|}}}{\underset{\ddot{O}}{\overset{\overset{R}{|}}{O}}}\; R—Mg—X$$

$$R—O—R + AlCl_3 \;\rightleftharpoons\; \underset{R}{\overset{R}{O}} \colon AlCl_3$$

2．醚键的断裂

在强酸的作用下，加热醚能引起醚分子中的碳氧键断裂。如乙醚与过量的 HI 作用则生成 2 mol 的碘乙烷。

$$CH_3CH_2—O—CH_2CH_3 + 2HI \longrightarrow 2CH_3CH_2I + H_2O$$

其反应机理是首先生成锌盐，然后碘离子作为一个亲核试剂发生 S_N2 反应，得到乙醇和碘乙烷。

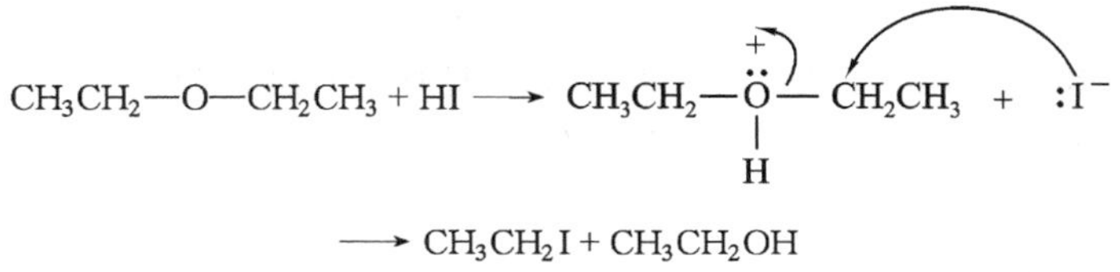

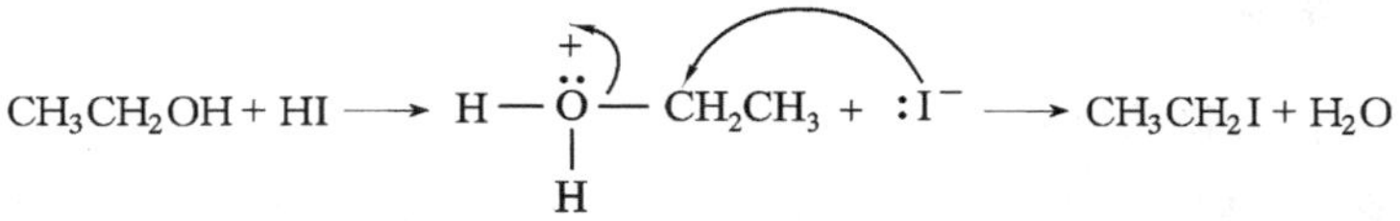

$$CH_3CH_2—O—CH_2CH_3 + HI \longrightarrow CH_3CH_2—\overset{+}{\underset{H}{\overset{..}{O}}}—CH_2CH_3 \ + \ :I^-$$

$$\longrightarrow CH_3CH_2I + CH_3CH_2OH$$

$$CH_3CH_2OH + HI \longrightarrow H—\overset{+}{\underset{H}{\overset{..}{O}}}—CH_2CH_3 + :I^- \longrightarrow CH_3CH_2I + H_2O$$

混合醚中较大的烷基为醇，较小的为卤代烷，如果用过量的 HI 作用则全生成卤代烷。

$$(CH_3)_2CHOCH_3 + HI \longrightarrow (CH_3)_2CHOH + CH_3I$$

叔烷基的醚与 HI 发生 S_N1 反应。

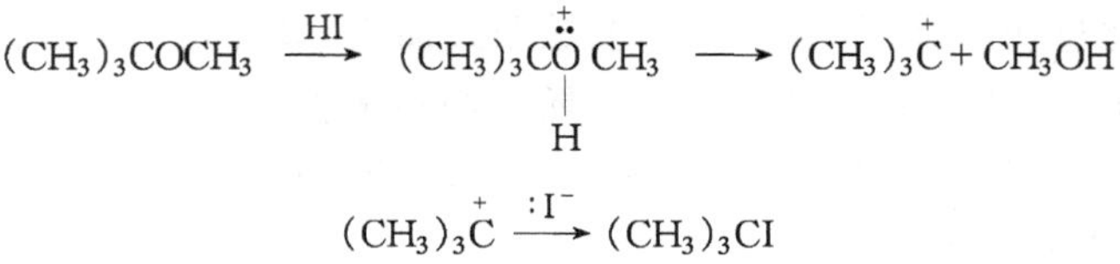

$$(CH_3)_3COCH_3 \xrightarrow{HI} (CH_3)_3\overset{..}{C}\overset{+}{\underset{H}{O}}CH_3 \longrightarrow (CH_3)_3\overset{+}{C} + CH_3OH$$

$$(CH_3)_3\overset{+}{C} \xrightarrow{:I^-} (CH_3)_3CI$$

芳基烷基醚与 HX 作用，总是烷氧键断裂，生成酚和卤代烷，这是因为氧原子和芳环间 $p-\pi$ 共轭所致。

$$\text{C}_6\text{H}_5—OCH_3 + HI \longrightarrow \text{C}_6\text{H}_5—OH + ICH_3$$

3．过氧化物的生成

醚在空气中会慢慢氧化形成过氧化物，过氧化物不稳定，加热时易爆炸，因此醚应放在棕色瓶中避光保存。

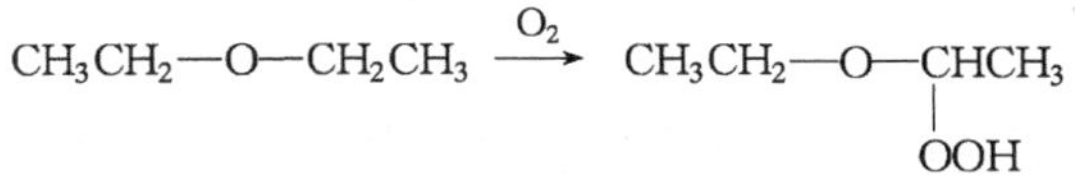

$$CH_3CH_2—O—CH_2CH_3 \xrightarrow{O_2} CH_3CH_2—O—\underset{OOH}{CHCH_3}$$

贮存过久的醚应在蒸馏前检验是否有过氧化物存在,其检验方法是:

(1)用 KI/淀粉试纸(或溶液)检验。醚中若有过氧化物存在,会析出游离的碘,使试纸(或溶液)变蓝。

(2)加入硫酸亚铁和硫氰化钾的混合液与醚振荡,如有过氧化物存在,会将亚铁离子氧化成铁离子,后者与 SCN^- 作用生成血红色的硫氰化铁的络合物。

除去过氧化物的方法是加入 $5\% FeSO_4$ 水溶液于醚中摇荡,使过氧化物分解。

思考题 8.20　给出苯甲醚与下列试剂反应后所得的主要有机产物。
(1)HI(1 mol)　　(2)Br_2/Fe　　(3)H_2O_2

五、环氧化合物

1. 环氧化合物的制备

绝大多数合成环氧化合物的方法是用一种烯烃和一种有机过氧酸作用,在此反应中,过氧酸传递氧原子到烯烃碳上,其反应过程如下:

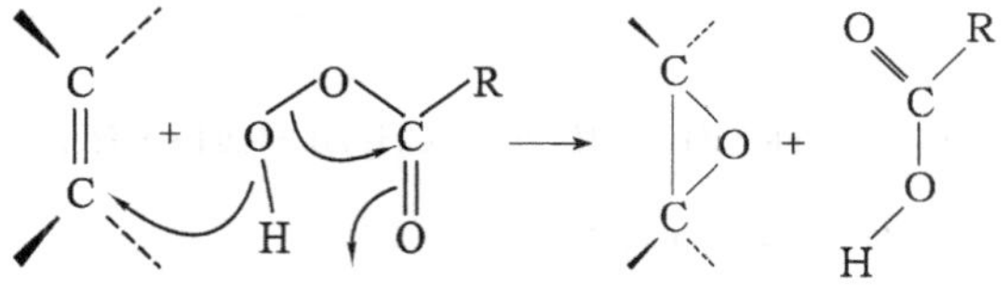

在环氧化反应中,氧加成到双键上是顺式加成,氧必须以同面的方式加到双键的两个碳上,以便形成三元环。因此烯烃与过氧酸反应得到立体专一性的产物。如顺 − 2 − 丁烯只产生顺 − 2,3 − 二甲基环氧乙烷,而反 − 2 − 丁烯只产生反 − 2,3 − 二甲基环氧乙烷。

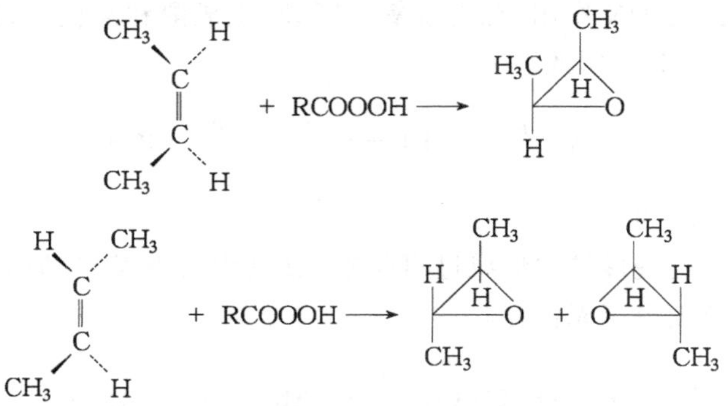

有些过氧酸是不稳定的,因而在反应过程中不甚安全,现大多使用一种稳定

的单过氧邻苯二甲酸的镁盐(MMPP)。

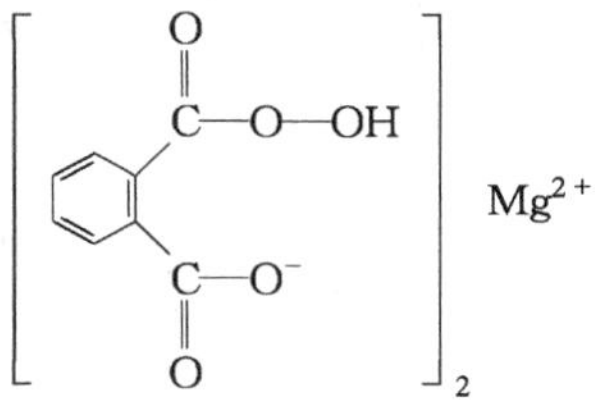

例如环己烯以乙醇作溶剂,与 MMPP 反应,得到环己烷－1,2－环氧化合物。

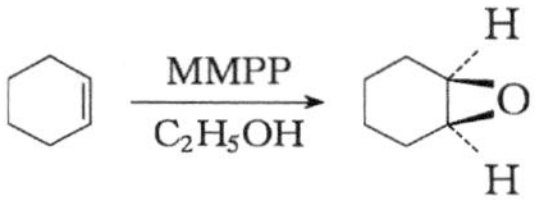

2. 环氧化合物的反应

由于环氧化合物是三元环,环的张力使它与醚相比,对亲核试剂具有较高的活性,无论是在酸性、中性或碱性条件下都可以开环。

当亲核试剂进攻时,酸催化有助于提供一个更好的离去基,使其容易开环,尤其对于弱的亲核试剂(如水、醇、硫醇),酸催化是十分重要的。

在结构不对称的环氧化合物中,酸催化开环时,亲核试剂总是进攻取代基较多的碳。

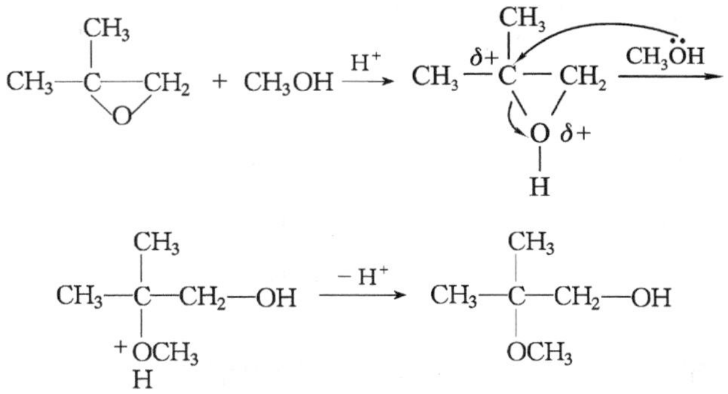

酸催化开环反应中,其立体化学特征为:新进入的取代基与羟基处在相反的位置。例如:

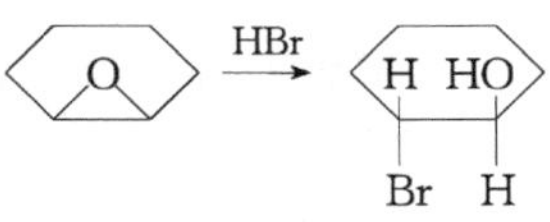

环氧化合物也能进行碱催化开环反应,提供这种亲核试剂的是羟基、烃氧基、炔化钠、氨基钠等较强的碱。

$$RO^- + -\overset{|}{\underset{\underset{O}{\diagdown}}{C}}\overset{|}{\underset{}{C}}- \longrightarrow RO-\overset{|}{\underset{|}{C}}-\overset{|}{\underset{|}{C}}-O^- \xrightarrow[-RO^-]{H-OR} RO-\overset{|}{\underset{|}{C}}-\overset{|}{\underset{|}{C}}-OH$$

$$RC\equiv CNa + -\overset{|}{\underset{\underset{O}{\diagdown}}{C}}\overset{|}{\underset{}{C}}- \longrightarrow RC\equiv C-\overset{|}{\underset{|}{C}}-\overset{|}{\underset{|}{C}}-O^- \xrightarrow[H_2O]{H^+} RC\equiv C-\overset{|}{\underset{|}{C}}-\overset{|}{\underset{|}{C}}-OH$$

环氧化合物也可与其他的亲核试剂发生开环反应。例如:

$$RMgX + -\overset{|}{\underset{\underset{O}{\diagdown}}{C}}\overset{|}{\underset{}{C}}- \longrightarrow R-\overset{|}{\underset{|}{C}}-\overset{|}{\underset{|}{C}}-OMgX \xrightarrow[H_2O]{H^+} R-\overset{|}{\underset{|}{C}}-\overset{|}{\underset{|}{C}}-OH$$

$$\ddot{N}H_3 + -\overset{|}{\underset{\underset{O}{\diagdown}}{C}}\overset{|}{\underset{}{C}}- \longrightarrow H_3\overset{+}{N}-\overset{|}{\underset{|}{C}}-\overset{|}{\underset{|}{C}}-O^- \longrightarrow H_2N-\overset{|}{\underset{|}{C}}-\overset{|}{\underset{|}{C}}-OH$$

对于结构不对称的环氧化合物的开环反应,碱基或亲核试剂总是进攻取代基较少的碳。

$$RO^- + H_2C-\overset{CH_3}{\underset{\underset{O}{\diagdown}}{C}}-CH_3 \xrightarrow{H-OR} H_2C-\overset{CH_3}{\underset{CH_3}{\overset{|}{C}}}-OH \atop RO$$

$$C_6H_5MgBr + H_2C-\overset{H}{\underset{\underset{O}{\diagdown}}{C}}-CH_3 \longrightarrow H_2C-\overset{CH_3}{\underset{H_5C_6 \quad H}{C}}-OMgBr \xrightarrow{H_2O} H_2C-\overset{CH_3}{\underset{H_5C_6 \quad H}{C}}-OH$$

综上所述,环氧化合物是一种重要的反应中间体。它可与格氏试剂、炔钠合成增碳的醇;与氨合成氨基醇,与醛、硫醇合成含烃氧基硫烃基的醇,还可与卤化氢反应合成卤代醇等。

思考题 8.21 写出环氧丙烷与下列试剂反应的主要产物和机理。

(1) CH_3ONa/CH_3OH　　　　(2) HCl

(3) CH_3CH_2MgCl/H_3O^+　　(4) $CH_3C\equiv CNa$

---

3. 四氢呋喃和 1,4-二氧六环

四氢呋喃和 1,4 - 二氧六环由于是五元环和六元环,因此比较稳定,它们能与水、乙醇和乙醚等混溶,通常作为溶剂。四氢呋喃主要由 1,4 - 丁二醇在酸催化下脱水得到;1,4 - 二氧六环在工业上由乙二醇与磷酸一起加热得到。

六、冠醚

在研究亲核取代反应中,我们已经知道非质子性极性溶剂对亲核取代反应的影响,然而这些非质子性极性溶剂(如 DMSO、DMF)具有较高的沸点,使它们在反应之后难以除去,并且它们的价格较贵,有的在较高温度下会发生分解。尽管非极性溶剂烃类和非极性的卤代烃价格低并且稳定,但由于它们很难溶解离子型化合物,因而在亲核取代反应中应用较少。而相转移催化剂通常能把水相中的离子带入到含有机反应物的有机相中,由于反应介质是非质子性的,从而使反应大大加速。常用的相转移催化剂主要是季铵盐类、聚乙二醇类。冠醚类的化合物也是一种相转移催化剂,也能起到加速亲核取代反应的作用。

1. 冠醚的结构

冠醚(crown ether)是一类大环多醚,其结构特点是有多个乙二醇醚的结构,由于它们的形状类似皇冠,所以称为冠醚。冠醚以 x - 冠 - y 的名称命名,x 是环中原子的总个数,y 是环中氧原子的个数。例如:

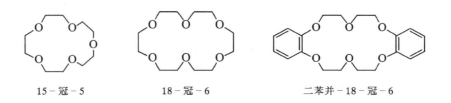

15 - 冠 - 5　　　　　　18 - 冠 - 6　　　　　二苯并 - 18 - 冠 - 6

冠醚和配体中阳离子的关系称为主体和客体的关系,冠醚是主体,而配位的阳离子是客体。不同结构的冠醚其空穴大小不一,这就决定它们对金属离子具有较高的选择性。如 18 - 冠 - 6 的空穴半径与钾离子半径相适应,并且六个氧原子处于理想的位置,提供它们的未共享电子对给中心离子。

冠醚能与很多盐形成络合物,从而使这些盐溶于非极性溶剂中,如 KF,

KCN，CH₃COOK，KMnO₄。这种能使水相中的反应物转入到有机相的试剂通常叫作相转移催化剂（PTC）。当冠醚与金属离子形成的络合物转入到有机相后，不仅能使反应在均相中进行，同时也提高了阴离子的活性。

$$RCH_2X + K^+CN^- \xrightarrow[\text{苯}]{18-\text{冠}-6} RCH_2CN + KX$$

$$C_6H_5CH_2Cl + KF \xrightarrow[\text{乙腈}]{18-\text{冠}-6} C_6H_5CH_2F + KCl$$

用 KMnO₄ 水溶液氧化烯烃时，产率很低，若采用冠醚作 PT 催化剂，使氧化产率大幅提高。

$$\text{（环己烯）} + KMnO_4 \xrightarrow{\text{二环己基}-18-\text{冠}-6} HOOC\left(CH_2\right)_6COOH$$
$$\sim 100\%$$

2．冠醚的制备

由于冠醚在有机合成上有广泛的用途，近年来合成了上千种的冠醚化合物。其主要的制备方法是利用威廉森合成法。例如：将三甘醇与相应的二氯化物在碱性条件下加热，可得到 18-冠-6；而用 β-氯代的乙二醇醚与邻苯二酚在碱性条件下则得二苯并-18-冠-6。

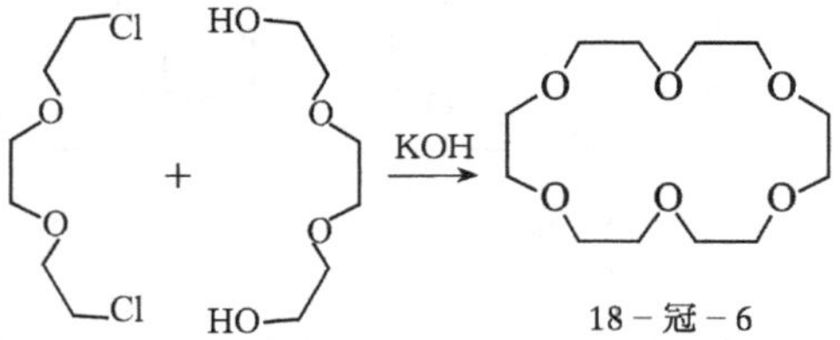

18-冠-6

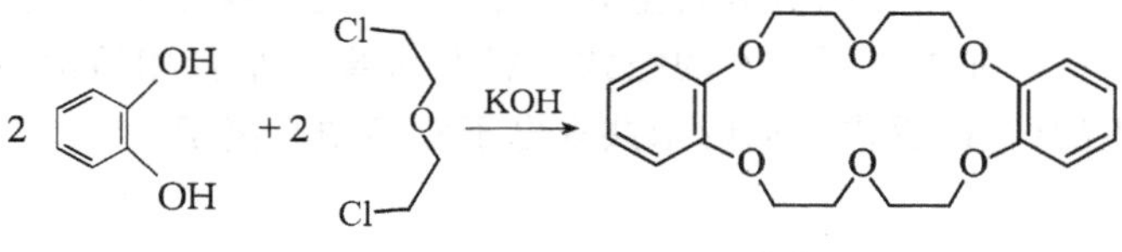

二苯并-18-冠-6

尽管冠醚作为相转移催化剂在有机合成上具有重要用途，但由于它的毒性和价格原因，使其应用受到限制。

习　题

1. 命名下列化合物：

(1)

(2)
$$
\begin{array}{c}
OH \\
\\
\\
OCH_3
\end{array}
$$

(3) $CH_3CH_2CHCH_2CH_2OH$（苯基）

(4)
$$
\begin{array}{c}
OH \ CH_3 \\
\\
CH=CH_2
\end{array}
$$

(5)
$$
\begin{array}{c}
OCH_3 \\
\\
CH_2Br
\end{array}
$$

(6) $HO\!\!-\!\!(CH_2CH_2\!-\!O)_n\!H$

(7) $HO\diagup\!\!\diagdown\!\!\diagup\!\!\diagdown OH$

(8) $ClCH_2\!\!-\!\!\underset{O}{\triangle}$

(9)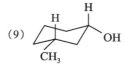

2. 给出下列化合物的结构式：

(1) 3 - 甲氧基庚烷　　　　(2) 对甲氧基苯乙醚　　　(3) 顺 - 2 - 甲基环己醇

(4) (2R,3S) - 2,3 - 丁二醇　　(5) 乙硫醇　　　　　　(6) 2 - 乙氧基乙醇

(7) (Z) - 2 - 丁烯 - 1 - 醇　　(8) 12 - 冠 - 4

3. 写出下列各反应的主要产物。

(1) $CH_3CH_2CH_2CH_2OH \xrightarrow{Na_2Cr_2O_7/H_2SO_4}$

(2) $CH_3\underset{\underset{OH}{|}}{CH}CH_2CH_3 \xrightarrow{\;CH_3-\!\!\bigcirc\!\!-SO_2Cl\;}$

(3)
$$
\begin{array}{c}
CH_3 \\
\bigcirc\!\!-OH
\end{array}
+ HBr \longrightarrow
$$

(4)
$$
\begin{array}{c}
OH \\
\bigcirc \\
CH_3
\end{array}
+ Br_2 \xrightarrow{CS_2}
$$

(5)
$$
\begin{array}{c}
H\ H \\
\bigcirc \\
HO\ OH
\end{array}
\xrightarrow{HIO_4}
$$

(6)
$$
\begin{array}{c}
\bigcirc\!\!-\!\!\underset{O}{\overset{CH_2}{\triangle}} \\
CH_3
\end{array}
+ H_2O \xrightarrow{H^+}
$$

(7) $(n-C_4H_9C\!\!\equiv\!\!C\!\!-)_2Mg + \underset{O}{\overset{CH_3}{\triangle}} \xrightarrow[②\ H_3O^+]{①Et_2O}$

(8) $HO\!\!-\!\!\bigcirc\!\!-CH_2OH \xrightarrow{HBr}$

(9) $\bigcirc + (CH_3)_3COH \xrightarrow{H_2SO_4}$

(10) $\text{C}_6\text{H}_5\text{—CH}_2\text{OH} \xrightarrow[\text{ZnCl}_2]{\text{HCl}}$

(11) $\text{CH}_3\overset{\overset{\text{H}}{|}}{\underset{\underset{\text{OH}}{|}}{\text{C}}}\text{C}_2\text{H}_5 \xrightarrow{\text{SOCl}_2}$

(12) $\text{C}_6\text{H}_5\text{—CH(CH}_3)_2 \xrightarrow{\text{H}_2\text{O}_2} ? \xrightarrow{\text{H}_3\text{O}^+}$

(13) $\left(\text{C}_6\text{H}_{11}\text{—CH}_2\right)_3\text{B} + \text{H}_2\text{O}_2 + \text{NaOH} \longrightarrow$

(14) $\text{CH}_3\overset{\overset{\text{CH}_3}{|}}{\underset{\underset{\text{CH}_3\text{CH}_3}{|}}{\text{C}}}\text{—CH—OH} \xrightarrow{\text{HBr}}$

(15) $\text{CH}_3\text{CH}=\text{CH—CHO} \xrightarrow[\text{Pt}]{\text{H}_2}$

(16) $\text{CH}_3\text{—}\underset{\text{O}}{\triangle} + \text{NaCN} \xrightarrow{\text{H}_3\text{O}^+}$

4．写出下列各组反应中相应的主要产物。

(1) 环己醇 $\xrightarrow{\text{H}_2\text{SO}_4} ? \xrightarrow{\text{稀冷 KMnO}_4} ? \xrightarrow{\text{HIO}_4} ?$

(2) 环己醇 $\xrightarrow{\text{CH}_3\text{—}\langle\rangle\text{—SO}_2\text{Cl}} ? \xrightarrow{(\text{CH}_3)_3\text{COK}} ?$

(3) 邻-(3-羟丙基)苯酚 $\xrightarrow{\text{HBr}} ? \xrightarrow[\text{EtOH}]{\text{OH}^-} ? \xrightarrow{\triangle} ?$

(4) 环己醇 $\xrightarrow[\triangle]{\text{H}_2\text{SO}_4} ? \xrightarrow{\text{CH}_3\text{COOH}} ? \xrightarrow{\text{H}_3\text{O}^+} ?$

(5) $\text{CH}_3\text{—}\overset{\overset{\text{OH}}{|}}{\underset{\underset{\text{Ph}}{|}}{\text{C}}}\text{—CH}_3 \xrightarrow{\text{H}_2\text{SO}_4} ? \xrightarrow[\text{② H}_2\text{O}_2,\text{OH}^-]{\text{① B}_2\text{H}_6} ? \xrightarrow{\text{PBr}_3} ?$

(6) 环戊醇—OH $\xrightarrow{\text{Na}} ? \xrightarrow{\text{C}_2\text{H}_5\text{Br}} ?$

5．指出下列化合物在酸催化下消去反应的难易。

$\text{Ph—}\overset{\overset{\text{CH}_3}{|}}{\underset{\underset{\text{OH}}{|}}{\text{C}}}\text{—CH}_3$, $\text{Ph—CH}_2\text{CH}_2\text{OH}$, $\text{Ph—}\underset{\underset{\text{OH}}{|}}{\text{CH}}\text{—CH}_3$

6．比较下列醇的酸性：

(1) $\text{ClCH}_2\text{CH}_2\text{OH}$　(2) $\text{CH}_3\text{CH}_2\text{OH}$　(3) $\text{CH}_3\overset{\overset{\text{OH}}{|}}{\text{CH}}\text{CH}_3$　(4) $(\text{CH}_3)_3\text{COH}$

7．按沸点逐渐降低的顺序将下列化合物排序。

(1) 1-戊醇　　(2) 2-甲基-2-丁醇　　(3) 3-甲基-2-丁醇

8．写出化学方程式以解释醇不能用作 (1) 格氏试剂或 (2) LiAlH_4 的溶剂的原因。

9．写出 HBr 与正丁醇、叔丁醇反应的机理。

10．写出$(S)-CH_3CHD(OH)$与 HCl 反应产物的立体构型。

11．写出顺-4-叔丁基环己醇和下列试剂反应的产物。

(1) $SOCl_2$　　　(2) TsCl　　　(3) PBr_3

12．给出下列化合物与浓硫酸反应的产物。

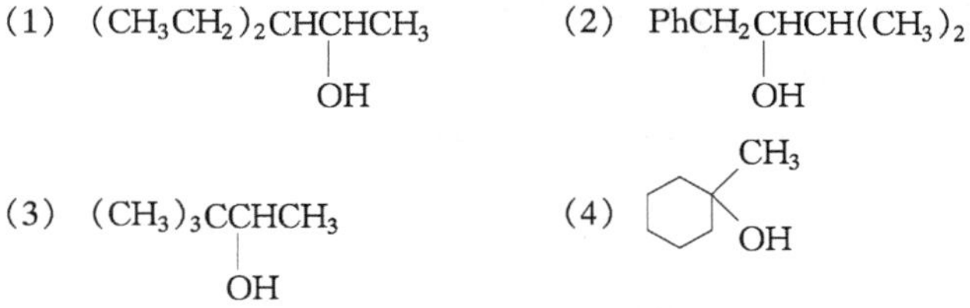

(1) $(CH_3CH_2)_2CHCHCH_3$　　　　(2) $PhCH_2CHCH(CH_3)_2$
　　　　　　　　　|　　　　　　　　　　　　　　　　　|
　　　　　　　　 OH　　　　　　　　　　　　　　　 OH

(3) $(CH_3)_3CCHCH_3$　　　　　(4)
　　　　　　　 |
　　　　　　　OH

13．给出下列苄醇与 HBr 的反应次序,试述理由。

(1) $C_6H_5CH_2OH$　　　　　　　　(2) $p-O_2N-C_6H_4CH_2OH$

(3) $p-CH_3O-C_6H_4CH_2OH$　　　(4) $p-Cl-C_6H_4CH_2OH$

14．写出下列醇与 $Cr_2O_7^{2-}/H_2SO_4$ 反应的氧化产物。

(1) $(CH_3)_2CHOH$　　　(2) $(CH_3)_2CH(CH_2)_3OH$　　　(3) Ph_2CHOH

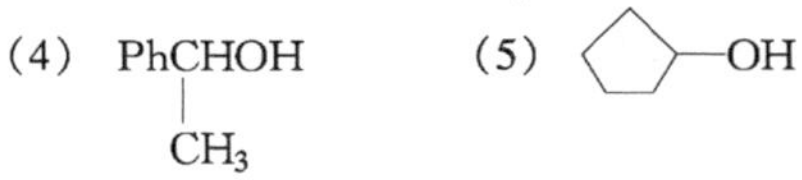

(4) $PhCHOH$　　　　　(5)
　　　　 |
　　　　CH_3

15．试推测下列反应的机理:

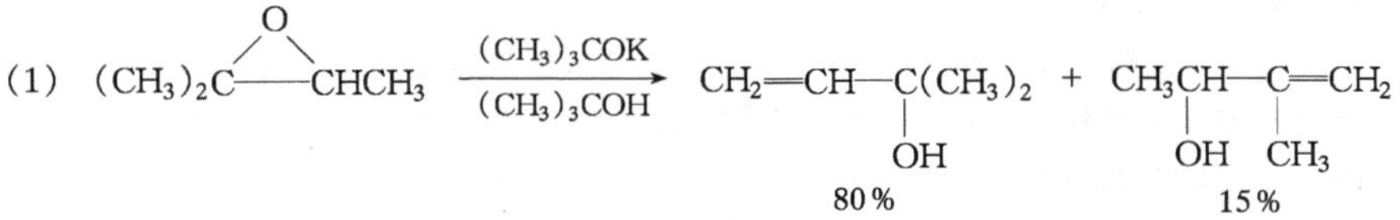

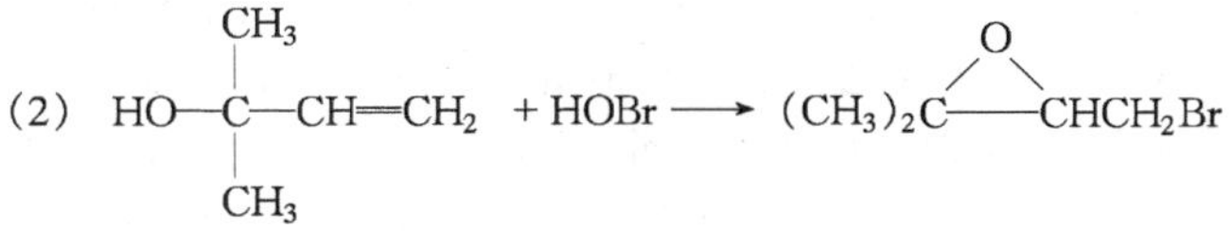

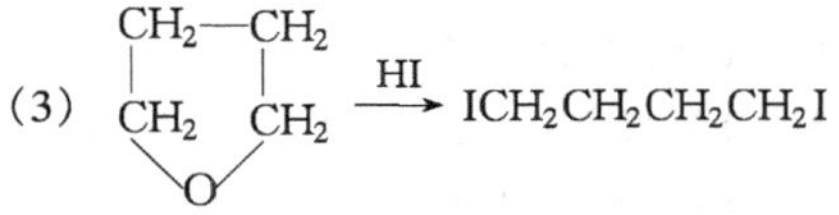

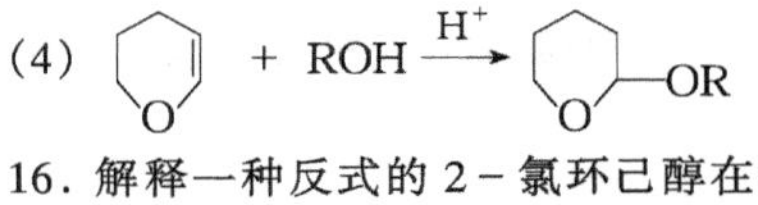

(1) $(CH_3)_2C—CHCH_3$
　　　　　　（环氧）
　　　$\xrightarrow[(CH_3)_3COH]{(CH_3)_3COK}$
　　$CH_2=CH—C(CH_3)_2$ + $CH_3CH—C=CH_2$
　　　　　　　　　|　　　　　　　|　　　|
　　　　　　　　 OH　　　　　　 OH　 CH_3
　　　　　　　　80%　　　　　　　　15%

(2) $HO—C—CH=CH_2 + HOBr \longrightarrow (CH_3)_2C—CHCH_2Br$
　　　　　|　　　　　　　　　　　　　　　（环氧）
　　　 CH_3　　　（顶部 CH_3）

(3) 环氧四元环（氧杂环戊烷） $\xrightarrow{HI} ICH_2CH_2CH_2CH_2I$

(4) （二氢吡喃） $+ ROH \xrightarrow{H^+}$ （四氢吡喃-OR）

16．解释一种反式的 2-氯环己醇在稀的碱水溶液中得到 1,2-环氧环己烷,而顺式的 2-氯环己醇在同样条件下得不到 1,2-环氧环己烷却存在一定量的环己酮,试述其理由。

17．对下述反应提出一个合理的解释:

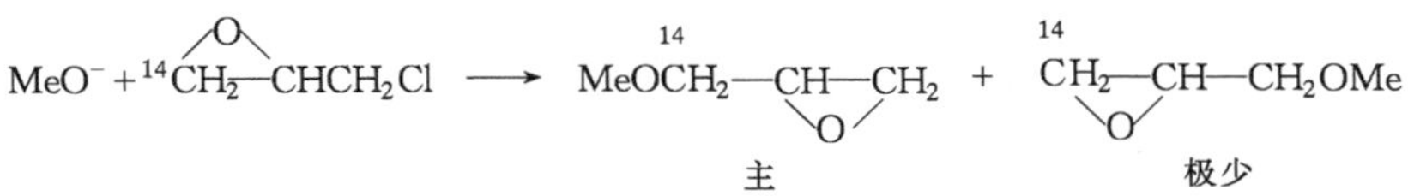

$MeO^- + {}^{14}CH_2—CHCH_2Cl \longrightarrow MeOCH_2—{}^{14}CH—CH_2 + {}^{14}CH_2—CH—CH_2OMe$
　　　　　　　（环氧）　　　　　　　　　　　（环氧）　　　　　　　（环氧）
　　　　　　　　　　　　　　　　　　　　　　　　主　　　　　　　　　极少

18．由叔丁醇和含三个碳或少于三个碳的有机化合物合成下列化合物。

(1) $(CH_3)_3COCH_2CH_2CH_3$　　　(2) $(CH_3)_3CCOCH(CH_3)_2$

19．写出由下列起始物合成醇的路线。

(1) 由丙烷合成异丙醇　　　　　(2) 由乙炔合成正丁醇

(3) 由丙烷合成烯丙醇　　　　　(4) 由氯代叔丁烷合成叔丁醇

20．由格氏试剂、羰基化合物或环氧乙烷制备下列醇。

(1) $CH_3CH_2CH_2OH$　(2) $CH_3\underset{\underset{CH_3}{|}}{\overset{\overset{OH}{|}}{C}}HCH_2CH_3$　(3) $PhCH_2\underset{\underset{CH_3}{|}}{C}HOH$

(4) $CH_3CH_2\underset{\underset{Ph}{|}}{\overset{\overset{CH_3}{|}}{C}}OH$　(5) 环己基 $\overset{CH(CH_3)_2}{\underset{OH}{|}}$　(6) 环己基 $\overset{H}{\underset{CH_2OH}{|}}$

(7) $(CH_3)_2CHCH_2CH_2OH$

21．下述哪几种醚不能通过威廉森合成法合成，为什么？

(1) R_2CHOCR_3　　　　(2) $ArOAr$　　　　(3) R_3COCR_3

(4) $R_3CCH_2OCH_2CH_3$　　(5) $RCH=CHOCH=CHR$

22．用简单的方法区别以下各组化合物。

(1) 甘油、正丁醇、甲基丙基醚、环己烷、环己烯

(2) 苯酚、苯乙醚、苯乙烯、1－苯基乙醇

23．旋光活性的 $(2R,3S)-3-$ 溴 $-2-$ 丁醇 (A)，在氢氧化钾的甲醇溶液中得到 B，B 是一光学活性的环氧化合物，当 B 用氢氧化钾的水溶液处理时得 2,3－丁二醇 (C)，试写出 A、B、C 的立体构型并说明 C 是否有光学活性。

24．化合物 A 其分子式为 C_7H_{14}，它能使溴水褪色，以 $THF-H_2O$ 作溶剂与 $Hg(OAc)_2$ 作用，然后用 $NaBH_4$ 还原，得化合物 B，A 经臭氧氧化再用锌粉还原水解，得到分子式为 $C_6H_{12}O$ 的化合物 C，C 还原得到一直链的仲醇 D，试推测化合物 A、B、C、D 的可能结构式。

25．未知的化合物 A 具有分子式为 $C_9H_{12}O$，它不使溴水褪色，A 与金属钠作用放出无色无味的气体，A 与热 $KMnO_4$ 溶液作用得到分子式为 $C_7H_6O_2$ 的化合物 B，A 经氧化后能与甲基的格氏试剂作用后水解得一具有分子式为 $C_{10}H_{14}O$ 的叔醇 C，试推测 A、B、C 的可能结构。

26．某化合物 A 其分子式为 $C_4H_{10}O$，在 NMR 图谱中，δ 值 0.8 (二重峰，6H)，δ 值 1.7 (复杂多重峰，1H)，δ 值 3.2 (二重峰，2H)，以及 δ 值 4.2 (单峰，1H，当样品与 D_2O 共摇后此峰消失)，试推测 A 的结构。

第九章　醛、酮
（Aldehyde、Ketone）

第一节　醛酮的结构、分类和命名

醛和酮都含有羰基,除了甲醛是羰基与两个氢原子相连外,其他的醛都是羰基与一个氢原子和一个烃基相连;酮分子中羰基与两个烃基相连。

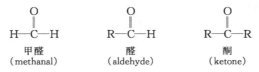

一、醛酮的结构

醛、酮中,碳和氧以双键相结合,碳原子以三个 sp^2 杂化轨道形成三个 σ 键,这三个键在同一平面上,彼此间的夹角为 120°(实际上当碳上连有不同基团时,其角度略有出入)。碳原子剩下的一个 p 轨道和氧的一个 p 轨道垂直于三个键所组成的平面,两个 p 轨道彼此平行重叠形成一个 π 键(图 9-1 与图 9-2)。

图 9-1　醛、酮的键角　　　　　　图 9-2　羰基的结构

由于氧的电负性,使羰基呈现出极性,负极朝向氧的一端,正极朝向碳的一端,具有偶极矩。如甲醛的偶极矩是 7.57×10^{-30} C·m(2.27 D),乙醛的偶极矩是 9.07×10^{-30} C·m(2.72 D),丙酮是 9.51×10^{-30} C·m(2.85 D),由此可见羰基中的键是极性键(图 9-3)。

图 9-3　羰基的极性

二、醛酮的分类和命名

1. 醛酮的分类

根据醛酮分子中羰基所连的烃基类别分为脂肪族醛酮和芳香族醛酮；根据醛酮分子中所含羰基数目可分为一元醛酮与二元醛酮；根据烃基是否含有重键可分为饱和醛酮与不饱和醛酮。

2. 醛酮的命名

（1）普通命名法　普通命名法常用于简单的化合物。醛的命名与伯醇相似，只是把"醇"字换为"醛"字。例如：

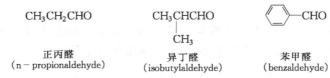

$$CH_3CH_2CHO \qquad CH_3CHCHO \qquad \text{（苯环）}-CHO$$

$$\qquad\qquad\qquad\qquad\quad CH_3$$

正丙醛　　　　　　　异丁醛　　　　　　　苯甲醛
（n-propionaldehyde）　（isobutylaldehyde）　（benzaldehyde）

酮是按与羰基相连的两烃基来命名，如有一个是芳基，则将芳基放在脂基前面命名。例如：

$$CH_3COCH_3 \qquad CH_3COCH_2CH_3 \qquad \text{（苯环）}-COCH_2CH_3$$

二甲酮　　　　　　甲基乙基酮　　　　　　苯基乙基酮
（dimethanone）　（ethylmethylketone）　（ethylphenylketone）

（2）系统命名法　脂肪族一元醛酮的命名是先选择含羰基的最长碳链为主链，编号从靠近羰基的一端开始，由于醛基总是在碳链的一端，在命名中不需标明位次，而在酮的名称中要注明羰基的位次。例如：

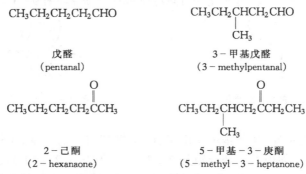

$$CH_3CH_2CH_2CH_2CHO \qquad\qquad CH_3CH_2CHCH_2CHO$$

$$\qquad\qquad\qquad\qquad\qquad\qquad\qquad\qquad CH_3$$

戊醛　　　　　　　　　　　3-甲基戊醛
（pentanal）　　　　　　　（3-methylpentanal）

$$\qquad\qquad O \qquad\qquad\qquad\qquad\qquad\qquad O$$

$$CH_3CH_2CH_2CH_2CCH_3 \qquad CH_3CH_2CHCH_2CCH_2CH_3$$

$$\qquad\qquad\qquad\qquad\qquad\qquad\qquad\qquad\qquad\qquad CH_3$$

2-己酮　　　　　　　　　5-甲基-3-庚酮
（2-hexanaone）　　　　　（5-methyl-3-heptanone）

文献中有时也利用另一种编号，把靠近羰基的碳原子用希腊字母 α、β、γ 表示。

$$\qquad\qquad O \qquad\qquad\qquad\qquad\qquad\qquad O$$

$$CH_3CH_2CHCCH_3 \qquad\qquad ClCH_2CHCH_2CCH_2CH_3$$

$$\qquad\qquad CH_3 \qquad\qquad\qquad\qquad\qquad CH_3$$

α-甲基-2-戊酮　　　　　　　β-甲基-γ-氯代-3-己酮
（α-methyl-2-pentanone）　　（γ-chloro-β-methyl-3-hexanone）

脂环酮的羰基在环内则称为环某酮,如在环外则可把环当作取代基。例如:

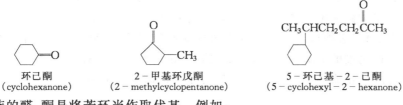

环己酮
(cyclohexanone)

2 - 甲基环戊酮
(2 - methylcyclopentanone)

5 - 环己基 - 2 - 己酮
(5 - cyclohexyl - 2 - hexanone)

芳香族的醛、酮是将芳环当作取代基。例如:

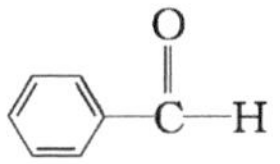

苯甲醛
(benzaldehyde)

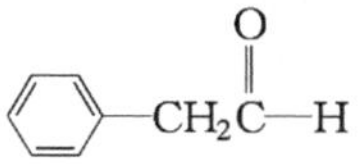

苯乙醛
(phenylethanal)

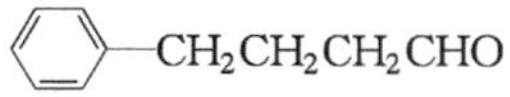

4 - 苯基丁醛
(4 - phenylbutanal)

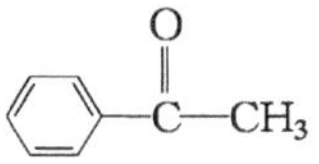

苯乙酮
(phenylethanone)

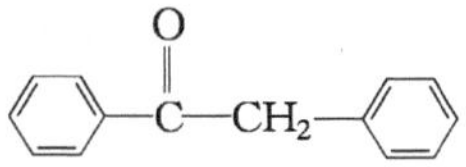

1,2 - 二苯基乙酮或2 - 苯基苯乙酮
(1,2 - diphenylethanone或2 - phenylacetophenone)

思考题 9.1 给出下列化合物的名称:

(1) $C_6H_5CH_2COCH_2C_6H_5$

(2) m - $ClC_6H_4COCH_3$

(3) $C_6H_5COCH(Cl)CH_3$

(4) $(C_6H_5)_2CHCHO$

(5) $OHCCH_2CH_2CHO$

(6) 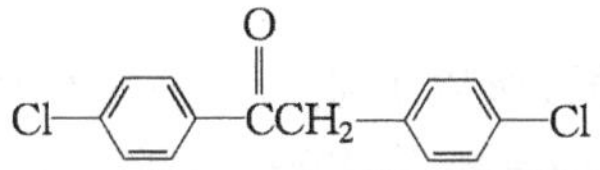 Cl—⬡—CCH_2—⬡—Cl (羰基O在上方)

思考题 9.2 写出下列化合物的结构式:

(1) 二异丙基酮

(2) 水杨醛

(3) 4 - 苯基 - 2 - 丁烯醛

(4) (S) - 2 - 甲基丁醛

第二节 醛酮的来源和制法

醛酮是重要的香料及药物中间体,例如,与可的松有关的抗炎药都是含羰基的化合物;苯丙酮是合成兴奋剂和麻醉剂的中间体;洋茉莉醛、茴香醛、香芹酮、麝香酮、β - 紫罗兰酮都是重要的香料来源,它们主要存在于天然植物和动物体中。

一、一般的制备方法

1. 醇的氧化和脱氢

第八章中已讨论过伯醇和仲醇用三氧化铬等氧化剂氧化生成醛或酮,邻二醇用高碘酸或四醋酸铅氧化使相邻两羟基间的碳碳键断裂生成醛、酮。实验室中常用重铬酸钾加硫酸氧化仲醇成酮,由于酮不易继续氧化而得到较好的产率。醛比醇易氧化,必须选用温和的氧化剂减少羧酸的生成,将一级醇氧化生成醛。除了已经讨论过的 PCC,还可以用草酰活化的二甲亚砜(Swern 氧化反应)、二氧化锰将伯醇氧化成醛,且与 PCC 一样,分子中的碳碳双键不受影响。例如:

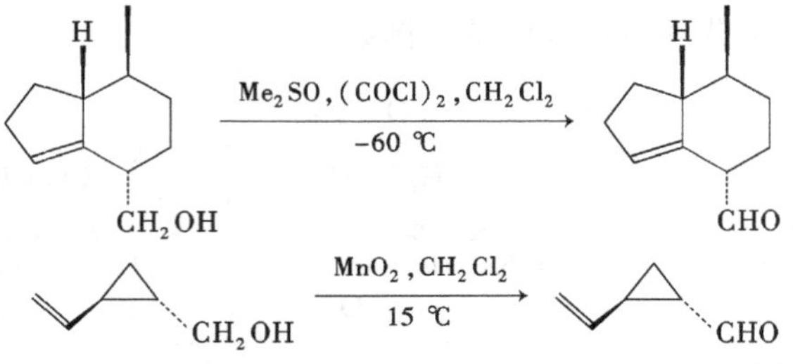

80%

工业上通常是将醇的蒸气通过加热的催化剂(铜粉、银粉等),使它们脱氢生成醛或酮。

$$CH_3CH_2CH_2\underset{\underset{\displaystyle OH}{|}}{C}HCH_3 \xrightarrow[400\sim500℃]{Zn-Cu} CH_3CH_2CH_2\underset{\underset{\displaystyle O}{\|}}{C}CH_3 + H_2$$

2 - 戊酮

2．烃类的氧化

由于脂肪烃类氧化一般很难控制在醛酮阶段,所以工业上一般很少用脂肪烃直接氧化制备醛或酮,但含有侧链的芳烃其氧化较易控制在醛或酮阶段。例如:

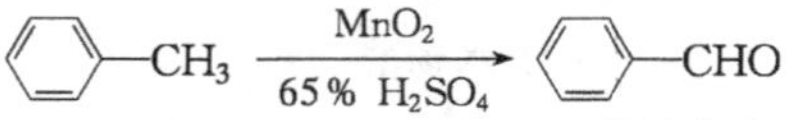

苯甲醛

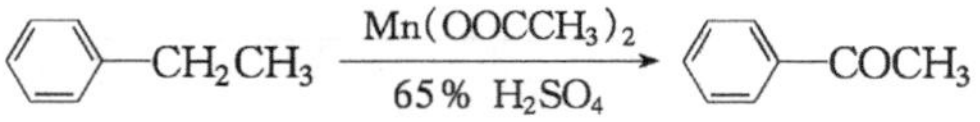

苯乙酮

醛比烃更易氧化,反应中应控制氧化剂的加入或用乙酐作保护剂。

此外,在烯烃氧化中讨论过,用臭氧氧化烯烃,然后加锌还原水解使烯烃中双键断裂生成小分子的醛、酮。

思考题9.3　如何完成下列转变?

(1) 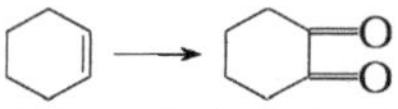 　　(2) $CH_3CH_2CH_2OH \longrightarrow CH_3COCH_3$

(3) 由环己醇合成己二醛　　(4) 由苯乙烯制苯乙酮

3．由羧酸及其衍生物制备

（1）由羧酸衍生物还原制醛　理论上由羧酸还原制醛是可以的，但实际上直接能还原羧酸的是氢化铝锂（LiAlH$_4$），而任何羧酸用氢化铝锂很难控制在醛阶段，主要是生成伯醇。所以较好的方法是将羧酸转化成相应的衍生物再还原。下面总结了用羧酸衍生物还原成醛的方法。

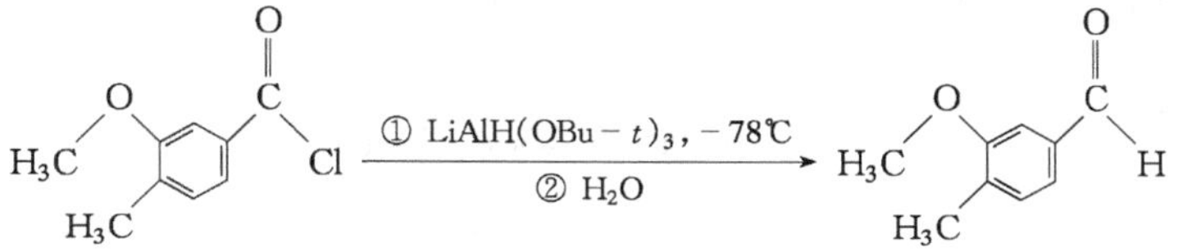

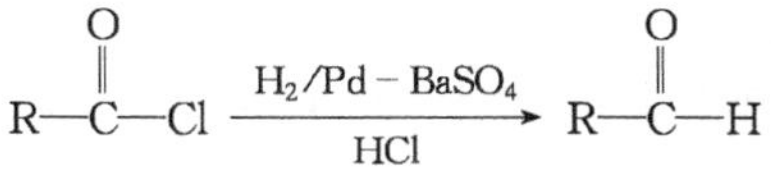

$$R-\overset{\overset{O}{\parallel}}{C}-OH \xrightarrow{SOCl_2} R-\overset{\overset{O}{\parallel}}{C}-Cl \xrightarrow[\text{② } H_2O]{\text{① } LiAlH(OBu-t)_3, -78℃} R-\overset{\overset{O}{\parallel}}{C}-H$$

$$R-\overset{\overset{O}{\parallel}}{C}-Cl \xrightarrow[HCl]{H_2/Pd-BaSO_4} R-\overset{\overset{O}{\parallel}}{C}-H \quad 此反应称为罗森孟德（Rosenmund）还原$$

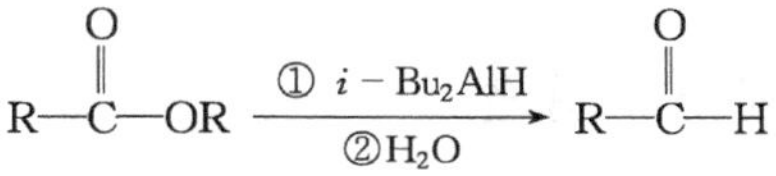

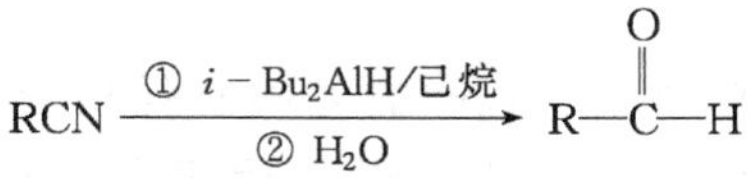

$$R-\overset{\overset{O}{\parallel}}{C}-OR \xrightarrow[\text{②}H_2O]{\text{① } i-Bu_2AlH} R-\overset{\overset{O}{\parallel}}{C}-H$$

$$RCN \xrightarrow[\text{② } H_2O]{\text{① } i-Bu_2AlH/己烷} R-\overset{\overset{O}{\parallel}}{C}-H$$

（2）由羧酸衍生物制酮　羧酸衍生物中的酰卤和羧酸酯与格氏试剂反应很容易生成酮，反应难以控制在酮阶段，酮与过量的格氏试剂继续作用生成醇。当用腈代替酰卤与格氏试剂作用然后水解可以得到较高产率的酮。

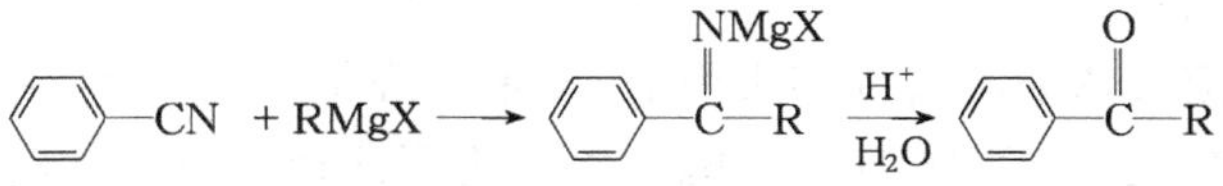

用腈与烃基锂作用也可以得到酮。例如：

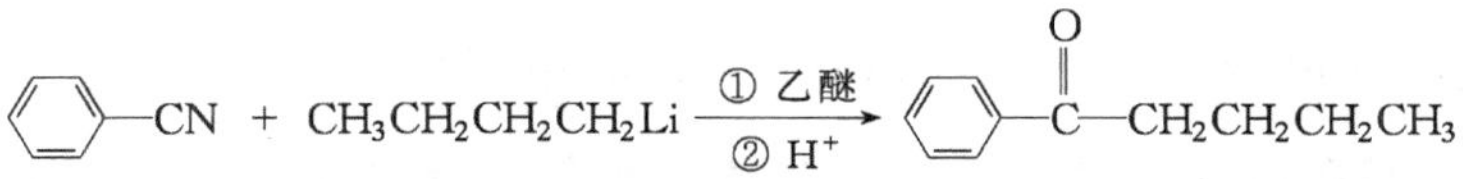

酰卤与二烃基铜锂作用可以得到酮：

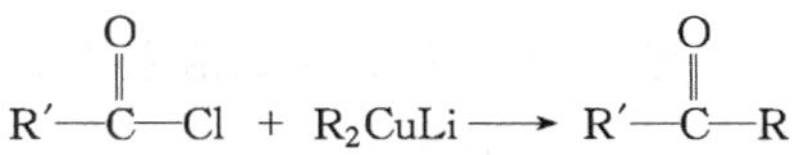

$$R'-\overset{\overset{O}{\parallel}}{C}-Cl + R_2CuLi \longrightarrow R'-\overset{\overset{O}{\parallel}}{C}-R$$

4．加特曼－科克（Gattermann－Koch）反应

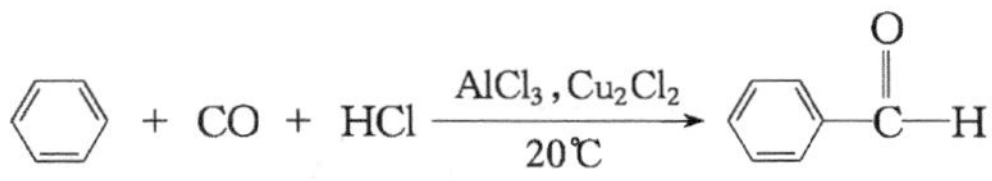

5．瑞莫－梯曼（Reimer－Tiemann）反应

苯酚与过量的三氯甲烷在 10% 的氢氧化钠水溶液存在下,50℃ 左右加热,得邻羟基苯甲醛。对羟基苯甲醛是少量的副产物,用水蒸气蒸馏的方法就能将其分出。

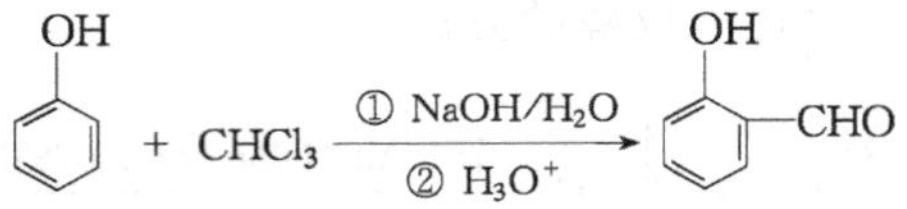

$$\text{(phenol)} + CHCl_3 \xrightarrow[\text{② } H_3O^+]{\text{① } NaOH/H_2O} \text{(o-hydroxybenzaldehyde)}$$

6. 傅瑞德尔－克拉夫茨反应(详见第四章)

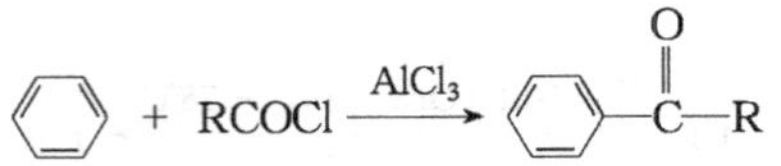

$$\text{(benzene)} + RCOCl \xrightarrow{AlCl_3} \text{(aryl ketone)}$$

思考题 9.4　完成下列合成(其他原料任选):

(1) 由丙烯合成丁醛　　　　　　(2) 由甲苯合成 1－苯基－2－丙酮

二、重要醛酮的制备和用途

1. 甲醛

甲醛在常温下为气体,对眼、鼻、喉的黏膜有强烈的刺激作用。甲醛虽易液化,但液体甲醛极易聚合,通常加入甲醇作阻聚剂。市场销售的甲醛一般是 35%～50% 的水溶液,如俗称的福尔马林就是含 40% 甲醛和 8%～10% 甲醇的水溶液。

$$HCHO + H_2O \longrightarrow HOCH_2OH$$

甲醛的水溶液浓缩时得到多聚甲醛,多聚甲醛是白色固体,它是一种甲醛的链状聚合物,它可能是在加热时,甲醛的水合物不断地与甲醛反应生成的一种多聚体,其中甲醛的含量在 91% 以上,聚合度(n)为 8～100。

$$HOCH_2OH + n HOCH_2OH + HOCH_2OH \longrightarrow HOCH_2(OCH_2)_n OCH_2OH + (n+1)H_2O$$

多聚甲醛在加热时,解聚成甲醛气体和水蒸气,解聚的甲醛气体可溶于水、醇等极性溶剂中。

60%～65% 的甲醛水溶液通过加入少量硫酸蒸馏,馏出物用有机溶剂提取可得到甲醛的环状聚合物——三聚甲醛。

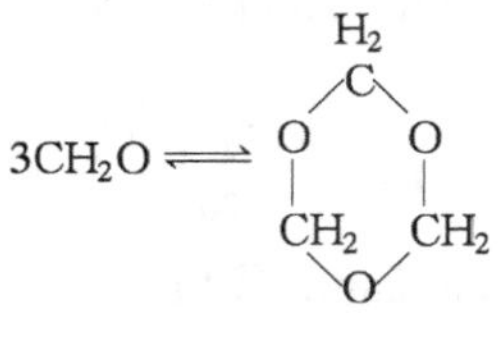

$$3CH_2O \rightleftharpoons \text{(1,3,5-trioxane)}$$

三聚甲醛为白色晶体，熔点 62℃，沸点 112℃，蒸馏时不分解也不解聚，它能溶于水及有机极性溶剂中，但在酸存在下可解聚成甲醛。三聚甲醛在三氟化硼－乙醚络合物的存在下，62℃聚合成一种稳定的高相对分子质量的聚甲醛，聚合度可以在 1000 以上，分子中的两端可以用乙酰基封闭。聚甲醛具有良好的机械性能并对有机溶剂稳定，在一些机械制造上它可以代替钢材和有色金属，是一种重要的高分子塑料。由于它具有弹性，可以抽丝制成纤维。

甲醛在工业上由甲醇催化氧化制备，目前是用甲醇蒸气和空气的混合物在 600～630℃通过银催化氧化制备。甲醛主要用作酚醛树脂、脲醛树脂、氨基树脂的基本原料。

2. 乙醛

乙醛是一个低沸点液体，沸点 21℃，并且容易氧化，一般将其变为环状的三聚乙醛保存。

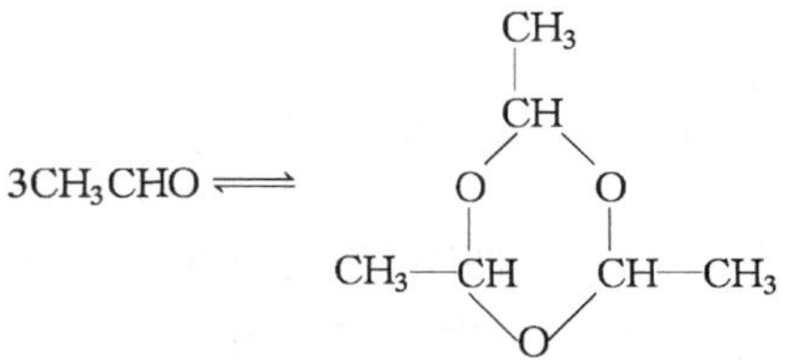

环状三聚乙醛是液体，沸点 124℃，在硫酸的作用下解聚。

工业上乙醛可由乙炔水化制备。随着石油工业的发展，乙烯已成为生产乙醛的主要原料，其生产方法是用乙烯在氯化铜及氯化钯的催化作用下，用空气直接氧化得到乙醛。

$$CH_2{=}CH_2 + \frac{1}{2}O_2 \xrightarrow{CuCl_2/PdCl_2} CH_3{-}\overset{\displaystyle O}{\overset{\|}{C}}{-}H$$

乙醛是生产乙酸、乙酸乙酯、乙酸酐的重要工业原料。

3. 丙酮

丙酮是一种无色液体，沸点 56.2℃，它既能溶于水又能溶于有机溶剂。最早生产丙酮的方法是用淀粉或蜜糖发酵制备，现今工业生产上主要有下列三种方法：丙烯水化成异丙醇，然后氧化或脱氢成为丙酮；异丙苯氧化制苯酚的同时生成丙酮；丙烯催化氧化得丙酮，目前主要是用钯作催化剂。

$$CH_3CH{=}CH_2 + \frac{1}{2}O_2 \xrightarrow{CuCl_2/PdCl_2} CH_3{-}\overset{\displaystyle O}{\overset{\|}{C}}{-}CH_3$$

丙酮是一种优良的有机溶剂，广泛用于油墨、涂料、人造纤维、无烟火药中，同时也是一种重要的有机工业原料，如合成农药、抗生素、食品防腐剂，以及卤仿、乙烯酮等。

4．环己酮

环己酮是无色油状液体，沸点 156℃ 。它可由环己醇氧化或脱氢制备，也可由环己烷催化氧化得到。由于环己烷可由苯氢化还原得到，其原料易得，因此工业上主要是用环己烷催化氧化制备。

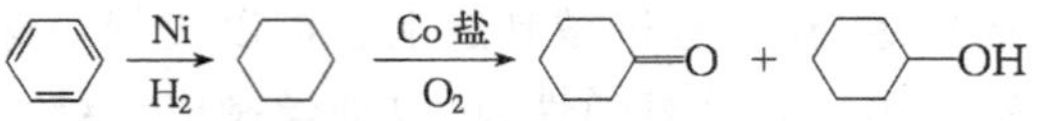

工业上，环己酮是一种有机溶剂，也是生产环己醇和己二酸的原料。

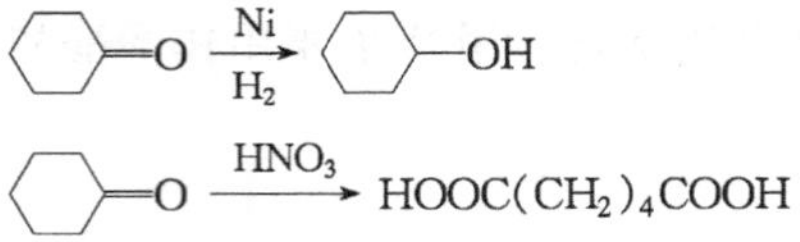

环己酮与羟氨作用经重排可得到己内酰胺，己内酰胺是合成锦纶的单体。此外，环己酮与醛缩合得到酮醛树脂。

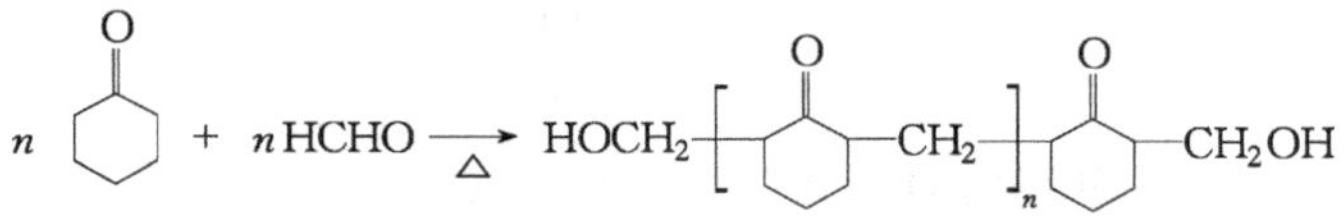

酮醛树脂具有优良的溶解性和光泽性能，并能与其他树脂有好的兼容性，广泛用于油墨、涂料、黏合剂中，是一种具有发展前景的树脂。

5．苯甲醛

苯甲醛俗称苦杏仁油，为无色液体。苯甲醛可由苯通过加特曼－科克反应制备，也可由甲苯催化氧化或甲苯氯化后再水解得到。苯甲醛可发生下列反应：

（1）与活泼亚甲基化合物的缩合　由于苯甲醛无 α-氢，在碱催化下，它能与活泼的亚甲基化合物发生缩合反应，如与含 α-氢的醛酮、丙二酸酯、乙酰乙酸乙酯、羧酸酯等反应。

（2）氧化　苯甲醛在空气中能自动氧化成苯甲酸，因此在用苯甲醛作原料合成其他化合物时，一定要用新蒸馏的苯甲醛，贮存苯甲醛时应加入对苯二酚或对叔丁基酚等抗氧化剂以防苯甲醛的自动氧化。

（3）歧化反应　苯甲醛或其他无 α-氢的醛，在浓碱作用下发生分子间的氧化还原反应称为歧化反应，又称坎尼扎罗（Cannizzaro）反应。

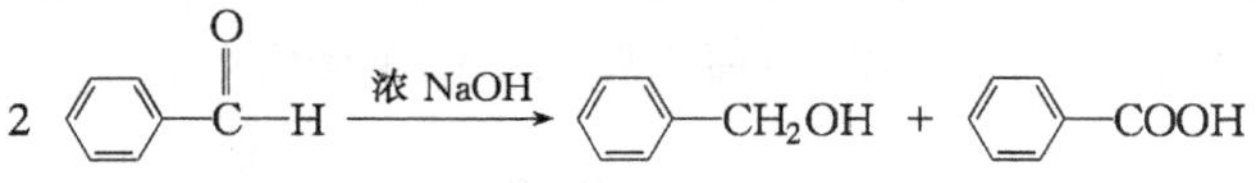

（4）安息香缩合　苯甲醛在氰离子作用下，发生双分子缩合生成二苯羟乙酮。

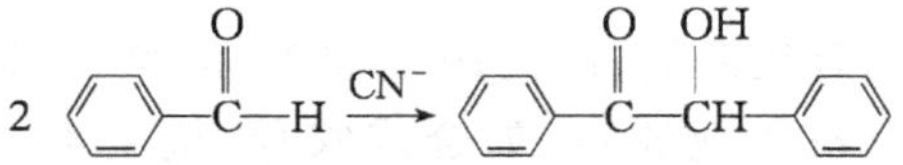

由于氰化物是剧毒品，使用不当会有危险性，实验室中常用维生素 B_1 盐酸

盐代替氰化物催化安息香缩合,反应条件温和,无毒,产率高。

思考题 9.5　由指定原料制备下列化合物:

(1) 由环己烯制环己酮　　　　　　(2) 由苯甲醛制苯甲酸苄酯

(3) 由苯乙烯制苯甲醛　　　　　　(4) 由甲苯制二苯基乙二酮

第三节　醛酮的性质

一、醛酮的物理性质

1. 沸点

由于羰基的极性,醛酮的沸点比相当相对分子质量的烷烃和醚高,但因分子间不能以氢键缔合,故沸点比相应的醇低。例如:

	$CH_3CH_2CH_2CH_3$	CH_3CH_2CHO	CH_3COCH_3	$CH_3OCH_2CH_3$	$CH_3CH_2CH_2OH$
	丁烷	丙醛	丙酮	甲乙醚	丙醇
沸点/℃	-0.5	49	56.1	10.8	97.2

2. 溶解度

醛酮中的羰基能与水生成氢键,因此,低级的醛酮(如甲醛、乙醛、丙酮)能与水混溶,随着相对分子质量的增大,醛酮在水中的溶解度减小。如丁酮在水中的溶解度为 37 g/(100 mL 水),3-戊酮则为 4.7 g/(100 mL 水),苯乙酮在水中不溶。醛酮易溶于有机溶剂。

二、醛酮的光谱性质

1. 红外光谱

羰基的伸缩振动在 1680~1750 cm^{-1};当羰基碳上有吸电子基时,其吸电子的诱导效应使羰基的键力常数增加,吸收向高波数方向移动;当羰基与双键共轭时,吸收向低波数位移;当羰基与苯环共轭时,芳环在 1600 cm^{-1} 区域的吸收峰分裂为双峰,即在 1580 cm^{-1} 处又出现一个新的吸收峰,称为环振动吸收峰。酮羰基的键力常数较醛小,其吸收位置较醛低,一般不易区别。但醛中在 2665~2880 cm^{-1} 处有 C—H 伸缩振动吸收峰,可判断醛基的存在。各种羰基化合物的吸收峰的位置为:

RCHO	1720~1740 cm^{-1}	RCOR	1700~1725 cm^{-1}
ArCHO	1695~1715 cm^{-1}	ArCOR	1680~1700 cm^{-1}
RCH=CHCHO	1680~1690 cm^{-1}	RCOCH=CHR	1665~1685 cm^{-1}
		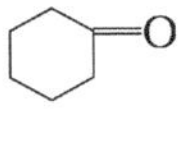 =O	1751 cm^{-1}

图 9-4 和图 9-5 分别为乙醛和丁酮的红外光谱。

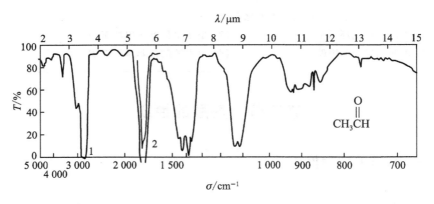

图 9-4　乙醛的红外光谱

1. 醛基 C—H 伸缩振动；2. C＝O 伸缩振动～1730 cm^{-1}

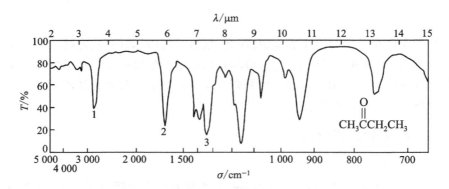

图 9-5　丁酮的红外光谱

1. 饱和 C—H 伸缩振动；2. C＝O 伸缩振动～1720 cm^{-1}；3. 饱和 C—H 弯曲振动

2. 核磁共振谱

在核磁共振谱图中，由于羰基的吸电子效应和磁各向异性效应，使醛基上质子的化学位移出现在最低场，约在 $\delta = 9.7$ 处。与羰基相邻的质子的化学位移比烷基氢核向低场位移约 1，其化学位移 $\delta = 2.0 \sim 2.5$。乙醛的核磁共振谱如图 9-6 所示。

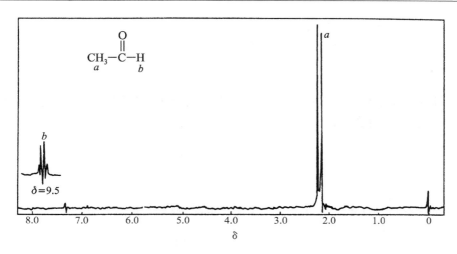

图 9 - 6 乙醛的核磁共振氢谱

三、醛酮的化学性质

羰基是醛、酮分子中的官能团,是化学性质活泼的极性基团,能够发生氧化－还原反应;与羰基相连的 α － 碳原子上的 α － 氢原子受到羰基吸电子效应的影响,易以质子的形式离去,发生卤代、羟醛缩合等一系列反应;由于羰基碳原子上带有部分正电荷,具有亲电性,氧原子上带部分负电荷,最外层电子数已接近"8",反应活性较差,因此带有部分正电荷的羰基碳原子,易受到亲核试剂的进攻发生亲核加成反应,此类反应是醛、酮的特征反应。

1. 醛酮的亲核加成反应

当试剂具有较强的亲核性时,亲核试剂首先进攻具有亲电性的羰基碳原子,π 键断裂,羰基由平面构型转化成四面体构型,接着烃氧负离子与质子结合。碱的存在,往往能使反应加速。详见下图所示:

三角平面   四面体中间体   四面体产物

$$HO^- + HNu \longrightarrow H_2O + Nu^-$$

$$\underset{\substack{\|\\O}}{R-C-R'} + Nu^- \longrightarrow \underset{\substack{\|\\Nu}}{R-C-R'} \xrightarrow{HNu} \underset{\substack{\|\\Nu}}{\overset{OH}{R-C-R'}} + Nu^-$$

也可以通过酸催化进行,即羰基氧首先接受质子,然后亲核试剂向电正性的碳进攻,这是一种典型的酸催化机理:

$$\underset{\substack{\|\\O}}{R-C-R'} + HA \longrightarrow \underset{\substack{\|\\}}{\overset{+OH}{R-C-R'}} + A^-$$

当弱的亲核试剂在酸性条件下发生亲核加成时,通常是以这种机理进行。

$$\underset{\substack{\|\\}}{\overset{+OH}{R-C-R'}} + HNu \longrightarrow \underset{\substack{\|\\Nu}}{\overset{OH}{R-C-R'}} + H^+$$

从上述的反应机理我们可以看出,反应活性与羰基的活性有关,也与试剂的亲核性能有关。羰基碳的电正性愈强,愈易受到亲核试剂的进攻。当羰基碳上连有吸电子基时,羰基碳上的电子云密度降低,有利于亲核试剂的进攻;羰基碳上连有芳基、烯基或具有未共享电子对的基团,给电子共轭效应使羰基碳的电子云密度加大,从而不利于亲核试剂的进攻。此外,羰基碳上所连的基团空间位阻愈大,使亲核试剂进攻羰基愈困难,同时加成过程中由于立体阻碍,不利于羰基由平面构型转化成四面体构型。有关羰基化合物的反应活性由大到小的次序如下:

$$Cl_3CCHO > HCHO > RCHO > RCOR > RCOAr > p-R_2NC_6H_4COR$$
$$RCHO > ArCHO > ArCOCH_3$$

(1)水合反应 羰基与水加成生成偕二醇,这是一个平衡反应,对于多数醛酮平衡偏向左边,故醛的水合物大多不稳定,它们容易脱水而生成醛酮。

$$\underset{H}{\overset{H_3C}{>}}C=O + H_2O \rightleftharpoons \underset{H}{\overset{H_3C}{>}}\underset{O-H}{\overset{O-H}{C}}$$

乙醛的水合物

甲醛在水中可以完全变成水合物,且不易解离。乙醛约有 56% 变成水合物,而丙酮水溶液中其水合物含量极少。三氯乙醛中由于三氯甲基的强吸电子作用,使其水合物比较稳定。

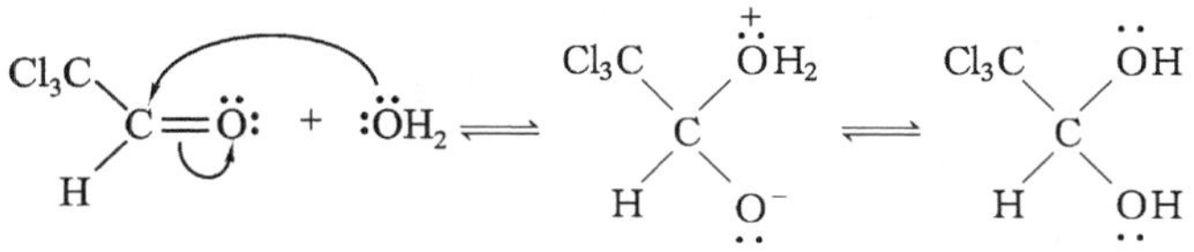

三氯乙醛的水合物

（2）与醇的缩合　醇与水相似，能与羰基起加成反应，在酸催化下醛、酮加一分子醇生成半缩醛或半缩酮，它是一个平衡反应。

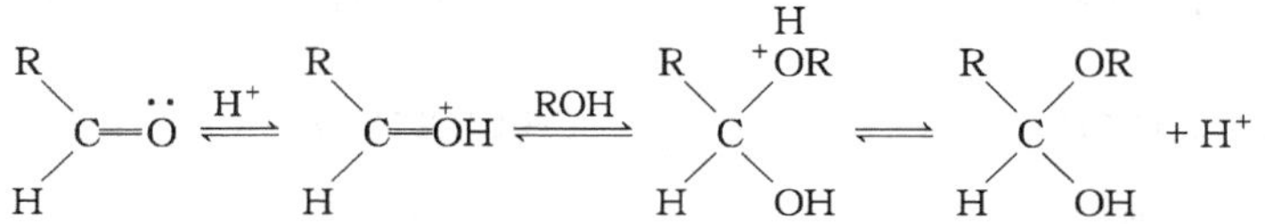

半缩醛（hemiacetal）

半缩醛或半缩酮在酸催化下继续与醇作用，得到缩醛或缩酮。

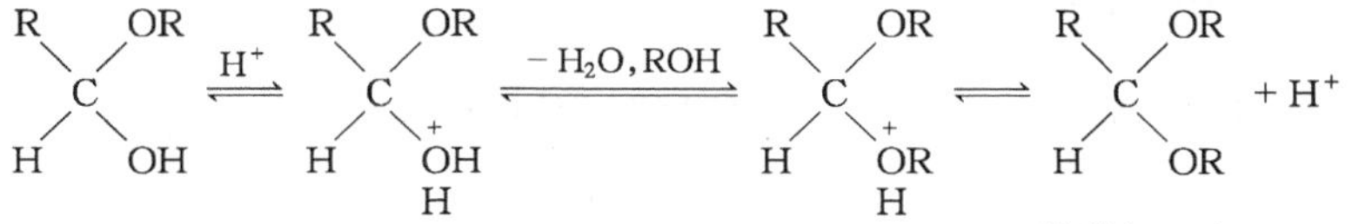

缩醛（acetal）

反应中不断移走生成物中的水，有利于缩合物的生成。因此，制备缩合物时通常将醛或酮溶于醇中，通干燥的氯化氢气体。相对分子质量大的醛要加苯蒸馏，把生成的水带出使平衡向右移动。

酮与简单的醇不易得到缩酮，但与乙二醇或丙三醇作用可得到环状的缩酮。

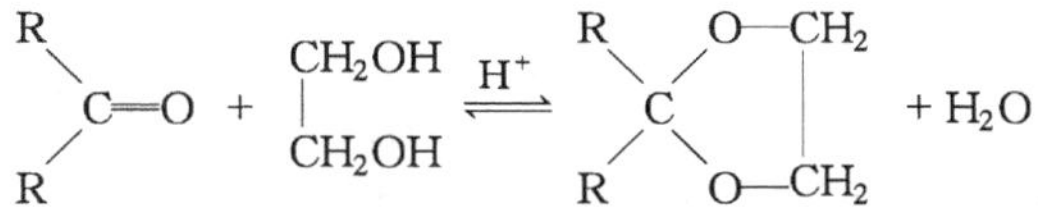

环状缩酮

硫醇与醛酮也能起类似的缩合反应，并且比醇与醛酮缩合更容易，这是因为硫的亲核能力比氧大。硫代缩酮中的 C—S 键易氢解而断裂，可使羰基在中性条件下还原成亚甲基。

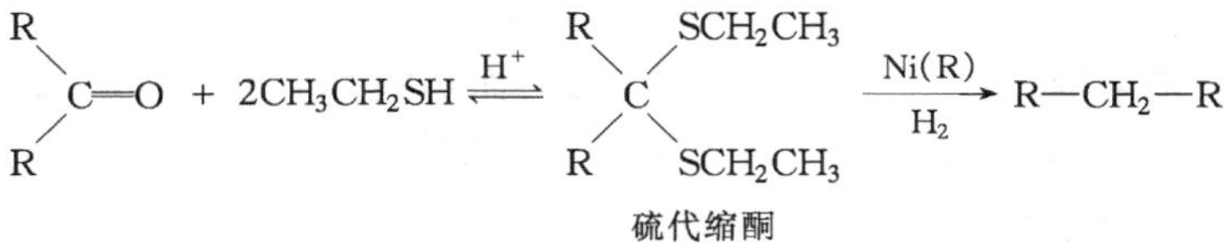

硫代缩酮

缩醛和缩酮是一种醚类化合物，曝露在空气中易生成过氧化物，缩醛和缩酮在碱性条件下稳定，但在酸性水溶液中易水解成醛或酮。

$$\begin{matrix} R & O-CH_2 \\ C & \\ R & O-CH_2 \end{matrix} \quad + H_2O \ \underset{}{\overset{OH^-}{\rightleftharpoons}} \ 不反应$$

$$\begin{matrix} R & O-CH_2 \\ C & \\ R & O-CH_2 \end{matrix} \quad + H_2O \ \underset{}{\overset{H^+}{\rightleftharpoons}} \ \begin{matrix} R \\ C=O \\ R \end{matrix} + \begin{matrix} CH_2OH \\ CH_2OH \end{matrix}$$

因此，在有机合成中常用缩醛和缩酮的生成来保护羰基。例如，由 $CH_3COCH_2CH_2COOCH_3$ 制 $CH_3COCH_2CH_2CH_2OH$，其反应步骤如下：

$$CH_3COCH_2CH_2COOCH_3 \xrightarrow[HO-CH_2CH_3]{H^+} CH_3C(OCH_2CH_3)_2CH_2CH_2COOCH_3$$

$$\xrightarrow{LiAlH_4} CH_3C(OCH_2CH_3)_2CH_2CH_2CH_2OH \xrightarrow{H_3O^+} CH_3COCH_2CH_2CH_2OH$$

$$5-羟基-2-戊酮$$

又如，由 $BrCH_2CH_2CHO$ 制 $CH_2\!=\!CHCHO$：

$$BrCH_2CH_2CHO \xrightarrow[HO-CH_2CH_3]{H^+} BrCH_2CH_2CH(OCH_2CH_3)_2 \xrightarrow[ROH]{OH^-}$$

$$CH_2\!=\!CHCH(OCH_2CH_3)_2 \xrightarrow{H_3O^+} CH_2\!=\!CHCHO$$

思考题 9.6　写出苯甲醛与甲醇在酸性条件下生成缩醛的机理。

（3）与氢氰酸的加成　醛和绝大多数酮的羰基能与氢氰酸加成得到氰醇（cyanohydrins）。

$$\begin{matrix} \diagup \\ C=O \\ \diagdown \end{matrix} + \ ^-C\!\equiv\!N \ \rightleftharpoons \ \begin{matrix} O^- \\ C \\ C\!\equiv\!N \end{matrix} \xrightarrow{H-C\equiv N} \begin{matrix} OH \\ C \\ C\!\equiv\!N \end{matrix} + \ ^-C\!\equiv\!N$$

醛、脂肪族甲基酮和含 8 个碳以下的环酮都可以与氢氰酸发生加成，但反应速率很慢，这主要是因为氢氰酸是一种弱的亲核试剂。1903 年，英国化学家 Arthur Lapworth 在对氢氰酸与羰基化合物加成的研究中发现，滴加少量的碱会大大加速反应。如丙酮与氢氰酸作用在 3~4 h 内只有 50% 的原料起反应，若加一滴氢氧化钠溶液，反应可在几分钟内完成，而加酸则使反应速率减慢。有人认为氢氰酸是一种弱酸，不易解离成氰离子，而加碱能促进氰离子的生成，在这个反应中决定反应速率的可能是氰离子。

因为第一步是质子转移，其速率很快，而第三步烃氧基是一强碱，结合质子也是非常快的，由此氰离子与羰基加成是决定反应速率的步骤，这就是加碱能起到催化作用的原因。

$$B^- + H \!-\! C \!\equiv\! N \; \Longrightarrow \; BH + \ ^-C \!\equiv\! N$$

值得注意的是氢氰酸既有挥发性又有剧毒,制备中一般是用氰化钠水溶液与醛酮混合,然后慢慢地滴加硫酸,即使这样反应也应在通风橱中进行。

氰醇在有机合成中是很有用的中间体,如将它水解能得到 α - 羟基酸,α - 羟基酸失水又可得 α,β - 不饱和酸。

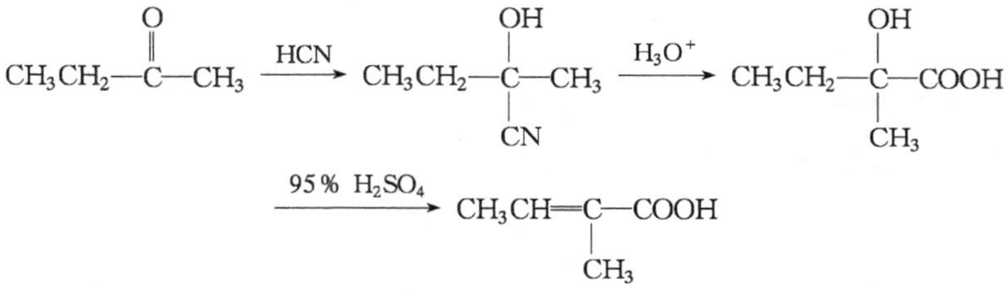

$$CH_3CH_2 \!-\! \overset{\displaystyle O}{\overset{\|}{C}} \!-\! CH_3 \xrightarrow{HCN} CH_3CH_2 \!-\! \overset{\displaystyle OH}{\underset{\displaystyle CN}{\overset{|}{\underset{|}{C}}}} \!-\! CH_3 \xrightarrow{H_3O^+} CH_3CH_2 \!-\! \overset{\displaystyle OH}{\underset{\displaystyle CH_3}{\overset{|}{\underset{|}{C}}}} \!-\! COOH$$

$$\xrightarrow{95\% \ H_2SO_4} CH_3CH \!=\! \overset{}{\underset{\displaystyle CH_3}{\overset{}{\underset{|}{C}}}} \!-\! COOH$$

2 - 甲基 - 2 - 丁烯酸

若还原氰醇可得到 β - 羟基胺。

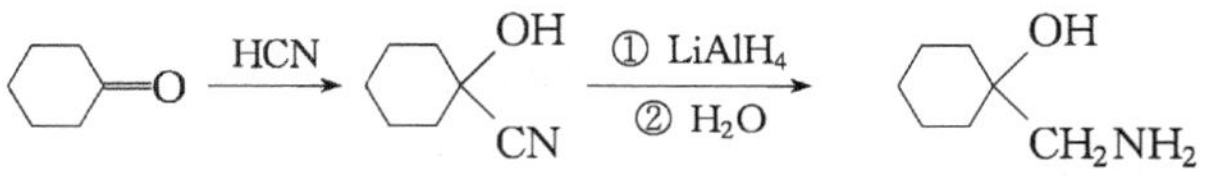

β - 羟基 - β - 环己基甲胺

(4)与亚硫酸氢钠的加成 醛酮与亚硫酸氢钠加成得到羟基磺酸盐,其机理如下:

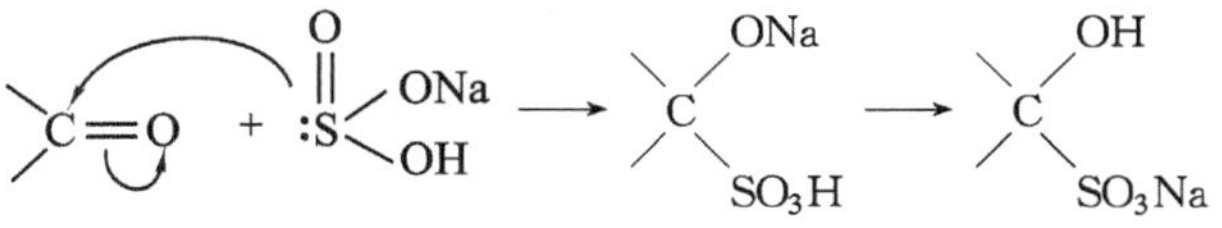

由于硫的强亲核性,反应不需加酸催化,但磺酸的体积较大,故只能与醛、脂肪族甲基酮和 8 个碳以下的环酮进行加成。羟基磺酸盐是白色晶体,能溶于水而不溶于有机溶剂,遇酸或碱又分解成原来的化合物,常用来提纯或分离醛或脂肪族甲基酮。

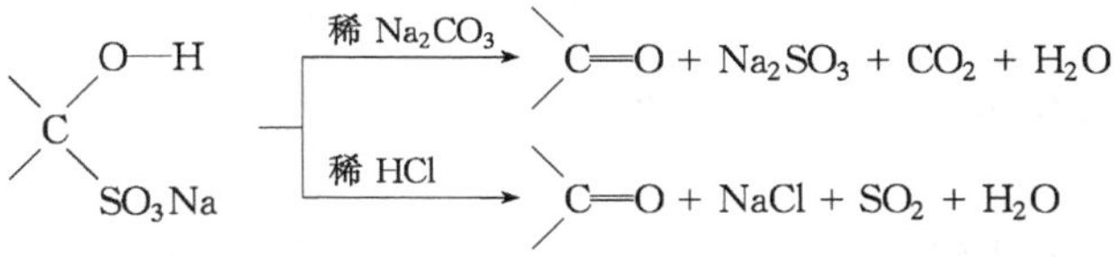

醛酮和亚硫酸氢钠的加成物与氰化钠作用能方便地产生氰醇,用这种方法合成氰醇可避免使用剧毒的氢氰酸。

思考题 9.7　由指定原料制备下列化合物：
(1) 由丁烯制 2-甲基-2-丁烯酸　　　(2) 由丁烯制 2-甲基-2-丁胺

(5) **与格氏试剂的加成**　在上一章中已讨论，格氏试剂 RMgX 中有一个很强的碳-金属键，与金属相连的碳是一个很强的亲核试剂，它与绝大多数醛酮发生加成得到不同的醇，并且是不可逆的。

$$
\underset{\underset{\text{C}}{\overset{\overset{\text{O}}{\|}}{}}{} + \text{RMgX} \xrightarrow{\text{无水乙醚}} \underset{\text{C}}{\overset{\text{OMgX}}{|}}\text{-R} \xrightarrow{H_3O^+} \underset{\text{C}}{\overset{\text{OH}}{|}}\text{-R}
$$

用此方法可合成增加碳的伯、仲、叔醇。例如：

由甲醛和乙基格氏试剂合成 1-丙醇：

$$
\text{HCHO} + \text{C}_2\text{H}_5\text{MgX} \xrightarrow{\text{无水乙醚}} \underset{\text{H}}{\overset{\text{H}\;\;\text{OMgX}}{\text{C}}}\text{-C}_2\text{H}_5 \xrightarrow{H_3O^+} \underset{\text{H}}{\overset{\text{H}\;\;\text{OH}}{\text{C}}}\text{-C}_2\text{H}_5
$$

由乙醛和乙基格氏试剂可以合成 2-丁醇：

$$
\text{CH}_3\text{CHO} + \text{C}_2\text{H}_5\text{MgX} \xrightarrow{\text{无水乙醚}} \underset{\text{CH}_3}{\overset{\text{H}\;\;\text{OMgX}}{\text{C}}}\text{-C}_2\text{H}_5 \xrightarrow{H_3O^+} \underset{\text{CH}_3}{\overset{\text{H}\;\;\text{OH}}{\text{C}}}\text{-C}_2\text{H}_5
$$

由丙酮和乙基格氏试剂可以合成 2-甲基-2-丁醇：

$$
\text{CH}_3\text{COCH}_3 + \text{C}_2\text{H}_5\text{MgX} \xrightarrow{\text{无水乙醚}} \underset{\text{CH}_3}{\overset{\text{CH}_3\;\;\text{OMgX}}{\text{C}}}\text{-C}_2\text{H}_5 \xrightarrow{H_3O^+} \underset{\text{CH}_3}{\overset{\text{CH}_3\;\;\text{OH}}{\text{C}}}\text{-C}_2\text{H}_5
$$

当羰基所连的两个烃基及格氏试剂中烃基的体积较大时，其加成反应会出现异常。

$$
(\text{CH}_3)_2\text{CHCOCH}(\text{CH}_3)_2 + (\text{CH}_3)_2\text{CHMgX} \xrightarrow{\text{无水乙醚}} \xrightarrow{H_3O^+}
$$
$$
(\text{CH}_3)_2\text{CHCH(OH)CH}(\text{CH}_3)_2 + \text{CH}_3\text{CH}=\text{CH}_2
$$

而用有机锂化合物仍能得到加成产物：

$$
(\text{CH}_3)_2\text{CHCOCH}(\text{CH}_3)_2 + (\text{CH}_3)_2\text{CHLi} \xrightarrow{H_3O^+} [(\text{CH}_3)_2\text{CH}]_2\underset{\underset{\text{OH}}{|}}{\text{C}}\text{CH}(\text{CH}_3)_2
$$

2,4-二甲基-3-异丙基-3-戊醇

（6）与炔化物的加成　金属炔化物是一种很强的亲核试剂，与羰基加成得到炔醇：

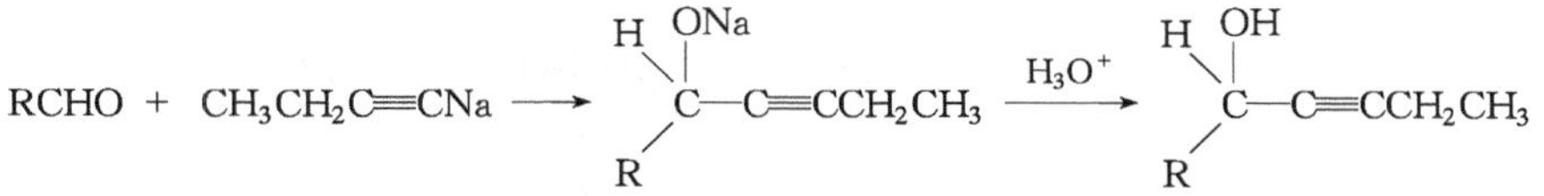

$$RCHO + CH_3CH_2C\equiv CNa \longrightarrow \underset{R}{\overset{H\ ONa}{C}}\!-\!C\equiv CCH_2CH_3 \xrightarrow{H_3O^+} \underset{R}{\overset{H\ OH}{C}}\!-\!C\equiv CCH_2CH_3$$

炔醇(alkynol)

工业上通常是将炔在氢氧化钾或氢氧化钠的作用下直接与醛作用。

炔醇是一种重要的有机合成中间体，用于合成药物、涂料、黏合剂等。例如，由甲醛和乙炔在 KOH 存在下可制得丁炔二醇：

$$2HCHO + HC\equiv CH \xrightarrow{KOH} HOCH_2C\equiv CCH_2OH$$

丁炔二醇是生产医药、农药的重要原料，还可用于制备丁烯二醇和丁二醇，是一种电镀光亮剂。乙烯基乙炔与醛作用则可生成乙烯乙炔基醇，它经聚合后得到的双烯聚合物是一种良好的黏合剂。

思考题9.8　写出下列反应的产物：

（1）$C_6H_5COCH_3 + CH_3CH_2C\equiv CMgX \xrightarrow{无水乙醚} \xrightarrow{H_3O^+}$

（2）$CH_3COCH_3 + NaC\equiv CH \xrightarrow{无水乙醚} \xrightarrow{H_3O^+}$

思考题9.9　下列醇可由哪种羰基化合物与格氏试剂合成？

（1）$C_6H_5CH_2CH_2CH_2OH$　　　　（2）

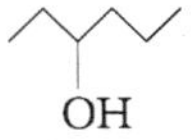

（7）与氨衍生物的加成

（a）与伯胺的加成　醛酮与伯胺反应形成亚胺（imine）或席夫碱（Schiff base）——含碳氮双键的化合物。

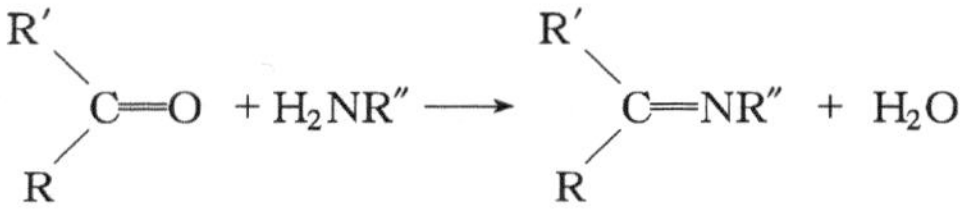

$$\underset{R}{\overset{R'}{C}}\!\!=\!\!O + H_2NR'' \longrightarrow \underset{R}{\overset{R'}{C}}\!\!=\!\!NR'' + H_2O$$

R、R′是脂肪族烃基时产物为亚胺，是芳烃基时产物为席夫碱。脂肪族亚胺一般不稳定，席夫碱较稳定。

在较低或较高 pH 条件下，亚胺的形成是相当慢的，只有在 pH＝4～5 时，反应才容易发生。

因为酶中常有氨基键与醛酮作用，所以亚胺的形成常发生在许多生物化学反应中。

(b) 与羟胺的作用 醛酮与羟胺反应生成肟(oxime)：

$$\underset{H}{\overset{R}{>}}C=O \ + \ NH_2OH \ \longrightarrow \ \underset{H}{\overset{R}{>}}C=NOH \ + \ H_2O$$

醛肟(acetaldehyde oxime)

$$\underset{R}{\overset{R}{>}}C=O \ + \ NH_2OH \ \longrightarrow \ \underset{R}{\overset{R}{>}}C=NOH \ + \ H_2O$$

酮肟(acetone oxime)

酮肟在酸性条件下发生贝克曼(Beckmann)重排得酰胺，如果是环状的酮肟则得到内酰胺(详细见分子重排反应)。

(c) 与肼和氨基脲的作用 醛酮与肼作用得到腙，与氨基脲作用得缩氨脲。

$$>C=O \ + \ NH_2NH_2 \ \longrightarrow \ >C=NNH_2 \ + \ H_2O$$

肼(hydrazine)　　腙(hydrazone)

$$>C=O \ + \ C_6H_5NHNH_2 \ \longrightarrow \ >C=NNHC_6H_5 \ + \ H_2O$$

苯腙(phenyl hydrazone)

$$>C=O \ + \ NH_2NHCONH_2 \ \longrightarrow \ >C=NNHCONH_2 \ + \ H_2O$$

氨基脲(semicarbazide)　缩氨脲(semicarbazone)

肟、苯腙及缩氨脲绝大多数是白色晶体，有固定的结晶和熔点，因此常用来鉴别醛酮。由于肟、苯腙及缩氨脲在酸性条件下能水解成原来的醛酮，也可以用这种反应来分离醛酮(费歇尔就是利用苯肼与糖的反应来分离出不同的糖)。

(8) 与磷叶立德的加成 磷叶立德(phosphorus ylides)通常是由三烷基膦或三芳基膦与烷基卤化物作用得到季鏻盐，再与碱作用生成。

$$Ph_3P \ + \ R_2CHX \ \longrightarrow \ Ph_3\overset{+}{P}CHR_2 \ X^- \ \overset{B^-}{\longrightarrow} \ Ph_3P=CR_2$$

磷叶立德

$$Ph_3P=CR_2 \ \longleftrightarrow \ Ph_3\overset{+}{P}-\overset{-}{C}R_2$$

磷叶立德又叫维蒂希(Wittig G)试剂。1953年，维蒂希系统地研究了磷叶立德与醛酮的反应，发现磷叶立德与醛酮作用是合成增碳烯烃的良好方法，随磷叶立德的烃基、醛酮的烃基的不同，可得到不同的烯烃，这一反应不发生分子重排。反应中即使是醛酮中含有碳碳双键或碳碳三键，反应也不受影响，所合成的烯烃具有强的立体选择性。

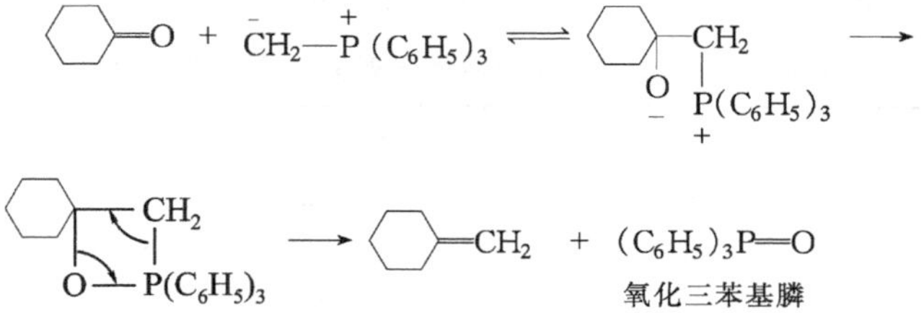

$$
\text{环己酮} + {}^-CH_2\!\!-\!\!\overset{+}{P}(C_6H_5)_3 \Longrightarrow \underset{O^-\ \ \overset{+}{P}(C_6H_5)_3}{\overset{CH_2}{|}} \longrightarrow
$$

$$
\underset{O-P(C_6H_5)_3}{\overset{CH_2}{|}} \longrightarrow \quad =\!CH_2 \ + \ (C_6H_5)_3P\!=\!O
$$

氧化三苯基膦

$$
(C_6H_5)_3P\!=\!CR_2 \ + \ ArCOCH_3 \longrightarrow Ar\underset{CH_3}{\overset{|}{C}}\!=\!CR_2 \ + \ (C_6H_5)_3P\!=\!O
$$

　　由于维蒂希反应在理论上、实践上及发展有机磷化学上的重大意义,维蒂希和另一位化学家布朗一起被授予 1979 年诺贝尔化学奖。

　　(9)与席夫试剂的作用　席夫试剂(Schiff reagent)是将二氧化硫通入品红中得到一种无色的品红醛试剂,这种试剂与醛类显紫红色,酮类则难起此反应因而不显色,实验室中通常用此方法区别醛和酮。甲醛与品红显色后加硫酸其颜色不消失,而其他醛类显紫红色加硫酸后颜色消失,所以可以用此方法区别甲醛与其他的醛。

　　思考题 9.10　指出下列烯可由哪种羰基化合物与哪种维蒂希试剂反应得到,写出它们的反应方程式。

$$
C_6H_5CH\!=\!\underset{CH_3}{\overset{|}{C}}\!-\!CH_3
$$

　　思考题 9.11　如何鉴别下列各化合物?
(1) 1-丙醇　　(2)丙醛　　(3)丙酮　　(4)苯乙酮

　　2.醛酮中 α-氢的酸性及有关的反应

　　(1) α-氢的酸性与烯醇互变平衡　羰基化合物的另一重要特性是 α-氢的酸性并由其引起的系列反应。由于羰基的吸电子使醛酮中的 α-氢显酸性。醛酮中的 α-氢的 pK_a 值是 19～20,而炔、烯、烷烃中的氢其 pK_a 值分别是 25,44,50,这意味着醛酮中的 α-氢的酸性比炔、烯、烷烃中的氢的酸性强。在碱的作用下 α-氢易失去。羰基化合物失去 α-氢后,所产生的负离子通过下列共振式变得比较稳定:

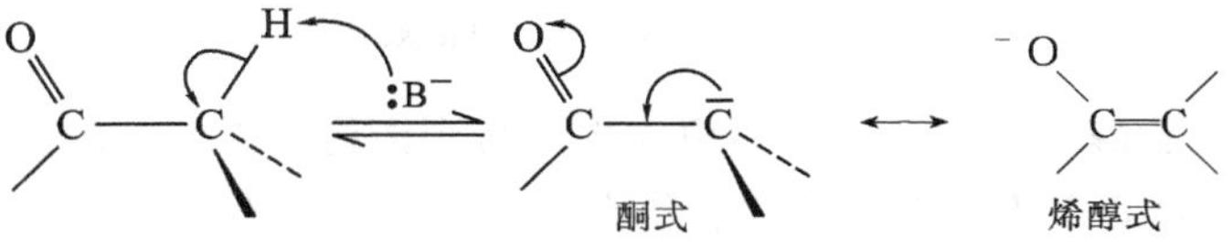

除了乙醛和丙酮烯醇式的含量极少外,绝大多数羰基化合物都可以烯醇式和酮式的互变异构体存在,并且烯键的结构愈稳定,烯醇式含量愈多,见表9-1。

表9-1 某些羰基化合物的烯醇式与酮式的比例

化 合 物	英 文 名	酮 式/%	烯醇式/%
乙醛	ethanal	100	
丙酮	acetone	>99	
环己酮	cyclohexanone	98.8	1.2
2,4-戊二酮	2,4-pentanedione	24	76

(2)α-氢的卤代反应 当具有α-氢的醛酮与卤素作用时,α-氢易被卤素取代,酸和碱催化会加速反应,生成多卤代产物。

$$\overset{H}{\underset{}{C}}-\overset{O}{\underset{}{C}} + X_2 \xrightarrow{\text{酸或碱}} \overset{X}{\underset{}{C}}-\overset{O}{\underset{}{C}} + HX$$

用酸或碱催化,有利于羰基化合物由酮式转化成烯醇式,然后卤素与其迅速反应。

甲基酮与卤素在碱性条件下反应会得到多卤代物,这是因为甲基中一个α-氢被取代后,甲基余下的α-氢酸性更强更易被卤素取代,生成多卤代衍生物。

$$C_6H_5-\overset{O}{\underset{}{C}}-\overset{H}{\underset{H}{C}}-H + 3X_2 + 3OH^- \longrightarrow C_6H_5-\overset{O}{\underset{}{C}}-\overset{X}{\underset{X}{C}}-X + 3X^- + 3H_2O$$

由于OH^-是一个强的亲核试剂,它进攻羰基上的碳原子,然后三卤甲基与羰基相连的碳碳键断裂,形成三卤甲基负离子和羧酸。三卤甲基负离子是一个碱基,它夺走羧酸中的氢,形成卤仿和羧酸盐。

$$C_6H_5-\overset{O}{\underset{}{C}}-\overset{X}{\underset{X}{C}}-X + OH^- \rightleftharpoons C_6H_5-\overset{O^-}{\underset{OH}{C}}-\overset{X}{\underset{X}{C}}-X \rightleftharpoons C_6H_5-\overset{O}{\underset{}{C}}-OH + {}^-CX_3$$

$$\rightleftharpoons C_6H_5-\overset{O}{\underset{}{C}}-O^- + HCX_3$$

甲基酮或乙醛在碱性条件下与卤素作用得到卤仿和羧酸盐的反应称为卤仿反应。具有CH_3CHOH—结构的化合物在此条件下可转化为CH_3CO—,故可发生卤仿反应。

　　卤仿反应是用于转化甲基酮成羧酸盐的一种较好的方法。卤仿反应用于合成时,卤素一般是氯和溴,因为氯仿和溴仿是不溶于水的,所以它们能方便地从羧酸盐中分离出来。日常生活中通常用氯气来消毒饮用水,但在用氯消毒水时,水中天然杂质(如腐殖酸)会通过氯仿反应产生氯仿。而氯仿是一种致癌物,如何在用氯气消毒时解决氯仿的污染仍是当前应当解决的环境问题。

　　卤素如果是碘,即应用碘和氢氧化钠溶液的卤仿反应叫作碘仿试验。碘仿是一种浅黄色的固体,具有特殊的气味,因此碘仿试验常用于鉴定具有 CH_3CO— 和 CH_3CHOH— 结构的化合物。

思考题9.12　下列化合物中哪些可以发生卤仿反应?
(1) $CH_3CH_2COCH_2CH_3$　　　　　　　　(2) $CH_3CH(OH)CH_2CH_3$
(3) $C_6H_5COCH_2CH_2COCH_3$　　　　　　(4) $C_6H_5CH_2CH_2OH$
(5) $CH_3CH_2CH_2CH(OH)CH_3$

---

　　(3)**羟醛缩合**　具有 $\alpha-H$ 的醛,在碱催化下生成碳负离子,然后碳负离子作为一个亲核试剂对醛酮进行亲核加成,生成 $\beta-$ 羟基醛,$\beta-$ 羟基醛在加热时易脱水变成 $\alpha,\beta-$ 不饱和醛。

$$2RCH_2CH \xrightarrow[H_2O]{OH^-} RCH_2CHCHCH \xrightarrow[\triangle]{-H_2O} RCH_2CH=CCH$$

$\beta-$ 羟基醛　　　　　　　　　$\alpha,\beta-$ 不饱和醛

例如:

$$2CH_3CHO \xrightarrow[H_2O]{OH^-} CH_3CHCH_2CHO \xrightarrow[\triangle]{-H_2O} CH_3CH=CHCHO$$

$\beta-$ 羟基丁醛　　　　　　　　2 - 丁烯醛

$$2CH_3CH_2CHO \xrightarrow[6\sim8℃]{稀\ OH^-} CH_3CH_2CHCHCHO \xrightarrow[\triangle]{-H_2O} CH_3CH_2C=CCHO$$

2 - 甲基 - 3 - 羟基戊醛　　　　　　2 - 甲基 - 2 - 戊烯醛

　　通过羟醛缩合反应可以制备增加碳的醛或酮。常用的催化剂有 KOH,NaOH,$Ca(OH)_2$,$Ba(OH)_2$ 等。

　　如果用两种不同的具有 $\alpha-H$ 的醛缩合时将得到混合物,其产物复杂,在合成上意义不大。若将无 $\alpha-H$ 的醛与有 $\alpha-H$ 的醛发生羟醛缩合(交叉羟醛缩

合)反应,可以得到较好的效果。例如:苯甲醛与丙醛的缩合;甲醛与乙醛缩合后再歧化,生成季戊四醇的反应。

$$C_6H_5CHO + CH_3CH_2CHO \xrightarrow[10℃]{OH^-} C_6H_5CH\!=\!CCHO$$

$$CH_3$$

2-甲基-3-苯基-2-丙烯醛

$$HCHO + CH_3CHO \xrightarrow{OH^-} \begin{array}{c} CH_2OH \\ | \\ CH_2CHO \end{array} \xrightarrow[OH^-]{HCHO} \begin{array}{c} CH_2OH \\ | \\ CHCHO \\ | \\ CH_2OH \end{array} \xrightarrow[OH^-]{HCHO}$$

$$\begin{array}{c} CH_2OH \\ | \\ HOCH_2\!-\!C\!-\!CHO \\ | \\ CH_2OH \end{array} \xrightarrow[OH^-]{HCHO} \begin{array}{c} CH_2OH \\ | \\ HOCH_2\!-\!C\!-\!CH_2OH \\ | \\ CH_2OH \end{array} + HCOOH$$

季戊四醇

酮也能进行这一缩合反应,平衡偏向左边,用通常缩合的方法几乎很难得到产物,但若能将产物及时分离则可提高其产率。无 α-H 的醛也可以与有 α-H 的酮进行缩合,这一交叉的缩合反应叫克莱森-施密特(Claisen-Schmidt)反应,其过程是将酮滴加到无 α-H 的醛中。

$$C_6H_5CHO + CH_3COC_6H_5 \xrightarrow[20℃]{稀 OH^-} \begin{array}{c} O \\ \| \\ C_6H_5CH\!=\!CHCC_6H_5 \end{array}$$

1,3-二苯基-2-丙烯-1-酮

$$C_6H_5CHO + CH_3COCH_3 \xrightarrow[100℃]{稀 OH^-} \begin{array}{c} O \\ \| \\ C_6H_5CH\!=\!CHCCH_3 \end{array}$$

4-苯基-3-丁烯-2-酮

上述结构中双键碳上所连的两个大的基团处在反式比较稳定(即构型以反式为主)。例如:

$$\begin{array}{ccc} C_6H_5 & & H \\ & C\!=\!C & \\ H & & COC_6H_5 \end{array}$$

当分子中含有两个羰基时(二醛、二酮、或一种醛与一种酮),在碱催化作用下,也可发生分子内羟醛缩合生成五元环或六元环的 α,β-不饱和醛酮。

$$CH_3-\overset{\overset{\displaystyle O}{\|}}{C}-CH_2CH_2CH_2CH_2CHO \xrightarrow{\text{稀 OH}^-} \text{（环戊烯基）}-COCH_3$$

羟醛缩合反应中，稀酸也能作为催化剂使醛变成羟醛，这时与羰基起加成反应的是醛的烯醇式。

思考题 9.13　由丁醛合成下列化合物：

(1) 2－乙基－3－羟基己醛　　　　　　(2) 2－乙基－1－己醇

(3) 2－乙基－2－己烯－1－醇　　　　　(4) 2－乙基－1,3－己二醇

思考题 9.14　写出乙醛和丙醛在碱性条件下发生羟醛缩合的产品。

思考题 9.15　下列物质由哪些化合物通过羟醛缩合反应得到？

(1) （茚基）—CHO　　　　　　　　　(2) （环戊烯基）—COCH$_3$，带CH$_3$

(3) $\underset{\displaystyle CH_2OH}{\overset{\displaystyle CH_2OH}{CH-CHO}}$　　　　　　　　　(4) $C_6H_5CH=\overset{\overset{\displaystyle O}{\|}}{C}-CH$ 带 C_6H_5

---

3. 氧化还原反应

(1) 还原成醇　醛酮都能容易地分别被还原为伯醇和仲醇。

催化氢化：在金属 Ni、Pt 或 Pd 存在下，加压和加热条件下醛或酮均可还原成醇。

$$R-\overset{\overset{\displaystyle O}{\|}}{C}-R + H_2 \xrightarrow[50℃,6.5\,MPa]{Ni} R-\overset{\overset{\displaystyle OH}{|}}{CH}-R$$

由于这种催化氢化也能还原碳碳双键，因此，它可以还原不饱和醛酮生成饱和醇。

$$RCH_2CH=CHCHO + H_2 \xrightarrow[\triangle,\text{加压}]{Ni} RCH_2CH_2CH_2CH_2OH$$

用金属氢化物还原：金属氢化物如 LiAlH$_4$、NaBH$_4$，以及它们的取代物如叔丁氧基氢化铝锂，能使醛、酮还原成醇，是还原羰基最常用的试剂。

NaBH$_4$ 作为还原剂时具有较强的选择性，它能还原醛、酮、酰氯，而不还原 C=C，—NO$_2$，—COOH，—COOR，—X，—CN 等。例如：

$$CH_3CH=CH-CH_2CHO \xrightarrow[② \ H_3O^-]{① \ NaBH_4} CH_3CH=CH-CH_2CH_2OH$$

LiAlH$_4$ 不仅能使醛、酮还原，还能还原羧酸、酯、腈等，遇水剧烈反应，通常要在 THF 中使用。

$$C_6H_5COCH_2COOH \xrightarrow[\text{② } H_3O^+]{\text{① } LiAlH_4} C_6H_5CH(OH)CH_2CH_2OH$$

　　异丙醇铝在异丙醇、苯或甲苯的溶剂中,可将醛酮还原成醇,而自身氧化成丙酮,此反应称为米尔魏因 – 庞多尔夫(Meerwein – Ponndorf)还原。这种还原剂的主要优点是:由于所生成的低沸点的丙酮不断蒸出,使反应朝生成物方向进行;此外,这一反应只还原羰基而不还原 C $=$ C 和—NO$_2$。

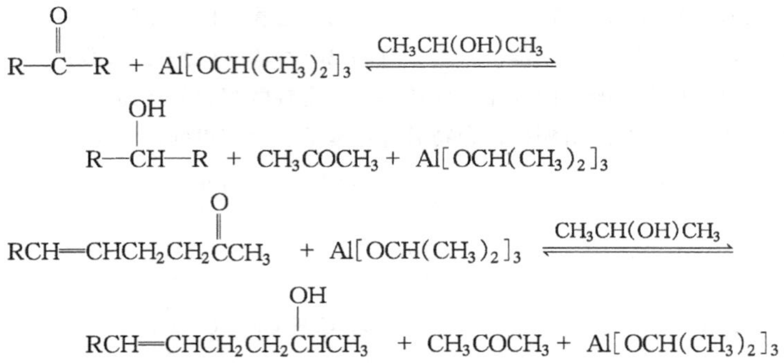

$$R-\overset{\displaystyle O}{\overset{\|}{C}}-R + Al[OCH(CH_3)_2]_3 \xrightleftharpoons{CH_3CH(OH)CH_3}$$

$$R-\overset{\displaystyle OH}{\overset{|}{C}H}-R + CH_3COCH_3 + Al[OCH(CH_3)_2]_3$$

$$RCH=CHCH_2CH_2\overset{\displaystyle O}{\overset{\|}{C}}CH_3 + Al[OCH(CH_3)_2]_3 \xrightleftharpoons{CH_3CH(OH)CH_3}$$

$$RCH=CHCH_2CH_2\overset{\displaystyle OH}{\overset{|}{C}H}CH_3 + CH_3COCH_3 + Al[OCH(CH_3)_2]_3$$

　　用金属还原:在酸性溶液中,醛酮可被活泼的金属还原成醇。反应是分步进行的,羰基从金属接受一个电子变成负离子自由基,再接受一个电子变成二价负离子,然后从溶剂中接受质子成醇。常用的金属主要有 Na,Li,Zn,Mg 等。

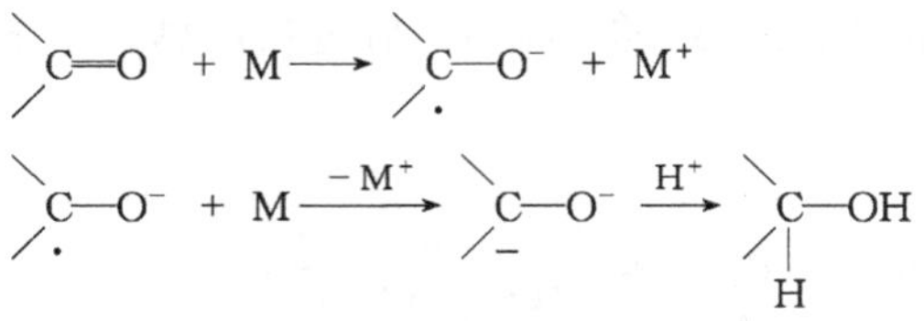

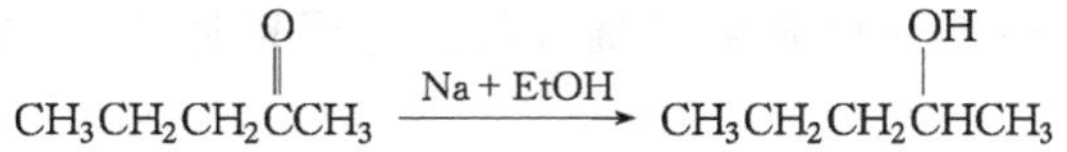

$$CH_3CH_2CH_2\overset{\displaystyle O}{\overset{\|}{C}}CH_3 \xrightarrow{Na + EtOH} CH_3CH_2CH_2\overset{\displaystyle OH}{\overset{|}{C}H}CH_3$$

　　当酮与镁、镁汞齐在非质子溶剂中反应后水解,产物为邻二叔醇。此反应为酮的双分子还原,反应通过负离子自由基进行。

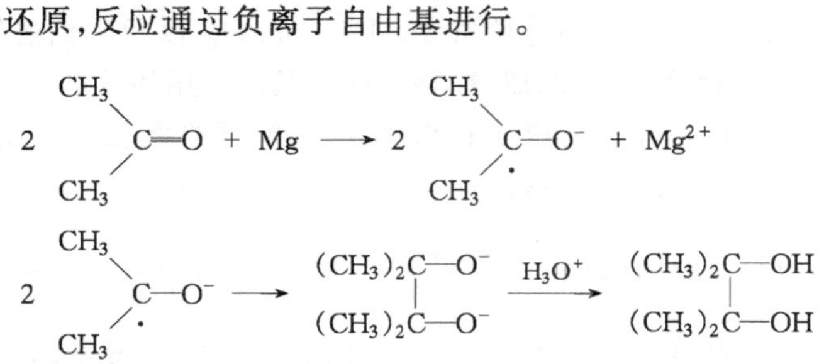

　　(2) 还原成烃　将醛酮与肼反应生成腙,然后将腙与乙醇钠在无水乙醇的

封管中,或高压釜中加热至 180℃ 放出氮而生成烃,此反应称为沃尔夫－吉斯尼尔(Wolff－Kishner)还原法。

$$
\diagdown\!\!\diagup C{=}O \xrightarrow{NH_2NH_2} \diagdown\!\!\diagup C{=}N{-}NH_2 \xrightarrow[\text{回流}]{NaOC_2H_5} \diagdown\!\!\diagup CH_2 \;+\; N_2
$$

由于该反应所需的温度高,反应时间长(50～100 h),我国化学家黄鸣龙将醛酮与氢氧化钠、肼的水溶液及一缩二乙二醇一起回流,使醛酮被还原成烃,时间大大缩短(3～5 h),并且产率也很高。此方法不适用于那些对碱敏感的醛酮。

$$
\underset{O}{\overset{\|}{C_6H_5CCH_2CH_3}} \xrightarrow[(HOCH_2CH_2)_2O,\triangle]{NH_2NH_2,\,NaOH} C_6H_5CH_2CH_2CH_3 \;+\; N_2
$$

$$
CH_3CH(OH)\underset{O}{\overset{\|}{C}}{-}H \xrightarrow[(HOCH_2CH_2)_2O,\triangle]{NH_2NH_2,\,NaOH} CH_3CH(OH)CH_3
$$

醛酮与锌汞齐和浓盐酸一起加热,羰基还原成亚甲基,称为克莱门森(Clemmenson)还原。如果反应物对酸敏感,则不适用。

$$
-\underset{O}{\overset{\|}{C}}{-} \xrightarrow{Zn-Hg/HCl} -CH_2-
$$

例如:

$$
ClCH_2-\!\!\left\langle\underset{}{\bigcirc}\right\rangle\!\!-COCH_3 \xrightarrow{Zn-Hg/HCl} ClCH_2-\!\!\left\langle\underset{}{\bigcirc}\right\rangle\!\!-CH_2CH_3
$$

若用硫代缩酮氢化还原,则在中性条件下进行(详见本章与醇的缩合)。

(3) 氧化反应　各种强或弱的氧化剂都能使醛易被氧化成羧酸。例如:托伦(Tollens)试剂是一类温和的氧化剂,它能使醛氧化成同碳数的羧酸,而酮和醇则不易被其氧化。所以通常用它来测定醛。托伦试剂的主要成分是银氨络离子 $[Ag(NH_3)_2]^+$。由于反应生成的银均匀附着在反应容器壁上似若明镜,故常被称为银镜反应。

$$
RCHO \;+\; 2[Ag(NH_3)_2]^+ \;+\; 2OH^- \longrightarrow RCOONH_4 \;+\; 2Ag \;+\; 3NH_3 \;+\; H_2O
$$

醛还易被空气中的氧氧化成酸,如苯甲醛、乙醛在空气中能自动氧化变成苯甲酸和乙酸。而重铬酸钾、高锰酸钾等氧化剂更易使醛氧化成酸。

酮不易被氧化,但在比较剧烈的条件下,酮易被氧化断裂生成相对分子质量较小的羧酸及其混合物,如它与重铬酸钾在酸性条件下回流或用硝酸等加热回流都会使酮发生氧化断裂。这种氧化断裂在合成上一般没有意义,但若用环酮则得到二酸。如环己酮用重铬酸钾加硫酸或硝酸加热得己二酸,它是生产尼龙

－66 的重要原料。

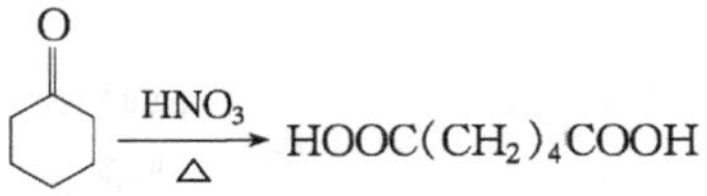

$$\text{（环己酮）} \xrightarrow[\triangle]{HNO_3} HOOC(CH_2)_4COOH$$

酮被过氧酸氧化生成酯,这一反应称为拜耳－维立格(Baeyer－Villiger)反应。

$$RCOR' + R''COOOH \longrightarrow RCOOR' + R''COOH$$

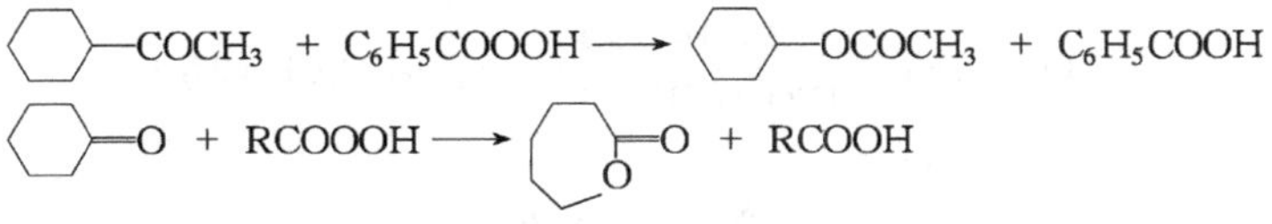

$$\text{环己基}-COCH_3 + C_6H_5COOOH \longrightarrow \text{环己基}-OCOCH_3 + C_6H_5COOH$$

$$\text{环己基}=O + RCOOOH \longrightarrow \text{内酯} + RCOOH$$

酮被过氧酸氧化成酯的机理将在第十七章详细讨论。

（4）歧化反应　无 α－氢的醛与碱共热时,一个分子作为氢的供给体,另一分子作为氢的接受体,前者被氧化,后者被还原,分子间发生氧化还原反应生成酸和醇,这个反应叫作坎尼扎罗反应。

$$2\ HCHO \xrightarrow{NaOH} HCOONa + CH_3OH$$

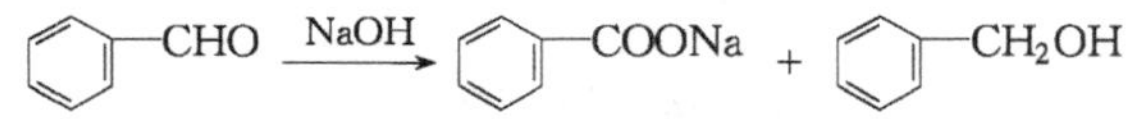

$$2\ \text{苯基}-CHO \xrightarrow{NaOH} \text{苯基}-COONa + \text{苯基}-CH_2OH$$

两分子不同的醛发生交叉的坎尼扎罗反应时,还原性强的甲醛易被氧化成酸,另一分子醛则被还原成醇。例如:

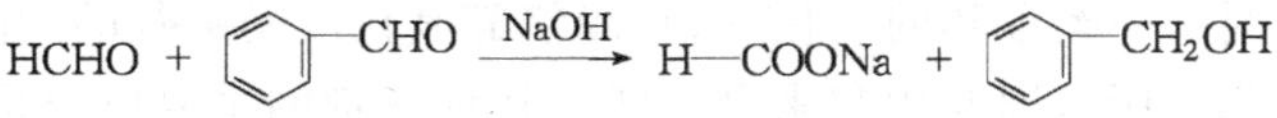

$$HCHO + \text{苯基}-CHO \xrightarrow{NaOH} H-COONa + \text{苯基}-CH_2OH$$

思考题 9.16　完成下列反应:

（1）$\text{环己基}-CHO \xrightarrow{[\ \ ]} \text{环己基}-CH_2OH$

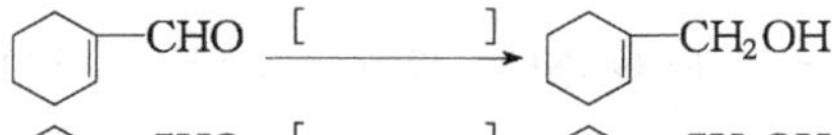

（2）$\text{环己基}-CHO \xrightarrow{[\ \ ]} \text{环己基}-CH_2OH$

（3）$\text{苯基}-CHO \xrightarrow{[\ \ ]} \text{苯基}-CH_3$

（4）$H-\overset{O}{\underset{\|}{C}}-\overset{O}{\underset{\|}{C}}-H \xrightarrow{NaOH} [\qquad]$

（5）$\text{环己基}-CHO \xrightarrow{[\ \ ]} \text{环己基}-COO^-$

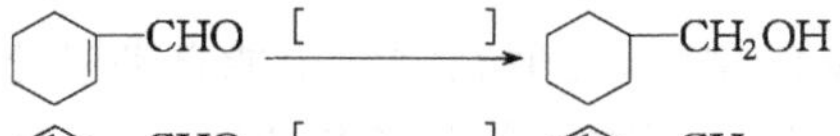

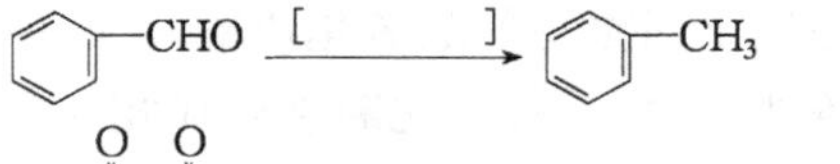

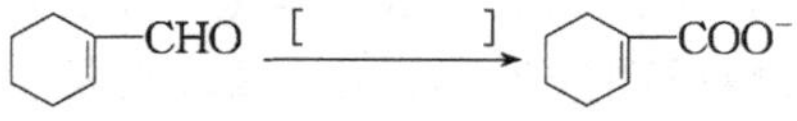

(6) 2 C₆H₅—COCH₃ $\xrightarrow{\text{Mg}}$ [　　　　] $\xrightarrow[\text{H}_2\text{O}]{\text{H}^+}$ [　　　　]

第四节　不饱和羰基化合物

一、α,β-不饱和醛酮

不饱和羰基化合物中碳碳双键位于 α-碳原子和 β-碳原子之间的称为 α,β-不饱和醛酮,它主要通过醛酮的缩合反应制备。

α,β-不饱和醛酮分子中碳碳双键和羰基组成共轭体系,这种共轭羰基化合物既可以发生 1,2-加成也可以发生 1,4-加成。1,4-加成也称共轭加成。

$$CH_2{=}CH{-}CHO + Nu{:}^- $$

$$\xrightarrow[\text{1,2-加成}]{\text{H}^+} CH_2{=}CH{-}\underset{\underset{Nu}{\vert}}{\overset{\overset{OH}{\vert}}{C}}{-}H$$

$$\xrightarrow[\text{1,4-加成}]{\text{H}^+} \underset{\underset{Nu}{\vert}}{CH_2}{-}CH_2{-}CHO$$

在一些情况下既有 1,2-加成的产物也有 1,4-加成的产物,如 α,β-不饱和醛酮与烃基锂、格氏试剂加成:

$$C_6H_5CH{=}CH{-}\overset{\overset{O}{\|}}{C}{-}CH_2C_6H_5 + C_6H_5Li \xrightarrow[\text{② H}_2\text{O}]{\text{① Et}_2\text{O}}$$

$$\xrightarrow{\text{1,2-加成}} C_6H_5CH{=}CH{-}\underset{\underset{C_6H_5}{\vert}}{\overset{\overset{OH}{\vert}}{C}}{-}CH_2C_6H_5$$

$$\xrightarrow{\text{1,4-加成}} C_6H_5\underset{\underset{C_6H_5}{\vert}}{CH}{-}CH_2{-}\overset{\overset{O}{\|}}{C}{-}CH_2C_6H_5$$

$$C_6H_5CH{=}CH{-}\overset{\overset{O}{\|}}{C}{-}CH_3 + C_2H_5MgX \xrightarrow[\text{② H}_2\text{O}]{\text{① Et}_2\text{O}}$$

$$\xrightarrow{\text{1,2-加成}} C_6H_5CH{=}CH{-}\underset{\underset{C_2H_5}{\vert}}{\overset{\overset{OH}{\vert}}{C}}{-}CH_3$$

$$\xrightarrow{\text{1,4-加成}} C_6H_5\underset{\underset{C_2H_5}{\vert}}{CH}{-}CH_2{-}\overset{\overset{O}{\|}}{C}{-}CH_3$$

当 α,β - 不饱和醛酮与弱碱性的亲核试剂反应时,主要以 1,4 - 加成为主。

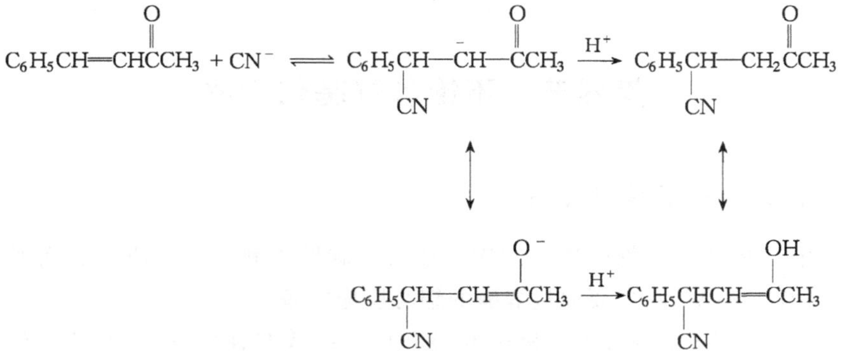

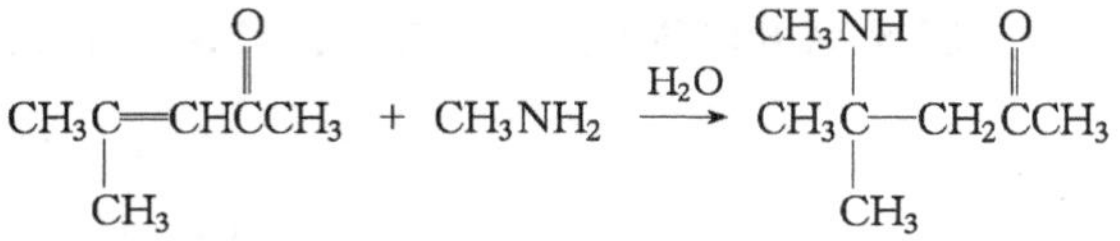

$$C_6H_5CH=CHCOCH_3 + CN^- \rightleftharpoons C_6H_5CH-\overset{-}{C}H-COCH_3 \xrightarrow{H^+} C_6H_5CH-CH_2-COCH_3$$

（结构式，含 CN 取代基，1,4-加成与互变异构式）

$$C_6H_5CH-CH=C-CH_3 \xrightarrow{H^+} C_6H_5CHCH=C-CH_3$$

$$CH_3C=CHCOCH_3 + CH_3NH_2 \xrightarrow{H_2O} CH_3C-CH_2-COCH_3$$

（含 CH₃NH、CH₃ 取代基结构式）

烃基铜、二烃基铜锂与 α,β - 不饱和羰基化合物发生 1,4 - 加成。

$$CH_3CH=CHCOCH_3 \xrightarrow[\text{② } H_2O]{\text{① } CH_3Cu} CH_3CHCH_2COCH_3$$

（产物含 CH₃ 取代基）

$$CH_3CH=CHCOCH_3 + (CH_2=CH)_2CuLi \xrightarrow[\text{② } H_2O]{\text{① } Et_2O} CH_2=CHCHCH_2CCH_3$$

（产物含 CH₃ 取代基）

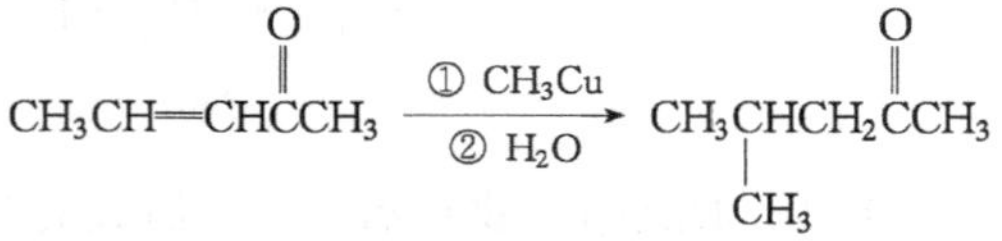

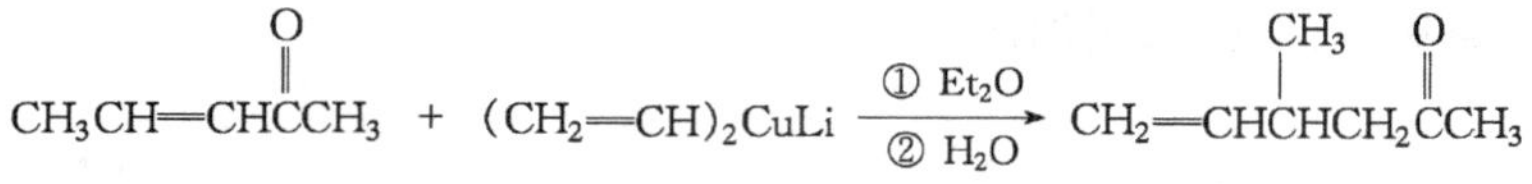

活泼亚甲基化合物也能与 α,β - 不饱和羰基化合物发生 1,4 - 加成,这一反应叫作迈克尔(Michael)加成。

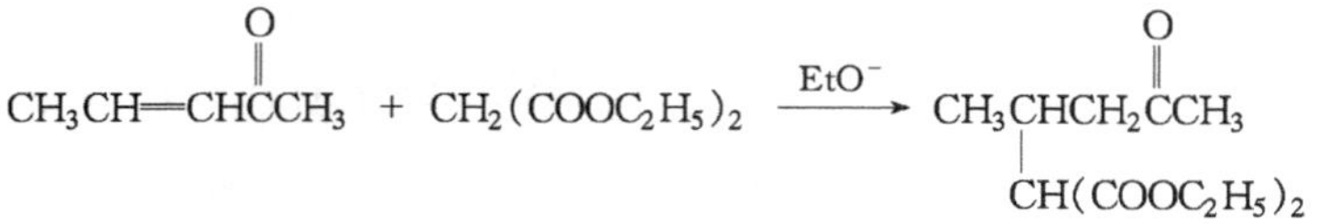

$$CH_3CH=CHCOCH_3 + CH_2(COOC_2H_5)_2 \xrightarrow{EtO^-} CH_3CHCH_2CCH_3$$

（产物含 CH(COOC₂H₅)₂ 取代基）

二、醌

醌是一类具有环己二烯酮结构的化合物,尽管它可由芳香化合物制备,但它不具有芳香化合物的性质。常见的醌主要有下列几种:

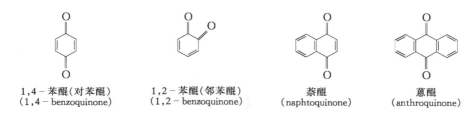

1,4-苯醌(对苯醌)　　1,2-苯醌(邻苯醌)　　　萘醌　　　　　　蒽醌
(1,4-benzoquinone)　(1,2-benzoquinone)　(naphtoquinone)　(anthroquinone)

　　醌为结晶固体，一般有颜色，对苯醌为黄色，邻苯醌为红色。X射线晶体分析表明，苯醌中的碳碳单键、碳碳双键的键长与开链的碳碳单键、碳碳双键的键长较接近，说明苯醌中没有芳环。蒽醌实际上是芳酮而不是醌。

　　1. 醌的制备

　　醌主要由酚或芳胺氧化制备。例如：

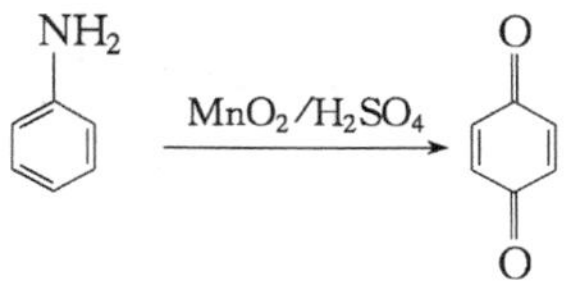

$$\text{（苯胺）}\xrightarrow{\text{MnO}_2/\text{H}_2\text{SO}_4}\text{（对苯醌）}$$

　　蒽醌可直接由蒽氧化得到，也可通过9,10-二羟基蒽氧化得到。

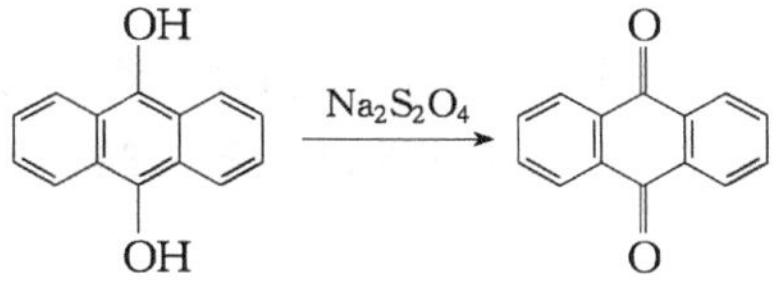

$$\xrightarrow{\text{Na}_2\text{S}_2\text{O}_4}$$

　　2. 醌的化学性质

　　（1）还原反应　醌可还原成对苯二酚，对苯二酚也可氧化成苯醌，它们之间能组成一对可逆的电化学氧化还原体系。

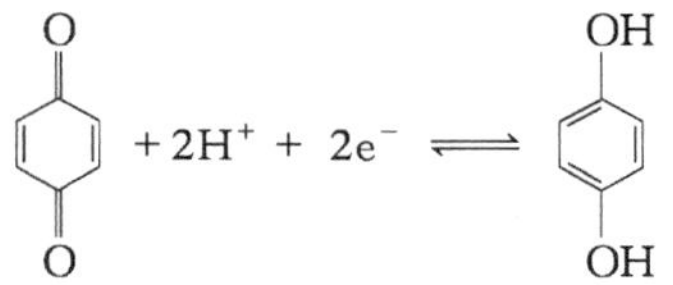

$$+ 2\text{H}^+ + 2\text{e}^- \rightleftharpoons$$

　　醌还原时先接受一个电子生成半醌，它是一种自由基负离子，半醌再接受一个电子生成对苯二酚的负离子，再与质子结合得到对苯二酚。

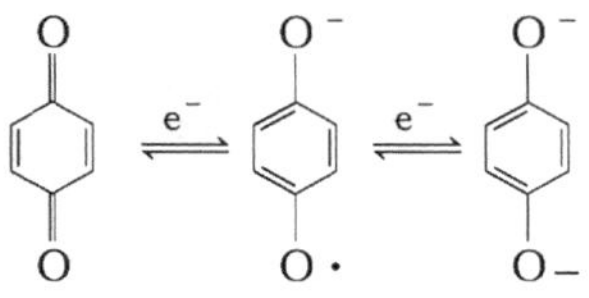

$$\xrightarrow{\text{e}^-} \xrightarrow{\text{e}^-}$$

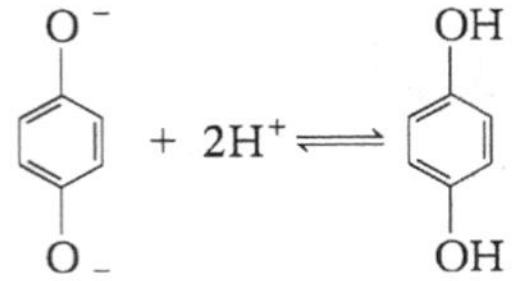

通常将这种具有氧化还原性能的化合物引入到高分子主链或侧链上,从而使树脂对其他的化合物具有氧化还原作用。

(2) 加成反应　由于对苯醌具有 α,β-不饱和羰基化合物的结构,故它也能表现出某些 α,β-不饱和羰基化合物的性质,例如,溴与对苯醌作用可发生碳碳双键上的加成,对苯醌与羟胺作用时可发生羰基上的加成反应。

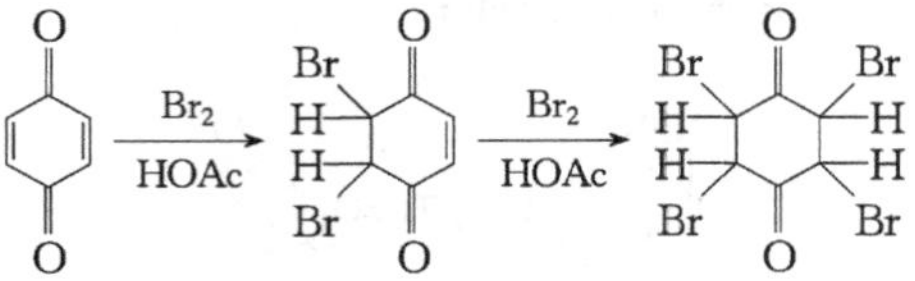

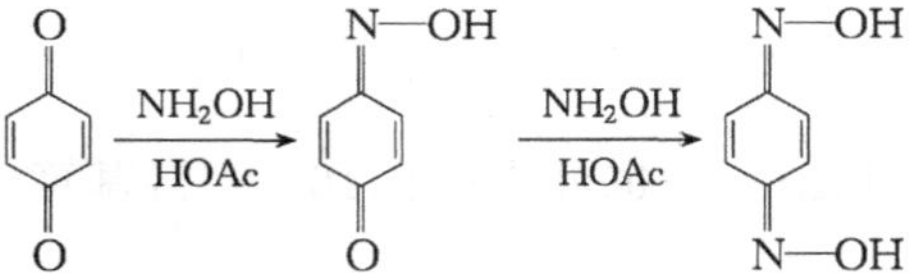

反应必须在酸性条件下进行,因为在碱性溶液中苯醌可以使羟胺氧化。醌与氢氰酸可发生 1,4-加成,生成 2-氰基-1,4-苯二酚。

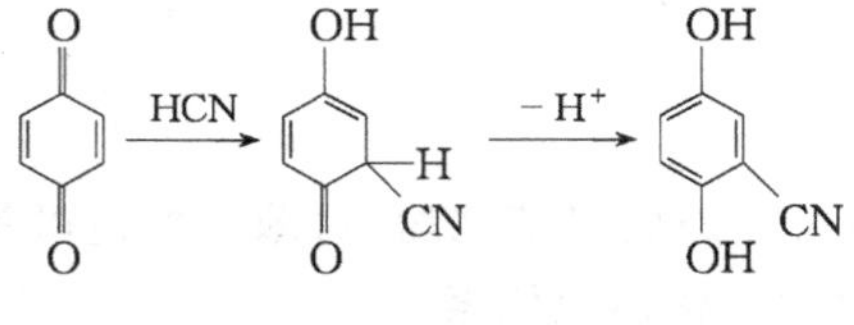

思考题 9.17　完成下列反应:

(1) $CH_3CH\!=\!CHCCH_3$ + CH_3CH_2CN $\xrightarrow{\text{EtO}^-}$ [　　　　　]
（其中第一个分子含有羰基 O）

(2) C_6H_5CHO + CN^- ⟶ [　　　] $\xrightarrow{C_6H_5CH=CHCCH_3}$ [　　　　]
（反应试剂含有羰基 O）

习　　题

1. 写出下列化合物的结构式:

(1) 二丁基酮　　　　　　　　(2)（S）- 2 - 羟基丙醛　　　(3) 2,4 - 戊二烯醛

(4) 4 - 甲基 - 3 - 戊烯 - 2 - 酮　(5) 肉桂醛　　　　　　　(6) 邻甲氧基苯乙酮

(7) 3 - 间氯苯基丁醛

2．用系统命名法命名下列化合物：

(1) $CH_3CH_2CHCH_2COCHCH_3$
　　　　|　　　　　|
　　　　CH_3　　　CH_3

(2) ⟨C₆H₅⟩—$COCHCH_3$
　　　　　　　|
　　　　　　　CH_3

(3) ⟨C₆H₅⟩—CH_2CH=$CHCHO$

(4)

3．写出下列反应的产物：

(1) $CH_3CH_2CH_2COCl \xrightarrow{\text{LiAlH}_4}$

(2) $CH_3CH_2CH_2COCl \xrightarrow{\text{LiAlH[OC(CH}_3)_3]_3}$

(3) ⟨C₆H₅⟩—$CH_3 \xrightarrow[\text{(CH}_3\text{CO)}_2\text{O}]{\text{AlCl}_3}$

(4) $C_6H_5CH_2CH(CH_3)_2 \xrightarrow{\text{NBS}} ? \xrightarrow[\text{H}_2\text{O}]{\text{OH}^-}$

(5) $(CH_3)_2CHCH_2COCl$ + ⟨C₆H₆⟩ $\xrightarrow{\text{AlCl}_3} ? \xrightarrow{\text{Zn}-\text{Hg/HCl}}$

(6) C_6H_5COCl + $(CH_3CH$=$CHCH_2)_2CuLi \longrightarrow$

(7) C_6H_5CHO + $NH_2NHCONH_2 \xrightarrow{\text{pH 4}\sim5}$

4．用化学方法区别下列各组化合物。

(1) 甲醛、乙醛、丙醛、丙酮　　　　(2) 苯甲醛、苯乙酮、苯甲醇

(3) 异丙醇、2 - 戊酮、环己酮　　　　(4) 己醇、2 - 己酮

5．写出下列化合物的互变异构体。

(1) 2 - 苯基丙酮　　　　　　　　　(2) 1,3 - 环己二酮

(3) 2 - 丁酮　　　　　　　　　　　(4) 乙酰丙酮

6．给出丙醛与下列试剂作用的产物。

(1) OH^- , H_2O　　　　　(2) C_6H_5CHO , OH^-　　　　(3) HCN

(4) $NaBH_4$　　　　　　　(5) $HOCH_2CH_2OH$, H^+　　(6) Ag_2O , OH^-

(7) NH_2OH　　　　　　　(8) CH_3CH_2MgI , H^+　　　(9) C_6H_5Li , H^+

(10) CH_2=$CHCHO$, OH^-　(11) Zn - Hg/HCl　　　(12) $(C_6H_5)_3P$=$CHCH_2CH_3$

7．以苯甲醛和其他试剂为原料合成下列化合物。

(1) 苄醇　　　　　　　(2) 苯甲酸　　　　　(3) 3 - 甲基 - 1 - 苯基丁醇

(4) 1 - 苯基乙醇　　　(5) 二苯基甲烷　　　(6) C_6H_5CH=$CHCH$=CH_2

(7) C_6H_5CH=$NNHC_6H_5$

8．如何由下列原料与其他试剂合成 3 - 苯基丙醛？

(1) 氯化苄　　　(2) 苯乙烯　　　(3) 苯甲醛　　　(4) 甲基苄基酮

9. 如何由下列原料合成 $C_6H_5COCH_2CH_3$？

(1) 苯　　　　(2) $C_6H_5CH_2Cl$　　(3) $C_6H_5CH_2CN$　　(4) C_6H_5CHO

10. 如何由环戊烯合成下列化合物？

(1) C_5H_9CHO(环戊基甲醛)　　　(2) 戊二醛　　　(3)

11. 如何由(1) 一种醇,(2) 一种炔,(3) 一种酰卤,(4) 一种腈制备 $Me_2CHCH_2COCH_3$？

12. 给出下列反应的试剂或产物：

(1) $CH_3CH_2CH_2CHO \xrightarrow{OH^-}$

(2) $C_6H_5CHO + CH_3COCH_3 \xrightarrow{OH^-}$

(3) $CH_3CH_2COCH_3 + NaOCl \longrightarrow$

(4) $(CH_3)_3CCOCH_3 + F_3COOOH \longrightarrow$

(5) $CH_3CH_2COCH_3 + NH_2NHCONH_2 \xrightarrow{pH\ 4\sim5}$

(6) $(C_2H_5)_2CO + Mg \longrightarrow \xrightarrow[H_2O]{H^+}$

(7) $CH_3CH_2CH_2CHO + (C_6H_5)_3P{=}C(CH_3)_2 \longrightarrow$

13. 根据下列反应给出化合物 A～E 的结构式。

14. 写出下列反应的机理：

(1) $OHCCH_2CH_2\underset{\underset{CH_3}{|}}{C}HCOCH_3 \xrightarrow{^-OH}$

(2) $C_6H_5CH{=}CHCHO + CH_3CH{=}CHCHO \xrightarrow{OH^-} C_6H_5(CH{=}CH)_3CHO$

(3) $C_6H_5CH_2CHO + CH_2{=}CHCOCH_3 \xrightarrow{OH^-}$

15. 根据下列反应写出 A～D 的结构式。

$C_6H_5CH_3 \xrightarrow[H_2SO_4]{HNO_3} A \xrightarrow{KMnO_4/H^+} B \xrightarrow{SOCl_2} C \xrightarrow[AlCl_3]{C_6H_6} D$

16. 由指定原料和必要试剂合成：

(1) $CH_3CH_2CH_2CHO \longrightarrow CH_3CH_2CH_2\underset{\underset{CH_2CH_3}{|}}{C}H(OH)CHCH_3$

(2) $CH_3CH_2CH_2CH_2CH_2CHO \longrightarrow CH_3(CH_2)_3CH(OH)C{\equiv}CH$

(3) $C_6H_5CH{=}CHCHO \longrightarrow C_6H_5CHBrCHBrCH_2Cl$

(4) $CH_3CHO \longrightarrow CH_2{=}CHCH{=}CH_2$

(5) $CH_3CH_2CH_2CH_2OH \longrightarrow (CH_3)_2CHCH_2COCH_2CH_2CH_3$

17. 回答下列问题:

(1) 如何得到无水甲醛? 写出三聚甲醛和多聚甲醛的结构式。

(2) 指出乙醛中的羰基氢、α - 氢与乙烷中的氢在 ^1H - NMR 图谱中的 δ 值有何不同,解释其原因。

(3) 给出工业上制备甲醛、乙醛、苯甲醛的方法。

(4) 解释为什么缩醛在酸性条件下能分解成醛,而在碱性条件下不能?

(5) 苯甲醛与 HCN 加成时得到了两种立体异构体的产物,如何证实这两种异构体的存在?

(6) 如何由开链的化合物通过狄尔斯 - 阿尔德反应来合成环己基甲醛?

18. 由含三个碳或少于三个碳的化合物合成下列化合物:

(1) 3 - 己酮　　(2) 戊醛　　(3) 2 - 甲基 - 3 - 戊酮　　(4) 2 - 丁醇

(5) $CH_3CH{=}CHCH{=}CHCOOH$

19. 某化合物 A,分子式为 $C_9H_{10}O$,A 不与溴的四氯化碳溶液作用,但能与 2,4 - 二硝基苯肼作用生成沉淀。用 $KMnO_4$ 氧化 A 时得到苯甲酸。试推测 A 的可能结构式,并应用简单的化学方法区别这些异构体。

20. 某化合物 A,分子式为 $C_8H_{14}O$,它能使溴水褪色,也可与苯肼反应,A 经臭氧氧化水解后生成一分子丙酮和化合物 B,B 具有酸性,当 B 与 NaOCl 反应时生成一分子的卤仿和一分子的丁二酸,试推测 A 与 B 的可能结构式。

21. 某化合物 A 分子式为 $C_5H_{10}O$,另一化合物 B 分子式为 $C_5H_8O_2$,A 与 B 都能被还原成正戊烷,并且都能与羟胺或苯肼作用,但 A 不能进行碘仿反应,也不与托伦试剂作用,而 B 却能进行上述反应,试推测 A 与 B 的结构式。

第十章 羧酸及其衍生物

（Carboxylic acids and their derivatives）

第一节 羧 酸

羧酸是指分子中含有羧基(—COOH)的一类化合物,羧基是羧酸的官能团,羧酸的通式可用 RCOOH 表示。

羧酸具有不同的分类方法,根据羧基的数目不同可以分为一元羧酸、二元羧酸及多元羧酸;根据羧基所连的烃基不同可以分为脂肪族羧酸和芳香族羧酸;还可以根据所含烃基是否饱和分为饱和羧酸与不饱和羧酸。

一、羧酸的结构与命名

1. 羧酸的结构

在羧酸分子中,羧基的碳原子为 sp^2 杂化碳原子,三个 sp^2 杂化轨道分别与一个烃基碳原子(或氢)及两个氧原子形成三个 σ 键,键角约 $120°$,羧基碳上还有一个 p 轨道与氧上的 p 轨道形成一个 π 键,羧基中的羟基(—OH)氧上的未共用电子对所在的 p 轨道可以与 C═O π 键形成 p-π 共轭,所以羧酸具有下面的结构:

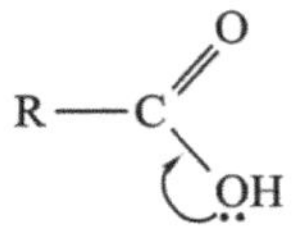

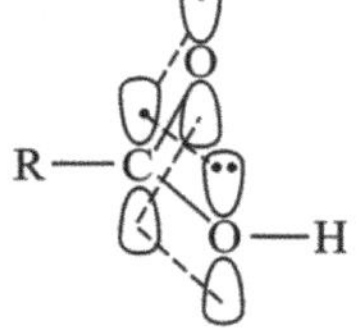

X 射线衍射证明,在甲酸分子中,C═O 键键长为 0.124 nm,比普通羰基 C═O 键键长(0.122 nm)略长一些,而羧基中 C—O 键键长为 0.136 nm,比醇中 C—O 键(0.143 nm)短,这说明羧酸分子中 C═O 与 OH 因 p-π 共轭产生了相互影响。

当羧基解离出氢原子生成了羧酸根负离子后,氧原子上带有负电荷,更容易供给电子和原来羰基 π 键发生共轭,因此在羧基负离子中,O—C—O 三个原子各提供了一个 p 轨道,形成了一个具有四个电子的三中心的 π 分子轨道, —COO⁻上的负电荷不再集中在一个氧原子上,而是分散在三个原子上,故羧基负离子更为稳定。X 射线衍射与电子衍射均证明,甲酸钠分子中两个碳氧键键长相等,均为 0.127 nm,已没有碳氧双键与碳氧单键的差别。

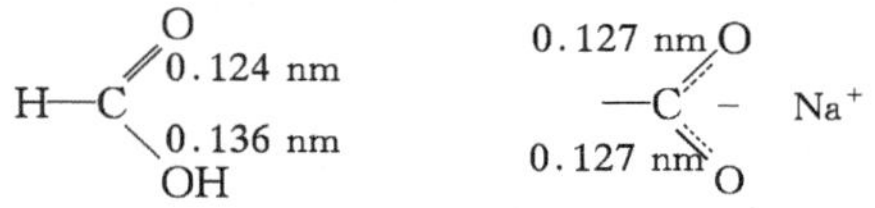

共振论认为羧酸的结构可用两个极限式的共振式表示:

而羧酸负离子在下列两个极限式中共振:

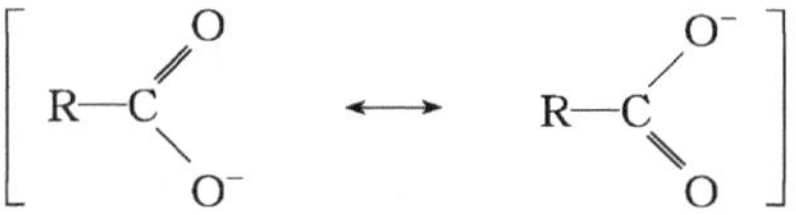

在羧酸的共振式中,极限式(Ⅱ)存在两个相反的电荷,这种共振结构不大稳定,故使羧酸因共振而降低的能量较少。羧酸负离子共振杂化体中两个极限式完全相等,共振所得的杂化体能量降低较多,故稳定。

从 p−π 共轭和共振杂化体的稳定性都说明了羧酸容易解离出一个质子而显酸性。

2. 羧酸的命名

用系统命名法命名是以含羧基的最长碳链作主链,从羧基上的碳原子开始编号,根据主链上碳原子数目称为某酸,以此作为母体,在前面加上取代基的名称、位次号和数目。例如:

$$CH_3CH_2CH_2COOH$$

丁酸(酪酸)

(butanoic acid)

$$CH_3(CH_2)_4COOH$$

己酸(羊油酸)

(hexanoic acid)

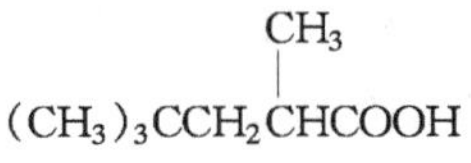

$$(CH_3)_3CCH_2\overset{\displaystyle CH_3}{\underset{}{CH}}COOH$$

2,4,4,−三甲基戊酸

(2,4,4−trimethylpentanoic acid)

—CH₂CH₂COOH

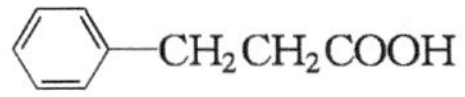

3−苯(基)丙酸

(3−phenylpropanoic acid)

含脂环的羧酸与芳香族羧酸一般将环作为取代基来命名。例如：

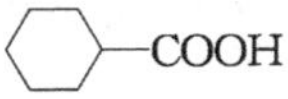

环己基甲酸
(cyclohexyl methanoic acid)

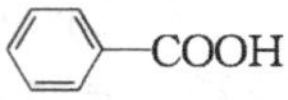

苯甲酸(安息香酸)
(benzoic acid)

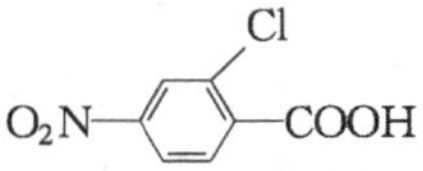

4－硝基－2－氯苯甲酸
(2－cloro－4－nitro benzoic acid)

有些羧酸根据其来源，还保留着习惯用的俗名，如乙酸、丁酸、苯甲酸分别叫作醋酸、酪酸、安息香酸。

简单的羧酸也常用普通命名法命名，即选含有羧基的最长碳链作为主链，取代基的位置从与羧基相邻的碳原子开始，依次用希腊字母 α、β、γ、δ 等进行编号。注意：不能将阿拉伯数字混用在普通命名法中，也不能将希腊字母混用在系统命名中。

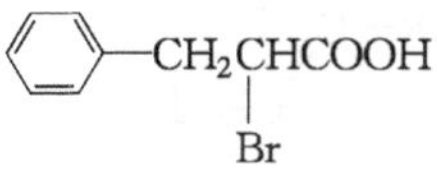

β－苯基－α－溴丙酸

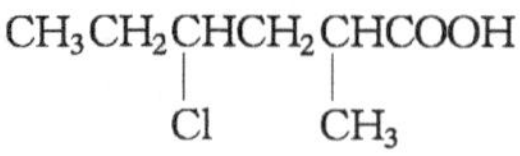

α－甲基－γ－氯己酸

二元羧酸的命名如：

HOOCCH₂COOH

丙二酸

HOOCCH₂CH₂COOH

丁二酸(琥珀酸)

HOOC(CH₂)₄COOH

己二酸

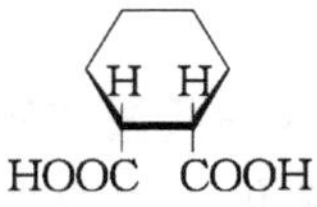

顺－1,2－环己烷二甲酸

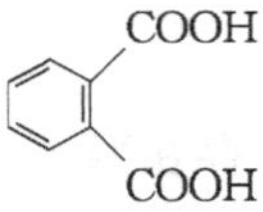

邻苯二甲酸

对苯二甲酸

思考题 10.1　写出分子式为 $C_6H_{12}O_2$ 且具有旋光性的羧酸的结构式，并用系统命名法命名。

思考题 10.2　写出下列羧酸的结构式：

(1) 对羟基苯甲酸　　　　　　(2) 2,4－二氯苯甲酸

(3) 三氯乙酸　　　　　　　　(4) 顺丁烯二酸

二、羧酸的来源与制法

羧酸广泛存在于自然界中，与人类的关系极为密切。例如，食用醋就是 6%～8% 的醋酸，柠檬中含有柠檬酸，松香中含有松香酸，单宁中含有没食子酸，胆汁中存在有胆甾酸。实际上大多数羧酸是以酯的形式存在于自然界中，例如，苯甲酸就以酯的形式存在于安息香树脂中，油脂、蜡都是高级脂肪酸的酯，草酸则以盐的形式存在于许多植物细胞中。

羧酸的制备方法较多，常用的有氧化法、水解法和由有机金属化合物制备等。

1．由烃、醇、醛氧化

由烃类氧化制备羧酸一般采用芳烃为原料，例如：

86%

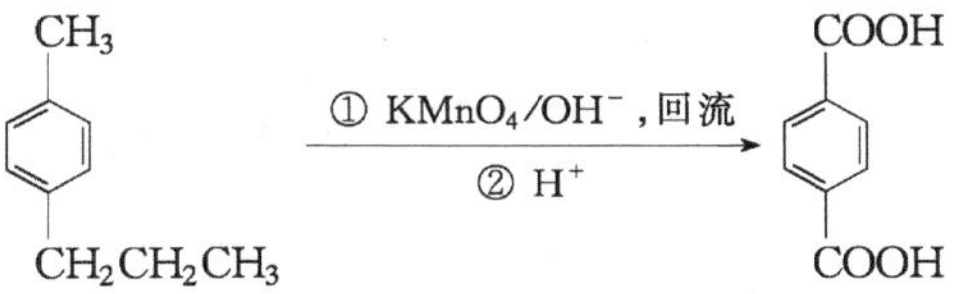

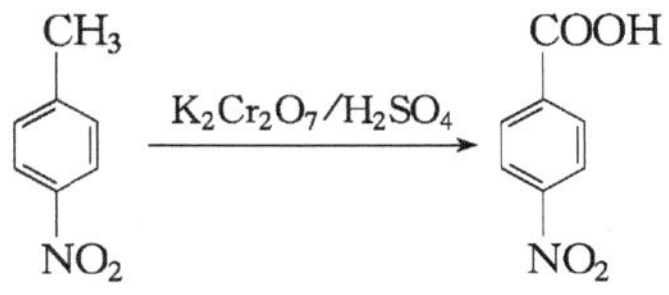

醇类、醛类氧化都能制得羧酸。伯醇在酸性条件下氧化往往经过醛的阶段，中间产物醛易和醇生成半缩醛，后者容易氧化成酯，因而产物中含有较多的酯。为了提高羧酸的产率，可以把中间产物醛分离出来再进行氧化。

通常采用醇作原料氧化制备羧酸，由醛出发制备羧酸只适用于那些容易制得的醛。例如：

$$CH_3CH_2CH_2OH \xrightarrow{Na_2Cr_2O_7/H_2SO_4} CH_3CH_2COOH$$

65%

74%

$$n-C_6H_{13}CHO \xrightarrow[\text{室温}]{KMnO_4/H_2SO_4} n-C_6H_{13}COOH$$

75%

75%

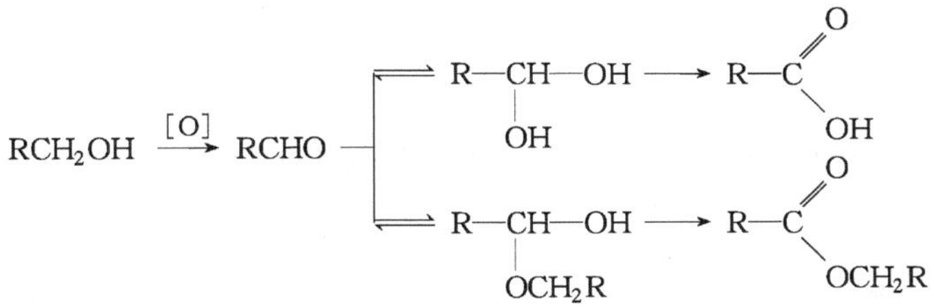

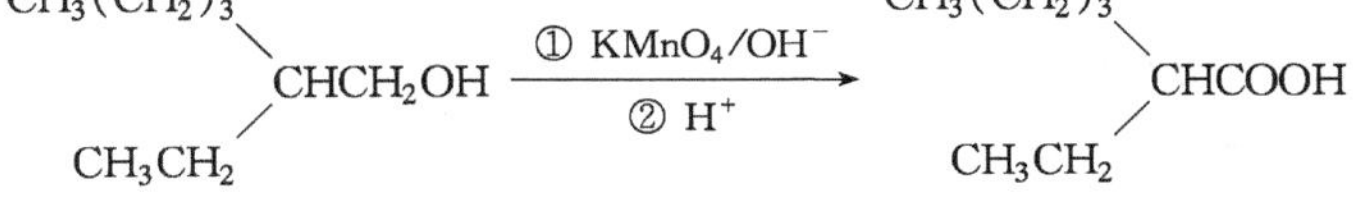

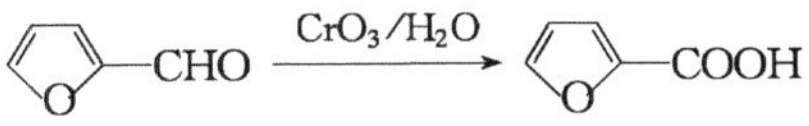

2. 由腈、油脂水解

腈在酸性或碱性条件下回流水解，生成羧酸。伯卤代烷通过亲核取代反应，容易制得腈，因为用叔卤代烷制腈容易发生消去反应，因此腈水解制备羧酸一般从伯卤代烷出发。例如：

$$RCH_2CN \xrightarrow[\text{或 } OH^-, H_2O]{H_2SO_4, H_2O} RCH_2COOH$$

$$C_6H_5CH_2Cl \xrightarrow{NaCN, DMSO} C_6H_5CH_2CN \xrightarrow{H_3O^+} C_6H_5CH_2COOH$$

$$(CH_3)_2CHCH_2CH_2Cl \xrightarrow[PTC]{NaCN} (CH_3)_2CHCH_2CH_2CN \xrightarrow[\text{② } H^+]{\text{① } OH^-, H_2O} (CH_3)_2CHCH_2CH_2COOH$$

酯的水解可以得到羧酸，油脂是由高级脂肪酸与甘油组成的酯，故油脂水解可制得高级脂肪酸（见本章第三节七）。

3. 由有机金属化合物制备

格氏试剂和有机锂化合物与二氧化碳加成后水解均能生成羧酸。由格氏试剂制备羧酸时，一般可在低温下向格氏试剂的乙醚溶液中通入 CO_2，也可将格氏试剂的乙醚溶液加在干冰上，此法可将伯、仲、叔和芳香卤代烷制备出增加一个碳原子的羧酸。例如：

$$(CH_3)_3CCl \xrightarrow[\text{干 } Et_2O]{Mg} (CH_3)_3CMgCl \xrightarrow[\text{干 } Et_2O]{CO_2} (CH_3)_3C\overset{O}{\overset{\|}{C}}OMgCl \xrightarrow{H_3O^+} (CH_3)_3CCOOH$$

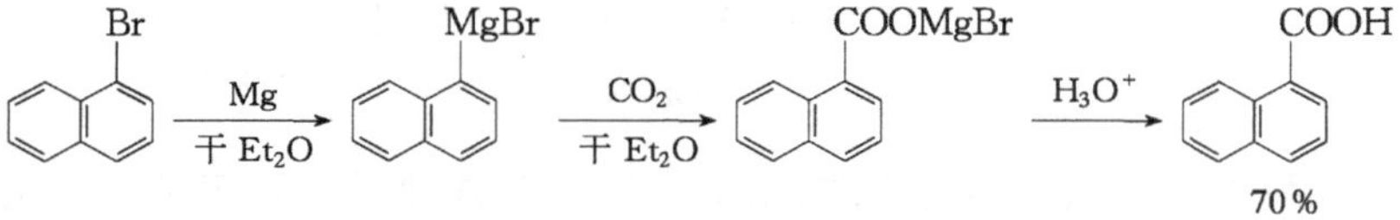

70%

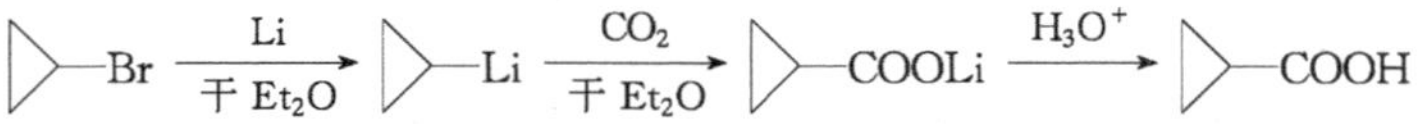

4. 丙二酸酯合成法（见本章乙酰乙酸乙酯与丙二酸酯合成法）

思考题 10.3　完成下列转变：

(1) 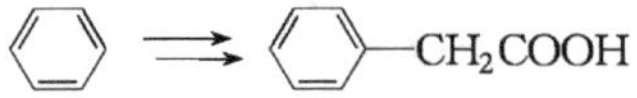

(2) 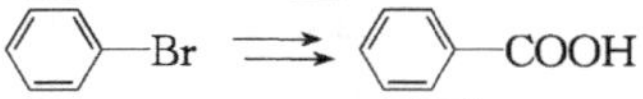

(3) 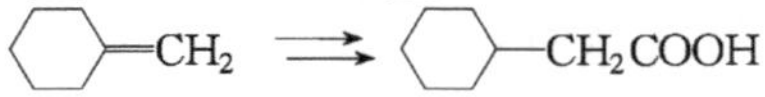

(4) $CH_3CH{=}\underset{}{\overset{CH_3}{\overset{|}{C}}}{-}CH_3 \longrightarrow CH_3CH_2{-}\underset{\underset{CH_3}{|}}{\overset{\overset{CH_3}{|}}{C}}{-}COOH$

(5) $\langle\;\rangle$, $\overset{O}{\underset{\|}{HCH}}$ $\Longrightarrow$ $\langle\;\rangle$—CH$_2$CH$_2$CH$_2$COOH

(6) CH$_3$CH$_2$OH $\Longrightarrow$ CH$_3$CH$_2$—$\overset{\overset{\displaystyle CH_3}{\displaystyle |}}{CH}$—CH$_2$COOH

---

5. 羧酸的工业制法

一些羧酸是化学工业的重要原料,在工业上能进行大规模地生产。

(1) 甲酸 工业上采用一氧化碳和氢氧化钠溶液在一定的温度和压力下生成甲酸钠,再用硫酸酸化即得甲酸。

$$CO + NaOH \xrightarrow[0.6\sim0.8\ MPa]{\sim120℃} HCOONa \xrightarrow{H_2SO_4} HCOOH$$

甲酸在工业上的主要用途是用作还原剂、防腐剂、橡胶凝聚剂及燃料制造。

(2) 乙酸 乙酸的工业制法有乙醛氧化法、低级烷烃氧化法和甲醇与一氧化碳直接结合生成乙酸等方法。乙醛氧化法是以乙酸锰作催化剂,用空气或氧气将乙醛氧化成乙酸,此法的优点是乙酸浓度高,副反应少,产率高。

$$CH_3CHO + O_2 \xrightarrow[70\sim80℃,0.2\sim0.3\ MPa]{(CH_3COO)_2Mn} CH_3COOH$$

低级烷烃氧化法是采用丁烷或石油中轻油馏分为原料,乙酸钴为催化剂:

$$CH_3CH_2CH_2CH_3 + \frac{5}{2}O_2 \xrightarrow[165℃,2\ MPa]{(CH_3COO)_2Co} CH_3CH_2CH_2COOH$$

如果采用轻油馏分(30~80℃),原料来源丰富,价格便宜,但由于轻油中含有直链烷烃、支链烷烃和环烷烃,因此氧化的副产物多,乙酸浓度较低。

甲醇与一氧化碳直接结合即甲醇的羰基化,采用过渡金属铑的配合物作主催化剂,碘化物为活化剂的可溶性催化体系,可得到纯度、产率都很高的乙酸。例如:

$$CH_3OH + CO \xrightarrow[150\sim200℃,3.3\sim6.6\ MPa]{RhCl(CO)(PPh_3)_3/HI} CH_3COOH$$
$$\text{产率}>90\%$$

由于铑的价格昂贵,碘化物易造成严重的设备腐蚀。因此,必须提高催化剂的活性、减小对设备的腐蚀性。

研究表明,采用基于含铱的催化剂,一般是复合物$[Ir(CO)_2I_2]^-$,不仅催化效率大幅提高,而且副产物更少(Cativa 催化法)。若将锂、钌等元素加入铱基催化剂中,还能显著提高羰基化反应的速率。

乙酸是重要的化工原料,广泛用于有机合成与高分子材料工业中,主要用途是生产乙酸酯类、乙酐,进一步可以生产乙酸纤维、维尼纶纤维、喷漆溶剂、香料、医药和染料等。

（3）乙二酸 乙二酸也称草酸,工业上常采用甲酸钠热解法,即将甲酸钠快速加热到 400℃,制得草酸钠,再用稀硫酸酸化得到草酸。

$$2 \text{ HCOONa} \xrightarrow[-\text{H}_2]{400℃} \begin{array}{c}\text{COONa}\\ | \\ \text{COONa}\end{array} \xrightarrow{\text{稀 H}_2\text{SO}_4} \begin{array}{c}\text{COOH}\\ | \\ \text{COOH}\end{array}$$

也可以采用淀粉氧化生产草酸。

$$\underset{\text{淀粉}}{(C_6H_{10}O_5)_n} \xrightarrow{\text{HNO}_3/\text{V}_2\text{O}_5} \begin{array}{c}\text{COOH}\\ | \\ \text{COOH}\end{array}$$

草酸的主要用途是作为还原剂(如除去铁屑和墨水痕迹)、媒染剂和麦秸编织品的漂白剂,还用于提取稀有金属,在定量分析中,草酸用来标定高锰酸钾溶液。

（4）己二酸 己二酸较早的工业制法是由苯酚氢化制得环己醇,由环己醇用硝酸氧化,经过环己酮,最后氧化得到己二酸。此法工艺路线较长,产率低,原料来源有限,成本高,污染大,现已逐渐被环己烷氧化法所代替。

环己烷氧化法是从廉价的环己烷出发,用环烷酸钴等作催化剂,先氧化生成环己醇和环己酮的混合物,然后用硝酸作氧化剂,在铜盐和钒盐催化下进一步氧化制得己二酸。

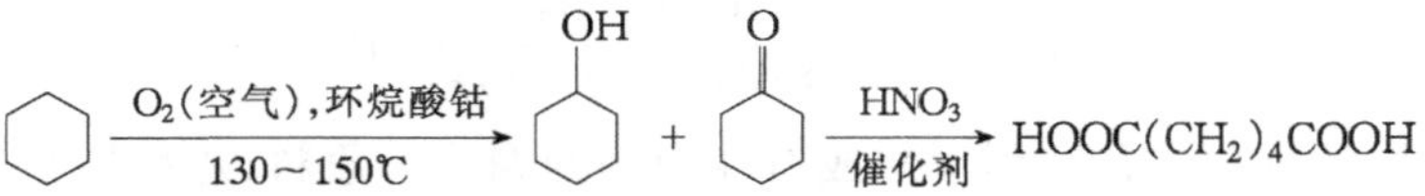

20 世纪 90 年代末,日本科学家以 $Na_2WO_4 \cdot 2H_2O$ 为催化剂,硫酸氢甲基三辛铵为相转移催化剂,采用过氧化氢直接氧化环己烯来制备己二酸,收率可达93%,是一种新的绿色合成方法。例如：

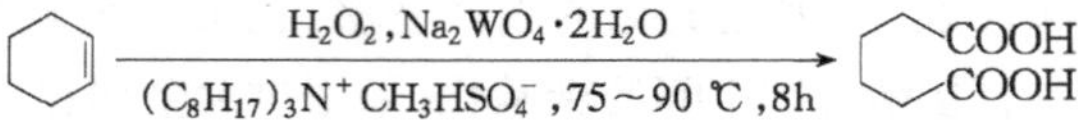

己二酸又称肥酸,是工业上合成尼龙－66 树脂和纤维、聚酯多元醇、增塑剂等的重要原料。

（5）苯甲酸 工业上常以甲苯为原料经催化氧化制得苯甲酸,或将甲苯高温氯化制得三氯甲苯,然后水解得到苯甲酸。

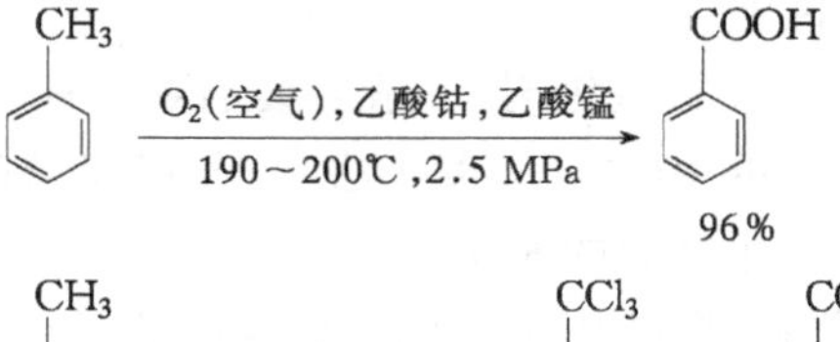

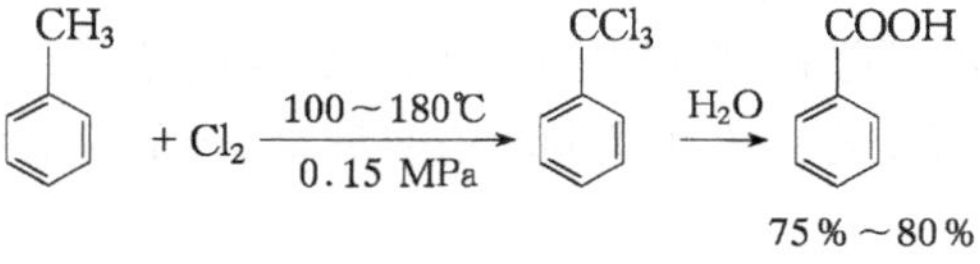

苯甲酸具有防止食品腐败和阻止发酵的功能,苯甲酸钠可作为食品防腐剂,现因其毒性,已逐渐被无毒的山梨酸和植酸等代替。

(6)对苯二甲酸　工业上常采用对二甲苯为原料,催化氧化生成对苯二甲酸,此法以乙酸钴或乙酸锰作催化剂,乙酸作溶剂,醛或酮作氧化促进剂,用空气进行氧化。常用的助催化剂为乙醛(三聚乙醛)与 2-丁酮,此方法流程短,产率高,对苯二甲酸的纯度也高。

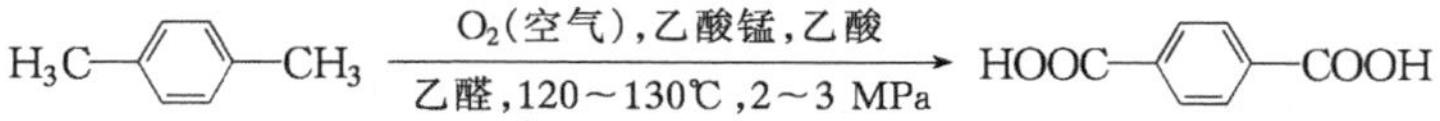

$$H_3C\text{—}\bigcirc\text{—}CH_3 \xrightarrow[\text{乙醛},120\sim130℃,2\sim3\ MPa]{O_2(\text{空气}),\text{乙酸锰},\text{乙酸}} HOOC\text{—}\bigcirc\text{—}COOH$$

也可以从廉价的甲苯出发,空气氧化得苯甲酸,加碱中和得苯甲酸钾,苯甲酸钾以镉盐作催化剂,在二氧化碳存在下,发生歧化反应生成对苯二甲酸的二钾盐,然后用苯甲酸或盐酸酸化制得对苯二甲酸。

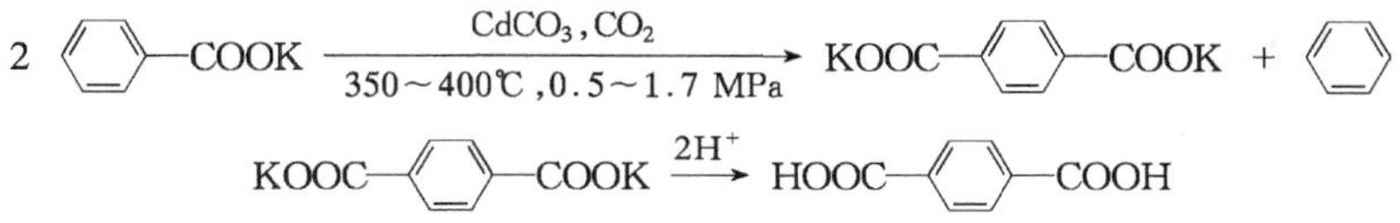

$$2\ \bigcirc\text{—}COOK \xrightarrow[350\sim400℃,0.5\sim1.7\ MPa]{CdCO_3,CO_2} KOOC\text{—}\bigcirc\text{—}COOK\ +\ \bigcirc$$

$$KOOC\text{—}\bigcirc\text{—}COOK \xrightarrow{2H^+} HOOC\text{—}\bigcirc\text{—}COOH$$

对苯二甲酸是生产聚酯纤维及聚酯胶片的重要原料。

三、羧酸的物理性质

低级脂肪酸是液体,易溶于水,具有刺激性的酸味;中级脂肪酸也是液体,部分地溶于水,具有难闻的气味;高级脂肪酸为蜡状固体,无气味,不溶于水;芳香酸是结晶固体,微溶于水。羧酸一般能溶于醇、醚、芳烃等有机溶剂中。

羧酸的沸点偏高,比相对分子质量相近的醇的沸点还高,如丙酸的沸点(141℃)比相对分子质量相近的 1-丁醇的沸点(118℃)高 23℃,这是由于羧酸分子因氢键缔合形成了二缔合体。

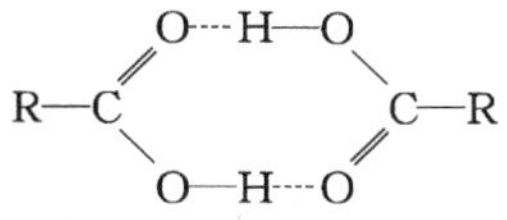

$$R\text{—}\overset{\displaystyle O\cdots H\text{—}O}{\underset{\displaystyle O\text{—}H\cdots O}{C}}\ C\text{—}R$$

羧酸的二缔合体比较稳定,液体和固体羧酸均以二缔合体形式存在,甲酸、乙酸甚至在气态也以二缔合体存在。

二元羧酸都是结晶化合物,低级二元酸溶于水,随着相对分子质量增加,在水中的溶解度减小。

一些常见羧酸的物理性质见表 10-1。

表 10 – 1　常见羧酸的物理性质

名　　称	英文名称	结　构　式	熔点 /℃	沸点 /℃	溶解度 g·(100 g 水)$^{-1}$
甲酸(蚁酸)	methanoic acid	HCOOH	8.4	101	∞
乙酸(醋酸)	ethanoic acid	CH$_3$COOH	16.6	118	∞
丙酸	propanoic acid	CH$_3$CH$_2$COOH	– 22.0	141	∞
丁酸	butanoic acid	CH$_3$CH$_2$CH$_2$COOH	– 5.0	163	∞
戊酸	pentanoic acid	CH$_3$CH$_2$CH$_2$CH$_2$COOH	– 33.8	187	3.7
己酸	hexanoic acid	CH$_3$(CH$_2$)$_3$CH$_2$COOH	– 2.0	205	1.0
十二酸(月桂酸)	dodecanoic acid	CH$_3$(CH$_2$)$_{10}$COOH	43		不溶
十四酸(豆蔻脂酸)	tetradecanoic acid	CH$_3$(CH$_2$)$_{12}$COOH	54		不溶
十六酸(软脂酸)	hexadecanoic acid	CH$_3$(CH$_2$)$_{14}$COOH	63		不溶
十八酸(硬脂酸)	octadecanoic acid	CH$_3$(CH$_2$)$_{16}$COOH	72		不溶
苯甲酸(安息香酸)	benzoic acid	C$_6$H$_5$COOH	122	249	0.34
苯乙酸	phenylacetic acid	C$_6$H$_5$CH$_2$COOH	77	266	1.66
邻甲苯甲酸	o –methylbenzoic acid	o – CH$_3$C$_6$H$_4$COOH	166	259	0.12
间甲苯甲酸	m –methylbenzoic acid	m – CH$_3$C$_6$H$_4$COOH	112	263	0.10
对甲苯甲酸	p –methylbenzoic acid	p – CH$_3$C$_6$H$_4$COOH	180	275	0.03
邻羟基苯甲酸(水杨酸)	o –hydroxybenzoic acid	o – HOC$_6$H$_4$COOH	159		0.22
邻氨基苯甲酸	o –aminobenzoic acid	o – H$_2$NC$_6$H$_4$COOH	146		0.52
乙二酸(草酸)	oxlic acid	HOOC—COOH	189		8.6
丙二酸	malonic acid	HOOCCH$_2$COOH	136		73.5
丁二酸(琥珀酸)	succinic acid	HOOC(CH$_2$)$_2$COOH	185		5.8
戊二酸	glutaric acid	HOOC(CH$_2$)$_3$COOH	98		63.9
己二酸	adipic acid	HOOC(CH$_2$)$_4$COOH	151		1.5
顺丁烯二酸(马来酸)	maleic acid	$$\begin{array}{c} \text{HOOC} \qquad\quad \text{COOH} \\ \diagdown\qquad\diagup \\ \text{C}=\text{C} \\ \diagup\qquad\diagdown \\ \text{H}\qquad\qquad\text{H} \end{array}$$	131		29.0
反丁烯二酸(富马酸)	fumaric acid	$$\begin{array}{c} \text{HOOC}\qquad\qquad\text{H} \\ \diagdown\qquad\diagup \\ \text{C}=\text{C} \\ \diagup\qquad\diagdown \\ \text{H}\qquad\quad\text{COOH} \end{array}$$	302		0.7

续表

名　　称	英文名称	结　构　式	熔点 /℃	沸点 /℃	溶解度 g·(100 g 水)$^{-1}$
邻苯二甲酸	phthalic acid	⬡—COOH（邻位 COOH）	213		0.7
对苯二甲酸	terephthalic acid	HOOC—⬡—COOH	300 （升华）		0.002
间苯二甲酸	isophthalic acid	HOOC—⬡—COOH（间位）	348		0.01

四、羧酸的光谱性质

1. 红外光谱

　　羧酸的红外光谱反映了羧基中的羰基（C＝O）与羟基（—OH）这两种结构单元,对于有氢键缔合的酸（二聚体）,O—H 的伸缩振动在 2500～3300 cm^{-1} 范围内有一个强而宽的吸收谱带,C＝O 的伸缩振动在 1700 cm^{-1} 左右有一强吸收峰,脂肪酸的 C＝O 吸收多在 1700～1725 cm^{-1},芳香酸由于共轭效应使吸收移向低波数,为 1680～1700 cm^{-1}。C—O 键伸缩振动吸收出现在 1250 cm^{-1} 附近,在 1400 cm^{-1} 和 920 cm^{-1} 附近则显示出 O—H 的弯曲振动谱带（宽）。图 10－1 和图 10－2 分别为正壬酸和苯甲酸的红外光谱。

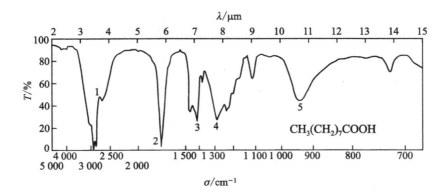

图 10－1　正壬酸的红外光谱

1. O—H 的伸缩振动;2. C＝O 的伸缩振动;3,5. O—H 的弯曲振动;4. C—O 的伸缩振动

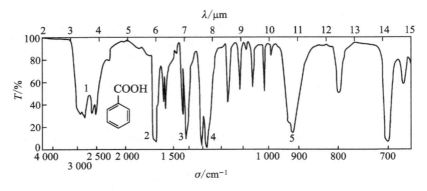

图 10-2　苯甲酸的红外光谱

1. O—H 的伸缩振动;2. C＝O 的伸缩振动;3,5. O—H 的弯曲振动;4. C—O 的伸缩振动

2．核磁共振谱

羧基中的质子由于在两个氧原子强的负诱导作用下,屏蔽效应大大降低,使化学位移出现在低场,δ 值为 $10\sim13$,且一般呈现一宽峰。将羧酸与重水进行交换反应,—COOH 转变成—COOD,于是质子的信号消失。羧酸分子中 α-碳上的质子,其化学位移一般出现在 $2.0\sim2.5$ 处。图 10-3 为正丙酸的核磁共振氢谱。

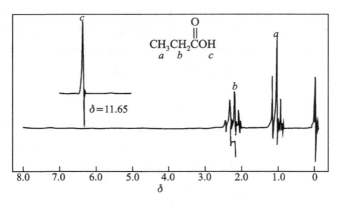

图 10-3　正丙酸的核磁共振氢谱

羧酸的 ^{13}C-NMR 谱中,羧基中羰基碳化学位移在 170 以上。例如:

$$CH_3—\overset{\displaystyle O}{\overset{\|}{C}}—OH \qquad CH_3—CH_2—CH_2—CH_2—\overset{\displaystyle O}{\overset{\|}{C}}—OH$$

δ_C　177.2　　　　　13.5　22.0　27.0　34.1　179.7

五、羧酸的化学性质

根据羧酸结构,可以分析羧酸能发生—O—H 中氢的解离、—OH 部分的反应、 $\diagdown$ C=O 的还原、脱羧反应及 $\alpha-H$ 的卤代反应等。

$$
\underset{\substack{| \\ H \\ \alpha-H\,卤代}}{R-CH}\underset{脱羧}{-}\underset{还原}{\overset{\overset{\displaystyle O}{\parallel}}{C}}\underset{酰化}{-}O\underset{酸性}{-}H
$$

1. 羧酸的酸性

羧基中的质子易解离使羧酸具有酸性,其酸性比碳酸强比酚更强。羧酸是一个弱酸,和氢氧化钠、碳酸钠、碳酸氢钠的水溶液作用能转化为羧酸盐,羧酸盐用无机酸酸化,又可转变为原来的羧酸。

$$RCOOH + NaOH \longrightarrow RCOONa + H_2O$$

$$RCOONa \overset{H^+}{\longrightarrow} RCOOH$$

用碳酸氢钠中和羧酸则同时放出二氧化碳和水:

$$RCOOH + NaHCO_3 \longrightarrow RCOONa + CO_2 \uparrow + H_2O$$

羧酸盐是离子型化合物,为结晶的固体,熔点很高。羧酸的钾盐、钠盐、铵盐可溶于水,一般不溶于有机溶剂,大多数重金属盐(如铁盐、铜盐、银盐等)则不溶于水。

利用羧酸与羧酸盐以上的性质,可以进行鉴定和分离。例如,利用碳酸氢钠溶液可鉴定羧酸和酚,放出二氧化碳者即为羧酸。

$$H_3C-\underset{}{\bigcirc}-COOH + NaHCO_3 \overset{H_2O}{\longrightarrow} H_3C-\underset{}{\bigcirc}-COONa + H_2O + CO_2 \uparrow$$

$$H_3C-\underset{}{\bigcirc}-OH + NaHCO_3 \overset{H_2O}{\longrightarrow} 不反应$$

若需将羧酸与非酸性有机化合物分离,可利用羧酸溶于碱的水溶液而非酸性有机物不溶于碱水溶液的差别,将二者分离,然后将水溶液酸化就可使羧酸再生。例如,由烷基苯氧化制羧酸,产物中含有的烷基苯,可以采用如下方法予以分离:

$$
\begin{array}{l}
烷基苯 \\
羧酸
\end{array}
\left] \xrightarrow{NaHCO_3,H_2O}
\left[
\begin{array}{l}
油层 \xrightarrow{水洗,蒸馏} 烷基苯 \\
水层 \xrightarrow{HCl酸化} 羧酸结晶
\end{array}
\right.
$$

炼油工业中的石油产品往往含有环烷酸,具有一定腐蚀性,而环烷酸也是一种宝贵的化工原料,工业上用碱液抽提油品,环烷酸成盐后溶于碱水中,与油层分开后,加硫酸酸化,即得到环烷酸。

羧酸在水溶液中存在下列电离平衡:

$$RCOOH + H_2O \rightleftharpoons RCOO^- + H_3O^+$$

这里的平衡常数 K_a 即酸性常数与各组分浓度的关系为:

$$K_a = \frac{[RCOO^-][H_3O^+]}{[RCOOH]}$$

每一种酸都有它特有的 K_a 值,K_a 或 pK_a 的数值反映羧酸酸性的强弱,K_a 值越大或 pK_a 值越小,酸性越强。与一些无机强酸相比,羧酸是弱酸,如在 $0.1\ mol \cdot L^{-1}$ 的醋酸水溶液中,仅约 1.3% 的醋酸分子解离,醋酸的 K_a 为 1.75×10^{-5}。

羧酸的酸性与其本身的结构密切相关,羧酸分子中吸电子的诱导效应 $(-I)$ 与共轭效应 $(-C)$ 增强羧酸的酸性,给电子的诱导效应 $(+I)$ 与共轭效应 $(+C)$ 则降低羧酸的酸性。在甲酸的同系列中以甲酸的酸性最强,随着烷基的引入,酸性减弱:

	HCOOH	CH₃COOH	CH₃CH₂COOH	(CH₃)₂CHCOOH	(CH₃)₃CCOOH
pK_a	3.75	4.76	4.87	4.86	5.05

苯甲酸的酸性略强于乙酸,这是因为苯基具有一定的吸电子效应。苯甲酸的苯环上连有卤素原子或硝基等吸电子基时,明显增加羧酸的酸性。羧酸分子中引入卤原子,使酸性增强。

由不同卤素取代的一卤代乙酸的酸性强度次序为:

$$FCH_2COOH > ClCH_2COOH > BrCH_2COOH > ICH_2COOH > CH_3COOH$$

pK_a	2.66	2.86	2.90	3.18	4.75

卤代乙酸的酸性随卤素原子数目的增加而增强:

$$Cl_3CCOOH > Cl_2CHCOOH > ClCH_2COOH$$

pK_a	0.65	1.29	2.86

卤原子距离羧基的位置越远,由于诱导效应迅速减弱,使相应的卤代酸的酸性下降:

$$\underset{|\atop Cl}{CH_3CH_2CHCOOH} > \underset{|\atop Cl}{CH_3CHCH_2COOH} > \underset{|\atop Cl}{CH_2CH_2CH_2COOH}$$

pK_a	2.84	4.06	4.52

取代苯甲酸酸性的强弱根据取代基的吸电子效应或给电子效应不同,酸性强弱

不同,具有下面酸性强度的顺序:

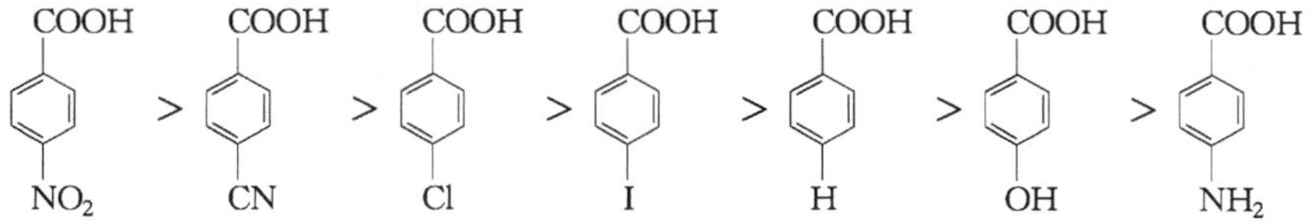

| pK$_a$ | 3.42 | 3.54 | 3.97 | 4.02 | 4.20 | 4.57 | 4.86 |

鉴定羧酸结构一个很有用的概念是中和当量,用酸碱滴定法可测定其中和当量:

$$中和当量 = \frac{羧酸样品质量(g) \times 1000}{c_{NaOH}(mol \cdot L^{-1}) \times V_{NaOH}(mL)}$$

利用中和当量可以计算出羧酸的相对分子质量:

$$羧酸相对分子质量 = 中和当量 \times 羧酸分子中羧基数$$

思考题 10.4　按酸性由大到小的顺序排列下面化合物。

(1) 乙烷,乙酸,乙炔,乙醇,水,氨

(2) 乙酸,2-甲基丙酸,丙二酸,丁二酸

(3) 丁酸,2-溴丁酸,3-溴丁酸,4-溴丁酸,2-甲基丁酸

(4) 苯甲酸,对硝基苯甲酸,对甲氧基苯甲酸,对氯苯甲酸,间硝基苯甲酸

---

2. 酰化反应

羧酸分子中　　C=O 上的碳原子能被一系列亲核试剂(PBr_3,$SOCl_2$,RO^-,ROH,NH_3,H_2NR 等)进攻,反应结果是—COOH 中的—OH 被一系列原子或基团取代,生成酰卤、酸酐、酯和酰胺等羧酸衍生物,此过程实际上是向分子中引入了酰基(acyl, R—C—　),所以也可称为酰化反应。

(1) 酯化　羧酸和醇作用脱水生成酯的反应称为酯化反应,反应一般采用浓硫酸、无水氯化氢或苯磺酸作催化剂。

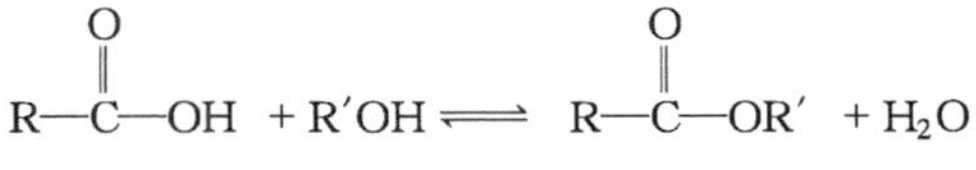

$$R-\overset{O}{\overset{\|}{C}}-OH + R'OH \rightleftharpoons R-\overset{O}{\overset{\|}{C}}-OR' + H_2O$$

酯化反应是可逆的,在达到平衡时,仅部分羧酸变成酯,如果用 1 mol 酸和 1 mol 醇反应,只能生成 2/3 mol 的酯。酯的转化百分率与平衡常数有关,如乙酸与乙醇发生酯化反应平衡常数 $K = 3.38$。要使酯化反应进行得比较完全,一种方法

是增加价廉易得的某种反应物用量,另一种方法是及时移去生成物酯或水。

当酯的沸点比相应醇还低时(如甲酸甲酯、甲酸乙酯与乙酸乙酯),酯化时可及时将生成的酯蒸出;如果酯的沸点比水高,常采用加入苯、甲苯、二甲苯、环己烷等把水带出,这时苯、甲苯等与水、醇能生成二元或三元共沸物,其恒沸物沸点往往较低,更易被蒸出。

关于羧酸酯化反应的机理,一般认为醇作为亲核试剂进攻羧酸的羰基,并提供烷氧基,而羧酸提供羟基生成水,反应是在 H^+ 催化下通过形成四面体中间体而进行的。

$$
R-\overset{\overset{O}{\|}}{C}-OH \xrightleftharpoons{H^+} R-\overset{\overset{+OH}{\|}}{C}-OH \xrightleftharpoons{R'OH} R-\underset{\underset{HOR'}{|}}{\overset{\overset{OH}{|}}{C}}-OH \rightleftharpoons R-\underset{\underset{OR'}{|}}{\overset{\overset{OH}{|}}{C}}-\overset{+}{O}H_2
$$

$$
\xrightleftharpoons{-H_2O} R-\underset{\underset{+}{|}}{\overset{\overset{+OH}{\|}}{C}}-OR' \rightleftharpoons R-\overset{\overset{O}{\|}}{C}-OR' + H^+
$$

有些酯化反应难以进行,其反应平衡常数小于1,则直接酯化法已不适用,只能采用酰氯或酸酐醇解等方法来制备该酯。

醇和酸的结构直接影响酯化反应速率,空间效应是决定四面体中间体形成难易的重要因素,四面体中间体越容易形成,酯化反应速率越快。不同醇和不同羧酸其酯化反应的活性顺序为:

$$CH_3OH > RCH_2OH > R_2CHOH > R_3COH$$

$$HCOOH > CH_3COOH > RCH_2COOH > R_2CHCOOH > R_3CCOOH$$

(2)生成酰卤　羧酸与三氯化磷、五氯化磷或亚硫酰氯反应,生成酰氯,与三溴化磷反应生成酰溴。

$$
R-\overset{\overset{O}{\|}}{C}-OH + \underset{\text{五氯化磷}}{PCl_5} \longrightarrow R-\underset{\text{酰氯}}{\overset{\overset{O}{\|}}{C}-Cl} + \underset{\text{三氯氧磷}}{POCl_3} + HCl
$$

$$
R-\overset{\overset{O}{\|}}{C}-OH + \underset{\text{亚硫酰氯}}{SOCl_2} \longrightarrow R-\underset{\text{酰氯}}{\overset{\overset{O}{\|}}{C}-Cl} + SO_2 + HCl
$$

$$
3R-\overset{\overset{O}{\|}}{C}-OH + \underset{\text{三溴化磷}}{PBr_3} \longrightarrow 3R-\underset{\text{酰溴}}{\overset{\overset{O}{\|}}{C}-Br} + \underset{\text{亚磷酸}}{H_3PO_3}
$$

(3)生成酸酐　羧酸直接加热或在 P_2O_5 等脱水剂存在下失水生成酸酐,此反应产率很低,实际上较高级的酸酐是通过羧酸与乙酸酐共热制得,而乙酸酐容易由乙烯酮与乙酸反应获得(见本章第三节五)。

$$
\underset{R-C-OH}{\overset{O}{\|}} + \underset{R-C-OH}{\overset{O}{\|}} \xrightarrow{P_2O_5} \underset{\substack{R-C-O-C-R \\ 酸酐}}{\overset{O\qquad O}{\|\qquad\|}} + H_2O
$$

$$
2\ RCOOH + (CH_3CO)_2O \xrightarrow{\triangle} (RCO)_2O + 2CH_3COOH
$$
$$
\underset{乙酸酐}{} \qquad\qquad \underset{酸酐}{}
$$

（4）生成酰胺　羧酸与氨或胺作用生成酰胺,在较低温度下首先形成铵盐,然后在较高温度下分解,得到酰胺。

$$
RCOOH + NH_3 \longrightarrow RCOO^-NH_4^+ \xrightarrow{\triangle} RCONH_2 + H_2O
$$

例如:

$$
CH_3COOH + NH_3 \longrightarrow CH_3COONH_4 \xrightarrow{100℃} CH_3CONH_2 + H_2O
$$
$$
\qquad\qquad\qquad\qquad 乙酸铵 \qquad\qquad\qquad 乙酰胺
$$

$$
\underset{苯甲酸}{C_6H_5COOH} + \underset{苯胺}{C_6H_5NH_2} \xrightarrow{180\sim190℃} \underset{N-苯基苯甲酰胺\ 84\%}{C_6H_5CONHC_6H_5} + H_2O
$$

3. 还原反应

由于羧酸中羰基与羟基的相互影响,还原反应较难发生,采用催化加氢方法一般难以将其还原,但用 $LiAlH_4$ 等强还原剂,在乙醚中能顺利将羧酸还原成伯醇。例如:

$$
\underset{硬脂酸}{n-C_{17}H_{35}COOH} \xrightarrow[\text{② } H_2O]{\text{① } LiAlH_4/Et_2O} \underset{1-十八醇}{n-C_{17}H_{35}CH_2OH}
$$

$$
CH_2{=}CHCH_2COOH \xrightarrow[\text{② } H_2O]{\text{① } LiAlH_4/Et_2O} \underset{3-丁烯-1-醇}{CH_2{=}CHCH_2CH_2OH}
$$

乙硼烷也可以将羧酸还原成伯醇,例如:

$$
O_2N{-}\!\!\!\bigcirc\!\!\!{-}COOH \xrightarrow[\text{② } H_2O]{\text{① } B_2H_6} O_2N{-}\!\!\!\bigcirc\!\!\!{-}CH_2OH
$$

4. 脱羧反应

羧酸加热可以失去羧基,普通脂肪酸脱羧需要高温而且产率低,当羧基的 α-碳原子上连有芳基或吸电子的基团时,则容易发生脱羧反应。例如:

$$
\underset{CH_3-C-CH_2-COOH}{\overset{O}{\|}} \xrightarrow{\triangle} \underset{CH_3-C-CH_3}{\overset{O}{\|}} + CO_2
$$

$$
Cl_3C{-}COOH \xrightarrow{\triangle} CHCl_3 + CO_2
$$

　　芳香羧酸脱羧比脂肪酸容易,因为苯基在这里表现出弱吸电子作用,当苯环上连有强吸电子基(如—NO$_2$ 等)时,则脱羧反应更容易进行。

$$O_2N \underset{NO_2}{\overset{COOH}{\bigcirc}} NO_2 \quad \xrightarrow{\triangle} \quad O_2N \underset{NO_2}{\bigcirc} NO_2 \quad + CO_2$$

　　羧酸盐在一定的条件下也能脱羧,柯尔贝(Kolbe H)反应就是羧酸碱金属盐在电解条件下发生脱羧,最后在阳极得到烃的反应。

$$2RCOOK + 2H_2O \xrightarrow{电解} \underset{阳极}{R—R} + 2CO_2 + \underset{阴极}{H_2} + 2KOH$$

柯尔贝反应是一个游离基反应,在阳极发生的反应为:

$$RCOO^- \xrightarrow{阳极} RCOO\cdot + e^-$$
$$RCOO\cdot \longrightarrow R\cdot + CO_2$$
$$R\cdot + R\cdot \longrightarrow R—R$$

　　另一个在合成中很有用的脱羧反应是汉斯狄克(Hunsdiecker H)反应,该反应是指羧酸的银盐与溴反应生成溴代烃。

$$RCOOAg + Br_2 \xrightarrow{CCl_4} R—Br + AgBr + CO_2$$

这个反应是游离基机理的反应:

$$RCOOAg + Br_2 \xrightarrow{-AgBr} RCOOBr \longrightarrow RCOO\cdot + Br\cdot$$
$$RCOO\cdot \longrightarrow R\cdot + CO_2$$
$$R\cdot + Br\cdot \longrightarrow R—Br$$

5.α－H 卤代反应

　　在少量红磷催化下,脂肪羧酸的 α－H 能被氯或溴取代,生成 α－卤代酸,此反应称为赫尔－沃尔哈德－泽林斯基(Hell－Volhard－Zelinsky)反应。

$$RCH_2COOH + Br_2 \xrightarrow{P} \underset{Br}{RCHCOOH} + HBr$$
$$\text{α－溴代酸}$$

反应是通过酰卤进行的,因酰卤的 α－H 比羧酸的 α－H 要容易卤代,反应中的 P 先与 Br$_2$ 生成了 PBr$_3$,再通过酰溴而发生 α－溴代。

$$RCH_2\overset{O}{\overset{\|}{C}}—OH \xrightarrow{PBr_3} RCH_2\overset{O}{\overset{\|}{C}}—Br \xrightarrow{Br_2} \underset{Br}{RCH}\overset{O}{\overset{\|}{C}}—Br$$

$$\underset{Br}{\overset{\displaystyle Br \quad\quad O}{\text{RCH—C—Br}}} + RCH_2COOH \longrightarrow \underset{Br}{\overset{\displaystyle Br}{\text{R—CH—COOH}}} + RCH_2COBr$$

除磷外,碘和硫也能起催化作用,工业生产氯乙酸就是在硫或碘催化下进行的,控制好条件,可使反应停留在一元取代阶段,否则会生成一氯乙酸、二氯乙酸和三氯乙酸的混合物。

$$CH_3COOH + Cl_2 \xrightarrow{\text{S(或 I}_2)} ClCH_2COOH + HCl$$

$$CH_3COOH \xrightarrow[\text{P(或 I}_2)]{Cl_2} \underset{\text{一氯乙酸}}{ClCH_2COOH} \xrightarrow[\text{P(或 I}_2)]{Cl_2} \underset{\text{二氯乙酸}}{Cl_2CHCOOH} \xrightarrow[\text{P(或 I}_2)]{Cl_2} \underset{\text{三氯乙酸}}{Cl_3CCOOH}$$

6. 二元羧酸的反应

二元羧酸分子中含有两个羧基,每个羧基具有一元羧酸同样的反应,但由于两个羧基的相互影响,使二元羧酸具有某些一元羧酸不具有的特性反应。

(1)二元羧酸的酸性 二元羧酸分子中的两个羧基是分步解离的,因而具有两个解离常数 K_{a1} 与 K_{a2},一般 K_{a2} 小于 K_{a1},这是由于解离出一个质子后,生成的羧酸根负离子是较强的给电子基团,抑制了第二个羧基的解离,而且生成的羧酸双负离子具有相互排斥作用,使羧酸双负离子稳定性降低:

$$^-OOC(CH_2)_n COO^-$$

随着两个羧基之间距离的增大,两个负电荷之间排斥作用逐渐减小,K_{a1}/K_{a2} 比值也随之减小。如乙二酸的 K_{a1}/K_{a2} 为 922,而壬二酸的 K_{a1}/K_{a2} 只为 7.3。

常见的二元羧酸的解离常数见表 $10-2$。

表 $10-2$ 一些二元羧酸的解离常数

| 化合物 | 解 离 常 数 | | K_{a1}/K_{a2} | 化合物 | 解 离 常 数 | | K_{a1}/K_{a2} |
	K_{a1}	K_{a2}			K_{a1}	K_{a2}	
乙二酸	3.5×10^{-2}	4×10^{-5}	922	己二酸	3.7×10^{-5}	3×10^{-6}	9.88
丙二酸	1.6×10^{-3}	1.4×10^{-6}	738	辛二酸	3.4×10^{-5}	3×10^{-6}	7.70
丁二酸	6.8×10^{-5}	2.3×10^{-5}	19.2	顺丁烯二酸	1.2×10^{-2}	4×10^{-7}	—
戊二酸	4.7×10^{-5}	2.7×10^{-5}	11.9	反丁烯二酸	9.6×10^{-4}	4.2×10^{-5}	—

(2)二元羧酸受热后的变化 在二元羧酸中,由于两个羧基位置不同,受热后有的失水,有的脱羧,有的既失水又脱羧。

乙二酸在加热时先脱羧生成甲酸,甲酸易继续分解生成一氧化碳和水。丙二酸加热时也容易脱羧。

$$HOOC—COOH \xrightarrow{160\sim180℃} HCOOH + CO_2$$

$$HOOCCH_2COOH \xrightarrow{140\sim160℃} CH_3COOH + CO_2$$

丁二酸、戊二酸加热时,容易失水生成五元环和六元环的环状酸酐。

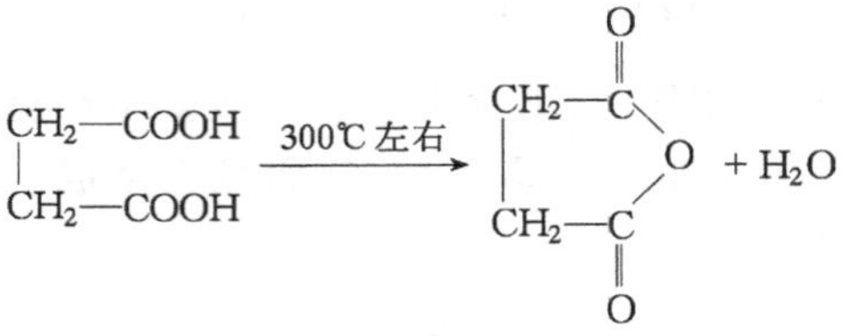

$$\begin{array}{c} CH_2-COOH \\ | \\ CH_2-COOH \end{array} \xrightarrow{300℃左右} \text{丁二酸酐} + H_2O$$

丁二酸酐

$$\begin{array}{c} CH_2-COOH \\ H_2C \\ CH_2-COOH \end{array} \xrightarrow{300℃左右} \text{戊二酸酐} + H_2O$$

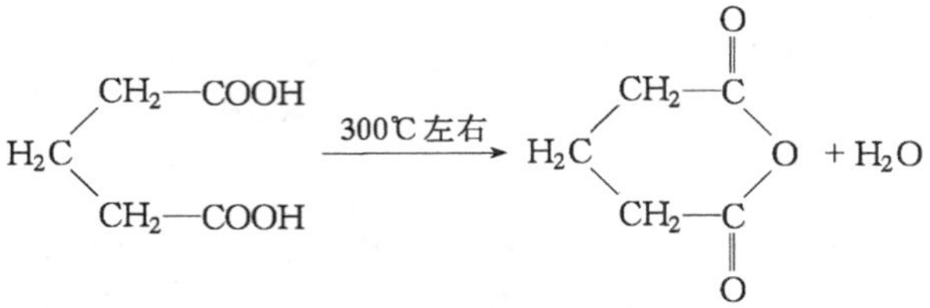

戊二酸酐

己二酸、庚二酸加热下既失水又脱羧,生成环酮。庚二酸以上的二元羧酸,在高温时则发生分子间失水作用,生成高分子的聚酐,因为大于六元环的环酮难以形成,这也说明了张力小的五元环或六元环的化合物容易生成的结论。

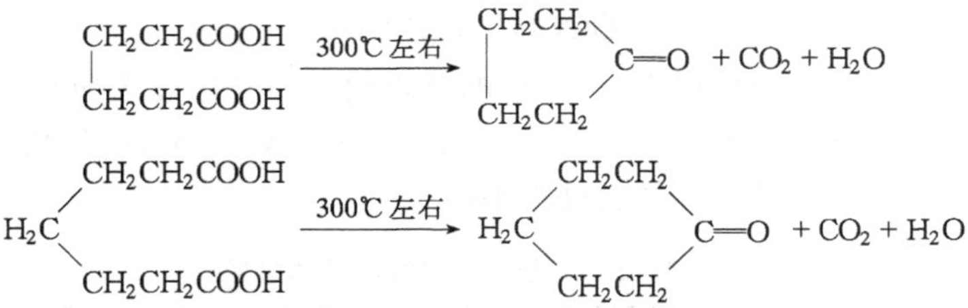

$$\begin{array}{c} CH_2CH_2COOH \\ | \\ CH_2CH_2COOH \end{array} \xrightarrow{300℃左右} \quad C{=}O + CO_2 + H_2O$$

$$\begin{array}{c} CH_2CH_2COOH \\ H_2C \\ CH_2CH_2COOH \end{array} \xrightarrow{300℃左右} \quad C{=}O + CO_2 + H_2O$$

思考题 10.5 完成下列转变:

(1) $CH_3CH{=}CH_2 \rightleftharpoons HOOCCH_2COOOH$

(2) $CH_3COOH \rightleftharpoons HOOCCH_2COOH$

(3) $CH_2{=}CH{-}CH{=}CH_2 \rightleftharpoons$ ⬡=O

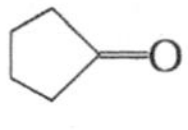

第二节 取 代 羧 酸

羧酸中烃基上的氢原子被其他原子或基团取代所生成的化合物称为取代羧酸或取代酸。取代酸有卤代酸、醇酸、酚酸、羰基酸和氨基酸等,本节将讨论除氨基酸以外的其他几种取代酸。

一、卤代酸

卤代酸分卤代脂肪酸与卤代芳酸,由于卤代芳酸的化学性质与未卤代的芳酸基本相同,故这里不再讨论,下面只讨论卤代脂肪族羧酸。

1. 卤代酸的制法

制备 α-卤代酸一般采用赫尔-沃尔哈德-泽林斯基反应。例如:

$$CH_3CH_2CH_2CH_2COOH + Br_2 \xrightarrow[76℃]{P} CH_3CH_2CH_2\underset{Br}{CH}COOH + HBr$$

β-卤代酸可由 α,β-不饱和羧酸与卤化氢加成制得:

$$(CH_3)_2CHCH=CHCOOH + HBr \longrightarrow (CH_3)_2CHCH\underset{Br}{CH}CH_2COOH$$

2. 卤代酸的反应

(1) 亲核取代　α-卤代酸的卤原子由于受羧基的影响,比较活泼,容易发生多种亲核取代反应,可以用来制备 α-羟基酸、α-氨基酸、α-氰基酸和 α-芳氧基酸等。

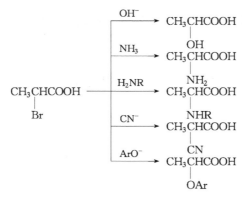

(2) 消去反应　卤代酸酯在碱性条件下加热可以脱卤化氢生成 α,β-不饱和羧酸酯。

$$RCH_2\underset{Br}{CH}COOCH_3 \xrightarrow[\triangle]{喹啉} RCH=CHCOOCH_3$$

(3) 生成内酯　γ-、δ- 和 ε-卤代酸容易生成内酯,同时生成部分羟基酸。例如:

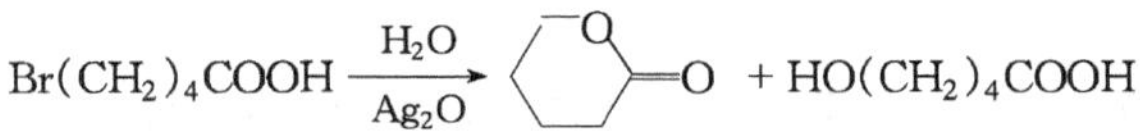

$$Br(CH_2)_4COOH \xrightarrow[Ag_2O]{H_2O} \bigcirc\!\!-O + HO(CH_2)_4COOH$$

（4）达森反应　醛和酮在醇钠（或醇钾）、氨基钠等强碱作用下与 α - 卤代酸酯反应，生成 α,β - 环氧酸酯，此反应称为达森（Darzen G）反应。例如：

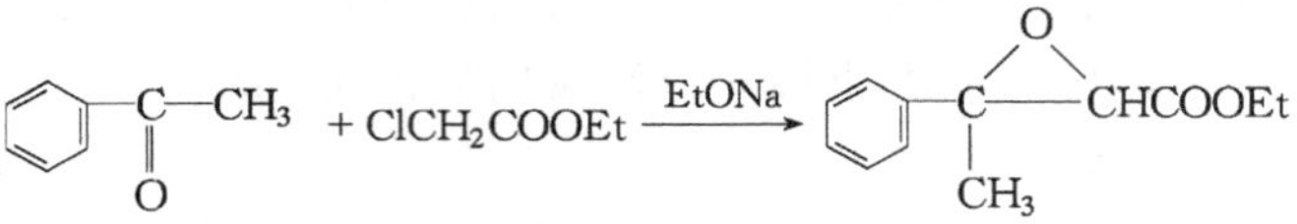

62%

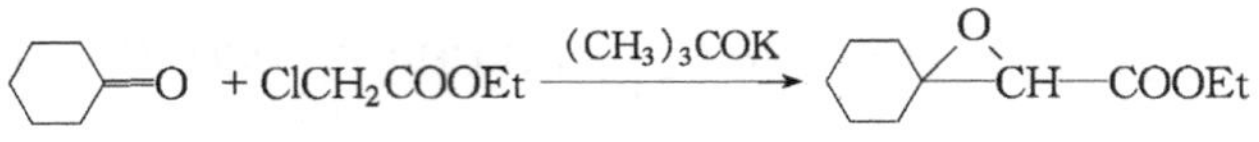

83%～95%

此反应的本质可以看作是卤代酸酯形成的负离子对醛酮的亲核加成，其机理可表示为：

$$EtO^- + ClCH_2COOEt \longrightarrow ClCHCOOEt + EtOH$$

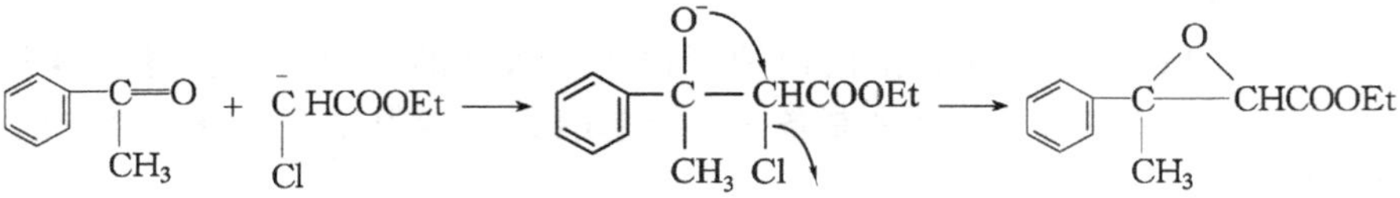

环氧酸酯容易水解得到环氧酸，脱羧后可以得到醛，这是达森反应的重要应用。例如：

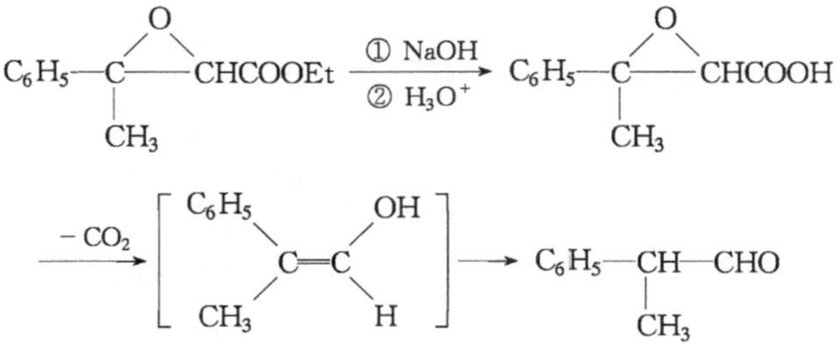

3. 重要的卤代酸

（1）氯乙酸　氯乙酸即一氯乙酸，熔点 61℃，沸点 180℃，易潮解，腐蚀性较强。氯乙酸是重要的化工原料，在农药、医药、染料等的生产中有重要应用，如用来生产除草剂 2,4 - 滴、2,4 - 滴丁酯，植物生长调节剂萘乙酸、氨基乙酸、肾上腺素、咖啡因和羧甲基纤维素等。

（2）氟乙酸　氟乙酸熔点 33℃，沸点 165℃，有剧毒，使用时应注意安全防护。

氟乙酸钠与氟乙酰胺曾用作杀鼠剂，因其毒性太大，易造成对人、畜的伤害，现已严禁使用。

（3）三氟乙酸　三氟乙酸为无色液体，沸点 71.8℃，能与水和多数有机溶剂混溶。三氟乙酸是有机合成中有用的试剂,有时可用来代替硫酸等,使反应条件变得温和。由于—CF_3是强吸电子基,所以三氟乙酸的酯和酰胺比一般羧酸酯和酰胺更易水解,故三氟乙酰基可以用来保护羟基和氨基。

二、醇酸

醇酸指分子中羟基连在饱和碳原子上的羟基酸。

1. 醇酸的制法

(1)卤代酸水解 用碱处理各种卤代酸即得到各种对应的羟基酸,由于 α - 卤代酸容易制得,所以此法常用来制备 α - 羟基酸。

(2)氰醇水解 氰醇水解即得到羟基酸,例如:

$$\text{HOCH}_2\text{CH}_2\text{Cl} \xrightarrow{\text{NaCN}} \text{HOCH}_2\text{CH}_2\text{CN} \xrightarrow{\text{H}_2\text{O/H}^+} \text{HOCH}_2\text{CH}_2\text{COOH}$$

α - 羟基腈(即 α - 氰醇)容易由醛、酮与 HCN 加成得到。

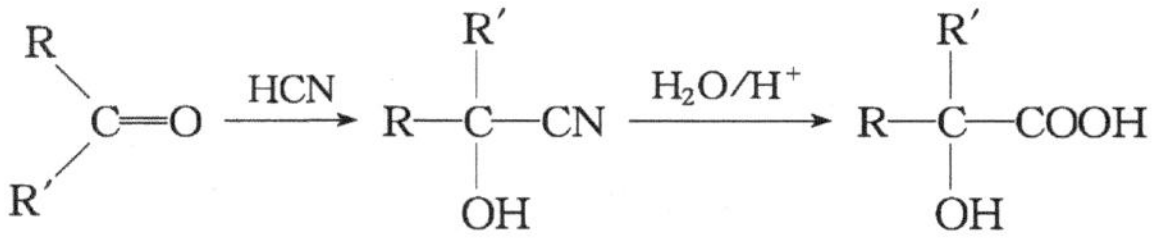

(3)不饱和酸与水加成 不饱和酸与水加成可制得 β - 羟基酸。例如:

$$\text{CH}_2{=}\text{CHCOOH} + \text{H}_2\text{O} \xrightarrow{\text{H}^+} \text{HOCH}_2\text{CH}_2\text{COOH}$$

丙烯酸 $\qquad\qquad\qquad$ β - 羟基丙酸

(4)瑞弗尔马斯基反应 α - 卤代酸酯在 Zn 粉作用下与醛或酮反应,产物水解后得到 β - 羟基酸酯,此反应称为瑞弗尔马斯基(Reformatsky)反应,这是制备 β - 羟基酸酯与 β - 羟基酸的方法。反应中卤代酸酯先与锌粉生成了有机锌化合物,由于有机锌化合物的活性比格氏试剂低,只与羰基活性较大的醛、酮反应,而不与酯中的羰基反应,故可得到较满意的结果。例如:

$$\text{BrCH}_2\text{COOC}_2\text{H}_5 + \text{Zn} \longrightarrow \text{BrZnCH}_2\text{COOC}_2\text{H}_5$$

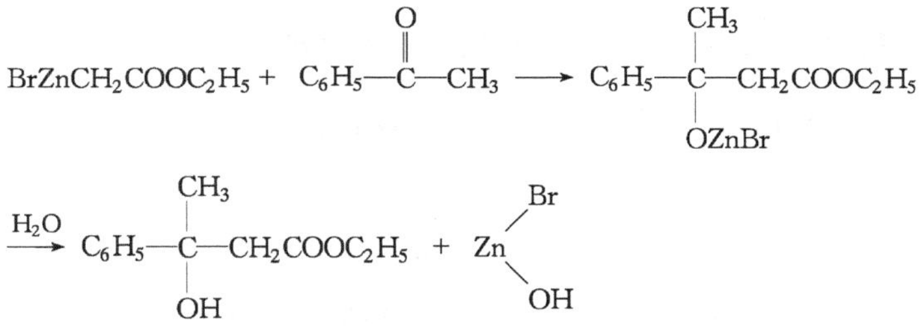

2. 醇酸的化学性质

醇酸兼有醇与羧酸的反应,对已介绍过的共性反应不再讨论,这里仅讨论因羟基相对位置不同而产生的特殊反应。

(1) 脱水反应 醇酸容易发生脱水反应,但羟基的位置不同所得的产物也不同。

α-醇酸易脱水生成交酯,乳酸甚至在不加热条件下,例如储存过程中即可生成乳酰乳酸(半交酯)和交酯。

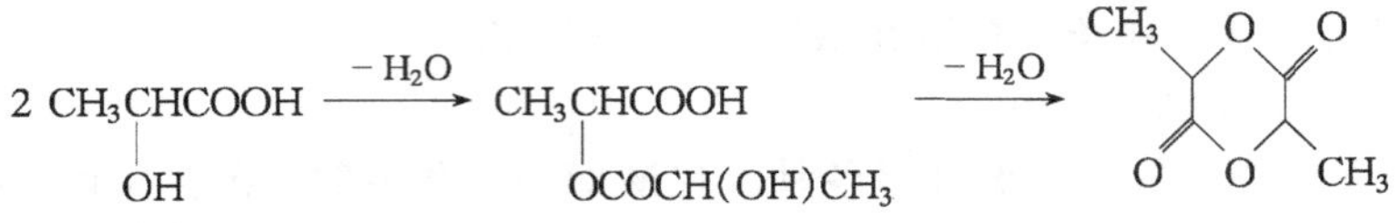

$$2\ CH_3CHCOOH \xrightarrow{-H_2O} CH_3CHCOOH \xrightarrow{-H_2O}$$

乳酸 （下OH） 乳酰乳酸 （下OCOCH(OH)CH_3） 乳酸的交酯

β-醇酸加热脱水生成 α,β-不饱和酸。

$$RCH{-}CH_2COOH \xrightarrow{\triangle} RCH{=}CH{-}COOH + H_2O$$

（OH）

γ-醇酸易脱水生成环状内酯。

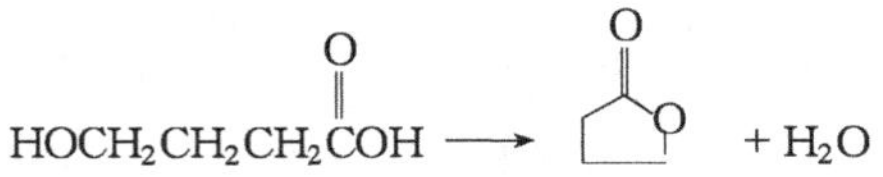

$$HOCH_2CH_2CH_2COH \longrightarrow \quad + H_2O$$

γ-丁内酯

δ-醇酸也能形成环状内酯,但在室温下易吸水开环。

不少内酯存在于自然界中,如香豆素(邻羟基肉桂酸内酯)存在于薰衣草、肉桂、黑香豆等中,是具有强烈新鲜干草气味的香料。γ-壬内酯存在于椰子、桃、杏等水果中,具有椰子的清甜气味,可用于配制食用香精与化妆品香精。维生素 C也是一种内酯。

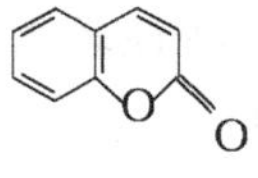

香豆素 $\qquad$ $CH_3(CH_2)_4$ γ-壬内酯 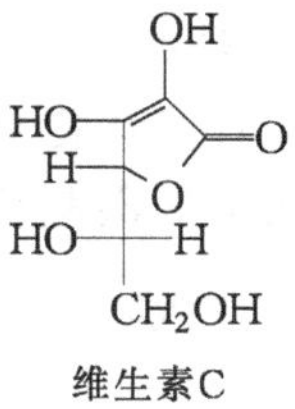 $\qquad$ 维生素C

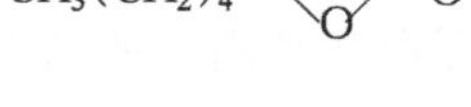

羟基与羧基相距更远,加热时一般生成不饱和酸或链状的聚酯。

$$RCHCH_2(CH_2)_nCOOH \xrightarrow{\triangle} RCH{=}CH(CH_2)_nCOOH +$$

（OH）

$$H{\left[O{-}CHCH_2(CH_2)_nCOCHCH_2(CH_2)_nC \right]_m}OH$$

（2）α – 和 β – 醇酸的降解　α – 醇酸与稀硫酸一起加热，分解为醛、酮和甲酸；如果与浓硫酸共热，则分解为醛、酮、一氧化碳和水。

$$RR'C-COOH \xrightarrow{\text{稀 } H_2SO_4} R-\underset{\underset{O}{\|}}{C}-R' + HCOOH$$
$$\underset{OH}{|}$$

$$RR'C-COOH \xrightarrow{\text{浓 } H_2SO_4} R-\underset{\underset{O}{\|}}{C}-R' + CO + H_2O$$
$$\underset{OH}{|}$$

β – 醇酸在酸或碱催化下可以发生类似于逆羟醛缩合的反应，分解成醛、酮和羧酸。

$$RR'C-CH_2COOH \xrightarrow{H^+(\text{或 } OH^-)} R-\underset{\underset{O}{\|}}{C}-R' + CH_3COOH$$
$$\underset{OH}{|}$$

3．重要的醇酸

（1）乳酸　乳酸即 2 – 羟基丙酸，分子中含有一个手性碳原子，有一对对映体，即 (S) – $(+)$ – 乳酸与 (R) – $(-)$ – 乳酸（见第五章对映异构）。人体的血液和肌肉中存在有 (S) – $(+)$ – 乳酸，乳糖发酵得到 (R) – $(-)$ – 乳酸，许多水果中都含有乳酸。乳酸能与水、乙醇、乙醚混溶。乳酸常用于食品、纺织、皮革和医药工业。

（2）苹果酸　苹果酸的化学名称为 2 – 羟基丁二酸，含有一个手性碳原子，具有两个对映异构体，其构型为：

$$\begin{array}{cc}
\text{COOH} & \text{COOH} \\
| & | \\
\text{HO-C-H} & \text{H-C-OH} \\
| & | \\
\text{CH}_2\text{COOH} & \text{CH}_2\text{COOH} \\
(S)-(-)-\text{苹果酸} & (R)-(+)-\text{苹果酸}
\end{array}$$

存在于苹果中的为左旋苹果酸，熔点 100.5℃，由顺丁烯二酸加水得到的是外消旋苹果酸，熔点 128.5℃。

$$\begin{array}{l}
\text{CHCOOH} \\
\| \\
\text{CHCOOH}
\end{array} + H_2O \longrightarrow \begin{array}{l}
\text{CHOHCOOH} \\
| \\
\text{CH}_2\text{COOH}
\end{array}$$
$$\text{外消旋苹果酸}$$

不成熟的苹果、山楂和葡萄中含有左旋苹果酸。苹果酸主要用来制造药物、汽水、糖果等。

（3）柠檬酸　柠檬酸存在于柠檬等水果中，也存在于人乳和人的血液中，无水柠檬酸的熔点为 153℃，柠檬酸的结构式为：

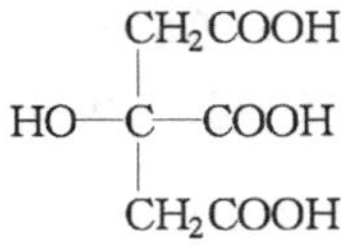

$$
\begin{array}{c}
CH_2COOH \\
HO-C-COOH \\
CH_2COOH
\end{array}
$$

柠檬酸是医药工业、食品工业的重要原料,柠檬酸三丁酯是高分子工业中推广的一种无毒增塑剂。柠檬酸铁铵为补血剂,柠檬酸钠可作为输血剂,柠檬酸是食品工业中清凉饮料和糖果的酸味剂。

三、酚酸

酚酸是指羟基连在芳环上的羟基酸。邻羟基苯甲酸就是酚酸的典型代表。

1. 酚酸的制法

制备酚酸常用的方法是柯尔贝-施密特反应,即将苯酚钠在较低温度下吸收二氧化碳,生成碳酸苯酯钠盐,后者在高温及一定压力下几乎 100% 地转变成羧酸钠盐,最后酸化即得到酚酸。例如水杨酸的制备:

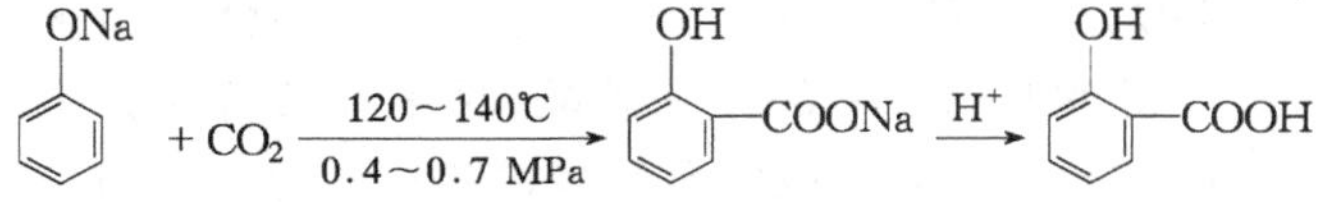

从苯酚钾出发可制备对羟基苯甲酸:

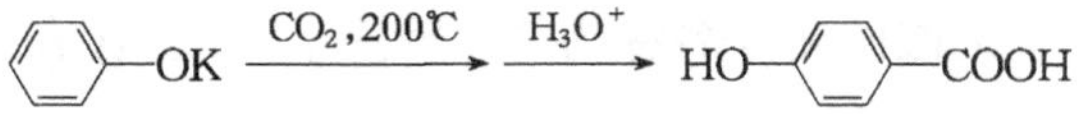

间苯二酚用此法则生成 2,4-二羟基苯甲酸:

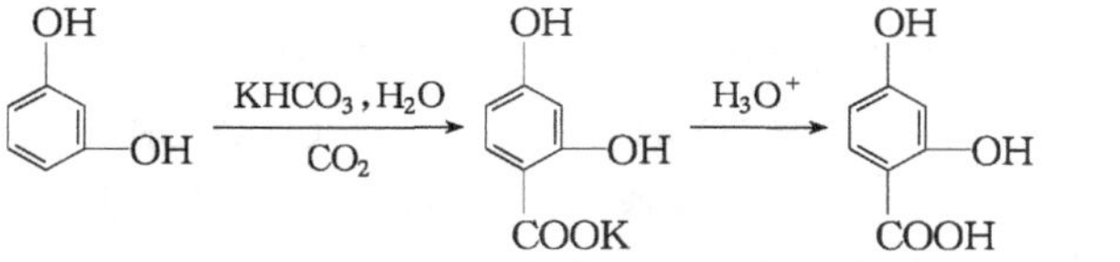

间氨基酚在热压釜中与 CO_2 及 $KHCO_3$ 作用,可得到对氨基水杨酸(又称 PAS),是一种抗结核病的药物。

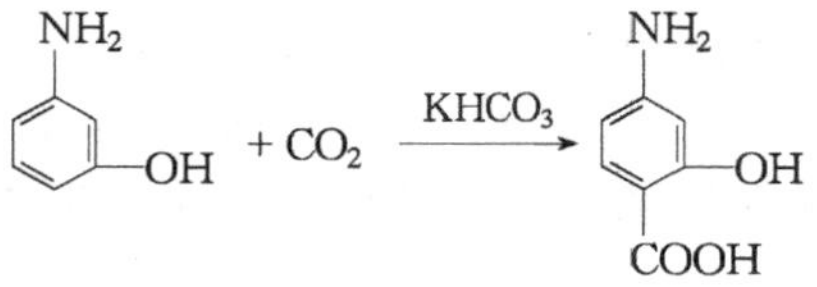

2. 重要的酚酸

(1)水杨酸　水杨酸为无色针状结晶,熔点 159℃,微溶于冷水,易溶于沸水、乙醇、乙醚等有机溶剂中。水杨酸是医药工业和香料工业的重要原料,水杨酸与乙酐反应得到的乙酰水杨酸,俗称阿司匹林,是常用的解热镇痛药,近年来发现这一老品种药物在治疗心血管系统疾病上也有一定作用。

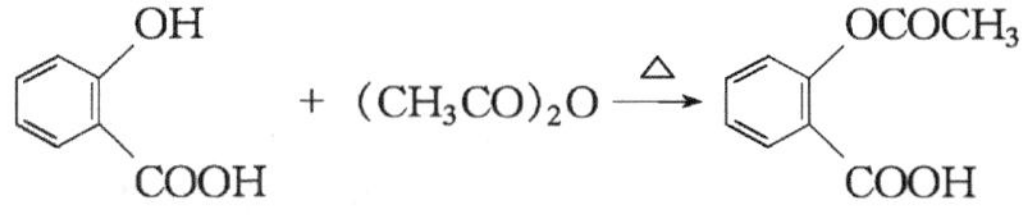

水杨酸甲酯(邻羟基苯甲酸甲酯)是冬青油(来自冬青树叶)的主要成分,可作香料,用于牙膏、肥皂和糖果中;水杨酸苯酯(俗称萨罗)是一种温和的抗菌剂。

(2) 棓酸　棓酸为 3,4,5 - 三羟基苯甲酸,也称为五棓子酸或没食子酸。棓酸以单宁的形式存在于五棓子和茶叶等中。

单宁是一类天然产物,存在于茶叶、咖啡、柿子、五棓子等多种植物中,不同来源所得到的单宁结构不同,五棓子单宁主要产于我国,它是由葡萄糖与不同数目的五棓子酸酯构成的混合物,其结构示意如下:

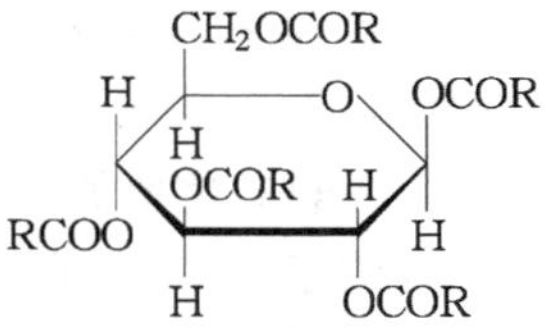

来源不同的单宁,尽管结构不同,但具有基本相同的一些性质,它们都是无定形粉末,有涩味,能和铁盐生成黑色或绿色沉淀,具有杀菌、防腐和凝固蛋白质的作用,所以医药上用作止血及收敛剂,皮革工业中用作鞣革剂,正是由于单宁在鞣革作用中能将生皮变成皮革,所以单宁也叫鞣质或鞣酸。单宁还可以和许多生物碱形成沉淀,故可用作生物碱中毒的解毒剂。

四、羰基酸

羰基酸是指脂肪羧酸的碳链上含有羰基的化合物,醛酸和酮酸都属羰基酸。

1. 乙醛酸

乙醛酸是最简单的羰基酸,也是一种重要的化工原料和化工试剂,在香料、医药、造纸、食品添加剂、生物化学、光谱学研究等领域具有广泛的用途。草酸电解还原是制备乙醛酸的重要方法,也是一种绿色合成方法。

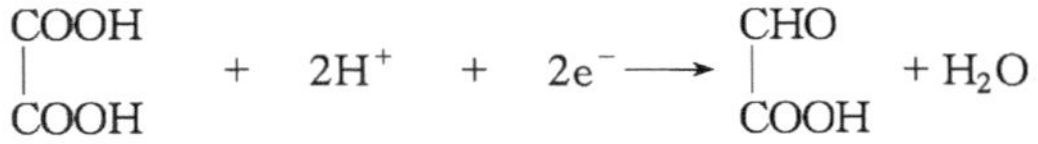

乙醛酸能与一分子水形成稳定的水合物:$(HO)_2CHCOOH$。乙醛酸能发生

醛基和羧基典型的反应,如歧化反应:

$$2 \begin{array}{c} CHO \\ | \\ COOH \end{array} \xrightarrow{NaOH} \begin{array}{c} CH_2OH \\ | \\ COONa \end{array} + \begin{array}{c} COONa \\ | \\ COONa \end{array}$$

2. 丙酮酸

丙酮酸为无色有刺激气味的液体,沸点 165℃,能与水混溶。丙酮酸具有羧酸与酮的典型性质,还具有 α-酮酸的某些特性反应,例如:

$$CH_3\overset{O}{\overset{\|}{C}}\!-\!COOH \xrightarrow[\triangle]{稀\ H_2SO_4} CH_3CHO + CO_2$$

$$CH_3\overset{O}{\overset{\|}{C}}\!-\!COOH \xrightarrow[\triangle]{浓\ H_2SO_4} CH_3COOH + CO$$

$$CH_3\overset{O}{\overset{\|}{C}}\!-\!COOH \xrightarrow[氧化]{Fe^{2+} + H_2O_2} CH_3COOH + CO_2$$

丙酮酸是一种与生命体内众多重要生理生化反应有着密切联系的一种有机酸,在化工、制药和农用化学品等领域有着十分广泛的用途。在医药工业中,丙酮酸是合成丙酮酸钙和 α-羰基苯丁酸的重要原料;在农用化学品领域,可作为阿托酸以及谷物保护剂等多种农药的起始原料;在日化行业中,丙酮酸可以用作防腐剂和抗氧化剂添加到化妆品和食品中。此外,丙酮酸还被广泛用于生物技术诊断试剂和检测试剂。

3. β-酮酸

β-酮酸中最重要的是乙酰乙酸(3-丁酮酸)。

$$\begin{array}{c} R\!-\!\overset{}{\underset{\underset{O}{\|}}{C}}\!-\!CH_2COOH \end{array} \qquad\qquad \begin{array}{c} CH_3\!-\!\overset{}{\underset{\underset{O}{\|}}{C}}\!-\!CH_2COOH \end{array}$$

$$\qquad\quad \beta\text{-酮酸} \qquad\qquad\qquad\qquad\quad 乙酰乙酸$$

乙酰乙酸是有机体内脂肪代谢的中间产物,乙酰乙酸与丙酮一起,存在于糖尿病患者的尿液中。乙酰乙酸不大稳定,在室温以上即脱羧生成丙酮。

$$CH_3\!-\!\overset{}{\underset{\underset{O}{\|}}{C}}\!-\!CH_2COOH \xrightarrow{\triangle} CH_3\!-\!\overset{}{\underset{\underset{O}{\|}}{C}}\!-\!CH_3 + CO_2$$

乙酰乙酸本身在合成上并不重要,乙酰乙酸的酯是稳定的化合物,在有机合成中具有重要用途。

第三节 羧酸衍生物

羧酸中羧基的一部分被其他原子或基团替代后生成的化合物称为羧酸衍生物,包括酰氯、酸酐、酯、酰胺和腈(腈水解生成羧酸,故也放在此处讨论)。

一、羧酸衍生物的结构与命名

1. 羧酸衍生物的结构

酰氯、酸酐、酯和酰胺分子中都含有羰基,与羰基碳原子相连的 Cl、O、N 上都有孤对电子,与羰基 π 电子发生共轭,同时与碳原子相比,Cl、O、N 原子参与共轭及吸引电子能力的不同,造成酰氯、酸酐、酯和酰胺在性质上明显不同。

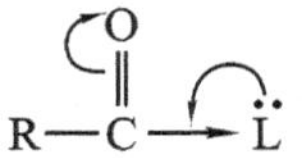

$$\overset{O}{\underset{R-C \longrightarrow L}{\parallel}} \qquad L = Cl, OCOR, OR, NH_2 \text{ 等}$$

用共振式表示如下:

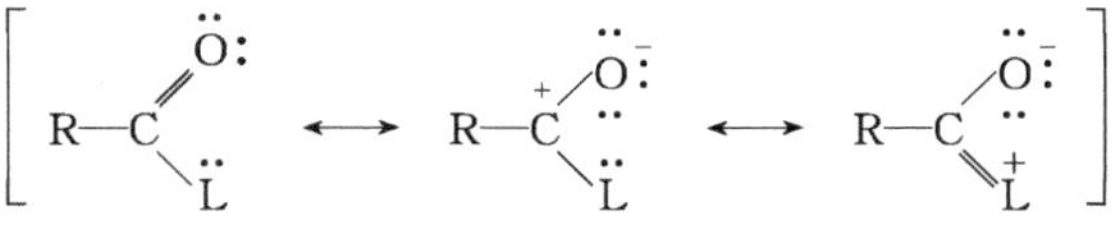

$$\left[\begin{array}{ccc} \overset{\ddot{O}:}{\underset{R-C}{\parallel}} & \longleftrightarrow & \overset{\ddot{O}^-}{\underset{R-\overset{+}{C}}{\mid}} & \longleftrightarrow & \overset{\ddot{O}:^-}{\underset{R-C}{\parallel}} \\ L & & L & & \overset{+}{L} \end{array} \right]$$

羧酸衍生物分子中羰基碳上发生亲核加成反应活性由大到小的顺序如下:

酰卤 > 酸酐 ≫ 酯 > 酰胺

2. 羧酸衍生物的命名

酰氯和酰胺是根据分子中所含的酰基来命名。例如:

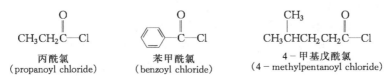

丙酰氯
(propanoyl chloride)

苯甲酰氯
(benzoyl chloride)

4-甲基戊酰氯
(4-methylpentanoyl chloride)

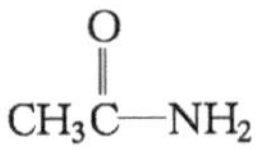

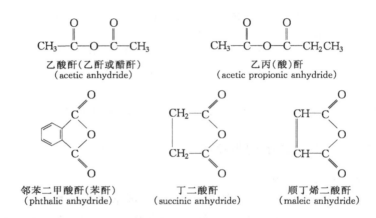

乙酰胺
(acetamide)

苯甲酰胺
(benzamide)

N - 甲基乙酰胺
(*N* - methylacetamide)

N,*N* - 二甲基甲酰胺
(*N*,*N* - dimethylformamide)

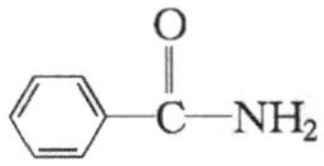

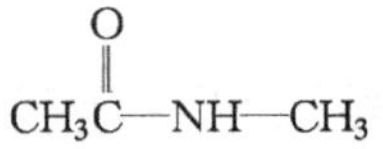

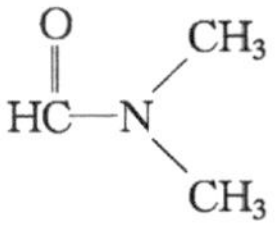

酸酐的命名是将相应的羧酸名称之后加上“酐”字。例如:

乙酸酐(乙酐或醋酐)
(acetic anhydride)

乙丙(酸)酐
(acetic propionic anhydride)

邻苯二甲酸酐(苯酐)
(phthalic anhydride)

丁二酸酐
(succinic anhydride)

顺丁烯二酸酐
(maleic anhydride)

酯是根据水解后所得的羧酸和醇来命名。例如:

乙酸苯甲酯
(benzyl acetate)

苯甲酸乙酯
(ethyl benzoate)

甲基丙烯酸甲酯
(methyl methacrylate)

腈是根据水解所得的酸命名。例如:

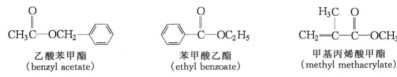

$CH_3C{\equiv}N$	$C_6H_5C{\equiv}N$	$NCCH_2CH_2CN$	$NC(CH_2)_4CN$
乙腈 (ethanenitrile)	苯甲腈 (benzonitrile)	丁二腈 (butanedinitrile)	己二腈 (adiponitrile)

二、羧酸衍生物的物理性质

低级的酰氯和酸酐为具有刺鼻气味的液体,尤其是低级酰氯挥发性大,刺激性强,遇水猛烈水解。相对分子质量较大的酸酐,如丁二酸酐、苯酐等为固体。酰胺因氢键的原因,多为固体,甲酰胺与 *N*,*N* - 二取代的脂肪酸酰胺则为液体。低级酯多为具有香气味的液体。腈大多为液体。

酰氯与酸酐不溶于水,但极易水解,酯在水中的溶解度也很小,低级酰胺可溶于水,*N*,*N* - 二甲基甲酰胺(DMF)与 *N*,*N* - 二甲基乙酰胺可与水以任何比例混溶,是很好的非质子的极性溶剂,随着相对分子质量加大,酰胺在水中的溶

解度迅速降低。

羧酸衍生物都能溶于有机溶剂。一些低级酯类(如乙酸乙酯)本身就是优良的有机溶剂。DMF 可溶解聚丙烯腈,用于合成纤维工业。乙腈也是一个良好的溶剂。

常见的一些羧酸衍生物的熔点、沸点见表 10-3。

表 10-3 一些羧酸衍生物的熔点、沸点

化合物	英文名称	熔点/℃	沸点/℃	化合物	英文名称	熔点/℃	沸点/℃
乙酰氯	acetyl chloride	-112	51	丙酰胺	propanamide	79	213
丙酰氯	propanoyl chloride	-94	80	N,N-二甲基甲酰胺	N,N-dimethyl formamide		153
丁酰氯	butanoyl chloride	-89	102	N,N-二甲基乙酰胺	N,N-dimethyl acetamide	-20	166
苯甲酰氯	benzoyl chloride	-1.0	197	N,N-二甲基丙酰胺	N,N-dimethyl propanamide		153
乙酸酐	acetic anhydride	-73	140	苯甲酰胺	benzamide	130	290
丙酸酐	propanoic anhydride	-45	169	甲酸甲酯	methyl formate	-100	32
丁二酸酐	succinic anhydride	120	261	甲酸乙酯	ethyl formate	-80	54
丁烯二酸酐	maleic anhydride	53	202	乙酸甲酯	methyl acetate	-99	57
苯甲酸酐	benzoic anhydride	42	360	乙酸乙酯	ethyl acetate	-83	77
邻苯二甲酸酐	phthalic anhydride	132	285	乙酸丙酯	propyl acetate	-93	102
乙酸异戊酯	isopenyl acetate	-78	142	乙酸丁酯	butyl acetate	-74	125
丙酸乙酯	ethyl propanoate	-73	99	苯甲酸甲酯	methyl benzoate	-12	199
丁酸乙酯	ethyl butanoate	-93	120	苯甲酸乙酯	ethyl benzoate	-35	213
戊酸乙酯	ethyl pentanoate	-91	145	苯乙酸乙酯	ethyl phenylacetate		226
异戊酸异戊酯	isopentyl isopentanoate		194	邻苯二甲酸二乙酯	diethyl phthaloate		290
乙酰胺	acetamide	81	222	甲基丙烯酸甲酯	methyl methacrylate	-50	100

三、羧酸衍生物的光谱性质

1. 红外光谱

酰氯、酸酐、酯和酰胺分子中羰基的伸缩振动在 $1630\sim1850\ cm^{-1}$,具体数据见表 10-4,腈的 $C\equiv N$ 伸缩振动频率在 $2250\ cm^{-1}$ 左右。

表 10-4　羧酸衍生物羰基的红外吸收

类别	化合物	$\sigma_{C=O}/cm^{-1}$	类别	化合物	$\sigma_{C=O}/cm^{-1}$
酰氯	$R-\overset{O}{\underset{}{C}}-Cl$	$1\ 795\sim1\ 850$	酯	$R-\overset{O}{\underset{}{C}}-OR'$	$1\ 735\sim1\ 750$
	$Ar-\overset{O}{\underset{}{C}}-Cl$	$1\ 765\sim1\ 785$		$Ar-\overset{O}{\underset{}{C}}-OR$	$1\ 715\sim1\ 730$
酸酐	$RC-\overset{O\ \ \ \ \ O}{\underset{}{}}-CR$	$1\ 800\sim1\ 850$(强) $1\ 730\sim1\ 790$(弱)	酰胺	$R-\overset{O}{\underset{}{C}}-NH_2$	$1\ 630\sim1\ 655$
				$R-\overset{O}{\underset{}{C}}-NHR'$	$1\ 630\sim1\ 680$
	$ArC-\overset{O\ \ \ \ \ O}{\underset{}{}}-CAr$	$1\ 780\sim1\ 860$ $1\ 730\sim1\ 780$		$R-\overset{O}{\underset{}{C}}-NR^1R^2$	$1\ 630\sim1\ 680$

2. 核磁共振谱

在质子的核磁共振谱中,羧酸衍生物 α-碳原子上的质子的化学位移在 $1.1\sim2.4$ 之间(见表 10-5),酯中烷氧基上质子的化学位移在 $3.7\sim4.1$ 之间,而酰胺中氮原子上的质子化学位移区间较大,为 $5\sim8$,往往不能出现尖锐的峰。图 10-4 为乙酸乙酯的核磁共振谱。

表 10-5　羧酸衍生物 α-碳上质子的化学位移

G	CH_3-G	RCH_2-G	R_2CH-G
—COOH	2.10	2.36	1.16
—COOCH$_3$	2.03	2.13	1.12
—COCl	2.67		
—CONH$_2$	2.08	2.23	1.13
—CN	2.00	2.28	1.14

羧酸衍生物羰基碳与腈分子中氰基碳的 ^{13}C-NMR 的化学位移如下:

$CH_3-\overset{O}{\underset{}{C}}-Cl$	$CH_3-\overset{O}{\underset{}{C}}-OC_2H_5$	$CH_3-\overset{O}{\underset{}{C}}-NH_2$	$CH_3-C\equiv N$
δ_C　170.3	170.7	172.6	117.4

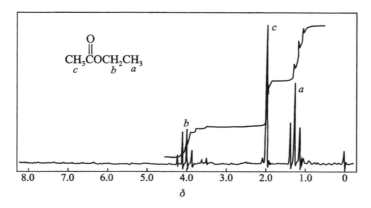

图 10 - 4 乙酸乙酯的核磁共振氢谱

四、酰氯

1．酰氯的制备

酰氯可通过羧酸与亚硫酰氯、三氯化磷或五氯化磷反应制得(见本章第一节四)。

2．酰氯的化学性质

酰氯是很活泼的羧酸衍生物,很容易发生水解、醇解和氨(胺)解,分别得到羧酸、酯和酰胺。因酰氯来自羧酸,所以酰氯水解应用极少,酰氯醇解制备酯,氨(胺)解制备酰胺在合成中具有重要应用。

(1)水解——生成羧酸

$$\underset{\underset{O}{\parallel}}{R-C}-Cl + H_2O \longrightarrow \underset{\underset{O}{\parallel}}{R-C}-OH + HCl$$

(2)醇解——生成酯

$$\underset{\underset{O}{\parallel}}{R-C}-Cl + HOR' \longrightarrow \underset{\underset{O}{\parallel}}{R-C}-OR' + HCl$$

(3)氨(胺)解——生成酰胺

$$\underset{\underset{O}{\parallel}}{R-C}-Cl + NH_3 \longrightarrow \underset{\underset{O}{\parallel}}{R-C}-NH_2 + HCl$$

$$\underset{\underset{O}{\parallel}}{R-C}-Cl + H_2NR' \longrightarrow \underset{\underset{O}{\parallel}}{R-C}-NHR' + HCl$$

$$\underset{\underset{O}{\parallel}}{R-C}-Cl + HNR'_2 \longrightarrow \underset{\underset{O}{\parallel}}{R-C}-NR'_2 + HCl$$

（4）还原　酰氯可通过选择催化氢化方法还原成醛,同时对酯基、硝基、卤素等没有影响,此反应称为罗森孟德还原。例如：

$$\underset{\substack{\| \\ O}}{C_2H_5OC}(CH_2)_5\underset{\substack{\| \\ O}}{CCl} \xrightarrow[Pd-BaSO_4]{H_2} \underset{\substack{\| \\ O}}{C_2H_5OC}(CH_2)_5\underset{\substack{\| \\ O}}{CH} + HCl$$

（5）与有机金属化合物反应　酰氯可与格氏试剂反应得到酮,酮很快与格氏试剂作用生成叔醇。因低温可抑制格氏试剂与酮反应,控制格氏试剂用量,在低温下可以得到酮。

$$\underset{\substack{\| \\ O}}{CH_3C}Cl + CH_3(CH_2)_3MgCl \xrightarrow[-70℃]{Et_2O,FeCl_3} \underset{\substack{\| \\ O}}{CH_3C}CH_2CH_2CH_2CH_3$$
$$\sim 72\%$$

酰氯与二烃基铜锂作用,也得到酮：

$$R-\underset{\substack{\| \\ O}}{C}-Cl + R'_2CuLi \xrightarrow{Et_2O} R-\underset{\substack{\| \\ O}}{C}-R'$$

酰氯参与傅－克反应用于制备芳酮,已在芳烃中讨论过。

五、酸酐

1. 酸酐的制备

（1）由乙烯酮制备　乙烯酮与乙酸作用被用来大量制造乙酐,乙烯酮由乙酸脱水而成。

$$CH_3COOH \xrightarrow{\triangle} CH_2{=}C{=}O + H_2O$$
乙烯酮
$$CH_2{=}C{=}O + CH_3COOH \longrightarrow (CH_3CO)_2O$$
乙酐

（2）由乙酐制备　高级羧酸的酸酐常用乙酐与相应的羧酸反应得到：

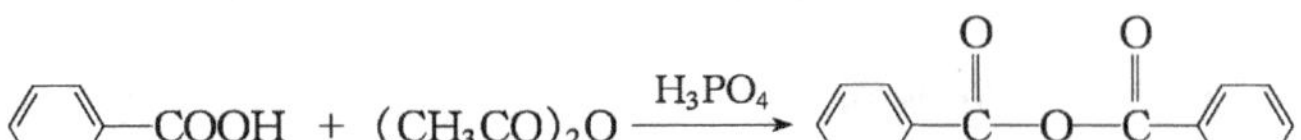

$$\sim 74\%$$

（3）由羧酸钠盐与酰氯制备　例如：

$$CH_3COONa(干燥) + CH_3CH_2COCl \longrightarrow CH_3-\underset{\substack{\| \\ O}}{C}-O-\underset{\substack{\| \\ O}}{C}-CH_2CH_3$$
$$\sim 60\%$$

（4）羧酸脱水　二元羧酸常用此法合成环状酸酐。例如：

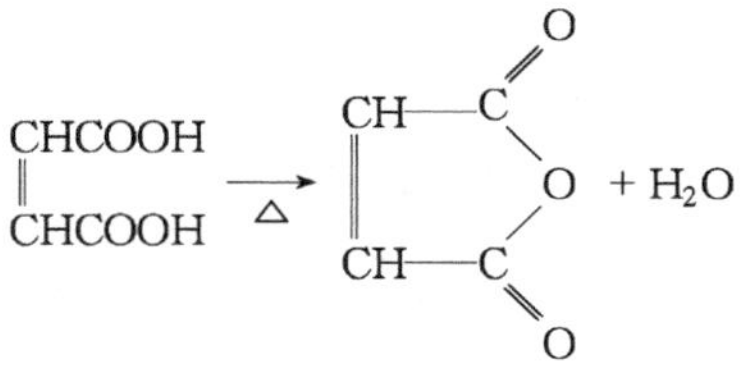

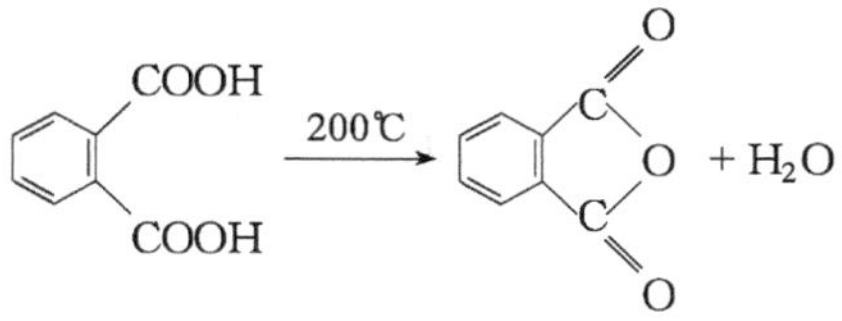

(5) 芳烃催化氧化　例如苯和邻二甲苯在 V_2O_5 催化下可氧化分别生成顺丁烯二酸酐和邻苯二甲酸酐。

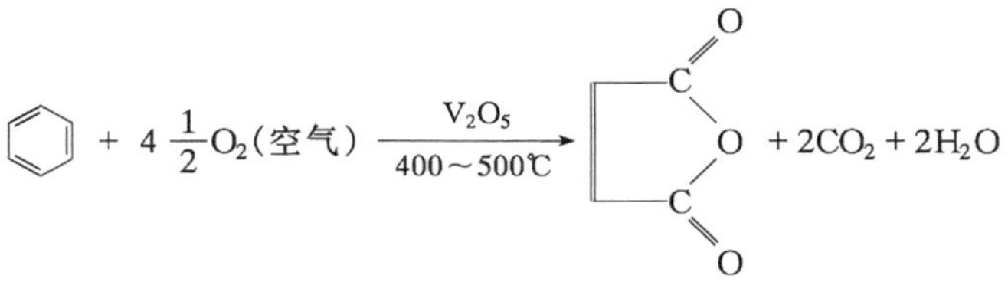

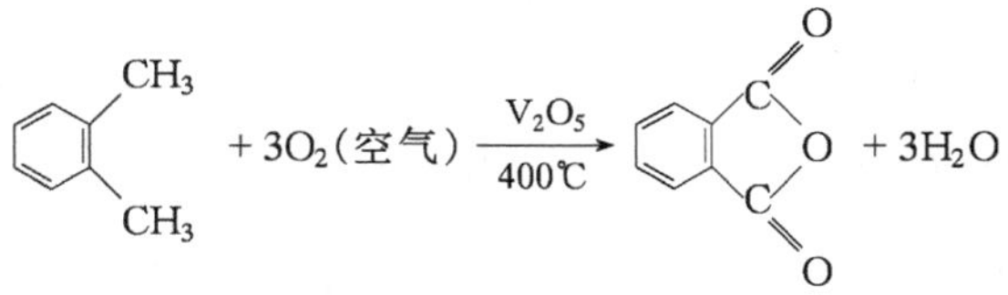

2. 酸酐的反应

酸酐与酰氯类似，也容易发生水解、醇解、氨解反应，其活性比酰氯稍差，但比酯和酰胺的活性高。

(1) 水解　酸酐可以在中性、酸性或碱性溶液中水解，得到相应的羧酸。

$$R-\overset{O}{\overset{\|}{C}}-O-\overset{O}{\overset{\|}{C}}-R + H_2O \longrightarrow 2RCOOH$$

(2) 醇解　酸酐的醇解很容易进行，产物是酯和羧酸。

$$R-\overset{O}{\overset{\|}{C}}-O-\overset{O}{\overset{\|}{C}}-R + HOR' \longrightarrow R-\overset{O}{\overset{\|}{C}}-O-R' + RCOOH$$

环状酸酐醇解，可以停留在生成单酯阶段：

$$\text{(丁二酸酐)} + CH_3OH \xrightarrow{\text{回流}} \begin{array}{l} CH_2COOCH_3 \\ | \\ CH_2COOH \end{array}$$

丁二酸单甲酯约95%

$$\text{(邻苯二甲酸酐)} + CH_3CH_2CH_2CH_2OH \xrightarrow{\text{回流}} \begin{array}{l} COOCH_2CH_2CH_2CH_3 \\ COOH \end{array}$$

要想由酸酐醇解制得双酯,可加酸催化并采取脱水措施。例如:

$$\begin{array}{l} COOC_4H_9-n \\ COOH \end{array} \xrightarrow[H_2SO_4]{n-C_4H_9OH} \begin{array}{l} COOC_4H_9-n \\ COOC_4H_9-n \end{array} + H_2O\text{(分出)}$$

（3）氨（胺）解

$$\begin{array}{cc} O & O \\ \| & \| \\ R-C-O-C-R \end{array} + 2NH_3 \longrightarrow \begin{array}{c} O \\ \| \\ R-C-NH_2 \end{array} + \begin{array}{c} O \\ \| \\ R-C-O^-\ ^+NH_4 \end{array}$$

$$\begin{array}{cc} O & O \\ \| & \| \\ R-C-O-C-R \end{array} + 2R'NH_2 \longrightarrow \begin{array}{c} O \\ \| \\ R-C-NHR' \end{array} + \begin{array}{c} O \\ \| \\ R-C-O^-\ ^+NH_3R' \end{array}$$

环状酸酐可以氨解生成单酰胺,在高温时也能生成酰亚胺。例如:

$$\begin{array}{l} CH_2-C \\ \quad\quad\ \ O \\ CH_2-C \end{array} + 2NH_3 \longrightarrow \begin{array}{l} CH_2-CONH_2 \\ CH_2-COONH_4 \end{array} \xrightarrow{H^+} \begin{array}{l} CH_2-CONH_2 \\ CH_2-COOH \end{array}$$

$$+ 2NH_3 \longrightarrow \begin{array}{l} CONH_2 \\ COONH_4 \end{array} \xrightarrow{H^+} \begin{array}{l} CONH_2 \\ COOH \end{array}$$

$$\xrightarrow{300℃} \text{(邻苯二甲酰亚胺 NH)}$$

邻苯二甲酰亚胺

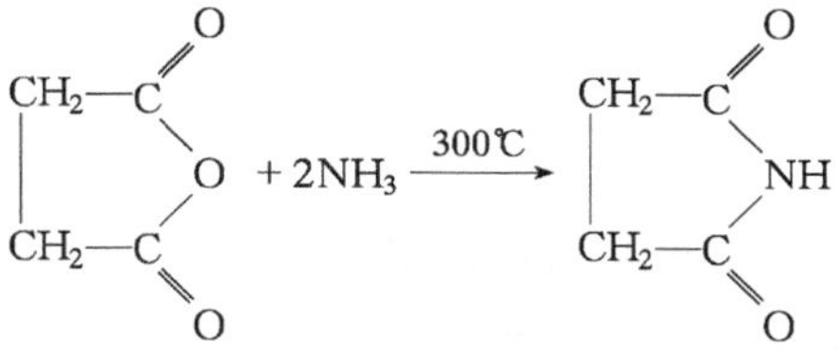

丁二酰亚胺

丁二酰亚胺与溴反应,可得到 N - 溴代丁二酰亚胺(NBS)。

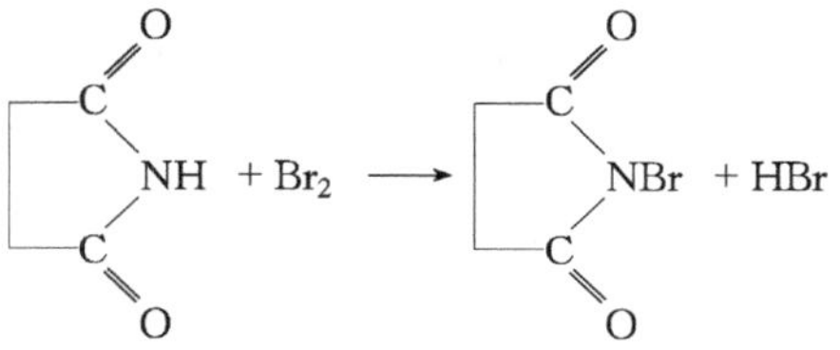

思考题 10.6　写出丙酰氯与下列试剂反应的主要产物。

(1) H_2O　　　　　(2) 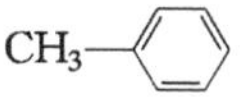 CH_3-⟨⟩, $AlCl_3$　　　(3) $(CH_3)_2CHOH$

(4) $C_6H_5NH_2$　　　(5) $C_6H_5NHCH_3$　　　(6) $(CH_3)_2CuLi$

(7) H_2, $Pd-BaSO_4$

思考题 10.7　写出丁二酸酐与下列试剂反应的主要产物。

(1) H_2O　　　　　(2) $2CH_3CH_2OH$, H^+(去水)　　(3) ① NH_3, ② H^+

(4) NH_3, 300℃　　(5) $CH_3CH_2CH_2NH_2$　　　(6) 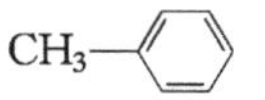 CH_3-⟨⟩, $AlCl_3$

---

(4) 珀金(Perkin W)反应　芳醛和酸酐在碱性催化剂作用下,发生类似交叉羟醛缩合的反应得到 β - 芳基 - α, β - 不饱和酸。

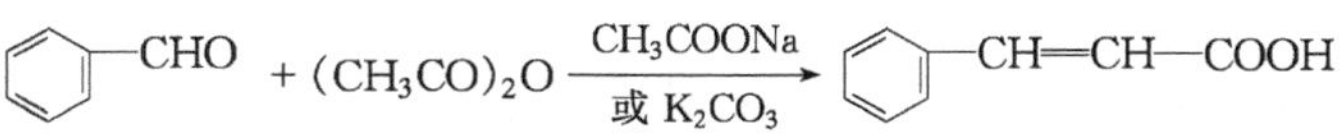

肉桂酸

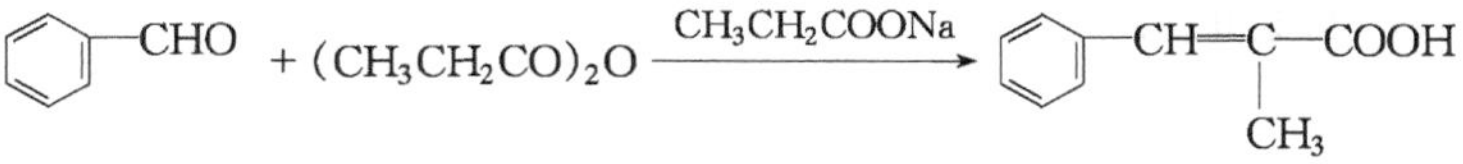

如果用水杨醛与乙酸酐发生珀金反应,中间产物不饱和酸会立即失水环化生成内酯,得到香豆素。香豆素是一种重要香料。

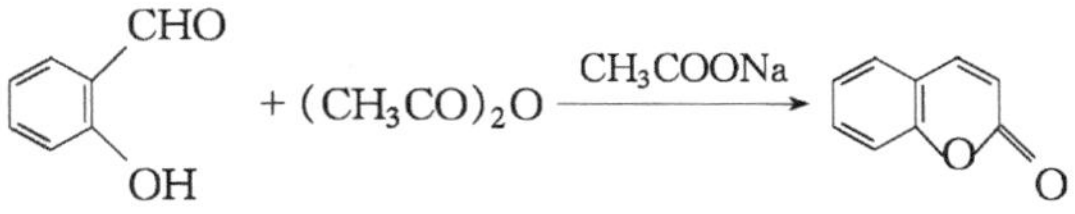

香豆素

六、酰胺

1. 酰胺的制备

从前面可知,酰氯、酸酐的氨(胺)解都可以制得酰胺,在酯的反应中,还可知酯的氨解也可制得酰胺,此外,利用羧酸盐脱水和腈水解均可以得到酰胺:

$$RCOONH_4^+ \xrightarrow[\triangle]{-H_2O} RCONH_2$$

$$R-CN + H_2O \xrightarrow{H^+} RCONH_2$$

例如:

$$CH_3COOH \xrightarrow{NH_3} CH_3COONH_4 \xrightarrow{100℃} CH_3CONH_2 + H_2O$$

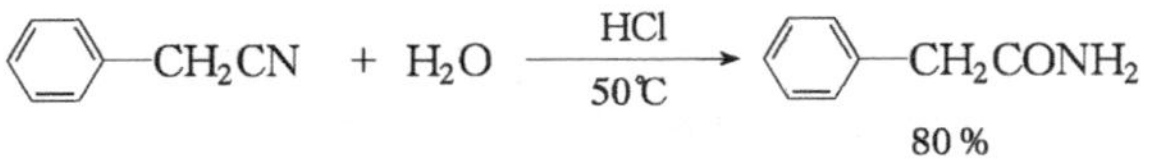

2. 酰胺的反应

(1) 水解　酰胺在羧酸衍生物中反应活性最差,因此水解需要强酸或强碱催化,并且要比较长时间的加热回流。

酸催化:　　$$RCONH_2 + H_2O \xrightarrow[\text{回流}]{H^+} RCOOH + {}^+NH_4$$

碱催化:　　$$RCONH_2 + NaOH \xrightarrow[\text{回流}]{H_2O} RCOONa + NH_3$$

例如:

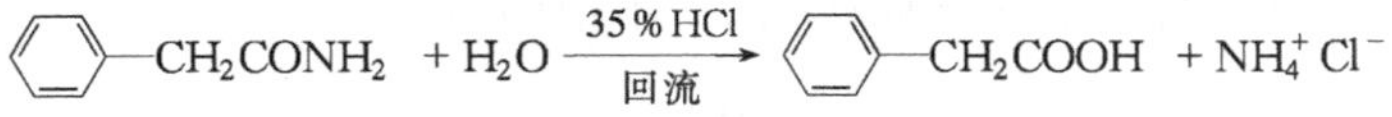

$$CH_3CH_2CH_2CONH_2 + NaOH \xrightarrow{H_2O} CH_3CH_2CH_2COONa + NH_3$$

酰胺酸性水解的机理为:

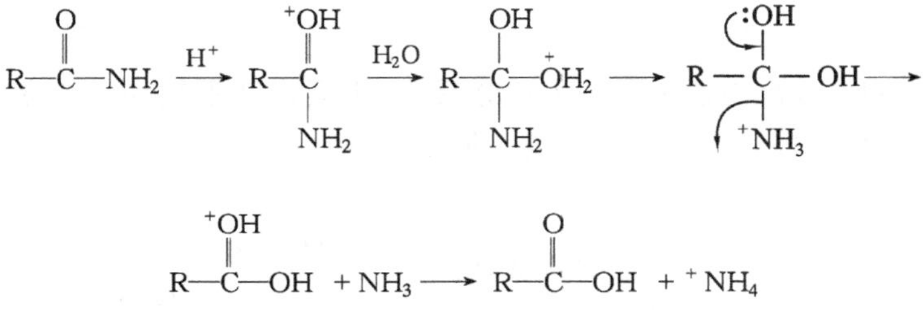

(2) 脱水反应　酰胺脱去一分子水生成腈:

$$R-\overset{\overset{\text{O}}{\|}}{C}-NH_2 \xrightarrow[\triangle]{P_2O_5 \text{ 或 } (CH_3CO)_2O} R-C\equiv N + H_2O$$

酰胺加一分子水又变成羧酸的铵盐,而羧酸铵盐脱水生成酰胺,因此羧酸、羧酸铵盐、酰胺与腈有下面的转化关系:

$$R-\overset{\overset{\text{O}}{\|}}{C}-OH \underset{H^+}{\overset{NH_3}{\rightleftharpoons}} R-\overset{\overset{\text{O}}{\|}}{C}-ONH_4 \underset{+H_2O}{\overset{-H_2O}{\rightleftharpoons}} R-\overset{\overset{\text{O}}{\|}}{C}-NH_2 \underset{+H_2O}{\overset{-H_2O}{\rightleftharpoons}} R-CN$$

酰胺脱水是腈的实验室制法之一,脱水剂通常采用五氧化二磷或三氯氧磷。例如:

邻氯苯甲酰胺　　　邻氯苯甲腈

（3）还原　酰胺不容易还原,用催化氢化法可以将酰胺还原成胺,但需要在高温、高压条件下进行,采用氢化铝锂可将酰胺还原成胺。例如:

$$CH_3\overset{\overset{\text{O}}{\|}}{C}NHC_6H_5 \xrightarrow[\text{② } H_2O]{\text{① } LiAlH_4, 干 Et_2O} CH_3CH_2NHC_6H_5$$

$N-$ 乙基苯胺约60%

（4）降解反应　酰胺与次氯酸钠或次溴酸钠的碱溶液作用,生成少一个碳原子的伯胺,此反应称为霍夫曼降解反应或霍夫曼重排反应,这是制备伯胺的一个重要方法。

$$R\overset{\overset{\text{O}}{\|}}{C}NH_2 + NaOX + 2NaOH \longrightarrow RNH_2 + Na_2CO_3 + NaX + H_2O$$

反应可以直接采用溴或氯的氢氧化钠(或氢氧化钾)溶液。例如:

$$(CH_3)_3CCH_2\overset{\overset{\text{O}}{\|}}{C}NH_2 \xrightarrow[H_2O]{Br_2, NaOH} (CH_3)_3CCH_2NH_2$$

2,2-二甲基丙胺约94%

七、酯

酯是一类很重要的有机化合物,它广泛存在于自然界中,如油脂和蜡都是高级脂肪酸的酯,植物的花果中含有一些有香味的酯。不少酯都具有特殊的香气,如乙酸异戊酯具有香蕉的香味,正戊酸异戊酯具有兰花的香气,肉桂酸乙酯具有清甜的水果、花香的香气,它们都广泛地被用作香料。

1. 酯的制备

在前面讨论的反应中,有一些涉及酯的制备方法,现归纳如下:

(1) 直接酯化

$$RCOOH + R'OH \xrightarrow{H^+} RCOOR' + H_2O$$

(2) 酰氯醇解　酰氯与醇或酚作用生成酯:

$$RCOCl + R'OH(ArOH) \longrightarrow RCOOR'(RCOOAr) + HCl$$

对于用直接酯化法难以制得的酯,常采用此法。

(3) 酸酐醇解　此法特别适用于易于得到的酸酐。例如:

$$(CH_3CO)_2O + R'OH(ArOH) \longrightarrow CH_3COOR'(CH_3COOAr) + CH_3COOH$$

(4) 酯的醇解　见酯的化学反应。

(5) 羧酸盐与卤代烃作用　羧酸盐与卤代烃反应,能制得羧酸酯。

$$RCOONa + R'-X \longrightarrow RCOOR' + NaX$$

例如:

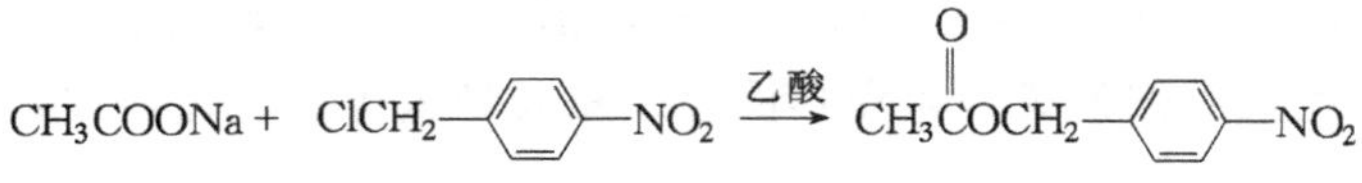

$$CH_3COONa + ClCH_2\text{-}\square\text{-}NO_2 \xrightarrow{\text{乙酸}} CH_3\overset{O}{\overset{\|}{C}}OCH_2\text{-}\square\text{-}NO_2$$
78%~82%

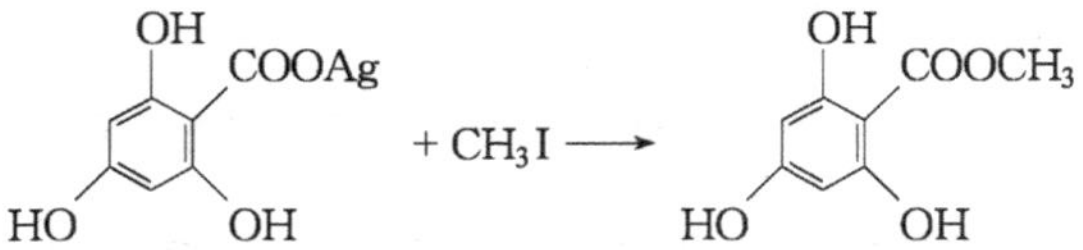

$$\square\text{(OH, COOAg, HO, OH)} + CH_3I \longrightarrow \square\text{(OH, COOCH}_3, HO, OH)}$$
约100%

(6) 腈与醇作用　腈在酸性条件下(如在 HCl 存在下)与醇作用,先生成亚胺酯的盐酸盐,水解后生成酯。

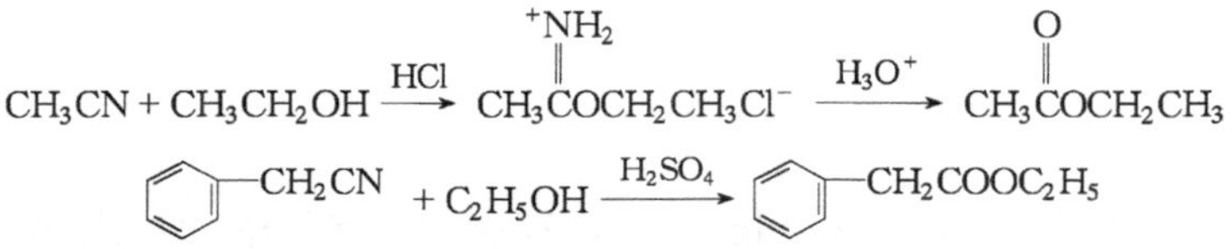

$$CH_3CN + CH_3CH_2OH \xrightarrow{HCl} CH_3\overset{+NH_2}{\overset{\|}{C}}OCH_2CH_3Cl^- \xrightarrow{H_3O^+} CH_3\overset{O}{\overset{\|}{C}}OCH_2CH_3$$

$$\square\text{-}CH_2CN + C_2H_5OH \xrightarrow{H_2SO_4} \square\text{-}CH_2COOC_2H_5$$
83%~87%

2. 酯的反应

酯的化学反应有：水解、氨解、醇解、还原、酯缩合及与格氏试剂反应等。

(1) 水解　酯的水解是酯化的逆反应，反应产生一分子羧酸和一分子醇，由于酯的活性比酰氯及酸酐差，故一般需要酸催化或碱催化。碱催化酯水解使羧酸转变成羧酸钠盐从平衡中除去，可使水解反应变成不可逆；由于 OH^- 是较强的亲核试剂，易与酯的羰基发生亲核加成，因而酯的碱性水解速率较快，所以酯的碱性水解被广泛采用。油脂的碱性水解产物用于生产肥皂和甘油。

在酯的水解中，酯能提供烷氧基或提供烷基，即酯分子有酰氧断裂(Ac)与烷氧断裂(Al)两种反应方式：

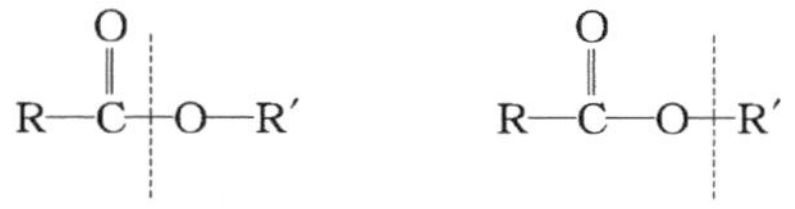

酰氧断裂　　　　烷氧断裂

采用同位素标记方法能判断出反应是以哪种方式进行，如将乙氧基中氧用 ^{18}O 标记的丙酸乙酯碱性水解，得到的乙醇含 ^{18}O，而丙酸中不含 ^{18}O，证明该反应是按酰氧断裂方式进行的。

$$CH_3CH_2\overset{O}{\overset{\|}{C}}{}^{18}OCH_2CH_3 + NaOH \longrightarrow CH_3CH_2\overset{O}{\overset{\|}{C}}ONa + CH_3CH_2{}^{18}OH$$

事实证明，酯的碱性水解一般为酰氧断裂机理，即 $A_{Ac}2$ 机理(A 表示酸催化，Ac 表示酰氧断裂，2 表示双分子反应)，当烃基部分能形成稳定的碳正离子时，也可以按烷氧断裂机理即 $A_{Al}1$ 机理(A 表示酸催化，Al 表示烷氧断裂，1 表示单分子反应)进行。

酯的碱催化水解酰氧断裂机理为：

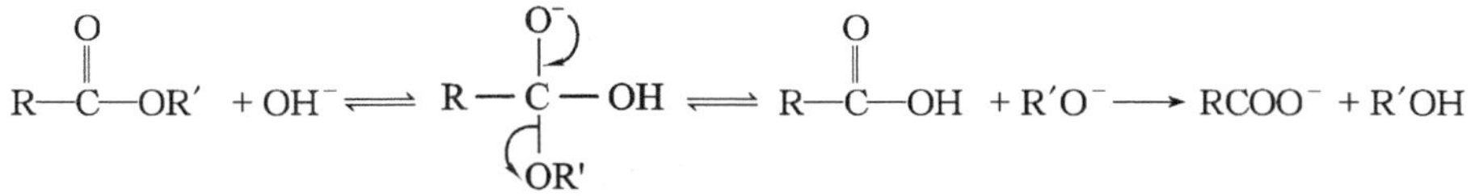

酯的碱催化水解烷氧断裂机理为：

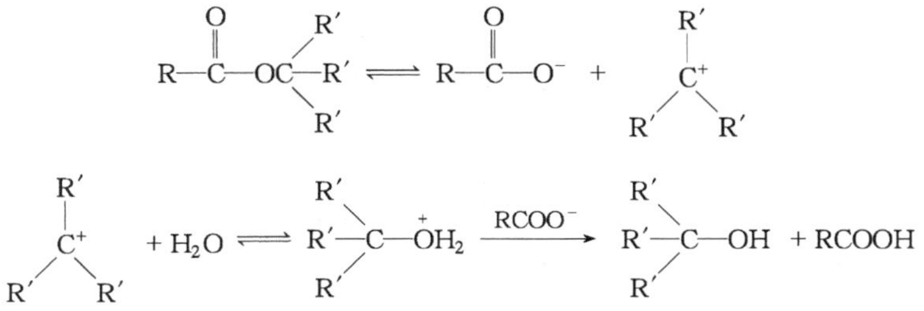

（2）醇解　酯的醇解产生另一种酯及另一种醇，因此也称为酯交换反应。

$$R-\overset{\overset{\displaystyle O}{\|}}{C}-OR^1 + R^2OH \underset{}{\overset{H^+ \text{ 或 } R^2O^-}{\rightleftharpoons}} R-\overset{\overset{\displaystyle O}{\|}}{C}-OR^2 + R^1OH$$

　　酯交换反应是一个可逆反应，可以通过增加希望生成酯的醇用量，及时除去反应中产生的醇（如果该醇沸点偏低），使反应较完全，此法可以由一个低沸点醇的酯制备高沸点醇的酯。例如：

$$CH_2{=}CHCOOCH_3 + CH_3(CH_2)_2CH_2OH \xrightarrow{p-CH_3C_6H_4SO_3H} CH_2{=}CHCOO(CH_2)_3CH_3 + CH_3OH$$

$$H_3COOC{-}\!\!\bigcirc\!\!{-}COOCH_3 + 2HOCH_2CH_2OH \xrightarrow[180\sim190℃]{\text{醋酸锌（或醋酸锰）}}$$

$$HOCH_2CH_2OOC{-}\!\!\bigcirc\!\!{-}COOCH_2CH_2OH + 2CH_3OH$$
对苯二甲酸二乙二醇酯

这是对苯二甲酸二乙二醇酯的工业制法之一，对苯二甲酸二乙二醇酯是合成聚酯纤维（涤纶纤维）的重要原料。

　　碱催化的酯交换反应机理与酯的碱性水解相似：

$$R-\overset{\overset{\displaystyle O}{\|}}{C}-OR^1 + R^2O^- \rightleftharpoons R-\overset{\overset{\displaystyle O^-}{\overset{\displaystyle |}{}}}{\underset{\underset{\displaystyle OR^1}{|}}{C}}-OR^2 \rightleftharpoons R-\overset{\overset{\displaystyle O}{\|}}{C}-OR^2 + R^1O^-$$

$$R^1O^- + R^2OH \longrightarrow R^1OH + R^2O^-$$

　　（3）氨解　酯的氨解（或胺解）生成酰胺或取代酰胺，氨解一般不需要加入酸碱等催化剂，因氨或胺本身就是较强的亲核试剂。

$$RCOOR' + NH_3 \longrightarrow RCONH_2 + R'OH$$

例如：

$$NCCH_2COOC_2H_5 + NH_3 \longrightarrow NCCH_2CONH_2 + C_2H_5OH$$
88%

$$CH_3O{-}\!\!\bigcirc\!\!{-}COOC_2H_5 + C_6H_5NH_2 \xrightarrow[DMSO]{NaH} CH_3O{-}\!\!\bigcirc\!\!{-}CONHC_6H_5 + C_2H_5OH$$
N-苯基对甲氧基苯甲酰胺

　　（4）还原　酯比羧酸容易还原，可以用氢化铝锂还原，也可以用钠加醇及催化氢化还原：

$$RCOOR' \xrightarrow{LiAlH_4} RCH_2OH + R'OH$$

$$RCOOR' \xrightarrow{Na + C_2H_5OH} RCH_2OH + R'OH$$

例如：

$$C_6H_5COOC_2H_5 \xrightarrow{LiAlH_4} C_6H_5CH_2OH + C_2H_5OH$$

$$CH_3(CH_2)_7CH=CH(CH_2)_7COOCH_3 \xrightarrow{LiAlH_4}$$
$$CH_3(CH_2)_7CH=CH(CH_2)_7CH_2OH + CH_3OH$$

催化氢化还原酯的催化剂最好是采用铜铬氧化物（$CuO \cdot CuCrO_4$），也可以采用活性镍。

$$RCOOR' + 2H_2 \xrightarrow[\text{或 Ni}]{CuO \cdot CuCrO_4} RCH_2OH + R'OH$$

（5）与格氏试剂反应　酯与一分子格氏试剂反应先得到酮，酮再与格氏试剂反应，最后制得叔醇。

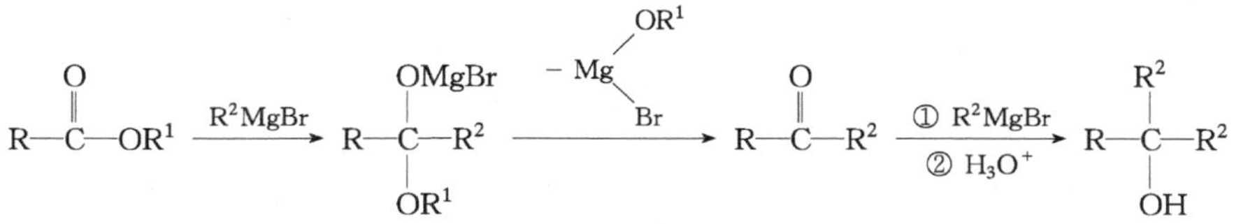

例如：

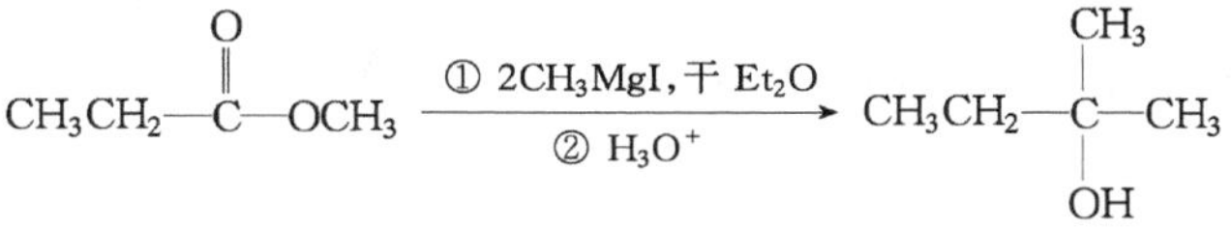

（6）酯缩合反应　具有 $\alpha - H$ 的酯在强碱的作用下，分子间或分子内发生缩合，生成 $\beta -$ 酮酸酯的反应称为酯缩合反应。分子间的酯缩合反应称为克莱森缩合（Claisen condensation）。

（a）酯缩合的机理　乙酸乙酯在乙醇钠作用下，发生克莱森缩合，得到乙酰乙酸乙酯：

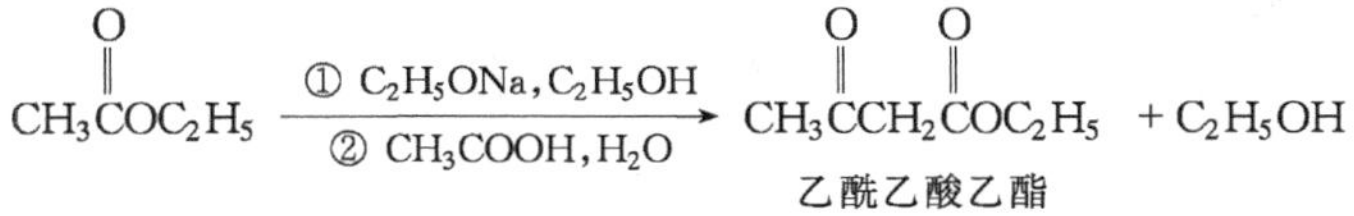

反应是通过 $C_2H_5O^-$ 进攻乙酸乙酯产生的碳负离子（或烯醇盐），然后由此碳负离子与乙酸乙酯发生亲核加成。其机理为：

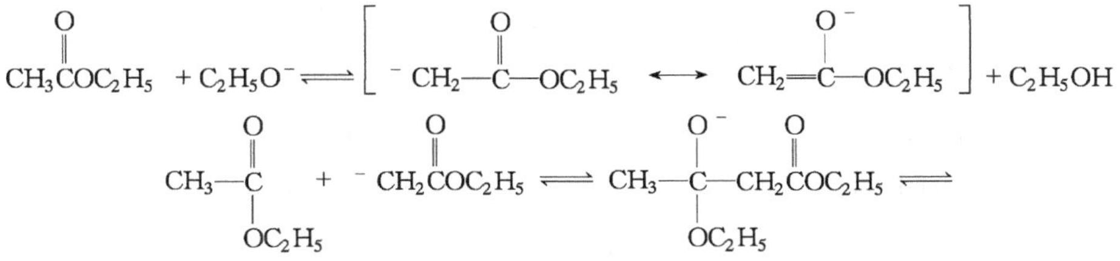

$$CH_3CCH_2COC_2H_5 + C_2H_5O^-$$

（结构式中两个 O 位于羰基上方）

由于乙酸乙酯分子中与羰基相连的 α – 碳上氢的酸性很弱（$pK_a = 15$，与乙醇接近），与乙醇钠作用只有很少一部分乙酸乙酯变成烯醇盐，即第一步反应平衡偏向左边。但乙酰乙酸乙酯分子中的活性亚甲基在两个吸电子基的影响下变得活泼，故 CH_2 上的氢酸性较强（$pK_a = 11$），遇到醇钠后，会全部生成烯醇盐：

$$CH_3CCH_2COC_2H_5 + C_2H_5O^- Na^+ \rightleftharpoons CH_3C\!\!=\!\!CHCOOC_2H_5 + C_2H_5OH$$

所以，尽管上面的平衡反应只生成少量的乙酰乙酸乙酯，但生成后几乎都能变成烯醇钠盐，故可以使平衡向右移动，烯醇钠盐酸化后即得到乙酰乙酸乙酯。

$$CH_3C\!\!=\!\!CHCOOC_2H_5 \xrightarrow{CH_3COOH} CH_3CCH_2COC_2H_5 + CH_3COO^-$$

分子中只有一个 α – H 的酯，由于烃基的诱导效应，较难形成烯醇盐，即使与醇钠生成了烯醇盐，其酯缩合的产物为没有活性亚甲基氢的酮酸酯，后者不能生成烯醇盐，因此缺乏平衡向右移动的动力，这时必须采用比醇钠更强的碱，使反应的第一步（生成烯醇盐）的平衡就偏向右边。例如采用三苯甲基钠：

$$(CH_3)_2CHC\!\!-\!\!OC_2H_5 + (C_6H_5)_3CNa \rightleftharpoons (CH_3)_2\overset{-}{C}COOC_2H_5$$

$$(CH_3)_2CHC\!\!-\!\!OC_2H_5 + (CH_3)_2\overset{-}{C}COOC_2H_5 \longrightarrow (CH_3)_2CHC\!\!-\!\!\underset{CH_3}{\overset{CH_3}{C}}\!\!-\!\!COOC_2H_5 + C_2H_5O^-$$

（b）交叉克莱森缩合　两种酯进行克莱森缩合为交叉克莱森缩合，只有在一种酯含有 α – H 的情况下才有制备价值。例如：

$$C_6H_5COOC_2H_5 + CH_3COOC_2H_5 \xrightarrow[\text{② } H_3O^+]{\text{① EtONa}} C_6H_5CCH_2COOC_2H_5 + C_2H_5OH$$

苯甲酰乙酸乙酯

$$\begin{matrix} COOC_2H_5 \\ | \\ COOC_2H_5 \end{matrix} + CH_3COOC_2H_5 \xrightarrow{C_2H_5ONa} \begin{matrix} COCH_2COOC_2H_5 \\ | \\ COOC_2H_5 \end{matrix} + C_2H_5OH$$

（c）迪克曼缩合　己二酸酯与庚二酸酯类在强碱作用下发生分子内的酯缩合反应，生成环状的 β – 酮酸酯，此反应称为迪克曼（Dieckmann）缩合，迪克曼缩合主要用来合成五元环或六元环的 β – 酮酸酯。

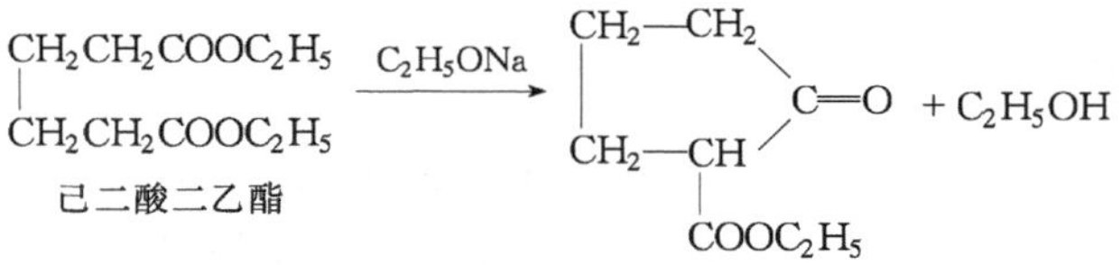

$$CH_2CH_2COOC_2H_5 \quad CH_2CH_2COOC_2H_5 \xrightarrow{C_2H_5ONa}$$

己二酸二乙酯

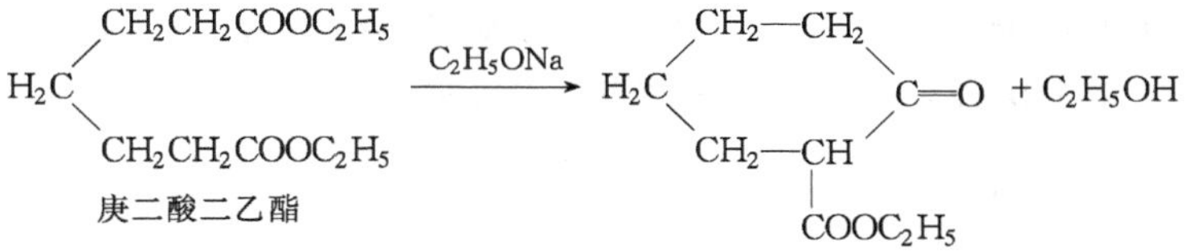

庚二酸二乙酯

（d）酮酯缩合　具有 $\alpha-H$ 的酮与没有 $\alpha-H$ 的酯也可以发生克莱森缩合反应，生成 $\beta-$ 二酮或 $\beta-$ 酮酸酯。

$$C_6H_5COOC_2H_5 + CH_3CC_6H_5 \xrightarrow[②\ H_3O^+]{①\ EtONa} C_6H_5CH_2CC_6H_5$$

1,3-二苯基-1,3-丙二酮 60%～70%

$$C_2H_5OCOC_2H_5 + \text{环己酮} \xrightarrow[②\ H_3O^+]{①\ NaH}$$

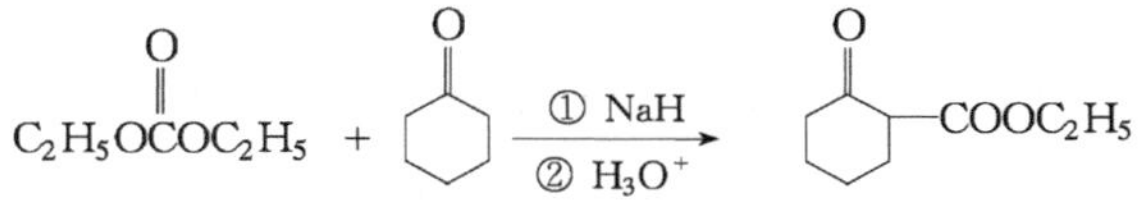

碳酸二乙酯　　　　　　　　　2-环己酮甲酸乙酯 ～67%

$$HCOOC_2H_5 + CH_3CCH_2CH(CH_3)_2 \xrightarrow{Na} HCCH_2CCH_2CH(CH_3)_2$$

～80%

思考题 10.8　写出丙酸甲酯与下列试剂反应的主要产物。

(1) H_2O, H^+　　　　　　　　　(2) CH_3CH_2OH

(3) $C_6H_5CH_2NH_2$　　　　　　　(4) $Na + C_2H_5OH$

(5) ① C_2H_5ONa, ② H^+　　　(6) ① $LiAlH_4$, ② H_2O

(7) $2C_2H_5MgBr, H_3O^+$　　　　(8) $C_6H_5COOCH_3, C_2H_5ONa$

思考题 10.9　完成下列反应：

(1)  2 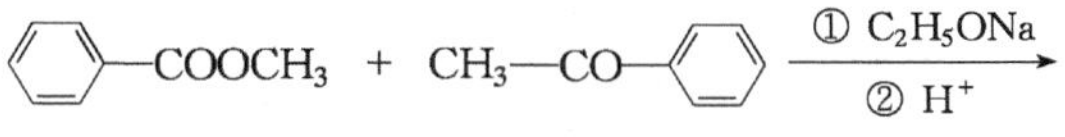 ⟨苯环⟩$-CH_2COOC_2H_5 \xrightarrow[②\ H^+]{①\ C_2H_5ONa}$

(2) ⟨苯环⟩$-COOCH_3 + CH_3-CO-$⟨苯环⟩ $\xrightarrow[②\ H^+]{①\ C_2H_5ONa}$

(3) ⟨苯环 CH_2COOC_2H_5 / CH_2COOC_2H_5⟩ $\xrightarrow[②\ H^+]{①\ Na(二甲苯)}$

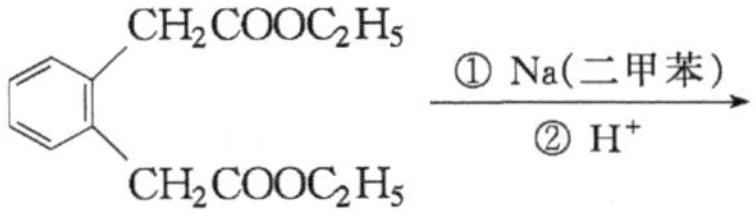

八、β－酮酸酯

β－酮酸酯分子中羰基与酯基之间的亚甲基由于受两个吸电子基的影响，故具有很高的活性，其氢原子具有一定的酸性，这种亚甲基称为活性亚甲基。

活性亚甲基化合物有：β－酮酸酯、丙二酸酯、β－二酮、β－氰基羧酸酯等，部分活性亚甲基化合物中亚甲基上氢原子的 pK_a 值如下：

$$CH_3\overset{O}{\overset{\|}{C}}-CH_2-\overset{O}{\overset{\|}{C}}CH_3 \qquad CH_3\overset{O}{\overset{\|}{C}}-CH_2-\overset{O}{\overset{\|}{C}}OC_2H_5 \qquad C_2H_5O\overset{O}{\overset{\|}{C}}-CH_2-\overset{O}{\overset{\|}{C}}OC_2H_5$$

pK_a　　　　　9　　　　　　　　　　　11　　　　　　　　　　　13

活性亚甲基化合物容易失去亚甲基上的质子，形成碳负离子，从而引出了碳负离子的很多反应。

β－酮酸酯一般由克莱森酯缩合制得：

$$RCH_2COOC_2H_5 + RCH_2COOC_2H_5 \xrightarrow[\text{② } H_3O^+]{\text{① EtONa}} RCH_2\overset{O}{\overset{\|}{C}}-\underset{R}{CH}-\overset{O}{\overset{\|}{C}}OC_2H_5 + C_2H_5OH$$

由乙酸乙酯缩合得到的乙酰乙酸乙酯是最重要的 β－酮酸酯。

1．β－酮酸酯的酮式－烯醇式平衡

以乙酰乙酸乙酯为例，在碱的作用下，活性亚甲基上容易失去一个质子，生成碳负离子（烯醇负离子），根据共振论，它是由三个极限式组成的共振杂化体：

$$CH_3\overset{O}{\overset{\|}{C}}-\overset{-}{C}H-\overset{O}{\overset{\|}{C}}OC_2H_5 \leftrightarrow CH_3\overset{O^-}{\overset{|}{C}}=CH-\overset{O}{\overset{\|}{C}}OC_2H_5 \leftrightarrow CH_3\overset{O}{\overset{\|}{C}}-CH=\overset{O^-}{\overset{|}{C}}OC_2H_5$$

普通的乙酰乙酸乙酯在室温下存在着酮式－烯醇式的互变异构平衡，此平衡体系含有 92.5% 的酮式和 7.5% 的烯醇式。

酮式 92.5%　　　　　　烯醇式 7.5%

互变异构现象是指由于氢原子的转移引起两种异构体之间发生的一种可逆异构化作用。不仅 β－酮酸酯有酮－烯醇互变异构，其他的 β－二羰基化合物也同样存在这种互变异构。例如乙酰丙酮，由于羰基活性大于酯基，使乙酰丙酮中的亚甲基更活泼，因此在互变异构平衡中，烯醇式占明显优势。

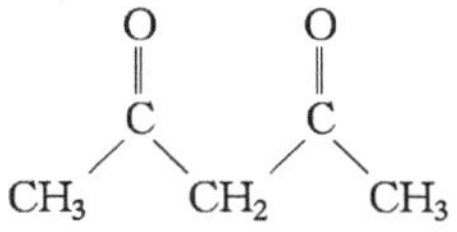

O H ⋯ O
‖　　　　　　　　　 ╲
CH₃—C—CH₂—C—CH₃　　　CH₃—C=CH—C—CH₃
　　O　　　　O

酮式 20% 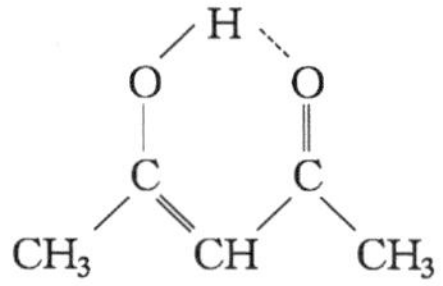　　　　　　　　烯醇式 80%

酮式、烯醇式含量不仅与分子结构有关,而且溶剂也有显著影响。如乙酰乙酸乙酯在液态下烯醇式含量为 7.5%,在水溶液中只有 0.39%,在甲苯中则为 19.8%。表 10-6 列出了一些 β-酮酸酯与酮类化合物的烯醇式含量。

表 10-6　一些化合物的烯醇式含量

化　合　物	烯醇式含量/%	化　合　物	烯醇式含量/%
CH₃CCH₃ (O)	2.4×10^{-4}	CH₃C—CH—COC₂H₅ (O, C₂H₅, O)	1.0
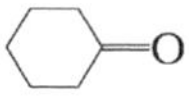 环己酮 (=O)	2.0×10^{-2}	CH₃C—CH—COC₂H₅ (O, CH₃, O)	5.0
CH₃CCH₂CCH₃ (O, O)	80	CH₃CCH₂COC₂H₅ (O, O)	7.5
苯基—CCH₂CCH₃ (O, O)	99	苯基—CCH₂COC₂H₅ (O, O)	21.0

2. β-酮酸酯的烃化和酰化

β-酮酸酯生成烯醇盐后,易与卤代烃或酰氯发生亲核取代,结果是在活性亚甲基上引入一个烃基或酰基,烃化时卤代烃中以伯卤代烃反应的产率最好,如果采用叔卤代烃,则会产生大量消除反应产物。

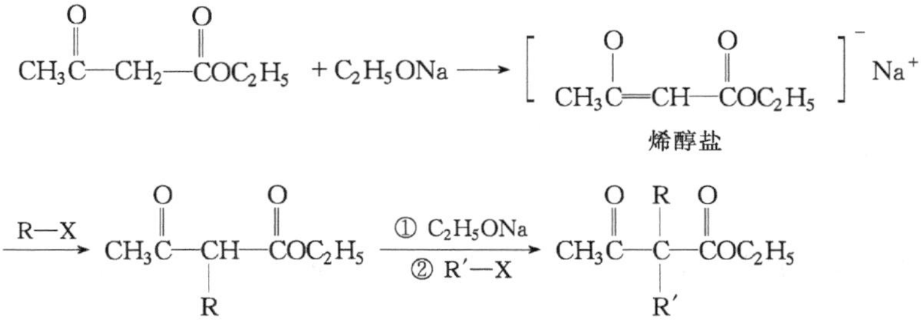

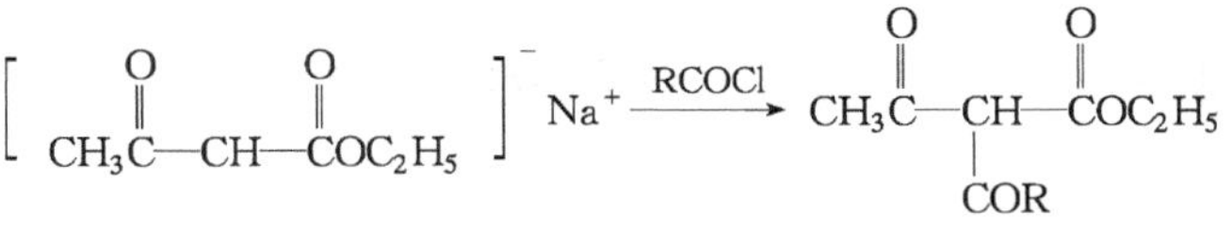

$$CH_3C—CH_2—COC_2H_5 \ + C_2H_5ONa \longrightarrow \left[CH_3C=CH—COC_2H_5 \right] Na^+$$

烯醇盐

$$\xrightarrow{R—X} CH_3C—CH—COC_2H_5 \ \underset{② R'—X}{\overset{① C_2H_5ONa}{\longrightarrow}} CH_3C—C—COC_2H_5$$

（R 在中间碳上；产物中间碳带 R′）

$$\left[CH_3C—CH—COC_2H_5 \right]^- Na^+ \xrightarrow{RCOCl} CH_3C—CH—COC_2H_5$$

（末端带 COR）

　　$\alpha-$卤代酮、$\alpha-$卤代酸酯等也可以与 $\beta-$酮酸酯的烯醇盐反应,生成相应的取代产物。例如:

$$\left[\begin{matrix} \overset{O}{\underset{\|}{CH_3C}}-CH-\overset{O}{\underset{\|}{COC_2H_5}} \end{matrix} \right]^- Na^+ \xrightarrow{ClCH_2COCH_3} CH_3\overset{O}{\underset{\|}{C}}-CH-\overset{O}{\underset{\|}{COC_2H_5}} $$
$$\qquad\qquad\qquad\qquad\qquad\qquad\qquad\qquad\qquad CH_2COCH_3$$

$$\left[\begin{matrix} \overset{O}{\underset{\|}{CH_3C}}-CH-\overset{O}{\underset{\|}{COC_2H_5}} \end{matrix} \right]^- Na^+ \xrightarrow{ClCH_2COOC_2H_5} CH_3\overset{O}{\underset{\|}{C}}-CH-\overset{O}{\underset{\|}{COC_2H_5}} $$
$$\qquad\qquad\qquad\qquad\qquad\qquad\qquad\qquad\qquad CH_2COOC_2H_5$$

3. $\beta-$酮酸酯的酮式分解和酸式分解

$\beta-$酮酸酯有两种水解方式:酮式分解和酸式分解。

$$RC\overset{O}{\underset{\|}{}}-CH_2\,\vdots\,\overset{O}{\underset{\|}{C}}OC_2H_5 \qquad\qquad RC\overset{O}{\underset{\|}{}}\,\vdots\,CH_2-\overset{O}{\underset{\|}{C}}OC_2H_5$$
$$\qquad\text{酮式分解}\qquad\qquad\qquad\qquad\qquad\text{酸式分解}$$

乙酰乙酸乙酯在稀碱水溶液中水解,酸化后脱羧,产物为丙酮,此即是酮式分解。

$$CH_3\overset{O}{\underset{\|}{C}}CH_2\overset{O}{\underset{\|}{C}}OC_2H_5 \xrightarrow[\text{③ } 100℃,\,-CO_2]{\text{① 稀 KOH,② } H_3O^+} CH_3\overset{O}{\underset{\|}{C}}CH_3$$

乙酰乙酸乙酯在浓碱的作用下水解则发生酸式分解,得到乙酸和乙醇。

$$CH_3\overset{O}{\underset{\|}{C}}CH_2\overset{O}{\underset{\|}{C}}OC_2H_5 \xrightarrow[\text{② } H_3O^+]{\text{① 浓 KOH}} 2CH_3COOH + C_2H_5OH$$

又如:

$$CH_3\overset{O}{\underset{\|}{C}}-CH-\overset{O}{\underset{\|}{C}}OC_2H_5$$
$$\qquad\qquad|$$
$$\qquad\quad CH_3$$

$$\xrightarrow[\text{酮式分解}]{\text{① 稀碱,② } H_3O^+,\text{③ } -CO_2} CH_3\overset{O}{\underset{\|}{C}}-CH_2-CH_3$$

$$\xrightarrow[\text{酸式分解}]{\text{① 浓碱,② } H_3O^+} CH_3COOH + CH_3CH_2COOH$$

　　$\beta-$酮酸酯的酮式分解和酸式分解在有机合成中具有重要应用,尤其是酮式分解在合成酮类化合物中用得更普遍。

九、乙酰乙酸乙酯合成法与丙二酸酯合成法在合成中的应用

1. 乙酰乙酸乙酯合成法

将乙酰乙酸乙酯的烃化、水解结合起来,可用来合成多种酮或酮酸,尤其是利用酮式水解来合成甲基酮、β-二酮、γ-二酮与γ-酮酸更重要。具体反应如下:

$$CH_3\overset{O}{\underset{}{C}}CH_2COOC_2H_5 \xrightarrow[\text{② R—X}]{\text{① EtONa}} CH_3\overset{O}{\underset{}{C}}-\overset{R}{\underset{}{C}}HCOOC_2H_5 \xrightarrow{\text{酮式分解}} CH_3\overset{O}{\underset{}{C}}CH_2R$$
甲基酮

$$CH_3\overset{O}{\underset{}{C}}CH_2COOC_2H_5 \xrightarrow[\text{② RCOX}]{\text{① EtONa}} CH_3\overset{O}{\underset{}{C}}-\overset{COR}{\underset{}{C}}HCOOC_2H_5 \xrightarrow{\text{酮式分解}} CH_3\overset{O}{\underset{}{C}}CH_2\overset{O}{\underset{}{C}}R$$
β-二酮

$$CH_3\overset{O}{\underset{}{C}}CH_2COOC_2H_5 \xrightarrow[\text{② XCH}_2\text{COR}]{\text{① EtONa}} CH_3\overset{O}{\underset{}{C}}-\overset{CH_2COR}{\underset{}{C}}HCOOC_2H_5 \xrightarrow{\text{酮式分解}} CH_3\overset{O}{\underset{}{C}}CH_2CH_2\overset{O}{\underset{}{C}}R$$
γ-二酮

$$CH_3\overset{O}{\underset{}{C}}CH_2COOC_2H_5 \xrightarrow[\text{② XCH}_2\text{COOEt}]{\text{① EtONa}} CH_3\overset{O}{\underset{}{C}}-\overset{CH_2COOEt}{\underset{}{C}}HCOOC_2H_5 \xrightarrow{\text{酮式分解}} CH_3\overset{O}{\underset{}{C}}CH_2CH_2COOH$$
γ-酮酸

2. 丙二酸酯合成法

丙二酸二乙酯是最重要的丙二酸酯,其合成方法为:

$$ClCH_2COOH \xrightarrow{NaCN} NCCH_2COOH \xrightarrow{H_2O,H^+} HOOCCH_2COOH$$
氯乙酸   氰基乙酸   丙二酸

$$\xrightarrow{C_2H_5OH,H^+} C_2H_5OOCCH_2COOC_2H_5$$
丙二酸二乙酯

丙二酸二乙酯与乙酰乙酸乙酯一样,有活性亚甲基,在醇钠等强碱存在下也可以烃化,烃化产物水解脱羧后生成羧酸,此方法是合成多种羧酸的较好方法。如一取代乙酸的合成:

$$CH_2\overset{COOC_2H_5}{\underset{COOC_2H_5}{<}} \xrightarrow{C_2H_5ONa} \left[HC\overset{COOC_2H_5}{\underset{COOC_2H_5}{<}}\right]^- Na^+ \xrightarrow{R-X} RCH\overset{COOC_2H_5}{\underset{COOC_2H_5}{<}}$$

$$\xrightarrow[\text{② H}_3\text{O}^+]{\text{① NaOH}} RCH(COOH)_2 \xrightarrow{\triangle,-CO_2} RCH_2COOH$$
一取代乙酸

例如:

$$CH_2(COOC_2H_5)_2 \xrightarrow[\text{② CH}_3\text{CH}_2\text{CH}_2\text{CH}_2\text{Br}]{\text{① C}_2\text{H}_5\text{ONa}} CH_3CH_2CH_2CH_2CH(COOC_2H_5)_2$$

$$\xrightarrow[\text{③} \triangle, -CO_2]{\text{① NaOH,② } H_3O^+} CH_3CH_2CH_2CH_2CH_2COOH$$

丙二酸酯合成法还常用来合成二取代乙酸、取代丁二酸、环烷基取代酸、二元羧酸等。

$$RCH(COOC_2H_5)_2 \xrightarrow[\text{② } R'X]{\text{① EtONa}} \begin{array}{c} R \\ | \\ C(COOC_2H_5)_2 \\ | \\ R' \end{array} \xrightarrow[\text{③} \triangle, -CO_2]{\text{① } OH^-,\text{② } H_3O^+} \begin{array}{c} R \\ | \\ CH-COOH \\ | \\ R' \end{array}$$

二取代乙酸

$$2RCH(COOC_2H_5)_2 \xrightarrow[\text{② } I_2]{\text{① EtONa}} \begin{array}{c} RC(COOC_2H_5)_2 \\ | \\ RC(COOC_2H_5)_2 \end{array} \xrightarrow[\text{③} \triangle, -CO_2]{\text{① } OH^-,\text{② } H_3O^+} \begin{array}{c} RCHCOOH \\ | \\ RCHCOOH \end{array}$$

取代丁二酸

$$CH_2(COOC_2H_5)_2 \xrightarrow[\text{② } Br(CH_2)_3Br]{\text{① } 2EtONa} \begin{array}{c} COOC_2H_5 \\ COOC_2H_5 \end{array} \xrightarrow[\text{③} \triangle, -CO_2]{\text{① } OH^-,\text{② } H_3O^+} \text{—COOH}$$

环丁基甲酸

$$2CH_2(COOC_2H_5)_2 \xrightarrow[\text{② } X(CH_2)_nX]{\text{① } 2EtONa} \begin{array}{c} CH(COOC_2H_5)_2 \\ | \\ (CH_2)_n \\ | \\ CH(COOC_2H_5)_2 \end{array} \xrightarrow[\text{③} \triangle, -CO_2]{\text{① } OH^-,\text{② } H_3O^+} \begin{array}{c} CH_2COOH \\ | \\ (CH_2)_n \\ | \\ CH_2COOH \end{array}$$

直链二元羧酸

$$CH_2(COOEt)_2 \xrightarrow[\text{② } Br(CH_2)_3Br]{\text{① } 2EtONa} \begin{array}{c} CH(COOEt)_2 \\ CH(COOEt)_2 \end{array} \xrightarrow[\text{② } I_2]{\text{① EtONa}} \begin{array}{c} C(COOEt)_2 \\ C(COOEt)_2 \end{array}$$

$$\xrightarrow[\text{③} \triangle, -CO_2]{\text{① } OH^-,\text{② } H_3O^+} \begin{array}{c} COOH \\ COOH \end{array}$$

1,2-环戊烷二羧酸

$$(EtOOC)_2CH_2 + 2BrCH_2CH_2Br + CH_2(COOEt)_2 \xrightarrow[\triangle]{EtONa} \begin{array}{c} EtOOC \qquad COOEt \\ EtOOC \qquad COOEt \end{array}$$

$$\xrightarrow[\text{③} \triangle, -CO_2]{\text{① } OH^-,\text{② } H_3O^+} HOOC\text{—}\bigcirc\text{—}COOH$$

2,4-环己烷二羧酸

思考题 10.10 用乙酰乙酸乙酯合成法合成下列各化合物：

(1) $CH_3\overset{\displaystyle O}{\overset{\displaystyle \|}{C}}CH_2CH_2C_6H_5$

(2) $CH_3\overset{\displaystyle O}{\overset{\displaystyle \|}{C}}\overset{\displaystyle CH_2CH_2CH_3}{\overset{\displaystyle |}{C}}HCH_2COCH_3$

(3) $CH_3\overset{\displaystyle OH}{\overset{\displaystyle |}{C}}H\text{—}\overset{\displaystyle C_2H_5}{\overset{\displaystyle |}{C}}H\text{—}\overset{\displaystyle OH}{\overset{\displaystyle |}{C}}H\text{—}CH_3$

(4) $CH_3\overset{\displaystyle O}{\overset{\displaystyle \|}{C}}CH_2CH_2COOH$

思考题 10.11　用丙二酸二乙酯合成法合成下列羧酸：

(1) $CH_3CH_2CH_2CH_2CHCOOH$
　　　　　　　　　　　$|$
　　　　　　　　　　C_2H_5

(2) $C_6H_5CH_2CH_2COOH$

(3) 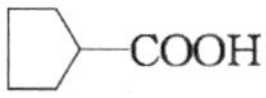 ▷—COOH

(4) H_2C〈CH_2CH_2COOH / CH_2CH_2COOH〉

3. 迈克尔加成

由于乙酰乙酸乙酯与丙二酸二乙酯都含有活性亚甲基, 容易失去质子形成碳负离子, 故易和 α,β-不饱和酸酯、α,β-不饱和醛或酮发生迈克尔加成反应。例如：

$$CH_3CH=CH-COOEt + CH_2(COOEt)_2 \xrightarrow{\text{EtONa}} \begin{array}{c} CH_3CHCH_2COOEt \\ | \\ CH(COOEt)_2 \end{array}$$

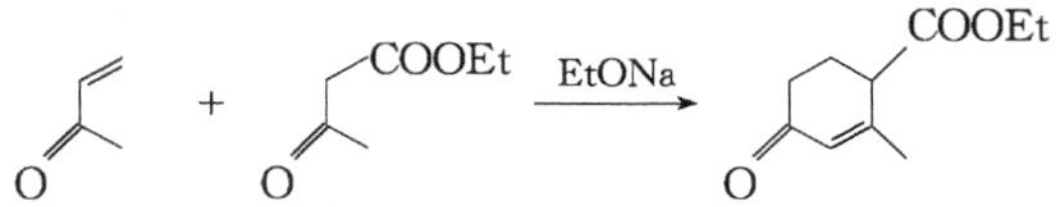

十、烯酮

烯酮是指结构与累积二烯烃相似的羰基化合物, 最简单的烯酮是乙烯酮。

$$R_2C=C=O \qquad CH_2=C=O$$
　　　烯酮　　　　　　乙烯酮

1. 烯酮的制备

制备烯酮的一般方法为 α-卤代酸的酰卤与锌粉共热, 失去两个卤原子后即得烯酮。

$$\begin{array}{c} R_2C-C=O \\ | \ \ | \\ Br \ \ Br \end{array} + Zn \longrightarrow R_2C=C=O + ZnBr_2$$

工业上采用乙酸或丙酮的热解生产乙烯酮：

$$CH_3COOH \xrightarrow[700\sim750℃]{PO(OC_2H_5)_3} CH_2=C=O + H_2O$$

$$CH_3COCH_3 \xrightarrow[700\sim750℃]{} CH_2=C=O + CH_4$$

2. 乙烯酮的反应和应用

乙烯酮为气体, 沸点 −56℃, 有剧毒, 室温下很快二聚生成二乙烯酮：

$$CH_2\!=\!C\!=\!O \atop + \atop CH_2\!=\!C\!=\!O} \longrightarrow \begin{array}{c} CH_2\!=\!C\!-\!O \\ | \quad\quad | \\ CH_2\!-\!C\!=\!O \end{array}$$

二乙烯酮

二乙烯酮作为乙烯酮的主要存在形式,使用时加热分解为乙烯酮。

　　烯酮分子中含有两个累积双键,相互垂直,互不共轭,是一个极活泼的化合物,可以和多种含活泼氢的化合物(水、卤化氢、羧酸、醇、氨等)发生加成,加成时,氢总是加在氧上,另一部分加在羰基碳上,然后质子由氧原子迁移至碳原子上,得到羧酸、酰卤、酸酐、酯和酰胺等。

$$CH_2\!=\!C\!=\!O + H_2O \longrightarrow \left[\begin{array}{c} H\!-\!O \\ CH_2\!=\!C\!-\!OH \end{array} \right] \longrightarrow CH_3\!-\!\overset{O}{\overset{\|}{C}}\!-\!OH$$

$$CH_2\!=\!C\!=\!O + HX \longrightarrow \left[\begin{array}{c} OH \\ | \\ CH_2\!=\!C\!-\!X \end{array} \right] \longrightarrow CH_3\!-\!\overset{O}{\overset{\|}{C}}\!-\!X$$

$$CH_2\!=\!C\!=\!O + RCOOH \longrightarrow \left[\begin{array}{c} OH \quad O \\ | \quad\quad \| \\ CH_2\!=\!C\!-\!OCR \end{array} \right] \longrightarrow CH_3\!-\!\overset{O}{\overset{\|}{C}}\!-\!\overset{O}{\overset{\|}{O}}\!CR$$

$$CH_2\!=\!C\!=\!O + ROH \longrightarrow \left[\begin{array}{c} OH \\ | \\ CH_2\!=\!C\!-\!OR \end{array} \right] \longrightarrow CH_3\!-\!\overset{O}{\overset{\|}{C}}\!-\!OR$$

$$CH_2\!=\!C\!=\!O + HNH_2 \longrightarrow \left[\begin{array}{c} OH \\ | \\ CH_2\!=\!C\!-\!NH_2 \end{array} \right] \longrightarrow CH_3\!-\!\overset{O}{\overset{\|}{C}}\!-\!NH_2$$

以上反应都向分子中引入了乙酰基,所以乙烯酮是一个理想的乙酰化试剂。乙烯酮与格氏试剂反应,水解后生成酮:

$$CH_2\!=\!C\!=\!O \xrightarrow{RMgBr} CH_2\!=\!\overset{OMgBr}{\overset{|}{C}}\!-\!R \xrightarrow{H_2O} \left[\begin{array}{c} OH \\ | \\ CH_2\!=\!C\!-\!R \end{array} \right] \longrightarrow CH_3\!-\!\overset{O}{\overset{\|}{C}}\!-\!R$$

烯醇式

　　二乙烯酮与乙醇反应,生成乙酰乙酸乙酯,这是乙酰乙酸乙酯的重要生产方法。

$$\begin{array}{c} CH_2\!=\!C\!-\!O \\ | \quad\quad | \\ CH_2\!-\!C\!=\!O \end{array} + C_2H_5OH \longrightarrow CH_3\overset{O}{\overset{\|}{C}}CH_2\overset{O}{\overset{\|}{C}}OC_2H_5$$

十一、腈

1. 腈的制备

腈的制备方法主要有以下几种：

（1）酰胺脱水 （见本章酰胺的性质）

$$\underset{\substack{\| \\ \text{O}}}{R-C-NH_2} \xrightarrow{\triangle} R-C\equiv N + H_2O$$

（2）卤代烃与氰化物作用 伯卤代烃与氰化钠或氰化钾作用得到腈：

$$R-Cl + NaCN \longrightarrow R-C\equiv N + NaCl$$

己二腈的工业制法之一就是采用 1,4-二氯-2-丁烯与氰化钠作用：

$$CH_2=CHCH=CH_2 \xrightarrow{Cl_2} ClCH_2CH=CHCH_2Cl \xrightarrow[\text{② NaCN}]{\text{① } H_2} \underset{\text{己二腈}}{NCCH_2CH_2CH_2CH_2CN}$$

（3）丙烯腈的制法 丙烯腈可以通过乙炔与 HCN 加成或氨氧化法制得。

$$HC\equiv CH + HCN \xrightarrow{CuCl_2} \underset{\text{丙烯腈}}{CH_2=CH-CN}$$

$$CH_2=CH-CH_3 + NH_3 + \frac{3}{2}O_2 \xrightarrow[420\sim510℃,0.2\sim0.3\ MPa]{\text{磷钼酸铋}} CH_2=CH-CN + 3H_2O$$

采用电化学方法利用丙烯腈二聚可制得己二腈：

$$2\ CH_2=CH-CN + 2H^+ + 2e^- \xrightarrow{\text{电解}} \underset{\text{己二腈}}{NCCH_2CH_2CH_2CH_2CN}$$

（4）醛酮与 HCN 加成可制得 α-羟基腈：

$$\underset{\substack{R' \\ |}}{\overset{R}{\underset{|}{C}}}=O + HCN \longrightarrow \underset{\substack{| \\ OH}}{R-\overset{R'}{\underset{}{C}}-CN}$$

2. 腈的化学性质

腈与酰氯、酸酐、酯类似,也能发生水解、醇解、氨解及还原等反应。

（1）水解 腈在酸或碱催化下水解生成羧酸,这是羧酸的制法之一。

$$R-C\equiv N + H_2O \xrightarrow{H^+ \text{或} OH^-} R-COOH$$

腈水解先生成酰胺,继续水解得到羧酸。控制条件可使腈水解停留在酰胺阶段。例如：

$$C_6H_5CH_2CN + H_2O \xrightarrow{HCl,50℃} C_6H_5CH_2\overset{\overset{O}{\|}}{C}-NH_2$$

$$82\% \sim 86\%$$

腈的酸催化水解生成酰胺的机理为：

$$R-C\equiv N \xrightleftharpoons{H^+} R-\overset{+}{C}=NH \xrightleftharpoons{H_2O} R-\underset{OH}{\overset{\overset{+}{O}H_2}{\underset{|}{C}}}=NH \rightleftharpoons R-\underset{OH}{\overset{OH}{\underset{|}{C}}}=NH + H^+$$

$$R-\underset{OH}{\overset{OH}{\underset{|}{C}}}=NH \rightleftharpoons R-\overset{\overset{O}{\|}}{C}-NH_2$$

（2）醇解　腈在氯化氢存在下与乙醇作用生成亚氨酯的盐，在水的作用下可以生成酯（见酯的制备）。

亚氨酯的盐如与无水乙醇反应，生成原酸酯：

$$CH_3-\underset{OC_2H_5}{\overset{\overset{+}{N}H_2}{\underset{|}{C}}}Cl^- + 2C_2H_5OH \longrightarrow CH_3-\underset{OC_2H_5}{\overset{\overset{OC_2H_5}{|}}{\underset{|}{C}}}OC_2H_5 + NH_4Cl$$

原乙酸乙酯

（3）氨解　腈与氨和氯化铵一起，在高压釜中加热，生成咪盐：

$$CH_3-C\equiv N + NH_3 + NH_4Cl \xrightarrow[125\sim150℃]{压力} CH_3-\underset{NH_2}{\overset{\overset{+}{N}H_2}{\underset{|}{C}}}Cl^-$$

（4）还原　用氢化铝锂或催化加氢可将腈还原得到伯胺：

$$R-C\equiv N \xrightarrow[\text{或 } H_2/Ni]{① LiAlH_4, 干 Et_2O, ② H_2O} R-CH_2-NH_2$$

工业上用催化氢化法大量生产尼龙-66、尼龙-1010 的原料己二胺与癸二胺：

$$NCCH_2CH=CHCH_2CN \xrightarrow{H_2,Ni} H_2N(CH_2)_6NH_2$$

己二胺

$$NC-(CH_2)_8-CN \xrightarrow{H_2,Ni} H_2N(CH_2)_{10}NH_2$$

癸二胺

（5）与格氏试剂反应　腈与格氏试剂反应，能得到酮：

$$R-C\equiv N + R'MgX \longrightarrow R-\underset{}{\overset{\overset{R'}{|}}{\underset{}{C}}}=NMgX \xrightarrow{H_3O^+} R-\overset{\overset{O}{\|}}{C}-R' + NH_3 + Mg\overset{OH}{\underset{X}{}}$$

十二、碳酸衍生物

碳酸是一个二元酸,也可以看作是羟基甲酸,其 $pK_{a1} < 6.4$,pK_{a2} 为 10.2。碳酸很不稳定,受热即分解为二氧化碳和水,二氧化碳实际是碳酸的酸酐。

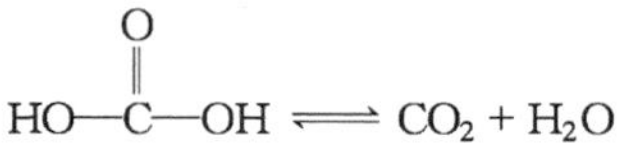

$$\underset{\substack{\| \\ \text{HO—C—OH}}}{\overset{O}{}} \rightleftharpoons CO_2 + H_2O$$

与羧酸一样,碳酸也可以生成一系列重要的衍生物,很多在工业中有重要应用。

1. 碳酸的酰氯

碳酸有两种酰氯,碳酸单酰氯(氯甲酸)极不稳定,但其酯是稳定的化合物;碳酸的二酰氯即光气。

$$\underset{\substack{\| \\ \text{Cl—C—OH} \\ \text{氯甲酸}}}{\overset{O}{}} \qquad \underset{\substack{\| \\ \text{Cl—C—Cl} \\ \text{光气}}}{\overset{O}{}}$$

工业上是用一氧化碳和氯气在活性炭催化下合成得到光气:

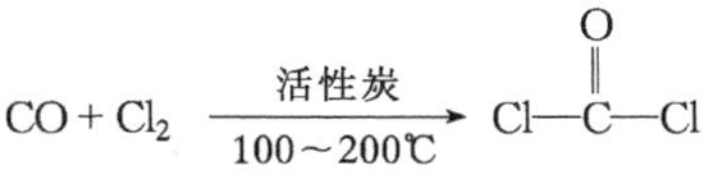

$$CO + Cl_2 \xrightarrow[100\sim200℃]{\text{活性炭}} \underset{\substack{\| \\ \text{Cl—C—Cl}}}{\overset{O}{}}$$

光气的实验室制法为:

$$CCl_4 + 2SO_3 \xrightarrow{\text{发烟硫酸}} \underset{\substack{\| \\ \text{Cl—C—Cl}}}{\overset{O}{}} + S_2O_5Cl_2$$

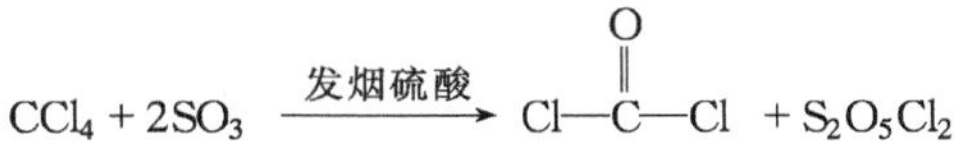

光气为无色气体,沸点 8.2℃,是一种窒息性毒气,使用时应特别注意安全。

光气是一种很活泼的化合物,和羧酸酰氯一样可以发生多种反应,生成氯甲酸酯、碳酸酯、异氰酸酯、氨基甲酸酯等重要化合物,所以光气是有机合成中的重要原料,随着人们对环境问题的重视,在合成中寻求绿色合成的原料来替代它已成必然趋势。

固体光气 $(ClCOCl)_3$ 又称三光气;bis(trichlormethyl)carbonate 缩写为 BTC。

BTC 常温下是一种稳定的白色结晶体,溶点 80℃,沸点 206℃,具有酰氯样气味,不溶于水,可溶于苯、乙醇、乙醚、氯仿、四氢呋喃等有机溶剂。

具有通常条件下操作安全、可运输和贮存,适于光气所发生的所有光气化反应,反应条件温和,具有可称量、用量少等特点,是一种常用的光气替代品。

光气与水或空气中的湿气反应生成二氧化碳与氯化氢。

$$Cl-\overset{\overset{\displaystyle O}{\|}}{C}-Cl + H_2O \longrightarrow CO_2 + 2HCl$$

光气与氨作用生成碳酰胺(尿素):

$$Cl-\overset{\overset{\displaystyle O}{\|}}{C}-Cl + 2NH_3 \longrightarrow H_2N-\overset{\overset{\displaystyle O}{\|}}{C}-NH_2 + 2HCl$$

1 mol 光气与 1 mol 乙醇作用生成氯甲酸乙酯,与过量乙醇作用则生成碳酸二乙酯:

$$Cl-\overset{\overset{\displaystyle O}{\|}}{C}-Cl + C_2H_5OH \longrightarrow Cl-\overset{\overset{\displaystyle O}{\|}}{C}-OC_2H_5 + HCl$$
氯甲酸乙酯

$$Cl-\overset{\overset{\displaystyle O}{\|}}{C}-Cl + 2C_2H_5OH \xrightarrow{\text{吡啶}} C_2H_5O-\overset{\overset{\displaystyle O}{\|}}{C}-OC_2H_5 + 2HCl$$
碳酸二乙酯

将氯甲酸酯与醇或酚反应,可以得到不同烃氧基的碳酸二酯:

$$Cl-\overset{\overset{\displaystyle O}{\|}}{C}-OR + R'OH \longrightarrow R'O-\overset{\overset{\displaystyle O}{\|}}{C}-OR + HCl$$

氯甲酸酯与氨(胺)反应,生成氨基甲酸酯[见本节 3(2)]。

$$Cl-\overset{\overset{\displaystyle O}{\|}}{C}-OR + NH_3 \longrightarrow H_2N-\overset{\overset{\displaystyle O}{\|}}{C}-OR + HCl$$

$$Cl-\overset{\overset{\displaystyle O}{\|}}{C}-OR + H_2NR' \longrightarrow R'NH-\overset{\overset{\displaystyle O}{\|}}{C}-OR + HCl$$

光气与 2,2-双(4-羟基苯基)丙烷(又称双酚 A)反应,可以制得一种高机械强度的工程塑料——聚碳酸酯。

聚碳酸酯

2. 尿素

尿素是碳酸的酰胺,也称脲,存在于人和哺乳动物的尿中。尿素为白色结晶,熔点 132.7℃,能溶于水和乙醇,不溶于乙醚。尿素不仅是重要的氮肥,而且是重要的化工原料,可用来制造塑料、药物。

工业上采用二氧化碳与氨在压力下反应生成尿素：

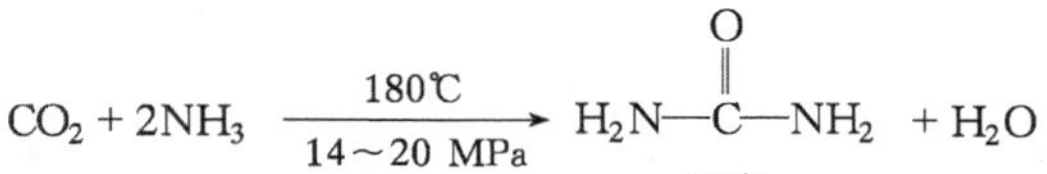

$$CO_2 + 2NH_3 \xrightarrow[14\sim20\ MPa]{180℃} H_2N-\overset{\overset{\displaystyle O}{\|}}{C}-NH_2 + H_2O$$

尿素

尿素的主要化学性质有：

（1）水解　在酸、碱或尿素酶作用下，尿素能发生水解反应：

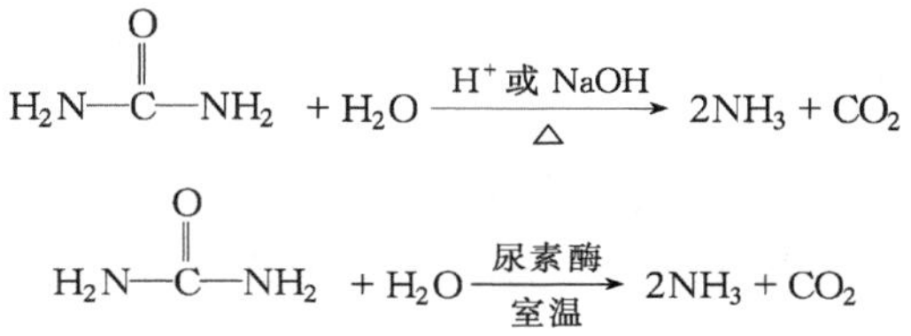

$$H_2N-\overset{\overset{\displaystyle O}{\|}}{C}-NH_2 + H_2O \xrightarrow[\triangle]{H^+ 或 NaOH} 2NH_3 + CO_2$$

$$H_2N-\overset{\overset{\displaystyle O}{\|}}{C}-NH_2 + H_2O \xrightarrow[室温]{尿素酶} 2NH_3 + CO_2$$

大豆中含有大量的尿素酶，人工可以提取这种尿素酶的结晶，用来分解尿素，通过对生成氨的测定，可以定量测定尿素含量，这是测定脲的一个重要方法。

（2）缩二脲反应　两分子尿素加热至150～160℃时，脱去一分子氨，生成缩二脲，缩二脲与碱性硫酸铜反应显紫色，称为缩二脲反应，此反应可用来鉴定尿素和肽键（见第十三章氨基酸、蛋白质一节）。

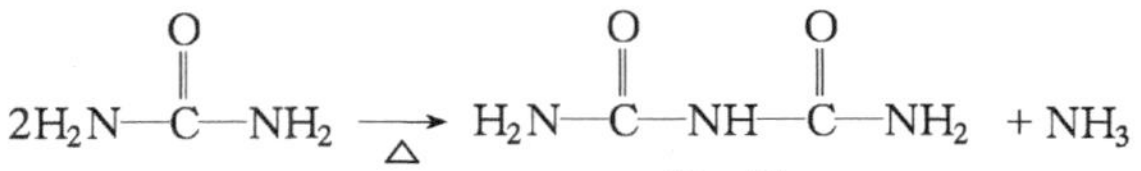

$$2H_2N-\overset{\overset{\displaystyle O}{\|}}{C}-NH_2 \xrightarrow{\triangle} H_2N-\overset{\overset{\displaystyle O}{\|}}{C}-NH-\overset{\overset{\displaystyle O}{\|}}{C}-NH_2 + NH_3$$

缩二脲

（3）加热分解　尿素迅速加热，分解成氨和异氰酸，异氰酸不稳定，立即聚合生成三聚氰酸。

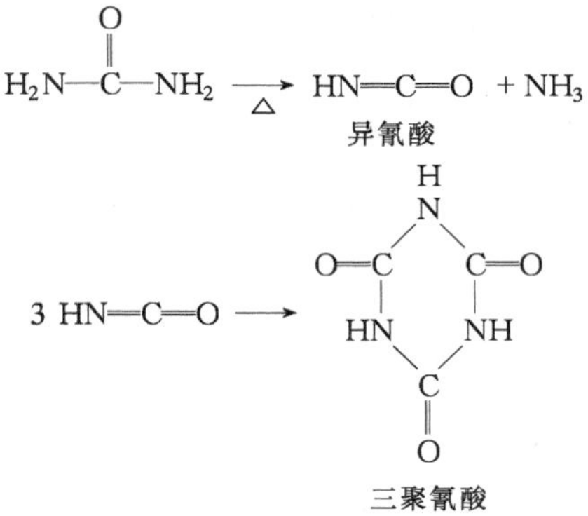

$$H_2N-\overset{\overset{\displaystyle O}{\|}}{C}-NH_2 \xrightarrow{\triangle} HN=C=O + NH_3$$

异氰酸

三聚氰酸

（4）酰基化反应　尿素与乙酰氯或乙酸酐反应，可生成乙酰脲与二乙酰脲：

$$\underset{H_2NCNH_2}{\overset{O}{\parallel}} \xrightarrow{(CH_3CO)_2O} \underset{CH_3CNHCNH_2}{\overset{O\ \ \ \ O}{\parallel\ \ \ \ \parallel}} \xrightarrow{(CH_3CO)_2O} \underset{CH_3CNHCNHCCH_3}{\overset{O\ \ \ \ O\ \ \ \ O}{\parallel\ \ \ \ \parallel\ \ \ \ \parallel}}$$

乙酰脲　　　　　　　　二乙酰脲

在乙醇钠作用下，尿素与丙二酸二乙酯作用，生成丙二酰脲，由于丙二酰脲具有一定的酸性，故也称巴比妥酸(barbituric acid)。

$$\underset{H_2C}{\overset{COOC_2H_5}{\underset{COOC_2H_5}{<}}} + \underset{H_2N}{\overset{H_2N}{>}}C{=}O \xrightarrow{C_2H_5ONa} \underset{H_2C}{\overset{CO{-}NH}{\underset{CO{-}NH}{<}}}\overset{}{>}C{=}O$$

丙二酰脲

（5）与甲醛作用　尿素在氢氧化铵等碱性催化剂作用下，与甲醛作用，可缩聚成高分子化合物——脲醛树脂。尿素和甲醛先生成一羟甲基脲与二羟甲基脲：

$$\underset{H_2NCNH_2}{\overset{O}{\parallel}} \xrightarrow{HCHO} \underset{H_2NCNHCH_2OH}{\overset{O}{\parallel}} \xrightarrow{HCHO} \underset{HOCH_2NHCNHCH_2OH}{\overset{O}{\parallel}}$$

一羟甲基脲　　　　　　　二羟甲基脲

羟甲基脲再进一步缩合成线形或体形的高分子化合物。

（6）氨基脲生成　尿素与水合肼反应生成氨基脲：

$$\underset{H_2NCNH_2}{\overset{O}{\parallel}} + H_2N{-}NH_2 \xrightarrow{\triangle} \underset{H_2NCNH{-}NH_2}{\overset{O}{\parallel}} + NH_3$$

肼　　　　　　氨基脲

3．异氰酸酯与氨基甲酸酯

（1）异氰酸酯　异氰酸酯是指异氰酸(HN=C=O)分子中的氢原子被烃基取代后的化合物。异氰酸是氰酸的异构体，二者形成一动态平衡：

$$HN{=}C{=}O \rightleftharpoons N{\equiv}C{-}OH$$

异氰酸　　　　　　氰酸

异氰酸或氰酸解离出质子后形成的是一种两可离子：

$$:\overset{-}{N}{=}C{=}\overset{..}{O}: \longleftrightarrow :N{\equiv}C{-}\overset{..}{\underset{..}{O}}:^{-}$$

所形成的盐一般以氰酸盐形式存在，如氰酸银 $AgOC{\equiv}N$。

异氰酸酯主要有以下制法：

氰酸银与卤代烃作用，可得到异氰酸酯：

$$AgO{-}C{\equiv}N + R{-}X \longrightarrow RN{=}C{=}O + AgX$$

异氰酸酯

伯胺与光气作用，也生成异氰酸酯：

$$\underset{\text{O}}{\overset{\|}{\text{Cl}-\text{C}-\text{Cl}}} + \text{RNH}_2 \longrightarrow \text{RN}=\text{C}=\text{O} + 2\text{HCl}$$

异氰酸酯为液体,化学性质比较活泼,容易与水、醇、胺等作用,生成氨基甲酸、氨基甲酸酯和取代脲等:

$$\text{RN}=\text{C}=\text{O} + \text{H}_2\text{O} \longrightarrow \underset{\text{O}}{\overset{\|}{\text{RNH}-\text{C}-\text{OH}}}$$
氨基甲酸

$$\text{RN}=\text{C}=\text{O} + \text{R}'\text{OH} \longrightarrow \underset{\text{O}}{\overset{\|}{\text{RNH}-\text{C}-\text{OR}'}}$$
氨基甲酸酯

$$\text{RN}=\text{C}=\text{O} + \text{R}'\text{NH}_2 \longrightarrow \underset{\text{O}}{\overset{\|}{\text{RNH}-\text{C}-\text{NHR}'}}$$
取代脲

高温时,异氰酸酯易变成三聚体:

$$3 \text{ RN}=\text{C}=\text{O} \xrightarrow{\triangle}$$

三聚异氰酸酯

二异氰酸酯在工业上是合成聚氨基甲酸酯的重要原料,聚氨基甲酸酯在涂料、黏合剂、塑料工业中占有重要地位。聚氨酯漆目前是涂料中的主要品种之一,聚氨酯泡沫塑料是一种常用的重要泡沫塑料。

（2）氨基甲酸酯　氨基甲酸酯指碳酸分子中两个羟基分别被烷氧基和氨基（或取代氨基）取代所得到的化合物。

$$\underset{\text{O}}{\overset{\|}{\text{H}_2\text{N}-\text{C}-\text{OR}}} \qquad\qquad \underset{\text{O}}{\overset{\|}{\text{R}'-\text{NH}-\text{C}-\text{OR}}}$$
氨基甲酸酯　　　　　　　　　N-取代氨基甲酸酯

氨基甲酸酯的制备主要是从光气出发,先生成异氰酸酯后醇解,或先醇解后氨解:

$$\underset{\text{O}}{\overset{\|}{\text{Cl}-\text{C}-\text{Cl}}} + \text{RNH}_2 \longrightarrow \text{R}-\text{N}=\text{C}=\text{O} + 2\text{HCl}$$

$$R-N=C=O + R'OH \longrightarrow RNH-\overset{\displaystyle O}{\overset{\displaystyle \|}{C}}-OR'$$

或

$$Cl-\overset{\displaystyle O}{\overset{\displaystyle \|}{C}}-Cl + R'OH \longrightarrow Cl-\overset{\displaystyle O}{\overset{\displaystyle \|}{C}}-OR' + HCl$$

$$Cl-\overset{\displaystyle O}{\overset{\displaystyle \|}{C}}-OR' + RNH_2 \longrightarrow RNH-\overset{\displaystyle O}{\overset{\displaystyle \|}{C}}-OR'$$

另一种制备氨基甲酸酯的方法是以碳酸二烷基酯为原料,与氨或胺反应:

$$RO-\overset{\displaystyle O}{\overset{\displaystyle \|}{C}}-OR + NH_3 \longrightarrow H_2N-\overset{\displaystyle O}{\overset{\displaystyle \|}{C}}-OR + ROH$$

$$RO-\overset{\displaystyle O}{\overset{\displaystyle \|}{C}}-OR + R'NH_2 \longrightarrow R'NH-\overset{\displaystyle O}{\overset{\displaystyle \|}{C}}-OR + ROH$$

氨基甲酸酯在农药和医药上有重要应用。如用于治疗白血病的乌拉坦,杀虫剂速灭威与除草剂灭草灵。

$$C_2H_5O-\overset{\displaystyle O}{\overset{\displaystyle \|}{C}}-NH_2$$
氨基甲酸乙酯
(乌拉坦)

间甲苯基 – N – 甲基氨基甲酸酯
(速灭威)

$$CH_3O-\overset{\displaystyle O}{\overset{\displaystyle \|}{C}}-NH-$$
N –（3,4 – 二氯苯基）氨基甲酸甲酯
(灭草灵)

习　题

1. 写出苯甲酸与下列试剂反应的主要产物。

(1) NaOH 　　　　(2) Na_2CO_3 (3) CaO 　(4) NH_3,水 (5) $LiAlH_4$

(6) H_2,Ni,$\sim$1 MPa (7) PCl_5 　(8) $SOCl_2$ (9) Br_2,Fe (10) $HNO_3 - H_2SO_4$

(11) $H_2SO_4 \cdot SO_3$

2. 完成下列反应:

(1) $(CH_3)_2CHCH_2COOH \xrightarrow[Br_2]{P} ? \xrightarrow{NH_3} ? \xrightarrow[HCl]{C_2H_5OH} ?$

(2) $CH_2=CH_2 \xrightarrow[\textcircled{2} NaCN]{\textcircled{1} Br_2} ? \xrightarrow{H_2O,H^+} ? \xrightarrow{300℃} ?$

(3) $CH_3CH_2CH_2COOH \xrightarrow[Cl_2]{P} ? \xrightarrow{H_2O,OH^-} ? \xrightarrow{\triangle} ?$

(4) CH_3—⟨苯环⟩—CHO（含Cl取代基）$+ BrZnCH_2COOC_2H_5 \longrightarrow ? \xrightarrow{H_2O} ? \xrightarrow[\triangle]{H_3O^+} ?$

(5) ⟨苯环，含Cl取代基⟩ $\xrightarrow[\text{压力},\triangle]{NaOH} ? \xrightarrow{CO_2,\triangle,0.7\,MPa} ? \xrightarrow{H^+} ? \xrightarrow{(CH_3CO)_2O} ?$

(6) $BrCH_2\overset{O}{\underset{\|}{C}}CH_2Br \xrightarrow{HCN} ? \xrightarrow{NaCN} ? \xrightarrow{H_2O,H^+} ?$

3．用化学方法鉴别下列各组化合物：

(1) 甲酸,乙酸,乙酸乙酯　　　　　(2) 丙酸,草酸,丙二酸

4．以苯、甲苯、三碳或三碳以下的有机原料合成下列羧酸：

(1) ⟨苯环⟩—$CH_2\overset{CH_3}{\underset{}{C}}HCOOH$

(2) $CH_3CH_2-\overset{CH_3}{\underset{CH_3}{\overset{|}{\underset{|}{C}}}}-COOH$

(3) ⟨苯环⟩—CH=CHCOOH

(4) CH_3—⟨苯环⟩—CH=CHCH=CHCOOH

5．写出 2,4,6 -三硝基苯甲酸与 $NaHCO_3$ 水溶液加热生成 1,3,5 -三硝基苯的反应机理。

6．化合物 A 分子式为 $C_4H_{11}NO_2$,溶于水,不溶于乙醚,加热后失水得 B,B 和氢氧化钠水溶液煮沸,放出具有刺激性气味的气体,残余物酸化后得到酸性物质 C,C 与氢化铝锂作用后的物质再与浓硫酸反应,得到烯烃 D (相对分子质量 56),D 臭氧氧化后还原水解,得到一个酮(E)和一个醛(F),试推测 A、B、C、D、E、F 的结构。

7．化合物 A 分子式为 $C_8H_8O_2$,溶于 $NaHCO_3$ 溶液,用 $KMnO_4$ 氧化 A 得 B,B 的中和当量为 84 ± 2,B 加热失水生成 C,将 B 与碱石灰共热,可得到中和当量为 122 的 D,试推测 A、B、C、D 的结构。

8．化合物 A 分子式为 $C_9H_8O_3$,能溶于 NaOH 溶液和 $NaHCO_3$ 溶液,能与 $FeCl_3$ 作用显红色,且能使溴的四氯化碳溶液褪色,用 $KMnO_4$ 氧化得对羟基苯甲酸和草酸,试推测 A 的结构。

9．写出下列各化合物的结构式。

(1) 邻苯二甲酸单异丙酯　　　　　(2) 顺丁烯二酸二乙酯

(3) 对甲基苯甲酸环己酯　　　　　(4) 对苯二甲酸二乙二醇酯

(5) 2,4 -二氯苯甲酰氯　　　　　　(6) 三氟乙酸酐

(7) 异戊酰胺　　　　　　　　　　(8) N,N -二甲基苯甲酰胺

(9) N -甲基 -δ -戊内酰胺

10．用简单化学方法鉴别下列各组化合物。

(1) 2 -甲基丙酸与丙酸乙酯　　　　(2) 苯甲酰氯和苯甲酸甲酯

(3) 邻硝基苯甲酸乙酯与邻硝基苯甲酰胺

11．完成下列反应：

(1) O_2N—⟨苯环⟩—COOH $\xrightarrow[\text{② }NH_3,\triangle]{\text{① }SOCl_2} ? \xrightarrow{Br_2/NaOH} ?$

(2) $\bigcirc$—CH$_2$COOH $\xrightarrow[\triangle]{NH_3}$? $\longrightarrow$? $\xrightarrow{P_2O_5}$?

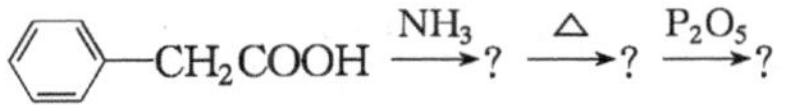

(3) HOCH$_2$CH$_2$CH$_2$COOH $\xrightarrow[\triangle]{H^+}$? $\xrightarrow{Na+C_2H_5OH}$?

(4)

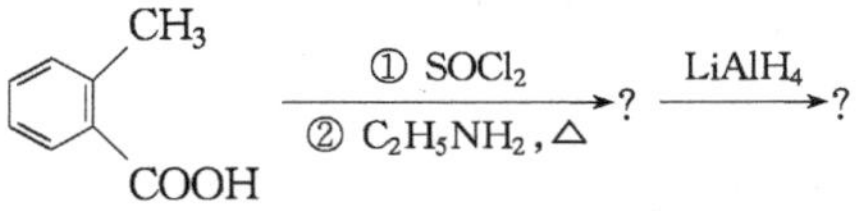

$\bigcirc\!\!-\!\!CH_3$ (邻位)，COOH $\xrightarrow[\text{② C}_2\text{H}_5\text{NH}_2,\triangle]{\text{① SOCl}_2}$? $\xrightarrow{LiAlH_4}$?

(5) $\bigcirc$—ONa $\xrightarrow[\text{② H}^+]{\text{① CO}_2,\text{压力}}$? $\xrightarrow{SOCl_2}$?

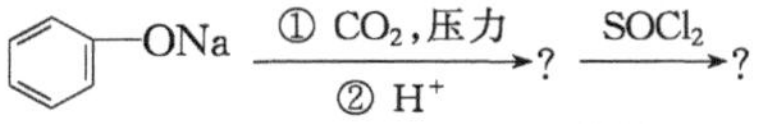

(6) BrCH$_2$COOC$_2$H$_5$ $\xrightarrow{Zn}$? $\xrightarrow[\text{H}_2\text{O,H}^+,\triangle]{\text{C}_6\text{H}_5\text{COCH}_3}$ $\xrightarrow[\triangle]{\text{H}_2\text{SO}_4}$?

12．由四碳或四碳以下有机原料合成下列化合物。

(1) CH$_3$CH$_2$CH$_2$COOCH$_2$CH$_2$CH$_2$CH$_3$

(2) CH$_3$CH$_2$CHCONHCH$_2$CH$_3$（带 CH$_3$支链）

(3) (CH$_3$)$_2$CHCH$_2$N(C$_2$H$_5$)$_2$

(4) (CH$_3$)$_2$CCOOCH$_2$CH$_2$CH$_3$（带 CH$_2$CH$_3$支链）

13．由苯酐、乙醇合成化合物

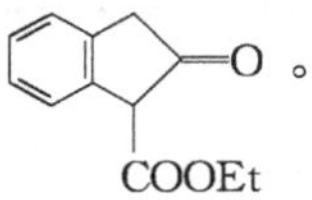

14．由邻二甲苯合成化合物

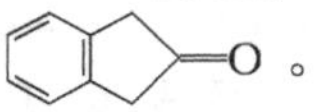

15．由环己酮合成化合物

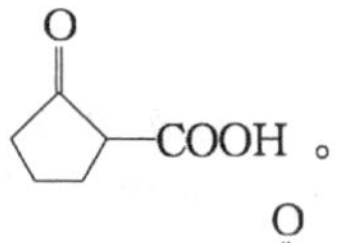

16．由 1,3－丁二烯出发合成化合物

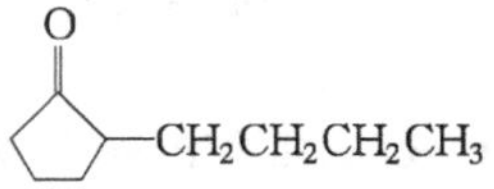

17．由三碳原料用丙二酸酯法合成化合物

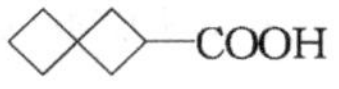

18．从苯酚出发合成化合物（一种表层麻醉药物）。

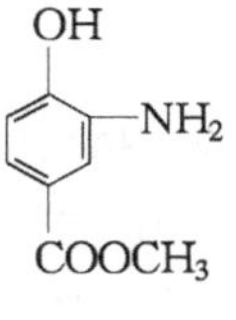

19．由甲苯及二碳原料合成化合物

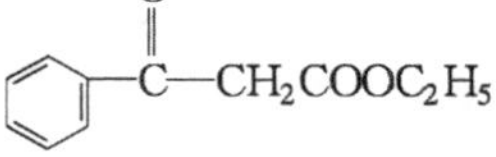

20．由尿素与丙二酸酯合成化合物

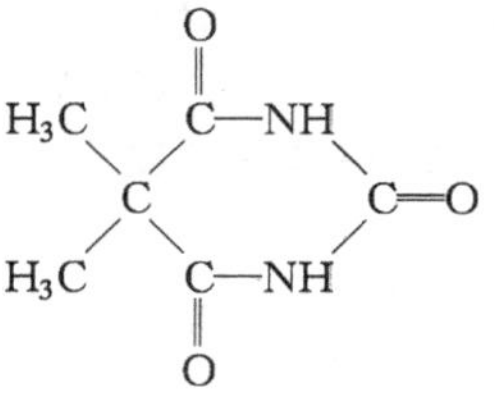

21．分别从乙酰乙酸乙酯与丙二酸酯出发,用两种不同路线合成二酮 。

22．由苯甲酸及其他有机原料合成化合物 。

23．由乙酰乙酸乙酯与合适的卤代烷合成化合物 $CH_3-\overset{O}{\underset{\parallel}{C}}-\bigcirc-\overset{O}{\underset{\parallel}{C}}-CH_3$ 。

24．由丙二酸二乙酯与二碳有机原料合成二酸 $HOOC-\bigcirc-COOH$ 。

25．写出下面反应的机理:

(1) $C_6H_5\overset{O}{\underset{\parallel}{C}}-\overset{O}{\underset{\parallel}{C}}H$ + CH_3ONa $\xrightarrow{CH_3OH}$ $C_6H_5\overset{OH}{\underset{\mid}{C}}HCOOCH_3$

(2) $CH_2=CHCH_2CH_2CH(COOEt)_2$ $\xrightarrow[CH_3OH]{PhCO_3H \quad CH_3ONa}$

(3) $=O$ + $CH_3\overset{Cl}{\underset{\mid}{C}}HCOOEt$ $\xrightarrow{EtONa}$

(4) $\xrightarrow[② H_3O^+]{① CH_3MgI \quad OH^-}$

26．某化合物 A（$C_5H_6O_3$）与乙醇作用得到两个异构体 B、C,B 和 C 都溶于 $NaHCO_3$ 溶液,二者分别与 $SOCl_2$ 作用后再加入乙醇,得到同一化合物 D,试推测 A、B、C、D 的结构式。

27．某化合物 A（$C_7H_{13}O_2Br$）,不溶于 $NaHCO_3$,也不与苯肼作用,其 IR 在 2950～2850 cm^{-1}有吸收,在 1740 cm^{-1}处有强吸收峰。^1H-NMR 有: δ 1.0 (t,3H),1.3 (d,6H),2.1 (m,2H),4.2(t,1H),4.6(m,1H)。试推测化合物 A 可能的结构。

28．苯乙酮与氯乙酸乙酯在 $NaNH_2$ 作用下得一化合物 A（$C_{12}H_{14}O_3$）,A 在室温下碱性水解得固体化合物 B（$C_{10}H_9O_3Na$）,B 用盐酸酸化并加热得化合物 C（$C_9H_{10}O$）,C 可发生银镜反应,试推测 A、B、C 的结构。

29．某酯 $C_8H_{12}O_4$ 的 ^1H-NMR 谱如下:δ 6.83 (s,2H),4.27 (q,4H),1.32 (t,6H),试推测该化合物的结构。

第十一章　含氮有机化合物

（Organonitrogen compound）

含氮有机化合物主要包括硝基化合物，胺类化合物，重氮和偶氮化合物等。

第一节　硝基化合物

硝基化合物是烃分子中的氢原子被硝基（—NO_2）取代的化合物，按烃基不同可以分为脂肪族硝基化合物与芳香族硝基化合物。

硝基化合物的结构常写成下面形式：

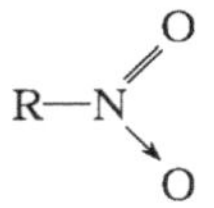

$$R-N\underset{O}{\overset{O}{\langle}}$$

从这一结构式来看，两个 N—O 键似乎不同，一个为共价键，另一个为配位键，应该具有不同的键长，但实测结果证明两个 N—O 键是等长的，如硝基甲烷分子的键长、键角为：

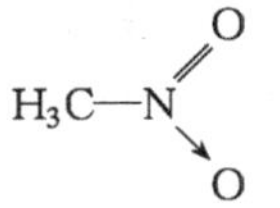

$$H_3C-N\underset{O}{\overset{O}{\langle}}$$　　N—O 0.122 nm　　C—N 0.147 nm　　∠ONO = 127°

所以硝基的结构可以用共振式表示为：

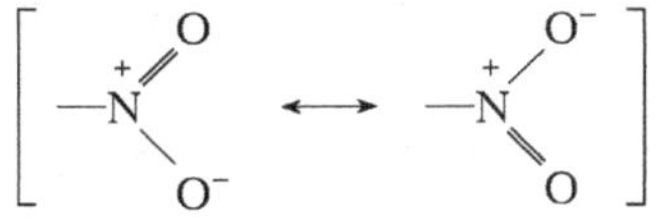

$$\left[-\overset{+}{N}\underset{O^-}{\overset{O}{\langle}} \longleftrightarrow -\overset{+}{N}\underset{O}{\overset{O^-}{\langle}} \right]$$

硝基是一个很强的吸电子基团，硝基化合物偶极矩很大，如硝基甲烷的偶极矩为 11.7×10^{-30} C·m(3.5 D)。

硝基化合物一般由烷烃或芳烃通过硝化反应制得。芳香族硝基化合物的应用较为广泛，脂肪族硝基化合物则没有芳香族硝基化合物的应用广泛。

一、芳香族硝基化合物的性质

1. 物理性质

　　芳香族一硝基化合物为无色或淡黄色高沸点液体,多硝基化合物为固体,芳香族硝基化合物大多有剧毒,多硝基化合物具有爆炸性,如三硝基甲苯(TNT)与三硝基酚都是爆炸力极强的化合物。有些多硝基化合物具有很强的香气味,人工合成的硝基麝香就是天然麝香的代替品种之一。

　　2. 化学性质

　　(1) 还原　硝基化合物容易还原,而且还原产物具有多样性,在不同的条件下,硝基化合物可逐步还原为亚硝基化合物、N-烃基羟胺和胺,在碱性溶液中N-烃基取代羟胺和胺能与亚硝基化合物缩合,生成氧化偶氮化合物及偶氮化合物,偶氮化合物又可进一步还原成1,2-二烃基联胺:

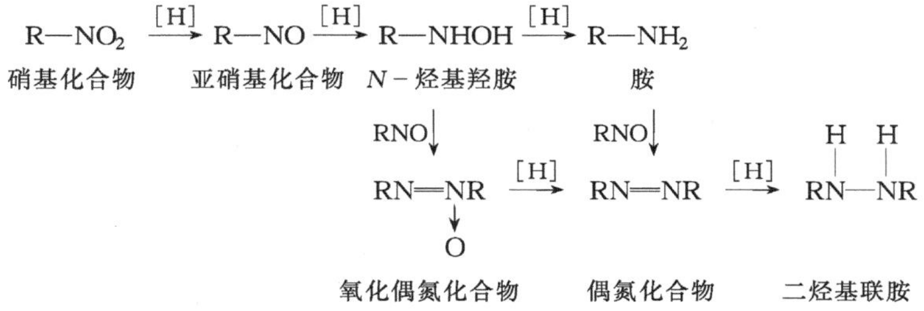

$$R-NO_2 \xrightarrow{[H]} R-NO \xrightarrow{[H]} R-NHOH \xrightarrow{[H]} R-NH_2$$

　硝基化合物　　　　亚硝基化合物　　N-烃基羟胺　　　　胺

$$RN=NR \text{(O)} \xrightarrow{[H]} RN=NR \xrightarrow{[H]} RN-NR \text{(H,H)}$$

　　氧化偶氮化合物　　　　偶氮化合物　　　　二烃基联胺

如硝基苯的还原情况如下:

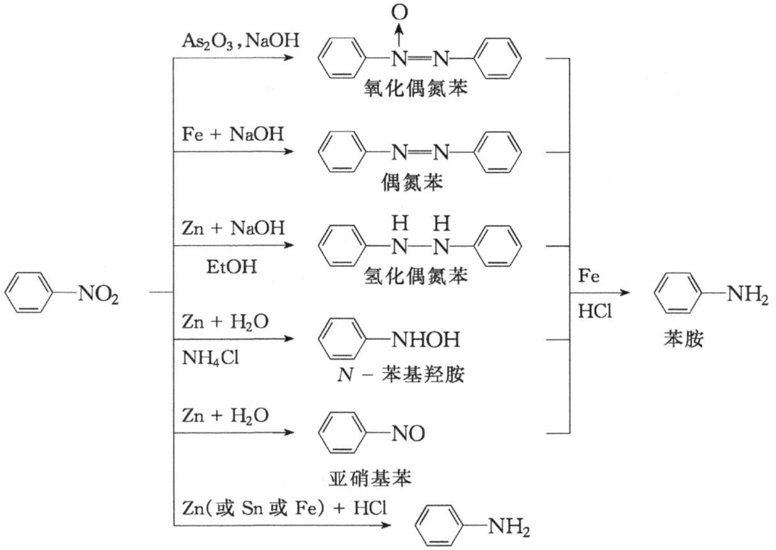

　　(2) 芳环上的亲核取代反应　从芳烃一章中已知,芳环上由于 π 电子的活泼性,容易发生亲电取代反应,较难发生亲核取代反应,当芳环上连有硝基后,因为硝基是强吸电子的取代基,通过吸电子诱导效应与共轭效应的共同影响,使芳环上电子云密度下降,故使芳环上亲电取代难于进行,但硝基处于邻位或对位的

芳香卤代物,容易发生亲核取代反应。

例如,氯苯在常压下很难水解,而邻硝基氯苯与对硝基氯苯在 NaOH 水溶液中加热都能顺利水解,2,4-二硝基氯苯与 2,4,6-三硝基氯苯则更容易发生水解,三硝基氯苯的水解像酰氯一样容易。

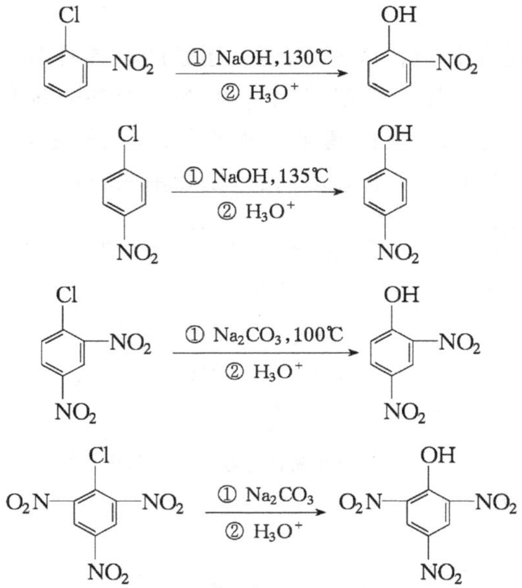

邻、对位的硝基卤代苯与氨、胺、醇钠(钾)及醇等亲核试剂也能发生反应:

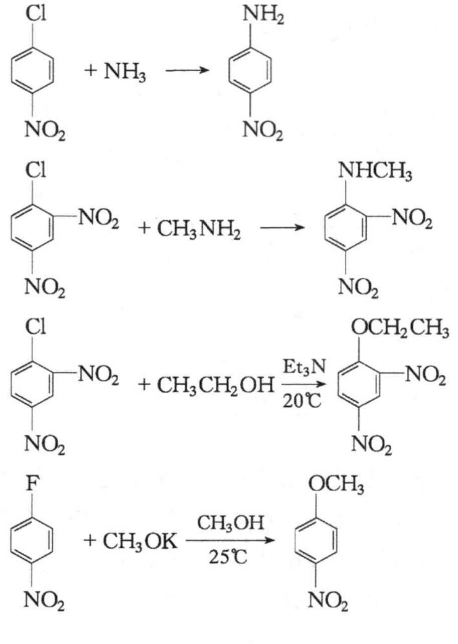

在这类亲核取代反应中,离去基团并不只限于卤素,其他基团如烷氧基、硝基也可以作为离去基团。这种取代反应也常称为自位取代或称 IPSO 取代(IPSO在拉丁文中即"本身"之意。)例如:

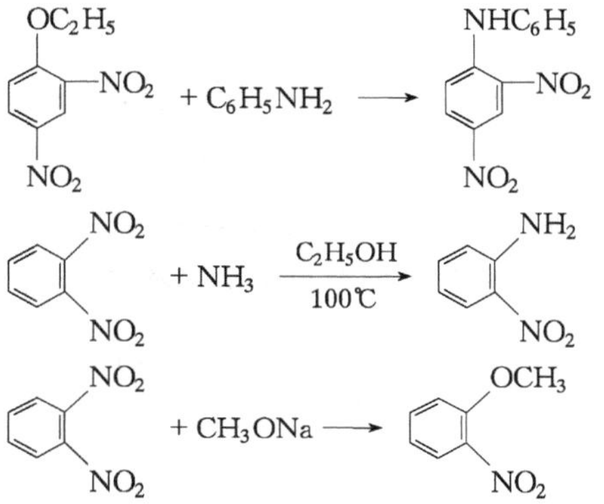

二、脂肪族硝基化合物的性质

1. α - 氢的酸性

脂肪族硝基化合物为无色液体,难溶于水,易溶于有机溶剂。由于硝基的强吸电子作用,使具有 α - 氢的硝基化合物能溶于碱。因这里 α - 氢具有一定的酸性,使硝基化合物能互变为酸式结构:

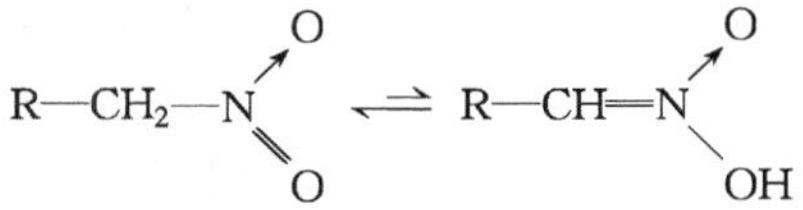

硝基甲烷解离出质子后的共轭碱可用下面共振式表示:

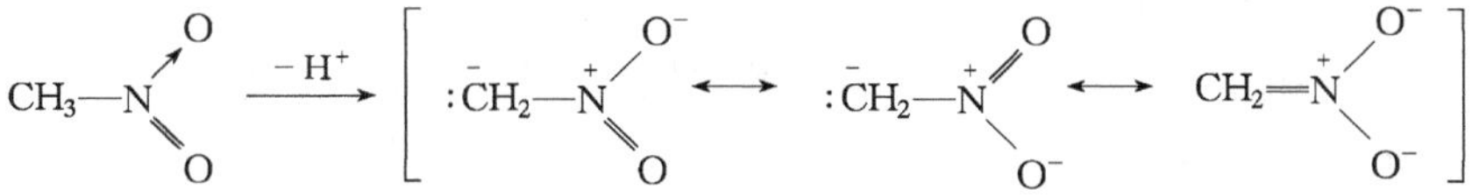

硝基甲烷、硝基乙烷与 2 - 硝基丙烷的 pK_a 如下:

	CH_3NO_2	$CH_3CH_2NO_2$	$(CH_3)_2CHNO_2$
pK_a	10.2	8.5	7.8

2. 与羰基化合物的反应

具有 α - 氢的硝基化合物,α - 碳带有部分负电荷,故可以作为亲核试剂,能与醛、酮的羰基发生亲核加成,发生类似于羟醛缩合的反应。如硝基甲烷与苯甲醛发生缩合反应,生成 α,β - 不饱和硝基化合物:

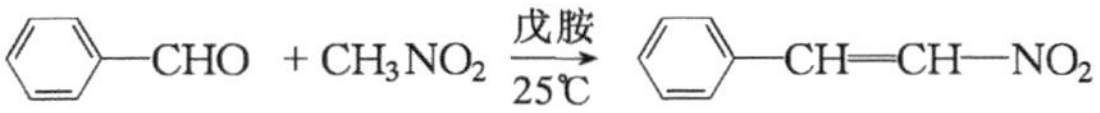

β - 硝基苯乙烯

与高级脂肪醛或酮反应,一般只生成 β-羟基硝基化合物:

$$CH_3(CH_2)_7CHO + CH_3NO_2 \xrightarrow[C_2H_5OH]{NaOH} CH_3(CH_2)_7\underset{\underset{OH}{|}}{CH}-CH_2NO_2$$

$$CH_3COCH_3 + CH_3NO_2 \xrightarrow{OH^-} (CH_3)_2\underset{\underset{OH}{|}}{C}-CH_2NO_2$$

硝基甲烷还能用三个 α-氢与三分子甲醛反应,生成三羟甲基硝基甲烷,还原后可得三羟甲基甲胺,后者在生化实验中被用作缓冲剂。

$$3\ HCHO + CH_3NO_2 \xrightarrow{OH^-} HOCH_2-\underset{\underset{CH_2OH}{|}}{\overset{\overset{CH_2OH}{|}}{C}}-NO_2$$

$$HOCH_2-\underset{\underset{CH_2OH}{|}}{\overset{\overset{CH_2OH}{|}}{C}}-NO_2 \xrightarrow{Fe + H_2SO_4} HOCH_2-\underset{\underset{CH_2OH}{|}}{\overset{\overset{CH_2OH}{|}}{C}}-NH_2$$

三、硝基化合物的主要应用

液体的脂肪族硝基化合物常用作溶剂,芳香族硝基化合物是制备芳胺、联苯胺、重氮盐等的基本原料,多硝基化合物是一类重要的炸药。多硝基化合物与芳烃、芳胺能生成稳定的络合物晶体,该晶体具有很深的颜色,在紫外及可见光区有吸收。1,3,5-三硝基苯酚与芳烃生成的络合物可用于芳烃的分离和鉴定,用水处理该络合物,即可将芳烃释放出来。

某些多硝基化合物具有天然麝香的香气味,可以作为人造麝香的代用品,如葵子麝香与二甲苯麝香等,硝基麝香已占人造麝香的 50% 左右。

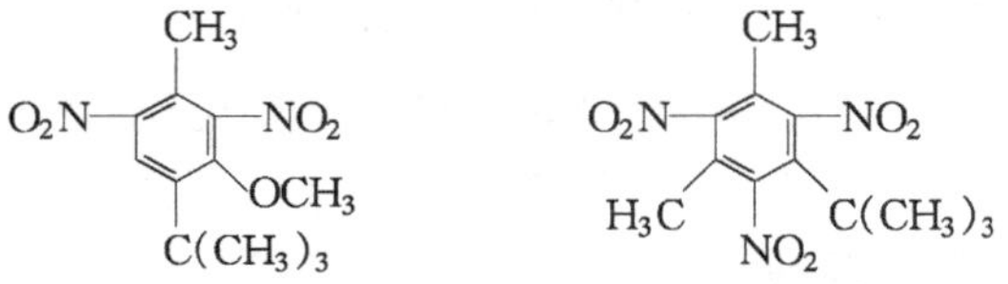

葵子麝香　　　　　二甲苯麝香

葵子麝香的合成路线是:从间甲酚出发,经醚化、傅-克烷基化,最后硝化即得到成品。

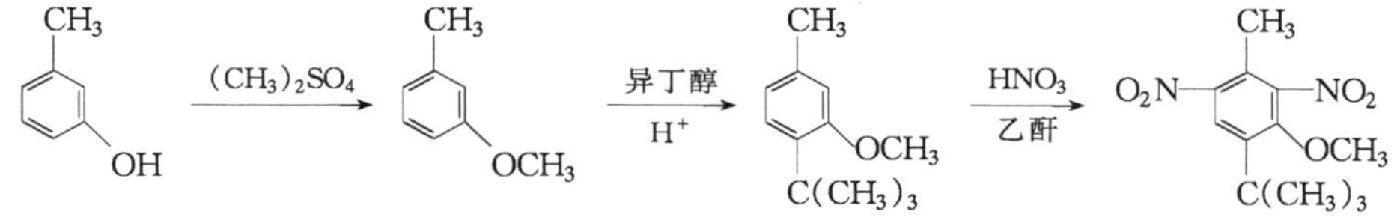

间甲酚　　　　　　　　　　　　　　　　　　　　　　　葵子麝香

第二节　胺

　　氨的烃基衍生物称为胺(amines)，氨分子中一个、两个或三个氢原子被烃基取代所生成的化合物分别称为伯胺(1°胺)、仲胺(2°胺)和叔胺(3°胺)。伯胺分子中含有氨基(—NH_2)，仲胺分子中含有亚氨基($\diagdown$ NH)。

　　铵盐分子中四个氢原子都被烃基取代生成的化合物称为季铵盐。

$$RNH_2 \qquad R_2NH \qquad R_3N \qquad R_4N^+X^-$$

伯胺(1°胺)　　仲胺(2°胺)　　叔胺(3°胺)　　季铵盐(4°铵盐)

例如：　　$CH_3CH_2NH_2$　　$(CH_3CH_2)_2NH$　　$(CH_3CH_2)_3N$　　$(CH_3CH_2)_4N^+Br^-$

　　　　　　乙胺　　　　　　二乙胺　　　　　三乙胺　　　　溴化四乙铵

　　不少胺类化合物如苯胺、乙二胺、己二胺等都是重要的工业原料，胺类广泛存在于自然界中。很多具有重要生理作用的化合物，如氨基酸、蛋白质、核酸、生物碱等都含有氨基。

　　有些胺类化合物因其特殊的生理活性，与人类的生命活动及健康密切相关，如肾上腺素、去甲肾上腺素、多巴胺、5－羟基色胺、维生素 B_1 等，而某些胺类化合物除有强的生理活性外，还有很强的依赖性，如苯异丙胺(冰毒、麻果的主要成分)、度冷丁、吗啡等，除医疗上的特种需要外，服用这类药品对人的身体健康会造成极大的危害，故这些药品已被世界上公认为毒品。拒绝毒品，珍惜生命，是全人类共同的神圣职责。

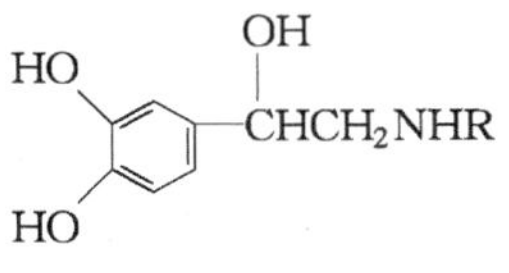

R＝CH_3，肾上腺素　　　　　　　多巴胺　　　　　　　　5－羟基色胺

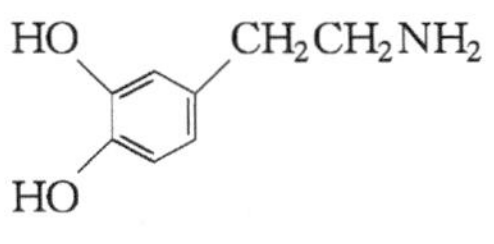

R＝H，去甲肾上腺素　　　　　　(dopamine)

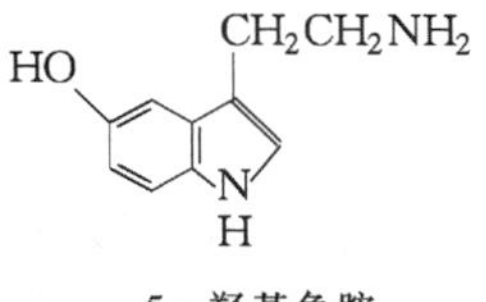

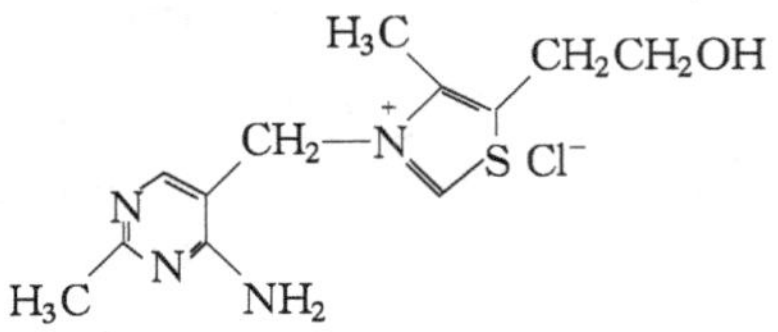

维生素 B$_1$ 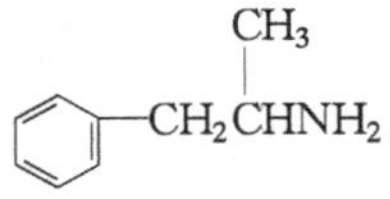　　　　　1－苯基－2－氨基丙烷　　　1－甲基－4－苯基哌
　　　　　　　　　　　　　（苯异丙胺）　　　　　　啶－4－甲酸乙酯
　　　　　　　　　　　　　　　　　　　　　　　　　　（度冷丁）

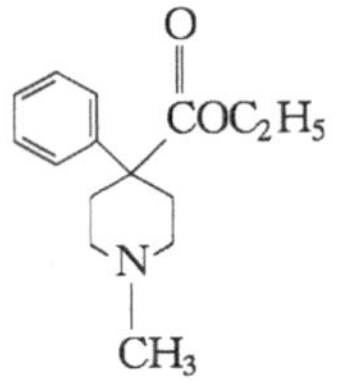

　　肾上腺素是肾上腺髓质分泌的一种激素,能刺激心脏兴奋和末梢血管的收缩,使血压上升,还促进肝糖原分解,使血糖升高,肾上腺素与去甲肾上腺素组成交感－肾上腺系统,共同调节机体的多种生理活动。

　　多巴胺是激素肾上腺素与去甲肾上腺素的前体物质,其本身也是一种化学传递物质。5－羟基色胺是高等动物与人类大脑思维活动的重要物质。

　　维生素 B$_1$ 即硫胺素,俗称抗脚气病维生素,存在于种子的外皮及胚中,如麦麸、米糠、黄豆、酵素、芹菜中含丰富的维生素 B$_1$。维生素 B$_1$ 能抑制胆碱酯酶活性,缺乏维生素 B$_1$,胆碱酯酶活性增强,乙酰胆碱水解加速,使神经传导受到影响;同时影响糖代谢中 α－酮酸的氧化脱羧,使 α－酮酸在神经组织中积累,使患者出现不安、健忘、易怒、四肢无力、多发神经炎,即出现脚气病的种种症状。

一、胺的结构和命名

1．胺的结构

　　胺和氨一样,氮原子为 sp^3 杂化,三个 sp^3 杂化轨道分别与氢原子或碳原子形成三个 σ 键,剩下一个 sp^3 杂化轨道被一对电子占据。实验证明,胺分子具有棱锥形结构,键角为 109° 左右,例如甲胺、三甲胺均为棱锥形结构,苯胺中的氮原子则接近平面构型,其杂化状态在 sp^3 与 sp^2 之间。

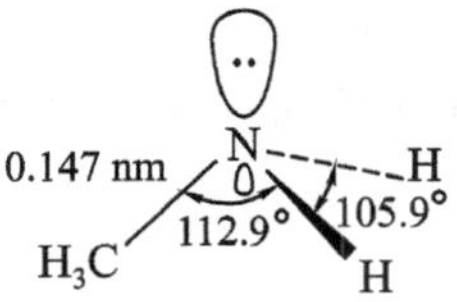

甲胺 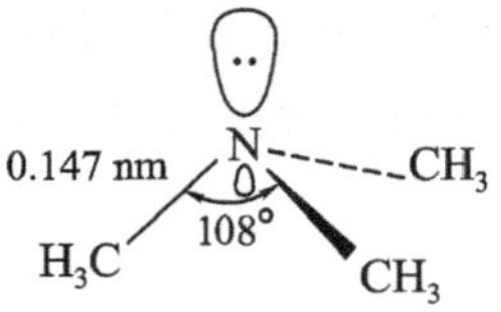　　　　　　　　三甲胺 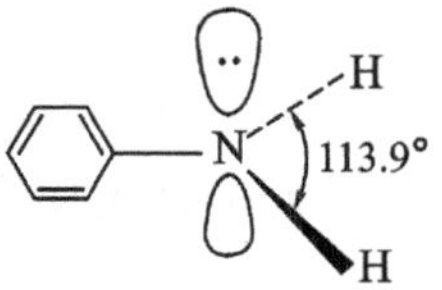　　　　　　　　苯胺

　　在伯胺和仲胺分子中,如果氮原子上连有三个不同的原子或基团,理论上应具有一对对映体,实际上这种胺的对映体目前却未能分离得到,因为两个对映体

的能量差仅为约 $21\ kJ\cdot mol^{-1}$,室温时就能够迅速地相互转化。

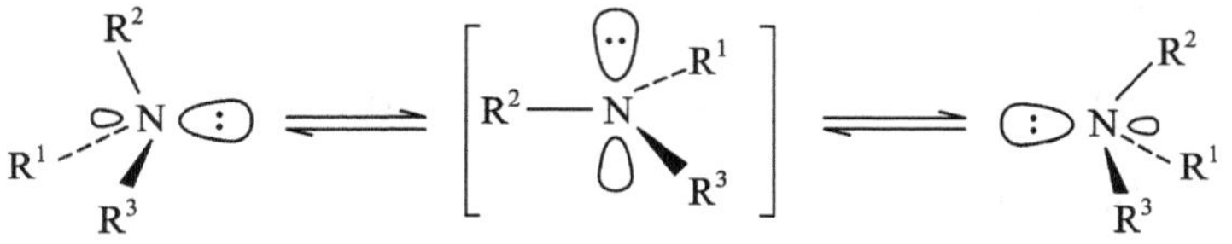

在季铵盐分子中,氮原子上四个 sp^3 杂化轨道都用于成键,呈典型的四面体构型,如果氮原子上连有四个互不相同的基团,则存在对映体,季铵盐的这种光学异构体可以分离,如下面的化合物即可以拆分为左旋与右旋的光学异构体。

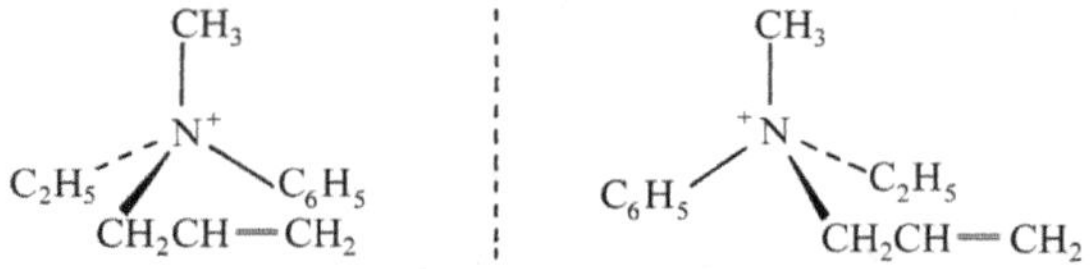

2. 胺的命名

简单胺的命名,是以胺作为官能团,写在词尾,将与氮原子相连的烃基名称和数目写在前面。例如:

CH_3NH_2　　　　$(CH_3)_2NH$　　　　$(CH_3CH_2)_3N$　　　　$(CH_3CH_2CH_2CH_2)_3N$

甲胺　　　　　　二甲胺　　　　　　三乙胺　　　　　　三丁胺

（methylamine）　　（dimethylamine）　　（triethylamine）　　（tributylamine）

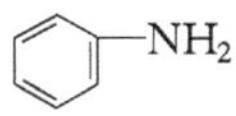

苯胺　　　　　　邻甲基苯胺　　　　　　$N-$甲基苯胺　　　　　$N,N-$二甲基苯胺

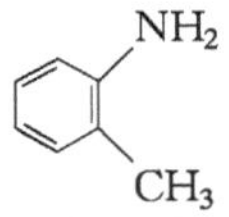

（aniline）　　　（$o-$methylaniline）　　（$N-$methylaniline）　　（$N,N-$dimethylaniline）

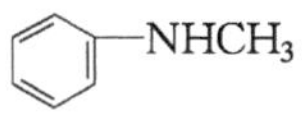

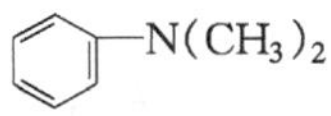

比较复杂的胺则以烃作为母体,把氨基当作取代基来命名。例如:

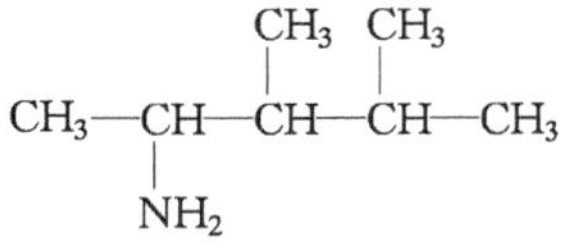

3,4-二甲基-2-氨基戊烷　　　　　　　　4-甲基-3-（$N,N-$二乙氨基）己烷

（2-amino-3,4-dimethylpentane）　　　　（3-$N,N-$diethylamino-4-methylhexane）

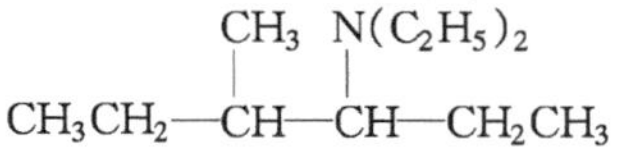

季铵盐的命名与铵盐相似。例如:

$(CH_3CH_2CH_2CH_2)_4N^+Br^-$　　　　　　$(CH_3CH_2)_4N^+Cl^-$

溴化四丁基铵　　　　　　　　　　　氯化四乙基铵

（tetrabutylammonium bromide）　　　（tetraethylammonium chloride）

思考题 11.1 将下列化合物命名：

(1) 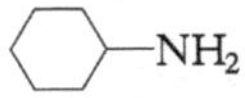 $\bigcirc$—NH$_2$　　　(2) CH$_3$CH$_2$—$\bigcirc$—N(CH$_3$)$_2$　　(3) $\bigcirc$—CH$_2$NHCH$_3$

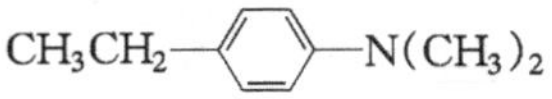

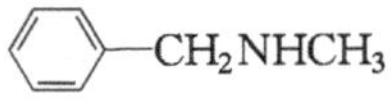

(4) (C$_6$H$_5$CH$_2$)$_3$$\overset{+}{N}CH_2CH_3Cl^-$　　(5) CH$_3$(CH$_2$)$_{10}$CH$_2$$\overset{+}{N}$(CH$_3$)$_3Br^-$

二、胺的制法

1．氨和胺的直接烃化

氨和胺都是亲核试剂，可以通过亲核取代反应直接烃化，如氨与卤代烃发生 S$_N$2 反应生成伯胺的盐：

$$NH_3 + R\!-\!X \longrightarrow RNH_3^+ X^-$$

伯胺的盐与氨又立即发生质子转移得到伯胺：

$$RNH_3^+ X^- + NH_3 \longrightarrow R\!-\!NH_2 + NH_4^+ X^-$$

伯胺又继续与卤代烃反应，生成仲胺的盐，继而再生成叔胺的盐和季铵盐，反应很难停留在某一阶段，加碱后得到各种胺的混合物，分离困难，一般得不到纯净的产物。由于芳香胺的亲核性弱，生成的仲胺要在更激烈的条件下继续烃化，容易停留在生成仲胺的阶段，因而在制备上有应用价值。例如：

$$C_6H_5NH_2 + C_6H_5CH_2Cl \xrightarrow[90\sim95℃]{NaHCO_3, H_2O} C_6H_5NHCH_2C_6H_5$$

$$N-苄基苯胺\ 83\% \sim 87\%$$

2．盖伯瑞尔合成法

盖伯瑞尔(Gabriel)合成法是制备纯净伯胺的一种方法，采用邻苯二甲酰亚胺钾与卤代烷发生 S$_N$2 反应，生成 N-烃基邻苯二甲酰亚胺，然后在碱性条件下水解，即得到纯净伯胺与邻苯二甲酸钠盐，所采用的卤代烷应为伯、仲卤代烷，叔卤代烷则易发生消除反应。烃化最好的溶剂是 DMF。

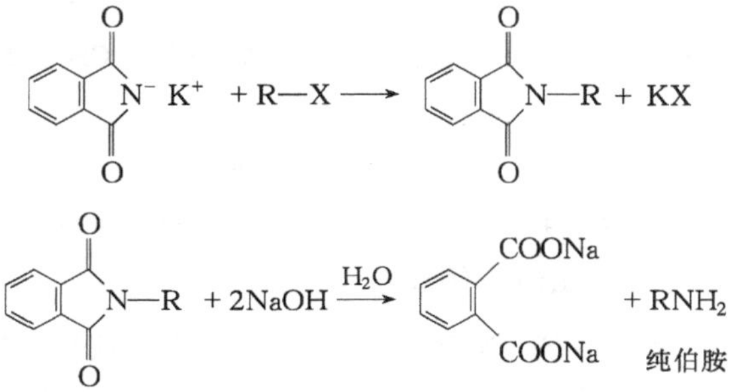

在某些情况下水解有困难，可采用肼解代之。

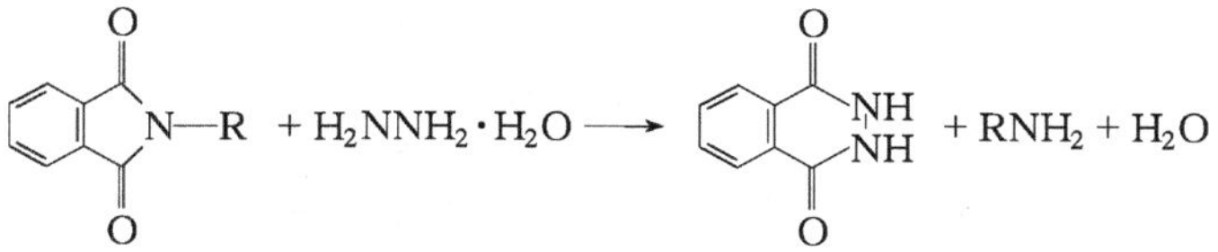

3．硝基化合物还原

硝基化合物还原得到伯胺。芳香族硝基化合物容易由硝化反应得到，故此法是制备芳香族伯胺常用的方法。还原硝基化合物的方法有化学还原剂还原与催化氢化法。

化学还原法常用铁、锡等金属和盐酸还原：

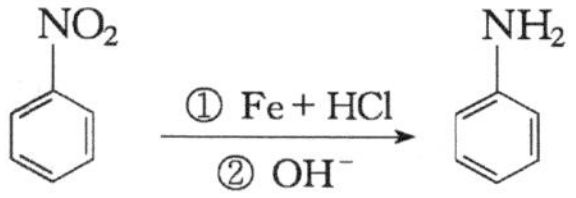

97％

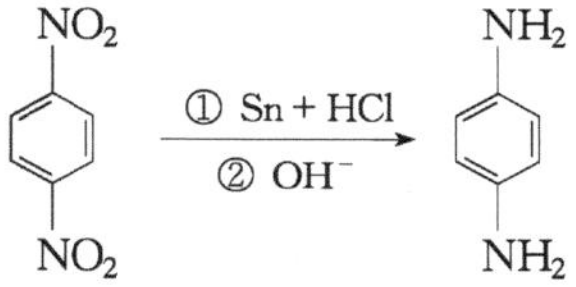

对苯二胺

用氯化亚锡作还原剂，可避免醛基还原。

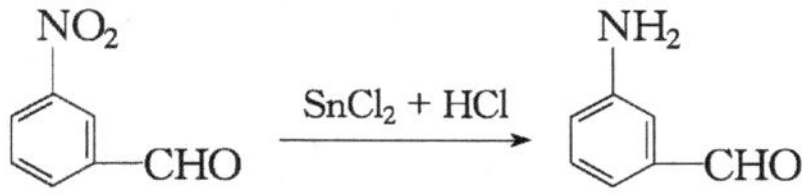

间硝基苯甲醛　　间氨基苯甲醛

硫化铵、硫氢化铵、硫氢化钠等还原剂可使二硝基化合物中一个硝基还原：

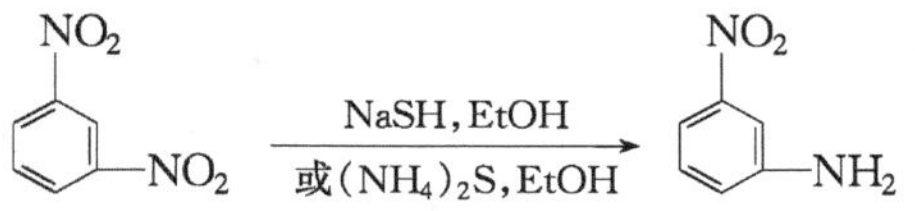

间二硝基苯　　间硝基苯胺 79％～83％

催化氢化还原硝基化合物至伯胺，常用的催化剂为 Ni、Pt、Pd 等，反应在中性条件下进行，避免了酸、碱等的腐蚀和污染，方便、干净、符合环保要求。例如：

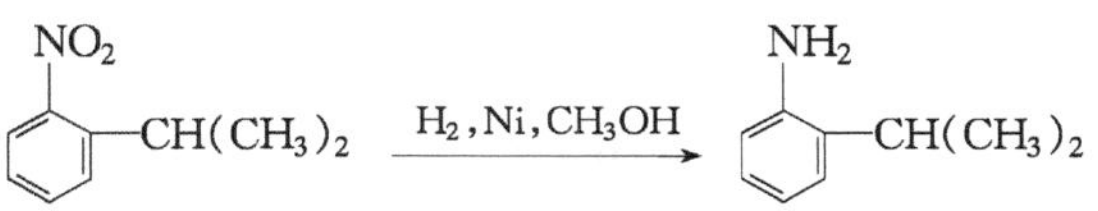

邻硝基异丙苯　　邻异丙基苯胺

$$邻硝基乙酰苯胺 \xrightarrow{\text{H}_2,\text{Pt},\text{EtOH}} 邻氨基乙酰苯胺 \ 90\%$$

4．腈、肟和酰胺的还原

腈、肟和酰胺这三类化合物都含有 C—N 键，皆可以还原成胺，腈和肟还原得到伯胺，酰胺可以还原成伯、仲或叔胺。

$$\left.\begin{array}{l} \text{R—C≡N} \\ \\ \text{RCH=NOH} \end{array}\right\} \xrightarrow[\text{或化学还原法}]{\text{催化氢化}} \text{RCH}_2\text{NH}_2$$

$$\left.\begin{array}{l} \text{RCONH}_2 \\ \text{RCONHR}^1 \\ \text{RCONR}^1\text{R}^2 \end{array}\right\} \xrightarrow[\text{或化学还原法}]{\text{催化氢化}} \begin{array}{l} \text{RCH}_2\text{NH}_2 \\ \text{RCH}_2\text{NHR}^1 \\ \text{RCH}_2\text{NR}^1\text{R}^2 \end{array}$$

例如：

$$苯乙腈 \xrightarrow[120\sim130℃,13\text{ MPa}]{\text{Ni,H}_2,液氨} 苯乙胺 \ 87\%$$

$$2-庚酮肟 \xrightarrow[75\sim80℃,6.8\text{ MPa}]{\text{Ni,H}_2} 2-庚胺 \ 75\%\sim80\%$$

用化学还原剂还原腈、肟和酰胺时常用氢化铝锂或钠加醇等试剂：

$$苯甲腈 \xrightarrow{\text{LiAlH}_4} 苯甲胺 \ 72\%$$

$$\text{CH}_3(\text{CH}_2)_5\text{CH=NOH} \xrightarrow{\text{Na}+\text{C}_2\text{H}_5\text{OH}} \text{CH}_3(\text{CH}_2)_6\text{NH}_2$$
$$1-庚胺 \ 73\%$$

$$\text{—CON(CH}_3)_2 \xrightarrow{\text{LiAlH}_4} \text{—CH}_2\text{N(CH}_3)_2$$

5．还原氨化（reductive amination）

醛、酮与氨或胺反应生成亚胺（席夫碱），亚胺催化加氢后得到伯胺；醛、酮与伯胺一起进行催化加氢则得到仲胺，中间经过亚胺中间体；醛、酮与仲胺一起催化加氢生成叔胺。

$$\text{=O} + \text{NH}_3 \xrightarrow[\text{EtOH}]{\text{H}_2,\text{Ni}} \text{—NH}_2$$
$$环己胺 \ 80\%$$

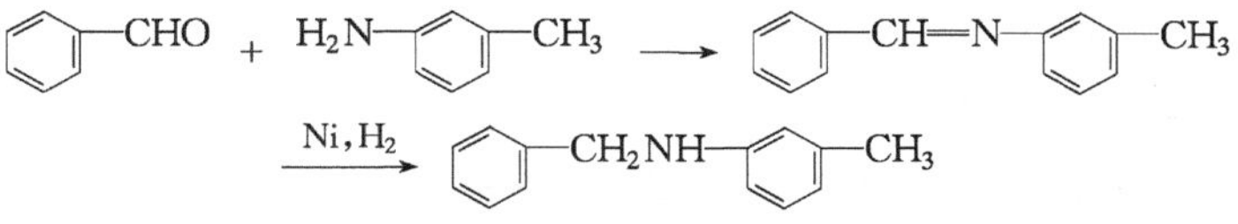

$$N-苯甲基-3-甲苯胺 89\% \sim 94\%$$

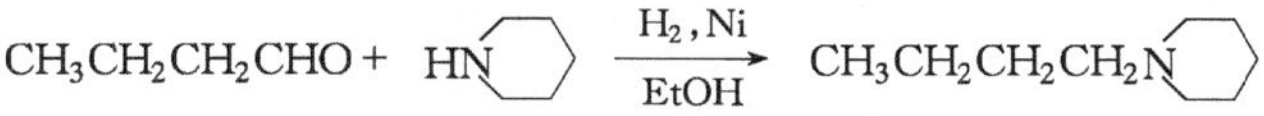

$$N-丁基六氢吡啶 93\%$$

醛、酮在高温下与甲酸铵反应也可得到伯胺,反应中甲酸铵先分解得到氨和甲酸,氨与醛、酮反应生成亚胺,甲酸作为还原剂将其还原得到伯胺,此反应称为列卡特(Leuckart)反应。例如:

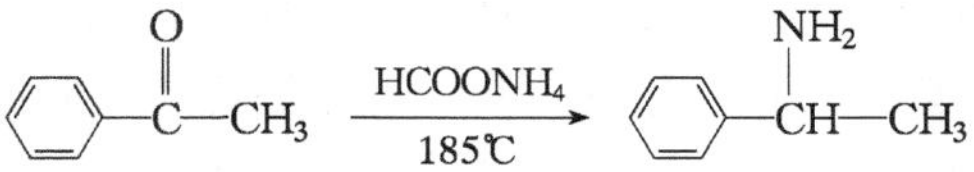

$$\alpha-苯基乙胺 66\%$$

其反应机理为:

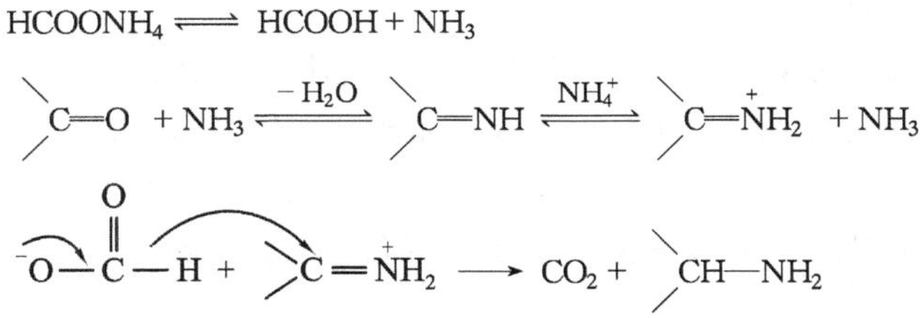

$$HCOONH_4 \rightleftharpoons HCOOH + NH_3$$

6. 酰胺降解反应

酰胺在次氯酸钠或次溴酸钠作用下,失去二氧化碳,生成少一个碳原子的伯胺,此反应称为霍夫曼重排或霍夫曼降解。采用氯或溴的碱溶液可代替次氯酸钠或次溴酸钠。反应机理见下册第十七章第四节三、2.。

$$R-\overset{O}{\underset{\|}{C}}-NH_2 + Br_2 + 4NaOH \xrightarrow{H_2O} RNH_2 + 2NaBr + Na_2CO_3 + 2H_2O$$

$$(CH_3)_3CCH_2CONH_2 \xrightarrow[\text{或 } Br_2 + NaOH, H_2O]{NaOBr} (CH_3)_3CCH_2NH_2$$

$$新戊胺 94\%$$

思考题 11.2　如何完成下列转变？

(1) $(CH_3)_2CHCH_2Br \longrightarrow (CH_3)_2CHCH_2CH_2NH_2$

(2) $(CH_3)_2CHCH_2COOH \longrightarrow (CH_3)_2CHCH_2NH_2$

(3) $CH_3CH_2CH_2CHO \longrightarrow (CH_3CH_2CH_2CH_2)_2NH$

(4) ⬡=O $\longrightarrow$ ⬡—N(CH₂CH₃)₂

(5) $CH_3CH_2CH_2CH_2CH_2Cl \longrightarrow CH_3CH_2CH_2CH(NH_2)CH_3$（纯）

三、胺的物理性质

　　低级脂肪胺的沸点偏低，甲胺、二甲胺、三甲胺和乙胺在室温下为气体，其他低级胺为液体，某些胺如三甲胺有鱼腥味，人们在烹调鱼时，往往加入食醋或酸菜来中和胺，以除去腥味。芳香胺为高沸点液体或低熔点固体，有特殊的气味。芳胺的毒性很大，苯胺通过吸入、食入或透过皮肤均可引起中毒，氯代苯胺、β-萘胺、联苯胺是能引致恶性肿瘤的物质，所以使用或制备芳胺时应特别注意，不要吸入或接触皮肤。

　　伯、仲、叔胺与水都能形成氢键，而且伯胺、仲胺本身分子间亦能生成氢键，但由于氮的电负性比氧小，故胺的氢键不如醇的氢键强，因此胺的沸点比相同相对分子质量的醇要低，比相同相对分子质量的非极性化合物则高。

　　7 个碳原子以下的低级胺能溶于水，高级脂肪胺不溶于水，芳胺多数都微溶于水。

　　一些胺的物理常数见表 11-1。

表 11-1　胺的物理常数与其共轭酸的 pK_a 值

名　称	英 文 名 称	熔点/℃	沸点/℃	溶解度 g·(100g 水)$^{-1}$	pK_a（共轭酸）
甲胺	methylamine	-92	-7.5	易溶	10.66
二甲胺	dimethylamine	-96	7.5	易溶	10.73
三甲胺	trimethylamine	-117	3	易溶	9.80
乙胺	ethylamine	-80	17	易溶	10.80
二乙胺	diethylamine	-39	55	易溶	10.98
三乙胺	triethylamine	-115	89	14	10.76
丙胺	propylamine	-83	49	易溶	10.67
异丙胺	isopropylamine	-101	33	易溶	10.73
丁胺	butylamine	-51	78	易溶	10.61

续表

名　　　称	英　文　名　称	熔点/℃	沸点/℃	溶解度 g·(100g 水)$^{-1}$	pK$_a$(共轭酸)
异丁胺	isobutylamine	−86	68	易溶	10.49
叔丁胺	tertbutylamine	−68	45	易溶	10.45
环己胺	cyclohexylamine	18	134	微溶	10.64
苄胺	benzylamine	10	185	微溶	9.30
苯胺	aniline	−6	184	3～7	4.58
对甲苯胺	p - toluidine	44	200	微溶	5.08
对甲氧基苯胺	p - aminoanisole	57	244	微溶	5.30
对氯苯胺	p - chloroaniline	73	232	不溶	4.00
对硝基苯胺	p - nitroaniline	148	332	不溶	1.00
N - 甲基苯胺	N - methylaniline	−57	196	微溶	4.70
N , N - 二甲苯胺	N , N - dimethylaniline	3	194	微溶	5.06
二苯胺	diphenylamine	53	302	不溶	0.80

四、胺的光谱性质

1. 红外光谱

伯胺的 N—H 伸缩振动在 3400～3300 cm^{-1} 处有两个吸收峰,仲胺的 N—H 伸缩振动在 3500～3300 cm^{-1} 处有一个吸收峰。伯胺的 N—H 弯曲振动在 1650～1590 cm^{-1} 处有一较强吸收峰,脂肪族伯胺在 850～750 cm^{-1} 处有一宽吸收峰,可用于伯胺鉴定。仲胺的 N—H 弯曲振动在 750～700 cm^{-1} 处有强吸收。叔胺无 N—H 键的红外吸收。

2. 核磁共振谱

胺分子中与氮原子相连的 α - 碳上的质子化学位移随着 H 的个数多少略有不同;N—CH$_3$,N—CH$_2$— 和 N—CH　 δ 值分别为 2.2,2.4 和 2.7 左右,β - 碳上的质子化学位移值在 1.1～1.7。氮上的质子 δ 值在 0.5～5 之间,受溶剂性质、溶液浓度和温度影响较大,故一般难以鉴定。

^{13}C - NMR 中,脂肪胺由于氮原子吸引电子作用,化学位移移向低场。即 δ 值增大,由于氮吸引电子的能力不如氧,故与氮相连的 α - 碳和 β - 碳的化学位移值比醇中的要小。下面为戊胺 ^{13}C - NMR 的化学位移情况。

$$CH_3—CH_2—CH_2—CH_2—CH_2—NH_2$$

$\delta_C:$　　　14.3　23.0　29.7　34.0　42.5

思考题 11.3　推导结构:

(1) 有两个含氮化合物 A 与 B 互为异构体,分子式均为 $C_8H_{11}N$。在 ^1H-NMR 谱中 A 的 δ 值为:1.3(d,3H),1.4(s,2H),4.0(q,1H),7.2(s,5H);B 的 δ 值为:1.0(s,2H),2.5～3.0(m,4H),7.3(s,5H)。试推测 A、B 的结构。

(2) 化合物 A,分子式为 $C_6H_{15}N$,其红外光谱在 3500～3200 cm^{-1} 处无吸收,^1H-NMR 谱的 δ 值为:1.0(s,9H),2.1(s,6H),试推测化合物 A 的结构。

五、胺的化学性质

胺分子中由于氮原子上未共用电子对能接受质子而显碱性,胺还易于进攻缺电子中心而显亲核性,故胺也是常用的一种亲核试剂。

1. 胺的碱性

胺的碱性比水强,其水溶液呈碱性,胺在水中可与水中质子作用,发生下列解离反应:

$$RNH_2 + H_2O \longrightarrow R\overset{+}{N}H_3 + OH^-$$

胺在水溶液中的解离程度,可以反映胺与质子的结合能力,即体现了胺的碱性强弱程度,所以可以用胺的水溶液的解离常数 K_b 或其负对数 pK_b 来表示胺的碱性强度。由于采用稀水溶液,水的浓度可视作恒定的常数,所以胺水溶液的解离常数 K_b 可表示为:

$$K_b = \frac{[RNH_3^+][OH^-]}{[RNH_2]}$$

碱的强度也可以用其共轭酸 RNH_3^+ 的解离常数 K_a 或其负对数 pK_a 表示:

$$RNH_3^+ + H_2O \Longrightarrow RNH_2 + H_3O^+$$

$$K_a = \frac{[RNH_2][H_3O^+]}{[RNH_3^+]}$$

$$pK_a = -\lg K_a$$

胺的碱性越强,越容易接受质子,其共轭酸的酸性就越弱,因此胺的碱性越强,其共轭酸的 pK_a 值就越大。如果用 pK_b 值来衡量胺的碱性,则胺的碱性越强,其 pK_b 值就越小。常见胺的 pK_a 值见表 11-1。

脂肪胺由于烷基的给电子效应,形成的铵正离子因电荷分散而稳定,铵正离子越稳定,在水中的解离常数 K_a 就越小,即 pK_a 值越大,说明胺的碱性越强,所以脂肪胺的碱性比氨强,但胺的碱性并不一定随着烷基的增多而增强,如水溶液中二乙胺的碱性比乙胺强,三乙胺的碱性反而比二乙胺弱。胺的碱性强弱与空间因素也有一定关系。乙胺、二乙胺与三乙胺在水中测定的碱性次序如下:

$$NH_3 < C_2H_5NH_2 < (C_2H_5)_3N < (C_2H_5)_2NH$$

| | pK_a | 9.25 | 10.80 | 10.85 | 11.09 |
| pK_b | 4.76 | 3.36 | 3.25 | 3.06 |

脂肪胺在水中的碱性强度之所以有此顺序,原因是这时胺的碱性强度取决于两种因素:烷基的给电子效应对铵正离子的稳定作用及铵正离子是否容易溶剂化,一方面烷基越多,给电子效应越强,越能稳定铵正离子,另一方面胺与水形成氢键越多,溶剂化程度越大,铵正离子由于溶剂化更稳定,胺的碱性也越强。

仲胺的溶剂化情况　　　　　叔胺的溶剂化情况

烷基给电子的诱导效应与水的溶剂化效应二者综合作用的结果,造成了胺在水中的碱性强度次序。

如果排除水的溶剂化作用,在气相中测定胺的碱性次序,则有如下结果:

$$NH_3 < C_2H_5NH_2 < (C_2H_5)_2NH < (C_2H_5)_3N \quad (碱性由弱到强)$$

芳香胺的碱性比氨弱,这是由于基团的诱导效应,尤其是共轭效应与苯环 π 电子相互作用的结果。如苯胺分子中由于氮原子上孤对电子通过 $p-\pi$ 共轭部分地向苯环转移,形成更稳定的共轭体系,使氮原子与质子的结合能力降低,故苯胺的碱性比氨要弱。

如果苯环上连有给电子取代基如甲基、烷氧基、羟基等,使苯胺的碱性增强。甲基是通过给电子的诱导效应和超共轭效应起作用,影响不算显著,甲氧基和羟基虽然有吸电子的诱导效应,但较强给电子的 $p-\pi$ 共轭效应($+C$)起更大的作用,结果使电子向氮原子转移,从而增加胺的碱性。只有甲氧基、羟基处在氨基的邻、对位时才有这种共轭效应,处于间位则没有。

如果苯环上连有—NH_3^+、硝基、氰基、磺酸基、羧基等吸电子基,通过吸电子的诱导效应($-I$)或吸电子共轭效应($-C$)使胺的氮原子上孤对电子通过苯环 π 电子体系向取代基转移,从而削弱了胺的碱性,由于吸电子共轭效应也只能在取代基处于氨基的邻位或对位才能传递,故此类吸电子基处于氨基的邻位或对位时才使胺的碱性明显减弱。苯胺、对甲氧基苯胺和对硝基苯胺电子转移情况如下:

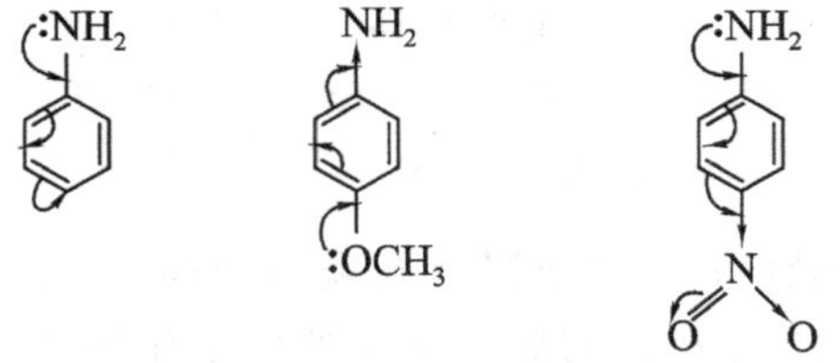

苯胺　　　　　　对甲氧基苯胺　　　　　对硝基苯胺

思考题 11.4　试比较下列化合物的碱性强弱。

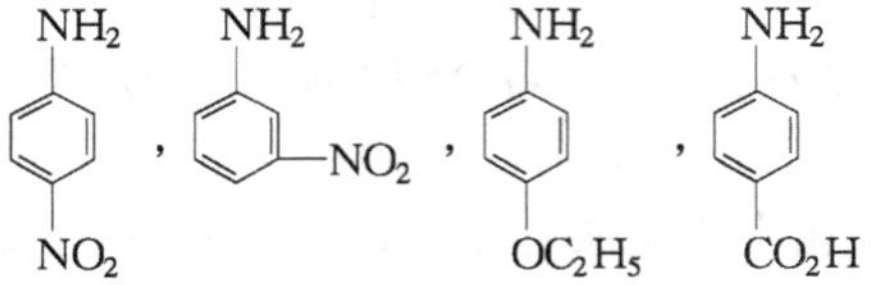

(3) $CH_3CH_2NH_2$，$HO(CH_2)_2NH_2$，$HO(CH_2)_3NH_2$

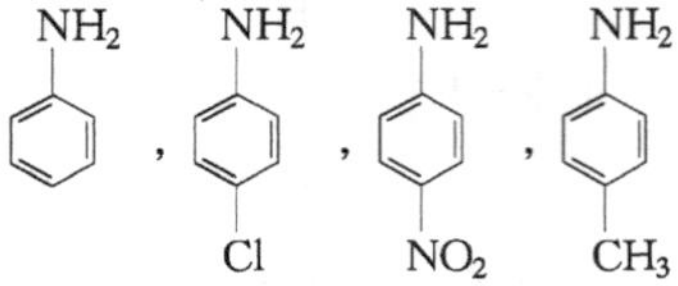

(4) $CH_2=CHCH_2NH_2$，$HC\equiv CCH_2NH_2$，$CH_3CH_2CH_2NH_2$

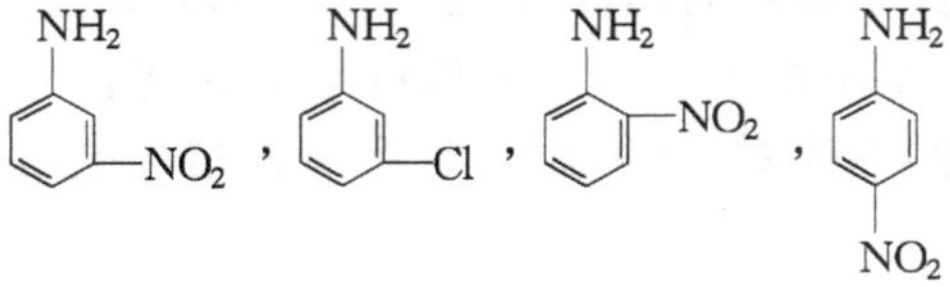

2．烃基化反应

胺是典型的亲核试剂，容易与卤代烃发生亲核取代反应。如伯胺与卤代烃反应生成仲胺的盐，仲胺的盐与未反应的伯胺作用，释放出仲胺。

$$R-NH_2 + R'-X \longrightarrow R\overset{+}{N}H_2R'X^-$$

$$R\overset{+}{N}H_2R'X^- + RNH_2 \rightleftharpoons RNHR' + R\overset{+}{N}H_3X^-$$

仲胺继续与卤代烃反应，生成叔胺的盐，再与伯胺作用生成叔胺，最后叔胺与卤代烃作用生成季铵盐。

$$RR'NH + R'-X \longrightarrow R\overset{+}{N}HR_2'X^-$$

$$R\overset{+}{N}HR_2'X^- + RNH_2 \rightleftharpoons RNR_2' + R\overset{+}{N}H_3X^-$$

$$RNR_2' + R'-X \longrightarrow R_3\overset{+}{N}RX^-$$

季铵盐

反应一般难停留在生成仲胺或叔胺阶段。如果采用过量的伯卤代烷,可使季铵盐成为主要产物。

$$\text{[环己基]—CH}_2\text{NH}_2 + 3\text{CH}_3\text{I} \xrightarrow{\triangle} \text{[环己基]—CH}_2\overset{+}{\text{N}}(\text{CH}_3)_3\text{I}^-$$

99%

3.酰化反应

伯胺和仲胺作为亲核试剂,与酰氯或酸酐作用,生成 N-烃基酰胺或 N,N-二烃基酰胺。

例如:

$$\text{C}_6\text{H}_5\text{NH}_2 + (\text{CH}_3\text{CO})_2\text{O} \longrightarrow \text{C}_6\text{H}_5\text{NHCOCH}_3 + \text{CH}_3\text{COOH}$$

$$\text{C}_6\text{H}_5\text{CH}_2\text{NH}_2 + \text{C}_6\text{H}_5\text{COCl} \longrightarrow \text{C}_6\text{H}_5\text{CH}_2\text{NHCOC}_6\text{H}_5 + \text{HCl}$$

酰氯与胺反应副产氯化氢,会立即与胺反应生成盐,加入碱作为缚酸剂,可以促进酰化反应,并减少胺的消耗。这种酰化反应称为肖特－鲍曼(Schotten－Baumann)反应。常用的碱是氢氧化物、吡啶或三乙胺。例如:

胺与苯磺酰氯或对甲苯磺酰氯作用发生磺酰化反应:

$$\text{CH}_3\text{—[苯基]—SO}_2\text{Cl} + \text{RNH}_2 \longrightarrow \text{CH}_3\text{—[苯基]—SO}_2\text{NHR}$$

对甲苯磺酰氯 N-烃基对甲苯磺酰胺

$$\text{CH}_3\text{—[苯基]—SO}_2\text{Cl} + \text{R}_2\text{NH} \longrightarrow \text{CH}_3\text{—[苯基]—SO}_2\text{NR}_2$$

N,N-二烃基对甲苯磺酰胺

伯胺生成的烃基磺酰胺,由于氮上还有氢原子,受磺酰基影响具有弱酸性,可以溶于碱成盐,仲胺生成的磺酰胺不溶于碱。

$$\text{CH}_3\text{—[苯基]—SO}_2\text{NHR} + \text{NaOH} \longrightarrow \text{CH}_3\text{—[苯基]—SO}_2\overset{-}{\text{N}}\text{R}\overset{+}{\text{Na}} + \text{H}_2\text{O}$$

叔胺与对甲苯磺酰氯只生成盐,与氢氧化钠反应又释放出叔胺。故也可以认为叔胺与对甲苯磺酰氯未发生反应。

$$CH_3-\!\!\!\!\bigcirc\!\!\!\!-SO_2Cl + R_3N \longrightarrow CH_3-\!\!\!\!\bigcirc\!\!\!\!-SO_2^+NR_3Cl^-$$

因此可以利用胺的磺酰化反应来鉴定或分离三种胺,这一反应称为兴斯堡(Hinsberg)反应。

思考题 11.5 试用化学方法鉴别下面三种胺。

$$CH_3CH_2NH_2 \qquad (CH_3CH_2)_2NH \qquad (CH_3CH_2)_3N$$

思考题 11.6 如何用化学方法分离下面三种胺?

$$\bigcirc\!\!\!\!-NH_2 \qquad \bigcirc\!\!\!\!-NHCH_3 \qquad \bigcirc\!\!\!\!-N(CH_3)_2$$

4.与亚硝酸反应

脂肪族伯胺与芳香族伯胺都能与亚硝酸发生重氮化反应,生成重氮盐,但脂肪族伯胺的重氮盐很不稳定,易脱氮生成碳正离子,碳正离子再发生 S_N1 反应可生成卤代烃和醇,也可以通过 E1 反应生成烯,还可能发生碳正离子重排,因而脂肪族伯胺的重氮化反应没有应用价值。

$$R-NH_2 + NaNO_2 + 2HCl \longrightarrow [R-\overset{+}{N}\equiv N:Cl^-] + NaCl + 2H_2O$$

$$[R-\overset{+}{N}\equiv N:Cl^-] \xrightarrow{-N_2} R^+ + Cl^-$$

$$R^+ \begin{cases} \xrightarrow{Cl^-} R-Cl \\ \xrightarrow{OH^-} R-OH \\ \xrightarrow{-H^+} 烯 \\ \xrightarrow{重排} 新的碳正离子 \end{cases}$$

芳香族伯胺的重氮化反应在低温下进行,生成的芳基重氮盐比烷基重氮盐要稳定,可以在 5℃ 以下的水溶液中保存一段时间,在有机合成与染料制造中有重要应用。

$$Ar-NH_2 + NaNO_2 + 2HCl \xrightarrow{0\sim5℃} Ar-\overset{+}{N}\equiv NCl^- + NaCl + 2H_2O$$

重氮化反应的机理为:

$$HONO + H_3O^+ \rightleftharpoons :\overset{+}{N}=O + 2H_2O$$

$$Ar-\overset{\overset{H}{|}}{\underset{\underset{H}{|}}{N}}: + {}^+\overset{..}{N}=O \longrightarrow Ar-\overset{\overset{H}{|}}{\underset{\underset{H}{|}}{N}}{}^+-N=O$$

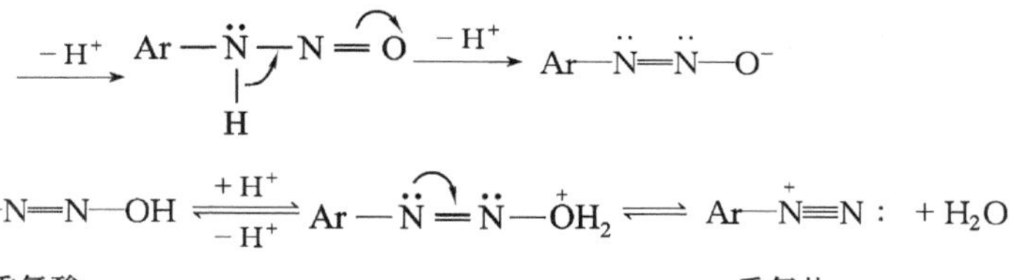

$$\xrightarrow{-H^+} Ar-\overset{..}{\underset{|}{\overset{H}{N}}}-N=\overset{..}{\overset{..}{O}} \xrightarrow{-H^+} Ar-\overset{..}{N}=\overset{..}{N}-O^-$$

$$\underset{-H^+}{\overset{+H^+}{\rightleftharpoons}} Ar-N=N-OH \underset{-H^+}{\overset{+H^+}{\rightleftharpoons}} Ar-\overset{.}{N}=\overset{..}{N}-\overset{+}{O}H_2 \rightleftharpoons Ar-\overset{+}{N}\equiv N: + H_2O$$

$$\qquad\qquad\qquad 重氮酸 \qquad\qquad\qquad\qquad\qquad\qquad\qquad\qquad 重氮盐$$

仲胺与亚硝酸反应,生成黄色油状液体或固体亚硝基胺:

$$(C_2H_5)_2NH \xrightarrow{NaNO_2,HCl} (C_2H_5)_2N-N=O$$

$$N-亚硝基二乙胺$$

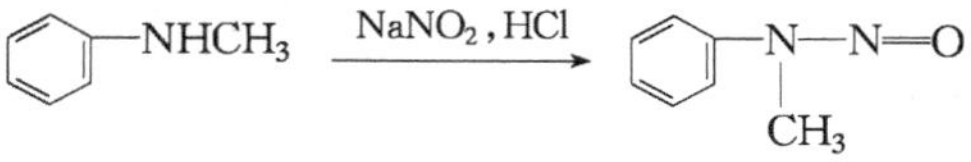

$$N-甲基-N-亚硝基苯胺$$

脂肪族叔胺与亚硝酸不发生类似反应,芳香族叔胺虽不发生氮原子上的亚硝化反应,而取代氨基的对位却能够发生亚硝化反应,生成对亚硝基胺。例如:

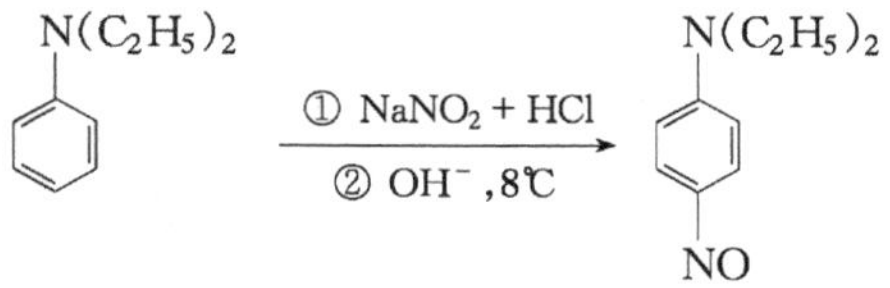

$$对亚硝基-N,N-二乙基苯胺$$

5. 胺的氧化

胺很容易发生氧化反应,尤其是芳胺,如新鲜苯胺曝露在空气中很快氧化变成黄色,并逐渐变成棕红色甚至棕黑色。随着氧化剂不同能产生多种复杂的氧化产物。

叔胺用过氧化氢或过氧酸氧化,生成氧化叔胺的反应有一定价值。

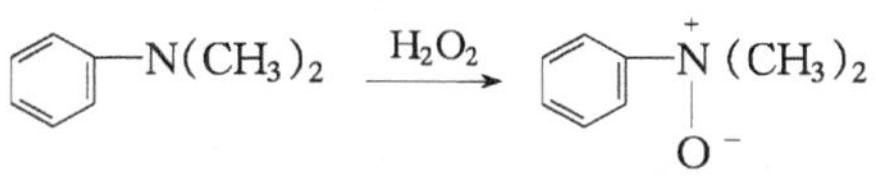

当叔胺的氧化物 $\beta-$ 碳上有氢原子时,加热至 $150\sim200℃$ 时,能分解成烯烃和 $N,N-$ 二烷基羟胺,此反应称为科普(Cope)消除,属于热消除反应的一种。

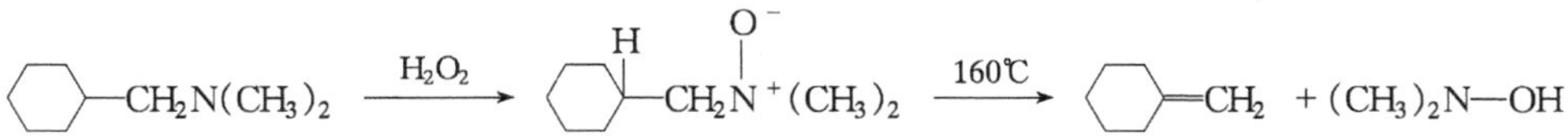

科普消除可用于某些烯烃的合成。

6. 芳环上的亲电取代反应

(1)卤代反应　由于—NH_2是一个强给电子基团,对苯环上亲电取代具有强活化作用,因此芳胺环上很容易发生亲电取代反应,如苯胺与酚相似,与溴水

反应立即产生 2,4,6-三溴苯胺的白色沉淀:

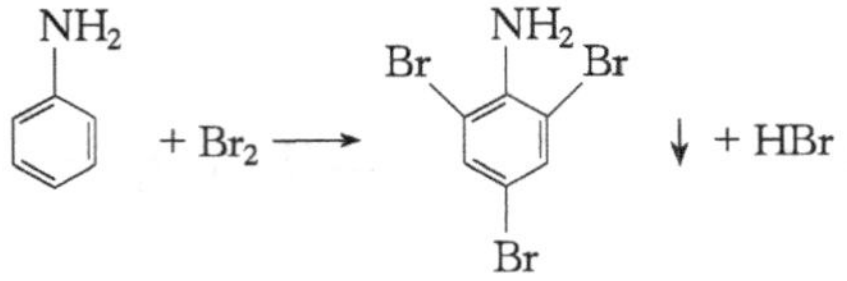

如果想获得一元溴代产物,必须将苯胺乙酰化,从而降低氨基的活化能力,溴代后再水解即可脱去乙酰基,得到一溴苯胺。溴代在干燥乙酸中进行,几乎只生成对溴苯胺。

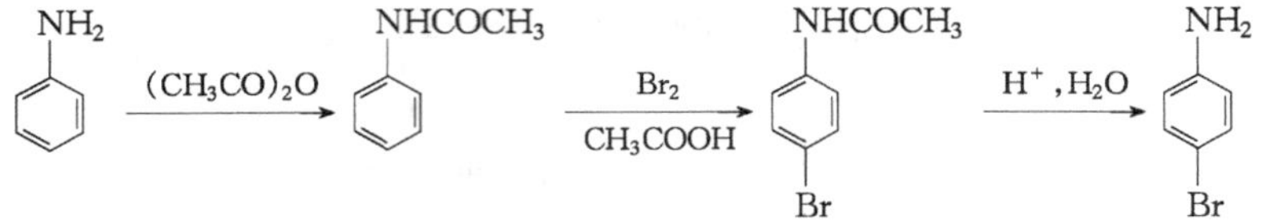

碘不如溴活泼,与苯胺反应只生成一元碘代苯胺,并且也是以对位碘代产物为主。

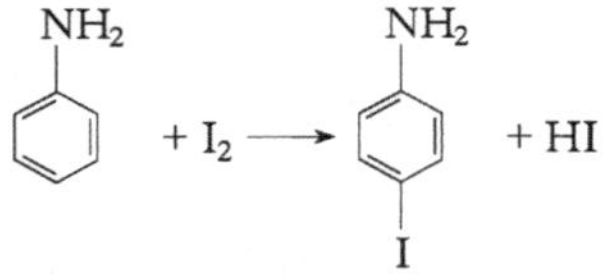

(2) 磺化反应 苯胺遇硫酸首先生成苯胺的硫酸盐,脱水生成 N-磺酰基苯胺,再加热至 180℃,重排生成对氨基苯磺酸。

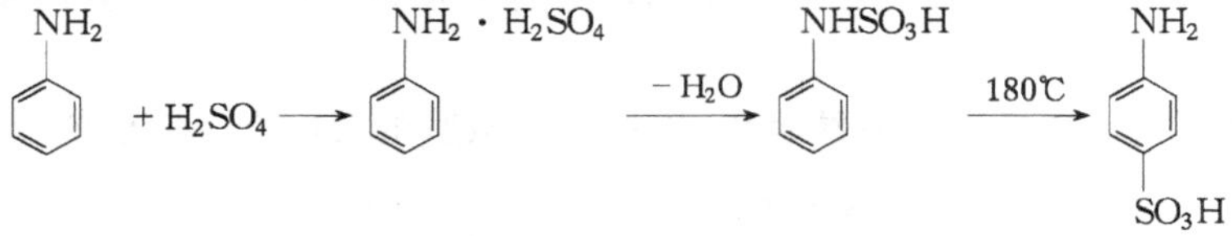

(3) 硝化反应 由于芳香伯胺很容易氧化,直接用硝酸硝化,则主要发生氧化反应,用乙酰基将氨基保护后,能顺利地进行硝化反应。例如:

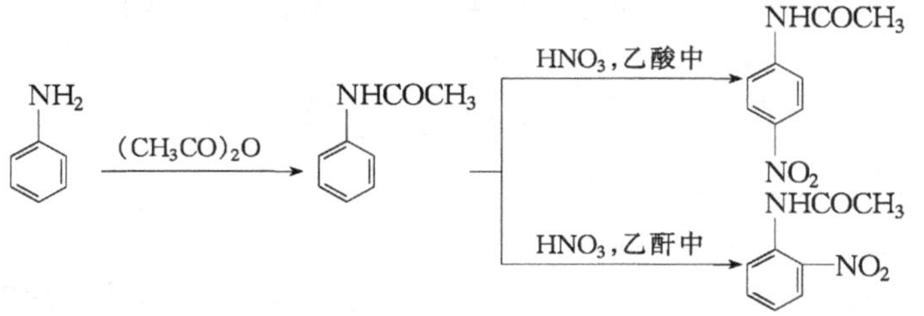

若在三苯膦、溴和硝酸银的存在下,用乙腈作溶剂,可在室温下使芳香胺硝

化，且有良好的位置选择性。例如：

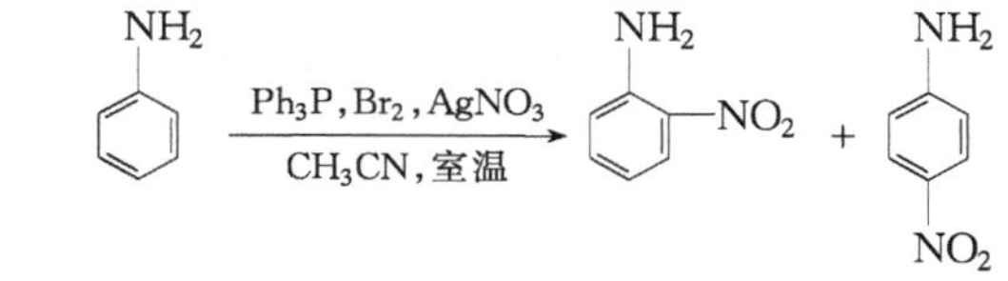

30%　　65%

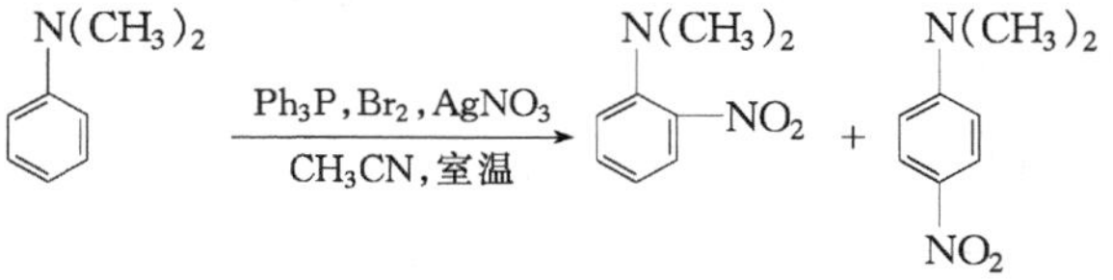

15%　　80%

(4) 傅－克酰化反应　叔胺与 N,N－二甲基甲酰胺及三氯氧磷作用，可以发生甲酰化反应，得到对二甲氨基苯甲醛与邻二甲氨基苯甲醛，此反应称为维斯迈耶尔(Vilsmeier)反应。

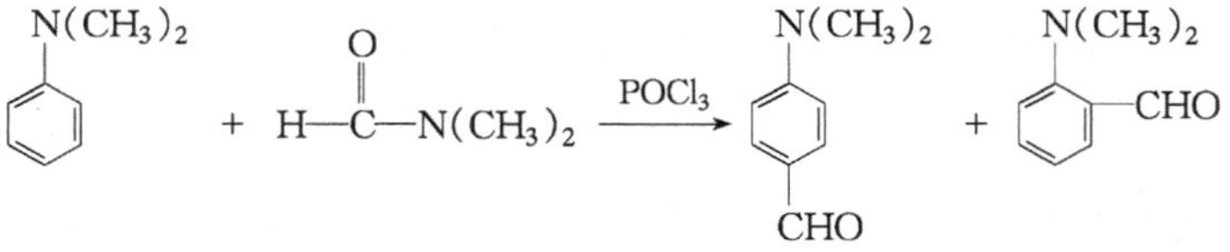

80%～84%　　～20%

六、季铵盐与季铵碱

1. 季铵盐

季铵盐可由叔胺与卤代烷反应制得：

$$R_3N + RX \longrightarrow R_4N^+X^-$$

季铵盐与铵盐类似，属离子型化合物，易溶于水，不溶于乙醚等非极性溶剂，熔点较高。季铵盐也可以直接由伯胺烃化得到。例如：

$$\underset{\displaystyle NH_2}{CH_3CH_2CH_2\underset{|}{C}HCH_3} + 3CH_3I \longrightarrow \underset{\displaystyle {}^{+}N(CH_3)_3\ I^-}{CH_3CH_2CH_2\underset{|}{C}HCH_3}$$

季铵盐的一些特性使它具有很多重要用途，有的季铵盐具有高的生物活性，一种植物生长调节剂矮壮素就是一种季铵盐，可以使小麦、棉花等农作物增产。

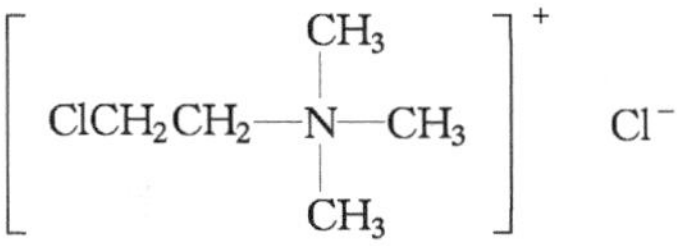

矮壮素

抗胆碱酯酶药物溴化新斯的明和酶抑宁都是具有季铵盐类结构的化合物。

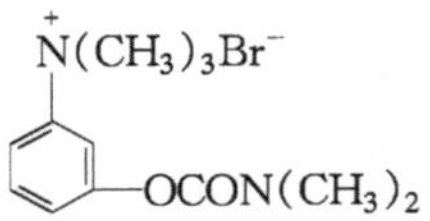

$$Et_2\overset{+}{N}-CH_2CH_2NHC-CNHCH_2CH_2-\overset{+}{N}Et_2 \ 2Cl^-$$

溴化新斯的明

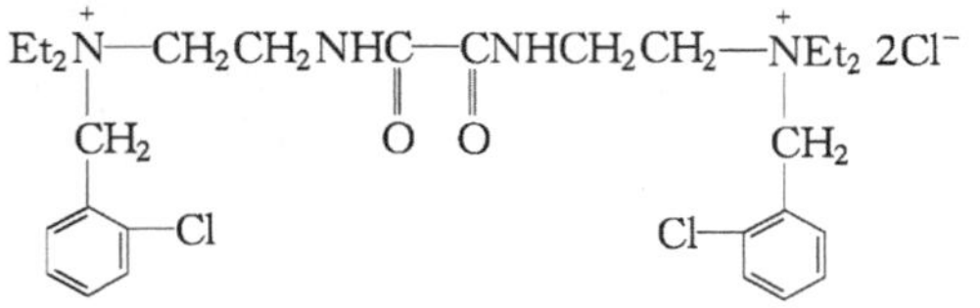

酶抑宁

有些季铵盐具有很好的表面活性,是重要的阳离子表面活性剂,如下面适度长链的季铵盐就是好的表面活性剂。

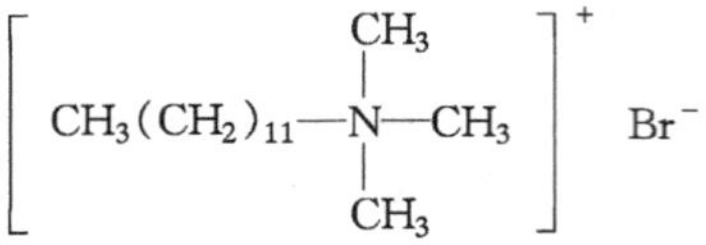

溴化十二烷基三甲基铵

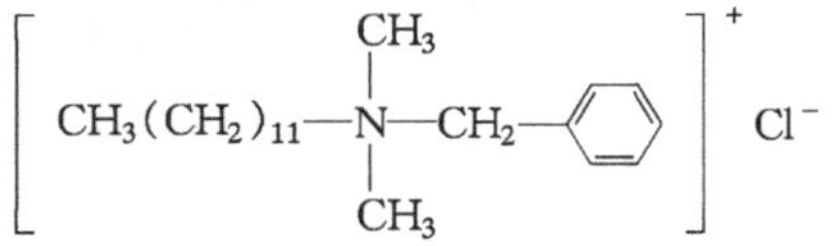

氯化十二烷基二甲基苄基铵

2. 季铵碱

季铵盐与碱(如 KOH)反应,能生成季铵碱,但这是一个平衡反应,季铵碱的碱性与氢氧化钾、氢氧化钠相近,不能得到纯季铵碱。

$$R_4N^+X^- + KOH \rightleftharpoons R_4N^+OH^- + KX$$

若以氢氧化银(或湿 Ag_2O)与季铵盐作用,则能使反应进行到底,得到纯的季铵碱。

$$R_4N^+I^- + AgOH \longrightarrow R_4N^+OH^- + AgI\downarrow$$

季铵碱一般为晶体,容易吸收二氧化碳和吸潮,其一个重要性质是易加热分解,如氢氧化四甲铵加热时,生成三甲胺与甲醇:

$$(CH_3)_4N^+OH^- \overset{\triangle}{\longrightarrow} (CH_3)_3N + CH_3OH$$

季铵碱分子中烃基如有 β - 氢时,则加热生成叔胺、烯烃和水:

$$(CH_3CH_2)_4N^+OH^- \overset{\triangle}{\longrightarrow} (CH_3CH_2)_3N + CH_2\!=\!CH_2 + H_2O$$

当季铵碱分子中存在两个或两个以上 β - 碳时,β - 氢被消除的次序为: —$CH_3 >$ RCH_2— $> R_2$CH—,即遵守霍夫曼规则。例如:

$$CH_3CH_2CH_2\underset{\underset{+N(CH_3)_3OH^-}{|}}{C}HCH_3 \overset{\triangle}{\longrightarrow} CH_3CH_2CH_2CH\!=\!CH_2 + CH_3CH_2CH\!=\!CHCH_3$$

$\sim$95%　　　　　　　　　　$\sim$5%

从不同的胺出发,通过与碘甲烷反应,生成季铵盐,继而生成季铵碱,最后加热消除成烯,这一过程称为霍夫曼彻底甲基化,此反应可用于制备烯烃及鉴定胺的结构。

$$RCH_2CH_2NH_2 \xrightarrow{3CH_3I} [RCH_2CH_2N(CH_3)_3]^+ I^- \xrightarrow{AgOH}$$

$$RCH_2CH_2\overset{+}{N}(CH_3)_3OH^- \xrightarrow{\triangle} RCH = CH_2 + (CH_3)_3N + H_2O$$

例如：

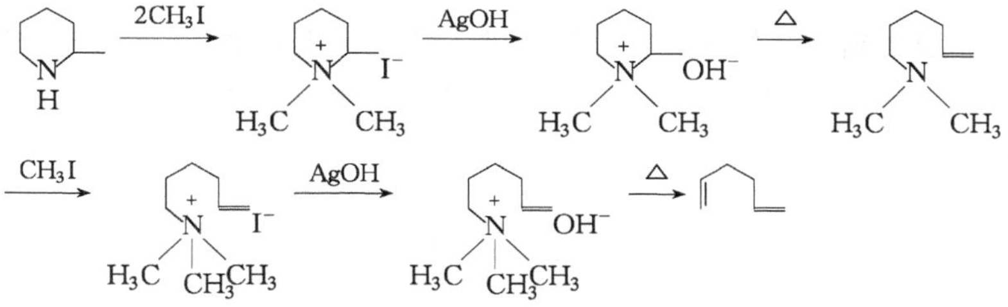

在人体和动物体中存在着某些具有重要生理作用的季铵碱,如胆碱存在于动物的胆汁、肝脏和脑中,它以卵磷脂的形式在体内调节脂肪代谢。

$$[HOCH_2CH_2N(CH_3)_3]^+OH^-$$
胆碱

在人体和动物体中还有一种称为乙酰胆碱的季铵类化合物,乙酰胆碱是中枢神经突触的兴奋性传导物,完成传导刺激后很快被乙酰胆碱酯酶作用水解,一旦乙酰胆碱酯酶的活性被抑制,乙酰胆碱会产生积累,使动物或人的神经受到致命损害。有机磷农药和氨基甲酸酯类农药就是乙酰胆碱酯酶抑制剂,因而使用过程中要严格防止对人体的毒害。

$$CH_3COOCH_2CH_2\overset{+}{N}(CH_3)_3OH^- + H_2O \xrightarrow{乙酰胆碱酯酶} CH_3COOH + HOCH_2CH_2\overset{+}{N}(CH_3)_3OH^-$$
乙酰胆碱

思考题 11.7 完成下列反应:

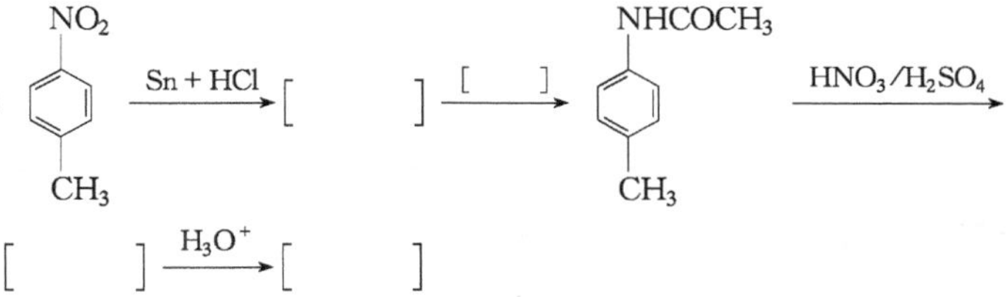

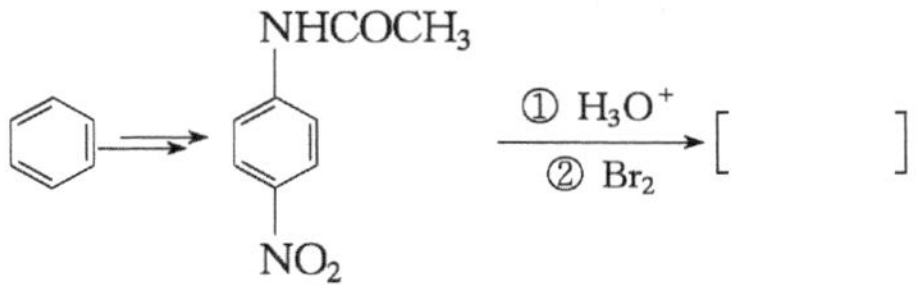

(3) 〔结构式〕 $\xrightarrow{2CH_3I}$ [　　　] $\xrightarrow{AgOH}$ [　　　] $\xrightarrow{\triangle}$ [　　　]

七、重要的胺

1. 苯胺

苯胺一般由硝基苯催化加氢还原得到。苯胺为无色液体,熔点 −6℃,沸点184℃,有毒,易氧化变色。苯胺工业上的重要用途是用来制造染料、药物和橡胶促进剂。

2. 乙二胺

由 1,2 − 二氯乙烷或 1,2 − 二溴乙烷与氨反应可制得乙二胺:

$$BrCH_2CH_2Br \xrightarrow[\text{② NaOH 溶液}]{\text{① } NH_3} H_2NCH_2CH_2NH_2$$

乙二胺为无色液体,熔点 8.5℃,沸点 116℃,易溶于水和乙醇。乙二胺是制备乳化剂、医药和农药的原料。乙二胺与氯乙酸作用,生成的乙二胺四乙酸(EDTA)是一种重要的金属离子螯合剂。

$$4\ ClCH_2COOH + H_2NCH_2CH_2NH_2 \longrightarrow (HOOCCH_2)_2NCH_2CH_2N(CH_2COOH)_2$$
$$EDTA$$

3. 己二胺

己二腈催化氢化可制得己二胺:

$$NC(CH_2)_4CN \xrightarrow[Ni]{H_2} H_2N(CH_2)_6NH_2$$
$$\text{己二胺}$$

己二胺是制造尼龙 − 66 的原料。首先将己二胺与己二酸配成己二胺己二酸盐(简称 66 盐),然后缩聚即得到尼龙 − 66。

$$n\ H_3\overset{+}{N}(CH_2)_6\overset{+}{N}H_3\overset{-}{O}OC(CH_2)_4COO^- \xrightarrow{\text{缩聚}} \left[N(CH_2)_6N-C(CH_2)_4C\right]_n + n H_2O$$
$$\text{尼龙} − 66$$

4. 联苯胺

联苯胺是一种结晶固体,熔点 128℃,溶于乙醇,是偶氮染料的重要中间体。联苯胺是由氢化偶氮苯在酸催化下重排得到,此重排反应称为联苯胺重排。氢化偶氮苯由硝基苯在 Zn + NaOH 的作用下制得。

$$2\ \langle\text{苯环}\rangle-NO_2 \xrightarrow{Zn + NaOH} \langle\text{苯环}\rangle-\overset{H}{N}-\overset{H}{N}-\langle\text{苯环}\rangle \xrightarrow{H^+} H_2N-\langle\text{苯环}\rangle-\langle\text{苯环}\rangle-NH_2$$
$$\text{氢化偶氮苯} \qquad\qquad \text{联苯胺}$$

取代的氢化偶氮苯也能发生类似的联苯胺重排：

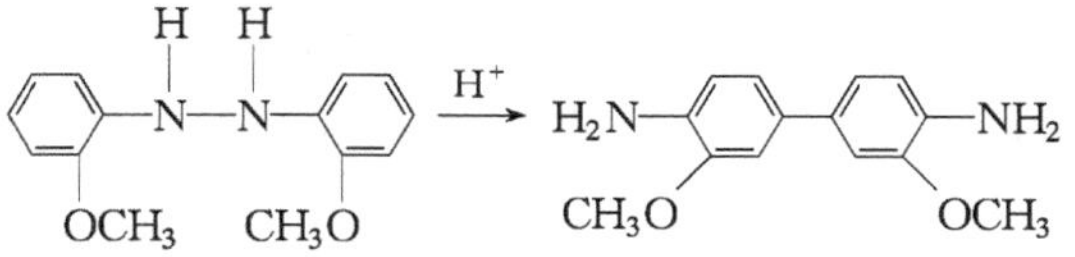

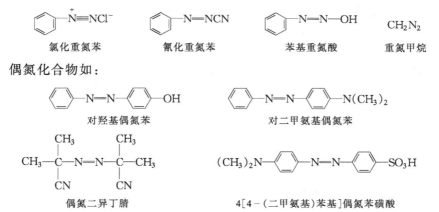

第三节　重氮和偶氮化合物

重氮和偶氮化合物皆含有—N＝N—的结构,当该官能团一端与碳原子相连,另一端与卤素原子、氧原子等相连称为重氮化合物;如果两端都与碳原子相连,则即为偶氮化合物。

重氮化合物如：

氯化重氮苯　　　氰化重氮苯　　　苯基重氮酸　　　重氮甲烷

偶氮化合物如：

对羟基偶氮苯　　　　　　　　　对二甲氨基偶氮苯

偶氮二异丁腈　　　　　　4[4－(二甲氨基)苯基]偶氮苯磺酸

一、芳胺的重氮化反应

芳香族伯胺在酸性条件和低温下与亚硝酸作用生成重氮盐的反应即重氮化反应。

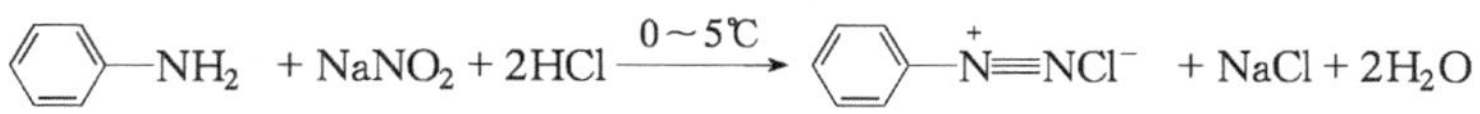

在重氮化反应中,常用的酸为盐酸或硫酸,胺与酸的摩尔比为 $1:2.5\sim1:3$,过量的酸一方面是与伯胺成盐要消耗 1 mol,余下的酸为保持介质的强酸性(pH在 2 左右),这是由于在中性或弱酸性时,生成的重氮盐会与芳香伯胺产生如下的偶联反应：

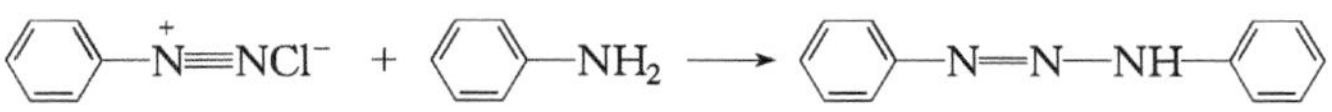

苯基重氮氨基苯

强酸性条件可以抑制这个反应。重氮氨基苯可以在酸性条件下加热重排得到对氨基偶氮苯。

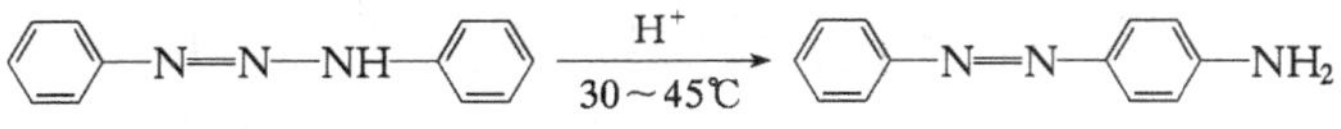

对氨基偶氮苯

二、重氮盐的化学反应

苯基重氮盐如氯化重氮苯可以写成如下结构：

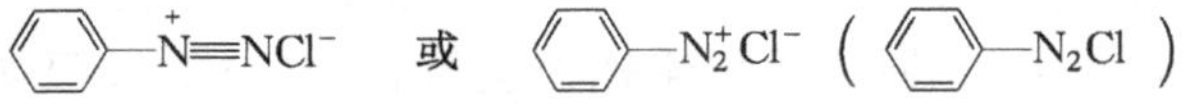

重氮盐是离子型化合物，一方面重氮正离子可以作为亲电试剂，进攻芳环上电子云密度高的位置，如苯酚中羟基的邻、对位；另一方面重氮正离子又能失去 N_2，发生亲核取代反应，被卤素、氰基、羟基等取代。因此重氮盐的化学反应主要有两类：① 去氮反应（取代反应），② 保留氮的反应（偶联、还原）。

1．去氮反应

（1）桑德迈尔反应　重氮盐在亚铜盐（CuCl，CuBr，CuCN）的催化下去氮被氯、溴或氰基取代的反应称为桑德迈尔（Sandmeyer）反应。

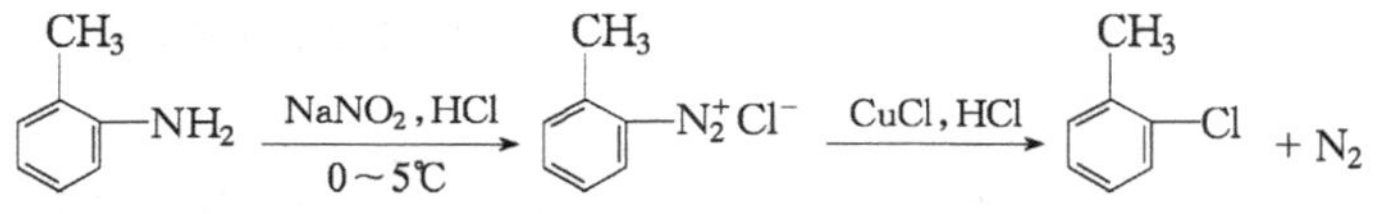

74％～79％

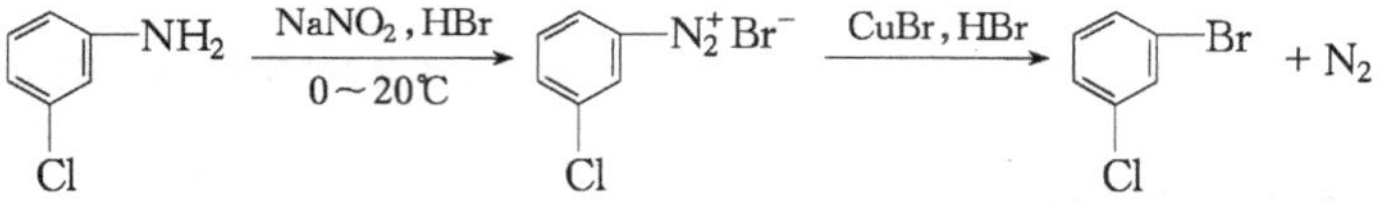

70％

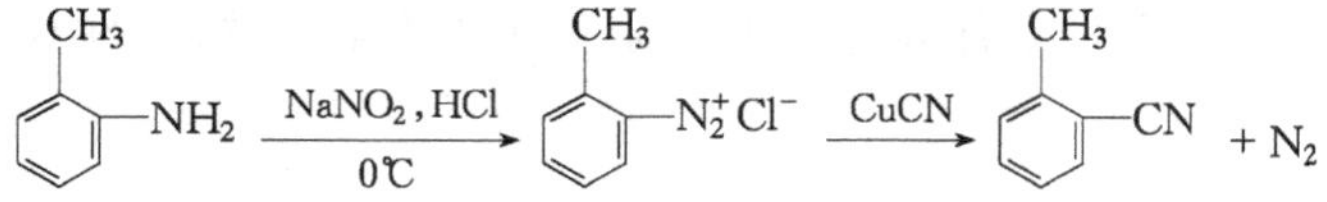

64％～70％

利用桑德迈尔反应制备芳腈，是制备芳香羧酸的一个重要方法。

（2）希曼反应　芳基重氮氟硼酸盐加热脱去 N_2 与 BF_3，生成氟代产物，此反应称为希曼（Schiemann）反应。

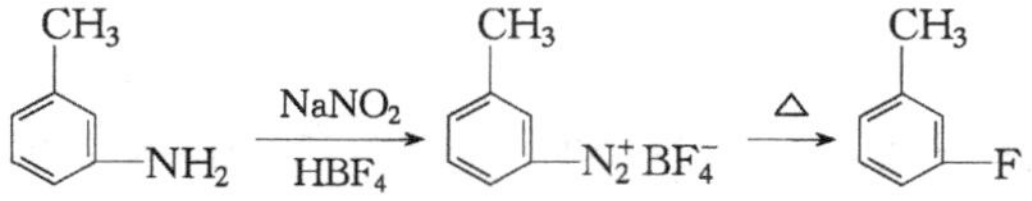

89％

也可以先生成氯化重氮苯,再加入氟硼酸,使重氮氟硼酸盐沉淀出来,例如:

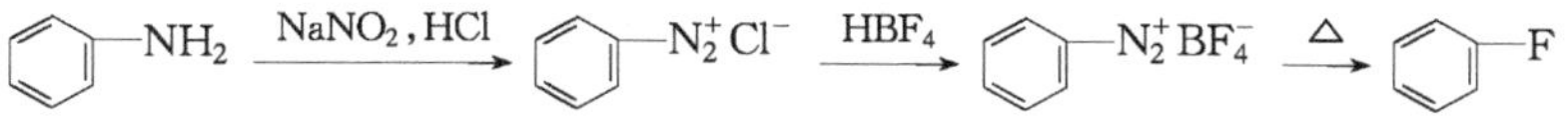

（3）**碘代反应**　由于碘负离子的亲核能力比氯离子及溴离子都强,因而在重氮盐的水溶液中加入碘化钾,即可脱去 N_2 生成碘代苯:

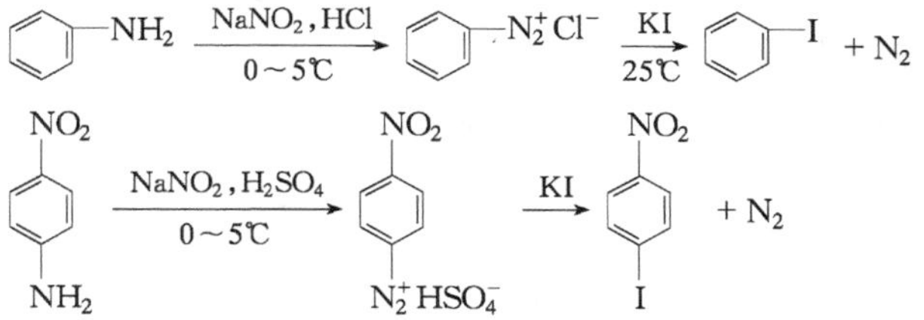

（4）**被羟基取代**　重氮盐的水溶液不够稳定,室温时就会慢慢水解放出氮气生成酚,在稀酸条件下,加热会加速这一过程:

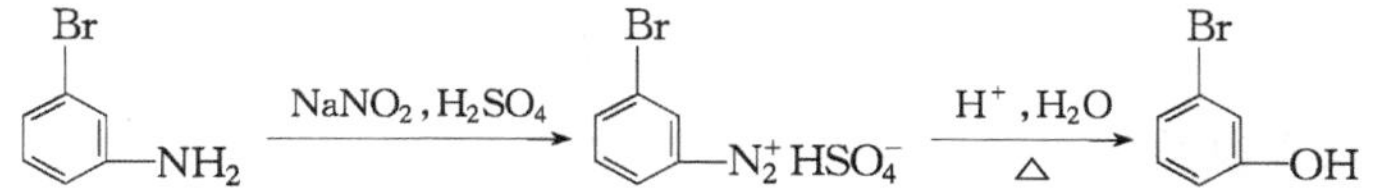

（5）**被氢原子取代**　重氮盐与次磷酸(H_3PO_2)或乙醇反应,重氮基可以被氢取代。

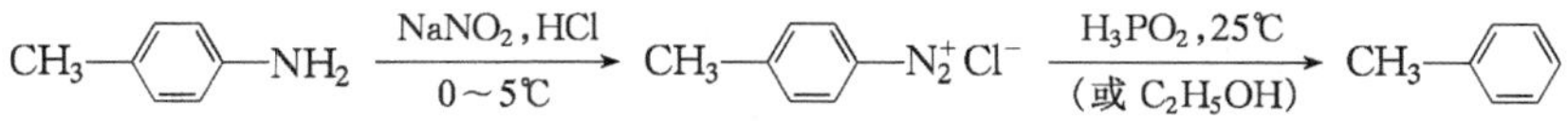

此反应有重要应用,因可以利用氨基的活化作用与定位效应,把在合成中想引入芳环的取代基导入指定位置后,再脱去氨基,从而合成出一般方法难以制得的化合物,即通过这种间接方法可以向芳环引入一些重要基团。例如间溴甲苯与 1,3,5-三溴苯的合成:

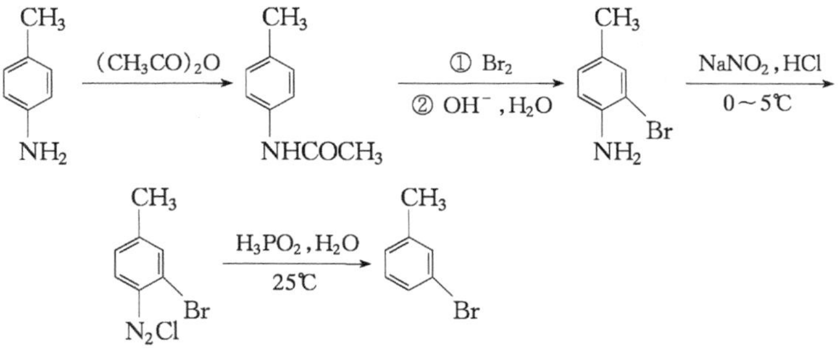

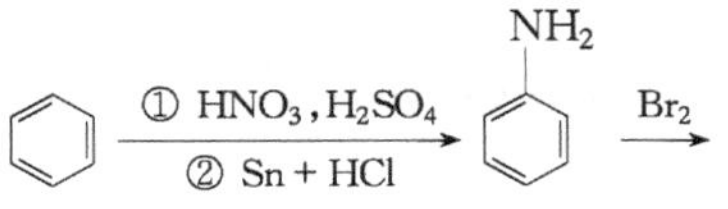

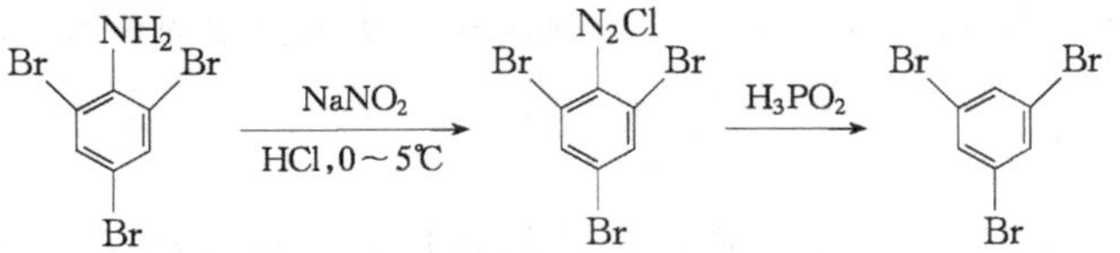

如果要合成 1,2,3-三溴苯,可以从乙酰苯胺出发,然后硝化,使硝基将对位占据,利用直接溴化引入两个溴,再用桑德迈尔反应引入第三个溴,最后将对位硝基变成氨基而脱去。

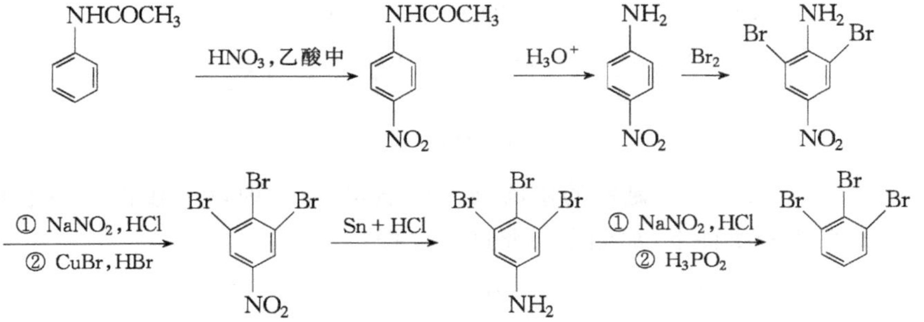

下面将从重氮盐出发的取代反应归纳如下:

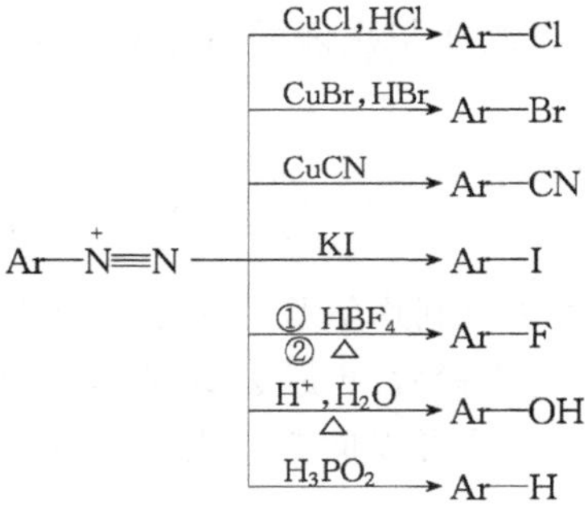

思考题 11.8　如何完成下列转变?

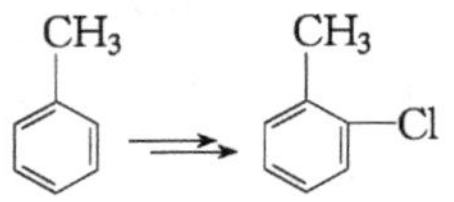

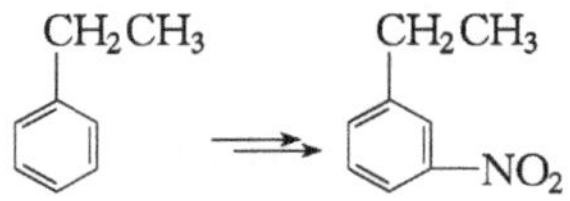

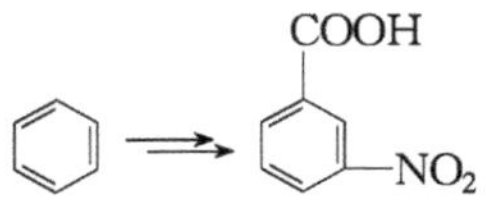

2．保留氮的反应

保留氮的反应最重要的是偶合反应(偶联反应),此外还有重氮盐的还原反应。

（1）偶合反应　重氮盐作为亲电试剂，与含有酚羟基或叔氨基的酚类、叔胺类发生偶合反应，偶合的位置优先发生在酚羟基或取代氨基的对位，偶合反应是制备偶氮化合物如偶氮染料的基本反应。

重氮盐与芳香叔胺偶合一般要求在弱酸性条件下进行（pH＝6 左右），因为弱酸性条件下重氮正离子的浓度大，且芳胺呈游离态，有利于偶合。

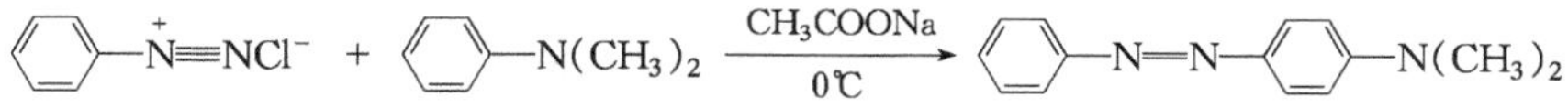

实质上偶合反应是亲电取代反应，上面反应的机理可表示为：

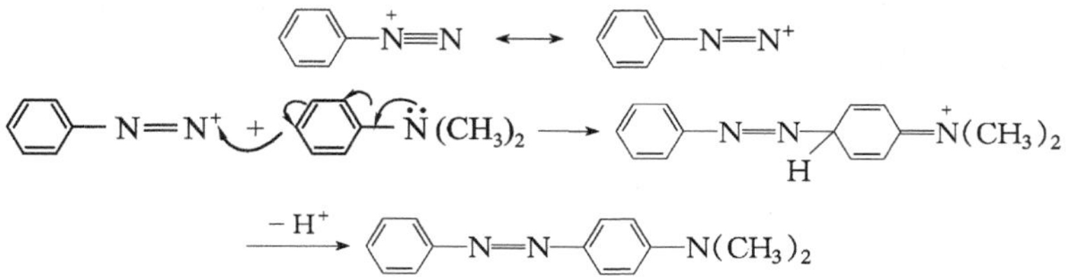

重氮盐与酚在碱溶液中很容易发生偶合：

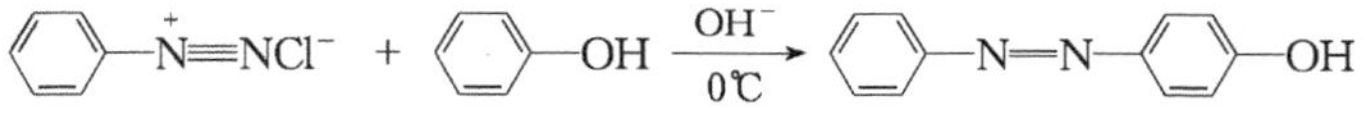

重氮盐与酚偶合要求在弱碱性环境中进行（pH≈8），因为酚在弱碱性条件下产生芳氧负离子，带负电荷的氧原子比酚羟基供电子能力更强，更能活化苯环，有利于亲电取代反应，此外弱碱性介质也增加了酚的溶解度。如果反应体系的碱性太强（pH＞10），重氮盐会转变成不能偶合的重氮酸与重氮酸盐。

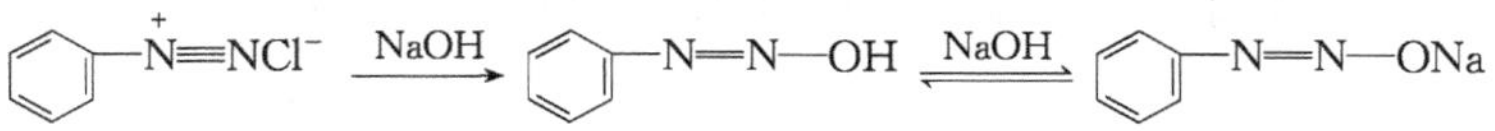

能偶合　　　　　　　重氮酸，不能偶合　　　　　　不能偶合

当酚羟基的对位被占据，偶合反应则在邻位上进行：

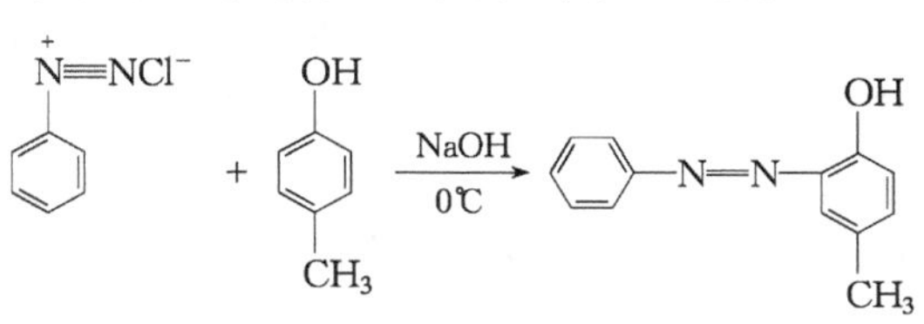

萘酚参加偶合的情况稍复杂一些，α - 萘酚主要是在同环的另一 α 位处发生偶合，如该 α 位被占据，则偶合位置在同环的 β 位。β - 萘酚参加偶合反应，重氮基主要进入同环的 α 位。

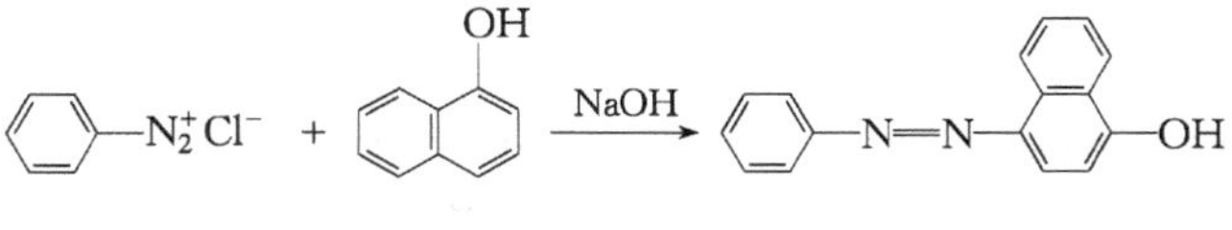

$$\text{①}\text{—N}_2^+\text{Cl}^- + \text{②—OH} \xrightarrow{\text{NaOH}} \text{③—N=N—④}$$

（2）还原反应 　重氮盐能被锡加盐酸、亚硫酸钠或亚硫酸氢钠等还原,得到苯肼。

$$\text{①—N}_2^+\text{Cl}^- + \text{Sn} + 4\text{HCl} \longrightarrow \text{②—NHNH}_2 \cdot \text{HCl} \xrightarrow{\text{OH}^-} \text{③—NHNH}_2$$

苯肼为无色液体,熔点 19.8℃,沸点 243℃。苯肼是有机合成试剂,但毒性较大,使用时应注意防护。

思考题 11.9 　从苯、甲苯等原料出发合成下列化合物:

$$\text{①—N=N—②—N=N—③—OH} \qquad \text{分散黄（一种分散染料）}$$

三、重氮甲烷

重氮甲烷为黄色气体,沸点 −24℃,有剧毒,并且易爆炸,重氮甲烷是重要的有机合成试剂,使用时应特别注意,通常在乙醚的稀溶液中使用。

重氮甲烷是最简单的重氮化合物,其结构可以用共振式表示为:

$$\text{CH}_2\!=\!\overset{+}{\text{N}}\!=\!\overset{-}{\underset{..}{\text{N}}}\text{:} \quad\longleftrightarrow\quad \text{:}\overset{-}{\text{CH}}_2\!-\!\overset{+}{\text{N}}\!\equiv\!\text{N:}$$

重氮甲烷中碳原子具有明显的亲核性,可以从酸性化合物中接受质子,又可以进攻羰基化合物中羰基正电性碳原子,因而可以发生下列反应。

1. 与酸反应

重氮甲烷与羧酸作用,放出氮生成羧酸甲酯:

$$\text{R—}\overset{\overset{\displaystyle O}{\|}}{\text{C}}\text{—OH} + \text{CH}_2\text{N}_2 \longrightarrow \text{R—}\overset{\overset{\displaystyle O}{\|}}{\text{C}}\text{—OCH}_3 + \text{N}_2$$

其反应过程为:

$$\text{RCOOH} + \overset{-}{\text{CH}}_2\!-\!\overset{+}{\text{N}}\!\equiv\!\text{N} \longrightarrow \text{RCOO}^- + \text{CH}_3\!-\!\overset{+}{\text{N}}\!\equiv\!\text{N} \xrightarrow{-\text{N}_2} \text{RCOOCH}_3$$

酚、烯醇、磺酸可以与重氮甲烷反应生成相应的甲基醚和磺酸甲酯。

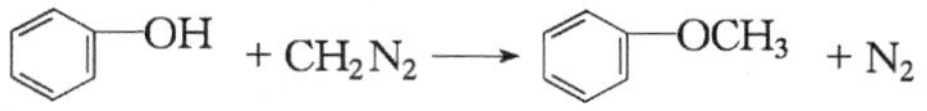

$$CH_3\overset{O}{\overset{\|}{C}}CH{=}\overset{OH}{\overset{|}{C}}CH_3 + CH_2N_2 \longrightarrow CH_3\overset{O}{\overset{\|}{C}}CH{=}\overset{OCH_3}{\overset{|}{C}}CH_3 + N_2$$

$$ArSO_3H + CH_2N_2 \longrightarrow ArSO_3CH_3 + N_2$$

因此重氮甲烷是一好的甲基化试剂。

2. 与酮反应

重氮甲烷与酮反应可以用于环酮扩环，用来制备增加一个碳原子的环酮：

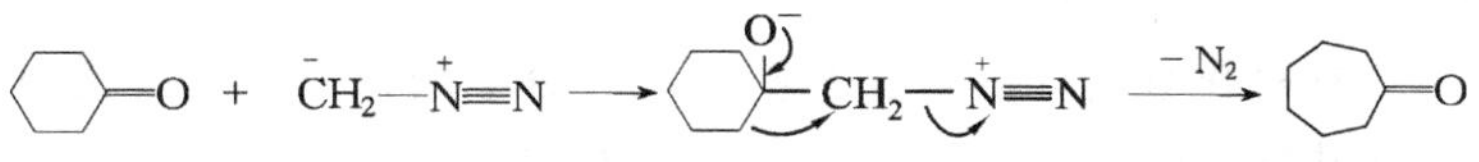

环己酮　　　　环庚酮

重氮甲烷与乙烯酮反应可制得环丙酮：

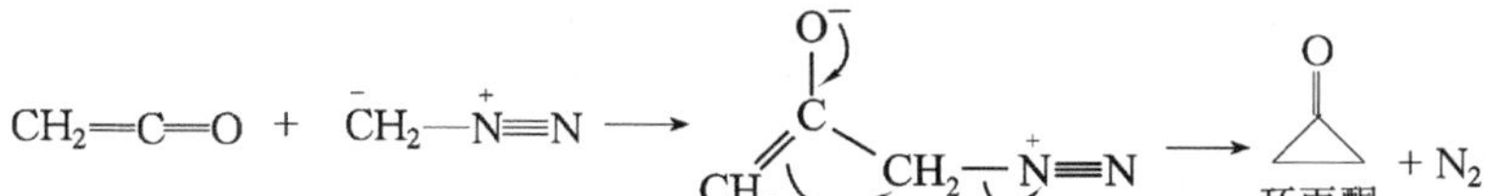

乙烯酮　　　　环丙酮

3. 与酰氯反应

重氮甲烷与酰氯反应脱去氯化氢，生成重氮酮，重氮酮在氧化银作用下加热，重排生成烯酮，此重排反应称为沃尔夫(Wolff)重排。

$$R-\overset{O}{\overset{\|}{C}}-Cl + \overset{-}{C}H_2-\overset{+}{N}{\equiv}N \xrightarrow{-HCl} R-\overset{O}{\overset{\|}{C}}-\overset{-}{C}H-\overset{+}{N}{\equiv}N$$

重氮酮

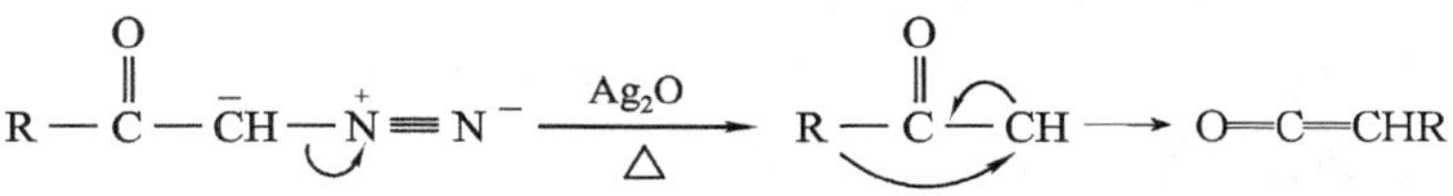

重氮酮　　　　碳烯　　　　烯酮

烯酮的化学性质活泼，易水解得到羧酸，与醇反应则生成酯：

$$RCH{=}C{=}O \xrightarrow{H_2O} RCH_2COOH$$

$$RCH{=}C{=}O \xrightarrow{R'OH} RCH_2COOR'$$

若沃尔夫重排在水溶液中进行，则从低一级羧酸出发，经过酰氯可以制得增加一个碳原子的羧酸，此反应称为阿尔登特－艾斯特(Arndt－Eistert)反应。

$$\underset{\text{低一级羧酸}}{\text{RCOH}} \xrightarrow{\text{SOCl}_2} \underset{\text{酰氯}}{\text{RCCl}} \xrightarrow{\text{CH}_2\text{N}_2} \underset{\text{重氮酮}}{\text{RCCHN}_2} \xrightarrow[\text{H}_2\text{O}]{\text{Ag}_2\text{O}} \underset{\text{高一级羧酸}}{\text{RCH}_2\text{COH}}$$

四、偶氮染料

染料是一种能牢固地附在纤维上的有色化学物质。染料必备的条件主要有:① 对可见光具有选择性的吸收,即能够选择性地吸收波长为 400~800 nm 的光线;② 必须对纤维有较大的亲和力;③ 具有耐光、耐漂、耐洗、耐酸碱等各项坚牢度。

1. 颜色与分子结构的关系

什么样的有机化合物才具有颜色呢? 从其分子结构我们可以找到答案。首先看看一系列共轭烯烃所含乙烯基(CH=CH)数目与所吸收光波的波长及呈现颜色的关系(表 11-2)。

表 11-2 共轭烯烃与吸收光波波长及颜色的关系

名　　称	含乙烯基数目	λ_{max}/nm	颜　色
1,3-丁二烯	2	217	无色
1,3,5-己三烯	3	258	无色
1,3,5,7-辛四烯	4	286	无色
1,3,5,7,9-癸五烯	5	335	淡黄色
1,3,5,7,9,11-十二碳六烯	6	364	奶酪橙色
1,3,5,7,9,11,13-十四碳七烯	7	390	黄色
1,3,5,7,9,11,13,15-十六碳八烯	8	410	黄橙色
反式番茄色素	11	470	红色

从表 11-2 中可以看出,如果分子吸收光波的波长接近或进入可见光区,化合物就呈现颜色,随着烯烃共轭链加长,化合物的颜色加深。相反,如果分子中共轭体系被隔断,颜色就可能消失。例如:

$$\underset{\text{橙黄色}}{\text{◯}(\text{CH==CH})_5\text{◯}} \qquad \underset{\text{无色}}{\text{◯CH}_2(\text{CH==CH})_4\text{CH}_2\text{◯}}$$

可见适当长的共轭体系是有颜色化合物的基本结构。除了通过增加共轭双键数目来延长共轭体系外,还可以在分子中引入带有孤对电子基团如—OH,—OR,—X,—NH$_2$,—NHR,—NR$_2$ 等,通过 p-π 共轭,增加电子的离域,即加强了共轭效应。在足够强的共轭体系中,体系能量下降,分子变得稳定,激发态和基态的能量差减小,电子更容易激发,因此就将激发光波的波长移向长波,使吸收进入可见光区。

引入带孤电子对的基团到共轭分子中,能使激发光波的波长进一步移向长波(红移),可使物质的颜色加深。如蒽醌为淡黄色,在 1 位上引入氨基得到红色的氨基蒽醌。

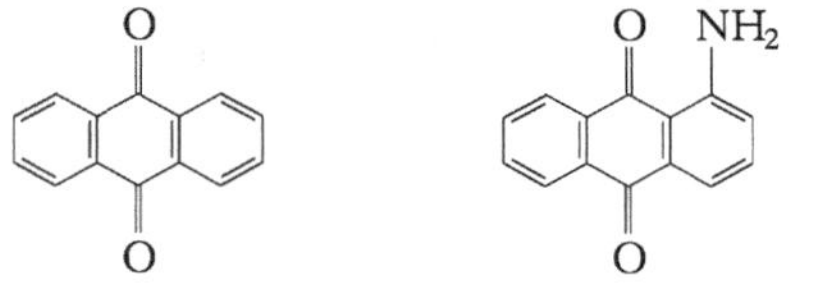

蒽醌(淡黄色)　　　　　1－氨基蒽醌(红色)

2. 偶氮染料

偶氮染料是染料中的一种重要类型,此外还有蒽醌染料、靛蓝染料与活性染料等。偶氮染料多是酚类或芳胺类与重氮盐偶合的产物,下面简要介绍几种偶氮染料。

(1)对位红　β－萘酚与对硝基氯化重氮苯在弱碱性条件下,偶合即得到对位红:

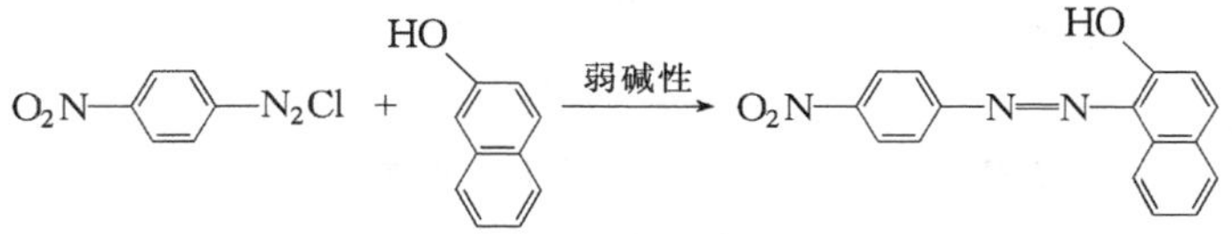

对位红

(2)茜草黄 R　对硝基氯化重氮苯与水杨酸发生偶合即生成茜草黄 R:

茜草黄 R

(3)凡拉明蓝　凡拉明蓝是一种结构稍复杂一些的偶氮染料,其原料是4[4－(甲氧基)苯氨基]氯化重氮苯与 N－苯基－3－羟基－2－萘甲酰胺。

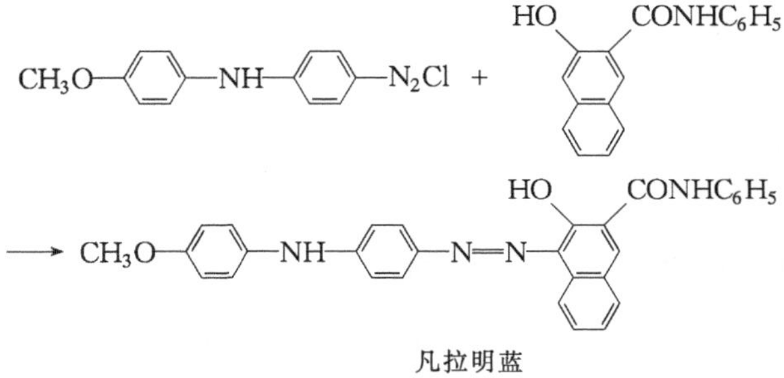

凡拉明蓝

有些偶氮化合物虽然具有颜色,但因为易褪色,故不能作为染料,但有的可以作为指示剂,甲基橙与刚果红就是典型代表。

甲基橙是以对氨基苯磺酸经重氮化后与 N,N – 二甲基苯胺偶合制得。

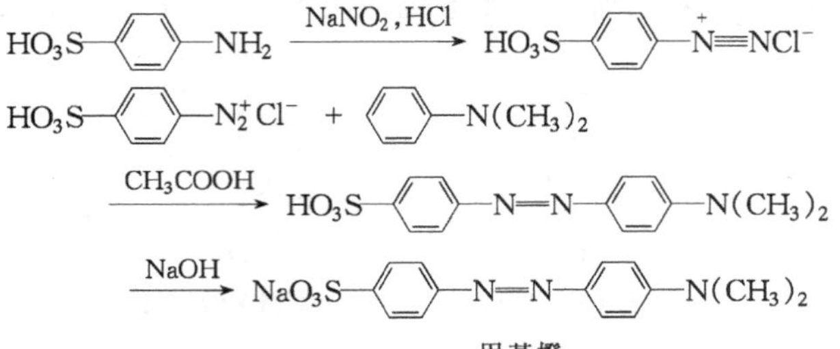

$$HO_3S-\!\!\!\!\bigcirc\!\!\!\!-NH_2 \xrightarrow{NaNO_2,HCl} HO_3S-\!\!\!\!\bigcirc\!\!\!\!-\overset{+}{N}\!\!\equiv\!\!NCl^-$$

$$HO_3S-\!\!\!\!\bigcirc\!\!\!\!-N_2^+Cl^- \;+\; \bigcirc\!\!\!\!-N(CH_3)_2$$

$$\xrightarrow{CH_3COOH} HO_3S-\!\!\!\!\bigcirc\!\!\!\!-N\!\!=\!\!N-\!\!\!\!\bigcirc\!\!\!\!-N(CH_3)_2$$

$$\xrightarrow{NaOH} NaO_3S-\!\!\!\!\bigcirc\!\!\!\!-N\!\!=\!\!N-\!\!\!\!\bigcirc\!\!\!\!-N(CH_3)_2$$

甲基橙

甲基橙在中性或碱性介质中显黄色,在 pH 为 3~4.5 之间显橙色,当 pH< 3 时,则变成红色的醌式结构。

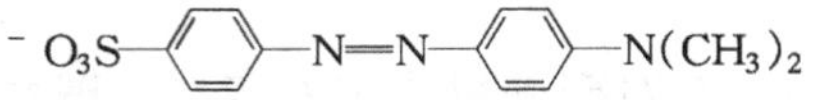

$$^-O_3S-\!\!\!\!\bigcirc\!\!\!\!-N\!\!=\!\!N-\!\!\!\!\bigcirc\!\!\!\!-N(CH_3)_2$$

黄色

$$\underset{OH^-}{\overset{H^+}{\rightleftharpoons}} HO_3S-\!\!\!\!\bigcirc\!\!\!\!-NH-N\!\!=\!\!\bigcirc\!\!=\!\!\overset{+}{N}(CH_3)_2$$

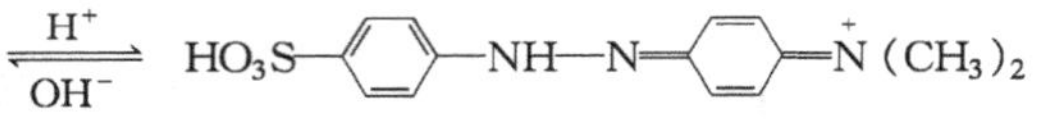

红色

刚果红是一双偶氮化合物,其合成方法是,从联苯胺出发,制得双重氮盐,再 与 4 – 氨基 – 1 – 萘磺酸在碱性条件下偶合而成:

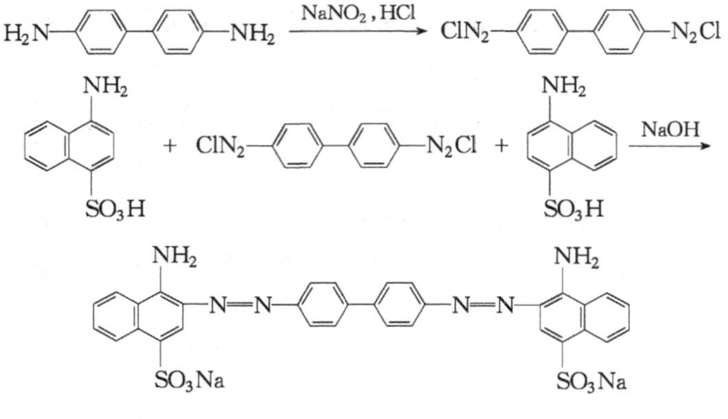

$$H_2N-\!\!\!\!\bigcirc\!\!\!\!-\!\!\!\!\bigcirc\!\!\!\!-NH_2 \xrightarrow{NaNO_2,HCl} ClN_2-\!\!\!\!\bigcirc\!\!\!\!-\!\!\!\!\bigcirc\!\!\!\!-N_2Cl$$

刚果红在碱性条件下显红色,在酸性条件下转变为蓝色。

思考题 11.10　由苯和萘合成下列化合物:

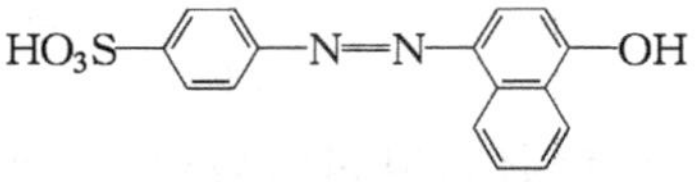

$$HO_3S-\!\!\!\!\bigcirc\!\!\!\!-N\!\!=\!\!N-\!\!\!\!\bigcirc\!\!\!\!\bigcirc\!\!\!\!-OH$$

思考题 11.11　由甲苯及其他原料合成甲基红:

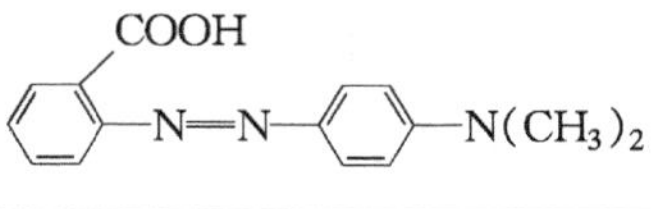

习　　题

1．写出下列反应的主要产物：

(1) 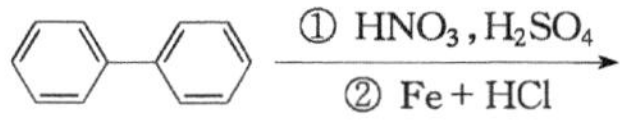 $\xrightarrow[\text{② Fe+HCl}]{\text{① HNO}_3\text{,H}_2\text{SO}_4}$

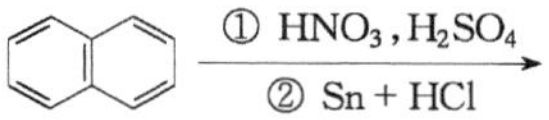

(2) $\xrightarrow[\text{② Sn+HCl}]{\text{① HNO}_3\text{,H}_2\text{SO}_4}$

(3) O_2N——CO_2H $\xrightarrow[\text{② Fe+HCl}]{\text{① 混酸}}$

(4) $+ (CH_3)_2CHOH \xrightarrow{Et_3N}$

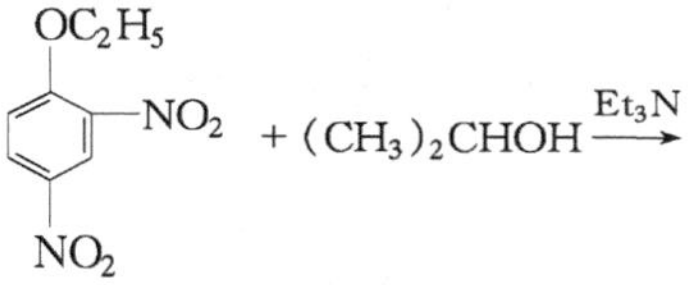

(5) 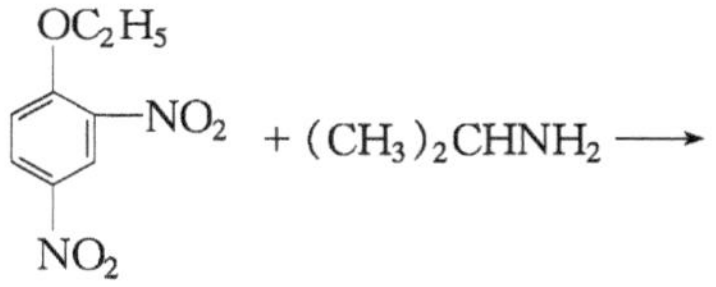 $+ (CH_3)_2CHNH_2 \longrightarrow$

(6) 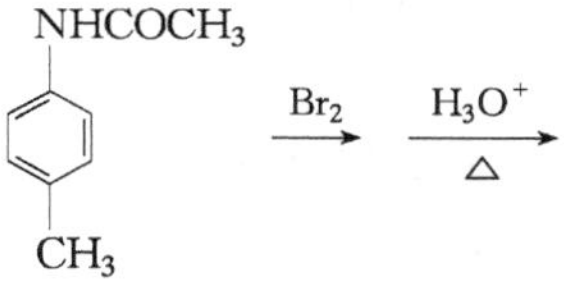 $\xrightarrow{Br_2}\xrightarrow[\triangle]{H_3O^+}$

(7) 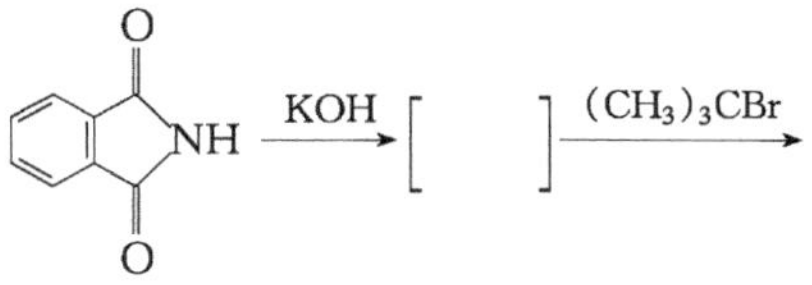 $\xrightarrow{KOH}$ [　] $\xrightarrow{(CH_3)_3CBr}$

(8)  CH_3——$NHCH_3$ $\xrightarrow{C_6H_5CH_2COCl}$

(9) 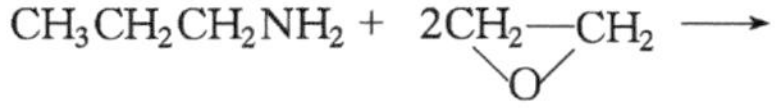 $CH_3CH_2CH_2NH_2 + 2CH_2{-}CH_2 \longrightarrow$ （环氧）

(10) $(CH_3)_2CHCHCH_3$ 下有 $\overset{+}{N}(CH_3)_3OH^-$ $\xrightarrow{\triangle}$

(11) 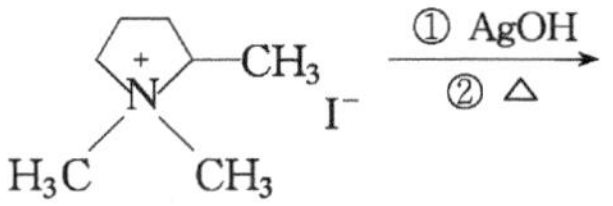 $\xrightarrow[\text{② }\triangle]{\text{① AgOH}}$

(12) 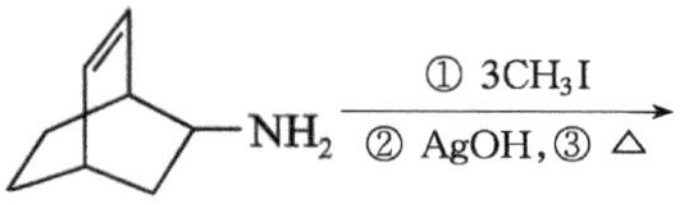 NH_2 $\xrightarrow[\text{② AgOH,③ }\triangle]{\text{① 3CH}_3\text{I}}$

2．由强到弱排列下面化合物的碱性顺序：

(1) 乙胺，二乙胺，二苯胺，苯胺

(2) 苯胺，苄胺，邻氯苯胺，邻硝基苯胺

(3) 苄胺，苯甲酰胺，间氯苯胺，氢氧化四苄基铵

3．如何分离下列各组化合物？

(1) 苯甲酸，苯胺，对甲苯酚，对二甲苯（CH_2Cl_2 中）

(2) 苯甲醛，苯甲酸，对甲基苯胺，氯苯

4．如何实现下列转变？

(1) $CH_2{=}CH{-}CH{=}CH_2 \Longrightarrow H_2N(CH_2)_6NH_2$

(2) 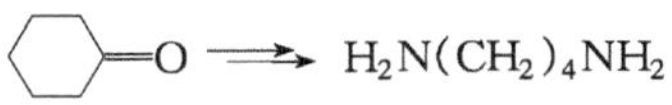 ${=}O \Longrightarrow H_2N(CH_2)_4NH_2$

(3) CH_3⟨benzene⟩ ⟹ CH_3⟨benzene⟩CH_2NH_2

(4) CH_3⟨benzene⟩$-NO_2$ ⟹ H_2N⟨benzene⟩$-NO_2$

(5) CH_3⟨benzene⟩ ⟹ ⟨benzene⟩$CH_2NHCH_2CH_2CH_3$

5. 如何实现下列转变？

(1) $CH_3CH_2CH_2\underset{O}{\overset{\ \ }{C}}CH_3$ ⟹ $CH_3CH_2CH_2CH\!=\!CH_2$

(2) ⟨2,6-dimethylpiperidine⟩ ⟹ ⟨diene chain⟩

(3) ⟨cyclopentanone⟩O ⟹ ⟨cyclohexyl⟩$-NH_2$

6. 试写出下列反应的机理：

(1) ⟨pyrrolidinium with N-CH_3 and N-CH_2CH_3⟩ OH^- $\overset{\triangle}{⟶}$ $CH_2\!=\!CH_2$ + ⟨N-CH_3 pyrrolidine⟩ + H_2O

(2) $CH_3\underset{O}{\overset{\ \ }{C}}CH_2COOC_2H_5$ + H_2NOH ⟶ ⟨3-methylisoxazol-5(4H)-one⟩

(3) ⟨2-(2-cyanoethyl)cyclohexanone⟩$-CH_2CH_2CN$ $\overset{H_2,\,Pd}{⟶}$ ⟨decahydroquinoline N-H⟩

7. 以苯或甲苯为原料合成下列化合物：

(1) ⟨phenol with NO_2 meta⟩OH $-NO_2$

(2) ⟨toluene with two Br⟩CH_3, Br Br

(3) ⟨m-cresol⟩CH_3 $-OH$

(4) ⟨toluene with Br and I⟩CH_3 Br I

(5) ⟨toluene with CH_3, Cl, COOH⟩CH_3 Cl $COOH$

(6) ⟨benzene with COOH, Br, CH_3⟩$COOH$ Br CH_3

8. 以指定原料合成下列化合物：

(1) 由苯合成　$HOOC$⟨biphenyl⟩$-COOH$

(2) 由甲苯合成 ⟨biphenyl with two CH_3⟩H_3C CH_3

(3) 由苯胺等原料合成　H_2N⟨benzene⟩$-SO_2NH_2$

(4) 以苯和萘为原料合成 ⟨azo compound: N=N-benzene-SO_3Na with naphthol OH⟩$N\!=\!N$⟨benzene⟩$-SO_3Na$ ⟨naphthalene⟩OH

9. 试采用 5 种不同的原料,并用互不相同的路线合成苄胺 $C_6H_5CH_2NH_2$。

10. 如何通过霍夫曼彻底甲基化反应和季铵碱的消除反应等证明下列化合物的结构?

$$CH_3 - \langle \ \rangle NH$$

11. 环己基甲酰胺用溴与甲醇钠在甲醇中发生反应,生成 $N-$ 环己基氨基甲酸甲酯:

$$\langle \ \rangle - \overset{O}{\underset{\|}{C}} - NH_2 + Br_2 + CH_3ONa \xrightarrow{CH_3OH} \langle \ \rangle - \overset{H}{\underset{\|}{N}} - \overset{O}{\underset{\|}{C}} - OCH_3$$

试提出合理的反应机理。

12. 分子式为 $C_5H_{15}O_2N$ 的胆碱,是一种强碱性化合物,易溶于水,它可以由环氧乙烷与三甲胺在有水存在下反应制得,试写出胆碱及其乙酰衍生物乙酰胆碱的结构。

13. 毒芹碱是存在于毒芹中一种很毒的生物碱,如何通过下列反应推测中间体及毒芹碱的结构?

$$毒芹碱(C_8H_{17}N) \xrightarrow[\text{② AgOH,③ △}]{\text{① 2CH}_3\text{I}} M_1 \xrightarrow[\text{② AgOH}]{\text{① CH}_3\text{I}} M_2 \xrightarrow{△} M_3$$

$$\xrightarrow[\text{② Zn, H}_2\text{O}]{\text{① O}_3} HCHO + OHCCH_2CHO + CH_3CH_2CH_2CHO$$

14. 化合物 A,分子式为 $C_5H_{13}N$,用过量 CH_3I 处理后再用 AgOH 处理,得到分子式为 $C_8H_{21}NO$ 的 B,B 加热生成三甲胺和 2 - 甲基 - 1 - 丁烯,试推测 A、B 的结构。

15. 某化合物 A,分子式为 $C_8H_9NO_2$,能被 Zn + NaOH 还原成化合物 B,在硫酸作用下 B 重排为一芳胺 C,C 用 HNO_2 处理后再加入 H_3PO_2 生成 3,3' - 二乙基联苯,试推测 A、B、C 的结构。

16. 化合物 A 的分子式为 $C_6H_{13}N$,用过量 CH_3I 处理后与 AgOH 作用,再加热得 $B(C_8H_{17}N)$,B 与一分子 CH_3I 作用后再用 AgOH 处理得 $C(C_9H_{21}NO)$,C 加热生成 1,5 - 己二烯,试推测 A、B、C 可能的结构。

习题参考答案

第 二 章

1. (1) $CH_3CH_2CH_2CH_2CH_2CH_2CH_3$

　　　 庚烷

(2) $CH_3CH_2CH_2CH_2CHCH_3$
　　　　　　　　　　　　 |
　　　　　　　　　　　 CH_3

　　　 2－甲基己烷

(3) $CH_3CH_2CH_2CHCH_2CH_3$
　　　　　　　　　　 |
　　　　　　　　　 CH_3

　　　 3－甲基己烷

(4) $CH_3CH_2CH_2—C—CH_3$
　　　　　　　　　　　 |
　　　　　　　　 $\overset{\displaystyle CH_3}{\underset{\displaystyle CH_3}{}}$

　　　 2,2－二甲基戊烷

(5) $CH_3CH_2—C—CH_2CH_3$
　　　　　　　　 |
　　　　 $\overset{\displaystyle CH_3}{\underset{\displaystyle CH_3}{}}$

　　　 3,3－二甲基戊烷

(6) $CH_3CH_2CH—CHCH_3$
　　　　　　　　 |　　 |
　　　　　　 CH_3　CH_3

　　　 2,3－二甲基戊烷

(7) $CH_3CHCH_2CHCH_3$
　　　　 |　　　 |
　　　 CH_3　　CH_3

　　　 2,4－二甲基戊烷

(8) $CH_3CH_2CHCH_2CH_3$
　　　　　　 |
　　　　 CH_2CH_3

　　　 3－乙基戊烷

(9) $CH_3CH—C—CH_3$
　　　　 |　 |
　　　 CH_3 $\overset{\displaystyle CH_3}{\underset{\displaystyle CH_3}{}}$

　　 三甲基丁烷(2,2,3－三甲基丁烷)

2. (1)

$\overset{1°}{CH_3}—\overset{2°}{CH_2}—\overset{3°}{CH}—\overset{3°}{CH}—\overset{2°}{CH_2}—\overset{3°}{CH}—\overset{2°}{CH_2}—\overset{2°}{CH_2}—\overset{1°}{CH_3}$

　　　　　　$\overset{2°}{CH_2}$ $\overset{3°}{CHCH_3}\overset{1°}{}$ 　$\overset{3°}{CH}$

　　　　　 $\underset{1°}{CH_3}$ $\underset{1°}{CH_3}$ 　H_3C $CH_3\atop 1°$

　　　　　　　　　 $1°$

　　　 3－乙基－4,6－二异丙基壬烷

(2)

$\overset{1°}{CH_3}—\overset{3°}{CH}—\overset{4°}{C}—\overset{2°}{CH_2}—\overset{4°}{C}—\overset{1°}{CH_3}$

与上方 $\overset{1°}{CH_3}$, $\overset{1°}{CH_3}$；中间 $\underset{1°}{CH_3}$ $\underset{2°}{CH_2}$ $\underset{1°}{CH_3}$

$\underset{1°}{CH_3}$

　　 2,2,4,5－四甲基－4－乙基己烷

(3) 3,3,6 - 三甲基 - 4 - 丙基 - 5 - 异丁基壬烷　　　　(4) 3,5 - 二甲基 - 4 - 丙基庚烷

(5) 2,2,6,7 - 四甲基 - 3 - 乙基 - 5 - 异丁基壬烷　　　(6) 2,3,3 - 三甲基庚烷

3. 代表两种化合物。(1)、(3)、(6)是同一种化合物,命名为 2,4 - 二甲基戊烷;(2)、(4)、(5)是同一种化合物,命名为 2,3 - 二甲基戊烷。

4. (1) $CH_3-CH-CH_2\dashv CH-CH_2-CH_3$　　　(2) $CH_3-CH_2-CH_2-CH_2\dashv CH-CH_3$

　　　　　|　　　　　|　　　　　　　　　　　　　　　　　　　　　|

　　　　CH_3　　CH_3　　　　　　　　　　　　　　　　　　CH_3

　　　异丁基　　　仲丁基　　　　　　　　　　　　　　　　　　异丙基

(3) 因为烷烃的通式为 C_nH_{2n+2},则 $12n+2n+2=86$,所以 $n=6$。根据题意必须含一个侧链甲基,所以该烷烃的结构式为:

　　$CH_3-CH-CH_2-CH_2-CH_3$　　　　或　　　　$CH_3-CH_2-CH-CH_2-CH_3$

　　　　　　|　　　　　　　　　　　　　　　　　　　　　　　　　|

　　　　　CH_3　　　　　　　　　　　　　　　　　　　　　　CH_3

　　　　2 - 甲基戊烷　　　　　　　　　　　　　　　　3 - 甲基戊烷

(4) 因为 $C_nH_{2n+2}=100$,即 $12n+2n+2=100$,所以 $n=7$。符合题意的烷烃的结构式为:

$$1°$$
$$CH_3$$
$$1°\quad 3°\quad |\ 4°$$
$$CH_3-CH-C-CH_3\ 1°$$
$$|\quad |$$
$$CH_3\ CH_3$$
$$1°\quad 1°$$

5. (1) $CH_3-CH_2-CH_2-CH-CH_3$　　　　　　(2) CH_3

　　　　　　　　　　　　　　　|　　　　　　　　　　　　　　　　|

　　　　　　　　　　　　　　CH_2　　　　　　　　$CH_3-C-CH_2-CH-CH_3$

　　　　　　　　　　　　　　　|　　　　　　　　　　　　|　　　　　　|

　　　　　　　　　　　　　　CH_3　　　　　　　　　CH_3　　　CH_3

　原命名有错,应改为 3 - 甲基己烷　　　　　　　　　　原命名正确

(3)　　　　　　　　　　CH_3　CH_3　　　　　　(4)　　　　3　　2　　1

　　　　　　　　　　　　|　　|　　　　　　　　　　　　　　$CH_2-CH_2-CH_3$

$CH_3-CH-CH_2-CH_2-C-C-CH_2-CH_3$　　　　　　|

　　|　　　　　　　　|　|　　　　　　　　CH_3　CH_3

CH_3　　　　　　CH_2 CH_3　　$CH_3-C-C-C-CH_3$

　　　　　　　　　|　　　　　　　　　　|　|　|

　　　　　　　　CH_3　　　　　　　CH_3 CH_3

　　　　原命名正确　　　　　　　　　　　　$CH_2-CH_2-CH_3$

　　　　　　　　　　　　　　　　　　　　　5　　6　　7

　　　　　　　　　　　　　　　　　原命名有错,应改为 4,4 - 二叔丁基庚烷

6. (1)　CH_3-H　$+Cl\cdot$　$\longrightarrow$　$CH_3\cdot$　$+$　$H-Cl$

　　　$435\ kJ\cdot mol^{-1}$　　　　　　　　　　$431\ kJ\cdot mol^{-1}$

　　　　　$\Delta H=(435-431)kJ\cdot mol^{-1}=+4\ kJ\cdot mol^{-1}$

(2)　CH_3-H　$+Cl\cdot$　$\longrightarrow$　CH_3-Cl　$+H\cdot$

　　　$435\ kJ\cdot mol^{-1}$　　　　　　　$353\ kJ\cdot mol^{-1}$

　　　　　$\Delta H=(435-353)kJ\cdot mol^{-1}=+82\ kJ\cdot mol^{-1}$

(2)吸热比(1)多,所以不能按(2)进行。

7. 沸点由高到低的排列顺序为:(4)>(3)>(2)>(1)。

8.(1)甲烷和氯气的反应属游离基反应,在室温下和黑暗中,甲烷和氯气都不能产生游离基,故可长期保存而不起反应。

(2)氯气先用光照射时产生的游离基 Cl· 迅速在黑暗中与 CH_4 混合,Cl· 还来不及自相结合,就与 CH_4 分子产生连锁反应得到氯化产物。

(3)因为光和热一样,能提供能量,使氯分子的共价键断裂,产生游离基 Cl·,Cl· 与 CH_4 分子发生连锁反应,得到氯化产物。

(4)氯气虽用光照射产生了游离基 Cl·,但在黑暗中放一段时间后,Cl· 又重新结合成 Cl_2 分子,这时再与甲烷混合,由于无游离基存在,故不发生反应。

(5)甲烷 C—H 键解离能较大,用光照不会产生游离基,而在黑暗中 Cl_2 也不产生游离基,故不发生反应。

(6)因每吸收一个光子可断裂一个氯分子而形成两个氯游离基 Cl·,每个 Cl· 可引起一个链反应,每个链在终止前,链增长阶段可重复进行多次,所以 Cl_2 吸收一个光子,能产生许多氯甲烷分子。

9.(1)未知物中含碳 84.2%,氢 15.8%,可计算出碳原子与氢原子的个数比:

C $\dfrac{84.2}{12}=7.02$ $\dfrac{7.02}{7.02}=1$

H $\dfrac{15.8}{1}=15.8$ $\dfrac{15.8}{7.02}=2.25$

C:H = 1:2.25 = 4:9,根据原子个数比可知该未知物的实验式为 C_4H_9。

(2)式量 = 12×4 + 9 = 57

$$\dfrac{相对分子质量}{式量}=\dfrac{114}{57}=2$$

该未知物的分子式为 C_8H_{18}。

(3)结构式为:

$$CH_3-\overset{\overset{\displaystyle CH_3}{|}}{\underset{\underset{\displaystyle CH_3}{|}}{C}}-\overset{\overset{\displaystyle CH_3}{|}}{\underset{\underset{\displaystyle CH_3}{|}}{C}}-CH_3$$

10.(1)一升煤油的质量:$m = 1000×0.7628 = 762.8(g)$

$2C_{14}H_{30} + 43O_2 \longrightarrow 28CO_2 + 30H_2O$

$2×198 : 43×32$

$762.8\ g : x$

$x=\dfrac{43×32×762.8}{2×198}\ g = 2.65\ kg$

所以一升煤油燃烧需 2.65 kg 氧。

(2)先求出一升煤油的物质的量:$\dfrac{762.8}{198}\ mol = 3.85\ mol$

1 mol 煤油燃烧放出的热量 = (2×777 + 12×656)kJ = 9426 kJ

所以一升煤油燃烧放出热量 = 3.85×9426 kJ = 36290 kJ

11. 根据相对分子质量知其为含有六个碳的烷,因为一元溴代时,生成溴代物的种数等于分

子中等性氢的种数,所以可顺利写出(1),(2),(3),(4)的结构式如下:

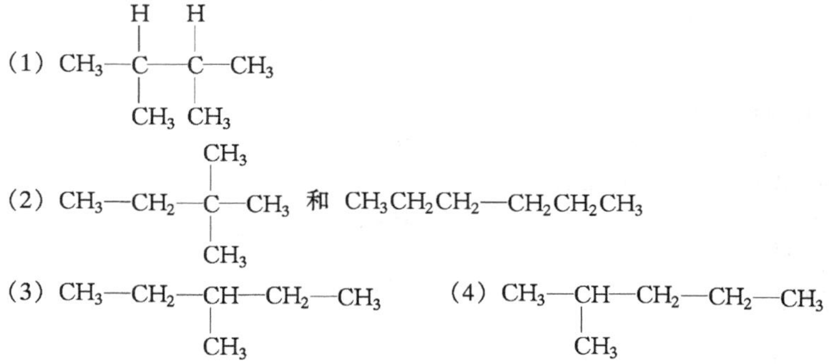

(1) $CH_3-\overset{\overset{\displaystyle H}{|}}{\underset{\underset{\displaystyle CH_3}{|}}{C}}-\overset{\overset{\displaystyle H}{|}}{\underset{\underset{\displaystyle CH_3}{|}}{C}}-CH_3$

(2) $CH_3-CH_2-\overset{\overset{\displaystyle CH_3}{|}}{\underset{\underset{\displaystyle CH_3}{|}}{C}}-CH_3$ 和 $CH_3CH_2CH_2-CH_2CH_2CH_3$

(3) $CH_3-CH_2-\overset{}{\underset{\underset{\displaystyle CH_3}{|}}{CH}}-CH_2-CH_3$ 　　(4) $CH_3-CH-CH_2-CH_2-CH_3$ $\underset{\underset{\displaystyle CH_3}{|}}{}$

若用(1)反应,应生成六种二元溴代物,它们的结构式为:

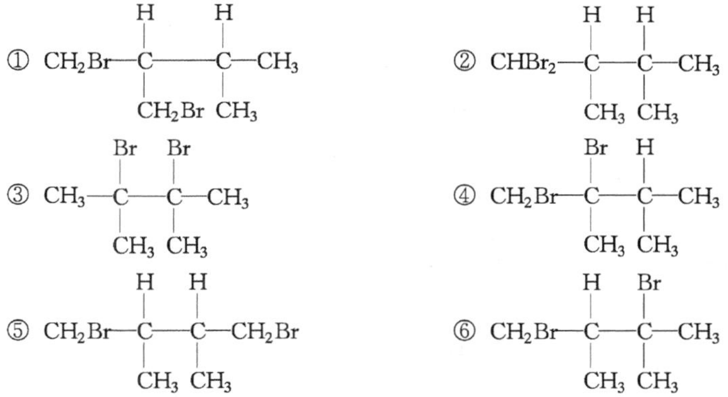

① $CH_2Br-\overset{\overset{\displaystyle H}{|}}{\underset{\underset{\displaystyle CH_2Br}{|}}{C}}-\overset{\overset{\displaystyle H}{|}}{\underset{\underset{\displaystyle CH_3}{|}}{C}}-CH_3$ 　　　② $CHBr_2-\overset{\overset{\displaystyle H}{|}}{\underset{\underset{\displaystyle CH_3}{|}}{C}}-\overset{\overset{\displaystyle H}{|}}{\underset{\underset{\displaystyle CH_3}{|}}{C}}-CH_3$

③ $CH_3-\overset{\overset{\displaystyle Br}{|}}{\underset{\underset{\displaystyle CH_3}{|}}{C}}-\overset{\overset{\displaystyle Br}{|}}{\underset{\underset{\displaystyle CH_3}{|}}{C}}-CH_3$ 　　　④ $CH_2Br-\overset{\overset{\displaystyle Br}{|}}{\underset{\underset{\displaystyle CH_3}{|}}{C}}-\overset{\overset{\displaystyle H}{|}}{\underset{\underset{\displaystyle CH_3}{|}}{C}}-CH_3$

⑤ $CH_2Br-\overset{\overset{\displaystyle H}{|}}{\underset{\underset{\displaystyle CH_3}{|}}{C}}-\overset{\overset{\displaystyle H}{|}}{\underset{\underset{\displaystyle CH_3}{|}}{C}}-CH_2Br$ 　　　⑥ $CH_2Br-\overset{\overset{\displaystyle H}{|}}{\underset{\underset{\displaystyle CH_3}{|}}{C}}-\overset{\overset{\displaystyle Br}{|}}{\underset{\underset{\displaystyle CH_3}{|}}{C}}-CH_3$

12. 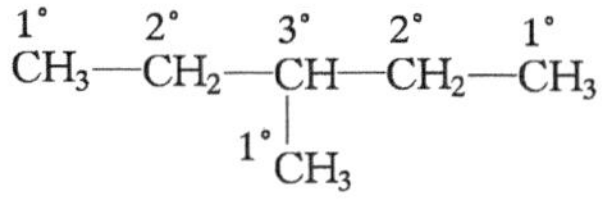 $\overset{1^\circ}{CH_3}-\overset{2^\circ}{CH_2}-\overset{3^\circ}{\underset{\underset{\displaystyle \overset{1^\circ}{CH_3}}{|}}{CH}}-\overset{2^\circ}{CH_2}-\overset{1^\circ}{CH_3}$

其中有四种等性氢,因此一氯代物应有四种异构体,其结构式为:

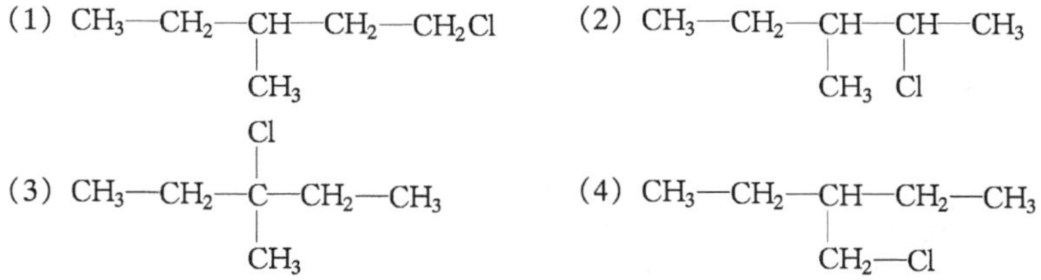

(1) $CH_3-CH_2-\overset{}{\underset{\underset{\displaystyle CH_3}{|}}{CH}}-CH_2-CH_2Cl$ 　　(2) $CH_3-CH_2-\overset{}{\underset{\underset{\displaystyle CH_3}{|}}{CH}}-\overset{}{\underset{\underset{\displaystyle Cl}{|}}{CH}}-CH_3$

(3) $CH_3-CH_2-\overset{\overset{\displaystyle Cl}{|}}{\underset{\underset{\displaystyle CH_3}{|}}{C}}-CH_2-CH_3$ 　　(4) $CH_3-CH_2-\overset{}{\underset{\underset{\displaystyle CH_2-Cl}{|}}{CH}}-CH_2-CH_3$

这四种一氯代物的相对比例,可由等性氢原子数乘以相应氢原子的相对反应活性求得:

化合物(1) $6\times1.0=6.0$ 　　　　　化合物(3) $1\times5.0=5.0$

化合物(2) $4\times3.8=15.2$ 　　　　化合物(4) $3\times1.0=3.0$

所以各异构体(1):(2):(3):(4)$=6:15.2:5:3$,因此它们的相对量为:

(1) $\dfrac{6.0}{29.2}\times100\%=20.5\%$ 　　　　(2) $\dfrac{15.2}{29.2}\times100\%=52.1\%$

(3) $\dfrac{5.0}{29.2}\times100\%=17.1\%$ 　　　　(4) $\dfrac{3.0}{29.2}\times100\%=10.3\%$

13.

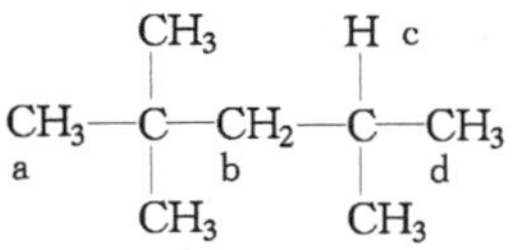

$$CH_3—\underset{\underset{CH_3}{|}}{\overset{\overset{CH_3}{|}}{\underset{a}{C}}}—\underset{b}{CH_2}—\underset{\underset{CH_3}{|}}{\overset{\overset{H\ c}{|}}{\underset{d}{C}}}—CH_3$$

四种一溴代物的相对比例为：

a : b : c : d = $1 \times 9 : 2 \times 82 : 1 \times 1600 : 1 \times 6 = 9 : 164 : 1600 : 6$

所以这四种一溴代物的相对产量为：

a $\dfrac{9}{9 + 164 + 1600 + 6} \times 100\% = 0.51\%$ b $\dfrac{164}{1779} \times 100\% = 9.3\%$

c $\dfrac{1600}{1779} \times 100\% = 89.9\%$ d $\dfrac{6}{1779} \times 100\% = 0.34\%$

14.

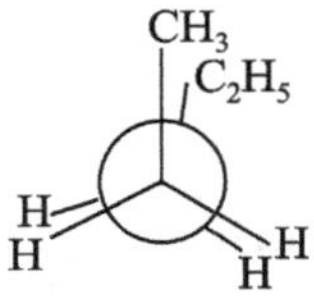

全重叠式 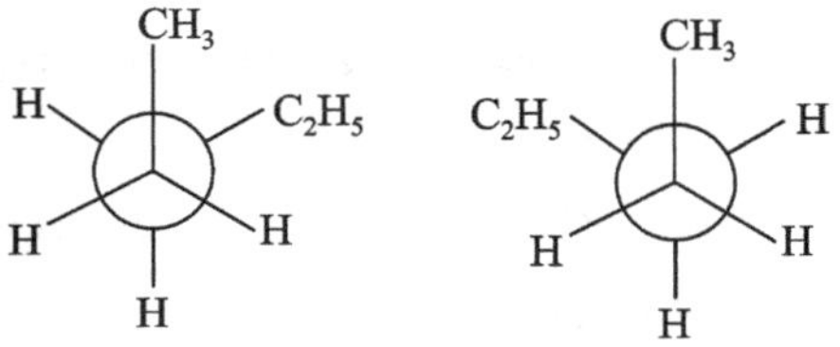   邻位交叉式

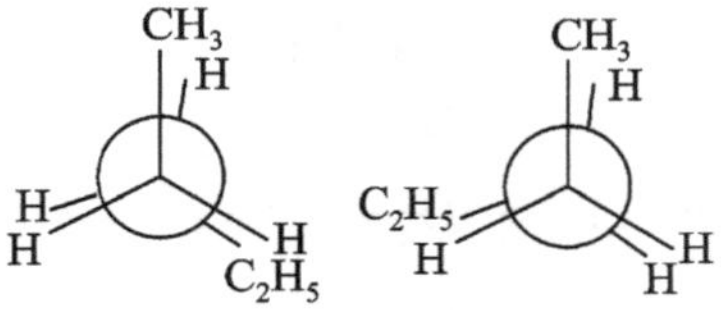

部分重叠式 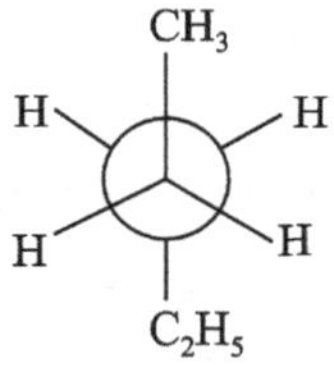   对位交叉式

15.（1）

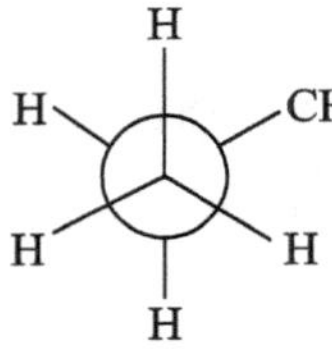

交叉式（能量低） 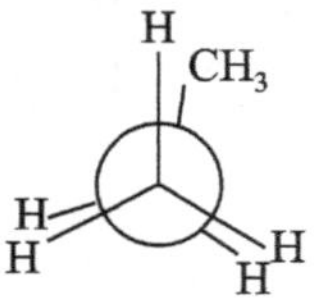   重叠式（能量高）

（2）

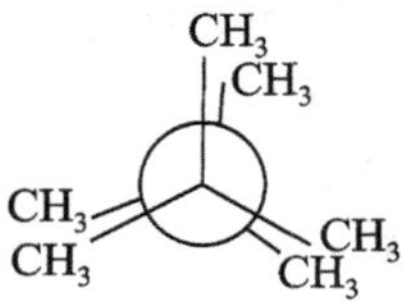

重叠式（能量高） 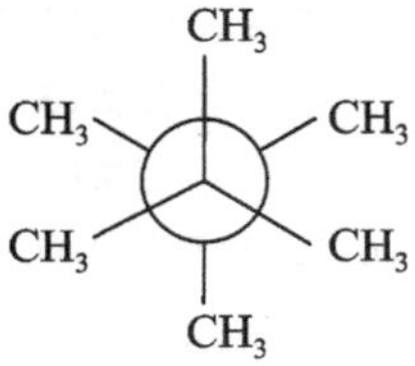   交叉式（能量低）

16. 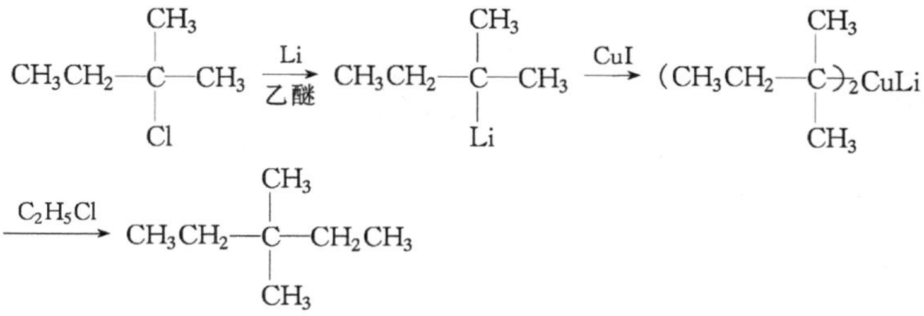
$$CH_3CH_2-\underset{\underset{Cl}{|}}{\overset{\overset{CH_3}{|}}{C}}-CH_3 \xrightarrow[\text{乙醚}]{Li} CH_3CH_2-\underset{\underset{Li}{|}}{\overset{\overset{CH_3}{|}}{C}}-CH_3 \xrightarrow{CuI} (CH_3CH_2-\underset{\underset{CH_3}{|}}{\overset{\overset{CH_3}{|}}{C}})_2CuLi$$

$$\xrightarrow{C_2H_5Cl} CH_3CH_2-\underset{\underset{CH_3}{|}}{\overset{\overset{CH_3}{|}}{C}}-CH_2CH_3$$

17. 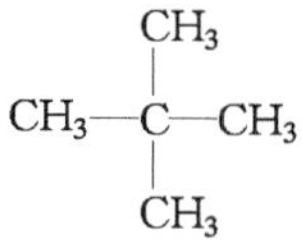
$$CH_3-\underset{\underset{CH_3}{|}}{\overset{\overset{CH_3}{|}}{C}}-CH_3$$

18. (1) 1 - 甲基 - 3 - 乙基环戊烷 　　　　(2) 螺[3.4]辛烷

　　(3) 2 - 甲基二环[2.2.1]庚烷 　　　　(4) 二环[3.2.0]庚烷

　　(5) 二环丙基乙炔 　　　　(6) 1,7,7 - 三甲基二环[2.2.1]庚烷

　　(7) 二环[3.2.1]辛烷 　　　　(8) 1,1 - 二甲基 - 2 - 异丙基环丙烷

19. (1)  　　　　　　　　　　　　　　(2)

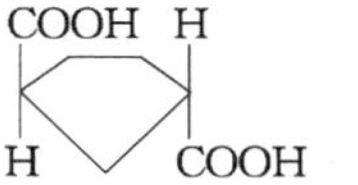

　　(3) 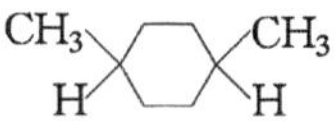 　　　　　　　　　　　　　　(4)

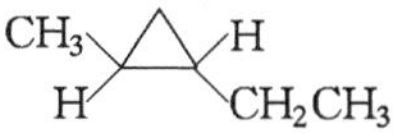

20.

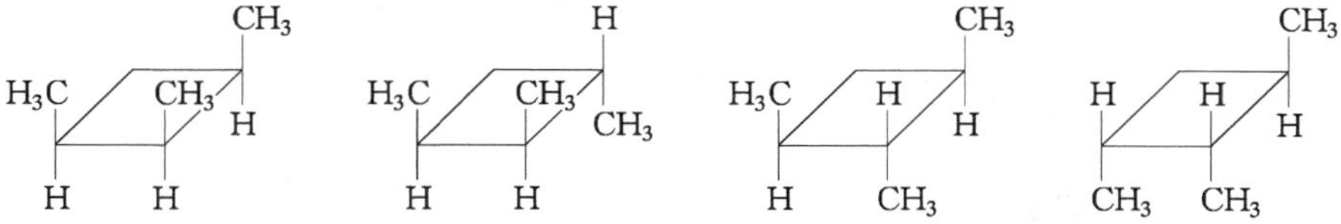

21. 在二甲基环己烷的异构体中,1,3 - 二甲基环己烷的顺式比反式稳定。因为在顺式异构

体中,两个甲基均处于平伏键 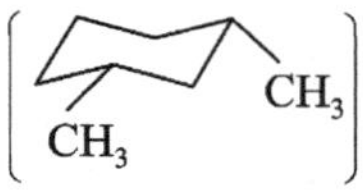 ;而在反式异构体中,一个甲基处于平

伏键,另一个甲基处于直立键 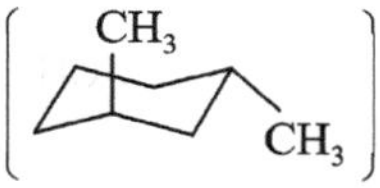 。

22. (1) 　＋ Br₂ ⟶ BrCH₂CH₂CH₂Br

　　(2)

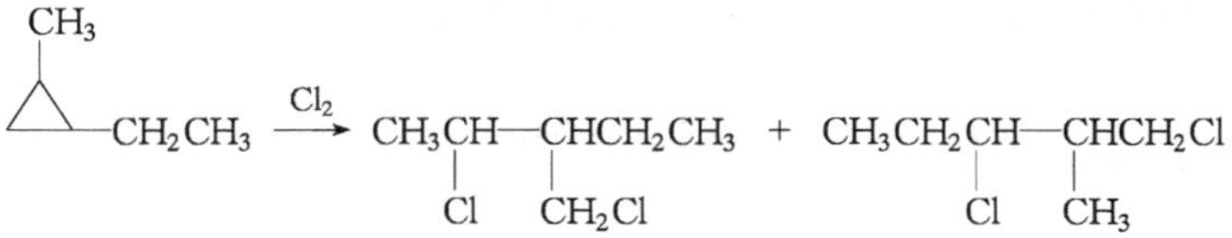

　　(3)

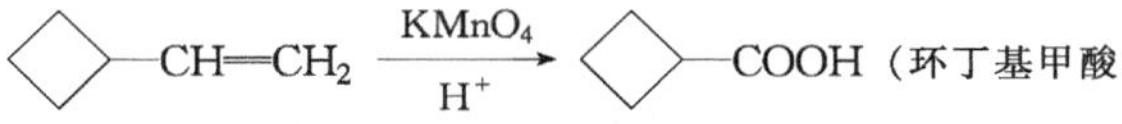

　　(4)

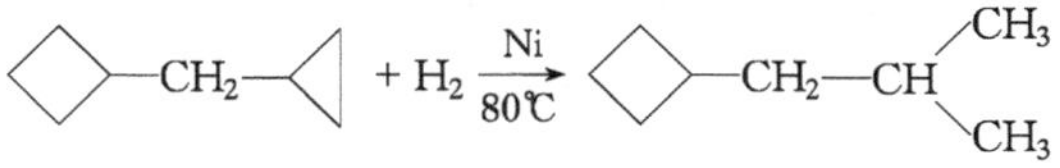

23.(1)
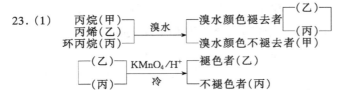

丙烷(甲) ┐
丙烯(乙) ├ ──溴水──→ ┌ 溴水颜色褪去者 ── ┌ (乙)
环丙烷(丙) ┘ 　　　　　└ 溴水颜色不褪去者(甲) 　└ (丙)

┌ (乙)
└ (丙) ──KMnO₄/H⁺ 冷──→ ┌ 褪色者(乙)
　　　　　　　　　　　└ 不褪色者(丙)

(2) 顺序标为化合物(甲)、(乙)、(丙)、(丁)

┌ (甲)
│ (乙)
│ (丙)
└ (丁) ──银氨溶液──→ ┌ 有白↓生成者(丙)
　　　　　　　　　　└ 无白↓生成者 ┌ (甲)
　　　　　　　　　　　　　　　　　│ (乙)
　　　　　　　　　　　　　　　　　└ (丁) ──溴水──→ ┌ 褪色者 ┌ (乙)
　　　　　　　　　　　　　　　　　　　　　　　　　　│ 　　　└ (丁)
　　　　　　　　　　　　　　　　　　　　　　　　　　└ 不褪色者为(甲)

┌ (乙)
└ (丁) ──KMnO₄/H⁺──→ ┌ 褪色者(乙)
　　　　　　　　　　　└ 不褪色者(丁)

24. 环丙烷 ┐
丙　烯 ┘ ──通入冷的 酸性 KMnO₄ 中──→ 收集从溶液中逸出之气体,洗去 酸性再经干燥后得纯的环丙烷

丙烯气体被 KMnO₄/H⁺ 溶液吸收,发生反应:

$$CH_3CH=CH_2 \xrightarrow{KMnO_4/H^+} CH_3COOH + CO_2 + H_2O + Mn^{2+}$$

25.(1) $n\text{-}C_3H_7$ ⟨环己烷⟩　　　(2) 顺式,e,e 型, ⟨环己烷, Br, Cl⟩

(3) 反式,e,e 型, $iso\text{-}C_3H_7$ ⟨环己烷, CH_3⟩

26.(1)
$$CH_3-\underset{\underset{CH_2}{|}}{CH}-CH_2 + HBr \longrightarrow CH_3\underset{\underset{Br}{|}}{CH}CH_2CH_3$$

$$2\ CH_3\underset{\underset{Br}{|}}{CH}CH_2CH_3 + 2Na \xrightarrow{\triangle} CH_3CH_2\underset{\underset{CH_3}{|}}{CH}-\underset{\underset{CH_3}{|}}{CH}CH_2CH_3 + 2NaBr$$

(2)
$$\underset{\underset{CH_2}{}}{\overset{CH_2-CH_2}{}} + HBr \longrightarrow BrCH_2CH_2CH_3$$

$$2\ CH_3CH_2CH_2Br + 2Na \longrightarrow CH_3(CH_2)_4CH_3 + 2NaBr$$

(3)
$$\underset{CH_2-CH-CH_3}{\overset{CH_2}{}} + HBr \longrightarrow CH_3CH_2\underset{\underset{Br}{|}}{CH}CH_3$$

$$2\ CH_3CH_2\underset{\underset{Br}{|}}{CH}CH_3 \xrightarrow[-10℃,石油醚]{Li} 2\ CH_3CH_2\overset{\overset{H}{|}}{\underset{\underset{CH_3}{|}}{C}}-Li \xrightarrow{CuCl}$$

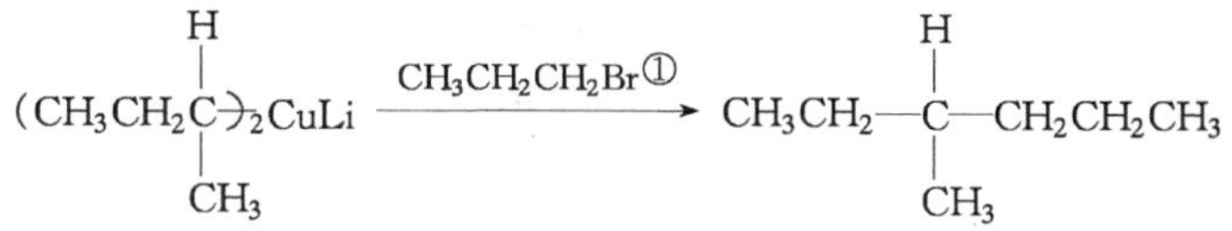

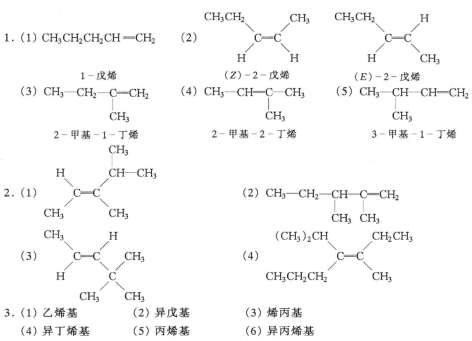

27. 由分子式 C_6H_{12} 可知此化合物可能为单烯烃或环烷烃,但它在室温下不与高锰酸钾溶液作用,故只能是环烷烃。

　　该化合物在室温下可与 HI 反应,故必是环丙烷的衍生物,再根据氢化后只得到甲基二乙基甲烷,推知该化合物是 1,2,3 - 三甲基环丙烷(有两种几何异构体):

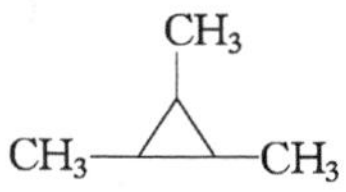

28.(1) 其构象式为 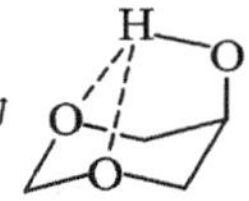　　　　　　　a 键型　　　　　　e 键型

　　(2) 由于分子内氢键缔结的原因使得分子稳定,所以—OH 处于 a 键上。

第 三 章

1.(1) $CH_3CH_2CH_2CH=CH_2$　　(2)

1 - 戊烯　　　　　　　　　(Z) - 2 - 戊烯　　　　　(E) - 2 - 戊烯

(3) $CH_3-CH_2-\overset{\underset{\textstyle CH_3}{|}}{C}=CH_2$　　(4) $CH_3-\overset{\underset{\textstyle CH_3}{|}}{C}=CH-CH_3$　　(5) $CH_3-\overset{\underset{\textstyle CH_3}{|}}{CH}-CH=CH_2$

2 - 甲基 - 1 - 丁烯　　　　2 - 甲基 - 2 - 丁烯　　　　3 - 甲基 - 1 - 丁烯

2.(1)　　　　　　　　　　　　　　(2) $CH_3-CH_2-\overset{\underset{\textstyle CH_3}{|}}{CH}-\overset{\underset{\textstyle CH_3}{|}}{C}=CH_2$

(3)　　　　　　　　　　　　　　(4)

3.(1) 乙烯基　　　　　　(2) 异戊基　　　　　　(3) 烯丙基
　(4) 异丁烯基　　　　　(5) 丙烯基　　　　　　(6) 异丙烯基

4. 用硫酸洗涤 1 - 己烯生成硫酸氢异己(基)酯而溶于浓硫酸中,正己烷不溶,在上层,将其分出(此操作用分液漏斗做)。

----

　① 此化合物在(2)的第一步反应中已制得。

5．(1) 丙烯＞乙烯　　　　　　　　(2) 乙烯＞溴乙烯

　　(3) 2－丁烯＞丙烯　　　　　　　(4) 2－甲基－1－丁烯＞1－戊烯

6．(1)
$$CH_3-\overset{\underset{\displaystyle CH_3}{|}}{C}=CH-CH_3 + HI \longrightarrow CH_3-\overset{\underset{\displaystyle I}{|}}{\overset{\displaystyle CH_3}{\underset{}{C}}}-CH_2-CH_3$$

　　(2)
$$CH_2=CH-\overset{\underset{\displaystyle CH_3}{|}}{CH}-CH_3 + HI \longrightarrow CH_3-\overset{\underset{\displaystyle I}{|}}{CH}-\overset{\underset{\displaystyle CH_3}{|}}{CH}-CH_3$$

　　(3)
$$CH_3-\overset{\underset{\displaystyle CH_3}{|}}{C}=CH-\overset{\underset{\displaystyle CH_3}{|}}{\overset{\displaystyle CH_3}{\underset{}{C}}}-CH_3 + HI \longrightarrow CH_3-\overset{\underset{\displaystyle I}{|}}{\overset{\displaystyle CH_3}{\underset{}{C}}}-CH_2-\overset{\underset{\displaystyle CH_3}{|}}{\overset{\displaystyle CH_3}{\underset{}{C}}}-CH_3$$

7．因为　$\overset{}{\underset{}{C}}=\overset{}{\underset{}{C}}$　上发生的亲电加成反应是分步进行的离子型反应，溴与乙烯反应首先生成溴鎓离子，然后再继续反应。

　　(1)
$$CH_2=CH_2 + Br_2 \longrightarrow \overset{\displaystyle CH_2-CH_2}{\underset{\underset{\displaystyle Br}{\diagdown\;\oplus\;\diagup}}{}}$$

　　(2)
$$\overset{\displaystyle CH_2-CH_2}{\underset{\underset{\displaystyle Br}{\diagdown\;\oplus\;\diagup}}{}} + Br^- \longrightarrow \overset{\displaystyle CH_2-CH_2}{\underset{\underset{\displaystyle Br\quad Br}{|\qquad|}}{}}$$

　　与此同时：
$$\overset{\displaystyle CH_2-CH_2}{\underset{\underset{\displaystyle Br}{\diagdown\;\oplus\;\diagup}}{}} + CH_3-\overset{\cdot\cdot}{O}H \longrightarrow \overset{\displaystyle CH_2-CH_2}{\underset{\underset{\displaystyle Br}{|}}{}}\overset{\displaystyle -\overset{+}{O}-CH_3}{\underset{\underset{\displaystyle H}{|}}{}}$$

$$\overset{-H^+}{\rightleftharpoons} \overset{\displaystyle CH_2-CH_2-O-CH_3}{\underset{\underset{\displaystyle Br}{|}}{}}$$

8．(1)
$$CH_3CH_2\overset{\underset{\displaystyle CH_3}{|}}{C}=CH_2 + Br_2 \xrightarrow{CCl_4} CH_3CH_2-\overset{\overset{\displaystyle Br}{|}}{\underset{\underset{\displaystyle CH_3}{|}}{C}}-CH_2Br$$

　　(2)
$$CH_3CH_2\overset{\underset{\displaystyle CH_3}{|}}{C}=CH_2 + H_2O \xrightarrow[\text{低温}]{KMnO_4/OH^-} CH_3CH_2-\overset{\overset{\displaystyle CH_3}{|}}{\underset{\underset{\displaystyle OH}{|}}{C}}-\overset{}{\underset{\underset{\displaystyle OH}{|}}{CH_2}}$$

　　(3)
$$CH_3CH_2\overset{\underset{\displaystyle CH_3}{|}}{C}=CH_2 \xrightarrow[\text{②}H_2O/Zn]{\text{①}O_3} CH_3CH_2\overset{\underset{\displaystyle CH_3}{|}}{C}=O + CH_2=O$$

　　(4)
$$CH_3CH_2-\overset{\underset{\displaystyle CH_3}{|}}{C}=CH_2 \xrightarrow[\text{过氧化物}]{HBr} CH_3CH_2-\overset{\overset{\displaystyle H}{|}}{\underset{\underset{\displaystyle CH_3}{|}}{C}}-CH_2Br$$

(5) $CH_3CH_2-\underset{\underset{CH_3}{|}}{C}=CH_2 \xrightarrow[\text{②}H_2O]{\text{①}H_2SO_4} CH_3CH_2-\underset{\underset{CH_3}{|}}{\overset{\overset{OH}{|}}{C}}-CH_3$

(6) $CH_3CH_2-\underset{\underset{CH_3}{|}}{C}=CH_2 \xrightarrow{H_2/Ni} CH_3CH_2-\underset{\underset{CH_3}{|}}{CH}-CH_3$

9. $CH_3-CH=CH_2 + F-F \longrightarrow CH_3-CHF-CH_2F$

破裂一个 π 键需吸热 261 kJ

破裂一个 F—F 键吸热 160 kJ

共吸热:$\Delta H = +421$ kJ

形成两个 C—F 键:$\Delta H = -(2\times284)kJ = -968$ kJ

所以上述反应的 $\Delta H = (-968+421)kJ = -547$ kJ(放热)

可看出丙烯与 F_2 反应放出的热远大于 C—C 键的键能(349 kJ·mol^{-1}),足以使 C—C 键破裂,所以不能用此法制备氟代烃。

10.(1) $\underset{\underset{Cl}{|}}{CH_2}-CH_2-CH_2-CH_3 \xrightarrow[\triangle]{KOH/EtOH} CH_2=CH-CH_2-CH_3$

$\xrightarrow{HI} CH_3-\underset{\underset{I}{|}}{CH}-CH_2-CH_3$

(2) $CH_3-CH=CH_2 \xrightarrow{HBr} CH_3-\underset{\underset{Br}{|}}{CH}-CH_3$

$CH_3-CH=CH_2 \xrightarrow[\text{ROOR,CCl}_4]{HBr} CH_3CH_2CH_2Br$

$2 \ CH_3-\underset{\underset{Br}{|}}{CH}-CH_3 \xrightarrow[\text{乙醚}]{2Li} 2 \ CH_3-\underset{\underset{Li}{|}}{CH}-CH_3 \xrightarrow{CuI}$

$(CH_3-CH)_2CuLi \xrightarrow{CH_3CH_2CH_2Br} CH_3CHCH_2CH_2CH_3$
$\qquad\qquad\underset{CH_3}{|} \qquad\qquad\qquad\qquad\qquad \underset{CH_3}{|}$

(3) $CH_3-\underset{\underset{H}{|}}{\overset{\overset{CH_3}{|}}{C}}-Br \xrightarrow[\triangle]{KOH/EtOH} CH_3-\underset{\underset{H}{|}}{C}=CH_2 \xrightarrow[\text{过氧化物}]{HBr} CH_3CH_2CH_2Br$

11.(1) $CH_3-CH=CH_2 \xrightarrow[\text{过氧化物}]{HBr} CH_3CH_2CH_2Br$

$2 \ CH_3CH_2CH_2Br \xrightarrow[\triangle]{Na} CH_3(CH_2)_4CH_3$

(2) $CH_3-CH=CH_2 \xrightarrow{HBr} CH_3\underset{\underset{Br}{|}}{CH}CH_3$

$$2 \; CH_3CHCH_3 \xrightarrow{\;Na\;} CH_3—\overset{\displaystyle |}{\underset{\displaystyle CH_3}{CH}}—\overset{\displaystyle |}{\underset{\displaystyle CH_3}{CH}}—CH_3$$

位于Br下方

(3) $CH_3—CH=CH_2 \xrightarrow[500℃]{Cl_2} ClCH_2—CH=CH_2 \xrightarrow[\text{过氧化物}]{HBr} ClCH_2CH_2CH_2Br$

(4) $CH_3—CH=CH_2 \xrightarrow[500℃]{Cl_2} ClCH_2—CH=CH_2 \xrightarrow{HIO} ClCH_2\overset{\displaystyle |}{\underset{\displaystyle OH}{CH}}CH_2I$

12. (1) $CH_3CH_2CH_2CH=CH_2$ (2) $CH_3\overset{\displaystyle |}{\underset{\displaystyle CH_3}{CH}}CH=CHCH_3$

(3) $\overset{\displaystyle CH_3}{\underset{\displaystyle CH_3}{}}C=C\overset{\displaystyle CH_3}{\underset{\displaystyle CH_3}{}}$ (4) $CH_3CH=CHCH_2CH=CH_2$

(5) 这些烯烃分别用 $KMnO_4/H^+$ 氧化时的反应如下:

① $CH_3CH_2CH_2CH=CH_2 \xrightarrow{KMnO_4/H^+} CH_3CH_2CH_2COOH + H_2O + CO_2\uparrow$

② $CH_3\overset{\displaystyle |}{\underset{\displaystyle CH_3}{CH}}CH=CHCH_3 \xrightarrow{KMnO_4/H^+} CH_3\overset{\displaystyle |}{\underset{\displaystyle CH_3}{CH}}COOH + CH_3COOH$

③ $\overset{\displaystyle CH_3}{\underset{\displaystyle CH_3}{}}C=C\overset{\displaystyle CH_3}{\underset{\displaystyle CH_3}{}} \xrightarrow{KMnO_4/H^+} 2 \; CH_3\overset{\displaystyle O}{\overset{\displaystyle \|}{C}}CH_3$

④ $CH_3CH=CHCH_2CH=CH_2 \xrightarrow{KMnO_4/H^+} CH_3COOH + HOOCCH_2COOH + CO_2\uparrow$

$HOOCCH_2COOH \xrightarrow{\triangle} CO_2\uparrow + CH_3COOH$

13. 甲的可能结构式为:

(1) $CH_3CH_2CH_2CH=CH_2$ （无顺反异构）   (2) $CH_3\overset{\displaystyle |}{\underset{\displaystyle CH_3}{CH}}CH=CH_2$ （无顺反异构）

14. $\overset{\displaystyle CH_2—CH_2—C—CH_2—CH_2}{\underset{\displaystyle CH_2—CH_2—C—CH_2—CH_2}{}}$ 即   (六元并环结构)

15. 先求出 5 mol $Br_2 - CCl_4$ 中的溴含量:$(160×5/1000)g = 0.8 \; g$

（戊烯）$C_5H_{10} + Br_2 \longrightarrow C_5H_{10}Br_2$

$$70 \quad : \quad 2×79.9$$
$$x \quad : \quad 0.8 \qquad x = \frac{70×0.8}{2×79.9}×100\% = 35\%$$

答:此混合物中含戊烯 35%。

16. (1) $CH_2=\overset{\displaystyle |}{\underset{\displaystyle CH_3}{C}}—CH=CH_2 + HCl \xrightarrow{1,4-加成} CH_3—\overset{\displaystyle |}{\underset{\displaystyle CH_3}{C}}=CH—CH_2Cl$

(2) $CH_2=CH—CH=CH_2 + CH_2=\overset{\displaystyle |}{\underset{\displaystyle CH_3}{C}}—COOH \xrightarrow[12\,h]{150℃} (环己烯-COOH,CH_3 结构)$

(3) 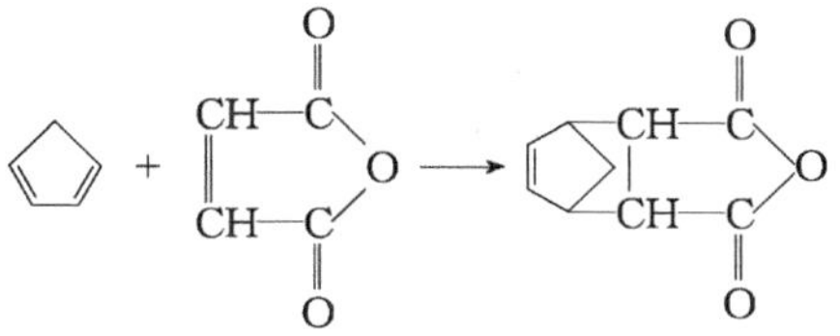

(4) 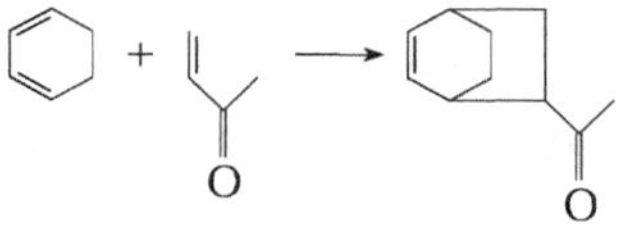

(5) $(CH_3)_2C{=}CH{-}CH_2{-}CH_2{-}C({=}CH_2){-}CH{=}CH_2 \xrightarrow[②Zn/H_2O]{①O_3}$

$(CH_3)_2C{=}O + O{=}CH{-}CH_2{-}CH_2{-}C({=}O){-}CH{=}O + 2CH_2{=}O$

(6) $(CH_3)_2C{=}CHCH{=}CHCH_3 \xrightarrow{KMnO_4/H^+} (CH_3)_2C{=}O + \begin{array}{c}COOH\\|\\COOH\end{array} + CH_3COOH$

$\begin{array}{c}COOH\\|\\COOH\end{array} \xrightarrow{[O]} CO_2 + H_2O$

17. $(CH_3)(C_2H_5)C{=}CH{-}CH_2{-}CH_2CH{=}C(CH_3)_2$ 及其顺反异构体(其顺反异构体的构型略)。

18. 根据题意：

某二烯烃 $+ Br_2 \longrightarrow CH_3{-}CHBr{-}CH{=}CH{-}CHBr{-}CH_3$

某二烯烃 $\xrightarrow[②Zn/H_2O]{①O_3}$ 2 $CH_3CH{=}O + H{-}\underset{\underset{O}{\|}}{C}{-}\underset{\underset{O}{\|}}{C}{-}H$

所以(1) 二烯烃结构式为：$CH_3{-}CH{=}CH{-}CH{=}CH{-}CH_3$

(2) 得到2,3,4,5－四溴己烷,其结构式为：$CH_3{-}CHBr{-}CHBr{-}CHBr{-}CHBr{-}CH_3$

19.

	双烯物	亲双烯物
(1)	$CH_2{=}C(CH_3){-}C(CH_3){=}CH_2$	$CH_3O{-}C({=}O){-}C{\equiv}C{-}C({=}O){-}OCH_3$
(2)	$CH_2{=}CHCH{=}CH_2$	$CH_2{=}CH{-}CN$
(3)	$CH_2{=}CHCH{=}CH_2$	$CH_2{=}CHCH{=}CH_2$
(4)	$CH_2{=}CHCH{=}CH_2$	$CH_2{=}CH{-}NO_2$

20. 因为在发生狄尔斯－阿尔德反应时,双烯物以 *s*－cis 的构象反应。

反－1,3－戊二烯的 *s*－cis 构象式为(1);顺－1,3－戊二烯的 *s*－cis 构象式为(2):

因为顺式时—CH₃有空间阻挡作用,所以顺 $-1,3-$ 戊二烯的反应活性比 $1,3-$ 丁二烯差。

21. 氯乙烯进行亲电加成反应时,比乙烯困难是受 $-I$ 效应控制的;加成的取向是受 $+C$ 效应控制的。

22. (1) $2,2,6,6-$ 四甲基 $-3-$ 庚炔 　　　　　(2) $4-$ 甲基 $-2-$ 庚烯 $-5-$ 炔
　　(3) $(2E,4Z)-3-$ 叔丁基 $-2,4-$ 己二烯

23. (1) $CH_3CH_2\underset{\underset{CH_3}{|}}{C}H\underset{\underset{CH_3}{|}}{C}HC \equiv CH$ 　　(2) $CH_3C \equiv \underset{\underset{CH_3}{|}}{C}CHCH_3$ 　　(3) $CH_2 = CHC \equiv CCH = CH_2$

24. (1) $CH_3CH_2CH_2C \equiv CH + HBr(过量) \longrightarrow CH_3CH_2CH_2CBr_2CH_3$

(2) $CH_3CH_2C \equiv CCH_2CH_3 + H_2O \xrightarrow[H_2SO_4]{HgSO_4} CH_3CH_2CH_2\underset{\underset{O}{\|}}{C}CH_2CH_3$

(3) $nCH_2 = CCl - CH = CH_2 \xrightarrow{聚合} \begin{array}{c} \left[CH_2\underset{\underset{Cl}{|}}{C} = CHCH_2 \right]_n \end{array}$

(4) $CH_3C \equiv CCH_3 + HBr \longrightarrow CH_3CH = \underset{\underset{Br}{|}}{C}CH_3$

25. (1) $CH_3CH_2C \equiv CH + KMnO_4(水溶液) \xrightarrow{\triangle} CH_3CH_2COOH + CO_2 + H_2O$

(2) $CH_3CH_2C \equiv CH + 2H_2 \xrightarrow{Pt} CH_3CH_2CH_2CH_3$

(3) $CH_3CH_2C \equiv CH + Br_2(过量) \xrightarrow[0℃]{CCl_4} CH_3CH_2CBr_2CHBr_2$

(4) $CH_3CH_2C \equiv CH + AgNO_3 + NH_4OH \longrightarrow CH_3CH_2C \equiv CAg \downarrow + NH_4NO_3 + H_2O$

(5) $CH_3CH_2C \equiv CH + H_2O \xrightarrow{Hg^{2+}/H_2SO_4} CH_3CH_2\underset{\underset{O}{\|}}{C}CH_3$

(6) $CH_3CH_2C \equiv CH + H_2 \xrightarrow[BaSO_4-喹啉(含硫)]{Pd} CH_3CH_2CH = CH_2$ （无顺反异构体）

26. (1)
```
2-甲基丁烷　（甲）
3-甲基-1-丁炔（乙）  ──银氨溶液──┬─有白↓生成者为（乙）
3-甲基-1-丁烯（丙）              │                      ┌（甲）
                                └─无白↓生成者为──┤
                                                    └（丙）

（甲）──溴的四氯化碳溶液──┬─溴的棕红色褪去者为（丙）
（丙）                      └─溴的棕红色不褪者为（甲）
```

(2)
```
1-戊炔　（甲）
2-戊炔　（乙）  ──银氨溶液──┬─生成灰白↓的是（甲）
1,3-戊二烯（丙）              │                  ┌（乙）
                              └─无灰白↓生成的是─┤
                                                  └（丙）
```

（乙）┐ 溶在合适的溶 ─ 有 ↓ 生成为（丙）

（丙）┘ 剂中加顺酐 ─ 无 ↓ 生成为（乙）

（3）与（1）的思路相同，略。

27. 从键能的计算可以看出：

$$CH_3-\overset{\overset{\displaystyle O}{\|}}{C}-H \Longleftrightarrow \left[\ CH_2=\overset{\overset{\displaystyle OH}{|}}{CH}\ \right]$$

乙醛的键能之和为：

$E = 4C-H+1C-C+1C=O$

$\quad = (4\times416+349+736)kJ\cdot mol^{-1} = 2749\ kJ\cdot mol^{-1}$

乙烯醇的键能之和为：

$E = 3C-H+1C=C+1C-O+1O-H$

$\quad = (3\times416+610+357+464)kJ\cdot mol^{-1} = 2679\ kJ\cdot mol^{-1}$

两相对比，乙醛有 70 kJ·mol^{-1} 的优势，因此乙醛比乙烯醇稳定。

28. （1）$HC\equiv CH + HBr \longrightarrow CH_2=\underset{\underset{\displaystyle Br}{|}}{CH} \xrightarrow{HBr} CH_3CHBr_2$

（2）$CH\equiv CH + HCl \xrightarrow[120\sim180℃]{HgCl_2/C} CH_2=CHCl$

（3）$CH\equiv CH + H_2 \xrightarrow[BaSO_4-喹啉(含硫)]{Pd} CH_2=CH_2 \xrightarrow{Cl_2} CH_2Cl-CH_2Cl$

（4）$CH\equiv CH + H_2O \xrightarrow{Hg^{2+}/H_2SO_4} CH_3-\overset{\overset{\displaystyle O}{\|}}{C}-H$

（5）$CH\equiv CH \xrightarrow{NaNH_2} CH\equiv CNa \xrightarrow{CH_3I} CH_3C\equiv CH$

（6）$CH\equiv CH \xrightarrow{NaNH_2} CH\equiv CNa \xrightarrow{CH_3CH_2Br} CH_3CH_2C\equiv CH$

（7）$CH\equiv CH \xrightarrow[②CH_3I]{①NaNH_2} CH_3C\equiv CH \xrightarrow[②CH_3I]{①NaNH_2} CH_3C\equiv CCH_3$

（8）$CH\equiv CH \xrightarrow[②2CH_3I]{①2NaNH_2} CH_3C\equiv CCH_3 \xrightarrow[Pd-BaSO_4-喹啉(含硫)]{H_2}$ 顺－2－丁烯

$$\underset{H}{\overset{CH_3}{\diagdown}}C=C\underset{\diagup\ H}{\overset{CH_3}{\diagup}}$$

顺－2－丁烯

（9）$CH\equiv CH \xrightarrow[②2CH_3I]{①2NaNH_2} CH_3C\equiv CCH_3 \xrightarrow{Na/NH_3(液)}$ 反－2－丁烯

$$\underset{H}{\overset{CH_3}{\diagdown}}C=C\underset{\diagup CH_3}{\overset{H}{\diagup}}$$

反－2－丁烯

29. （1）$CH_3CH_2C\equiv CH \xrightarrow{NaNH_2} CH_3CH_2C\equiv CNa$

$CH_3CH=CH_2 \xrightarrow[过氧化物]{HBr} CH_3CH_2CH_2Br$

$$CH_3CH_2C\equiv CNa + BrCH_2CH_2CH_3 \longrightarrow CH_3CH_2C\equiv CCH_2CH_2CH_3$$

(2) $$HC\equiv CH + HC\equiv CH \xrightarrow{Cu_2Cl_2-NH_4Cl} CH_2=CH-C\equiv CH \xrightarrow{NaNH_2}$$

$$CH_2=CH-C\equiv CNa$$

$$CH_3-CH=CH_2 \xrightarrow[\text{高温}]{Cl_2} CH_2Cl-CH=CH_2$$

$$CH_2=CH-C\equiv CNa + CH_2Cl-CH=CH_2 \xrightarrow{\text{液 } NH_3}$$

$$CH_2=CH-C\equiv C-CH_2-CH=CH_2$$

30. (1) $$CH_3-C\equiv CH + HBr \longrightarrow CH_3-CBr=CH_2 \xrightarrow{HCl} CH_3-\overset{\overset{\displaystyle Br}{|}}{\underset{\underset{\displaystyle Cl}{|}}{C}}-CH_3$$

(2) $$HC\equiv CH + HC\equiv CH \xrightarrow{Cu_2Cl_2-NH_4Cl} CH_2=CH-C\equiv CH \xrightarrow[Hg^{2+}/H_2SO_4]{H_2O}$$

$$CH_3-\overset{\overset{\displaystyle O}{\|}}{C}-CH=CH_2$$

(3) $$CH\equiv CH + CH_3CH_2CH_2OH \xrightarrow[160\sim200℃,\text{压力}]{CH_3CH_2CH_2OK} CH_2=CHOCH_2CH_2CH_3$$

(4) $$CH\equiv CH \xrightarrow{2NaNH_2} NaC\equiv CNa \xrightarrow{2CH_3CH_2Br}$$

$$CH_3CH_2C\equiv CCH_2CH_3 \xrightarrow[BaSO_4-\text{喹啉(含硫)}]{H_2,Pd} \overset{CH_3CH_2}{\underset{H}{}}C=C\overset{CH_2CH_3}{\underset{H}{}}$$

(5) $$HC\equiv CH \xrightarrow[\text{②}2CH_3CH_2Br]{\text{①}NaNH_2} CH_3CH_2C\equiv CCH_2CH_3 \xrightarrow{Na/NH_3(\text{液})}$$

$$\overset{CH_3CH_2}{\underset{H}{}}C=C\overset{H}{\underset{CH_2CH_3}{}}$$

31. 答:不矛盾。因为双键碳上不带吸电子原子或原子团的烯烃对亲电试剂是比较活泼的。而炔烃与亲电试剂加成所得到的烯烃在双键碳上至少连有一个电负性原子(Cl 或 Br 等)。

$$-C\equiv C- \xrightarrow{HX} \overset{}{\underset{H}{}}C=C\overset{X}{\underset{}{}} \quad \text{或} \quad -C\equiv C- \xrightarrow{X_2} \overset{}{\underset{X}{}}C=C\overset{X}{\underset{}{}}$$

由于电负性基团(Cl,Br 等)的 $-I$ 效应使双键上的电子云密度降低,所以不利于发生亲电的加成反应,使加成停留在烯烃的阶段。

32. $$\overset{CH_3}{\underset{H}{}}C=C\overset{H}{\underset{CH_2CH_3}{}} + \overset{CH_3}{\underset{H}{}}C=C\overset{CH_2CH_3}{\underset{H}{}} \xrightarrow{Br_2} CH_3-\underset{\underset{\displaystyle Br}{|}}{CH}-\underset{\underset{\displaystyle Br}{|}}{CH}-CH_2CH_3$$
$$\quad\quad (75\%) \quad\quad\quad\quad (25\%)$$

$$\xrightarrow{NaNH_2} CH_3C\equiv CCH_2CH_3 \xrightarrow[\text{喹啉(含硫)}]{H_2,Pd/BaSO_4} \overset{CH_3}{\underset{H}{}}C=C\overset{CH_2CH_3}{\underset{H}{}}$$

顺 $-2-$ 戊烯

33. A：$CH_3CH_2CH_2C \equiv CH$ （不饱和度为2）

B：$CH_3C \equiv CCH_2CH_3$ （不饱和度为2）

C：  （双键的不饱和度为1，环的不饱和度为1，共为2个不饱和度）

34. (1) 推导：根据化合物 A，B，C 的分子式及烷烃的通式 C_nH_{2n+2} 可以算出 A 的不饱和度为3；B，C 的不饱和度均为2。

A 的可能结构为：

甲： $CH_3C \equiv CCH_2CH_2CH_3$
  $\quad\quad\quad\quad\quad |$
  $\quad\quad\quad\quad\quad CH_2$

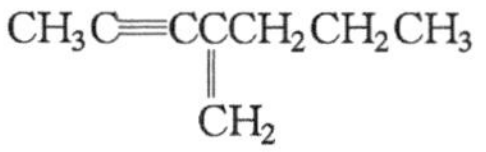

乙： $CH_3C \equiv CC = CHCH_2CH_3$ （有顺反异构体）
  $\quad\quad\quad\quad\quad |$
  $\quad\quad\quad\quad\quad CH_3$

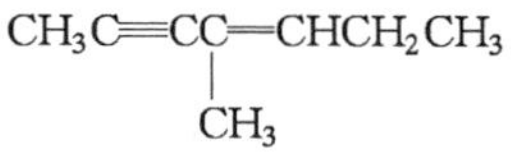

B 的可能结构为：

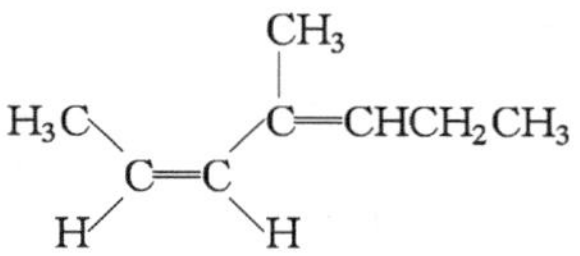

C 的可能结构为：

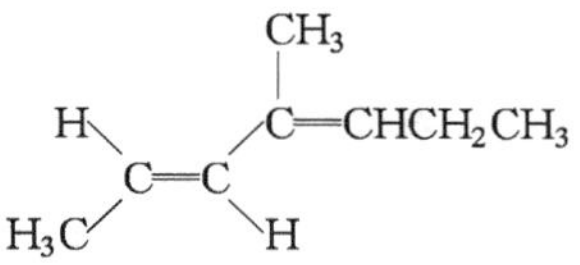

(2) 验证：用 A 中甲为例：

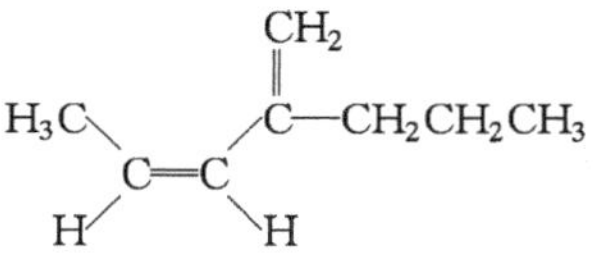

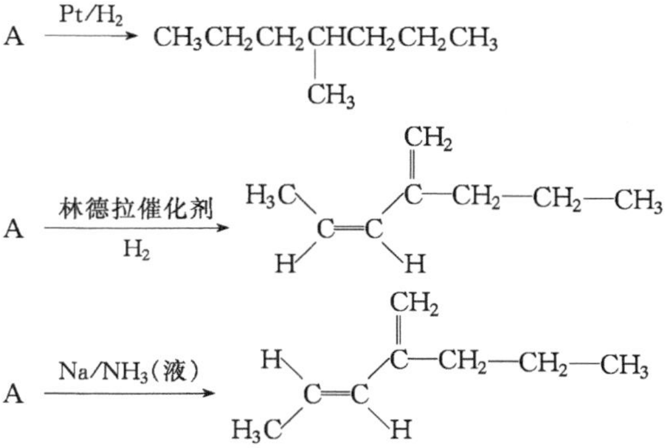

(3) 讨论：因为 A 中双键与三键的相对位置发生改变时所写出的结构均合题意，所以 A 的结构不是唯一的，其他的结构式还可能有：

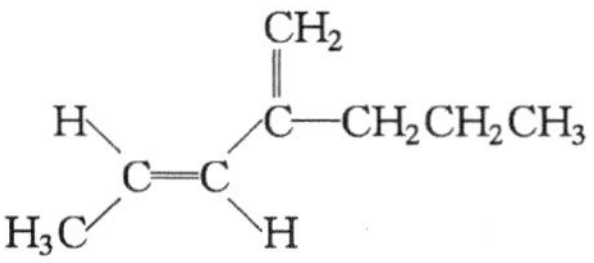

丙： $CH_3C \equiv CCHCH = CHCH_3$
  $\quad\quad\quad\quad |$
  $\quad\quad\quad\quad CH_3$

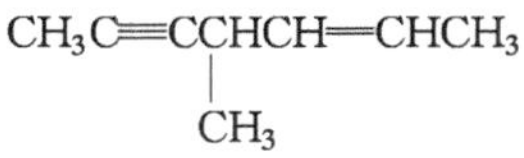

丁： $CH_3C \equiv CCHCH_2CH = CH_2$
  $\quad\quad\quad\quad |$
  $\quad\quad\quad\quad CH_3$

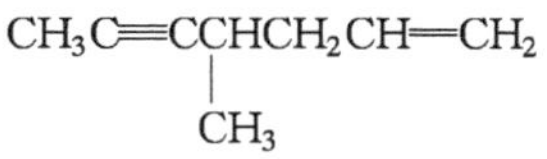

第 四 章

1. (1)

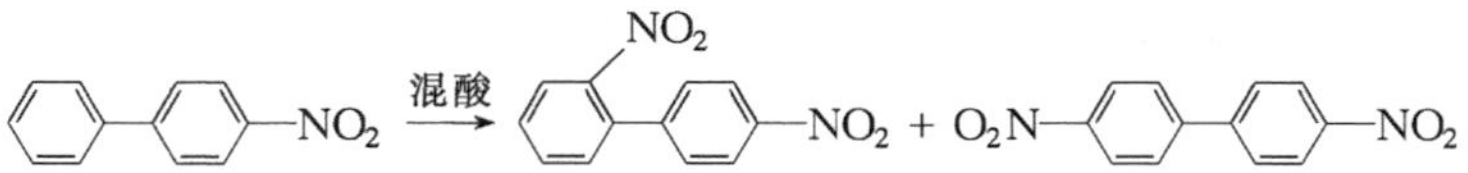

(2)

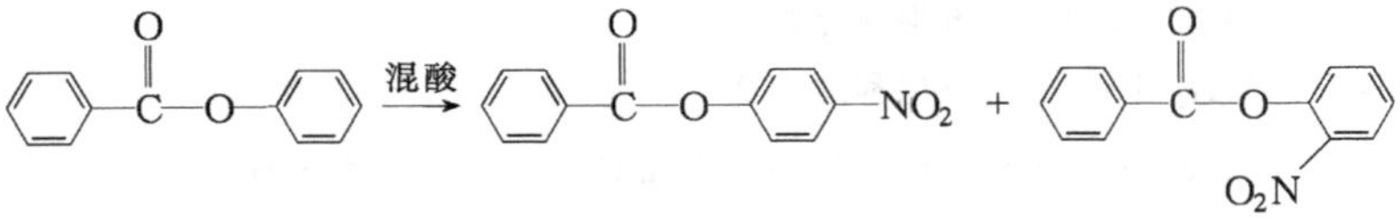

(3)

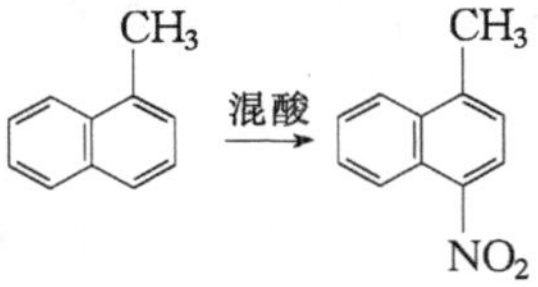

(4)

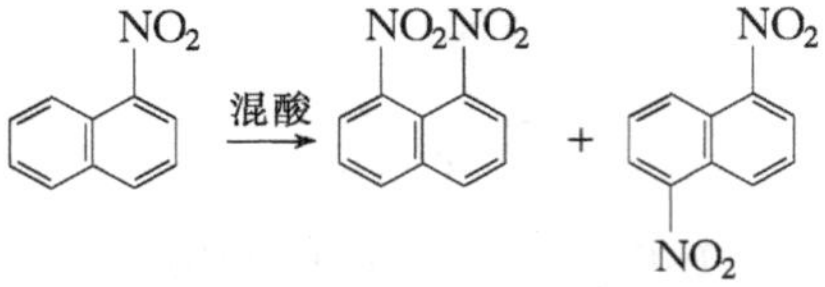

(5)

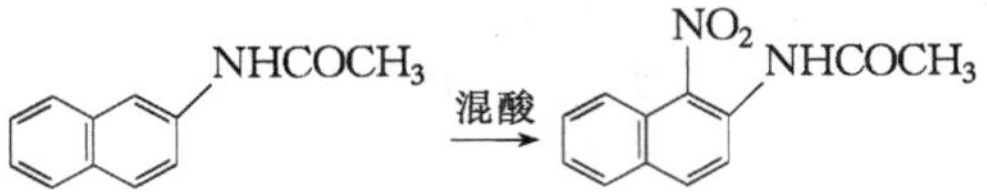

(6)

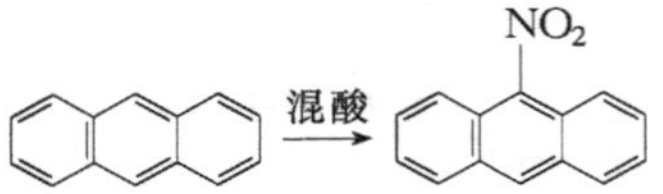

2.

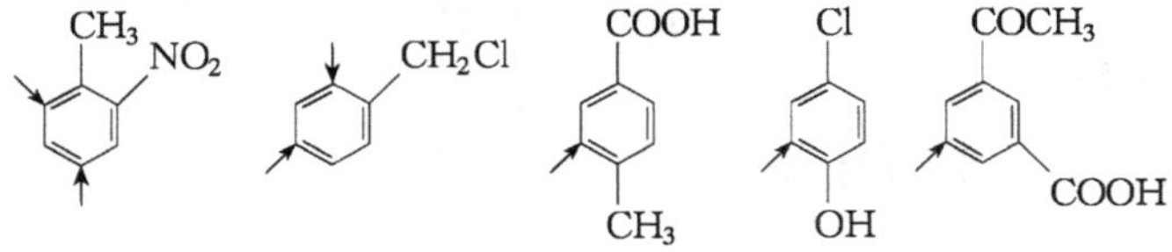

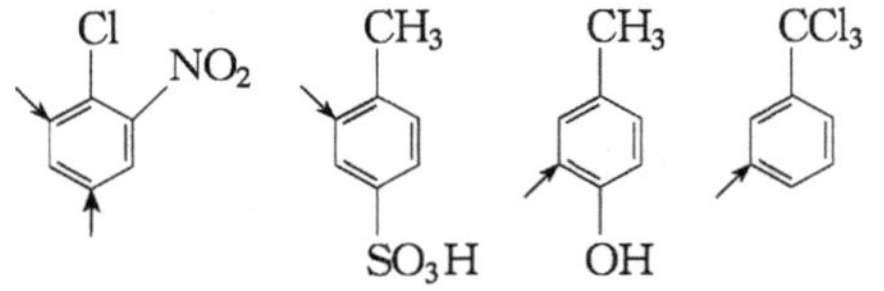

3. (1) 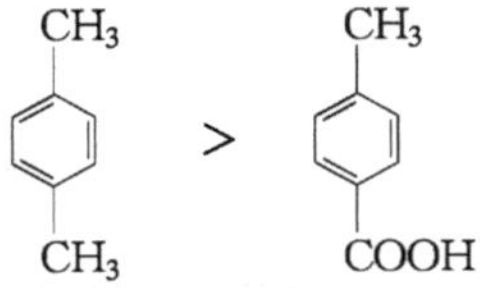 （由易到难的顺序）

(2)

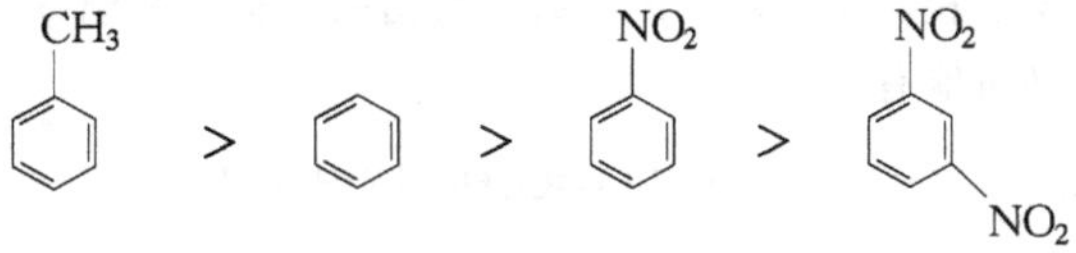

(3)

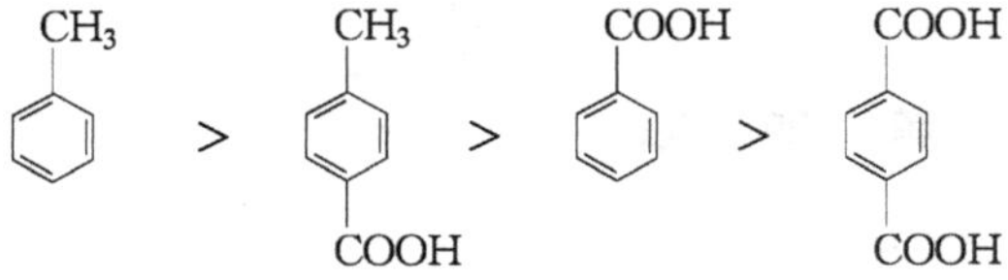

(4)

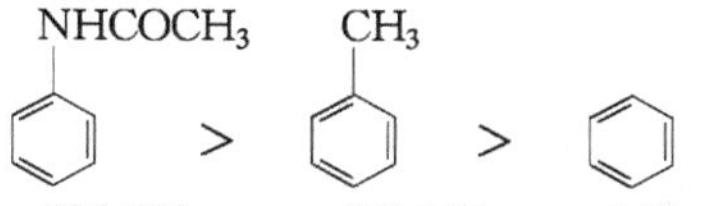

(5)

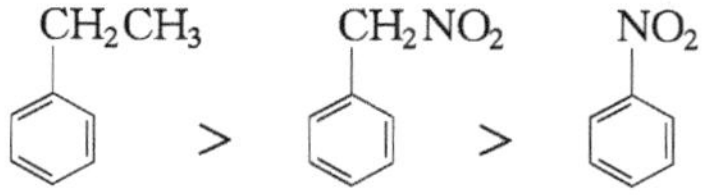

4. (1)

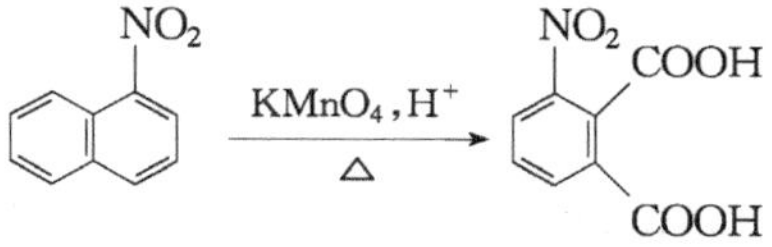

(2)

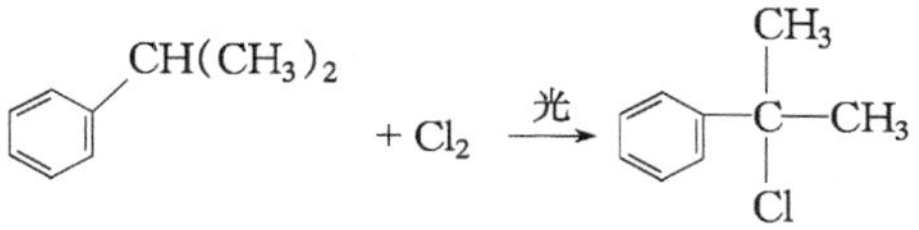

(3)

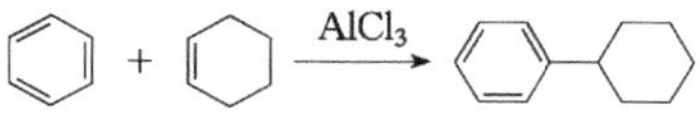

(4)

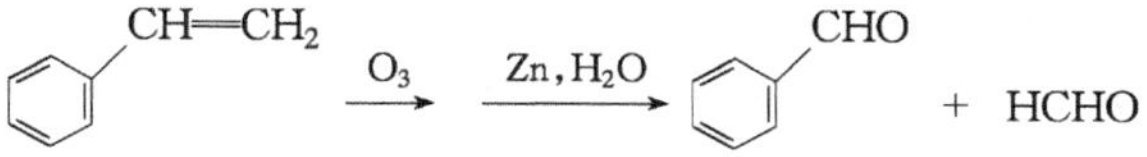

(5)

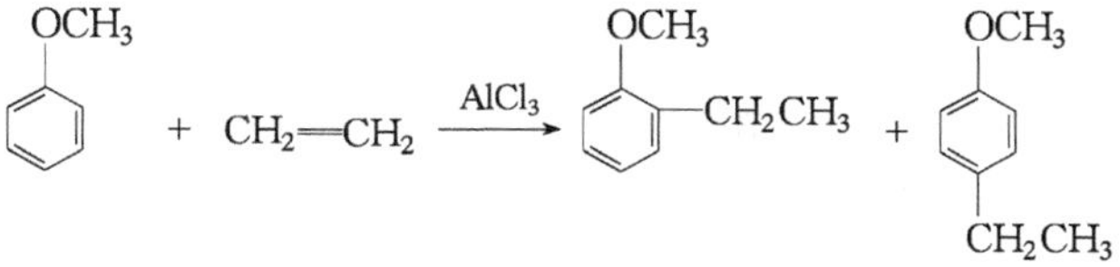

(6)

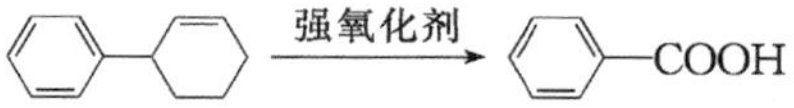

(7)

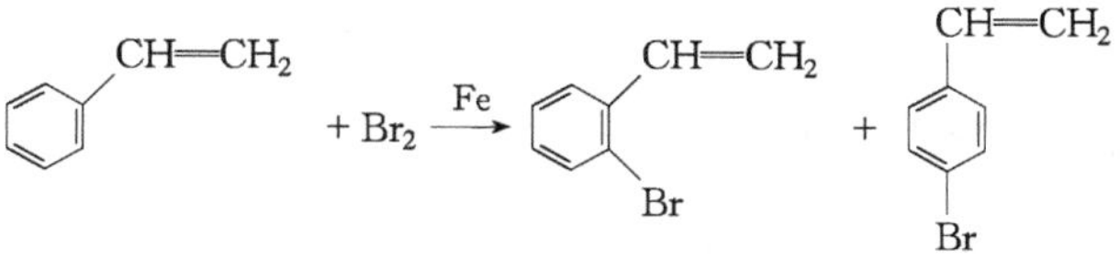

5. (1) 能反应,生成侧链双键上加成的产物:

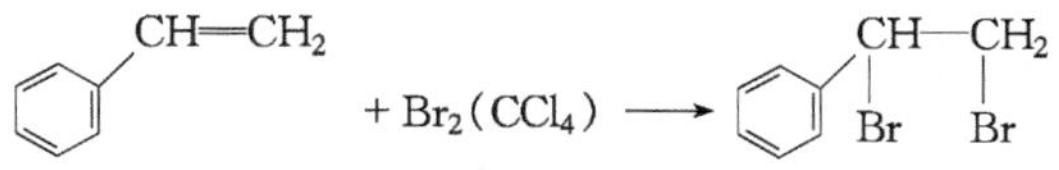

(2) 能反应,此条件下苯基部分不被还原:

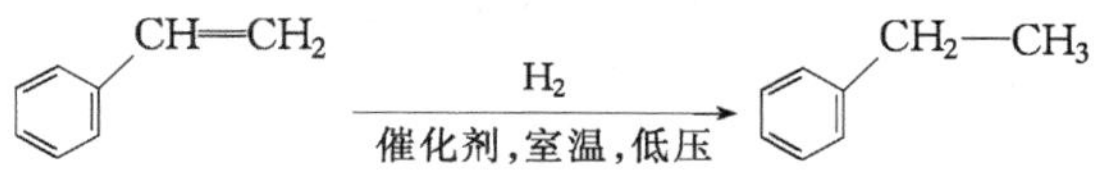

(3) 能反应,此条件下苯基部分也被还原:

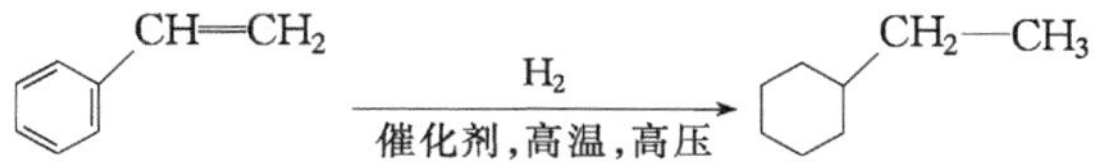

（4）能反应，反应发生在侧链的碳碳双键上：

$$\text{（苯环）CH=CH}_2 \xrightarrow[\text{冷}]{\text{KMnO}_4\text{（稀）}} \text{（苯环）CH(OH)-CH}_2\text{OH}$$

（5）能反应，侧链氧化，生成苯甲酸：

$$\text{（苯环）CH=CH}_2 \xrightarrow[\text{热}]{\text{KMnO}_4/\text{H}_2\text{O}} \text{（苯环）COOH}$$

6.（1）

$$\text{（苯环）CH}_2\text{CH}_3 \xrightarrow[]{\text{Cl}_2,\text{光}} \text{（苯环）CH(Cl)-CH}_3 \xrightarrow[]{\text{KOH,乙醇}} \text{（苯环）CH=CH}_2$$

（A） (B)

$$\xrightarrow[\text{中性（适量）}]{\text{冷，稀 KMnO}_4} \text{（苯环）CH(OH)-CH}_2\text{OH} \xrightarrow[\text{酸性}]{\text{热 KMnO}_4} \text{（苯环）COOH}$$

（C） （D）

（2）

$$\text{（苯环）C(H)=C(H)(CH}_3) + \text{Br}_2 \xrightarrow[]{\text{Fe}} \text{Br-（苯环）C(H)=C(H)(CH}_3) \;+\; \text{（邻Br-苯环）C(H)=C(H)(CH}_3)$$

（甲） （乙）

（甲） $\xrightarrow[\text{过氧化物}]{\text{HBr}}$ Br-（苯环）CH$_2$-CH(Br)-CH$_3$

（乙） $\xrightarrow[\text{过氧化物}]{\text{HBr}}$ （邻Br-苯环）CH$_2$-CH(Br)-CH$_3$

7.（1）

环己烷（甲）
环己烯（乙）
苯 （丙） $\left.\right\}$ $\xrightarrow[]{\text{Br}_2/\text{CCl}_4}$ ┌ 褪色 （乙）
└ 不褪色（甲），（丙）

（甲）
（丙） $\left.\right\}$ $\xrightarrow[\text{将反应后混合物倒入水中}]{\text{加混酸，50～60℃}}$ ┌ 有黄油珠在水底部（丙）
└ 无黄油珠在水底部（甲）

（2）加银氨溶液，有白色沉淀生成者为苯乙炔，无白色沉淀生成者为苯乙烯。

（3）加 KMnO$_4$/H$^+$，紫色褪去者为 1,3,5-己三烯；紫色不褪者为苯。

（4）

乙苯 （甲）
苯乙烯 （乙）
乙基环己烷（丙） $\left.\right\}$ $\xrightarrow[]{\text{Br}_2/\text{CCl}_4}$ ┌ 褪色 （乙）
└ 不褪色（甲），（丙）

（甲）
（丙） $\left.\right\}$ $\xrightarrow[]{\text{KMnO}_4/\text{H}^+}$ ┌ 褪色（甲）
└ 不褪色（丙）

8.（1）将混有少量甲苯的苯用酸性高锰酸钾溶液洗涤,然后再用水洗,干燥后蒸馏即可得到纯净的苯。

（2）将含有少量苯乙烯的苯用浓硫酸洗涤,分去水层,苯层用水洗后,干燥蒸馏。

9．六六六共有八个几何异构体(式中省去 Cl,只写占据的键)：

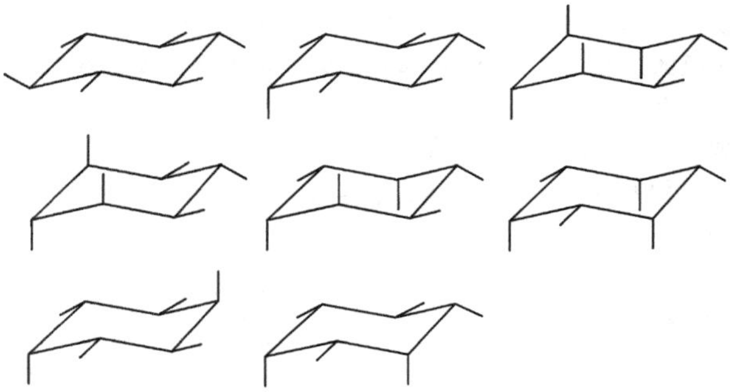

10.（1）

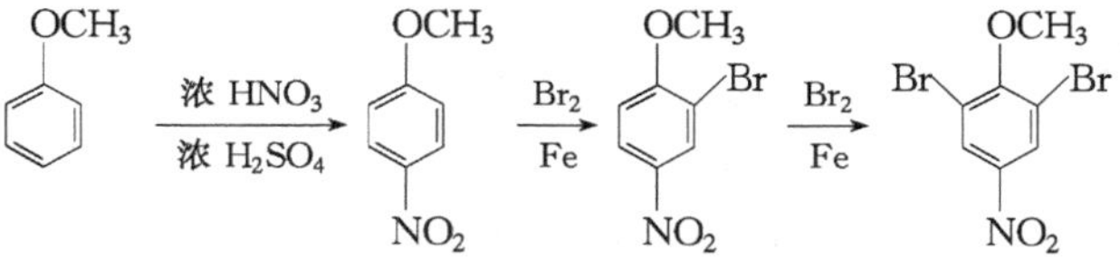

（2）

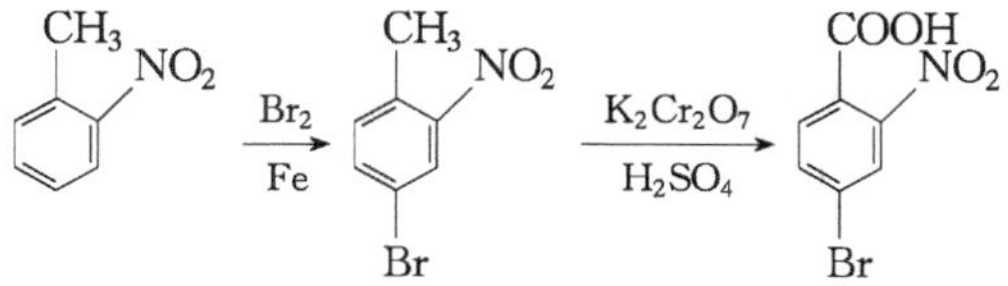

（3）

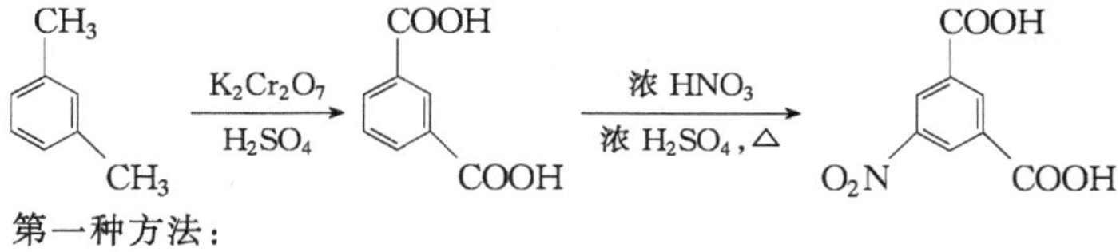

（4）第一种方法：

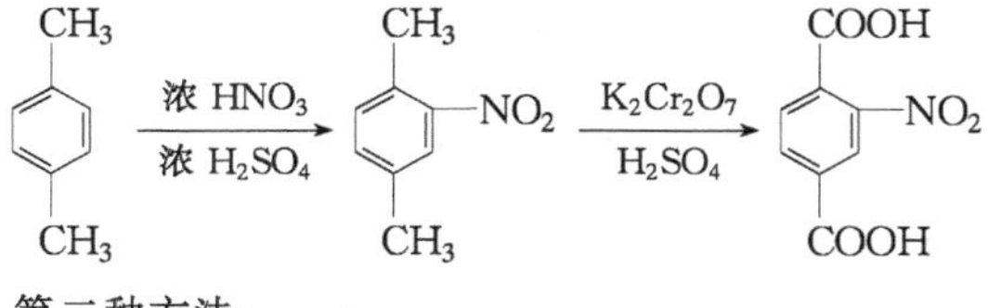

第二种方法：

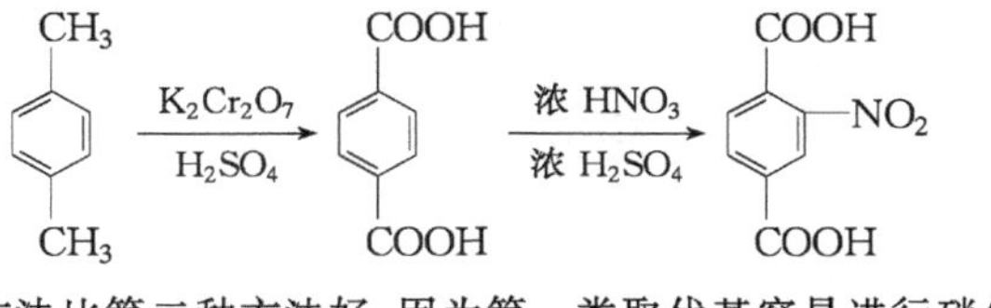

第一种方法比第二种方法好,因为第一类取代基容易进行硝化反应,产率较高。

11.（1）在 A 步,丙基要发生异构化,得到的主要产物是异丙基苯。

在 B 步,氯应取代直接与苯环相连的 α-碳上的氢。

（2）在 A 步，硝基苯不能发生傅-克反应。

在 B 步，侧链氧化发生在直接与苯相连的 α-碳原子上，得

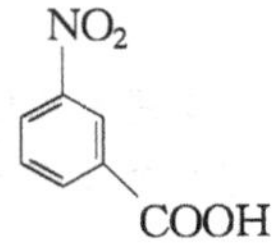

（3）在 A 步，第二类定位基一般不发生傅-克反应，即使能进行也得不到邻位产物。在 B 步，不仅羰基被还原的产物不正确，而且苯环也会加氢生环己烷。在 C 步，氯与苯环发生亲电取代，不发生侧链取代。

12．（1）不能，Cl 和 Br 都是邻对位定位基。

（2）不能， 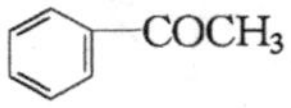 不能发生傅-克反应。

（3）可以，

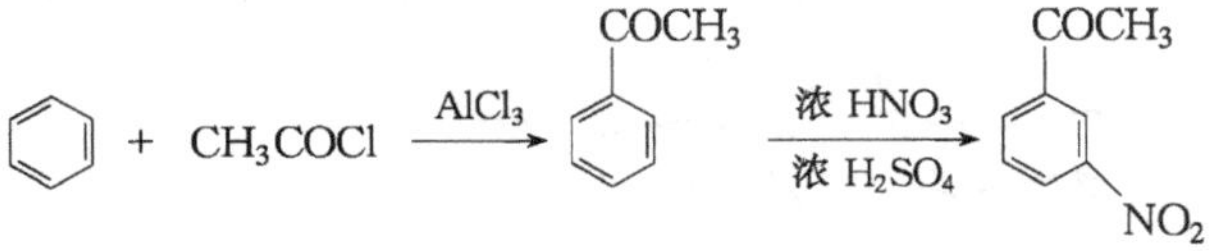

（4）可以，

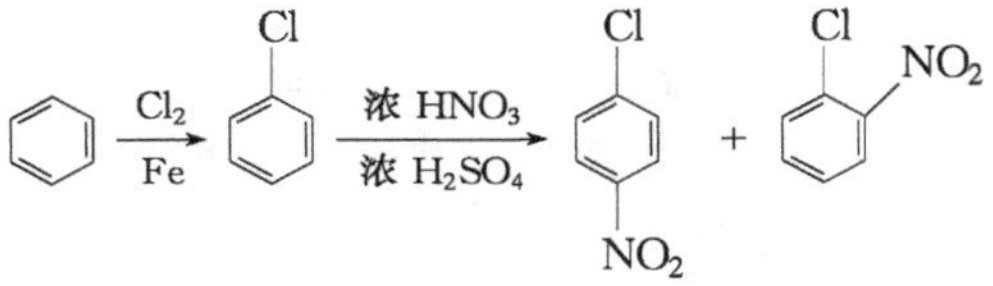

对硝基氯苯　邻硝基氯苯

利用重结晶的方法分出邻、对位产物。

（5）不能，因为—NO_2，—SO_3H 都是间位定位基。

13．（1）

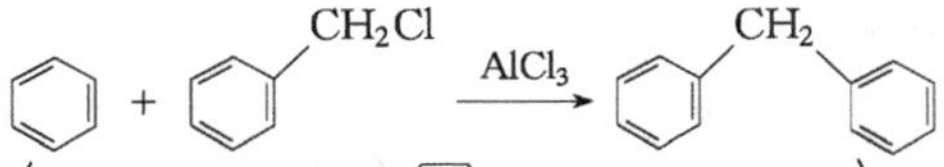

$\left(\text{或用 } CH_2Cl_2 \text{ 与 } 2 \text{ 苯 进行傅-克反应}\right)$

（2）

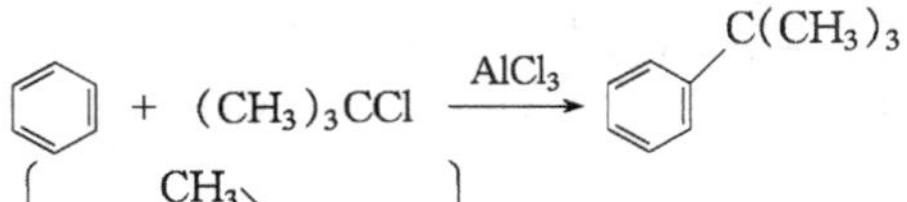

$\left[\text{或用 } \begin{array}{c} CH_3 \\ CH_3 \end{array}C{=}CH_2 \right]$

（3）

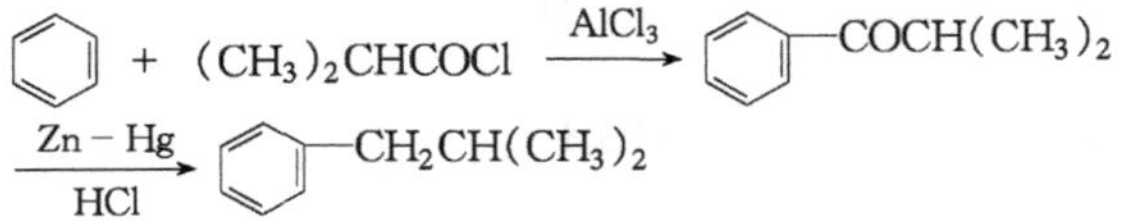

（4）

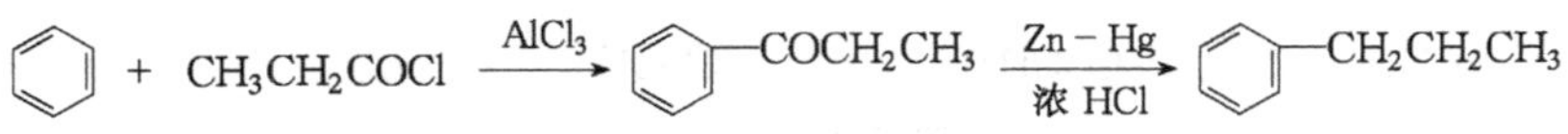

（5）

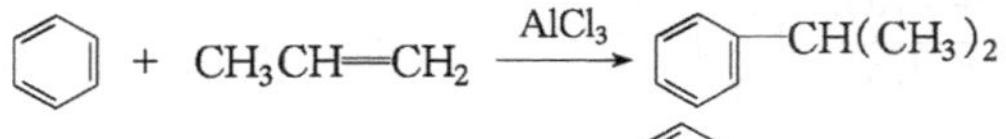

（6）3 苯 + $CHCl_3$

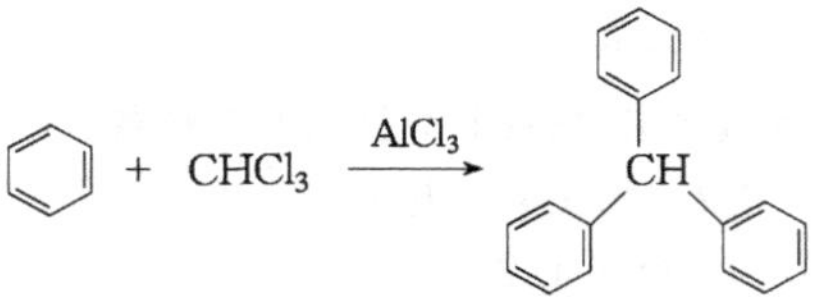

14. （1）此化合物为薁。它有 10 个 π 电子,符合 $4n+2$ 规则,具有芳香性。

（2）此为环丙烯正离子。它有 2 个 π 电子,符合 $4n+2$ 规则（$n=0$）,具有芳香性。

（3）此化合物为[12]轮烯。它有 12 个 π 电子,不符合 $4n+2$ 规则,不具有芳香性。

（4）此化合物为[14]轮烯。它有 14 个 π 电子,符合 $4n+2$ 规则（$n=3$）,环内氢不如[10]轮烯拥挤,似有芳香性,但有争议。

15. 化合物 A 的结构式为:

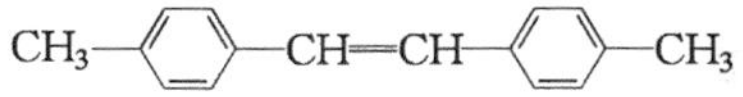

$$CH_3-\text{⟨⟩}-CH=CH-\text{⟨⟩}-CH_3 \qquad \text{A 有顺反异构体,其构型式此略。}$$

各步反应如下:

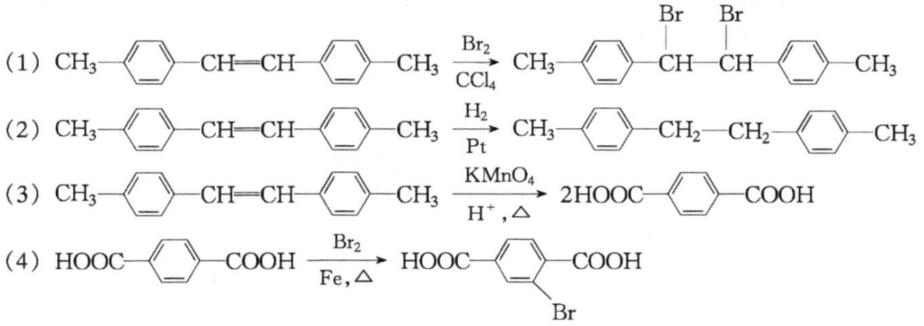

（1） $CH_3-\text{⟨⟩}-CH=CH-\text{⟨⟩}-CH_3 \xrightarrow[CCl_4]{Br_2} CH_3-\text{⟨⟩}-\underset{Br}{CH}-\underset{Br}{CH}-\text{⟨⟩}-CH_3$

（2） $CH_3-\text{⟨⟩}-CH=CH-\text{⟨⟩}-CH_3 \xrightarrow[Pt]{H_2} CH_3-\text{⟨⟩}-CH_2-CH_2-\text{⟨⟩}-CH_3$

（3） $CH_3-\text{⟨⟩}-CH=CH-\text{⟨⟩}-CH_3 \xrightarrow[H^+,\triangle]{KMnO_4} 2HOOC-\text{⟨⟩}-COOH$

（4） $HOOC-\text{⟨⟩}-COOH \xrightarrow[Fe,\triangle]{Br_2} HOOC-\text{⟨⟩}-COOH$ （带 Br 取代）

16. $\text{⟨⟩OH} + H_2SO_4 \xrightarrow{100℃} \text{⟨⟩(OH, SO_3H)} \xrightarrow[Fe]{2Cl_2} \text{⟨⟩(OH, 2Cl, SO_3H)} \xrightarrow[\triangle]{\text{稀 } H^+} \text{⟨⟩(OH, 2Cl)}$

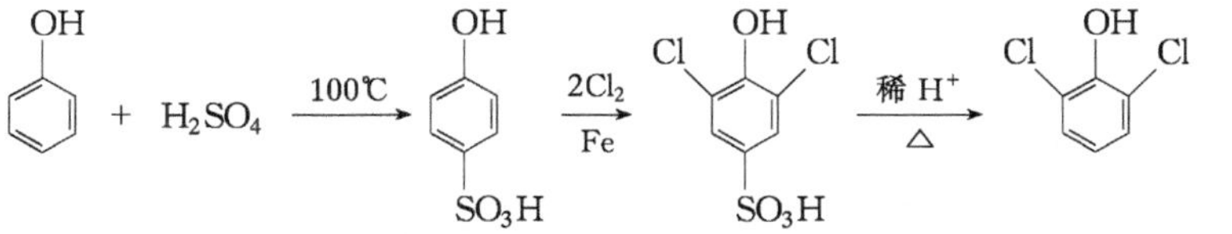

17. 当亲电试剂进攻氯苯的邻、间、对位时,生成物中间体正离子（σ 络合物）为:

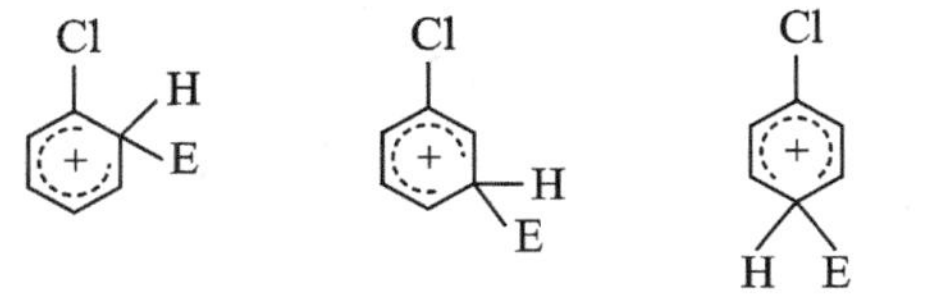

（结构式：邻位、间位、对位 σ 络合物）

与其对应的共振结构式分别为:

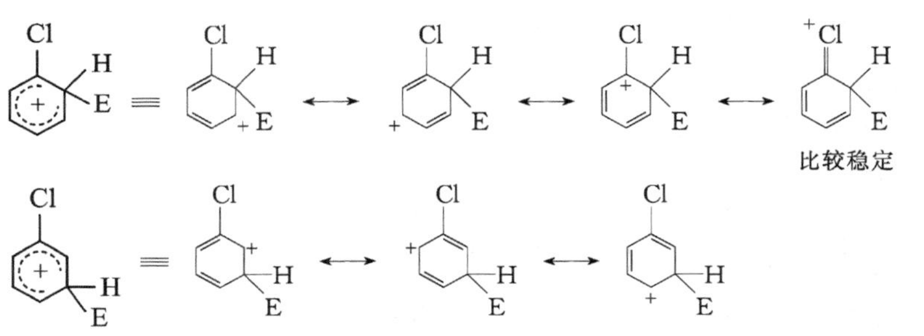

（邻位共振结构式，其中一个标注"比较稳定"）

（间位共振结构式）

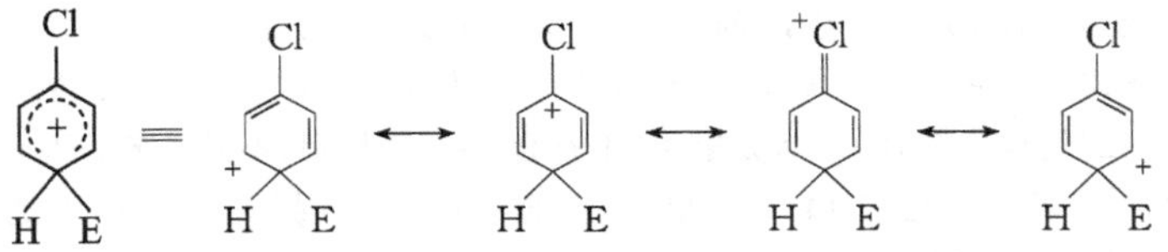

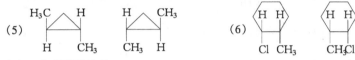

苯酚的情况与此相似,此略。

第 五 章

1. (1) 有 1 个手性碳原子,2 个对映异构体　　(2) 有 2 个相同的手性碳原子,3 个对映异构体
　　(3) 有 2 个手性碳原子,4 个对映异构体　　(4) 有 3 个手性碳原子,4 个对映异构体

(5) 略　　　　(6) 略

(7) 2 个对映异构体

2. (1) 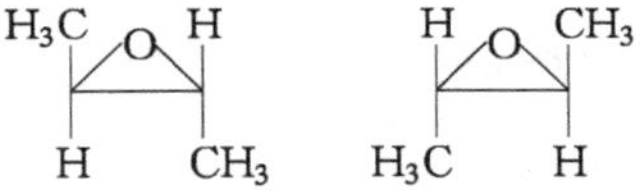 略　　　　　　　　　　　　　　(2) 无手性(有 σ)

(3) 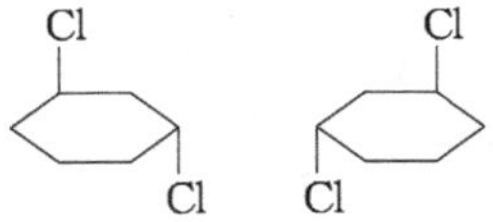 略　　　　　　　　　　　　　　(4) 无手性(有 i)

(5) 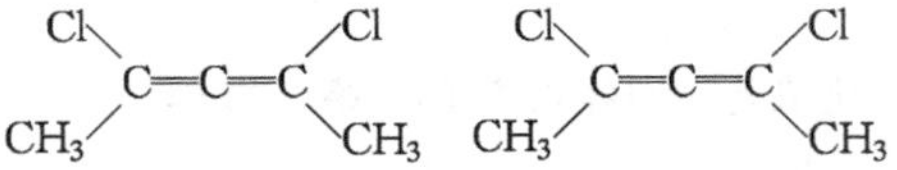 略　　　　　　　　　　　　　　(6) 无手性(有 σ)

(7) 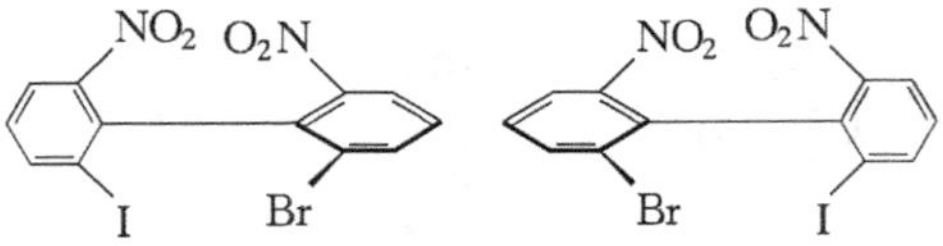 略　　　　　　　　　　　　　　(8) 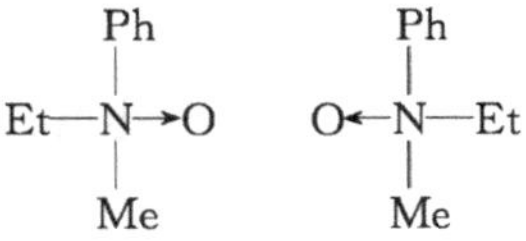 略

3. (1) S　　(2) R　　(3) R　　(4) S　　(5) S

4. (1) 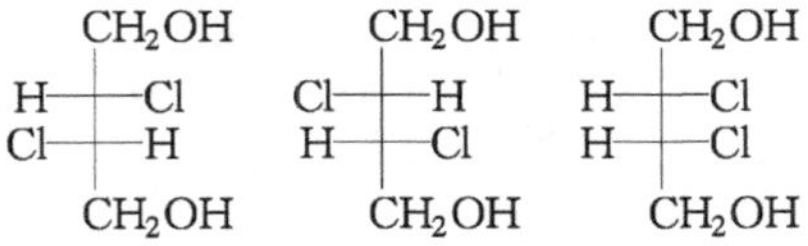 略
　　2S,3S　　　2R,3R　　　2S,3S

(2) 略
　　2S,3R　　2R,3S　　2S,3S　　2R,3R

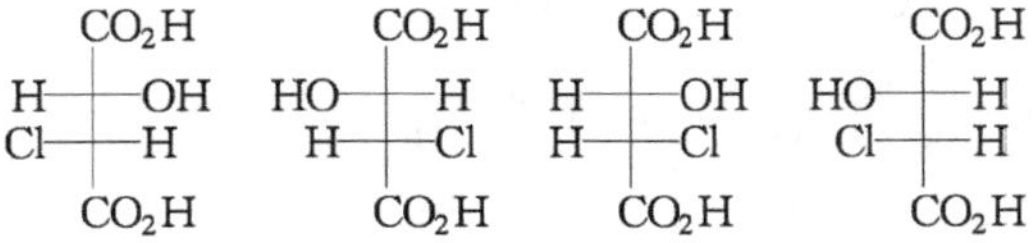

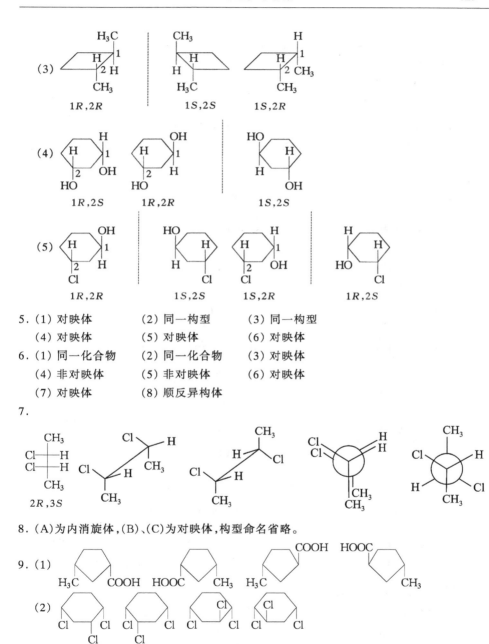

(3) $1R,2R$　　$1S,2S$　　$1S,2R$

(4) $1R,2S$　　$1R,2R$　　$1S,2S$

(5) $1R,2R$　　$1S,2S$　　$1S,2R$　　$1R,2S$

5．(1) 对映体　　　　(2) 同一构型　　　(3) 同一构型

　　(4) 对映体　　　　(5) 对映体　　　　(6) 对映体

6．(1) 同一化合物　　(2) 同一化合物　　(3) 对映体

　　(4) 非对映体　　　(5) 非对映体　　　(6) 对映体

　　(7) 对映体　　　　(8) 顺反异构体

7．

$2R,3S$

8．(A)为内消旋体,(B)、(C)为对映体,构型命名省略。

9．(1)

　　(2)

10.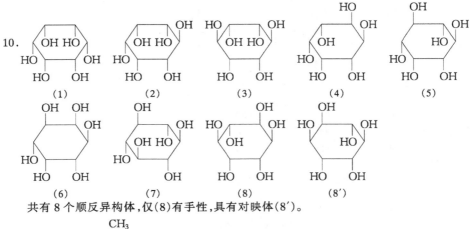

(1)　　　　(2)　　　　(3)　　　　(4)　　　　(5)

(6)　　　　(7)　　　　(8)　　　　(8′)

共有 8 个顺反异构体,仅(8)有手性,具有对映体(8′)。

11. A:

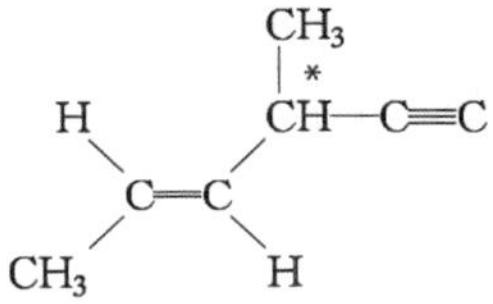

B: $n-C_3H_7-CH-C_3H_7-n$

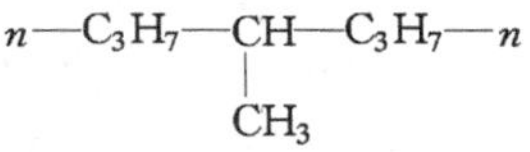

C:

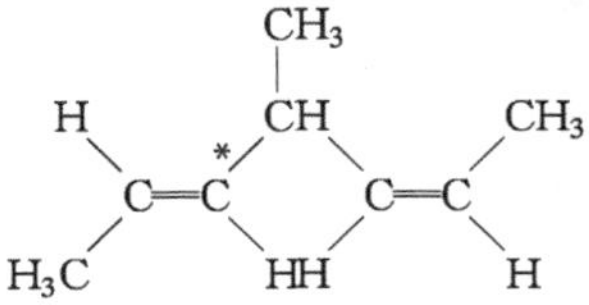

D:

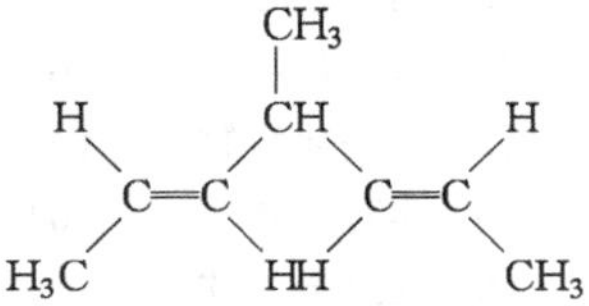

12. A: CH_3CH_2 C=C CH_2CH_3

B: CH_3CH_2 CHOH $CH_2CH_2CH_3$

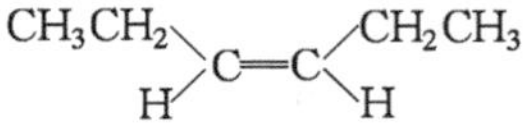

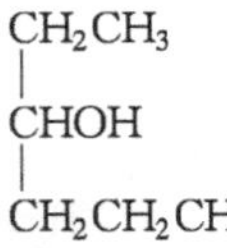

C: H—OH　H—OH

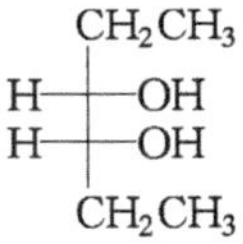

第 六 章

1. (1) 2,2-二甲基-1-溴丙烷　　　　(2) 2-甲基-4-氯戊烷

   (3) 3,3-二甲基-2,2-二氯戊烷　　(4) 1,1-二乙基-3-溴环戊烷

   (5) 1-甲基-2,4-二氯环己烷　　　(6) 3-溴环戊烯

2. (1) 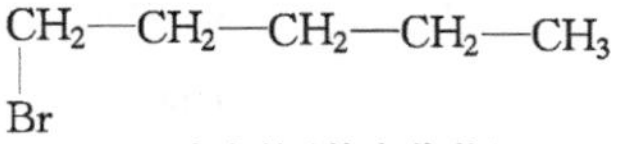 $CH_2-CH_2-CH_2-CH_2-CH_3$
   　　Br
   　　　1-溴戊烷(伯卤代物)

   (2) 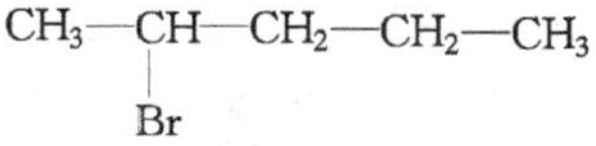 $CH_3-CH-CH_2-CH_2-CH_3$
   　　　　Br
   　　　2-溴戊烷(仲卤代物)

   (3) 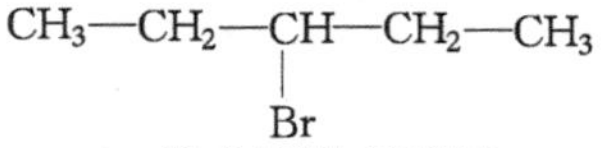 $CH_3-CH_2-CH-CH_2-CH_3$
   　　　　　Br
   　　　3-溴戊烷(仲卤代物)

   (4) 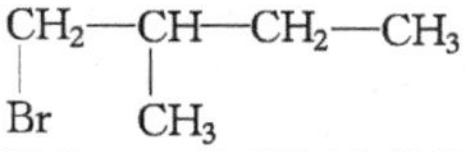 $CH_2-CH-CH_2-CH_3$
   　　Br　CH_3
   　　2-甲基-1-溴丁烷(伯卤代物)

   (5) 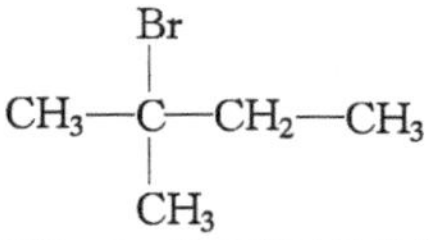 $CH_3-C-CH_2-CH_3$
   　　　　Br
   　　　　CH_3
   　　2-甲基-2-溴丁烷(叔卤代物)

   (6) 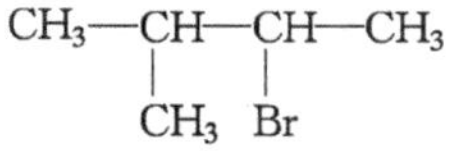 $CH_3-CH-CH-CH_3$
   　　　CH_3　Br
   　　3-甲基-2-溴丁烷(仲卤代物)

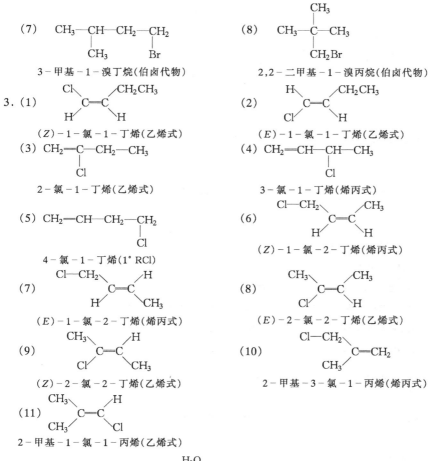

(7) CH_3—CH—CH_2—CH_2
         | |
        CH_3 Br

3－甲基－1－溴丁烷(伯卤代物)

(8)
           CH_3
            |
    CH_3—C—CH_3
            |
          CH_2Br

2,2－二甲基－1－溴丙烷(伯卤代物)

3. (1)
      Cl CH_2CH_3
       \   /
        C＝C
       /   \
      H   H

（Z）－1－氯－1－丁烯(乙烯式)

(2)
              CH_2CH_3
             /
      C＝C
     /   \
    Cl   H

（E）－1－氯－1－丁烯(乙烯式)

(3) CH_2＝C—CH_2—CH_3
            |
           Cl

2－氯－1－丁烯(乙烯式)

(4) CH_2＝CH—CH—CH_3
                    |
                   Cl

3－氯－1－丁烯(烯丙式)

(5) CH_2＝CH—CH_2—CH_2
                        |
                       Cl

4－氯－1－丁烯(1° RCl)

(6)
      Cl—CH_2 CH_3
              \   /
               C＝C
              /   \
             H   H

（Z）－1－氯－2－丁烯(烯丙式)

(7)
      Cl—CH_2 H
              \   /
               C＝C
              /   \
             H CH_3

（E）－1－氯－2－丁烯(烯丙式)

(8)
      CH_3 CH_3
          \   /
           C＝C
          /   \
         Cl   H

（E）－2－氯－2－丁烯(乙烯式)

(9)
      CH_3 H
          \   /
           C＝C
          /   \
         Cl CH_3

（Z）－2－氯－2－丁烯(乙烯式)

(10)
      Cl—CH_2
              \
               C＝CH_2
              /
      CH_3

2－甲基－3－氯－1－丙烯(烯丙式)

(11)
      CH_3 H
          \   /
           C＝C
          /   \
      CH_3 Cl

2－甲基－1－氯－1－丙烯(乙烯式)

4. (1) $CH_3CH_2CH_2CH_2Br + NaOH \xrightarrow{H_2O} CH_3CH_2CH_2CH_2OH + NaBr$

(2) $CH_3CH_2CH_2CH_2Br + KOH \xrightarrow{醇} CH_3CH_2CH_2CH＝CH_2$

(3) $CH_3CH_2CH_2CH_2Br + Mg \xrightarrow{无水乙醚} CH_3CH_2CH_2CH_2MgBr$

$CH_3CH_2CH_2CH_2MgBr + HC≡CH \xrightarrow{无水乙醚} CH_3CH_2CH_2CH_3 + HC≡CMgBr$

（仍是一个格氏试剂）

(4) $CH_3CH_2CH_2CH_2Br + NaI \xrightarrow{丙酮} CH_3CH_2CH_2CH_2I + NaBr$

(5) $CH_3CH_2CH_2CH_2Br + NH_3（过量） \longrightarrow CH_3CH_2CH_2CH_2NH_2 + NH_4Br$

(6) $CH_3CH_2CH_2CH_2Br + NaCN \xrightarrow{乙醇} CH_3CH_2CH_2CH_2CN + NaBr$

(7) $CH_3CH_2CH_2CH_2Br + AgNO_3 \xrightarrow{乙醇} CH_3CH_2CH_2CH_2—O—NO_2 + AgBr$

(8) $CH_3CH_2CH_2CH_2Br + CH_3C≡CNa \longrightarrow CH_3CH_2CH_2CH_2C≡CCH_3 + NaBr$

5. 下列七步反应的产物或反应条件：

(1) Cl—⟨⟩—CH—CH₃
         |
         OH

(2) Cl—⟨⟩—MgBr

(3) HOCH₂CH₂I

(4)
CH₃   CH₃
  \   /
   C = C
  /   \
CH₃   H

CH₃ Br CH₃
  \ | /
   C——C
  / | \
CH₃ Br H

CH₂=C—CH=CH₂
     |
     CH₃

(5) Cl₂,500℃ 或 Cl₂,光

              OH
              |
ClCH₂—CH—CH₂
         |
         Cl

(6) ⟨⟩—CH₂OH   ⟨⟩—CH₂OC₂H₅   ⟨⟩—CH₂—N⟨CH₃ / CH₃

(7) ⟨⟩—CH₃

6. (1) (A) 错,应该用 Mg/无水乙醚,且产物也错,应生成 CH_2=CH_2 。

   (B) 错,应生成 CH_3CH_3 。

(2) (A) 错,光氯化常常得到的是混合物。

   (B) 错,强碱(CH_3C≡CNa)条件下,2°卤代烃易消除,生成 CH_3CH=$CHCH_3$ 。

(3) (A) 错,应采用 HBr;产物也错,可不用过氧化物。

   (B) 错,因为 NaCN 为碱性,叔卤代烷易脱 HX 成烯。

(4) (A) 错,亲电试剂分子中电荷分布为 $\overset{\delta-}{HO}$—$\overset{\delta+}{Br}$,所以加成产物应为 CH_3—$\underset{OH}{CH}$—$\underset{Br}{CH_2}$ 。

   (B) 错,因为 $CH_3\underset{Br}{CH}CH_2OH$ 分子中存在活泼氢会分解格氏试剂。

(5) (A) 缺催化剂。

   (B) 错,乙烯式氯原子不活泼,不能发生氰解反应。

7. (1)
C₆H₅CH=CHBr （甲）
o-C₆H₄Br₂ （乙）
BrCH₂(CH₂)₃CH₂Br（丙）
} —Br₂/CCl₄→ 褪色者 （甲）
不褪色者 {（乙）/（丙）

—1%AgNO₃/乙醇,△→ 加热也无沉淀生成者为(乙)
室温下立即浑浊,静置有浅黄色沉淀析出者为(丙)

(2)
CH₂=CHCH₂Br(甲)
CH₃CH₂I （乙）
CH₃CH₂CH₂Br （丙）
(CH₃)₃CBr （丁）
} —Br₂/CCl₄→ 褪色者为 （甲）
不褪色者为 {（乙）/（丙）/（丁）

—1%AgNO₃/乙醇,△→ 出黄色沉淀(AgI)者为(乙)
不加热即出淡黄色沉淀(AgBr)者为(丁)
加热后才出淡黄色沉淀(AgBr)者为(丙)

(3)

$$CH_3CH_2C{=}CHCH_3 \quad （甲）$$
　　　　　|
　　　　　Br

$$CH_3CHCH{=}CH{-}CH_3 \quad （乙）$$
　　　|　　　　　|
　　　Br　　　　CH_3

$$BrCH_2CH_2CH{=}C{-}CH_3 \quad （丙）$$
　　　　　　　　　　　|
　　　　　　　　　　 CH_3

$\xrightarrow[\text{乙醇}]{1\% \text{ AgNO}_3}$

立即生成浅黄色沉淀者为（乙）
加热后有浅黄色沉淀者为（丙）
加热后也不生成沉淀者为（甲）

8.(1) $CH_2CH_2CH_3$ $\xrightarrow[\text{乙醇},\triangle,-\text{HBr}]{\text{KOH}}$ $CH_2{=}CH{-}CH_3$ $\xrightarrow[\text{或 500℃}]{Cl_2,\text{光}}$ $CH_2{=}CH{-}CH_2$
　　　　|　　　　　　　　　　　　　　　　　　　　　　　　　　　　　　　　　　　　|
　　　 Br　　　　　　　　　　　　　　　　　　　　　　　　　　　　　　　　　　　 Cl

(2) $CH_2CH_2CH_3$ $\xrightarrow[\text{乙醇},\triangle,-\text{HBr}]{\text{KOH}}$ $CH_2{=}CH{-}CH_3$ $\xrightarrow{Br_2/CCl_4}$ $CH_2{-}CH{-}CH_3$
　　　|　　　　　　　　　　　　　　　　　　　　　　　　　　　　　　　　|　　|
　　 Br　　　　　　　　　　　　　　　　　　　　　　　　　　　　　　　Br　Br

(3) 由(2) $CH_2{-}CH{-}CH_3$ $\xrightarrow{NaNH_2}$ $HC{\equiv}CCH_3$ $\xrightarrow{2HBr}$ $CH_3{-}\overset{Br}{\underset{Br}{C}}{-}CH_3$
　　　　　|　　|
　　　　Br　Br

(4) 由(3) $CH_3{-}\overset{Br}{\underset{Br}{C}}{-}CH_3$ $\xrightarrow[\text{乙醇},\triangle,-\text{HBr}]{\text{KOH}}$ $CH_3{-}\overset{Br}{C}{=}CH_2$

(5) 由(2) $CH_2{-}CH{-}CH_3$ $\xrightarrow[\text{乙醇},\triangle,-\text{HBr}]{\text{KOH}}$ $CH{=}CH{-}CH_3$
　　　　　|　　|　　　　　　　　　　　　　　　　　　　　　|
　　　　Br　Br　　　　　　　　　　　　　　　　　　　　　Br

(6) 由(3) $HC{\equiv}CCH_3$ $\xrightarrow{2Cl_2}$ $H{-}\overset{Cl}{\underset{Cl}{C}}{-}\overset{Cl}{\underset{Cl}{C}}{-}CH_3$

(7) 由(1) $CH_2{-}CH{=}CH_2$ $\xrightarrow{HOCl}$ $CH_2{-}\overset{OH}{CH}{-}CH_2$
　　　　　|　　　　　　　　　　　　　　　|　　　　　|
　　　　Cl　　　　　　　　　　　　　　 Cl　　　　Cl

(8) 由(1) $CH_2{-}CH{=}CH_2$ $\xrightarrow[H_2O]{\text{KOH}}$ $CH_2{-}CH{=}CH_2$ $\xrightarrow[CCl_4]{Br_2}$ $CH_2{-}\overset{Br}{CH}{-}\overset{Br}{CH_2}$
　　　　　|　　　　　　　　　　　　　　　|　　　　　　　　　　　　　　|
　　　　Cl　　　　　　　　　　　　　　 OH　　　　　　　　　　　　　OH

9.(1) ⬡ + HCHO + HCl(干) $\xrightarrow{ZnCl_2}$ ⬡$-CH_2Cl$ $\xrightarrow[\text{乙醇}]{NaCN}$ ⬡$-CH_2CN$

(2) ⬡$\overset{CH_3}{}$ + Br_2 $\xrightarrow{Fe}$ ⬡$\overset{CH_3}{\underset{Br}{}}$ $\xrightarrow[\text{光}]{Cl_2}$ ⬡$\overset{CH_2Cl}{\underset{Br}{}}$

(3)

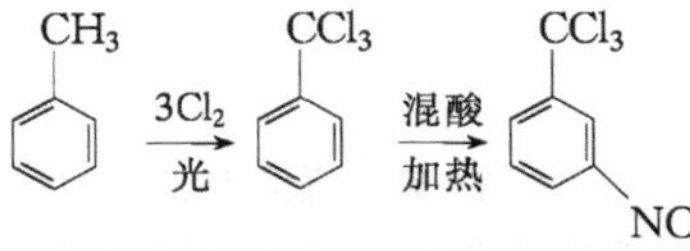

10. (1)

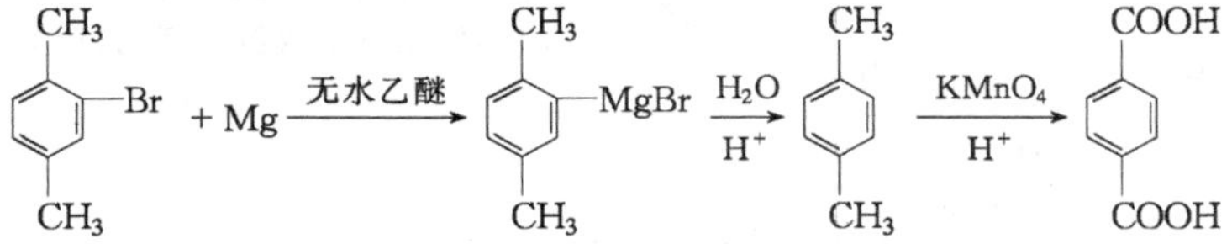

(2)

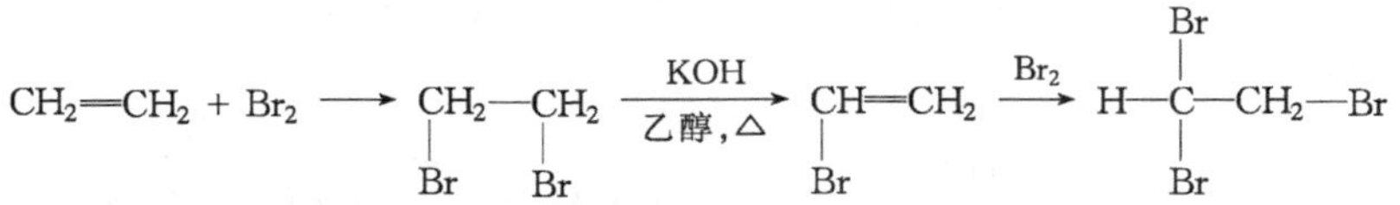

(3) (a)

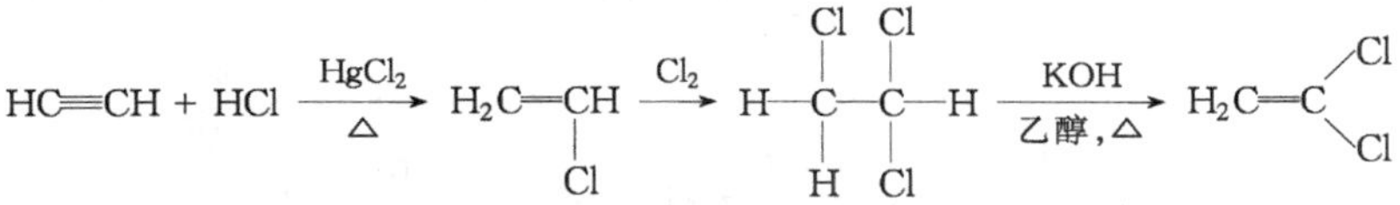

(b)

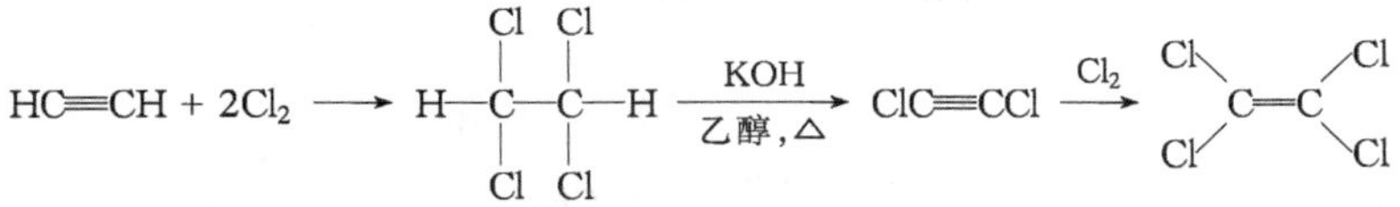

(c)

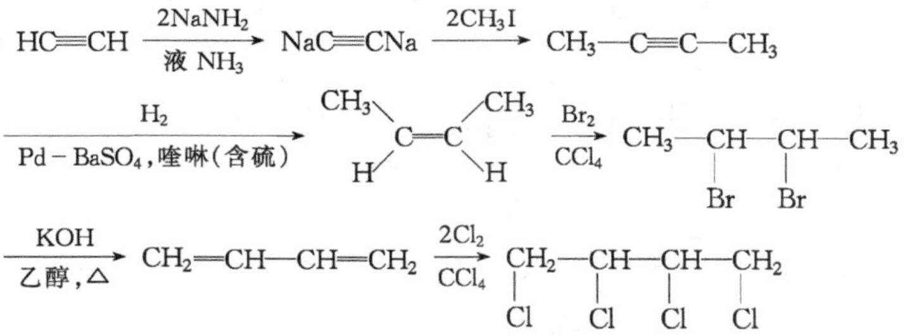

11. (1) 2－苯基－2－溴丙烷＞2－甲基－2－溴丙烷＞2－溴丁烷＞2－甲基－1－溴丙烯
    (2) 1－碘丙烷＞1－溴丁烷＞1－氯戊烷

12. (1) 2－甲基－2－溴丁烷＞2－甲基－3－溴丁烷＞3－甲基－1－溴丁烷
    (2) α－苯基溴乙烷＞苄基溴＞β－苯基溴丙烷

13. (1) 3－甲基－1－溴丁烷＞2－甲基－3－溴丁烷＞2－甲基－2－溴丁烷
    (2) 苄基溴＞α－苯基溴乙烷＞β－苯基溴丙烷

14. 可能发生的副反应方程式如下：
    (1) $CH_3CH_2CH_2CH_2Br + NaOH(水) \longrightarrow CH_3CH_2CH = CH_2$
    (2) $CH_3CH_2CH_2CH_2Br + CH_3ONa \longrightarrow CH_3CH_2CH = CH_2$
    (3) $CH_3CH_2CH_2CH_2Br + KOH(乙醇) \longrightarrow CH_3CH_2CH_2CH_2OC_2H_5$

15. 因为 A 能使 Br_2/CCl_4 褪色，说明有不饱和键 $\overset{|}{C}=\overset{|}{C}$ 或 $—C≡C—$，能与 CH_3MgI 作用，放出甲烷，说明 A 具有活泼 H，所以很可能是含有端基炔键的卤代炔烃。经计算，该分子中不可能有两个端基炔键，以下设分子中只有一个端基炔键。

(1) 先求 A 的相对分子质量(设 A 相对分子质量为 x)

$$A + CH_3MgX \longrightarrow CH_4 + (A-H)MgX$$

x 16

1              $\dfrac{300.5}{22400} \times 16$

所以 $x = 74.5$

(2) 求 A 分子中 Cl 的质量(克)(设 Cl 的质量为 y g)

$100:47.6 = 74.5:y$

所以 $y = 35.5$

Cl 原子的物质的量为: $\dfrac{35.5}{35.5} = 1(\text{mol})$,说明 A 分子中只有一个氯原子。

(3) 求 R 式量(卤代烃通式 RCl)

R 式量 $= 74.5 - 35.5 = 39$

说明只能含三个 C,还余下三个 H,所以 A 的结构式为: $H{-}C{\equiv}C{-}CH_2Cl$ 。

第 七 章

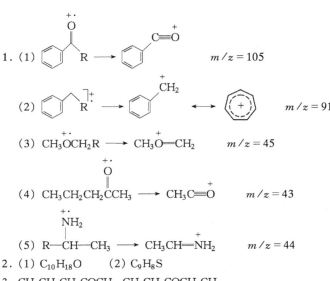

1. (1) $m/z = 105$

(2) $m/z = 91$

(3) $CH_3OCH_2R \longrightarrow CH_3O{=}CH_2$ $m/z = 45$

(4) $CH_3CH_2CH_2CCH_3 \longrightarrow CH_3C{\equiv}O$ $m/z = 43$

(5) $R{-}CH{-}CH_3 \longrightarrow CH_3CH{=}NH_2$ $m/z = 44$

2. (1) $C_{10}H_{18}O$ (2) C_9H_8S

3. $CH_3CH_2CH_2COCH_3$, $CH_3CH_2COCH_2CH_3$

4. (1) b   (2) c

5. 化合物(1)的最大吸收波长比化合物(2)的最大吸收波长更长。

6. 游离羟基的特征吸收频率为 3 600 cm^{-1}左右,缔合羟基的特征吸收频率为 3 300 cm^{-1}左右,氨基的特征吸收频率为在 3 300 cm^{-1}左右的两个中等强度的吸收,羧基的特征吸收频率为 1 700 cm^{-1}左右的羰基吸收峰和 3 100~2 500 cm^{-1}的羟基吸收峰,碳碳双键的特征频率在 1 650 cm^{-1}左右,羰基的特征吸收频率为 1 700 cm^{-1}左右。

7. 苯甲酰卤羰基的频率(1 774 cm^{-1})与碳碳弯曲振动频率的倍频(880 cm^{-1}×2 = 1 760 cm^{-1})发生了费米共振,因此在图谱上却发现了 1 773 cm^{-1}和 1 736 cm^{-1}两个吸收峰。

8. 化学位移参看教材中化学位移数据表,偶合裂分符合 $n+1$ 规律。不同化学位移质子的组数分别为:

(1) 6；　　(2) 2；　　(3) 2；　　(4) 3；　　(5) 2；　　(6) 3

注:化合物(1)中苯环上的质子呈现两组二重峰。

9. 邻二甲苯在 ^1H-NMR 中有 3 组不同的质子,在 $^{13}C-NMR$ 中有 4 组不同的碳原子;间二甲苯在 ^1H-NMR 中有 4 组不同的质子,在 $^{13}C-NMR$ 中有 5 组不同的碳原子;对二甲苯在 ^1H-NMR 中有 2 组不同的质子,在 $^{13}C-NMR$ 中有 3 组不同的碳原子。

10.

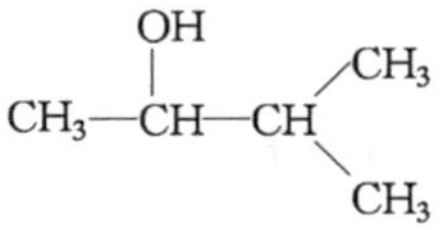

第　八　章

1. (1) 顺 $-1,2-$ 二甲基环戊醇　　　(2) 对羟基苯甲醚

(3) $3-$ 苯基 $-1-$ 戊醇　　　(4) $2-$ 甲基 $-4-$ 乙烯基苯酚

(5) 对甲氧基苄基溴　　　(6) 聚氧乙烯醇

(7) $1,5-$ 戊二醇　　　(8) 氯甲基环氧乙烷

(9) 顺 $-3-$ 甲基环己醇

2. (1) 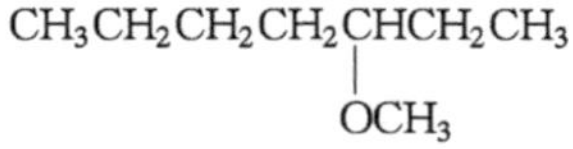 $CH_3CH_2CH_2CH_2CHCH_2CH_3$
　　　　　　　　　　　　　　$|$
　　　　　　　　　　　　　OCH_3

(2) 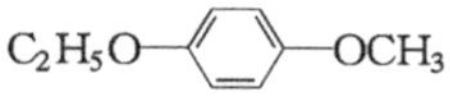 $C_2H_5O-\!\!\!\!\!\!\!\bigcirc\!\!\!\!\!\!\!-OCH_3$

(3)

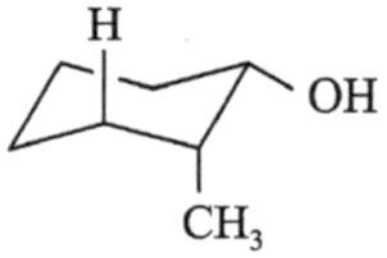

(4)

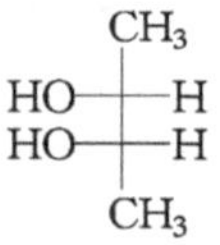

(5) C_2H_5SH

(6) $C_2H_5OCH_2CH_2OH$

(7)

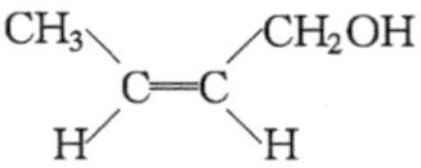

(8)

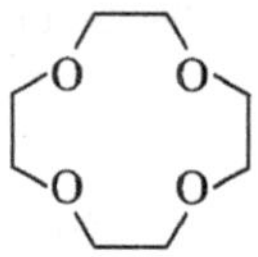

3. (1) $CH_3CH_2CH_2COOH$

(2) 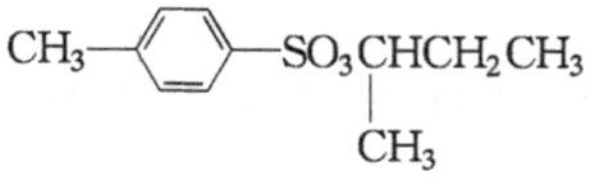 $CH_3-\!\!\!\!\!\!\!\bigcirc\!\!\!\!\!\!\!-SO_3CHCH_2CH_3$
　　　　　　　　　　　　　　　$|$
　　　　　　　　　　　　　CH_3

(3)

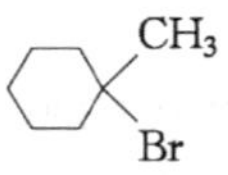

(4)

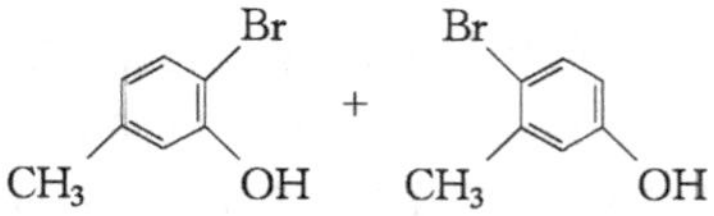

(5) $OHC(CH_2)_4CHO$

(6)

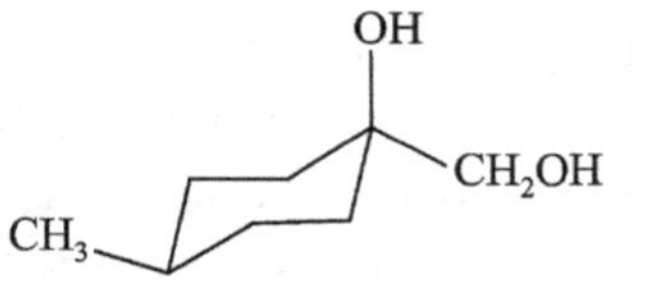

(7) $n-C_4H_9C{\equiv}CCH_2\underset{\underset{\displaystyle OH}{|}}{C}HCH_3$

(8) $HO-\langle\!\!\!\!\bigcirc\!\!\!\!\rangle-CH_2Br$

(9) $\langle\!\!\!\!\bigcirc\!\!\!\!\rangle-C(CH_3)_3$

(10) $\langle\!\!\!\!\bigcirc\!\!\!\!\rangle-CH_2Cl$

(11) $\underset{\underset{\displaystyle CH_2CH_3}{}}{\overset{\overset{\displaystyle H}{|}}{Cl-C}{\cdots}CH_3}$

(12) $\langle\!\!\!\!\bigcirc\!\!\!\!\rangle-\underset{\underset{\displaystyle OOH}{|}}{C}(CH_3)_2$, $CH_3COCH_3 + \langle\!\!\!\!\bigcirc\!\!\!\!\rangle-OH$

(13) $\langle\!\!\!\!\bigcirc\!\!\!\!\rangle-CH_2OH$

(14) $\underset{\underset{\displaystyle CH_3}{|}}{CH_3-\overset{\overset{\displaystyle Br}{|}}{C}}-\underset{\underset{\displaystyle CH_3}{|}}{CH}-CH_3$

(15) $CH_3CH_2CH_2CH_2OH$

(16) $\underset{\underset{\displaystyle CN}{|}}{CH_3CH}CH_2OH$

4. (1) $\langle\!\!\!\!\bigcirc\!\!\!\!\rangle$, $\overset{\overset{\displaystyle OH}{|}}{\langle\!\!\!\!\bigcirc\!\!\!\!\rangle}^{OH}$, $OHC(CH_2)_4CHO$

(2) $CH_3-\langle\!\!\!\!\bigcirc\!\!\!\!\rangle-SO_3-\langle\!\!\!\!\bigcirc\!\!\!\!\rangle$, $\langle\!\!\!\!\bigcirc\!\!\!\!\rangle-OC(CH_3)_3$

(3) $\langle\!\!\!\!\bigcirc\!\!\!\!\rangle\overset{Br}{-OH}$, $\langle\!\!\!\!\bigcirc\!\!\!\!\rangle-OH$, $\langle\!\!\!\!\bigcirc\!\!\!\!\rangle-OH$

(4) $\langle\!\!\!\!\bigcirc\!\!\!\!\rangle$, $\langle\!\!\!\!\bigcirc\!\!\!\!\rangle O$, $\underset{\underset{\displaystyle OH}{}}{\overset{\overset{\displaystyle OH}{}}{\langle\!\!\!\!\bigcirc\!\!\!\!\rangle}}$

(5) $Ph-\underset{\underset{\displaystyle CH_3}{|}}{C}=CH_2$, $Ph-\underset{\underset{\displaystyle CH_3}{|}}{CH}CH_2OH$, $Ph-\underset{\underset{\displaystyle CH_3}{|}}{CH}CH_2Br$

(6) $\langle\!\!\!\!\bigcirc\!\!\!\!\rangle-ONa$, $\langle\!\!\!\!\bigcirc\!\!\!\!\rangle-OC_2H_5$

5. $\underset{\underset{\displaystyle OH}{|}}{\overset{\overset{\displaystyle CH_3}{|}}{\langle\!\!\!\!\bigcirc\!\!\!\!\rangle-C}}-CH_3 > \underset{\underset{\displaystyle OH}{|}}{\langle\!\!\!\!\bigcirc\!\!\!\!\rangle-CH}-CH_3 > \langle\!\!\!\!\bigcirc\!\!\!\!\rangle-CH_2CH_2OH$

6. (1)>(2)>(3)>(4)

7. (1)>(3)>(2)

8. $ROH + RMgX \longrightarrow RH + ROMgX$

$LiAlH_4 + 4ROH \longrightarrow 4H_2 + LiAl(OR)_4$

9. $CH_3CH_2CH_2CH_2{-}OH$ $\xrightarrow{HBr}$ $CH_3CH_2CH_2CH_2\overset{+}{\underset{H}{-}OH}$ $\xrightarrow{Br^-}$ $\begin{array}{c} CH_2{-}\overset{+}{O}H \\ | \quad\quad H \\ CH_2CH_2CH_3 \end{array}$

$\xrightarrow{-H_2O} CH_3CH_2CH_2CH_2Br$

$\begin{array}{c} CH_3 \\ | \\ CH_3{-}C{-}OH \\ | \\ CH_3 \end{array}$ $\xrightarrow{HBr}$ $\begin{array}{c} CH_3 \\ | \\ CH_3{-}C{-}\overset{+}{O}H \\ | \quad\quad H \\ CH_3 \end{array}$ $\xrightarrow{-H_2O}$ $\begin{array}{c} CH_3 \\ | \\ CH_3{-}C^+ \\ | \\ CH_3 \end{array}$ $\xrightarrow{Br^-}$ $\begin{array}{c} CH_3 \\ | \\ CH_3{-}C{-}Br \\ | \\ CH_3 \end{array}$

10.
$\begin{array}{c} CH_3 \\ | \\ H\overset{\cdots}{-}C \\ \quad D \quad OH \end{array}$ $\xrightarrow{HCl}$ $\begin{array}{c} CH_3 \\ | \\ Cl\text{----}C\text{----}\overset{+}{O}H_2 \\ \quad H \quad D \end{array}$ $\longrightarrow$ $\begin{array}{c} CH_3 \\ | \\ C \\ Cl \quad\quad H \\ \quad D \end{array}$

S 构型 R 构型

11. (1) $(CH_3)_3C\text{—}\langle\!\!\!\!\!\bigcirc\!\!\!\!\!\rangle\text{—}Cl$ (2) $(CH_3)_3C\text{—}\langle\!\!\!\!\!\bigcirc\!\!\!\!\!\rangle\text{—}OTs$

(3) $(CH_3)_3C\text{—}\langle\!\!\!\!\!\bigcirc\!\!\!\!\!\rangle\text{—}Br$

12. (1) $(CH_3CH_2)_2C{=}CHCH_3$ (2) $PhCH{=}CHCH(CH_3)_2$

(3) $\begin{array}{c} CH_3{-}C{=}C{-}CH_3 \\ | \quad\quad | \\ CH_3 \quad CH_3 \end{array}$ (4) $\langle\!\!\!\!\!\bigcirc\!\!\!\!\!\rangle{-}CH_3$

13. (3)>(1)>(4)>(2)

    苄醇与 HBr 反应实际上是一个 S_N1 反应,即首先生成苄基碳正离子,碳正离子愈稳定反应速率愈快。由于(2)中硝基是强吸电子基,使苄基碳正离子不稳定。而(3)中甲氧基是一个 $+C>-I$ 效应的给电子基,使苄基碳正离子稳定。Cl 是一个 $-I>+C$ 效应的基团,虽使苄基碳正离子不稳定,但比(3)中的苄基碳正离子稳定,因此与 HBr 反应呈现上述速率次序。

14. (1) CH_3COCH_3 (2) $(CH_3)_2CH(CH_2)_2COOH$

(3) $PhCOPh$ (4) $PhCOCH_3$ (5) $\langle\!\!\!\!\!\bigcirc\!\!\!\!\!\rangle{=}O$

15. (1) $(CH_3)_3CO^-$ $+$ $\begin{array}{c} \quad\quad\quad\quad CH_3 \\ \quad\quad\quad\quad | \\ CH_2{-}CH{-}C{-}CH_3 \\ | \quad\quad\diagdown\!\diagup \\ H \quad\quad O \\ \quad\quad A \end{array}$ $\xrightarrow{-HOC(CH_3)_3}$

$\begin{array}{c} CH_3 \\ | \\ CH_2{=}CH{-}C{-}O^- \\ | \\ CH_3 \end{array}$ $\xleftarrow{H{-}OC(CH_3)_3}$ $\begin{array}{c} CH_3 \\ | \\ CH_2{=}CH{-}C{-}\overset{\cdots}{O}H \\ | \\ CH_3 \end{array}$

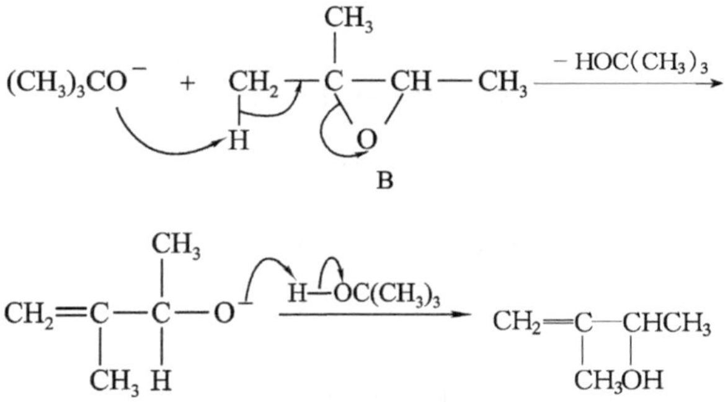

$(CH_3)_3CO^-$ + 结构式（含 CH$_2$、C、CH—CH$_3$，CH$_3$，O，H，标 B） $\xrightarrow{- HOC(CH_3)_3}$

$CH_2{=}C{-}C{-}O^-$（含 CH$_3$、CH$_3$、H） $\xrightarrow{H{-}OC(CH_3)_3}$ $CH_2{=}C{-}CHCH_3$（含 CH$_3$、CH$_3$OH）

叔丁氧基进攻化合物 A 的氢，比进攻化合物 B 中的氢空间位阻小。

(2) 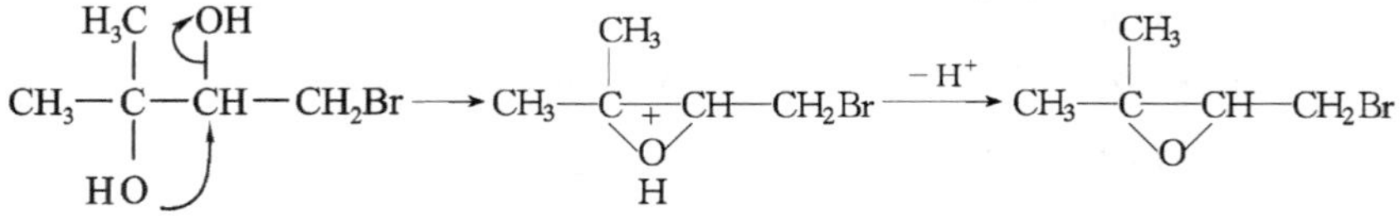 $CH_3{-}C{-}CH{-}CH_2Br$（含 H$_3$C、OH、HO） $\longrightarrow$ $CH_3{-}\overset{+}{C}{-}CH{-}CH_2Br$（含 CH$_3$、O、H） $\xrightarrow{-H^+}$ $CH_3{-}C{-}CH{-}CH_2Br$（含 CH$_3$、O）

(3) 结构（含 $\overset{+}{O}$、H）+ I^- $\longrightarrow$ $ICH_2CH_2CH_2CH_2OH$ $\xrightarrow{HI}$

$ICH_2CH_2CH_2CH_2{-}\overset{+}{O}H$（含 H）$I^-$ $\longrightarrow$ $ICH_2CH_2CH_2CH_2I$

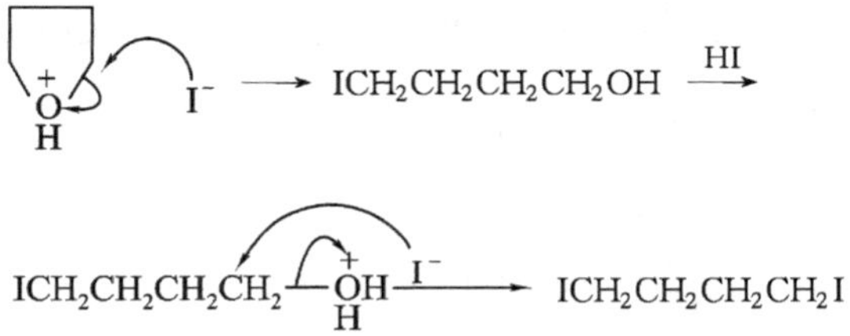

(4) 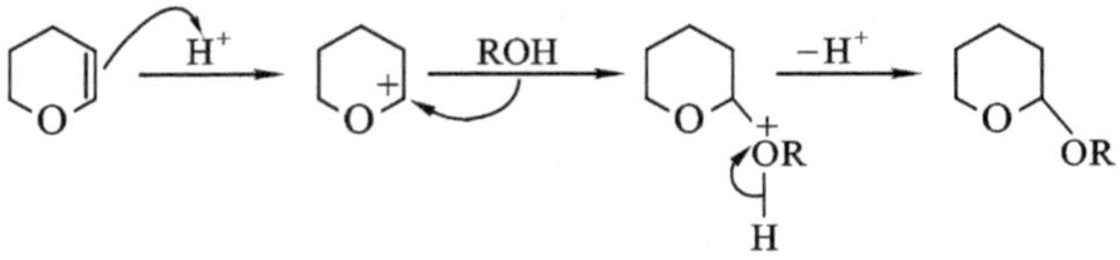 结构（含 O） $\xrightarrow{H^+}$ 结构（含 $\overset{+}{O}$） $\xrightarrow{ROH}$ 结构（含 O、$\overset{+}{O}R$、H） $\xrightarrow{-H^+}$ 结构（含 O、OR）

16. 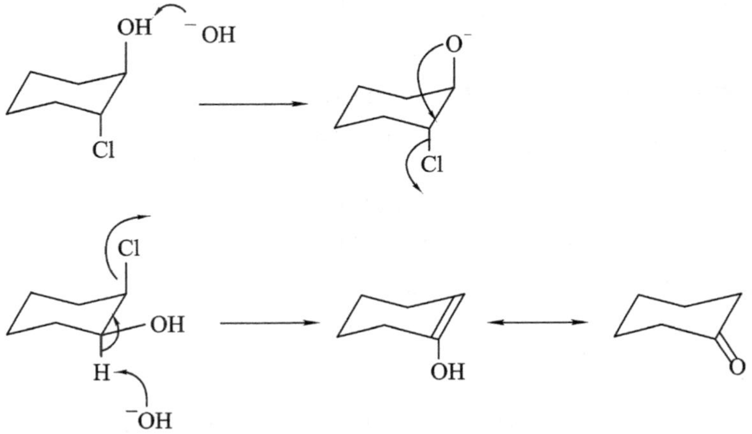 结构（含 OH、$^-$OH、Cl） $\longrightarrow$ 结构（含 O$^-$、Cl）

结构（含 Cl、OH、H、$^-$OH） $\longrightarrow$ 结构（含 OH） $\longleftrightarrow$ 结构（含 O）

17.

甲氧基直接进攻含氯的碳,其空间位阻大,加上环氧烷较活泼在碱性条件下易开环,因此产率低。

18. (1) $(CH_3)_3COH \xrightarrow{NaOH} (CH_3)_3CONa$

$(CH_3)_3CONa + CH_3CH_2CH_2Cl \longrightarrow (CH_3)_3COCH_2CH_2CH_3$

(2) $(CH_3)_3COH \xrightarrow{HCl} (CH_3)_3CCl \xrightarrow[Et_2O]{Mg} \underset{A}{(CH_3)_3CMgCl}$

$(CH_3)_2CHOH \xrightarrow{HCl} (CH_3)_2CHCl \xrightarrow[Et_2O]{Mg} (CH_3)_2CHMgCl \xrightarrow[H_3O^+]{HCHO} (CH_3)_2CHCH_2OH$

$\xrightarrow{PCC} (CH_3)_2CHCHO \xrightarrow{A} \underset{OH}{(CH_3)_2CHCH-C(CH_3)_3} \xrightarrow{PCC} \underset{O}{(CH_3)_2CHC-C(CH_3)_3}$

19. (1) $CH_3CH_2CH_3 \xrightarrow[h\nu]{Br_2} \underset{Br}{CH_3CHCH_3} \xrightarrow[H_2O]{^-OH} \underset{OH}{CH_3CHCH_3}$

(2) $HC\equiv CH \xrightarrow[Pd/CaCO_3, BaSO_4]{H_2} CH_2=CH_2 \xrightarrow{HBr} CH_3CH_2Br \xrightarrow[Et_2O]{Mg} CH_3CH_2MgBr$

$CH_2=CH_2 \xrightarrow[Ag]{O_2} \underset{O}{CH_2-CH_2} \xrightarrow{CH_3CH_2MgBr} \xrightarrow[H_2O]{H^+} CH_3CH_2CH_2CH_2OH$

(3) $CH_3CH_2CH_3 \xrightarrow[h\nu]{Br_2} \underset{Br}{CH_3CHCH_3} \xrightarrow[EtOH]{^-OH} CH_3CH=CH_2$

$\xrightarrow{NBS} BrCH_2CH=CH_2 \xrightarrow[H_2O]{^-OH} CH_2=CHCH_2OH$

(4) $(CH_3)_3CCl \xrightarrow[ROH]{^-OH} (CH_3)_2C=CH_2 \xrightarrow[H_2O]{(CH_3COO)_2Hg} (CH_3)_3COH$

20. (1) $CH_3CH_2MgX, HCHO$ (2) $CH_3CH_2CH_2MgX, CH_3COCH_3$

(3) $C_6H_5CH_2MgX, CH_3CHO$ (4) $CH_3CH_2MgX, C_6H_5COCH_3$

(5) $(CH_3)_2CHMgX,$

(6) $-MgX$, $HCHO$

(7) $(CH_3)_2CHMgX,$

21. (2)、(3)、(5)不能进行。

(2)不能进行主要是由于卤代苯卤原子上的孤对电子向苯环转移,使碳氯键键长缩短,导致碳氯键不易断裂。(3)不能进行主要是叔丁基氯在醇钠的作用下易发生消除反应而成烯。
(5)不能进行主要是烯醇易以醛的形式存在,加上乙烯式的氯由于 $p-\pi$ 共轭,碳氯键不易
断裂。

22．(1) 加溴检出环己烯;加金属钠检出甘油与丁醇,加氧化铜检出甘油;加 HI 检出醚。

   (2) 加溴检出苯乙烯;加氢氧化钠检出苯酚与苯乙醇,加氢氧化钠检出苯酚。

23.

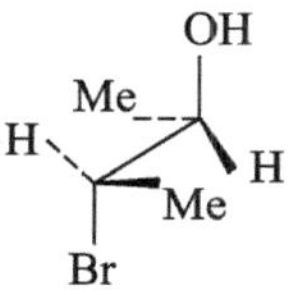

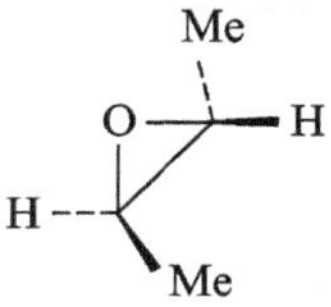

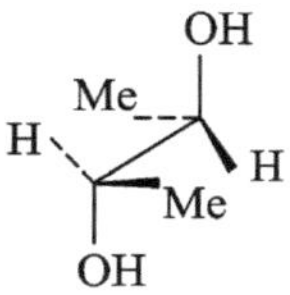

A   B   C(无光学活性,是内消旋体)

24．A：2-乙基-1-戊烯(2-甲基-1-己烯) B：2-甲基-3-己醇(2-甲基-2-己醇)

   C：3-己酮(2-己酮)   D：3-己醇(2-己醇)

25．A：$C_6H_5CH(OH)CH_2CH_3$ B：C_6H_5COOH C：$C_6H_5C(OH)(CH_3)CH_2CH_3$

26．$(CH_3)_2CHCH_2OH$

第 九 章

1．(1) $CH_3CH_2CH_2CH_2COCH_2CH_2CH_2CH_3$

 (2)

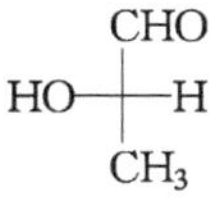

 (3) $CH_2{=}CHCH{=}CHCHO$

 (4)

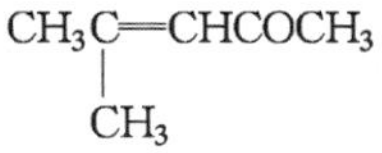

 (5)

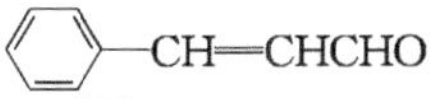

 (6)

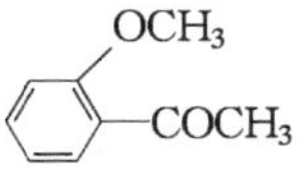

 (7)

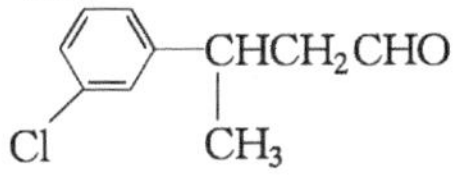

2．(1) 2,5-二甲基-3-庚酮   (2) 2-甲基-1-苯丙酮

 (3) 4-苯基-2-丁烯醛   (4) 顺-2-甲基-5-溴环己酮

3．(1) $CH_3CH_2CH_2CH_2OH$ (2) $CH_3CH_2CH_2CHO$ (3)

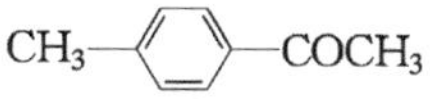

 (4) $C_6H_5CH(Br)CH(CH_3)_2$, $C_6H_5CH(OH)CH(CH_3)_2$

 (5) 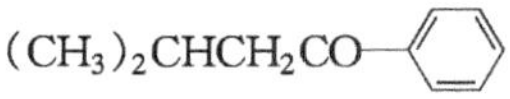 $(CH_3)_2CHCH_2CO{-}$, $(CH_3)_2CHCH_2CH_2{-}$

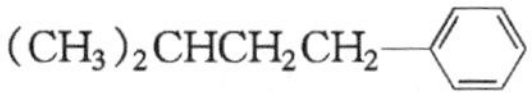

 (6) $CH_3CH{=}CHCH_2COC_6H_5$ (7) $C_6H_5CH{=}NNHCONH_2$

4．(1) 银镜反应区别醛酮;乙醛能进行卤仿反应;甲醛加席夫试剂然后再加硫酸紫红色不
消失。

 (2) 加金属钠鉴别出苯甲醇;银镜反应鉴别出苯甲醛。

 (3) 加金属钠鉴别出醇;卤仿反应鉴别出 2-戊酮。

 (4) 加入金属钠或卤仿反应可鉴别。

5. (1)
$$
\underset{\text{(phenyl)}}{C_6H_5}CH=\underset{\overset{|}{OH}}{C}CH_3
$$

(2)
$$
\text{(3-hydroxycyclohex-2-enone)}
$$

(3)
$$
CH_3CH=\underset{\overset{|}{OH}}{C}CH_3
$$

(4)
$$
CH_3\underset{\overset{|}{OH}}{C}=CHCOCH_3
$$

6. (1)
$$
CH_3CH_2CH=\underset{\overset{|}{CH_3}}{C}CHO
$$

(2)
$$
C_6H_5CH=\underset{\overset{|}{CH_3}}{C}CHO
$$

(3)
$$
CH_3CH_2\underset{\overset{|}{OH}}{C}HCN
$$

(4)
$$
CH_3CH_2CH_2OH
$$

(5)
$$
CH_3CH_2CH\begin{smallmatrix}O\\ \\O\end{smallmatrix}
$$

(6)
$$
CH_3CH_2COOAg
$$

(7) $CH_3CH_2CH=NOH$ 有顺反异构体, 其构型式为:

$$
\underset{CH_3CH_2}{\overset{H}{\diagdown}}C=N\overset{OH}{\diagup}
$$

$$
\underset{H}{\overset{CH_3CH_2}{\diagdown}}C=N\overset{OH}{\diagup}
$$

(8)
$$
CH_3CH_2\underset{\overset{|}{OH}}{C}HCH_2CH_3
$$

(9)
$$
C_6H_5\underset{\overset{|}{OH}}{C}HCH_2CH_3
$$

(10)
$$
CH_3\underset{\overset{|}{CHO}}{C}HCH_2CH_2CHO \ + \ CH_2=CHCH=\underset{\overset{|}{CH_3}}{C}CHO
$$

(11)
$$
CH_3CH_2CH_3
$$

(12)
$$
CH_3CH_2CH=CHCH_2CH_3
$$

7. (1) $C_6H_5CHO \xrightarrow[\text{催化剂}]{H_2} C_6H_5CH_2OH$

(2) $C_6H_5CHO \xrightarrow[H^+]{KMnO_4} C_6H_5COOH$

(3) $C_6H_5CHO + CH_3\underset{\overset{|}{CH_3}}{C}HCH_2MgX \xrightarrow[H^+]{\text{干}Et_2O \quad H_2O} CH_3\underset{\overset{|}{CH_3}}{C}HCH_2\underset{\overset{|}{OH}}{C}HC_6H_5$

(4) $C_6H_5CHO + CH_3MgI \xrightarrow[H^+]{\text{干}Et_2O \quad H_2O} CH_3\underset{\overset{|}{OH}}{C}HC_6H_5$

(5) $C_6H_5CHO + C_6H_5MgBr \xrightarrow[H^+]{\text{干}Et_2O \quad H_2O} C_6H_5\underset{\overset{|}{OH}}{C}HC_6H_5 \xrightarrow{PCC} C_6H_5\underset{\overset{\|}{O}}{C}C_6H_5$

$$
\xrightarrow{Zn-Hg/HCl} C_6H_5CH_2C_6H_5
$$

(6) $C_6H_5CHO + CH_2=CHCH_2MgBr \xrightarrow[H^+]{\text{干}Et_2O \quad H_2O} C_6H_5\underset{\overset{|}{OH}}{C}H-CH_2CH=CH_2$

(7) $C_6H_5CHO + C_6H_5NHNH_2 \xrightarrow{H^+} C_6H_5CH=NNHC_6H_5$

8. (1) $C_6H_5CH_2Cl \xrightarrow[\text{干 Et}_2O]{Mg} C_6H_5CH_2MgCl$

$C_6H_5CH_2MgCl \ + \ \underset{O}{CH_2-CH_2} \xrightarrow{\text{干 Et}_2O} \xrightarrow[\text{H}_2O]{H^+} C_6H_5CH_2CH_2CH_2OH \xrightarrow{PCC}$

$C_6H_5CH_2CH_2CHO$

(2) $C_6H_5CH=CH_2 \xrightarrow[\text{H}_2O_2]{HBr} C_6H_5CH_2CH_2Br \xrightarrow[\text{干 Et}_2O]{Mg} C_6H_5CH_2CH_2MgBr$

$\xrightarrow[\text{②H}^+,\text{H}_2O]{\text{①HCHO/干 Et}_2O} C_6H_5CH_2CH_2CH_2OH \xrightarrow{PCC} C_6H_5CH_2CH_2CHO$

(3) $C_6H_5CHO + CH_3CHO \xrightarrow[-\text{H}_2O]{^-OH} C_6H_5CH=CHCHO \xrightarrow[H^+]{HOCH_2CH_2OH}$

$C_6H_5CH=CHCH\underset{O-CH_2}{\overset{O-CH_2}{\big|}} \xrightarrow[\text{Cat}]{H_2} C_6H_5CH_2CH_2CH\underset{O-CH_2}{\overset{O-CH_2}{\big|}} \xrightarrow[H^+]{H_2O} C_6H_5CH_2CH_2CHO$

(4) $C_6H_5CH_2COCH_3 \xrightarrow{NaBH_4} C_6H_5CH_2\underset{OH}{\overset{}{C}}HCH_3 \xrightarrow{-\text{H}_2O} C_6H_5CH=CHCH_3$

$\xrightarrow{NBS} C_6H_5CH=CHCH_2Br \xrightarrow[\text{H}_2O]{^-OH} C_6H_5CH=CHCH_2OH \xrightarrow{H_2}$

$C_6H_5CH_2CH_2CH_2OH \xrightarrow{PCC} C_6H_5CH_2CH_2CHO$

9. (1) ⬡ $+ CH_3CH_2COCl \xrightarrow{AlCl_3}$ ⬡$-COCH_2CH_3$

(2) ⬡$-CH_2Cl \xrightarrow[-\text{OH}]{H_2O}$ ⬡$-CH_2OH \xrightarrow{PCC}$ ⬡$-CHO$

⬡$-CHO + CH_3CH_2MgX \xrightarrow{\text{干 Et}_2O} \xrightarrow[\text{H}^+]{H_2O}$ ⬡$-\underset{OH}{\overset{}{C}}HCH_2CH_3 \xrightarrow[H^+]{K_2Cr_2O_7}$

⬡$-\underset{O}{\overset{}{C}}CH_2CH_3$

(3) ⬡$-CH_2CN + CH_3MgX \longrightarrow$ ⬡$-CH_2COCH_3 \xrightarrow[\text{HCl}]{Zn-Hg}$ ⬡$-CH_2CH_2CH_3$

$\xrightarrow{NBS}$ ⬡$-\underset{Br}{\overset{}{C}}HCH_2CH_3 \xrightarrow[\text{H}_2O]{^-OH}$ ⬡$-\underset{OH}{\overset{}{C}}HCH_2CH_3 \xrightarrow[H^+]{K_2Cr_2O_7}$ ⬡$-\underset{O}{\overset{}{C}}CH_2CH_3$

(4) ⬡$-CHO + CH_3CH_2MgX \xrightarrow{\text{干 Et}_2O} \xrightarrow[\text{H}_2O]{H^+}$ ⬡$-\underset{OH}{\overset{}{C}}HCH_2CH_3 \xrightarrow{PCC}$ ⬡$-\underset{O}{\overset{}{C}}CH_2CH_3$

10. (1) ⬠ $\xrightarrow{HBr}$ ⬠$-Br \xrightarrow[\text{Et}_2O]{Mg}$ ⬠$-MgBr \xrightarrow[\text{②H}_3O^+]{\text{①HCHO/干 Et}_2O}$ ⬠$-CH_2OH \xrightarrow{PCC}$

⬠$-CHO$

(2) [cyclopentene] $\xrightarrow[\text{②Zn/H}_2\text{O}]{\text{①O}_3}$ OHCCH$_2$(CH$_2$)$_2$CHO

(3) [cyclopentene] $\xrightarrow[\text{干 Et}_2\text{O}]{\text{HBr}}$ [cyclopentyl]—Br $\xrightarrow[\text{干 Et}_2\text{O}]{\text{Mg}}$ [cyclopentyl]—MgBr $\xrightarrow[\text{②H}_3\text{O}^+]{\text{①HCHO/干 Et}_2\text{O}}$ [cyclopentyl]—CH$_2$OH

$\xrightarrow{\text{HBr}}$ [cyclopentyl]—CH$_2$Br $\xrightarrow[\text{EtOH}]{\text{KOH}}$ [cyclohexylidene]=CH$_2$ $\xrightarrow[\text{② Zn/H}_2\text{O}]{\text{① O}_3}$ [cyclohexanone]=O + H—C(=O)—H

11. (1) Me$_2$CHCH$_2$CH(OH)CH$_3$ $\xrightarrow[\text{H}^+]{\text{K}_2\text{Cr}_2\text{O}_7}$ Me$_2$CHCH$_2$C(=O)CH$_3$

(2) Me$_2$CHCH$_2$C≡CH $\xrightarrow[\text{H}_3\text{O}^+]{\text{HgSO}_4}$ Me$_2$CHCH$_2$C(=O)CH$_3$

(3) Me$_2$CHCH$_2$COCl + (CH$_3$)$_2$CuLi ⟶ Me$_2$CHCH$_2$C(=O)CH$_3$

(4) Me$_2$CHCH$_2$CN + (CH$_3$)$_2$CuLi $\xrightarrow{\text{H}_3\text{O}^+}$ Me$_2$CHCH$_2$C(=O)CH$_3$

12. (1) CH$_3$CH$_2$CH$_2$CH=CCHO
   |
   CH$_2$CH$_3$

(2) C$_6$H$_5$CH=CHCOCH$_3$

(3) CHCl$_3$ + CH$_3$CH$_2$COO$^-$

(4) CH$_3$COOC(CH$_3$)$_3$

(5) CH$_3$CH$_2$C=NNHCONH$_2$
   |
   CH$_3$

(6) (C$_2$H$_5$)$_2$C—C(C$_2$H$_5$)$_2$
    | |
    HO   OH

(7) CH$_3$CH$_2$CH$_2$CH=C(CH$_3$)$_2$

13. A: [cyclohexanone]=O   B: [1-methylcyclohexan-1-ol with CH$_3$ and OH]   C: [1-methylcyclohexene]—CH$_3$

D: CH$_3$CO(CH$_2$)$_4$CHO   E: CH$_3$CO(CH$_2$)$_4$COOH

14. (1) OHCCH$_2$CH$_2$CHCOCH$_3$ $\xrightarrow{^-\text{OH}}$ OHCCH$_2$CH$_2$CHCOCH$_2^-$ ⟶
       | |
       CH$_3$ CH$_3$

[2-methyl-5-oxocyclohexanone anion] $\xrightarrow{\text{H}_2\text{O}}$ [2-methyl-5-hydroxycyclohexanone] $\xrightarrow[\triangle]{-\text{H}_2\text{O}}$ [2-methylcyclohex-2-enone]

(2) CH$_3$CH=CHCHO $\xrightarrow{\text{OH}^-}$ $^-$CH$_2$CH=CHCHO

C$_6$H$_5$CH=CHCHO + $^-$CH$_2$CH=CHCHO ⟶ C$_6$H$_5$CH=CHCHCH$_2$CH=CHCHO
                                                              |
                                                              O$^-$

$\xrightarrow{\text{H}_2\text{O}}$ C$_6$H$_5$CH=CHCHCH$_2$CH=CHCHO $\xrightarrow[\triangle]{-\text{H}_2\text{O}}$ C$_6$H$_5$CH=CHCH=CHCH=CHCHO
                          |
                          OH

(3) $C_6H_5CH_2CHO \xrightarrow{^-OH} C_6H_5\bar{C}HCHO$

$C_6H_5\bar{C}HCHO + CH_2=CHCOCH_3 \longrightarrow \underset{\underset{CH_2\bar{C}HCOCH_3}{|}}{C_6H_5CHCHO} \xrightarrow[]{H_2O} \underset{\underset{CH_2CH_2COCH_3}{|}}{C_6H_5CHCHO}$

$\xrightarrow{^-OH} \underset{\underset{CH_2CH_2CO\overset{..}{C}H_2}{|}}{C_6H_5\overset{}{C}HCHO}$ ⟶

(structures) $\xrightarrow{H_2O} \xrightarrow[\triangle]{-H_2O}$

15. A: $CH_3-\langle\rangle-NO_2$ + CH_3-(o-NO_2 benzene)

B: $HOOC-\langle\rangle-NO_2$ + $HOOC-$(o-NO_2 benzene)

C: $ClOC-\langle\rangle-NO_2$ + $ClOC-$(o-NO_2 benzene)

D: (phenyl)$-\underset{O}{C}-\langle\rangle-NO_2$ + (phenyl)$-\underset{O}{C}-$(o-NO_2 benzene)

16. (1) $CH_3CH_2CH_2CHO + \underset{\underset{CH_2CH_3}{|}}{CH_3CHMgX} \xrightarrow[H_3O^+]{\mp Et_2O} \underset{\underset{OH\ \ CH_2CH_3}{|\ \ \ \ \ \ |}}{CH_3CH_2CH_2CH-CHCH_3}$

(2) $CH_3CH_2CH_2CH_2CH_2CHO + NaC\equiv CH \xrightarrow[H_2O]{\mp Et_2O} \underset{\underset{OH}{|}}{CH_3(CH_2)_4CHC\equiv CH}$

(3) $C_6H_5CH=CHCHO \xrightarrow{NaBH_4} C_6H_5CH=CHCH_2OH \xrightarrow{Br_2}$

$\underset{\underset{Br\ \ Br}{|\ \ \ |}}{C_6H_5CH-CHCH_2OH} \xrightarrow{SOCl_2} \underset{\underset{Br\ \ Br}{|\ \ \ |}}{C_6H_5CH-CHCH_2Cl}$

(4) $2\ CH_3CHO \xrightarrow{OH^-} \underset{\underset{OH}{|}}{CH_3CHCH_2CHO} \xrightarrow{NaBH_4} \underset{\underset{OH}{|}}{CH_3CHCH_2CH_2OH}$

$\xrightarrow[-H_2O]{H^+} CH_2=CHCH=CH_2$

(5) $CH_3CH_2CH_2CH_2OH \xrightarrow{PCC} CH_3CH_2CH_2CHO$

$(CH_3)_2CHCH_2MgX + CH_3CH_2CH_2CHO \xrightarrow[H_3O^+]{\mp Et_2O} \underset{\underset{OH}{|}}{(CH_3)_2CHCH_2CHCH_2CH_3}$

$\xrightarrow{K_2Cr_2O_7/H_2SO_4} \underset{\underset{O}{||}}{(CH_3)_2CHCH_2CCH_2CH_2CH_3}$

17．（1）将多聚甲醛在酸性条件下解聚。

$$HOCH_2(OCH_2)_nOCH_2OH$$
多聚甲醛

三聚甲醛

（2）乙醛中的羰基氢受羰基的去屏蔽作用，其 δ 值在低场，α - 氢也是受羰基的吸电子作用其 δ 值在较低场，乙烷中的氢则由于两甲基的相互屏蔽其氢的 δ 值在高场。

（3）甲醛在工业上由甲醇催化氧化制备。

乙醛是用乙烯在氯化铜及氯化钯的催化作用下，用空气直接氧化得到。

$$CH_2{=}CH_2 + \frac{1}{2}O_2 \xrightarrow{\text{CuCl}_2/\text{PdCl}_2} CH_3{-}\overset{O}{\overset{\|}{C}}{-}H$$

苯甲醛可通过加特曼－科克反应制备：

$$\text{C}_6\text{H}_6 + CO + HCl \xrightarrow[20^\circ\text{C}]{\text{AlCl}_3,\text{Cu}_2\text{Cl}_2} \text{C}_6\text{H}_5\overset{O}{\overset{\|}{C}}{-}H$$

（4）缩醛实际上是一种醚，醚在碱性条件下稳定。

（5）用光学活性的酰氯进行反应，得到两种非对映体，它们具有不同的物理性质。

（6）

$$\xrightarrow{\text{H}_2/\text{Pd}} \xrightarrow{\text{PCl}_5}$$

$$\xrightarrow{\text{H}_2/\text{Pd}-\text{C}}$$

18．（1）$HC{\equiv}CH \xrightarrow{\text{NaNH}_2/\text{液氨}} NaC{\equiv}CNa \xrightarrow{2CH_3CH_2I} CH_3CH_2C{\equiv}CCH_2CH_3$

$$\xrightarrow{\text{HgSO}_4/\text{H}_3\text{O}^+} CH_3CH_2CH_2COCH_2CH_3$$

（2）$CH_3CH_2CH_2MgBr + CH_2{-}CH_2(O) \xrightarrow{\text{干 Et}_2\text{O}} \xrightarrow{\text{H}_3\text{O}^+} CH_3CH_2CH_2CH_2CH_2OH$

$$\xrightarrow{\text{PCC}} CH_3CH_2CH_2CH_2CHO$$

（3）$CH_3\overset{|}{\underset{CH_3}{CH}}MgX + CH_3CH_2CHO \xrightarrow{\text{干 Et}_2\text{O}} \xrightarrow{\text{H}_3\text{O}^+} CH_3\overset{|}{\underset{CH_3}{CH}}\overset{OH}{\underset{}{CH}}CH_2CH_3 \xrightarrow[\text{H}_2\text{SO}_4]{\text{K}_2\text{Cr}_2\text{O}_7}$

$$CH_3\overset{|}{\underset{CH_3}{CH}}\overset{O}{\overset{\|}{C}}CH_2CH_3$$

（4）$CH_3MgX + CH_3CH_2CHO \xrightarrow{\text{干 Et}_2\text{O}} \xrightarrow{\text{H}_3\text{O}^+} CH_3CH_2\overset{OH}{\underset{}{CH}}CH_3$

(5) $2\ CH_3CHO \xrightarrow{\ ^-OH\ } CH_3CH{=}CHCHO \xrightarrow[\ ^-OH\ ]{CH_3COCH_3} CH_3CH{=}CHCH{=}CHCOCH_3$

$\xrightarrow[\ ^-OH\ ]{Cl_2\quad H_3O^+} CH_3CH{=}CHCH{=}CHCOOH$

19. —CH_2COCH_3 ， —$COCH_2CH_3$ ， —CH_2CH_2CHO

可通过银镜反应和卤仿反应加以区别。

20. A: $(CH_3)_2C{=}CHCH_2CH_2COCH_3$ B: $HOOCCH_2CH_2COCH_3$

21. A: $CH_3CH_2COCH_2CH_3$ B: $OHCCH_2CH_2COCH_3$

第 十 章

1. (1) C_6H_5COONa (2) C_6H_5COONa (3) $(C_6H_5COO)_2Ca$ (4) $C_6H_5COONH_4$

(5) $C_6H_5CH_2OH$ (6) —$COOH$ (7) C_6H_5COCl (8) C_6H_5COCl

(9) (10) (11)

2. (1) $(CH_3)_2CHCH_2COOH \xrightarrow[Br_2]{P} (CH_3)_2CHCHCOOH \xrightarrow{NH_3} (CH_3)_2CHCHCOOH$

$\qquad\qquad\qquad\qquad\qquad\qquad\qquad\qquad\quad \underset{Br}{|} \qquad\qquad\qquad\quad \underset{NH_2}{|}$

$\xrightarrow[HCl]{C_2H_5OH} (CH_3)_2CHCHCOOC_2H_5$

$\qquad\qquad\qquad\qquad \underset{NH_2\cdot HCl}{|}$

(2) $CH_2{=}CH_2 \xrightarrow[②NaCN]{①Br_2} NCCH_2CH_2CN \xrightarrow{H_3O^+} \begin{matrix} CH_2CO_2H \\ | \\ CH_2CO_2H \end{matrix} \xrightarrow{300℃}$

(3) $CH_3CH_2CH_2COOH \xrightarrow[Cl_2]{P} \xrightarrow[OH^-]{H_2O} CH_3CH_2CHCOOH \xrightarrow[-2H_2O]{\triangle}$

$\qquad\qquad\qquad\qquad\qquad\qquad\qquad\qquad\qquad\quad \underset{OH}{|}$

(4) $CH_3{-}$$-CHO + BrZnCH_2COOC_2H_5 \longrightarrow CH_3{-}$$-\underset{OZnBr}{\underset{|}{CH}}{-}CH_2COOC_2H_5$

$\xrightarrow{H_2O} CH_3{-}$$-\underset{OH}{\underset{|}{CH}}{-}CH_2COOC_2H_5 \xrightarrow[\triangle]{H_3O^+} CH_3{-}$$-\underset{OH}{\underset{|}{CH}}{-}CH{-}CH_2COOH$

(5) $-Cl \xrightarrow[压力,\triangle]{NaOH}$ $-ONa \xrightarrow[0.7MPa]{CO_2}$ $\xrightarrow{H^+}$

$\xrightarrow{(CH_3CO)_2O}$

(6) $BrCH_2COCH_2Br$ $\xrightarrow{HCN}$ $BrCH_2-\underset{\underset{CN}{|}}{\overset{\overset{OH}{|}}{C}}-CH_2Br$ $\xrightarrow{NaCN}$ $NCCH_2-\underset{\underset{CN}{|}}{\overset{\overset{OH}{|}}{C}}-CH_2CN$

$\xrightarrow{H_3O^+}$ $HOOCCH_2-\underset{\underset{COOH}{|}}{\overset{\overset{OH}{|}}{C}}-CH_2COOH$

3. (1) $\left.\begin{array}{l} HCOOH \\ CH_3COOH \\ CH_3COOC_2H_5 \end{array}\right\}$ $\xrightarrow{\text{银氨溶液}}$ $\left.\begin{array}{l} \text{产生银镜} \\ \times \\ \times \end{array}\right.$ $\xrightarrow[\text{室温}]{NaHCO_3}$ $\left.\begin{array}{l} \text{产生} CO_2 \\ \times \end{array}\right.$

(2) $\left.\begin{array}{l} HOOC-COOH \\ HOOCCH_2COOH \\ CH_3CH_2COOH \end{array}\right\}$ $\xrightarrow{\text{加热}}$ $\left\{\begin{array}{l} HCOOH + CO_2 \\ CH_3COOH + CO_2 \\ \times \end{array}\right.$ $\xrightarrow{\text{银氨溶液}}$ $\left.\begin{array}{l} \text{产生银镜} \\ \times \end{array}\right.$

4. (1) $\langle\bigcirc\rangle$ $\xrightarrow[ZnCl_2]{HCHO, HCl}$ $\langle\bigcirc\rangle-CH_2Cl$ $\xrightarrow[\text{②}CH_3CHO, \text{③}H_3O^+]{\text{①}Mg(\text{乙醚})}$ $\langle\bigcirc\rangle-CH_2\underset{\underset{CH_3}{|}}{CHOH}$

$\xrightarrow[\text{③}H_3O^+]{\text{①}PBr_3, \text{②}NaCN}$ $\langle\bigcirc\rangle-CH_2\underset{\underset{CH_3}{|}}{CHCOOH}$

(2) CH_3CH_2Br $\xrightarrow[\text{②丙酮, ③}H_2O]{\text{①}Mg(\text{乙醚})}$ $CH_3CH_2-\underset{\underset{CH_3}{|}}{\overset{\overset{CH_3}{|}}{C}}-OH$ $\xrightarrow[\text{②}Mg]{\text{①}PBr_3}$ $\xrightarrow[\text{②}H_3O^+]{\text{①}CO_2}$ $CH_3CH_2-\underset{\underset{CH_3}{|}}{\overset{\overset{CH_3}{|}}{C}}-COOH$

(3) $\langle\bigcirc\rangle-CH_3$ $\xrightarrow[O_2]{MnO_2}$ $\langle\bigcirc\rangle-CHO$ $\xrightarrow[K_2CO_3]{(CH_3CO)_2O}$ $\langle\bigcirc\rangle-CH=CHCOOH$

(4) $CH_3-\langle\bigcirc\rangle$ $\xrightarrow[AlCl_3]{CO, HCl}$ $CH_3-\langle\bigcirc\rangle-CHO$ $\xrightarrow[\text{②}Ag_2O]{\text{①}2CH_3CHO}$

$CH_3-\langle\bigcirc\rangle-CH=CHCH=CHCOOH$

5.

$O_2N-\langle\bigcirc\rangle(NO_2)_... \xrightarrow{-CO_2} O_2N-\langle\bigcirc\rangle-NO_2 \xrightarrow{H_2O} O_2N-\langle\bigcirc\rangle-NO_2 + OH^-$

6. A: $(CH_3)_2CHCOONH_4$　　　B: $(CH_3)_2CHCONH_2$　　　C: $(CH_3)_2CHCOOH$

   D: $(CH_3)_2C=CH_2$　　　E: CH_3COCH_3　　　F: $HCHO$

7. A: 　　B: 　　C: 　　D:

8. $HO-\langle\bigcirc\rangle-CH=CH-COOH$　有顺反异构体,其构型式此略。

9. (1) 邻位苯环，取代基 COOCH(CH₃)₂ 和 COOH

$$\text{COOCH(CH}_3)_2 \quad \text{COOH (邻位)}$$

(2) 顺式

$$\begin{array}{c}\text{COOC}_2\text{H}_5\\\text{COOC}_2\text{H}_5\end{array}$$

(3) CH₃—苯环—COO—环己基

(4) HOCH₂CH₂OOC—苯环—COOCH₂CH₂OH

(5) 苯环，取代基 Cl, COCl, Cl

(6) (F₃CCO)₂O

(7)
$$\begin{array}{c}\text{CH}_3\\|\\\text{CH}_3\text{CHCH}_2\text{CONH}_2\end{array}$$

(8) 苯环—CON(CH₃)₂

(9)
$$\begin{array}{c}\text{N—O 环}\\|\\\text{CH}_3\end{array}$$
（六元环内酰胺，N-甲基）

10. (1) 2-甲基丙酸 / 丙酸乙酯 $\xrightarrow{\text{NaHCO}_3 \text{ 溶液}}$ 溶 / 不溶

(2) 苯甲酰氯 / 苯甲酸甲酯 $\xrightarrow{\text{H}_2\text{O}}$ 产生 HCl / 不反应

(3) 邻硝基苯甲酰胺 / 邻硝基苯甲酸乙酯 $\xrightarrow[\text{②H}^+]{\text{①NaOH,}\triangle}$ 邻硝基苯甲酸 + NH₃↑ / 邻硝基苯甲酸 + C₂H₅OH

11. (1) O₂N—苯环—COOH $\xrightarrow[\text{②NH}_3,\triangle]{\text{①SOCl}_2}$ O₂N—苯环—CONH₂ $\xrightarrow{\text{Br}_2,\text{NaOH}}$ O₂N—苯环—NH₂

(2) 苯环—CH₂COOH $\xrightarrow{\text{NH}_3}$ 苯环—CH₂COONH₄ $\xrightarrow{\triangle}$ 苯环—CH₂CONH₂ $\xrightarrow{\text{P}_2\text{O}_5}$ 苯环—CH₂C≡N

(3) HOCH₂CH₂CH₂COOH $\xrightarrow{\text{H}^+}$ 内酯（γ-丁内酯）$\xrightarrow{\text{Na}+\text{C}_2\text{H}_5\text{OH}}$ HO(CH₂)₃CH₂OH

(4) 苯环（邻位 CH₃, COOH）$\xrightarrow[\text{②C}_2\text{H}_5\text{NH}_2,\triangle]{\text{①SOCl}_2}$ 苯环（邻位 CH₃, CONHC₂H₅）$\xrightarrow{\text{LiAlH}_4}$ 苯环（邻位 CH₃, CH₂NHC₂H₅）

(5) 苯环—ONa $\xrightarrow[\text{②H}^+]{\text{①CO}_2,\text{压力}}$ 苯环（OH, COOH）$\xrightarrow{\text{SOCl}_2}$ 二聚酯（环状二酯）

(6) BrCH₂COOC₂H₅ $\xrightarrow{\text{Zn}}$ BrZnCH₂COOC₂H₅ $\xrightarrow[\text{H}_2\text{O,H}^+,\triangle]{\text{C}_6\text{H}_5\text{COCH}_3}$

$$\begin{array}{c}\text{CH}_3\\|\\\text{C}_6\text{H}_5\text{C}-\text{CH}_2\text{COOC}_2\text{H}_5\\|\\\text{OH}\end{array} \xrightarrow[\triangle]{\text{H}_2\text{SO}_4} \begin{array}{c}\text{CH}_3\\|\\\text{C}_6\text{H}_5\text{C}=\text{CHCOOH}\end{array}$$

12. (1) $CH_3CH_2MgBr \xrightarrow[\text{②}H_2O]{\text{①} \triangle O} CH_3CH_2CH_2CH_2OH \xrightarrow{KMnO_4} CH_3CH_2CH_2COOH$

$\xrightarrow{\text{丁醇},H^+} CH_3CH_2CH_2COOCH_2CH_2CH_2CH_3$

(2) $CH_3CH_2MgBr \xrightarrow[\text{②}H_2O]{\text{①}CH_3CHO} CH_3CH_2\underset{\underset{CH_3}{|}}{C}HOH \xrightarrow[\text{②}NaCN]{\text{①}PBr_3} CH_3CH_2\underset{\underset{CH_3}{|}}{C}HCN$

$\xrightarrow[\text{②}CH_3CH_2NH_2,\triangle]{\text{①}H_3O^+} CH_3CH_2\underset{\underset{CH_3}{|}}{C}HCONHCH_2CH_3$

(3) $(CH_3)_2CHMgBr \xrightarrow[\text{②}H_3O^+]{\text{①}CO_2} (CH_3)_2CHCOOH \xrightarrow[\text{②}LiAlH_4]{\text{①}(C_2H_5)_2NH} (CH_3)_2CHCH_2N(C_2H_5)_2$

(4) $CH_3CH_2MgBr \xrightarrow[\text{②}H_2O]{\text{①}CH_3COCH_3} CH_3CH_2\underset{\underset{CH_3}{|}}{\overset{\overset{CH_3}{|}}{C}}OH \xrightarrow[\text{②}Mg(\text{乙醚})]{\text{①}PBr_3}$

$CH_3CH_2\underset{\underset{CH_3}{|}}{\overset{\overset{CH_3}{|}}{C}}MgBr \xrightarrow[\text{③}CH_3CH_2CH_2OH,H^+]{\text{①}CO_2,\text{②}H_3O^+} CH_3CH_2\underset{\underset{CH_3}{|}}{\overset{\overset{CH_3}{|}}{C}}COOCH_2CH_2CH_3$

13.

14.

15.

16. $CH_2=CHCH=CH_2 \xrightarrow[\text{②}H_2,Ni]{\text{①}HCl} CH_3CH_2CH_2CH_2Cl$

$CH_2=CHCH=CH_2 \xrightarrow[\text{③}H_3O^+]{\text{①}Cl_2,\text{②}KCN} HOOCCH_2CH=CHCH_2COOH$

17.

$$\text{(cyclobutane)}\begin{array}{c}\text{Br}\\\text{Br}\end{array} + H_2C(COOEt)_2 \xrightarrow{2EtONa} \overset{COOEt}{\underset{COOEt}{\bigotimes}} \xrightarrow[\text{②PBr}_3]{\text{①LiAlH}_4} \overset{CH_2Br}{\underset{CH_2Br}{\bigotimes}}$$

$$\xrightarrow{H_2C(COOEt)_2,2EtONa} \overset{COOEt}{\underset{COOEt}{\bigotimes\!\!\bigotimes}} \xrightarrow[\text{③}\triangle,-CO_2]{\text{①OH}^-,\text{②H}^+} \bigotimes\!\!\bigotimes-COOH$$

18.

$$\underset{\text{OH}}{C_6H_5} \xrightarrow[\text{③H}^+]{\text{①KHCO}_3,\text{②CO}_2} \underset{\text{COOH}}{\overset{\text{OH}}{\bigcirc}} \xrightarrow[\text{③CH}_3\text{OH},\text{H}^+]{\text{①HNO}_3\quad\text{②Sn}+\text{HCl}} \underset{\text{COOCH}_3}{\overset{\text{OH}\quad\text{NH}_2}{\bigcirc}}$$

19.

$$\overset{CH_3}{\bigcirc} \xrightarrow[\text{②EtOH,H}^+]{\text{①KMnO}_4} \overset{COOEt}{\bigcirc} \xrightarrow{CH_3COOC_2H_5,EtONa} \overset{O}{\underset{}{\bigcirc-\overset{\parallel}{C}-CH_2COOC_2H_5}}$$

20.

$$H_2C(COOEt)_2 \xrightarrow[\text{②OH}^-,\text{H}^+]{\text{①EtONa,2CH}_3\text{I}} \begin{array}{c}CH_3\quad COOH\\\backslash\quad/\\C\\/\quad\backslash\\CH_3\quad COOH\end{array} \xrightarrow{H_2NCONH_2} \begin{array}{c}H_3C\quad\overset{O}{C}-NH\\\backslash\quad\parallel\quad\backslash\\C\qquad\quad C=O\\/\quad\quad/\\H_3C\quad\overset{\parallel}{C}-NH\\\qquad O\end{array}$$

21. 路线 1　从乙酰乙酸乙酯出发:

$$\underset{COOEt}{\overset{O}{CH_3\overset{\parallel}{C}CH_2}} + CH_2{=}CHCOOEt \xrightarrow[\text{迈克尔加成}]{EtONa} \underset{COOEt}{\overset{O}{CH_3\overset{\parallel}{C}CHCH_2CH_2COOEt}}$$

$$\xrightarrow[\text{③}\triangle,-CO_2]{\text{①OH}^-,\text{②H}^+} \overset{O}{CH_3\overset{\parallel}{C}CH_2CH_2CH_2COOEt} \xrightarrow[\text{酯缩合}]{EtONa} \overset{O\quad O}{\bigcirc}$$

路线 2　从丙二酸酯出发:

$$\overset{O}{\underset{}{\diagup}} + H_2C(COOEt)_2 \xrightarrow[\text{迈克尔加成}]{EtONa} \overset{O}{\underset{}{\diagup\diagdown}}\underset{COOEt}{\overset{COOEt}{\diagup}} \xrightarrow[\text{酯缩合}]{EtONa}$$

$$\overset{O}{\underset{O}{\bigcirc}}\!-COOEt \xrightarrow[\text{③}\triangle,-CO_2]{\text{①OH}^-,\text{②H}^+} \overset{O}{\underset{O}{\bigcirc}}$$

22.

$$C_6H_5COOH \xrightarrow{EtOH,H^+} C_6H_5COOEt \xrightarrow[\text{CH}_3\text{COOEt}]{EtONa} \overset{O}{C_6H_5\overset{\parallel}{C}CH_2COOEt}$$

$$\xrightarrow[\text{EtONa}]{\overset{O}{\diagup\diagdown}} \overset{O}{\underset{COOC_6H_5}{\bigcirc}} \xrightarrow[\triangle]{EtONa} \underset{COOEt}{\overset{O}{\bigcirc}}\!-C_6H_5$$

23.　CH_3COCH_2 ＋ 2 ICH_2CH_2I ＋ CH_2COCH_3 $\xrightarrow{4EtONa}$

　　CO_2Et　　　　　　　　CO_2Et

$\xrightarrow[\text{③△,成酮水解}]{\text{①OH}^-,\text{②H}^+}$

24.　$(EtOOC)_2CH_2$ ＋ 2 $BrCH_2CH_2Br$ ＋ $H_2C(COOEt)_2$ $\xrightarrow{4EtONa}$

$\xrightarrow[\text{③△,}-CO_2]{\text{①OH}^-,\text{②H}^+}$ $HOOC$——$COOH$

25.　(1)　$C_6H_5\overset{O}{C}$—$\overset{O}{C}H$ ＋ CH_3O^- $\longrightarrow$ $C_6H_5\overset{O}{C}$—$\overset{O^-}{\underset{H}{C}}$—$OCH_3$ $\longrightarrow$ $C_6H_5\overset{O^-}{C}H$—$\overset{O}{C}$—OCH_3

$\xrightarrow[-CH_3O^-]{HOCH_3}$ $C_6H_5\overset{OH}{C}HCOOCH_3$

(2)　$CH(COOEt)_2$ $\xrightarrow{PhCO_3H}$ $\xrightarrow{CH_3O^-}$

$\longrightarrow$ $\xrightarrow[-CH_3O^-]{CH_3OH}$ HO

(3)　$CH_3CHClCOOEt$ ＋ EtO^- $\longrightarrow$ $CH_3\overset{-}{C}ClCOOEt$

$\xrightarrow{-Cl^-}$

(4)　 $\xrightarrow{1\ mol\ CH_3MgI}$ $\xrightarrow{H_3O^+}$ $\longrightarrow$

$\xrightarrow{OH^-}$ $\xrightarrow[-H_2O,△]{H_2O,OH^-}$

26.　

A $\longrightarrow$ B: $\overset{COOC_2H_5}{\underset{COOH}{}}$ $\xrightarrow[\text{②}C_2H_5OH]{\text{①}SOCl_2}$

$\longrightarrow$ C: $\overset{COOH}{\underset{COOC_2H_5}{}}$ $\xrightarrow[\text{②}C_2H_5OH]{\text{①}SOCl_2}$ $\longrightarrow$ D: $\overset{COOC_2H_5}{\underset{COOC_2H_5}{}}$

27. $CH_3CH_2\overset{Br}{\underset{}{CH}}-\overset{O}{\underset{}{C}}-OCH(CH_3)_2$

28. A: $C_6H_5\overset{CH_3}{\underset{O}{\diagup\diagdown}}COOC_2H_5$　　　　B: $\overset{CH_3}{\underset{C_6H_5}{\diagup}}\overset{}{\underset{O}{\diagup\diagdown}}\overset{COONa}{\diagup}$　　　　C: $C_6H_5\overset{}{\underset{CH_3}{CH}}CHO$

29. 该化合物为顺丁烯二酸二乙酯或反丁烯二酸二乙酯:

$$H-\overset{}{\underset{}{C}}-COOCH_2CH_3$$
$$H-\overset{}{\underset{}{C}}-COOCH_2CH_3$$
$\delta:\quad 6.83\qquad 4.27\ \ 1.32$

或

$$CH_3CH_2OOC-\overset{}{C}-H$$
$$H-\overset{}{C}-COOCH_2CH_3$$

第 十 一 章

1. (1) 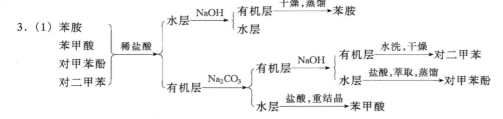 —NH$_2$ (联苯胺结构)

(2) 萘-NH$_2$

(3) $H_2N-\overset{COOH}{\underset{NH_2}{}}$

(4) $O_2N-\overset{}{\underset{NO_2}{}}-OCH(CH_3)_2$

(5) $\overset{NHCH(CH_3)_2}{\underset{NO_2}{}}NO_2$

(6) $\overset{NH_2}{\underset{CH_3}{}}Br$

(7) 邻苯二甲酰亚胺-NK , 邻苯二甲酰亚胺-NC(CH$_3$)$_3$

(8) $CH_3-\overset{}{\underset{CH_3}{}}N\overset{O}{\underset{}{C}}CH_2C_6H_5$

(9) $CH_3CH_2CH_2N(CH_2CH_2OH)_2$

(10) $(CH_3)_2CHCH=CH_2$ （主）

(11) 环状烯胺 （主）

(12) 双环结构

2. (1) 二乙胺＞乙胺＞苯胺＞二苯胺

(2) 苄胺＞苯胺＞邻氯苯胺＞邻硝基苯胺

(3) 氢氧化四苄基铵＞苄胺＞间氯苯胺＞苯甲酰胺

3. (1) 苯胺、苯甲酸、对甲苯酚、对二甲苯

　稀盐酸 →
　　水层 → NaOH → 有机层 → 干燥,蒸馏 → 苯胺
　　　　　　　　　　　 水层
　　有机层 → Na$_2$CO$_3$ →
　　　　有机层 → NaOH → 有机层 → 水洗,干燥 → 对二甲苯
　　　　　　　　　　　　　　水层 → 盐酸,萃取,蒸馏 → 对甲苯酚
　　　　水层 → 盐酸,重结晶 → 苯甲酸

(2) 对甲苯胺、苯甲酸、氯苯、苯甲醛 用稀盐酸分离，水层加 NaOH 得对甲苯胺，有机层加 Na₂CO₃ 分离出氯苯、苯甲醛、苯甲酸。

4.(1) $CH_2{=}CH{-}CH{=}CH_2 \xrightarrow{Cl_2} ClCH_2{-}CH{=}CH{-}CH_2Cl \xrightarrow[\textcircled{2}H_2/Ni]{\textcircled{1}NaCN} H_2N(CH_2)_6NH_2$

(2) 环己酮 $\xrightarrow[催化]{[O]} HOOC(CH_2)_4COOH \xrightarrow[\textcircled{2}NH_3]{\textcircled{1}SOCl_2} \xrightarrow{Br_2,NaOH} H_2N(CH_2)_4NH_2$

(3) $CH_3{-}\langle\rangle \xrightarrow[ZnCl_2]{HCHO,HCl} CH_3{-}\langle\rangle{-}CH_2Cl \xrightarrow[或盖伯瑞尔法]{NH_3} CH_3{-}\langle\rangle{-}CH_2NH_2$

(4) $CH_3{-}\langle\rangle{-}NO_2 \xrightarrow{[O]} HOOC{-}\langle\rangle{-}NO_2 \xrightarrow[NH_3]{SOCl_2} \xrightarrow{Br_2,NaOH} H_2N{-}\langle\rangle{-}NO_2$

(5) $\langle\rangle{-}CH_3 \xrightarrow[MnO_2]{[O]} \langle\rangle{-}CHO \xrightarrow[H_2,Ni]{CH_3CH_2CH_2NH_2} \langle\rangle{-}CH_2NHCH_2CH_2CH_3$

5.(1) $CH_3CH_2CH_2\underset{O}{C}CH_3 \xrightarrow[H_2,Ni]{H_2NCH_3} CH_3CH_2CH_2\underset{NHCH_3}{CH}CH_3 \xrightarrow[\textcircled{2}AgOH]{\textcircled{1}CH_3I} \xrightarrow{\triangle} CH_3CH_2CH_2CH{=}CH_2$

(2) 2,6-二甲基哌啶 $\xrightarrow[\textcircled{2}AgOH,\textcircled{3}\triangle]{\textcircled{1}2CH_3I} \xrightarrow[\textcircled{2}AgOH,\textcircled{3}\triangle]{\textcircled{1}CH_3I}$

(3) 环戊酮 $\xrightarrow{CH_2N_2}$ 环己酮 $\xrightarrow{NH_3,H_2/Ni}$ 环己胺${-}NH_2$

6.(1)

$\longrightarrow N{-}CH_3 + CH_2{=}CH_2$

(2) $CH_3CCH_2COOC_2H_5 + H_2N{-}OH \longrightarrow CH_3C(OH)(NHOH)CH_2COOC_2H_5 \xrightarrow{-H_2O}$

(3)

7. (1) 苯 →（混酸，△）1,3-二硝基苯（NO₂，NO₂）→（①NH₄HS，②NaNO₂,H₂SO₄,③H₃O⁺）间硝基苯酚（OH，NO₂）

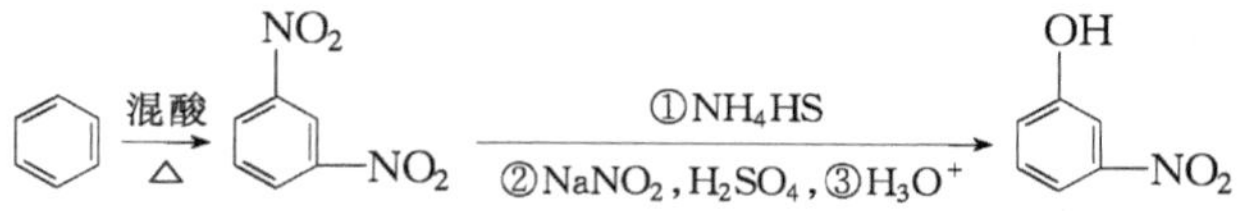

(2) 甲苯（CH₃）→（①混酸，②Sn+HCl,③Br₂）2,6-二溴-4-甲基苯胺（CH₃，Br，NH₂，Br）→（①NaNO₂,HCl，②H₃PO₂）3,5-二溴甲苯（CH₃，Br，Br）

(3) 甲苯（CH₃）→（①混酸,②Sn+HCl，③(CH₃CO)₂O）对甲基乙酰苯胺（CH₃，NHCOCH₃）→（①混酸,②H₃O⁺，③HNO₂,④H₃PO₂）间硝基甲苯（CH₃，NO₂）

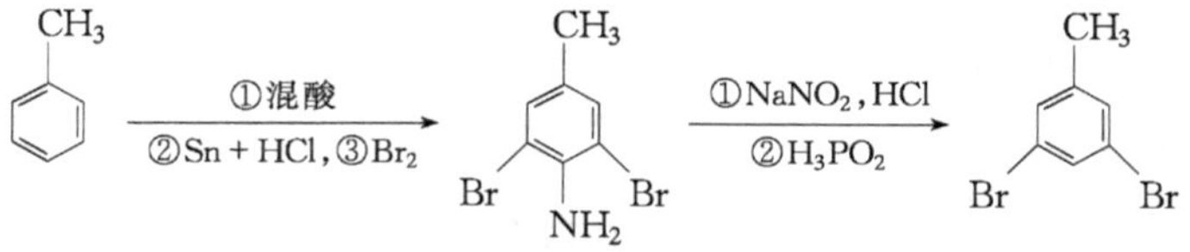

→（①Sn+HCl, ②NaNO₂,H₂SO₄，③H⁺,H₂O,△）间甲酚（CH₃，OH）

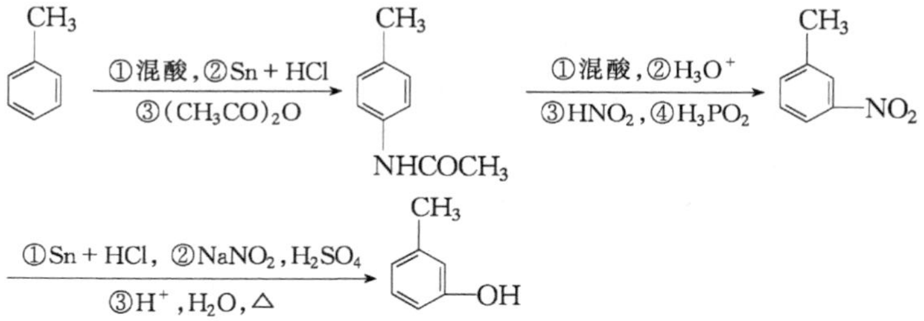

(4) 甲苯（CH₃）→（①混酸,②Sn+HCl，③(CH₃CO)₂O,④混酸）（CH₃，NO₂，NHCOCH₃）→（①H₃O⁺,②HNO₂，③KI）（CH₃，NO₂，I）

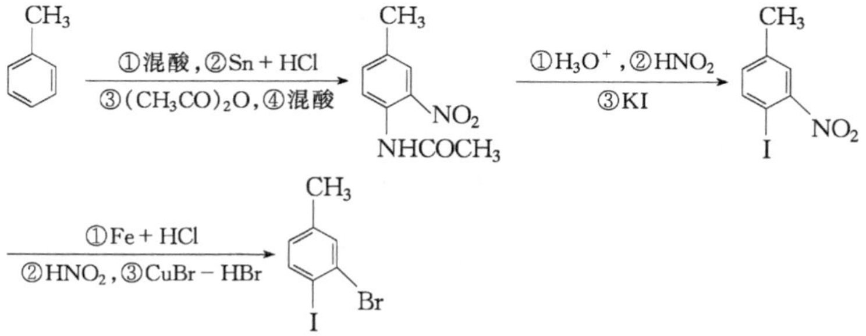

→（①Fe+HCl，②HNO₂,③CuBr−HBr）（CH₃，Br，I）

(5) 甲苯（CH₃）→（①混酸,②还原，③乙酸酐,④Cl₂）（CH₃，Cl，NHCOCH₃）→（①H₃O⁺,②HNO₂，③CuCN,④H⁺,H₂O）（CH₃，Cl，COOH）

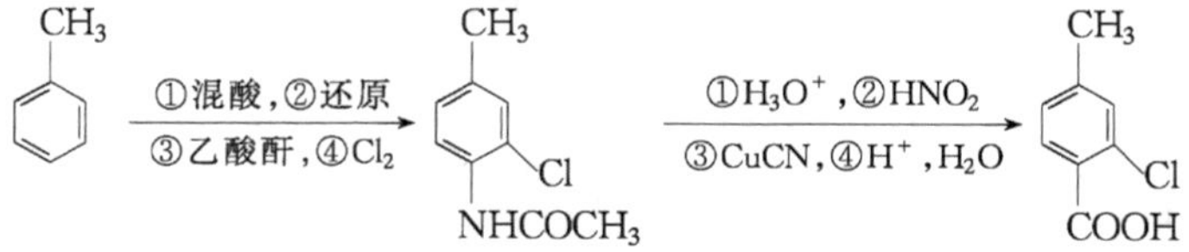

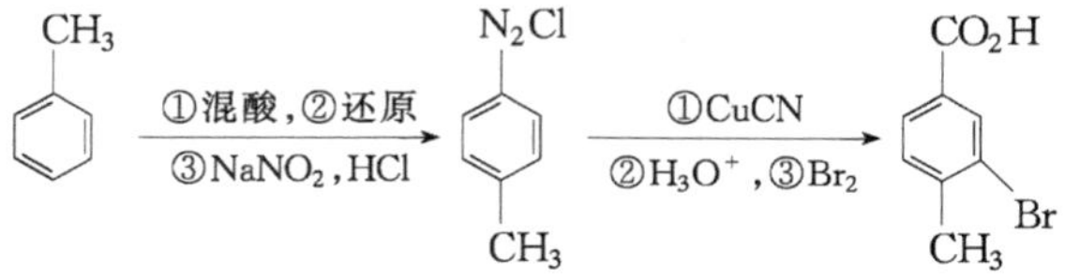

(6) 甲苯（CH₃）→（①混酸,②还原，③NaNO₂,HCl）（N₂Cl，CH₃）→（①CuCN，②H₃O⁺,③Br₂）（CO₂H，Br，CH₃）

8. (1) 苯 →（混酸）硝基苯（NO₂）→（Zn+NaOH）（H，N，N，H）→（H⁺）

H₂N—〈〉—〈〉—NH₂ →（①NaNO₂+HCl，②CuCN,③H₃O⁺,△）HOOC—〈〉—〈〉—COOH

(2) 甲苯（CH₃）→（混酸,硝化，分离）（CH₃，NO₂）→（①Zn+NaOH，②H⁺）H₂N—（CH₃）—（CH₃）—NH₂

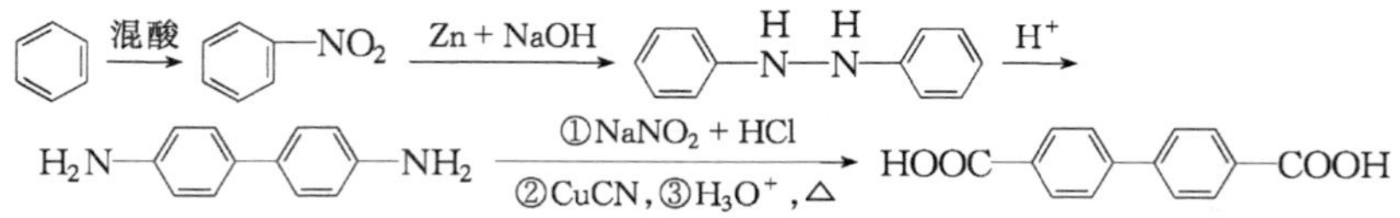

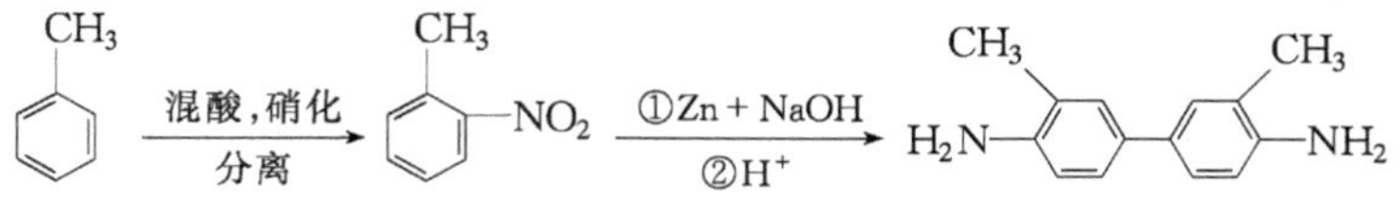

$$\xrightarrow[\text{②}H_3PO_2]{\text{①}NaNO_2,HCl}$$ 3,3'-二甲基联苯

(3) 苯胺—NH$_2$ $\xrightarrow[\text{②}HOSO_2Cl]{\text{①}(CH_3CO)_2O}$ CH$_3$CONH— —SO$_2$Cl

$$\xrightarrow[\text{②}H_3O^+,\triangle]{\text{①}NH_3}$$ H$_2$N— —SO$_2$NH$_2$

(4) 由萘合成 β-萘酚,由苯合成对氨基苯磺酸钠重氮盐,然后偶联:

NaSO$_3$— —N$_2$Cl + 萘酚—OH $\xrightarrow{\text{稀碱}}$ 偶氮化合物—N=N— —SO$_3$Na, OH

9. (1) C$_6$H$_5$CH$_2$Br + NH$_3$(过量)　　　(2) C$_6$H$_5$CN + LiAlH$_4$

(3) C$_6$H$_5$CH$_2$CONH$_2$　Br$_2$ + NaOH　　(4) C$_6$H$_5$CONH$_2$　H$_2$,Ni

(5) C$_6$H$_5$CHO + NH$_3$　H$_2$,Ni

10.

4-甲基哌啶 $\xrightarrow{2CH_3I}$ 季铵盐 I$^-$ $\xrightarrow[\text{②}\triangle]{\text{①}AgOH}$ $\xrightarrow[\text{②}AgOH,\text{③}\triangle]{\text{①}CH_3I}$

[二烯中间体] $\longrightarrow$ 二烯 $\xrightarrow[\text{②}Zn,\text{水解}]{\text{①}O_3}$ HCHO + OHC—COCH$_3$ + CH$_3$CHO

　　根据最后臭氧化还原水解所得醛、酮的结构,即可推测出烯的结构,由烯即可以推测得到原来胺的结构。

11. 这里发生了霍夫曼重排,生成了异氰酸酯中间体立即与 CH$_3$OH 反应即得到 N-环己基氨基甲酸甲酯。

环己基—C(=O)—NH$_2$ $\xrightarrow{Br_2/CH_3O^-}$ 环己基—N=C=O $\xrightarrow{CH_3OH}$ 环己基—N(H)—C(=O)—OCH$_3$

12. CH$_2$—CH$_2$(O) + (CH$_3$)$_3$N $\xrightarrow{HOH}$ HOCH$_2$CH$_2$N$^+$(CH$_3$)$_3$OH$^-$ 胆碱

CH$_3$—C(=O)OCH$_2$CH$_2$N$^+$(CH$_3$)$_3$OH$^-$ 乙酰胆碱

13. 毒芹碱: 2-丙基哌啶(—CH$_2$CH$_2$CH$_3$,N H)　　M$_1$: 二甲氨基环己烯衍生物　　M$_2$: 季铵盐 OH$^-$

M$_3$: 二烯化合物

14. A: CH$_3$CH$_2$CHCH$_2$NH$_2$(CH$_3$)　　B: CH$_3$CH$_2$CHCH$_2$N$^+$(CH$_3$)$_3$OH$^-$(CH$_3$)

15．A：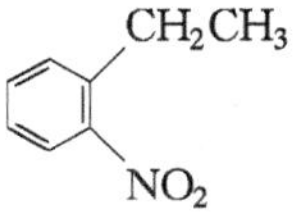 B：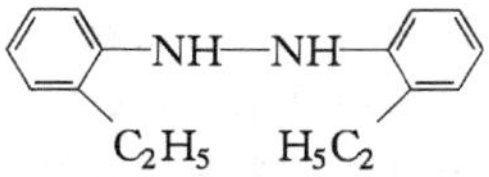 C：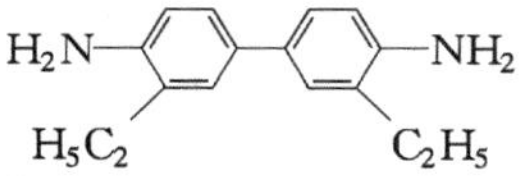

16．A：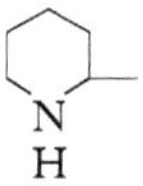 或 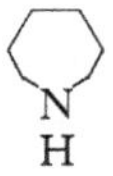 B：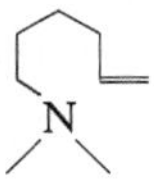 或 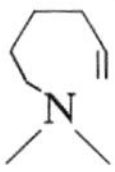

C：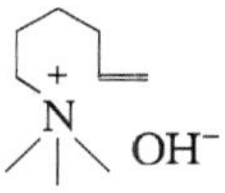 或 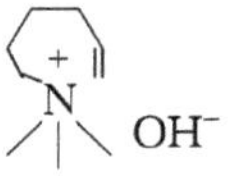

读者意见反馈

为收集对教材的意见建议，进一步完善教材编写并做好服务工作，读者可将对本教材的意见建议通过如下渠道反馈至我社。

咨询电话　400－810－0598

反馈邮箱　hepsci@ pub. hep. cn

通信地址　北京市朝阳区惠新东街 4 号富盛大厦 1 座
　　　　　高等教育出版社理科事业部

邮政编码　100029

配套资源